MIKROCHEMIE

VEREINIGT MIT

MIKROCHIMICA ACTA

UNTER MITWIRKUNG VON

E. ABDERHALDEN†-Zürich · E. ABRAHAMCZIK-Ludwigshafen/Rhein · H. K. ALBER-Philadelphia · V. A. ALUISE-Delaware · W. G. BATT-Newark, Del. · G. BECK-Bern · R. BELCHER-Birmingham · G. BERTRAND-Paris · J. H. DE BOER-Delft · M. BOETIUS-Dresden · E. R. CALEY-Columbus · M. CEFOLA-New York · G. CHARLOT-Paris · N. D. CHERONIS-Chicago · CH. CIMERMAN-Haifa · L. C. CRAIG-New York · W. R. CROWELL-Los Angeles · G. DENIGES-Bordeaux · H. J. DEUTICKE-Göttingen · C. DUVAL-Paris · A. ELEK-Los Angeles · H. v. EULER-Stockholm · J. F. FLAGG-Schenectady · H. A. FREDIANI-Rahway · M. F. FURTER-Nutley · W. GEILMANN-Hannover · A. O. GETTLER-New York · J. GILLIS-Gent · E. GLEDITSCH-Blindern · G. GORBACH-Graz · H. HOLTER-Kopenhagen · E. W. D. HUFFMAN-Denver · A.-G. HYBBINETTE-Skelleftehamn · G. INGRAM-Maidenhead · E. KAHANE-Paris · W. KIRSTEN-Uppsala · J. A. KUCK-New York · A. LACOURT-Bruxelles · H. LEVIN-Beacon · K. LINDERSTRØM-LANG-Kopenhagen · A. J. LLACER-Rosario · J. MATTHEWS-Wolverton · W. C. McCRONE-Chicago · J. A. MEANS-Brooklyn · R. F. MILTON-London · R. H. MÜLLER-New York · J. B. NIEDERL-New York · C. J. van NIEUWENBURG-Delft · R. E. OESPER-Cincinnati · F. PAVELKA-Firenze · M. E. POZZI-ESCOT-Lima/Peru · J. R. RACHELE-New York · J. B. RATHER-Brooklyn · C. J. RODDEN-New Brunswick · L. ROSENTHALER-Istanbul · H. ROTH-Limburgerhof · J. B. SANDELL-Minnesota · W. I. SASCHEK-Chicago · E. SCHULEK-Budapest · G.-M. SCHWAB-Athen · J. SENDROY-Bethesda · S. SIGGIA-Easton, Pa. · D. D. van SLYKE-Upton · A. E. SOBEL-Brooklyn · J. A. SOZZI-Buenos Aires · A. STEYERMARK-Nutley · N. STRAFFORD-Manchester · A. L. THOMPSON-Montreal · A. TISELIUS-Uppsala · J. UNTERZAUCHER-Leverkusen · W. A. WATERS-Oxford · P.-E. WENGER-Genève · P. W. WEST-Baton Rouge · H. H. WILLARD-Ann Arbor · M. L. WILLARD-State College · C. L. WILSON-Belfast · L. K. YANOWSKI-New York · J. H. YOE-Virginia · K. ZIEGLER-Mülheim/Ruhr · W. ZIMMERMANN-Melbourne

HERAUSGEGEBEN VON

A. A. BENEDETTI-PICHLER   G. BLIX   F. FEIGL   J. HEYROVSKY
NEW YORK   UPPSALA   RIO DE JANEIRO   PRAHA

H. LIEB   F. SCHNEIDER   R. STREBINGER
GRAZ   NEW YORK   WIEN

XXXVI./XXXVII. BAND

MIT 386 ABBILDUNGEN

BERICHT ÜBER DEN
I. INTERNATIONALEN MIKROCHEMISCHEN CONGRESS

GRAZ, 2.—6. JULI 1950

SCHRIFTLEITUNG: M. K. ZACHERL - WIEN

Springer-Verlag Wien GmbH   1951

ISBN 978-3-662-36213-6   ISBN 978-3-662-37043-8 (eBook)
DOI 10.1007/978-3-662-37043-8

Inhaltsverzeichnis.

Inhaltsverzeichnis. III

Inhaltsverzeichnis.

V

Inhaltsverzeichnis.   VII

Autorenverzeichnis.

Österreichische Gesellschaft für Mikrochemie.

I. Internationaler Mikrochemischer Kongress.
Graz, 2. bis 6. Juli 1950.

Aus Anlaß des 10. bzw. 20. Todestages *Friedrich Emichs* und *Fritz Pregls* veranstaltete die Österreichische Gesellschaft für Mikrochemie vom 2. bis 6. Juli 1950 in Graz den I. Internationalen Mikrochemischen Kongress.

Die Stadt Graz beherbergte in ihren Mauern die beiden Altmeister der Mikrochemie, *Friedrich Emich* und *Fritz Pregl*. Ihr Wirken veranlaßte Chemiker aus aller Welt, in diese Stadt zu pilgern, um hier die von den beiden Forschern geschaffenen Methoden zu erlernen und zu studieren. Es war daher ein traditionsgebundener Akt, Graz als Sitz der nach dem Krieg neu erstandenen österreichischen Gesellschaft für Mikrochemie nun zum Tagungsort des Kongresses zu wählen.

Der Vorstand der jungen Gesellschaft, dem Schüler der beiden Pioniere der Mikrochemie angehören, sah es als eines seiner vornehmsten Ziele an, *erstmalig* einen internationalen Erfahrungs- und Gedankenaustausch an der Wirkungsstätte der beiden Pioniere der Mikrochemie abzuhalten und darüber hinaus eine Zusammenarbeit unter den Wissenschaftlern der ganzen Welt zu versuchen.

Am 12. Oktober 1949 fand im Beisein von Professor Dr. *F. Feigl*, Rio de Janeiro, die 7. Vorstandssitzung der österreichischen Gesellschaft für Mikrochemie statt. Die letzten Bedenken, die dem großen Vorhaben eines internationalen Kongresses für Mikrochemie entgegenstanden, konnte *F. Feigl* in einer glänzend gehaltenen kurzen Ansprache zerstreuen. Einstimmig wurde in dieser Sitzung der endgültige Beschluß gefaßt, den I. Internationalen Mikrochemischen Kongress in der Zeit vom 2. bis 6. Juli 1950 in Graz abzuhalten.

Die materiellen Voraussetzungen beliefen sich zu dieser Zeit auf ein Barvermögen von ö. S 1200,— und eine Reiseschreibmaschine. Das Schwergewicht des Besitztums lag im Optimismus und Arbeitswillen der verantwortlichen Vorstandsmitglieder.

I. Internationaler Mikrochemischer Kongress
Organisationsplan

Kongressausschuß
Interessenvertreter im Ausland

Repräsentations-Ausschuß

Vortragsausschuß

Internationaler Ausschuß

Ausschuß für:
Reise, Unterbringung, Exkursion, Unterhaltung

Empfang

Ehrungen

Verein Österr. Chemiker

Damenkomitee

1. Allgemeine Mikrochemie
a) Geschichte und Entwicklung
b) Qualitative Analyse
c) Gravimetrie
d) Maßanalyse
e) Mikroskopische Methoden
f) Phys.-chem. Methoden
g) Radiologische und spektral-analyt. Method.

2. Angewandte Mikrochemie
a) Elementaranalyse
b) Reagenzien
c) Materialprüfung
d) Lebensmittel
e) Medizin und Pharmazie
f) Gestein und Mineralien
g) Histochemische Untersuchungen

3. Ausstellung mikrochemischer Geräte und Literatur

1. Definitionen und Methoden
2. Normen und Apparate
3. Vorbereitung zur eventuellen Gründung einer Internationalen mikrochemischen Gesellschaft

Insgesamt standen also nur neun Monate für Vorbereitungsarbeiten zur Verfügung. Dem Vorstand der Gesellschaft war es gelungen, die industriellen und staatlichen Stellen von der Bedeutung dieses Kongresses zu überzeugen, so daß in der Folgezeit die noch fehlenden materiellen Grundlagen, wenn auch in bescheidenem Maße, geschaffen werden konnten. 2500 Briefe gingen in alle Länder der Erde, um mit Fachkollegen die notwendige Verbindung aufzunehmen. In den einzelnen Staaten stellten sich selbstlos namhafte Mikrochemiker zur Mitarbeit an den Vorbereitungen zur Verfügung. Ihrer Tätigkeit ist es mit in erster Linie zu danken, daß dem Ruf der österreichischen Gesellschaft für Mikrochemie eine so große Anzahl von Fachkollegen Folge leistete. Hierbei unterstützten zum Teil die österreichischen diplomatischen Vertretungen im Ausland in dankenswerter Weise die Tätigkeit unserer Interessenvertreter.

Neben der Berufung von Interessenvertretern in 21 Staaten wurde ein Organisationsplan mit 5 Sektionen aufgestellt (siehe S. 2). Dem Kongressausschuß gehörten an: *H. Lieb* als Präsident, *G. Gorbach, M. K. Zacherl, R. Strebinger, G. Jantsch, G. F. Hüttig, E. Schwarz-Bergkampf, F. Hecht, E. Wiesenberger, H. Malissa, H. Spitzy, W. Schöniger* und *O. Negbaur.*

Die Geschäftsstelle des Kongresses war identisch mit dem Sekretariat der österreichischen Gesellschaft für Mikrochemie und befand sich in der Bibliothek des Institutes für biochemische Technologie und Lebensmittelchemie der Technischen Hochschule Graz, Schlögelgasse 9.

Schon nach wenigen Wochen zeigte sich, daß unsere Aufforderung nicht ohne Widerhall geblieben war. Mit besonderem Stolz erfüllte es den Kongressausschuß, über die trennenden Schranken der Politik hinweg eine Verbindung im einenden Geiste der Wissenschaft hergestellt zu haben. Leider brachten es die Umstände mit sich, daß wenige Tage vor Kongressbeginn Gelehrte aus acht Staaten ihre vorher gegebene Teilnahmezusage zurückziehen mußten. Über die Teilnehmeranzahl gibt eine eigene Tabelle (siehe S. 4) den besten Aufschluß.

Mit der Zusage der Teilnahme wurden auch zahlreiche Vorträge aus dem Gesamtbereich der Mikrochemie angemeldet, so daß erstmalig in einer Zeitspanne von vier Tagen ein Gesamtüberblick über den heutigen Stand der Mikrochemie in Theorie und Praxis gewonnen werden konnte. Im Sinne des Organisationsplanes entfielen auf

Allgemeine Mikrochemie: 68 Vorträge, Sprechzeit 925 Min.,

Angewandte Mikrochemie: 59 Vorträge, Sprechzeit 855 Min.

Durch das Entgegenkommen des Springer-Verlages, Wien, war es möglich, jedem Kongressteilnehmer die eingelangten Vorberichte zu

Tabelle.

	Staat	Gemeldete Teilnehmer	Tatsächliche Teilnehmer
1.	Ägypten	6	4
2.	Argentinien	2	3
3.	Belgien	13	11
4.	Brasilien	5	2
5.	Bulgarien	2	1
6.	Dänemark	5	3
7.	Deutschland	85	68
8.	Finnland	2	1
9.	Frankreich	48	45
10.	Großbritannien	24	24
11.	Griechenland	1	—
12.	Indien	1	—
13.	Italien	27	24
14.	Japan	x	—
15.	Jugoslawien	12	2
16.	Liechtenstein	1	1
17.	Mexiko	1	1
18.	Niederlande	7	5
19.	Österreich	321	344
20.	Philippinen	1	1
21.	Polen	2	—
22.	Portugal	3	3
23.	Schweden	20	22
24.	Schweiz	37	41
25.	Spanien	3	3
26.	Tschechoslowakei	2	—
27.	Türkei	3	—
28.	Ungarn	1	—
29.	UdSSR.	x	—
30.	Vatikan	1	1
31.	Vereinigte Staaten von Amerika	12	14
		648	624

den Vorträgen gesammelt in einem Sonderheft der „österreichischen Chemiker-Zeitung"* zu überreichen. Dies diente zur Orientierung und als Diskussionsbasis. Die den Kongressteilnehmern überreichten Diskussionsblätter ermöglichten es, die sich an die einzelnen Vorträge anschließenden Diskussionen schriftlich festzuhalten und in redigierter Form im vorliegenden Band der „Mikrochemie, vereinigt mit Mikrochimica Acta" zu veröffentlichen.

Zur klaglosen Abwicklung des Kongressprogramms war eine große

* Österr. Chem.-Ztg. **51**, 94 (1950).

Anzahl von freiwilligen Hilfskräften erforderlich. In anerkennenswerter Weise haben sich neben Assistenten der Grazer Hochschulen 87 Studenten und Studentinnen zur Verfügung gestellt. Ihre Tätigkeit wurde nicht nur vom Kongressausschuß, sondern besonders von Seiten der Gäste gewürdigt.

Bei der Ankunft in Graz wurde jeder Kongressteilnehmer in seiner Landessprache willkommen geheißen und fürsorglich von der Geschäftsstelle am Hauptbahnhof (Leiter: *W. Stöckl*) betreut. Kongresshelfer geleiteten die Gäste in Sonderwagen der Grazer Straßenbahn zur Hauptgeschäftsstelle im Rathaus (Leiter: Dr.-Ing. *A. Jurinka*). Hier erhielt jeder Teilnehmer in beachtenswert kurzer Zeit nach der Geldumwechslung Quartiergutscheine und zwei Tüten überreicht, in denen sich die Kongressunterlagen sowie Firmenprospekte und Schriften über Stadt und Land der Gastgeber befanden.

Den Auftakt des Kongresses bildete die Eröffnung der *Ausstellung mikrochemischer Arbeitsgeräte und Literatur* im Studentenhaus. Umfangreiche Bemühungen des 1. Vizepräsidenten der Gesellschaft, Professor Dr.-Ing. *G. Gorbach*, im Verein mit Dr.-Ing. *W. Schöniger* und dem Sekretariat hatten zu einer Schau geführt, die deutlich den Fortschritt auf dem Gebiete des mikrochemischen Gerätebaues dokumentierte. An dieser Ausstellung beteiligten sich die Firmen: *Reichert*, Wien, Mikroskope; *Bunge*, Hamburg, *Mettler*, Zürich, *C. Longue*, Paris, *Oertling*, London, *Stanton*, London, *Sartorius*, Göttingen, mit Waagen; *Paul Haack*, Wien, Glasapparaturen; *Schott & Gen.*, Landshut, Glassorten und Glasgeräte; *W. C. Heraeus*, Hanau, Platingeräte; Glasfabrik *Stölzle*, Köflach, und *Wiragglas*, Wien, Glassorten; *K. Bartelt*, Graz, Glasbläserei; *Hösli*, Bischofszell, *A. P. Norstedt & Söhne*, Stockholm, Automaten für die Mikroelementaranalyse u. a. Geräte; *Secowerke*, Wien, Ultraschallgeräte; *Balzers*, Innsbruck, Hochvakuumeinrichtungen; *Prolabo*, Paris, Laboratoriumseinrichtungen; *Leopold & Co.*, Graz, und *Glöckner*, Graz, Feinchemikalien; *J. A. Kienreich*, Graz, Chemische und mikrochemische Fachliteratur.

In seiner Eröffnungsansprache würdigte Prof. Dr.-Ing. *G. Gorbach* die Bemühungen der einzelnen Firmen, die weder Zeit, Geld noch Schwierigkeiten scheuten, beim I. Internationalen Mikrochemischen Kongress den neuesten Stand der mikrochemischen Apparatebautechnik zu zeigen.

Zahlreichen Anregungen des Aus- und Inlandes folgend, hatte der Gemeinderat Graz den Beschluß gefaßt, den großen Sohn seiner Stadt, *Friedrich Emich*, durch die Benennung eines Ruheplatzes auf dem Grazer Schloßberg besonders zu ehren. Bei der stillen Gedenkfeier am Sonntagnachmittag würdigte der Bürgermeister der Landeshauptstadt

Graz, Prof. Dr. *E. Speck,* in einer längeren Ansprache die großen Verdienste dieses Forschers und bat die Tochter des Altmeisters, Frau Hon.-Doz. Dr. *I. Emich,* die Enthüllung der Gedenktafel vorzunehmen.

Abb. 1. Gedenktafel für *Friedrich Emich* auf dem Grazer Schloßberg.

Präsident Prof. Dr. *H. Lieb* dankte in kurzen Worten der Stadtgemeinde und gab der Meinung Ausdruck, daß durch diesen Akt ein wesentlicher Schritt in dem Bestreben getan sei, große Söhne eines Volkes der Allgemeinheit ständig ins Gedächtnis zu rufen. Am Abend

Abb. 2.   Frau F. *Kindler-Emich,* Professor Dr. *E. Speck,* Bürgermeister der Stadt Graz, und Prof. Dr. Ing. *G. Gorbach* bei der Enthüllung der Gedenktafel für *Friedrich Emich.*

des Sonntags, 2. Juli 1950, trafen sich die Teilnehmer im Spiegelsaal des Hotels Steirerhof zum *Begrüßungsabend.* Der Präsident des Kongresses hieß alle Gäste herzlich willkommen und konnte die erfreuliche Mitteilung machen, daß von den 648 zur Teilnahme gemeldeten, 624 Gäste eingetroffen seien. Der Abend stand im Zeichen des gegenseitigen Kennenlernens und der ersten persönlichen Fühlungnahme nach dem Kriege.

Von den bei dem Kongress vertretenen wissenschaftlichen Körperschaften seien ohne Anspruch auf Vollständigkeit hervorgehoben:

Analytische Sektion der Internationalen Union für reine und angewandte Chemie (Präsident Prof. Dr. *C. J. van Nieuwenburg*, Delft).

Université Libre de Bruxelles (Prof. Dr. *A. Lacourt*, Bruxelles).

Ruksuniversität Gent (Prof. Dr. *J. Gillis*, Gent).

Gesellschaft Deutscher Chemiker (Prof. Dr. *R. Pummerer*, Erlangen).

Sorbonne, Paris (Prof. Dr. *C. Duval* und Prof. Dr. *J. A. Gautier*, Paris).

Society of Public Analysts and Other Analytical Chemists, Microchemistry Group, London (Präsident Prof. Dr. *R. Belcher*, Birmingham).

Università di Modena (Prof. Dr. *L. Musajo*, Modena).

Escuela Nacional de Ciencias Quimicas, Mexico D. F. (Prof. Dr. *A. A. Benedetti-Pichler*, New York).

Istituto Technologico y de Estudios Superiores de Monterrey, Monterrey, N. L., Mexico (Prof. Dr. *A. A. Benedetti-Pichler*, New York).

Österreichische Akademie der Wissenschaften in Wien (Prof. Dr. *A. Skrabal*, Graz).

Verein österreichischer Chemiker (Prof. Dr. *F. Wessely*, Wien).

Université de Genève (Prof. Dr. *P. E. Wenger*, Genève).

Consejo Superior de Investigaciones Cientificas, Madrid (Prof. Dr. *F. Burriel-Marti*, Madrid).

Microchemical Society of New York (Prof. Dr. *A. A. Benedetti-Pichler*, New York, Prof. Dr. *J. A. Kuck*, New York, Dr. *H. K. Alber*, Philadelphia).

Specola Vaticana, Castel Gandolfo (Prof. Dr. *A. Gatterer*, Castel Gandolfo).

Darüber hinaus war es uns eine besondere Freude, Delegierte und Vertreter u. a. aus folgenden Ländern begrüßen zu dürfen: Argentinien (Dr. *A. J. Llacer* und Dr. *J. A. Sozzi*), Ägypten (Prof. Dr. *O. Mahmoud* und Prof. Dr. *M. Y. Shawarbi*), Brasilien (Prof. Dr. *da Silva*), Philippinen (Prof. Dr. *A. C. Santos*), Portugal (Prof. Dr. *A. G. de Almeida*) und Jugoslawien (Prof. Dr. *M. Mladenović*).

Die eigentliche *Eröffnung* des I. Internationalen Mikrochemischen Kongresses nahm Präsident Prof. Dr. *H. Lieb* bei einem glanzvoll verlaufenen Festakt im Stefaniensaal am Montag, 3. Juli, vormittags, vor. Selten sah diese denkwürdige Stätte der Stadt Graz eine solche internationale Elite in ihren Räumen. Von Balustraden herabhängend grüßten die Fahnen der teilnehmenden Staaten die eintretenden Gäste. Nach feierlichen Orgelklängen entbot der Präsident den Erschienenen herzliche Begrüßungsworte und verwies auf die große Bedeutung dieses Kongresses für die gesamte Wissenschaft und Verständigung der Völker. Er dankte der Bundes- und Landesregierung, der Stadtgemeinde Graz sowie der österreichischen und insbesondere der steirischen Industrie, die durch tatkräftige Unterstützung die Abhaltung dieses Kongresses ermöglichten. Weiters gab der Präsident bekannt, daß auf Anregung von Prof. Dr.-Ing. *G. Gorbach* zur Förderung der mikrochemi-

Abb. 3. Die während der feierlichen Eröffnung des Kongresses enthüllte Büste *Friedrich Emichs.*

schen Forschung und Verbreitung der Mikrochemie die österreichische Gesellschaft für Mikrochemie eine *F. Emich*- und eine *F. Pregl*-Plakette gestiftet habe. Die künstlerisch ausgeführten Plaketten wurden von Prof. *W. Gösser*, Graz, geschaffen und sollen erstmalig im Jahre 1951 zur Verleihung gelangen. Die Verleihungsstatuten für diese Auszeichnung finden sich auf S. 1189.

Ansprachen der Herren Vertreter des Bundesministers für Unterricht sowie des Bundesministers für Handel und Wiederaufbau, Sektionschef Dr. *O. Skrbenski* und Sektionschef Dipl.-Ing. *F. Pichler-Mandorf*, des Herrn Landeshauptmannes für Steiermark, *J. Krainer*, des Herrn Bürgermeisters der Stadt Graz, Prof. Dr. *E. Speck*, sowie des Chefs der britischen Zivilverwaltung, Colonel *P. L. Graham*, schlossen sich Begrüßungsreden des britischen Delegationsführers Prof. Dr. *R. Belcher*, Birmingham, des Führers der französischen Delegation, Prof. Dr. *C. Duval*, Paris, der schweizerischen Delegation, Prof. Dr. *P. E. Wenger*, Genf, der deutschen Delegation, Prof. Dr. *R. Pummerer*, Erlangen, des Präsidenten der Sektion für analytische Chemie der Union Internationale de Chimie, Prof. Dr. *C. J. van Nieuwenburg*, Delft, Holland, sowie des ältesten Mitgliedes der österreichischen Akademie

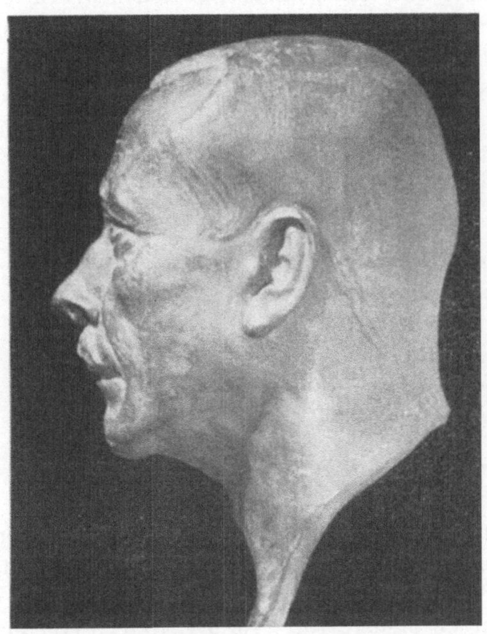

Abb. 4. *Fritz Pregl*, Büste von *W. Gösser*.

der Wissenschaften, Prof. Dr. *A. Skrabal*, Graz, und des 1. Vizepräsidenten des Vereines österreichischer Chemiker, Prof. Dr. *F. Wessely*, Wien, an.

Nachdem die österreichische Bundeshymne verklungen war, hielt aus Anlaß der 10. Wiederkehr des Todestages von *Friedrich Emich* Prof. Dr. *A. A. Benedetti-Pichler*, New York, eine Gedenkrede, die eine geistvolle Würdigung der Persönlichkeit seines Lehrers sowie seines unvergänglichen Werkes darstellte. (Der Wortlaut dieser Rede findet sich auf S. 17.) Die Tochter des Altmeisters der Mikrochemie, Frau *Fritzi Kindler-Emich*, Berlin, enthüllte nun unter feierlichen Orgelklängen vor dem Auditorium, das sich von den Sitzen erhoben hatte, die *Emich*-Büste, geschaffen von Prof. *W. Gösser*, Graz. Dank der Opferfreudigkeit österreichischer Wissenschaftler und vor allem der unermüdlichen

Sammeltätigkeit von Dr. *H. K. Alber* in den Vereinigten Staaten von Amerika für den „*Emich* Memorial Fond", war es möglich geworden, dem großen Wissenschaftler und Menschen ein würdiges Denkmal zu setzen.

Prof. Dr. *Lieb*, der zum Gedenken an die 20. Wiederkehr des Todestages *Fritz Pregls*, des Schöpfers der quantitativen organischen Mikroanalyse, sprach, gab eine geschlossene und pietätvolle Darstellung der Persönlichkeit und des wissenschaftlichen Werkes seines Lehrers und Vorgängers*. Während der letzten Worte erhob sich wieder das Auditorium und gedachte des bahnbrechenden Gelehrten *Fritz Pregl*.

Anschließend erfolgte durch den 1. Vizepräsidenten Prof. Dr.-Ing. *G. Gorbach* die Bekanntgabe der *Verleihung von Ehrenmitgliedschaften* der österreichischen Gesellschaft für Mikrochemie an folgende, besonders verdiente Mikrochemiker:

Dr. *Herbert K. Alber*, Philadelphia,
Prof. Dr. *Ronald Belcher*, Birmingham,
Prof. Dr. *Anton A. Benedetti-Pichler*, New York,
Prof. Dr. *Julius Donau*, Graz,
Prof. Dr. *Clément Duval*, Paris,
Prof. Dr. *Fritz Feigl*, Rio de Janeiro,
Prof. Dr. *Rudolf Strebinger*, Wien.

Den Ehrenmitgliedern wurden auf Pergament geschriebene Urkunden in Anerkennung ihrer Verdienste überreicht.

Das Präsidium der Österreichischen Gesellschaft für Mikrochemie sah sich in die Lage versetzt, zur Förderung und Auszeichnung junger österreichischer Mikrochemiker einen Preis zu stiften, der in Würdigung der großen Verdienste von Prof Dr. *Fritz Feigl* um die Entwicklung der Mikrochemie und der österreichischen Gesellschaft für Mikrochemie „*Fritz-Feigl-Preis*" genannt wird. Der 2. Vizepräsident Prof. Dr. *M. K. Zacherl*, Wien, gab die Zuerkennung dieser Auszeichnung an folgende Herren bekannt:

1. Priv.-Doz. Dr.-Ing. *Hanns Malissa*, für seine erschöpfenden mikrochemischen Arbeiten auf dem Gebiete der Gemäldeuntersuchung sowie für seine Beiträge zur Definition der Empfindlichkeit mikroanalytischer Reaktionen;

2. Dr. *Gerald Kainz*, für seinen ausgezeichneten Beitrag zur Lösung des Problems der Mikro-Acetylbestimmung sowie für seine Arbeiten auf dem Gebiete der Mikro-Halogenbestimmung;

3. Dr. *Herbert Ballczo*, für die Ausarbeitung neuer Mikromethoden auf dem Gebiete der Mineralwasseranalyse;

---

* Mikrochem. **35**, 123 (1950).

4. Dr.-Ing. *Wolfgang Schöniger*, für die Anwendung mikrochemischer Methoden auf die Darstellung organischer Präparate sowie für seine Arbeiten auf dem Gebiete der mikroanalytischen Bestimmung funktioneller Gruppen;

5. Dr.-Ing. *Hans Spitzy*, für seine Arbeiten auf dem Gebiete der quantitativen anorganischen Mikroanalyse sowie für die Anwendung farbenphysikalischer Verfahren auf die Tüpfelanalyse.

Vor Eröffnung des *wissenschaftlichen* Teiles des Kongresses am Montag, 3. Juli, nachmittags, der in den beiden Hörsälen des Chemischen Institutes der Universität Graz abgehalten wurde, brachte Prof. Dr. *Lieb* die telegraphischen Grüße und Wünsche des Herrn Bundespräsidenten Dr. *Karl Renner* an die Tagungsteilnehmer zur Verlesung.

Die von Montag nachmittag bis Donnerstag abends im Verlauf der wissenschaftlichen Sitzungen gehaltenen 115 Vorträge brachten ein eindrucksvolles Bild der in den letzten Jahren erzielten Fortschritte der Mikrochemie und ihrer die Bearbeitung zahlreicher naturwissenschaftlicher Probleme befruchtenden Anwendung. Die erste wissenschaftliche Sitzung wurde durch die Verlesung eines von Prof. Dr. *F. Feigl* verfaßten Nekrologs für den am 28. März 1950 in La Jolla verstorbenen Dr. *Oskar Baudisch* (Saratoga Springs Commission) durch Prof. *Lieb* eingeleitet, während die Verlesung der letzten, durch Dr. *Baudisch* redigierten Arbeit durch Prof. Dr. *Ph. W. West* (Baton Rouge, La.) den Abschluß des wissenschaftlichen Teiles der Tagung bildete. Die im Verlauf des Kongresses gehaltenen Vorträge und die sich daranschließenden Diskussionen sind in dem vorliegenden Band der Zeitschrift „Mikrochemie, vereinigt mit Mikrochimica Acta" veröffentlicht.

Die Gelegenheit der Anwesenheit von Angehörigen der verschiedensten Fachrichtungen wahrnehmend, fanden während des Kongresses nachstehende Sitzungen statt:

Vorstandsausschuß der Analytischen Sektion der Union Internationale de Chimie, Herausgeber der Zeitschrift „Mikrochemie, vereinigt mit Mikrochimica Acta", Beirat der „Österreichischen Chemikerzeitung".

Während der Dauer des Kongresses war sämtlichen Teilnehmern die Möglichkeit von Besichtigungen des Institutes für medizinische Chemie der Universität Graz mit dem „*Pregl*-Laboratorium" und des Institutes für biochemische Technologie und Lebensmittelchemie sowie Mikrochemie und Geochemie der Technischen Hochschule Graz gegeben. Filmvorführungen, wie „Mikrochemische Arbeitsgeräte" von *G. Gorbach* und „Mikroskopische Methoden in der Mikrochemie" von *L. Kofler* führten den Kongressteilnehmern in Österreich geübte mikrochemische Arbeitsmethoden bildhaft vor Augen.

Internen Beratungen mit den anwesenden Vertretern der Union
Internationale de Chimie, insbesondere mit dem Präsidenten der ana-
lytischen Sektion, Prof. Dr. *C. J. van Nieuwenburg*, war es vorbehalten,
Vereinbarungen über die künftige internationale Zusammenarbeit auf
dem Gebiete der Mikrochemie zu treffen. Diese Beratungen führten
zunächst zur Bildung eines inoffiziellen und vorläufigen Ausschusses,
dem die Standardisierung mikrochemischer Geräte obliegt. Die Herren
Dr. *H. K. Alber* (Philadelphia), Prof. Dr. *R. Belcher* (Birmingham) und
Prof. Dr. *G. Gorbach* (Graz) wurden mit der Sammlung aller bisherigen
Veröffentlichungen auf diesem Gebiet und mit der Ausarbeitung und

Abb. 5. Universität Graz.

Unterbreitung entsprechender Vorschläge an die International Standard
Association (ISA) beauftragt. Im Rahmen der Schlußsitzung des Kongresses wurde vom Präsidenten die mit Spannung erwartete Verein-
barung über die zukünftige internationale Zusammenarbeit bekannt-
gegeben, die wir im Wortlaut anführen:

„Interne Besprechungen zwischen dem Präsidenten der österreichischen Gesellschaft für Mikrochemie, dem Präsidenten des Vereines
Österreichischer Chemiker und dem Präsidenten und dem Vorstandsausschuß der Analytischen Sektion der Union Internationale de Chimie
führten zu dem Vorschlag, den internationalen Interessen der mikrochemischen Wissenschaft in einer eigenen Kommission im Rahmen
dieser analytischen Sektion ihre Vertretung zu sichern. Zu diesem
Zweck wird eine solche Kommission unter Zustimmung des Exekutiv-
komitees der Union neu gebildet. Der Vorstandsausschuß der Sektion
hat Prof. Dr. *M. K. Zacherl*, Wien, zum Präsidenten ernannt und ihm das
Recht übertragen, die Mitglieder dieser Kommission selbst zu koop-
tieren."

Außerdem wurde über Vorschlag von Prof. Dr. *C. Duval* (Paris) und Prof. Dr. *Gillis* (Gent), der Sekretär der österreichischen Gesellschaft für Mikrochemie, Doz. Dr. *H. Malissa* (Graz), in die „Kommis-

Abb. 6. Universitätsprofessor Dr. *Hans Lieb*, der Präsident des I. Internationalen Mikrochemischen Kongresses.

sion für neue Reaktionen und Reagenzien" in der Analytischen Sektion der Union Internationale de Chimie kooptiert.

In der Schlußansprache führte Präsident Prof. Dr. *Lieb* aus: „Rückblickend auf die vergangenen Tage läßt sich feststellen, daß

Abb. 7. Professor Dr. *C. J. van Nieuwenburg*, Präsident der Analytischen Sektion der Union Internationale de Chimie, im Gespräch mit Doz. Dr. *H. Malissa*, Sekretär der Österreichischen Gesellschaft für Mikrochemie.

unsere Tagung ein schöner Erfolg für die Mikrochemie war und daß ihr Verlauf wesentlich günstiger erfolgte, als wir es je erwartet hatten. Diese Tatsache erscheint als Beweis für die Notwendigkeit eines Gedankenaustausches zwischen den Mikrochemikern. Deshalb wurde auch

im Verlauf des Kongresses der Beschluß gefaßt, in den nächsten Jahren
wieder eine internationale Tagung zu veranstalten."

Als Zeitpunkt für den II. Internationalen Mikrochemischen Kongress
wurde das Jahr 1954 gewählt; als Tagungsort wurden die Städte
Brüssel, Paris, Mailand, Stockholm und Florenz genannt.

Anschließend brachte der Präsident seinen herzlichen Dank an sämtliche Mitarbeiter zum Ausdruck und gedachte insbesondere der um-
·fangreichen Verdienste um den Kongress seitens der Herren Vizepräsidenten Prof. Dr.-Ing. *G. Gorbach* und Prof. Dr. *M. K. Zacherl*, der
beiden Sekretäre, der Herren Interessenvertreter im Ausland sowie der
zahlreichen Mitarbeiter und studentischen Helfer.

Im Namen der Kongressteilnehmer stattete Herr Prof. Dr. *C. J. van
Nieuwenburg* den Dank an den Kongressausschuß mit folgenden Worten
ab: „Meine Damen und Herren! Obwohl mir zuvor niemand den Auf-
trag dazu gegeben hat, so möchte ich es doch wagen, meinen herzlichsten
Dank den Damen und Herren des Kongresses auszusprechen. Wir
haben in diesen Tagen viel Schönes und Gutes gesehen und viel gelernt;
ich bin sicher, daß alle ausländischen Gäste, wenn sie morgen oder
übermorgen nach Hause fahren, sehr viele schöne Eindrücke mitnehmen
werden, und ich möchte dem Kongress dafür herzlich danken. So hat
sich wieder einmal gezeigt, daß wir Wissenschaftler über alle Grenzen
hinaus uns verstehen und ich hoffe nur, daß sich damit dieser Kongress
auch auf die österreichische staatspolitische Lage günstig auswirken
möge."

Nachdem der Präsident der analytischen Sektion in der Union Internationale de Chimie, Prof. Dr. *van Nieuwenburg*, seine kurze Ansprache
in englischer, französischer und italienischer Sprache wiederholt hatte,
wurde durch Präsidenten Prof. Dr. *Lieb* der wissenschaftliche Teil des
Kongresses unter dem Beifall sämtlicher Teilnehmer geschlossen.

Der *gesellschaftliche Teil* des Kongressprogramms gab willkommene
Gelegenheit, mit zahlreichen Persönlichkeiten, die auf dem Gebiete der
Mikrochemie in aller Welt tätig sind, in persönliche Fühlung zu treten.

Zu Ehren der Kongressteilnehmer gab der Bürgermeister der Landeshauptstadt Graz, Prof. Dr. *E. Speck,* am Montag abends im Spiegelsaal
des Hotels Steirerhof einen Empfang. Die herzlichen Begrüßungsworte
des Stadtoberhauptes, deren erstaunlich geläufige Übersetzung in drei
Fremdsprachen durch seine Sekretärin Frl. Dr. *Maier* einen Sonder-
beifall der ausländischen Gäste eintrug, erwiderte Prof. Dr. *H. Lieb*
dankend. Ein wesentlicher Punkt der zum vollen Gelingen dieses
Abends beitrug, war die Mitwirkung von Angehörigen der Städtischen
Bühnen.

Der darauffolgende Abend versammelte die Gäste am idyllisch ge-
legenen Hilmteich. Jeder empfand nach der abnormen Hitze der ver-

gangenen Tage die abendliche Kühle als erlösend. Bereitgestellte Boote verlockten viele Gäste zur Kahnfahrt, andere vergnügten sich bei flotten Weisen einer Tanzkapelle. Wenn auch um Mitternacht die Darbietungen mit einem Feuerwerk beendet wurden, so blieben doch viele Gäste bis in die frühen Morgenstunden.

Der Mittwoch-Abend war dem gemeinsamen Besuch eines Konzertes des Städtischen Symphonie-Orchesters im Stefaniensaal gewidmet, wobei die „Missa solemnis" *Ludwig van Beethoven*s zur Aufführung gelangte.

Der Abend des letzten Kongresstages brachte ebenfalls einen Höhepunkt der gesellschaftlichen Veranstaltungen. Der Landeshauptmann von Steiermark, *J. Krainer,* gab zu Ehren der Kongressteilnehmer einen großartigen Empfang in der Burg.

Nachdem die Klänge eines Hörnerquartettes verhallt waren, begrüßte der Landeshauptmann im altehrwürdigen Burggarten zu Graz seine Gäste. Prangschützen, Fahnenschwinger, Reiftänzer und die Bergkapelle aus dem weststeirischen Kohlengebiet brachten ihre Huldigungen dar. Besonders gewürdigt wurde der vom St.-Peter-Kinderchor vorgetragene „Glockenjodler" und die altsteirischen Tänze. In knapper Zeit wurde so den Gästen ein Abriß unseres Brauchtums gegeben. Anschließend an die wohlgelungenen Vorstellungen lud der Gastgeber zu einem ausgezeichneten und fröhlichen Mahle in den schönen Räumen der Burg ein. Eine besondere Auszeichnung fand dieser Abend durch die Teilnahme des Herrn Bundesministers für Handel und Wiederaufbau Dr. *E. Kolb.*

Für Angehörige der Kongressteilnehmer, die ·an den wissenschaftlichen Veranstaltungen nicht teilnahmen, war ein reichhaltiges Programm vorgesehen, das neben der Besichtigung der Kongressstadt auch Führungen durch Museen und Gemäldeausstellungen sowie Ausflüge in die engere und weitere Umgebung von Graz vorsah.

Als der endgültige Beschluß gefaßt wurde, den I. Internationalen Mikrochemischen Kongress abzuhalten, konnte der Kongressausschuß keineswegs mit Sicherheit sagen, ob das Vorhaben gelingen und in der internationalen wissenschaftlichen Welt Widerhall finden werde. Mit um so größerer Genugtuung und Freude erfüllt es heute die österreichische Gesellschaft für Mikrochemie als Veranstalterin dieser internationalen Tagung, aus zahllosen persönlichen Aussprachen und Briefen des Aus- und Inlandes feststellen zu können, daß der Mikrochemische Kongress nicht nur in seiner Vorbereitung und Durchführung von vollem Erfolg begleitet war, sondern darüber hinaus seiner ureigensten Aufgabe, dem Fortschritt der Wissenschaft zu dienen, in vollem Umfange gerecht wurde.

Neben den wissenschaftlichen Leistungen, die im vorliegenden Sonderband ihren Niederschlag gefunden haben, liegt die besondere Bedeutung des Kongresses in den Ergebnissen, zu denen die Besprechungen über die internationale Zusammenarbeit auf dem Gebiete der Mikrochemie geführt haben.

Damit hat Österreich als Traditionsland auf dem Gebiete der Mikrochemie gezeigt, daß es sehr wohl möglich ist, über oftmals trennende Schranken der Politik hinweg eine internationale wissenschaftliche Zusammenarbeit zu erreichen. Ohne Zweifel bildet dieser I. Internationale Mikrochemische Kongress einen Markstein in der Geschichte der Mikrochemie und es bleibt zu hoffen, daß er den Auftakt zu einer fruchtbringenden Zusammenarbeit der Mikrochemiker der Welt werden möge.

H. Malissa,

H. Spitzy.

Friedrich Emich.
1860—1940.

Begründer und Altmeister der Mikrochemie.

Festrede von *A. A. Benedetti-Pichler*, anläßlich der Eröffnung des I. Internationalen Mikrochemischen Kongresses in Graz am 2. Juli 1950.

Herr Präsident! Gnädige Frau! Akademische Würdenträger! Hohe Kongreßteilnehmer! Meine Damen und Herren!

Wir blicken nun auf ein halbes Jahrhundert mikrochemischer Forschung zurück und der Todestag des Begründers dieses Wissenszweiges hat sich diesen Jänner zum zehnten Male gejährt. Es erscheint deshalb nur angemessen, daß der Erste Internationale Mikrochemische Kongreß des Altmeisters in feierlicher Sitzung gedenkt.

Die Daten über den Lebenslauf von *Friedrich Emich* sind im Kongreßheft der Zeitschrift „Mikrochemie" enthalten,[1] so daß es sich erübrigt, hier im einzelnen darauf einzugehen. Seine akademische Laufbahn begann er als Student an der Technischen Hochschule in Graz und er endete sie daselbst im Jahre 1937 mit dem Empfang des Ehrendoktorates von der Hochschule, der er durch vierzig Jahre als Professor gedient hatte. Durch ein Lebensalter war ihm die Lehrkanzel für allgemeine Experimentalchemie anvertraut und in diesem Zusammenhange hat er sich mit fast allen Zweigen dieser Wissenschaft beschäftigt. Die ihm angeborene universelle Einstellung hat ihn dazu bestimmt, Gründer einer allgemeinen Philosophie der chemischen Experimentierkunst zu werden.

Marggraf (vor 1780) und *Raspail* (etwa 1825) waren vermutlich die ersten, die das Mikroskop in den Dienst chemischer Untersuchungen stellten. Um das Jahr 1855 entwickelte *Teichmann* den Nachweis von Blut mit Hilfe der bekannten Häminkristalle und in den darauf folgenden Jahrzehnten wurde das Mikroskop von Medizinern, Chemikern, Mineralogen und Botanikern zum qualitativen Nachweis anorganischer und organischer Stoffe herangezogen. In chronologischer Reihenfolge mögen die Namen *Harting, Wormley, Bořický, Streng, Haushofer, Heinrich Behrens* und *A. Zimmermann* hervorgehoben werden. Alle diese Arbeiten scheinen durch die zunehmende Verfügbarkeit guter Mikroskope angeregt und sie alle gehören in jenes Gebiet, das heute unter dem Namen „chemische Mikroskopie" zusammengefaßt wird.

Was wir heute unter Mikrochemie verstehen, hat damals noch nicht bestanden. Mikrochemie ist wesentlich ein Gedanke oder Begriff und konnte daher durch die bloße Verkündung der Zielsetzung geschaffen werden. Als Geburtsdatum mag man mit Recht jenen Tag wählen, an dem *Emich* im Jahre 1899 seine Inaugurationsrede als Rektor der Technischen Hochschule hielt. Wenn auch genaue Zeitpunkte in solchen Belangen unmöglich festzusetzen sind, so ist doch anzunehmen, daß *Emich* für diese akademische Feier ein Thema gewählt hat, das ihn bewegte und das ihm als das Beste erschien, das er bieten konnte. Jedenfalls hat er in seiner Rede das Bild des neuen Wissenszweiges klar gezeichnet. Er sprach über eigene Versuche zur „Vervollkommnung der experimentellen Hilfsmittel des Chemikers" und legte dabei das Hauptgewicht auf die Erforschung der äußersten Grenzen, die durch Verfeinerung der Hilfsmittel erreicht werden können. Damit hat er, ohne es deutlich auszusprechen, genau definiert, was wir heute unter Mikrochemie verstehen: *Die Feinmethoden allgemeiner chemischer Experimentierkunst.* Die Fesseln, die die Mikroarbeit bis dahin an das Mikroskop gebunden hatten, waren abgestreift und ein neues Ziel war gesteckt: Höchste Verfeinerung der Arbeitsmethoden unter Benutzung aller verfügbaren Hilfsmittel.

Der Meister unterscheidet sich vom Gesellen dadurch, daß er nicht nur alle erforderlichen Handgriffe der Kunst beherrscht, sondern sich auch der Auswirkungen seines Gewerbes voll bewußt ist. Er ist nicht nur der beste Mann in der Werkstatt, er versteht es auch, die Arbeit in nutzbringende Richtungen zu leiten. In diesem Sinne gebührt *Emich* auch der Titel eines Altmeisters der Mikrochemie.

Mit der Erkenntnis des neuen Arbeitsgebietes eröffnete sich dem bahnbrechenden Pionier ein so weites Arbeitsfeld, daß ein Menschenalter nicht ausreichen konnte, alle Einzelheiten zu studieren. Die erste Forschung mußte sich auf die Festlegung der bemerkenswertesten Züge der neuen Landschaft und auf die Aufdeckung der wertvollsten Reichtümer beschränken. Der Altmeister hat nichts von einiger Bedeutung übersehen, so daß seinen Nachfolgern nicht viel mehr übrig geblieben ist, als das von ihm in großen Umrissen errichtete Gebäude fertigzustellen, einzurichten, hier etwas zu erweitern und dort etwas zu vertiefen. — Es liegt keine Absicht vor, das Verdienst solcher Arbeit zu schmälern.

Die Gebiete der qualitativen und quantitativen chemischen Analyse mit Milligramm-Mengen waren in großen Umrissen mit der Veröffentlichung seines Lehrbuches der Mikrochemie im Jahre 1911 fertiggestellt. Auch die Anfänge qualitativer und kolorimetrischer Analyse mit Mikrogramm-Mengen waren damit geschaffen. Ein systematisches Studium der feinen Quarzwaagen und die Konstruktion einer Injektionsbürette für das Messen kleinster Lösungsmengen folgten im Zeitraum von etwa 1912 bis 1915. Sie schufen die Grundlagen der quantitativen Analyse mit Mikrogramm-Mengen, und im Kapitel „Methoden der Mikrochemie" in *Abderhaldens* „Handbuch der biologischen Arbeitsmethoden" berichtet *Emich* über Aschenbestimmungen mit Brennhaaren von *Gynura aurantiaca* von denen jedes nur ein halbes Mikrogramm wiegt.

Mechanische Manipulationen unter dem Mikroskop wurden bei der Untersuchung von Pulvern und beim Studium des Zellinhaltes von Nesselbrennhaaren vorweggenommen. In der Zeit von etwa 1915 bis 1925 wandte sich *Emich* der Ausbildung von Kleinverfahren für die Darstellung und Reinigung von Stoffen zu und so nebenbei wurde immer wieder einmal ein Vorlesungsexperiment auf den Mikromaßstab übertragen, so daß es mit Hilfe von Projektion oder Mikroprojektion besser als bisher einer großen Hörerzahl deutlich sichtbar gemacht werden konnte. Dabei hat *Emich* immer eine künstlerische Begabung für die Auswertung optischer Hilfsmittel gezeigt. Die letzten Jahre seiner wissenschaftlichen Tätigkeit waren mit der Anwendung der Schlierenbeobachtung auf das Kleinstudium chemischer Vorgänge, die Reinheitsprüfung von Stoffen und die Bestimmung der kritischen Temperatur ausgefüllt. Seit der Veröffentlichung seines Mikrochemischen Praktikums im Jahre 1924 mußte er übrigens auch einen beträchtlichen Teil seiner Zeit den zahlreichen Gästen widmen, die sein Institut besuchten.

Dies ist in groben Zügen eine Übersicht über die vom Altmeister geleistete Arbeit.

Es ist selbstverständlich, daß er das Feld nicht lange für sich allein behalten konnte. In einem halben Jahrhundert hat die junge Mikrochemie gewaltige Fortschritte gemacht. Die von *Ivar Bang* begonnene Ausbildung von Mikromethoden für die Analyse des Blutes regte viele Untersuchungen auf diesem Gebiete an. Die von *Timiriazeff* und *Krogh* beschriebenen Methoden der Mikrogasanalyse wurden von einer Reihe von Forschern weiterentwickelt. Die rasche Ausbildung der organischen Mikroelementaranalyse zu einem handlichen Hilfsmittel organischer Forschung trug besonders viel dazu bei, die Aufmerksamkeit der Gelehrtenwelt auf die Nützlichkeit der neuen Arbeitsweise zu lenken. In den Dreißigerjahren wurden auch die Probleme der Industrie bereits allgemein so kompliziert, daß Mikromethoden aller Art in ihre Laboratorien Einzug hielten und sich in kurzer Zeit unentbehrlich machten. Während des letzten Krieges haben die aus *Emichs* grundlegenden Studien logisch weiter entwickelten Mikromethoden für die Untersuchung der durch den Atomzerfall gebildeten hochradioaktiven Elemente weite Verbreitung gefunden. *Emich* hat immer mit besonderer Vorliebe an die Befruchtung biologischer und medizinischer Forschung durch seine Mikromethoden gedacht. Es ist ihm erspart geblieben, sich seines indirekten Beitrages zur Entwicklung jener Waffe gewahr zu werden, die in wenigen Sekunden eine blühende Stadt in Schutt und Asche legen kann.

Als Forscher war *Emich* ein vollblütiger Vertreter des westlichen Kulturkreises. Der Drang nach dem Unendlichen hat bei ihm in der Erforschung der Grenzen menschlicher Experimentierkunst ihren Ausdruck gefunden. Wenn *Emich* auch zuweilen einen schwachen Versuch gemacht hat, seine Forschungsrichtung durch Hinweise auf praktische Folgerungen zu rechtfertigen, mag man doch mit Sicherheit annehmen, daß er selbst nicht durch materielle Überlegungen geleitet war, sondern demselben Kulturtrieb folgte, auf den *Oswald Spengler*[2] die Entwicklung des gotischen Domes und der Meisterwerke westlicher Tonkunst zurückführt.

Dabei war *Emich* aber durchaus kein Träumer, sondern ein Naturwissenschaftler, der sich immer entschieden weigerte, den festen Boden nachprüfbarer Tatsachen zu Gunsten hochfliegender Spekulationen zu verlassen. Er hat diese Einstellung als Forscher und Lehrer immer nachdrücklich betont und er hat sie selbst auf das Leben des Alltages übertragen. *Emich* hat damit seinen Schülern und seiner Umgebung ein Beispiel gegeben, dessen allgemeine Nachahmung vermutlich der einzige Weg ist, die Zukunft der Menschheit in jene freundlichen Bahnen zu lenken, die die Verkünder politischer und ökonomischer Ideale zwar mit lockenden Farben schildern aber praktisch nie erreichen können.

Von philosophischer Seite wird häufig darauf hingewiesen, daß Wissenschaftler nicht fähig sind, sich im öffentlichen Leben nutzbringend zu betätigen. *Ortega y Gasset*[3] beschuldigt sie der Flucht in ein abstraktes Gebiet, in dem die Klarheit und der Erfolg in der Natur der Sache liegen und nicht die Frucht zielbewußter Anstrengung sind. Darauf läßt sich antworten, daß die Probleme der Naturwissenschaft genau so kompliziert sind wie die des täglichen Lebens. Beide können nur dann in langsamem Vordringen einer Lösung nähergebracht werden, indem man mit Bescheidenheit erst die Grundprobleme löst bevor man sich an verwickelte Fragen heranwagt. Das unbedingt erforderliche Rüstzeug haben alle großen Männer der Wissenschaft als selbstverständlich zur Schau gestellt ohne darauf weiter hinzuweisen. Darunter befinden sich: Gebrauch einer klaren Sprache, die keine zündenden Schlagworte benützt und in der jedes Wort einen eindeutigen Sinn hat; objektive Erforschung des Tatbestandes; Genauigkeit in der Mitteilung der Befunde; ständige Bereitschaft zum Meinungsaustausch und zur Zusammenarbeit; leidenschaftslose und vorsichtige Beschlußfassung; und schließlich ständige Bereitschaft sich zeigende Irrtümer zu berichtigen.

Diese Tugenden haben zu den Triumphen der Naturwissenschaft geführt und solange sie nicht im öffentlichen Leben geübt werden, hat man kein Recht vom Versagen der wissenschaftlichen Methode zu sprechen. Es sei zugegeben, daß es schwer ist, die wissenschaftliche Ethik im öffentlichen Leben beizubehalten und eben aus diesem Grunde soll *Emichs* Beispiel hervorgehoben werden.

Wenn man *Emichs* Persönlichkeit verstehen will, muß man im Auge behalten, daß er durchaus, mit Begeisterung und im besten Sinne ein Student, Bewunderer und Verkünder des Waltens der Natur war. Alle hierzu erforderlichen Eigenschaften besaß er in besonders stark ausgeprägtem Maße und er war fähig, seine eigenen Ideen einer kritischen Prüfung zu unterwerfen. Wenn er einen Vorschlag gründlich erwogen hatte und seiner Sache sehr sicher war, pflegte er die Unterredung mit den Worten, „Es ist denkbar und scheint durchaus nicht ausgeschlossen...“ einzuleiten.

Eine reine, wissenschaftliche Einstellung führt zu den Schlußfolgerungen, die von allen großen Morallehrern verkündet worden sind. *Shri Krishna* könnte sich mit dem Gebot, „Lenke deinen Sinn auf das Absolute, frei von Selbstsucht und ohne Gedanken auf Belohnung“,[4] an einen Wissenschaftler gewendet haben. Es entgleitet uns im Trubel des Alltages, aber die Überzeugung von der Richtigkeit dieser Forderung ist so tief in unserem Gefühl verankert, daß wir erschüttert sind, wenn wir unvermutet einem Beispiel freudiger Befolgung gegenüberstehen. Es hat darum oft nicht viel dazu gefehlt — und ist wenigstens einmal vorgekommen — daß ein Gast unserem Hofrat *Emich* um den Hals gefallen wäre, wenn er eine lange und begeisternde Vorführung mit kindlichem Freimut abgeschlossen hat: „Es hat ja natürlich gar keinen praktischen Zweck, aber — glauben Sie nicht, daß es hübsch ist?“

Emich hat die zu seinem Beruf gehörende Verantwortlichkeit so ernst genommen, daß ihm Wahrhaftigkeit und Besonnenheit zu einer Notwendigkeit des Lebens geworden sind. Bei einer pedantischen Natur wäre dies vielleicht nicht besonders aufgefallen. *Emich* aber hatte ein feuriges Temperament, ein fühlendes Herz und einen lebendigen Geist. Die freiwillige Unterwerfung dieser starken Eigenschaften zugunsten wissenschaftlicher Gewissenhaftigkeit hat *Emich* zu dem ungewöhnlich eindrucksvollen Lehrer gemacht. Man mag mit Recht annehmen, daß er seine Schüler beeinflußt hat. Es ist eine bemerkenswerte Tatsache, daß er unter Wissenschaftlern, die ihm nie Aug' in Auge gegenüber gestanden sind, begeisterte Bewunderer gefunden hat.

Die Bedeutung des einzelnen scheint natürlich sehr beschränkt, wenn wir uns der Hypothese *Oswald Spenglers* anschließen, daß die zerfallende Zivilisation einer ihr folgenden Kultur nichts Nutzbringendes vererben kann. Ich bin nicht sicher, ob *Spengler* selbst dieser absoluten Fassung

seiner Gedanken zugestimmt hätte. Die Bedeutung des einzelnen, besonders wenn er im Stande war, auf andere einen starken Einfluß zu
üben, wächst aber ins schwer Ermeßliche, wenn wir uns dem frucht-
bareren Glaubensbekenntnis anschließen, das von dem bekannten Biologen
und Physiker *Lecomte du Nouy* in seinem Buch über die Bestimmung
der Menschheit[5] in die folgende Form gefaßt wurde:

„Das Wirken des Menschen endet nicht mit seinem irdischen Dasein.
Was er während seines Lebens getan hat, zählt weniger als die Spur,
die er in Zeit und Raum zurückläßt. Er mag sich dessen selbst nicht
bewußt sein. Er mag selbst glauben, daß mit dem Leben alle Realität
für ihn erlischt. Es kann aber wohl sein, daß das Ende physischer Existenz
nur der Anfang einer mächtigeren und eindrucksvolleren Wirklichkeit
ist.“

Friedrich Emich.
1860—1940.

Founder and Old Master of Microchemistry.

Formal Address by Mr. *A. A. Benedetti-Pichler* on Occasion of the Opening of the First International Microchemical Congress in Graz, July 2, 1950.

Mr. Chairman, Madam, Gentlemen of the Academic Administrations, Esteemed Guests, Participants in the Congress, Ladies and Gentlemen:

Half a century of microchemical research has passed, and it was ten years ago this January that the founder of the branch of science left us. It seems only proper that the First International Microchemical Congress should commemorate the Old Master in formal assembly.

There is no need to give a detailed discussion of the life of *Friedrich Emich*, since the Congress Issue of the journal "Mikrochemie" contains the biographical data[1]. He started his academic career as a student at the Technische Hochschule in Graz, and he ended it there in 1937 when he was awarded the honorary degree of doctor of technical sciences by the institution which had enjoyed his services for forty years as professor, dean, and president. Since he was charged with the teaching of general and experimental chemistry, his research work spread into nearly all the branches of the science, and by his universal turn of mind he seems to have been predestined to become the founder of a general philosophy of chemical experimentation.

Marggraf (before 1780) and *Raspail* (approximately 1825) were probably the first to make use of the microscope in chemical investigations. Around 1855, *Teichmann* developed the well-known hemin test for blood, and during the following decades the microscope was used for the confirmation of inorganic and organic substances by various medical men, chemists, mineralogists, and botanists. The names *Harting, Wormley, Bořický, Streng, Haushofer, Klement* and *Renard, Heinrich Behrens*, and *A. Zimmermann* appear in the literature in the same chronological order in which they have been mentioned. All of this work seems to have been inspired by the increasing availability of efficient microscopes, and all of it belongs into the field now known as chemical microscopy.

Microchemistry, as we understand it to-day, did not exist at that time. Microchemistry as a definite concept had to wait for its definition. One may rightly assume that it came into being on that day of the year 1899, on which *Emich* read his inaugural address as President of the Technische Hochschule. Of course it is impossible to be definite in such matters. One cannot go far afield, however, by assuming that *Emich* must have chosen for this festive occasion the theme which foremost occupied his mind. The fact is evident that he sketched the outlines of the new branch of science in an unmistakable manner. He addressed his audience on the "*Perfection of the Experimental Tools of the Chemist*", and in doing this, he emphasized the exploration of the lowest limits of perception and identification. Thus, without stating it in plain words, he accurately defined microchemistry as we understand it to-day; namely, as the microtechnique of general chemical experimentation. The shackles which limited microwork to the use of the microscope had been removed and a new goal had been set: the highest refinement of the experimental technique with the use of all available means.

The master is superior to the journeyman by being aware of the effect of the trade on the outside world in addition to being an expert in the art. He is not only the best man in the shop, he also knows how to direct the effort into the most promising channels. *Emich* has earned the title of Old Master of microchemistry in the strict sense of the word.

The recognition of the new field of endeavour opened such a large territory to the pioneer that the short span of human existence would not permit the study of all detail. The first exploration had to be limited to the charting of the principal features and the discovery of the most remarkable treasures. The Old Master did not overlook anything of importance, and for his successors not much more was left to do but the finishing and furbishing of the structure. Some annexes have been added since, and some parts of the foundation may have been strengthened. Of course, there is no intention of denying the merit of these finishing tasks.

Techniques of qualitative and quantitative analysis with milligram quantities were described by *Emich* in his "Lehrbuch der Mikrochemie", the first edition of which was published in 1911. In addition, this publication also summarizes the beginnings of qualitative and colorimetric work with microgram quantities. During the years from about 1912 to 1915, *Emich* carried through a systematic investigation of the fine quartz balances. At the same time a buret was constructed which used the principle of the syringe for the measurement of very small volumes of solutions. Thus the foundations for a quantitative analysis with microgram quantities had been established, and in the section "Methoden der Mikrochemie" of *Abderhalden*'s "Handbuch der biologischen Arbeitsmethoden" *Emich* reports on determinations of ash performed with stinging hairs of *gynura aurantiaca*. One such hair weighs approximately one half microgram.

Mechanical manipulation under the microscope was used by him in connection with the analysis of powders and in testing the reaction of the cell content of the spines of nettles. In the period from approximately 1915 to 1925, *Emich* devoted some of his energy to the development of micromethods for the preparation and purification of substances. Whenever it appeared opportune, he proceeded with the transposition of a lecture experiment to the micro scale so that it could be better shown to a large number of students by means of either projection or microprojection. At such times, *Emich* always showed an artistic ability in the use of optical equipment. The last years of his scientific endeavour were devoted to the application of *Töpler*'s *Schlieren* method to the observation of chemical reactions, the testing of the purity of substances, and the determination of the critical temperature. After the publication of his "Mikrochemisches Praktikum" in 1924, he also had to. devote a considerable part of his time to the guests who visited his institute.

This is a brief summary of *Emich*'s pioneering work in the field of science, which his own imagination had created.

It is obvious that he soon found company in the exploration of the territory. Looking back on half a century of development, one must confess that the young science has grown to a remarkable size. The micromethods for the analysis of blood, first developed by *Ivar Bang*, have been perfected by the effort of a host of scientists. Also the methods of *Timiriazeff* and *Krogh* for the micro analysis of gases inspired a series of improvements. The rapid development of the micromethods for organic elementary analysis to an efficient adjunct of organic chemistry and biochemistry contributed very much to directing the attention of the scientists to the usefulness of the new approach. During the thirties, the problems of industry became generally so involved that micromethods of all kinds had to be put to the solution of the ever more exacting analytical tasks and were recognized as indispensable after a short time. Microtechniques which had been developed as a logical continuation of *Emich*'s work found wide application, during the last war, in the investigation of the highly radioactive elements resulting from atomic fission and nuclear reactions. *Emich* always liked to contemplate the beneficial effects which his work may have in aiding biological and medical research. He was spared recognition of his indirect contribution to the rapid development of that weapon which is able to destroy a flourishing city in a few seconds.

In his scientific work, *Emich* appears as a full-blooded representative of the culture into which he was born. With him the Western urge toward the infinite is manifested by his quest for the ultimate limits of human ingenuity and skill in penetrating the secrets of the microcosm. At times, *Emich* submitted to practical reasoning by pointing out the possible advantages to be gained by his endeavour. We may be certain, however, that he himself was not motivated by material considerations, but simply followed the same cultural urge which, according to *Oswald Spengler*[2] inspired the development of the gothic cathedral and found its culmination in the masterpieces of Western music.

This should not lead to picture *Emich* as a dreamer. On the contrary, he was a natural scientist who at all times and energetically refused to abandon the ground of demonstrable facts in favor of flighty visions. As a scientist and as a teacher he always emphatically expounded the necessity of this attitude which he himself applied even to the affairs of daily life. In this manner, *Emich* has set an example for his students and his friends, which — if generally followed — would direct the fate of humanity toward those desirable channels which the prophets of political and economical ideals know to paint in such entrancing hues while they are entirely unable to indicate practical ways of reaching them.

Philosophers frequently point out that natural scientists are constitutionally unable to contribute anything useful to public life. *Ortega y Gasset*[3] accuses them of a flight into an abstract territory where the clarity and the success are not the consequence of their endeavour but rather inherent in the matter with which their science deals. To this one may answer that the problems of science are just as complicated as those of human society. In both fields, an increasingly satisfactory solution may be approached by modestly starting with the establishement of the fundamentals before attacking complex problems. The most essential tools have been put on display by all great scientists. They have been so much taken for granted that it seems necessary to enumerate them. They are, creation and use of a language bare of inciting slogans, in which every word has a definite meaning; objectivity in the search for facts; accuracy in reporting the findings; continuous readiness for discussion and cooperation; appeal to reason instead of emotion in arriving at decisions; and finally eagerness to acknowledge and to correct mistakes.

These virtues have lead to the triumphs of science, and as long as they are not practiced in public life, one cannot claim that the scientific method has been tried or has failed. It must be admitted that it is difficult to retain the ethical attitude of science in human affairs, and just for this reason the example given by *Emich* shall be emphasized.

To fully understand *Emich's* personality, one must keep in mind that he was an inspired student, admirer, and interpreter of the ways of nature, and that he was all of this in the best sense, and with his whole soul. He possessed the required traits in full measure, and he also had trained himself to be critical of his own ideas. When he had carefully considered a proposition and was quite certain of its correctness, he would open a discussion with the words, "One may imagine, and it does not seem completely impossible that..."

A pure, truly scientific inquiry leads to the same conclusions which have been proclaimed by all great teachers of morals. The Lord Shri Krishna, might have been addressing a scientist with the command[4], "(surrender) thy actions unto me, thy thoughts concentrated on the Absolute, free from selfishness and without anticipation of reward,..." We are liable to forget in the rush of events, but the conviction of the correctness of this plea is so deeply rooted in our Being, that we are shaken when we are unexpectedly confronted with an example of cheerful compliance. Thus, it was usually only nordic restraint which spared our Professor *Emich* an embrace when he concluded an enthusiastic and lengthy demonstration, eyes still sparkling, with the frank sincerity of a good child, "Of course, it serves no practical purpose whatsoever, but — dont you think it is pretty?"

Emich was so fully aware of his responsibility as a teacher that truthfulness and serenity became necessities of his life. With a pedantic nature this might not have attracted much attention. *Emich*, however, was endowed with a fiery spirit, a kind heart, and a lively mind. The voluntary subduing of these strong emotional traits in favor of scientific conscientiousness made *Emich* the very impressive teacher he was. One may rightly assume that he did influence his students. It is a remarkable fact that he found ardent admirers among scientists who never met him in person.

The effect of the individual on posterity seems rather limited, if we accept the hypothesis of *Oswald Spengler* that the declining civilization is unable to pass on anything of value to a succeeding culture. I am not at all certain that *Spengler* himself would have approved such an absolute formulation of his ideas. The importance of the individual, especially if he was able to strongly influence others, may grow to defy estimation, however, if we embrace the more promising belief which the well-known bio-physicist *Lecomte du Noüy* in his book "Human Destiny"[5] has summarized as follows.

"The destiny of man is not limited to his existence on earth and he must never forget that fact. He exists less by the actions performed during his life than by the wake he leaves behind him like a shooting star. He may be unaware of it himself. He may think that his death is the end of his reality in this world. It may be the beginning of a greater and more significant reality."

Frédéric Emich.
1860—1940.

Fondateur et Pionnier de la Microchimie.

Allocution prononcée par Mr. *A. A. Benedetti-Pichler* à l'occasion du
1er Congrès international de Microchimie le 2 juillet 1950, à Graz.

Monsieur le Président, Madame*, Messieurs les Académiciens, Messieurs
les Invités, Messieurs les Congressistes, Mesdames et Messieurs,

Nous commémorons aujourd'hui les cinquante ans de recherche
microchimique et le dixième anniversaire de la disparition du fondateur
de cette branche de l'activité scientifique. Il convient, pour ces raisons,
que le 1er Congrès international de Microchimie s'ouvre par une séance
académique consacrée à ce Pionnier.

Il est superflu de rappeler les dates de naissance et de mort de *Frédéric
Emich*; celles-ci figurent dans le fascicule de «Mikrochemie» consacré
au Congrès[1]. Sa carrière universitaire débuta comme étudiant à la «Technische Hochschule» de Graz et s'acheva en 1937 lorsqu'il fut nommé
Doctor honoris causa de cette même Ecole qu'il servit durant quarante
ans comme professeur. Pendant toute sa vie, il y occupa la chaire de
chimie générale expérimentale et, en relation avec cet enseignement, il
prit contact avec presque toutes les branches de cette science. Ses talents
universels innés l'avaient d'ailleurs prédestiné pour devenir le fondateur
d'une philosophie générale de l'art expérimental en chimie.

Marggraf (avant 1780) et *Raspail* (vers 1825) furent probablement
les premiers à se servir du microscope dans la recherche chimique. C'est
vers 1855 que *Teichmann* mit au point la détection bien connue du sang
à l'aide des cristaux d'hémine. Au cours de la décade suivante, le microscope servit aux médecins, aux chimistes, aux minéralogistes, aux bota-
nistes, pour l'identification de substances minérales et organiques. Dans
l'ordre chronologique, il convient de citer les noms de *Wormley, Harting,
Boricky, Streng, Haushofer, Henri Behrens* et *A. Zimmermann*. Leurs
travaux résultent de l'emploi courant de bons microscopes et tous appar-
tiennent à ce domaine que nous désignons aujourd'hui sous le nom de
«microscopie chimique».

---

* Mme. *W. Kindler*, née *Fritzi Emich*.

La microchimie, telle que nous l'entendons aujourd'hui, n'existait pas encore à cette époque. Etant essentiellement une conception, elle devait être définie par le seul énoncé de ses buts. Ce jour de l'année 1899 où *Emich* prononça son discours inaugural comme Recteur de la « Technische Hochschule » peut être considéré comme la date de la fondation de cette science. Bien que des dates précises soient impossibles à fixer dans ces domaines, il faut admettre qu'*Emich* avait choisi comme thème de son discours académique de ce jour, un sujet qui le passionnait et lui paraissait le meilleur à présenter. En tous cas, il y décrit clairement la nouvelle activité. Il y parle de ses recherches personnelles sur « le perfectionnement des outils expérimentaux du chimiste », mettant ainsi l'accent sur l'importance de l'exploration des limites à atteindre par l'amélioration des outils techniques. Il définit ainsi ce que nous entendons actuellement sous le vocable « Microchimie »: *microtechniques de l'art expérimental en chimie générale*. Les entraves qui, jusqu'alors, rivaient le travail microchimique, au microscope, nouveau se relâchaient et un but lui était assigné. La microchimie pouvait poursuivre dorénavant l'affinement des méthodes de travail à l'aide de tous les moyens mis à sa portée.

Le Maître se distinguait ainsi de son disciple du fait qu'il possédait tous les tours de main de son art et en connaissait bien les effets. Il était, non seulement le meilleur opérateur, mais aussi celui qui savait orienter le travail dans des voies fructueuses. Pour cette raison, le titre de fondateur de la microchimie revient à *Emich*.

En révélant ce domaine de travail, le Pionnier découvrait un champ d'action si vaste qu'une vie humaine ne pouvait suffire à en étudier toutes les parties. Il dut, au cours de ses premières recherches, se contenter d'en fixer les traits les plus caractéristiques et se limiter aux révélations les plus importantes. Il n'oublia rien qui ne pût avoir quelque valeur, de sorte que ses successeurs n'eurent plus qu'à achever l'édifice déjà bâti dans ses grandes lignes, élargissant ici, approfondissant là. Le mérite de tels travaux ne doit toutefois pas être sous-estimé.

Les domaines de l'analyse chimique qualitative et quantitative à l'échelle du milligramme furent mis au point, dans leurs grandes lignes, en 1911, lors de la publication de son manuel: « Lehrbuch der Mikrochemie ». Les bases de l'analyse qualitative et de la colorimétrie à l'échelle du microgramme y étaient aussi indiquées. L'étude systématique des balances de précision à fil de quartz et la construction d'une microburette pour la mesure de très petits volumes de liquides suivirent au cours des années 1912 à 1915. *Emich* préparait ainsi le terrain de l'analyse quantitative à l'échelle du microgramme; dans le chapitre « Methoden der Mikrochemie » paru dans « *Abderhaldens* Handbuch der biologischen Arbeitsmethoden », il parle du dosage des cendres à propos de l'analyse des poils urticants de *Gynura aurantiaca* dont chacun ne pèse qu'un demi-microgramme.

Les manipulations mécaniques sous le microscope furent innovées à l'occasion de recherches sur les poudres et sur le contenu cellulaire des poils d'orties. C'est entre 1915 et 1925 qu'*Emich* mit au point les procédés de préparation et de purification de petites quantités de substances. Ses expériences de cours étaient incidemment transformées en démonstrations à l'échelle microchimique et rendues plus visibles pour un grand auditoire, grâce aux projections et microprojections. *Emich* avait un talent inné d'artiste pour tirer parti des appareils optiques. Les dernières années de son activité scientifique furent consacrées à l'application des phénomènes de stries pour l'observation des processus chimiques à échelle réduite, à l'étude des critères de pureté et à la détermination de la température critique des substances. Depuis 1924, date de la publication de son livre: « Mikrochemisches Praktikum » une grande partie de son temps fut consacrée à recevoir les nombreuses personnalités scientifiques qui visitaient son Institut.

Ainsi, se résume dans ses grandes lignes, la carrière scientifique du Maître, dans le domaine créé par sa seule imagination.

De toute évidence, ce champ d'action ne devait pas lui longtemps être réservé. En l'espace de cinquante ans, la jeune microchimie fit des progrès considérables. La mise au point des microméthodes d'analyse du sang, entreprises par *Ivar Bang* suscita de nouvelles recherches dans ce domaine. Les microméthodes d'analyse des gaz décrites par *Timiriazeff* et *Krogh* furent élargies et développées par toute une lignée d'autres chercheurs. L'évolution rapide de la microanalyse organique élémentaire en un outil maniable, utile pour la recherche organique, attira spécialement l'attention du monde savant sur l'efficacité de ce nouveau mode de travail. La complication des problèmes industriels, vers 1930, eut pour conséquence de faire entrer les microméthodes, sous toutes leurs formes, dans l'industrie et de les y rendre indispensables en peu de temps. Au cours de la dernière guerre, les recherches fondamentales d'*Emich* conduisirent logiquement aux recherches sur les éléments fortement radioactifs issus de la désintégration atomique. *Emich* avait surtout pensé féconder les recherches biologiques et médicales à l'aide de ses microméthodes. Il lui a été épargné de connaître les conséquences indirectes de ses travaux et leur contribution à la préparation d'une arme capable de réduire en quelques secondes, une ville florissante, en ruines et en cendres.

Comme savant, *Emich* était un adepte et un représentant parfait de la culture occidentale. Son désir de connaître l'infini se manifestait chez lui sous forme d'investigations vers les limites que l'homme peut atteindre dans l'art expérimental. Malgré ses démonstrations pratiques justifiant l'orientation de ses recherches, *Emich* était personnellement exempt de toute préoccupation matérielle. Sa pensée s'apparentait au même mouvement culturel que celui défini par *Oswald Spengler* à propos de la naissance des chefs-d'œuvre de l'art gothique et de l'art musical en Occident.

Emich n'était cependant pas un rêveur, mais, un homme de science qui refusait obstinément d'abandonner le terrain solide des faits démontrables au profit de spéculations de grande envolée. Il défendait cette attitude avec énergie comme Savant et comme Professeur, et l'adoptait aussi dans sa vie privée. L'exemple qu'il donnait ainsi à ses élèves et à son entourage était tel, que, suivi sur une grande échelle, il aurait conduit l'humanité vers un bonheur réel que n'atteindront jamais ceux qui proclament des idéaux politiques et économiques dépeints sous des couleurs alléchantes. Du point de vue philosophique, on a souvent affirmé que les savants étaient incapables de s'occuper des affaires publiques. *Ortega y Gasset*[2] les accuse de s'envoler dans un domaine abstrait où la clarté et le succès ne sont pas les conséquences de leur entreprise, mais, plutôt, le fruit de l'effort qui ne se laisse pas détourner de son but. On peut lui rétorquer que les problèmes scientifiques sont tout aussi compliqués que ceux de la vie courante. La solution de ces deux genres de problèmes sera approchée en tentant d'abord de résoudre les questions fondamentales avant de s'attarder à des questions compliquées. Tous les grands hommes de science ont adopté cette méthode indispensable, sans discussion. Elle consiste dans l'emploi d'un langage clair, excluant les termes à sensation et les slogans et dans lequel chaque mot possède un sens précis. Elle comporte la recherche objective des faits, la précision dans la publication des faits observés, l'échange constant des idées et une disposition au travail en commun, de la prudence dans les conclusions énoncées sans parti pris; elle implique enfin d'être toujours disposé à reconnaître ses erreurs évidentes.

Ces vertus ont conduit au triomphe de la science, mais, aussi longtemps qu'elles ne seront pas observées dans la vie quotidienne, il ne pourra être question d'échec de la méthode scientifique. Il est vrai qu'il est difficile de vivre selon cette éthique scientifique et c'est pourquoi il convient de citer et de souligner l'exemple d'*Emich*.

Pour comprendre la personnalité d'*Emich*, il faut se rappeler que c'était un étudiant enthousiaste dans toute l'acception du terme et qu'il vantait et admirait la puissance des forces de la nature. Il possédait à cet effet et de façon remarquable, tous les dons nécessaires, ainsi que la faculté de soumettre ses idées personnelles à l'épreuve de la critique. Quand il avait étudié une chose à fond et que celle-ci lui paraissait tout à fait certaine, il entamait la discussion par des termes comme: « Il ne paraît pas exclu que... » ou « Il est probable que... ». .

Une attitude scientifique parfaite conduit aux mêmes conclusions que celles proclamées par les maîtres de la Morale. Le commandement de *Shri Krishna*[3] pourrait tout aussi bien s'appliquer au savant: « Oriente ta pensée vers l'absolu, sans égoïsme, sans idée de récompense». Nous sommes enclins à l'oublier au cours de l'agitation de notre vie quotidienne, pourtant, cette conviction en l'exactitude de ce principe est si profondément ancrée dans notre âme que nous sommes ébranlés si nous nous trouvons, à l'improviste, en face d'un exemple d'acquiescement aussi serein. Il s'en est fallu de peu, et le fait s'est présenté au moins une fois, qu'un des visiteurs de notre Professeur *Emich* lui sautât au cou après une longue conversation enthousiaste conclue dans un esprit de franche sincérité toute enfantine: Ce geste n'a évidemment aucune portée pratique, mais, ne trouvez-vous pas qu'il soit très joli?

Emich avait le sens de ses responsabilités, porté à un tel degré dans ses fonctions que la sincérité et la réflexion lui étaient devenues des besoins vitaux. Cela ne se serait probablement pas remarqué dans une nature pédante. Cependant, *Emich* avait un tempérament ardent, un cœur compatissant et une intelligence vive. Ces qualités remarquables, mises volontairement au service d'un travail scientifique consciencieux, avaient fait de lui le Professeur exceptionnellement distingué qu'il était. On peut dire, avec raison, qu'il a influencé ses élèves et qu'il eût des admirateurs enthousiastes parmi des savants qui ne l'avaient jamais rencontré.

L'empreinte de l'individu semble naturellement bien restreinte si l'on s'en réfère à l'hypothèse d'*Oswald Spengler*, selon laquelle rien d'utile n'est légué par la civilisation décadente à la culture qui lui succède. Je ne suis même pas certain que l'auteur de cette affirmation absolue ait été entièrement d'accord avec elle.

Par contre, le sens de l'individu s'accroît de façon appréciable, en particulier, s'il se trouve en mesure d'avoir sur d'autres une forte influence, dès que l'on s'en réfère à la pensée plus fructueuse du biologiste et physicien bien connu *Lecomte du Noüy*[4], exprimée dans son livre « L'homme et sa destinée » sous la forme suivante:

«La destinée de l'homme ne se limite pas à son existence sur terre et il ne doit jamais l'oublier. Il existe moins par les actes qu'il exécute pendant sa vie que par le sillage qu'il laissera derrière lui comme une étoile filante. Il peut l'ignorer lui-même. Il peut croire que sa mort marque la fin de sa réalité en ce monde; elle marque peut-être le début d'une réalité plus grande et plus riche de sens.»

Literatur—Literature—Bibliographie.

[1] *A. A. Benedetti-Pichler*, Mikrochem. **35**, 130 (1950).

[2] *Oswald Spengler*, Der Untergang des Abendlandes. C. H. Becksche Verlagsbuchhandlung, München 1918. Translation by *C. E. Atkinson*, The Decline of the West. A. Knopf, Inc., New York, N. Y., 1926—28.

[3] *José Ortega y Gasset*, La Rebelión de las Masas, 1930.

[4] Bhagavad Gita, 3. Gesang, 3rd song, 3e chanson.

[5] *P. Lecomte du Noüy*, L'homme et sa destinée, La Colombe, Paris 1948. Human Destiny, Longmans, Green a. Co., New York, N. Y., 1947.

Oskar Baudisch.

Am 28. März 1950 wurde der weltbekannte Biochemiker *O. Baudisch* während eines Spazierganges in der Umgebung des Ozeanographischen Institutes von La Jolla (Kalifornien), wo er als Gast arbeitete, vom Tode ereilt.

Geboren am 3. Juni 1881 in der kleinen Fabrikstadt Maffersdorf im Kronlande Böhmen der österreichisch-ungarischen Monarchie, hat *Baudisch* den weitaus größten Teil seiner 69 Jahre außerhalb des alten und des neuen Österreich verbracht und ist als Bürger der Vereinigten Staaten von Amerika gestorben. Trotz räumlicher und zeitlicher Trennung und trotz aller Erschütterungen durch den ersten Weltkrieg und der verflossenen 12 Jahre ist *Baudisch* der alten Heimat mit ihren unzerstörbaren Kulturwerten dauernd in Liebe und Anhänglichkeit verbunden geblieben. Diese Verbundenheit findet einen wundersam-symbolischen Ausdruck darin, daß die erste und die letzte wissenschaftliche Arbeit *Baudisch*s von österreichischem Boden aus den Weg in die Öffentlichkeit angetreten hat. Als junger Mann hat *Baudisch* nach Beendigung seiner Studien, 1905, mit seinem ersten Chemielehrer *F. Breindl* in Reichenberg (Böhmen) eine Untersuchung über die „Oxydation von Proteinen durch Wasserstoffsuperoxyd" ausgeführt und veröffentlicht. Nunmehr kommt 1950 am I. Internationalen Mikrochemischen Kongress in Graz, die Arbeit „Nitrosophenolphthalin, a New Organic Reagent" zur Verlesung*, die, in Saratoga Springs (USA.) durchgeführt, von *Baudisch* knapp vor seinem Tode korrigiert worden ist. In diesen 45 Jahren ist das Wirken des Forschers und Lehrers *O. Baudisch* eingeschlossen. Es war ein erfolgreiches Wirken auf vielen Gebieten der Chemie, nicht zuletzt der Mikrochemie, die mit *Baudisch*s Heimgang den Verlust eines ihrer prominentesten Vertreter beklagt, dessen Name dauernd in Ehren genannt werden wird.

Baudisch hat die ersten Grundlagen seiner chemischen Ausbildung in der ausgezeichneten k. k. Staatsgewerbeschule Reichenberg erhalten. Als er diese 1909 absolvierte, war ihm durch die damals in Österreich geltenden Schulgesetze eine Fortsetzung des Chemiestudiums an Hoch-

---

* *Jan Konecny.* Mikrochem. **35**, 348 (1950).

schulen verwehrt. Er ging in die Schweiz, wo er in die Züricher Technische Hochschule eintreten konnte. Diese absolvierte er 1903 und erhielt 1904 den Dr. phil. der Universität Zürich. Nach Beendigung seines einjährigen Militärdienstes in der österreichisch-ungarischen Armee arbeitete *Baudisch* mehrere Monate in Reichenberg an der obenerwähnten Untersuchung über Proteine. Seine Erwartung, durch diese Arbeit bei *E. Fischer* in Berlin eine Anstellung zu erhalten, erfüllte sich nicht. Hingegen bot ihm *E. Bamberger* eine Stelle als Privatassistent an der Technischen Hochschule in Zürich an, wo er bis zum Herbst 1907 blieb, um dann zu *W. A. Perkin jun.* nach Manchester zu gehen. Dort hat *Baudisch* tagsüber über Terpene gearbeitet und des nachts seine bei *Bamberger* begonnenen Studien über die Darstellung von Nitrosohydroxylaminen fortgesetzt. Aus dem *Perkin*-Laboratorium stammt die berühmt gewordene Arbeit über die Fällung von Kupfer und Eisen aus saurer Lösung mit Nitrosophenylhydroxylamin (Cupferron), die ein Meilenstein in der analytischen Chemie ist. Durch sie ist *Baudisch* zusammen mit *L. Tschugaeff* und *H. Grossmann*, denen wir die Nickelreagenzien Dimethylglyoxim und Dicyandiamidin verdanken, zum Pionier auf dem Gebiete der Erforschung organischer Reagenzien geworden, die für die Makro- und Mikroanalyse von gleich großer Bedeutung sind.

Die Arbeit über Cupferron hat *Baudisch*s weiteren Werdegang bestimmt: Als er 1909 Manchester verließ, um nach kurzer Tätigkeit in der deutschen Farbenindustrie (Mühlheim bei Frankfurt) in Italien bei den berühmten Photochemikern *G. Ciamician* und *P. Silber* zu studieren, machte er in Zürich halt, um ehemalige Lehrer zu besuchen. *A. Werner* forderte ihn auf, als Nachfolger des Österreichers *A. Grün* (des später berühmt gewordenen Fettchemikers) Assistent in seinem Institut zu werden, mit der Aussicht auf Erwerbung der venia legendi. Offenbar hat *Werner* bereits in der Cupferronarbeit die Fähigkeit und Originalität des jungen *Baudisch* erkannt. Tatsächlich ist ja diese Arbeit nicht nur für die analytische Chemie (über Cupferronfällungen sind bis heute über 100 Publikationen erschienen), sondern auch für die Verbindungsklasse der Innerkomplexsalze im Rahmen der von *Werner* begründeten Komplexchemie von Wichtigkeit geworden. Die *Baudisch* gegebene Chance zeugt von dem liberalen Geist, der seit jeher an den Schweizer Hochschulen geherrscht hat. Diese haben aufstrebenden Talenten, die in anderen Ländern aus politischen, religiösen oder rassischen Gründen zurückgesetzt wurden, die Möglichkeit zur Entfaltung geboten. Dieser edlen Tradition folgend, deren Hochhaltung *Werner*s Nachfolger *P. Karrer* 1937 in einer denk- und dankenswürdigen Rede vertreten hat, war zur Zeit des Studiums und der akademischen Tätigkeit *Baudisch*s Zürich das Mekka der Chemie und Physik. Dort wirkten damals

E. Bamberger, G. Bredig, P. Debye, A. Einstein, F. Hantzsch, M. v. Laue, E. Lunge, P. Pfeiffer, F. P. Treadwell, A. Werner, R. Willstätter und andere. In dieser Umgebung als Wissenschaftler und Lehrer zu beginnen und sich durchzusetzen, war gewiß keine leichte Aufgabe. *Baudisch* hat sie bestanden. Er habilitierte sich 1911 auf Grund seiner Arbeit „Über die Assimilation von Nitrat und Nitrit". Als Privatdozent der Universität Zürich las er über Photochemie, Pflanzenchemie und allgemeine Biochemie und leitete wissenschaftliche Experimentalarbeiten; er begann auch, Medizin zu studieren und verbrachte seine Ferien bei *Ciamician* mit photochemischen Arbeiten — ein Zeichen seiner geradezu phänomenalen Arbeitsfähigkeit und unermüdlichen Energie. Zu Beginn des Jahres 1914 wurde er als Direktor an das Strahlenforschungsinstitut Hamburg berufen, wo ihm auch Laboratorien des berühmten Eppendorfer Krankenhauses zur Verfügung gestellt wurden. Während des im gleichen Jahre ausgebrochenen ersten Weltkrieges war *Baudisch* als Sanitätsoffizier der österreichisch-ungarischen Armee in der Seuchenbekämpfung tätig. Nach Beendigung des Krieges arbeitete er im Kaiser Wilhelm-Institut in Berlin-Dahlem bei *C. Neuberg* (Institut für experimentelle Therapie) und bei *F. Haber* (Institut für physikalische Chemie). Unterhandlungen zur Errichtung eines eigenen Institutes für Photochemie scheiterten aus finanziellen Gründen, und deshalb bewarb sich *Baudisch* 1920 um die Stelle eines Forschungschemikers bei der British Dyestuff Corporation, Manchester. Er erhielt diese Stellung, und als er sie antreten sollte, erreichte ihn nicht nur eine Berufung als Forschungschemiker an die Yale University, sondern auch Berufungen als Professor nach Prag (Biochemie), Brünn (organische Chemie) und Hamburg (analytische Chemie). In diesem Dilemma nahm sich *Rob. Robinson Baudisch*s an, bewirkte eine friedliche Lösung des Vertrages und riet in richtiger Erkenntnis seiner Fähigkeiten zur Reise nach Amerika.

In Yale blieb *Baudisch* zwei Jahre, arbeitete organisch-chemisch mit *T. B. Johnson* und lehrte Photochemie, um dann einer Einladung des Rockefeller Institute of Medical Research zu folgen, wo er eine Abteilung für Photochemie einrichtete und bis 1929 blieb. Er arbeitete neben organisch-chemischen Untersuchungen und Studien über Mineralwässer, über Magnetochemie, einem damals ganz jungen Zweig der Chemie, und fand, daß spurenhafte Verunreinigungen des Eisens einen großen Einfluß auf dessen magnetisches Verhalten haben. Während seiner Anstellung im Rockefeller-Institut bereiste er Mexiko zum Studium von Schwefelquellen und arbeitete mehrere Monate bei *H. v. Euler* in Stockholm über Mineralwässer. In diesen Arbeiten fand er die Bestätigung seiner bereits 1925 ausgesprochenen Ansicht über die große biologische Bedeutung von Spurenelementen im Boden und im Wasser. 1929 kehrte

Baudisch als Professor an die Yale University zurück, wo er bis 1933 mit *Johnson* organisch-chemisch arbeitete, sowie mit *F. L. Gates* (Laboratorium für allgemeine Physiologie der Harvard University) über die Ultraviolettempfindlichkeit von Piperidinmetavanadat. 1933/34 war *Baudisch* neuerdings bei *Euler* in Stockholm. Dort erreichte ihn die Einladung *F. D. Roosevelts*, des späteren Präsidenten der Vereinigten Staaten, mit dem er so wie mit *B. Baruch* bereits seit Jahren wegen der Errichtung eines Forschungsinstitutes für Heilwässer in Saratoga Springs in Verbindung gestanden war.

In Saratoga Springs hat *Baudisch* einen Wirkungskreis gefunden, der seiner vielseitigen Ausbildung, seiner schöpferischen Begabung und seinem Organisationstalent in jeder Hinsicht entsprach. Keiner war mehr dazu berufen, chemische Untersuchungen über die Wirkung von Heilwässern anzuregen und durchzuführen, eine Aufgabe, die in erster Linie mikrochemischer Natur ist. In Saratoga Springs hat *Baudisch* die so modern gewordene Spurenanalyse, als deren Mitbegründer wir ihn anzusehen haben, durch viele neue chemische Verfahren bereichert und hierbei auch physikalische Methoden herangezogen. Es ist sein Verdienst, daß das Forschungsinstitut in Saratoga Springs, dem größten Heilbade der Welt, international berühmt geworden ist. Von der Fülle der dort geleisteten Arbeit geben die alljährlichen Berichte der *Saratoga Springs Commission and Authority* ein Bild. Von Saratoga aus hat *Baudisch* viele Vortragsreisen in den Vereinigten Staaten unternommen und war auch Berater des Ozeanographischen Institutes La Jolla, wo er Untersuchungen über Spurenelemente im Seewasser leitete, als der Tod seinem arbeitsreichen Leben ein Ende setzte.

Baudisch hat mehr als 200 Arbeiten veröffentlicht, in denen er eine bewundernswerte Vielseitigkeit bewiesen hat. Es sind organisch-synthetische, photochemische, magnetochemische und analytische Probleme, mit denen er sich unter Heranziehung zahlreicher Mitarbeiter und Schüler beschäftigt hat. Es darf wohl behauptet werden, daß es kaum eine Veröffentlichung *Baudischs* gibt, in der nicht originelle Problemstellungen und Betrachtungsweisen zu finden sind. Vielleicht ist er zuweilen in Schlußfolgerungen kühner gewesen als andere, aber dies kann nicht als Nachteil bewertet werden, wenn wir uns daran erinnern, daß in allen Wissenschaften Irrtümer sich zuweilen als fruchtbarer erwiesen haben als Wahrheiten. Von *Baudischs* Arbeiten — oft in einem Stil gehalten, der an den seines Lehrers *Bamberger* erinnert — gehen Anregungen aus, die noch lange nicht erschöpft sind. Durch viele koordinationschemische Befunde und Überlegungen, die in seinen Arbeiten enthalten sind, ist *Baudisch* mit *Dilthey*, *Ephraim*, *Grün*, *Jantsch*, *Karrer* und *Pfeiffer* Hüter des *Werner*schen Erbes geworden.

Seiner Verehrung für das gigantische Werk *Werners* hat er in seinem Vorwort zu *W. Prodingers* Buch „Organische Reagenzien in der quantitativen anorganischen Analyse" in beredter Weise Ausdruck verliehen. Manche Arbeiten *Baudischs* sind nach Problemstellung und Ausführung wahrhaft klassisch. Wir nennen hier, außer seiner Cupferron-Arbeit, die Studien über Arylnitrosohydroxylamine, über den photochemischen Zerfall von Alkaliferrocyanid und anderen Prussosalzen, die Untersuchungen über das ferromagnetische Eisenoxyd und dessen biologische Bedeutung und die mit *Euler* studierten katalytischen Wirkungen von Mineralwässern, mit denen er die Spurensuche in die Balneologie eingeführt hat.

Jedes Bild des Forschers *Baudisch* wäre unvollständig, würde man nicht des Menschen *Baudisch* gedenken, des so liebenswerten und edlen Menschen. Begeisterung und Optimismus, die *Baudisch* in seinen Lehr- und Wanderjahren zu so vielen berühmten Männern geführt haben, sind Leitmotive seines Lebens und Wirkens geblieben. Dazu kam die neidlose, oft demütige Anerkennung der Leistungen anderer und etwas so selten Gewordenes: Treue und Dankbarkeit. Wenn er über seinen Werdegang sprach, dann versank die Zeit. Die großen Meister der Chemie, denen *Baudisch* begegnet war, traten vor die Denkmäler ihrer Werke, wurden Fleisch und Blut und voll Leben. Dann sprach nicht mehr ein Mann, der in vielen Jahren hingebungsvoller Arbeit wahrlich selbst unsere Wissenschaft ein gutes Stück weitergebracht hat, sondern es schwärmte ein junger Student von verehrten Lehrern. Begeistert und andächtig hat *Baudisch* auch die Schöpfungen der Natur und die großen Werke der Musik und Literatur erfühlt und mit der Seligkeit des Beschenkten erlebt.

Streben nach Harmonie und echte Freudefähigkeit waren *Baudisch* gegeben. Wohl deshalb hatte jeder, der mit ihm persönlich oder durch Korrespondenz in Verbindung stand, das Gefühl, einem reinen Menschen nahe zu sein, von dem Liebe, Güte und Verstehen ausstrahlte. Menschen solcher Art, mit der Resonanz des Forschers und Lehrers, sind Sendboten einer Brüderlichkeit, sie wirken für eine bessere Zukunft. Für sie gelten die schönen Worte, die Prof. *W. Bergmann*, Yale University, bei einer Trauerfeier für *Baudisch* in Saratoga Springs gesprochen hat, und die hier wiederholt seien, dem Dahingegangenen zu Dank und Ehre und allen, die seiner gedenken, zur Besinnung und Verpflichtung:

> „He belonged to that happy fraternity of scientists
> and men of good will whose friendship no wars can
> destroy and no iron curtain can separate."

Fritz Feigl — Rio de Janeiro.

Queens College, Flushing, N. Y.

Leitgedanken zur Ausarbeitung von Mikromethoden.

Von

A. A. Benedetti-Pichler.

(Eingelangt am 3. Juli 1950.)

Die folgende, mehr oder weniger „philosophische" Auseinandersetzung ist das Ergebnis der sich im Laufe der Jahre unvermeidlich ansammelnden persönlichen Erfahrungen. Der Anstoß zur zusammenfassenden Betrachtung ergab sich schließlich durch die andauernde Beschäftigung mit den praktischen Problemen eines industriellen Laboratoriums, das unter anderem ständig auch mit der Ausbildung von Prüfmethoden für analytische Kontroll-Laboratorien beschäftigt ist. Es ist wenigstens denkbar, daß jede der hergebrachten Prüfmethoden in einem kleineren Maßstab durchgeführt werden könnte, und es besteht die Möglichkeit, Materialaufwand und Arbeit zu verringern und vielleicht gleichzeitig die Resultate in kürzerer Zeit zu erhalten. Es erheben sich sogleich die Fragen: Wie groß ist die Aussicht auf Erfolg? Wird sich das Ergebnis in Anbetracht der aufzuwendenden Arbeit lohnen? Wie weit soll man die Verkleinerung treiben? Schließlich, wie soll man vorgehen, um ohne unnötigen Zeitverlust zu einer geeigneten Mikromethode zu gelangen?

Es gibt natürlich keinen Weg, der unfehlbar zur richtigen Antwort führt. Doch gibt es gewisse Richtlinien, deren Befolgung die Aussicht verbessert, eine richtige Entscheidung zu treffen. Fürs erste ist es notwendig, den Zweck der üblichen Prüfmethode genau zu erfassen und festzustellen, ob sie ihren Zweck auch voll erfüllt. Falls dies nicht zutrifft — und dies kommt öfter vor als man erwarten sollte —, ist die Zweckmäßigkeit der Ausarbeitung einer Mikromodifikation von vornherein in Frage gestellt und es ist ratsam, neue Wege zu suchen, die den praktischen Anforderungen besser entsprechen.

Ist aber die Zweckmäßigkeit der üblichen Prüfmethode erwiesen, dann erhebt sich zunächst die Frage, ob das Arbeiten mit kleineren

Proben zuverlässige Ergebnisse liefern kann. Genügende Bekanntschaft mit dem zu prüfenden Stoffe und seiner Entstehungsgeschichte wird erlauben, diese Frage eventuell unter Zuhilfenahme statistischer Erwägungen[1] zu entscheiden. Falls es unmöglich sein sollte, von einer kleineren Probe auszugehen, gibt es zuweilen doch noch die Möglichkeit, nach Aufschluß der Gesamtprobe mit einem sehr kleinen aliquoten Teil zur Mikroarbeit überzugehen[2].

Als nächster Schritt empfiehlt es sich, die tatsächlich erforderliche Genauigkeit und Präzision des üblichen Verfahrens festzustellen. Die tatsächliche Leistungsfähigkeit in den Händen des Laboratoriumspersonals kann durch eine statistische Behandlung der an Prüfsubstanzen gefundenen Zahlen ermittelt und mit der unbedingt erforderlichen Genauigkeit und Präzision verglichen werden.

Wenn, wie es häufig der Fall ist, das berechnete Resultat den zu messenden Größen direkt oder indirekt proportional ist, kann man von einer umständlichen Anwendung der Fehlerfortpflanzungsgesetze meist absehen. Es genügt dann in der Regel, die relative Präzision des Maßes der gesuchten Größe (Gewicht eines Niederschlages, Volumen der in der Titration benötigten Maßflüssigkeit oder des isolierten Gases, Kolorimeterablesung usw.) der erforderlichen relativen Präzision des Resultates gleichzuhalten. Die relative Präzision aller übrigen zu messenden Größen (Gewicht oder Volumen der Probe, Titer von Bezugslösungen, Volumina oder Gewichte bei aliquoten Teilungen) kann dann in der Regel drei- bis fünfmal günstiger gehalten werden, so daß kleine Abweichungen bei diesen Messungen keinen nachteiligen Einfluß auf die Präzision des Resultates ausüben können.

Die Frage nach der Größe des zweckmäßigen Verkleinerungsfaktors mag durch die Präzisionsanforderungen in Zusammenhang mit praktischen Rücksichten eine entscheidende Antwort erhalten. Falls das Mikroverfahren für Kontroll-Laboratorien bestimmt ist, wird man in der Regel die Verwendung von mikrochemischen Waagen, wie sie in der organischen Elementaranalyse allgemein gebraucht werden, zu vermeiden trachten. Analytische Waagen, Torsionsfederwaagen und selbst Waagen mit Quarzbalken eignen sich besser für das Klima und Personal von Kontroll-Laboratorien als die meisten mikrochemischen Waagen.

Der Verkleinerungsfaktor mag ferner bestimmt sein durch den Zeitgewinn, falls dieser von Bedeutung sein sollte, durch Ersparnisse an kostbaren Reagenzien und schließlich durch die erzielbare Verminderung von Gefahren verschiedener Art, wie Strahlung, Explosion, Feuer, gesundheitsschädliche Dämpfe oder Staub usw. Man sollte z. B. nicht vergessen, daß das Arbeiten mit großen Mengen organischer Lösungsmittel die Leistungsfähigkeit des Personals beträchtlich herabsetzen kann. Schließlich muß die Raumfrage ebenso wie die das Personal unwillkürlich belebende „Reinlichkeit" der Mikromethoden in Betracht gezogen werden. Geschickte Wahl des Verkleinerungsfaktors wird alle diese Umstände nach Möglichkeit ausnützen, ohne gleichzeitig die Arbeit durch Verwendung höchst empfindlicher Meßinstrumente oder durch die Einschaltung von Handhabungen nervenaufreibend zu gestalten, die große Geschicklichkeit und Aufmerksamkeit erfordern.

Die Antwort auf die Frage nach der Art der Durchführung des Mikroverfahrens ist anscheinend einfach. Falls die übliche Prüfmethode durchaus zufriedenstellende Resultate gibt, ist selbstverständlich anzuraten, sich der bereits gesammelten Erfahrungen zu bedienen, indem man das übliche Verfahren einfach in verkleinerter Form beibehält. Genauer ausgedrückt, alle Faktoren, die auf das Resultat einen Einfluß ausüben können, werden beibehalten — falls dies möglich ist.

Wenn die Prüfmethode lediglich auf der Beobachtung oder Bestimmung einer stofflichen Eigenschaft beruht, wird jede Menge des Stoffes genügen, die diese Beobachtung oder Bestimmung eben noch zuläßt. Hängt aber die Prüfmethode von der Einstellung chemischer Gleichgewichte ab, so ergibt sich aus dem Massenwirkungsgesetz, daß die Konzentrationen der üblichen Methode beibehalten werden müssen, um dieselben Gleichgewichtseinstellungen in der Mikromethode zu erhalten. Da die Konzentration $c = m/v$, müssen Massen (m) und Volumina (v) im gleichen Maßstab verkleinert werden. Gewicht oder Volumen der Probe, Volumina der Lösungsmittel und Reagenslösungen ebenso wie die Gewichte fester Reagenzien müssen mit demselben Verkleinerungsfaktor multipliziert werden, während alle in dem üblichen Verfahren vorgeschriebenen Konzentrationen beibehalten werden. Die höchstzulässige Verkleinerung ergibt sich aus einer Betrachtung des Wesens des dynamischen Gleichgewichtes.

Wenn man annimmt, daß das Gleichgewicht $A \rightleftarrows B$ erreicht ist, wenn $[B]/[A] = ^1/_5$, so stellt man sich das Gleichgewicht derart vor, daß sich in jedem Zeitpunkt eine gleiche Zahl der Moleküle von A in B umwandeln als umgekehrt. Da der Bruchteil der Moleküle B, die sich in der Zeiteinheit in A umzuwandeln imstande sind, fünfmal größer ist als der Bruchteil der Moleküle A, die in derselben Zeit die Umwandlung in B eingehen können, kann dieser Gleichgewichtszustand nur dann eintreten, wenn fünfmal mehr Moleküle A als B zugegen sind. Trotzdem darf man sich nicht vorstellen, daß das Verhältnis der Molekülzahlen A zu B in jedem Augenblick genau 5 : 1 sein wird. Eine gewisse zufällige Schwankung um diesen Mittelwert wird ständig bestehen.

Die Größe dieser Schwankung läßt sich leicht erkennen, wenn man die Einstellung des Gleichgewichtes mit dem Spiel des Zufalls vergleicht, wie man es beobachten könnte, falls wir eine Maschine hätten, die jeden Augenblick eine vorher bestimmte Zahl von Würfeln auf eine Tischplatte wirft und gleichzeitig jeden Wurf photographisch registriert. Die Gesamtzahl der Würfel entspricht dabei der Gesamtzahl der Moleküle im chemischen Gleichgewicht, während die Eins zeigenden Würfel die Moleküle von B und alle anderen Würfel die Moleküle von A vertreten. Vorausgesetzt daß alle Würfel einwandfrei sind, wissen wir, daß im Durchschnitt das Verhältnis der Einser zu allen anderen Würfen sich wie 1 : 5 verhalten wird. Die mittlere Schwankung m um die Durchschnittszahl der Einser pro Wurf läßt sich aus der vermutlich von *Laplace* zuerst gefundenen Beziehung $m = \sqrt{npq}$ berechnen, in der n für die Gesamtzahl der Würfel, p für die Wahrscheinlichkeit, eine Eins zu werfen, und q für die Wahrscheinlichkeit irgendeines anderen Wurfes stehen. Im gegebenen Falle kann man $m = 0{,}373 \sqrt{n}$ setzen.

Tabelle 1. Mittlere Schwankung als Funktion
der Zahl der Würfel oder Moleküle.

Gesamtzahl n	Zahl der Einser oder Moleküle B pn	Mittlere Schwankung m	Relative Schwankungen m/pn
6	1	$\pm$ 0,9	$\pm$ 0,9
600	100	$\pm$ 9,1	$\pm$ 0,09
60 000	10 000	$\pm$ 91	$\pm$ 0,009
6 000 000	1 000 000	$\pm$ 914	$\pm$ 0,000 9

Tabelle 1 veranschaulicht den Zusammenhang zwischen der Zahl der Würfel (Moleküle) und der zu erwartenden mittleren Schwankung. Wenn nur sechs Würfel gleichzeitig geworfen werden, werden zahlreiche Aufnahmen (Proben) entweder keinen Einser oder zwei, drei oder gar vier Einser enthalten. Das Gleichgewichtsgemisch aus sechs Molekülen wird von Augenblick zu Augenblick wechseln und 0 bis 4 Moleküle von B enthalten; seine Zusammensetzung wechselt ständig und in einem drastischen Ausmaße. Wenn man sich vor Augen führt, daß die besten Methoden der analytischen Chemie eine relative mittlere Schwankung von $\pm$ 0,001 besitzen, erkennt man, daß die Schwankung der Zusammensetzung eines Gemisches von 60 000 Molekülen wohl noch eben mit analytischen Mitteln festgestellt werden könnte, daß aber die schwankende Zusammensetzung sich hinter der Unzulänglichkeit unserer analytischen Hilfsmittel verbirgt, wenn Millionen von Molekülen an der Einstellung des Gleichgewichtes teilnehmen. Es ist also die Einstellung des bei der üblichen Arbeitsweise gebräuchlichen Gleichgewichtes zu erwarten, wenn man mit nicht weniger als einer Million Molekülen, d. h. etwa $1{,}66 \times 10^{-24} \times 100 \times 10^{6} = 1{,}7 \times 10^{-16}$ g Material vom durchschnittlichen Molekulargewicht 100 arbeitet. Diese Grenze ist übrigens reichlich hoch angenommen, da man analytisch meist mit ziemlich vollständig verlaufenden Reaktionen arbeitet, für die das Produkt $p\,q$ weitaus kleiner als der oben angenommene Wert $\frac{5}{36}$ ist.

Man kann also zuversichtlich annehmen, daß dem Verkleinerungsfaktor bei praktischer mikroanalytischer Arbeit keine Grenze aus der Notwendigkeit der Beibehaltung der üblichen chemischen Gleichgewichte erwächst. Selbst beim Arbeiten mit Millimikrogramm-Mengen (10^{-9} g) ist man von der zulässigen Grenzmenge noch weit entfernt. Mit anderen Worten, „die Chemie der praktischen analytischen Methoden ist von den angewandten Mengen unabhängig“.

Die für die verschiedenen Maßstäbe in Betracht kommenden Mengen sind durch Tabelle 2 anschaulich gemacht. Selbstverständlich würde ein Material von der Dichte 10 g/ml ein zehnmal kleineres Volumen einnehmen und eine Kantenlänge von etwas weniger als die Hälfte der angegebenen besitzen.

Tabelle 2. Korrespondierende Werte für einen Eiswürfel.

Masse	Volumen	Kantenlänge
1 g	1 ml	1 cm
1 mg	1 λ	1 mm
1 γ	1 mλ	0,1 mm
1 mγ	1 $\mu\lambda$	0,01 mm

Die Sichtbarkeit kleiner Objekte hängt bei gleicher Masse von ihrer Form ebenso wie von ihrer Dichte ab. Textilfasern von 1 γ Masse sind bei einem Durchmesser von 0,02 mm etwa 3 mm lang und deutlich sichtbar. Ebenso leicht erkennbar ist eine kreisförmige Scheibe aus Aluminiumfolie, die die angegebene Masse bei 0,23 mm Durchmesser und 0,01 mm Dicke besitzt. Dagegen ist eine 1 γ schwere Goldkugel von 0,05 mm Durchmesser mit dem unbewaffneten Auge kaum zu entdecken, obgleich sie bei günstiger Beleuchtung sichtbar ist, wenn man genau weiß, wo sie sich befindet. — Man kann sich aus diesen Bemerkungen ein ungefähres Bild machen, welche Verkleinerungsfaktoren die Beiziehung optischer Vergrößerungsverfahren zur Kontrolle chemischer Arbeit erforderlich machen dürften.

Es scheint demnach, daß rein chemische Bestimmungsmethoden ohne weiteres auf dem Papier auf einen beliebigen Mikromaßstab umgerechnet werden können, wenn man selbstverständlich in Betracht zieht, daß auch Temperaturen (und Drucke) des üblichen Verfahrens wegen ihres Einflusses auf die chemischen Gleichgewichte beibehalten werden, was in der Regel keine Schwierigkeit bietet. Diese Annahme ist im allgemeinen berechtigt und hat sich auch in einem Falle bewährt, in dem sich einige Bedenken aufdrängen könnten.

Das Verfahren der American Society for Testing Materials für die Bestimmung von Öl in Paraffinwachs beruht darauf, daß man das Wachs bei — 32° C aus einer Lösung in Methyläthylketon auskristallisieren läßt und nach Filtration den Großteil des Lösungsmittels bei 35° C eindampft. Das Gewicht des Rückstandes wird als Öl in Rechnung gesetzt. Man kann sogleich einwenden, daß eine scharfe Trennung unmöglich sei, da doch Wachs sowohl wie Öl Paraffinkohlenwasserstoffe sind, die weder definitionsgemäß, noch durch ihr Löslichkeitsverhalten genau unterschieden werden können. Dies ist richtig, doch verhindert die Verkleinerung der Ausführungsform nicht, daß sich ein mehr oder minder willkürlich gewähltes Gleichgewicht wie üblich zwischen fester und flüssiger Phase einstellt.

Tabelle 3. Bestimmung von Öl in Paraffinwachs (Umrechnung auf Mikromaßstäbe).

Vorschrift	Üblich	Verkleinerungsfaktor:		Korrigiert
		0,01	0,04	
Flüssiges Wachs genommen	25 ± 1 g	0,25 ± 0,01 g	1 ± 0,04 g	1 ± 0,04 g
Wägegenauigkeit ...	± 0,2 g	± 2 mg	± 8 mg	± 2 mg (0,002)
Erlenmeyerkolben vom Inhalt......	500 ml	5 ml	20 ml	20 ml
Äthylmethylketon zugesetzt	375 ± 5 ml	3,75 ± 0,05 ml	15 ± 0,2 ml	15 ± 0,2 ml
Lösung gewogen ...	± 0,5 g	± 5 mg	± 20 mg	± 30 mg (0,002) gemessen

Die Lösung wird unter ständigem Rühren auf — 32° C abgekühlt und ein Teil des Lösungsmittels wird durch ein vorgekühltes Tauchfilter entfernt, gewogen und zur Bestimmung des darin enthaltenen Öls abgedampft.

Filtration durch....	absaugen	mit Druckluft zur Verhinderung der Verdampfung des Lösungsmittels		
Aliquot aufgefangen	100 ml	1 ml	4 ml	4 ml
In Erlenmeyer vom Inhalt	250 ml	2,5 ml	10 ml	10 ml
Wägegenauigkeit	± 0,2 g	± 2 mg	± 8 mg	± 8 mg (0,002)
Abdampfen bei 35°C	2 Stunden	10 Minuten ?	25 Minuten	
Wägen des Rückstandes	± 1 mg	± 0,01 mg	± 0,04 mg	± 0,1 mg (0,01)
Wiederholung des Abdampfens	1 Stunde	5 Minuten ?	5 Minuten	
Prüfung des Gewichtes	wie oben			
Geforderte Präzision.	± 0,1% Öl, wenn 1% Öl oder weniger, ± 0,2% Öl, wenn mehr als 1% Öl.			± 0,01 für 1% Öl
erforderliche Waage.	**Küchen- und analyt.**	**analyt. und Semimikro-**	**analyt. Waage**	**analyt. Schnellwaage**

Tabelle 3 illustriert die Umrechnung auf Mikromaßstäbe. Es läßt sich sogleich ersehen, daß ein beträchtlicher Zeitgewinn beim Abdampfen erreicht werden kann und es läßt sich auch annehmen, daß das Lösen ebenso wie das Abkühlen auf — 32° C weniger Zeit erfordern wird. Da die meisten Wägungen bei der Originalausführung mit der Küchenwaage vorgenommen werden können, ist ein Verkleinerungsfaktor von 0,01, der die Ausführung sehr genauer Wägungen erfordert, nicht ratsam. Doch scheint auch ein Verkleinerungsfaktor von 0,04 in dieser Hinsicht nicht viel günstiger. Wenn jedoch die erforderliche Präzision in Betracht gezogen wird, ergibt sich, daß eine mit Kettengewicht arbeitende analytische Schnellwaage der Aufgabe voll gewachsen ist. Dementsprechend wurden die Wägungsgenauigkeiten derart adjustiert, daß die kritische Wägung, die des Rückstandes, mit einer Präzision von $\pm$ 0,01 in Gegenwart von 1% Öl ausgeführt wird und alle anderen Messungen mit einer Präzision von $\pm$ 0,002. Dementsprechend muß die Präzision der Semimikromethode mit einem Verkleinerungsfaktor von 0,04 besser als jene der üblichen Ausführungsform mit 25 g Wachs sein.

In der von *Wiberley* und *Rather, Jr.* beschriebenen Ausführungsform[3] wird die Lösung und Kristallisation des Wachses ohne Gefäßwechsel in einem Mikrobecher vorgenommen. Die Abtrennung der Mutterlauge mit Druckluft hat sich gut bewährt und kann unter Benutzung eines Filterstäbchens aus rostfreiem Stahl[4] ohne Schwierigkeit durchgeführt werden. Die für die Bestimmung erforderliche Zeit wurde von 6 Stunden auf 1 Stunde herabgesetzt, eine Tatsache, die für den Betrieb von Bedeutung ist.

Das eben besprochene Beispiel behandelt ein Verfahren, das in jeder Beziehung durch Verkleinerung der Ausführungsform begünstigt wird. Verflüssigung des Wachses beseitigt alle Schwierigkeiten der Probenahme. Erwärmen und Kühlen ist schnell ausgeführt und bereitet keinerlei Schwierigkeiten. Genaue Einstellung der Temperatur ist bei kleinen Mengen erleichtert und das Eindampfen bringt naturnotwendig immer einen großen Zeitgewinn, wenn die Menge des Lösungsmittels verringert werden kann. Die Verwendung kleiner Lösungsmittelmengen hat den weiteren großen Vorteil, der sich auch im gegebenen Falle deutlich zeigte, daß man von der Wiedergewinnung des Lösungsmittels absehen kann und daß ein gegebener Lösungsmittelvorrat für eine große Zahl von Bestimmungen ausreicht. Es ist dadurch leicht möglich — und dies ist von besonderer praktischer Bedeutung — die Reinheit des Lösungsmittels mit geringem Arbeitsaufwand unter genauer Kontrolle zu halten. Es hat sich tatsächlich ereignet, daß während der Erprobung der Mikromethode mit dem üblichen Makroverfahren unzuverlässige Resultate erhalten wurden, die durch die Verwendung ungenügend gereinigten Lösungsmittels verursacht waren.

Man mag einwenden, daß das Multiplizieren mit einem Verkleinerungsfaktor auf dem Papier zwar sehr einfach ist, daß aber die praktische Befolgung der erhaltenen Vorschriften sich als sehr mühsam und zeitraubend herausstellen würde. Häufig ist es aus uns heute wohlbekannten Gründen nötig, ein Reagens tropfenweise unter wirksamem Rühren zuzusetzen. Unter der Annahme eines Tropfenvolumens von 0,03 ml könnte dies in einem gegebenen Falle zur Forderung führen, daß bei einem Verkleinerungsfaktor von 0,01 etwa 100 einzelne Portionen von 0,3 λ zugesetzt werden müssen. Es sei zugegeben, daß auch die beiläufige Abmessung solch kleiner Mengen durchaus unpraktisch wäre, wenn sie so oft ausgeführt werden muß. Es ist aber in solchen Fällen die selbstverständliche Aufgabe des Mikrotechnikers, eine besser geeignete gleichwertige Ausführungsform zu finden. Man kann das Reagens durch eine sehr feine Kapillare im entsprechend langsamen Strom zufließen lassen. Falls das Reagens im gasförmigen Zustand erhalten werden kann, mag man es mit einem inerten Gas beliebig verdünnt dem Reaktionsgemisch zuführen. Neutralisation mit Ammoniak läßt sich auf diese Weise sehr einfach durchführen[5]. Das Rühren kann sowohl durch das Aufblasen wie durch das Durchleiten des Gasstromes bewirkt werden. Außerdem sind geeignete mechanische Rührer in verschiedener Ausführung im Gebrauch[5-7]. Eine im Handel befindliche Vorrichtung[8] liefert in kompakter Form ein mit einstellbarer Geschwindigkeit rotierendes elektromagnetisches Feld, das einen in Glas eingeschlossenen Stahldraht zwingt, mit entsprechender Tourenzahl im Reaktionsgemisch zu wirbeln.

Bisher ist aber noch nicht erwähnt worden, daß die Beibehaltung der Konzentrationen der reagierenden Stoffe durch gleichmäßige Verkleinerung von Masse und Volumen notwendigerweise eine Vergrößerung der relativen Oberfläche des Reaktionsgemisches sowohl wie der Gefäße herbeiführen muß. Dabei sei unter relativer Oberfläche das Verhältnis von Volumen zu Oberfläche, d. h. Oberfläche per Einheitsvolumen, verstanden. Unter der Voraussetzung, daß Form und Proportionen beibehalten werden, kann man annehmen, daß sich die dritte Potenz der Oberfläche ($O = k \cdot v^{2/3}$) mit dem Quadrat des Volumens v ändert. Die Oberfläche ändert sich weniger als das Volumen und bei Verkleinerung des letzteren folgt die Verkleinerung der Oberfläche nicht im gleichen Verhältnis.

Die daraus sich ergebenden Folgen sind leicht zu erkennen. Die Fläche, an der ein unerwünschter Stoffaustausch stattfinden kann, wächst verhältnismäßig an, wenn man mit kleinen Stoffmengen arbeitet. Lösungen bieten eine verhältnismäßig größere Oberfläche dar, wodurch Verdampfung, Absorption und Adsorption in gesteigertem Maßstab auftreten können. Beim Arbeiten mit Molybdatreagens kann sich zufolge erhöhter Verdampfung eine größere Menge unlöslicher Molybdänsäure abscheiden. Die größere Berührungsfläche mit den Wänden der Gefäße kann zu erhöhter Verunreinigung durch lösliche Bestandteile des Gefäßmaterials führen, und schließlich wird das Sammeln und Waschen von Niederschlägen erschwert.

Man kann versuchen, dem Einfluß der vergrößerten relativen Oberfläche dadurch zu begegnen, daß man es zu einem Prinzip macht, das Untersuchungsmaterial immer in einem Raum zu sammeln und zu halten, der so weit als praktisch möglich, die Form einer Kugel hat. Bei qualitativen und präparativen Arbeiten spielt dabei die Größe des Apparates an und für sich keine Rolle, solange das Untersuchungsmaterial in einem kleinen Raum zusammengedrängt bleibt. So mag der Objektträger beliebige Größe haben, aber der untersuchte Tropfen muß in einer annähernd halbkugeligen Form erhalten bleiben. Aus diesem Grunde sind beim Arbeiten mit wäßrigen Lösungen vollkommen entfettete Objektträger unerwünscht, da sich die Lösungen auf ihnen ausbreiten. Eine geeignete Technik für das Arbeiten mit organischen Lösungsmitteln auf Glasplatten ist noch nicht ausgebildet worden.

In der Gewichtsanalyse erzeugt die unvermeidliche Vergrößerung der relativen Oberfläche der zu wägenden Gefäße weitere Schwierigkeiten. Die Becher, Tiegel und Absorptionsapparate des Mikroanalytikers fangen einen verhältnismäßig reichlicheren Anteil des sich niederschlagenden Staubes auf. Der Konstanterhaltung der an der relativ größeren Oberfläche sich ausbildenden Absorptionsschicht muß größere Sorgfalt zugewendet werden. In diesem Zusammenhange mag darauf hingewiesen werden, daß es bereits *Bunsen*[9] bekannt war, daß die permanente Wasserhaut von Glas nur bei hohen Temperaturen abgegeben wird. Die Menge des temporär adsorbierten Wassers, das im Vakuum und unter dem Einfluß milden Trocknens verlorengeht, hängt nicht nur von der Feuchtigkeit der Atmosphäre und der Temperatur, sondern auch von der Art des Glases und der Vorbehandlung der Oberfläche desselben beträchtlich ab[10, 11]. Die Menge des pro Quadratzentimeter adsorbierten Wassers kann dementsprechend bei Zimmertemperatur von 0,3 bis 20 γ schwanken. Es ist anzunehmen, daß ähnliche Verhältnisse bei glasiertem Porzellan vorliegen, dessen Oberfläche doch auch wesentlich als Glas gewertet werden muß. Das Verhalten von Quarz — untersucht an Bergkristall — und Platin zeigt keine wesentlichen Unterschiede. Achat und rotes Siegelwachs adsorbieren beträchtliche Mengen Wasser, 30 bis 160 γ/cm^2 bei Zimmertemperatur, und es ist fraglich, ob dabei ein Gleichgewicht erreicht wird.

Die Fähigkeit des Glases, elektrische Ladungen zu verlieren, geht im allgemeinen der Fähigkeit parallel, eine verhältnismäßig schwere Wasserhaut zu bilden. Beide Eigenschaften scheinen mit dem Alkali-

gehalt der Glasoberfläche zuzunehmen. Die chemisch widerstandsfähigen silikatreichen Gläser adsorbieren wenig Wasser und halten auch
elektrische Ladungen für lange Zeit. Doch stellt das von *Schott und Genossen* hergestellte Fiolaxglas eine bemerkenswerte Ausnahme dar, für
die mir derzeit keine Erklärung bekannt ist. Die Tatsache, daß aus-
gedämpftes Glas wenig Wasser adsorbiert, kann man durch die Verringerung des Alkaligehaltes der Oberfläche erklären. Die Verflüchtigung
elektrischer Ladungen durch Bestrahlung mit ultraviolettem Licht kann
wenigstens teilweise durch die Beobachtung von *Cohnstaedt*[12] erklärt
werden, daß die Wasserhaut bei Bestrahlung mit ultraviolettem Licht
zu und bei Bestrahlung mit sichtbarem Licht (Infrarot?) abnimmt.

In bezug auf die chemische Widerstandsfähigkeit der Glasoberfläche
sei ferner darauf hingewiesen, daß Gläser vom Typus des Geräteglases
von *Schott und Genossen in Jena* geringere Gewichtsverluste aufweisen
als Gläser vom Typus des Pyrexglases. Der wichtigste Vorteil des
letzteren besteht darin, daß Pyrexglas eine sehr einfache chemische
Zusammensetzung hat und seine geringe Löslichkeit daher nur im Hinblick
auf die chemische Wirkung der wenigen extrahierten Bestandteile —
Kieselsäure, Bor, Natrium, Kalium und Aluminium — in Betracht zu
ziehen ist. Es versteht sich, daß von diesem Gesichtspunkte aus reine
Einstoffmaterialien, wie Quarz oder Platin (Quarzfritte, Platinschwamm,
Cellulose, Rohrzucker oder Kohlendioxydschnee, als Filterschichten) die
beste Lösung darstellen.

Tabelle 4. Zusammensetzung der Gläser (Gewichtsprozente).

Art	SiO_2	B_2O_3	Al_2O_3	Na_2O	K_2O	CaO	BaO
Quarz	99,8						
Pyrex..............	80	13	2	4	5		
Geräte	75	8	6	6	1	1	4
Fiolax*	66	8	10	8	0,3	5	0,2
Kavalier	70—75		Spur	10—20		5—15	

Die relativ große Oberfläche bei Kleinarbeit macht sich besonders
störend bemerkbar, wenn Niederschläge auf Temperaturen oberhalb
700° C erhitzt werden müssen. Gewichtsverluste treten dann bei Quarz,
Porzellan und Platin auf und sind besonders merkbar, wenn mit einer
Flamme direkt erhitzt wird. Dies mag zum Teil auf die chemische Ein-
wirkung der Flammengase und zum Teil auf die ständige Entfernung
der gebildeten Dämpfe mit dem Gasstrom zurückzuführen sein. Elektrische
Heizung des sich in einem mehr oder minder geschlossenen Raume befindlichen Apparates ist vorzuziehen. Wenn aber die Heizspirale aus

---

* Analyse von Kimble Glass Co., Vineland, N. J.

Platinmetall besteht, kann man bei stundenlangem Erhitzen auf 1100° C an der Außenseite von Tiegeln einen metallischen Spiegel beobachten, der es erklärt, daß derart erhitzte Apparate an Gewicht zunehmen können. Häufig kann man die durch die Flüchtigkeit des Gefäßmaterials bei hoher Temperatur verursachten Fehler dadurch in den wünschenswerten Grenzen halten, daß man in der Lage ist, die Erhitzungsdauer bei Kleinarbeit wesentlich abzukürzen.

In der tatsächlichen Praxis der Gewichtsanalyse mit Milligramm-Mengen ist die Erhaltung der Gewichtskonstanz der Apparate dadurch besonders erschwert, daß die Verkleinerung der Apparate mit der Mengenverkleinerung nicht übereinstimmt. In der üblichen analytischen Praxis verwendet man zur Wägung der Niederschläge Tiegel von etwa 10 ml Inhalt. Beim Arbeiten mit Milligrammen sollte man demnach die Niederschläge in Gefäßen von etwa $0{,}01 \times 10 = 0{,}1$ ml Inhalt wägen. Diese Forderung wurde von *Emich*[13] und *Donau*[14] beim Arbeiten mit der „Mappe" und mit den Platinfilterschälchen erfüllt. Bei der Übertragung des „Verfahrens der drei Wägungen" auf das Arbeiten mit dem Filterstäbchen ging man jedoch dazu über, den Niederschlag im Becherglas, in dem er gefällt worden war, zu wägen. Hundertmalige Verkleinerung des Becherglases von 250 bis 500 ml Inhalt würde zu Mikrobechern von 2,5 bis 5 ml Inhalt führen. Tatsächlich werden jedoch aus Bequemlichkeitsgründen Mikrobecher und Tiegel von etwa 7 bis 30 ml Inhalt verwendet. *Emichs* Filtriermethode mit dem Filterstäbchen[15] ist unzweifelhaft an Einfachheit und Zuverlässigkeit nicht zu übertreffen. Es ist aber ratsam, die möglichen Folgen der Vernachlässigung der wünschenswerten Oberflächenverkleinerung nicht aus dem Auge zu verlieren, da sie die Genauigkeit und Präzision der Resultate merklich beeinträchtigen können. Temperaturen oberhalb 900° C wird man aus den angeführten Gründen bei der üblichen Arbeitsweise mit dem Filterstäbchen am besten vermeiden.

Den Mikromethoden für die Bestimmung von Kohlenstoff, Wasserstoff und Stickstoff in organischen Substanzen wird zuweilen vorgeworfen, daß sie nichts als Miniaturen der üblichen Ausführungsform sind. Die richtige Antwort weist darauf hin, daß sie eben — und vielleicht leider — keine korrekt proportionierten Miniaturen sind und daß das Verdienst in der geschickten Wahl der Ausmaße liegt, die Unhandlichkeit vermeidet und gerade noch eben der vernichtenden Wirkung der anschwellenden Fehlerquellen entgeht. Nach Jahrzehnten praktischer Erfahrung ist es leicht, Kritik zu üben, es sollte aber auch möglich werden, günstigere Lösungen zu finden. Man möge bedenken, daß die Probe etwa 50mal verkleinert wurde, von 0,2 g auf 4 mg, daß aber weder Verbrennungsrohr und Füllung, noch die Absorptionsapparate diesem Verkleinerungsfaktor folgten. Das Verbrennungsrohr für die Kohlenstoff- und Wasserstoffbestimmung sollte bei einer Länge von 30 cm ein Lumen von nur 4 mm besitzen und das Gewicht der Absorptionsapparate sollte 2 g nicht übersteigen.

Die Überdimensionierung des Verbrennungsapparates hat es möglich gemacht, zufolge des größeren Überschusses an Oxydationsmittel und der innigeren Berührung mit der Füllung Substanzen erfolgreich zu verbrennen, denen gegenüber das übliche Makroverfahren versagt hat. Sie hat es ferner ermöglicht, eine große Zahl von Bestimmungen mit einer und derselben Füllung der Absorptionsapparate durchzuführen. Anderseits kann man ziemlich sicher sein, daß viele Schwierigkeiten auf die ungenügende Verkleinerung zurückzuführen sind. Die Reinheit der in verhältnismäßig größeren Mengen verwendeten Gase gewinnt an Bedeutung. Die Wirkung der Adsorptionsschicht an der relativ ungeheuer angewachsenen Oberfläche der Rohrfüllung macht sich bemerkbar. Das Gewicht der relativ viel zu schweren Absorptionsapparate ist schwer konstant zu erhalten usw.

Ernste Schwierigkeiten ergeben sich, wenn es nötig wird, die Oberfläche sowohl als das Volumen im gleichen Maßstab zu verkleinern. Da dies, wie bereits betont, unmöglich ist, bleibt es gänzlich der Erfindungsgabe des Mikrotechnikers überlassen, einen zufriedenstellenden Ausgleich zwischen widerstrebenden Anforderungen zu finden. Ein gutes Beispiel für eine derartige Sachlage bietet die Ausarbeitung eines Mikroverfahrens für die Bewertung von flüssigen Treibstoffen durch die fraktionierte Destillation. In der üblichen Ausführungsform werden 100 ml Benzin destilliert. Ausmaße und Form des Destillationsapparates sind von der American Society for Testing Materials genau vorgeschrieben. Das Destillat wird in einem Meßzylinder aufgefangen und der Stand des im Fraktionierkolben angebrachten Thermometers wird jedesmal notiert, wenn der Meniskus im Meßzylinder eine 10-ml-Marke erreicht. Besonders wichtig sind außerdem die Anfangstemperatur, die abgelesen wird, wenn der erste Tropfen des Kondensats in den Meßzylinder fällt, sowie die höchste Temperatur, die erreicht wird, bevor der am Ende der Destillation im Kolben verbleibende Rückstand infolge des Erhitzens in niedriger siedende Kohlenwasserstoffe zerfällt (cracking). Wenn diese höchste Temperatur erreicht wird, ist mit etwaiger Ausnahme eines geringen teerartigen Rückstandes keinerlei Flüssigkeit im Fraktionierkolben sichtbar. Es versteht sich, daß eine Mikroausführung nur dann annehmbar erscheint, wenn sie dieselbe Temperatur-Kondensatvolumenkurve als die Makromethode zu geben imstande ist.

Die Schwierigkeiten, die bei Ausführung der Destillation mit einer Probe von 5 ml eintreten, kann man sich leicht vorstellen. Eine Betrachtung betreffend die Feststellung der richtigen Anfangstemperatur mag als Beispiel genügen. Offenkundig muß der ganze Apparat derart ver-

kleinert werden, daß in dem Augenblick, in dem der erste — zwanzigmal
kleinere — Tropfen in den 10-ml-Meßzylinder fällt, auch 1. der Destillier-
kolben nur ein Zwanzigstel der Dampfmenge der üblichen Ausführungsform enthält, was richtige Volumsverkleinerung voraussetzt; 2. der
Kühler nur ein Zwanzigstel des Kondensats der üblichen Ausführungsform enthält, was richtige Verkleinerung der Oberfläche und Länge
des Kühlerrohres, richtiges Gefälle und zweckmäßige Benetzung des
Rohres bedingt; 3. das Thermometer ebenfalls geeignet verkleinert ist,
so daß seine Wärmekapazität proportional verringert und auch der gleiche
Fehler zufolge Vernachlässigung der Korrektur für den herausragenden
Faden begangen wird; 4. der Abstand zwischen Heizquelle und Thermo-
meterkugel geeignet gewählt ist, was von Form und Ausmaßen des
Fraktionierkölbchens abhängt; und 5. die innere Oberfläche des
Fraktionierkolbens so gewählt ist, daß die Menge des rückfließenden
Kondensats ein Zwanzigstel des üblichen ist. Ähnliche Überlegungen
gelten natürlich auch für alle übrigen Phasen dieses Destillations-
verfahrens.

Es versteht sich, daß man allen diesen Bedingungen gleichzeitig nicht
gerecht werden kann, und es ist von einem rein akademischen Standpunkt
interessant, daß es anscheinend doch möglich ist, mit einfachen Mitteln
einen zufriedenstellenden Ausgleich für die widerstreitenden Bedingungen
zu finden[16]. In übrigen handelt es sich in diesem Falle um eine Prüfmethode, die unter durchaus willkürlich gewählten Bedingungen ausgeführt wird. Es ist selbstverständlich, daß man in einem solchen Falle
bei jeder Veränderung der Ausführungsform auf möglicherweise unüber-
windliche Schwierigkeiten stoßen kann, da man in manchen Fällen nicht
einmal weiß, welche Faktoren das Ergebnis der Prüfung bestimmen.
Zuweilen wird man sich so behelfen können, daß man die Meßinstrumente
empirisch kalibriert. Wenn aber Stoffgemische von sehr verschiedener
Zusammensetzung derselben Prüfung unterworfen werden müssen, mag
auch ein derartiger Ausweg verschlossen sein.

Zum Abschluß sei noch auf einige Tatsachen hingewiesen, die für
zwei bisher nicht erwähnte Gebiete der analytischen Chemie, Maßanalyse
und Kolorimetrie, von Belang sind.

Das Grundgesetz der Kolorimetrie sagt, daß unter gegebenen experimentellen Bedingungen das Verhältnis der Intensitäten des austretenden
und eintretenden (monochromatischen) Lichtes konstant ist:

$$I_a/I_e = \text{konstant}.$$

Mit anderen Worten, ein gegebenes Objekt absorbiert immer den gleichen
Bruchteil des eintretenden Lichtes einer bestimmten Wellenlänge. Sein
Absorptionsspektrum und damit seine Farbe ist von der Stärke der
Beleuchtung unabhängig. Dies ermöglicht, die Farbe kleiner Objekte

zu bestimmen und zu messen, da es zulässig ist, eine beliebig große Lichtmenge durch das Objekt zu senden, wie es für die Erzeugung eines hellen Bildes, das die gewünschte Vergrößerung besitzt, nötig ist. Es ist auf diese Art möglich, kolorimetrische Messungen im Projektionsbilde mikroskopischer Objekte durchzuführen.

Das zweite Gesetz der Kolorimetrie, das eigentlich bereits im Grundgesetz enthalten ist, sagt aus, daß die Intensität des austretenden Lichtes bei arithmetischer Zunahme der Schichtdicke des Objektes geometrisch abnimmt:

$$I_a/I_e = e^{-kl}.$$

Für schwach gefärbte Objekte ist der Absorptionskoeffizient k klein. Wenn nun auch die Schichtdicke l zu kleinen Bruchteilen eines Zentimeters (etwa 0,01 cm) herabsinkt, so nähert sich $k\,l$ dem Wert Null und das Verhältnis I_a/I_e der Einheit. Nur ein sehr kleiner Bruchteil des Lichtes wird absorbiert und in dünner Schicht ist die Färbung kaum mehr oder gar nicht wahrnehmbar. Dies hat für Mikrotitrationen mit Farbindikatoren unerwünschte Folgen.

Indikatoren werden allgemein nur in sehr geringer Konzentration, 10^{-4} bis 10^{-5} molar, verwendet, damit nur unmeßbare Mengen von Maßflüssigkeit zur Reaktion mit dem Indikator verbraucht werden. Daher setzt man allgemein nur so viel Indikator zu, daß eine eben deutlich erkennbare Färbung der zu titrierenden Lösung erhalten wird. Dabei kann man annehmen, daß Gramm-Mengen in etwa 50 bis 100 ml Lösung und Schichtdicken von 6 bis 10 cm titriert werden. Bei genauer Beibehaltung der Bedingungen führt tausendfache und millionenfache Verkleinerung des Maßstabes zu Volumen von 0,1 ml bis 0,1 λ und zu Schichtdicken von 7 mm bis 0,7 mm bei Annahme halbkugelförmiger Tropfen. Bei solchen Schichtdicken und Beibehaltung der üblichen Indikatorkonzentrationen ist der Farbwechsel in der Regel nicht mehr deutlich wahrnehmbar.

Bei der Titration von Milligrammproben läßt sich die Schichtdicke durch geeignete Formung des Titrationsgefäßes[17], an das eine *Emich*sche koloriskopische Kapillare[18] angeschlossen werden kann, unschwer auf die gewünschte Größe bringen. Beim Arbeiten mit Mikrogrammen konnte jedoch bisher noch von keinem derartigen Kunstgriff Gebrauch gemacht werden. Nur die ungewöhnliche Intensität der blauen Farbe der Jodstärke bewährt sich selbst noch in Schichtdicken von Zehntelmillimetern. Auch Adsorptionsindikatoren bewähren sich bei Titrationen in sehr kleinen Tröpfchen, 1 λ und weniger, da sich die Färbung an den kleinen Niederschlagsteilchen konzentriert[19].

Es bleibt selbstverständlich immer der Ausweg, Mikrotitrationen mit größeren Indikatorzusätzen und mit stärker verdünnten Lösungen durchzuführen. Dies bedingt jedoch besondere Maßnahmen zur Beseitigung des Indikatorfehlers und kann versagen, wenn der den Farbumschlag bestimmende Ionenexponent von der absoluten Konzentration wesentlich beeinflußt wird, wie dies bei der Titration starker Säuren und Basen, wie auch bei Fällungstitrationen der Fall ist. Außerdem wird hier aus eingangs angeführten Gründen zur Hauptsache die konzentrationsgetreue Verkleinerung bewährter Makroverfahren besprochen. Es braucht wohl kaum betont zu werden, daß es unsinnig wäre, die üblichen Konzentrationen beizubehalten, wenn es sich herausstellt, daß eine Abänderung der Makromethode zu verläßlicheren Ergebnissen führt.

Zusammenfassung.

Es wurde gezeigt, daß bei Mikroverfahren selbst weit unterhalb des Mikrogrammbereiches mit der Einstellung der üblichen statistischen Gleichgewichte gerechnet werden kann. Es scheint daher vorteilhaft, die bei bereits genau studierten Makroverfahren gewonnenen Erfahrungen zu verwerten, indem man die bewährten Konzentrationen, die die Einstellung der chemischen Gleichgewichte wesentlich bestimmen, bei Verkleinerung der Verfahren beibehält.

Schwierigkeiten ergeben sich aus der Tatsache, daß weder Oberfläche noch lineare Dimensionen gleichzeitig im selben Verhältnis verkleinert werden können wie das Volumen. Die Auswirkungen können sich auf allen Gebieten der Mikroanalyse fühlbar machen und werden an verschiedenen Beispielen besprochen. Durchaus willkürlich festgelegte Prüfverfahren können der Übertragung auf einen kleineren Maßstab unerwartete Hindernisse entgegensetzen.

Ein systematisches Studium aller Faktoren, die das Resultat beeinflussen können, kann bei der Ausarbeitung von Mikromethoden viele Mühe ersparen. Ein sorgfältiges Studium der Gesamtlage, eventuell unter Beiziehung einiger qualitativer Vorversuche, sollte es möglich machen, die Experimentalarbeit durch zweckmäßiges Planen zu vereinfachen und zu erleichtern.

Summary.

It is shown that the establishment of the customarily observed statistical equilibria may be expected to take place even when working far below the microgram scale. Thus it seems advantageous to utilize the experiences accumulated with thoroughly tested macroprocedures by retaining the customary concentrations on the small scale and thus insuring the establishment of the chemical equilibria in the usual manner.

Difficulties arise from the fact that it is impossible to reduce simultaneously in a like proportion volume, surface, and linear dimensions of a system. The consequences may become noticeable in all branches of microanalysis, and they are discussed with the use of several examples. The translation of entirely arbitrary testing methods to a different scale may meet with serious obstacles.

A systematical investigation of all factors which may influence the outcome is able to save considerable effort in the development of new micromethods. A careful study of the whole problem, possibly aided by the performance of some preliminary experiments, should lead to a plan for the efficient performance of the necessary experimental work.

Résumé.

On montre que l'établissement de l'équilibre statistique habituellement observé peut être attendu même quand on travaille bien au-dessous de l'échelle du microgramme. Ainsi, il paraît avantageux d'utiliser les expériences accumulées avec les macro-procédés soigneusement mis au point, en conservant les concentrations usuelles à petite échelle et s'assurant ainsi, de l'établissement de l'équilibre chimique, à la manière habituelle.

Les difficultés surgissent du fait qu'il est impossible de réduire simultanément dans un même rapport, le volume, la surface et les dimensions linéaires d'un système. Les conséquences peuvent devenir notables dans toutes les branches de la micro-analyse et on les discute en se servant de plusieurs exemples. L'application de méthodes de test, entièrement arbitraires, à une autre échelle, peut rencontrer de sérieuses difficultés.

Une investigation systématique de tous les facteurs qui influent sur le résultat est capable de ménager un effort considérable dans le développement des nouvelles microméthodes. Une étude soignée du problème dans son ensemble, aidée à la rigueur par l'accomplissement de quelques expériences préliminaires, devrait conduire à un plan d'ensemble pour l'exécution efficace du travail expérimental nécessaire.

Literatur.

[1] *B. Baule* und *A. Benedetti-Pichler*, Z. analyt. Chem. **74**, 442 (1928).

[2] *A. Benedetti-Pichler*, ibid. **61**, 305 (1922).

[3] *J. S. Wiberley* und *J. B. Rather, Jr.*, Analyt. Chemistry **20**, 972 (1948).

[4] Micro Metallic Corporation, 193 Bradford Street, Brooklyn, N. Y.

[5] *A. Benedetti-Pichler*, Z. analyt. Chem. **64**, 409 (1924).

[6] *K. Linderstrøm-Lang* und *H. Holter*, C. r. trav. lab. Carlsberg **19**, 1 (1933).

[7] *P. L. Kirk*, Mikrochem. **14**, 1 (1933).

[8] Arthur H. Thomas Company, Philadelphia 5, Pa.

[9] *R. Bunsen*, Ann. Physik u. Chemie **24**, 327 (1884).

[10] *E. Warburg* und *T. Ihmori*, ibid. **27**, 481 (1886).

[11] *T. Ihmori*, ibid. **31**, 1006 (1887).

[12] *E. Cohnstaedt*, Physikal. Z. **10**, 643 (1909).

[13] *F. Emich*, Monatsh. Chem. **30**, 745 (1909).

[14] *J. Donau*, ibid. **32**, 31 (1911).

[15] *H. Häusler*, Z. analyt. Chem. **64**, 361 (1924).

[16] *J. S. Wiberley*, bisher unveröffentlichte Versuche.

[17] *A. A. Benedetti-Pichler* und *S. Siggia*, Ind. Engng. Chem., Analyt. Ed. **14**, 828 (1942).

[18] *F. Emich* und *J. Donau*, Monatsh. Chem. **28**, 825 (1907).

[19] *Anne G. Loscalzo* und *A. A. Benedetti-Pichler*, Ind. Engng. Chem., Analyt. Ed. **17**, 187 (1945).

City College of New York, and American Cyanamid Company, Stamford
Research Laboratories, Stamford, Connecticut.

Microchemical Training for Young People Planning a Career in Chemistry.

By

J. A. Kuck.

(Received July 18, 1950.)

One can get a good picture of how far microchemistry has progressed in our own time if he examines the curriculum of what is being taught today in our field. Indeed, this first International Microchemical Congress with its wealth of fascinating papers and its rich background of historical tradition as laid down by two great teachers, *Emich* and *Pregl*, would seem incomplete if some consideration were not paid at this meeting to the modern problem of microchemical education. It seems fitting that we dedicate a brief span of time to the consideration of the welfare of those who are going to come after us.

The present problem of microchemical education is to decide what to teach. It arises from the fact that the microchemical field like other branches of physical science has now become highly specialized. Conscientious teachers of microchemistry are asking themselves today, "What knowledge should I present to students intending to enter the chemical profession and how can I coordinate this instruction with their general education?" Clearly, the old practice of adding one more new topic to the curriculum whenever another significant paper appears in the literature does not go any more. Nowadays the good course in microanalytical principles must be carefully organized. In such a course the topics must be considered in a logical sequence. The work must at the proper pace so that at no one time is the student rushed advance to cover vast amounts of material. Proper emphasis must be placed on those elements of the field which are significant and the course should not be cluttered with trivialities. On the other hand, sufficient detail must be brought in to give meaning to the generalities.

There is also the question of how much time the college student can devote to his study of microchemistry. If we are to offer him a balanced education, we must share his interest in us with the demands of his other subjects. Consequently science courses in general have to be designed within the framework of the so-called "common core" of eduction. They have to be "blueprinted" not only to present basic principles to the student within a specified period of time, but also to assume a correct proportion within the overall picture of the needs of his professional training. Thus, too, it happens that the professor is under an increasing pressure to teach more effectively. He can do his work best by confining himself to the fundamental principles, the brilliant discoveries, and the significant refinements which have taken place in his field.

The choice of what to teach in microchemistry, therefore, is part of a larger problem which does not concern us here. We may note, however, that in American colleges the argument is being advanced that science students are better off later on in life if they do not concentrate too deeply in science study before they arrive at the university. The trend in college today is away from highly specialized courses in science. According to such philosophy a course in microanalysis which is too long or too detailed is out of place in an undergraduate curriculum. The idea seems to be that if you would be an outstanding microchemist you must first have a strong foundation of general knowledge upon which to establish your scientific career. Consequently, if one approves the above philosophy, one should put in a microchemical course only those topics which are either highly fundamental or unusually interesting or of great cultural value. Highly detailed treatment of subject material is inappropriate.

The importance of a general background is also reflected in our common industrial practice in America of staffing the microanalytical laboratories of our chemical plants with college trained personnel. In spite of the considerable expense involved in time consuming interviews, these persons are very carefully selected. Qualities of character and personality are very important. Careful attention is paid to the applicant's training in the humanities, his foreign languages, his social studies and his hobbies. The analysts selected, men and women, often receive the same rate of pay as that authorized for comparable ability in other departments. Moreover, attempts to make use of narrowly trained, so-called "technicians" in plant microanalytical laboratories do not seem to work out well in the long run. Such groups are rarely conspicuous for their creative ideas or for their development of new microanalytical techniques. In their laboratories you see that knowledge of alternate procedures, for instance, is scant and innovations are rare. Glaring weaknesses in technique appear whenever a strange apparatus has to be assembled, or if an industrial problem arises where a microchemical approach is required.

For some years your speaker has been privileged to observe the problem of microchemical training from both the educational and industrial points of view. For the past 15 years he has taught *Pregl* methods to students at the City College of New York. Coincident with his academic work he has also supervised microanalytical work at the research laboratories of the American Cyanamid Company at Stamford, Connecticut, a few miles away. Consequently this paper will be divided into two parts and the author will discuss a few points based upon his personal knowledge of each situation. Part I will therefore discuss the syllabus of theoretical and experimental work in an American undergraduate course in *Pregl* microanalysis. Part II will have to do with the operation of a large industrial microanalytical laboratory where both routine analysis and development work are always in progress. In this setting a variety of practical analytical methods is carried out by a staff of highly trained experts with industrial experience. Let us examine the microchemical training now being offered to young people in school and see how it fits their job requirements later on. A comparison of these two situations should prove fruitful in helping us to determine what should be given to the beginning student in microchemistry.

I. Microchemistry in School.

The course in microchemistry at City College is typical, as far as its content is concerned, of the training given at many other colleges in America. Although the particular course here described is open only to men, there are numerous courses elsewhere in the country where students of both sexes are admitted. It should also be pointed out that some of the women's colleges in America have very strong courses in microchemistry too. Alumnae of these latter courses have often done very well in the subsequent practice of their microchemical profession and the schools take great pride in the scientific achievement of their women graduates.

· Of the boys who have studied microchemistry at City College many have continued their chemical education at the university level for the doctorate. Some have since become successful chemists, teachers, government scientists, chemical executives and even directors of research. Although certain of these no longer have contact with microchemistry, they say that their elementary introduction to microanalysis proved to be an indispensable and valuable asset to them in their professional work. It is obvious that a first-hand knowledge of microchemical principles on the part of the organic chemist or research director is a very desirable thing for successful research administration. A basic training in the microchemical field is, of course, essential to anyone who is to be responsible for the direct supervision of the microanalytical department in any research laboratory, as well as for those who actually do the analytical work. Microanalysis as distinct from chemical microscopy, may be regarded as an indispensable prerequisite today for those expecting to enter certain highly specialized fields of chemistry such as antibiotic mycology, cancer research, chemotherapy, enzyme and hormone research, pharmacology, precious metal assay, and radiochemistry. Moreover, microchemical training for such fields should include theoretical work as well as laboratory practice.

Table 1. Lecture Schedule — Organic Microanalysis.

1. *Physical Principles of Weighing.* Weight vs. Mass. Relation of Weight to Altitude, Latitude and Buoyancy. *Lindner's* Remarks on Buoyancy.
2. *Physical Principles of Weighing.* Equation for Sensitivity and its Variables. Equation of *Schmerwitz. Lindner's* Remarks on Sensitivity. Equation for Period. *Felgenträger's* Remarks on Beam Form.
3. *Environment and the Microbalance.* Temperature Effects. Humidity Changes. Electrostatic Force. Magnetism. Air Conditioning Variation.
4. *Theory of Knife Edges.* Knife Edge Materials. Honing Knives. Screw Settings vs. Swaging. Geometrical Concept of the Radius.
5. *Theory of Knife Edges. Guiglielmo's* Method for Determining the Radius of Curvature. *Schmerwitz'* Method.
6. *Theory of Rider Error. Ramberg's* Work. Concepts of Length Tolerance and Angle Tolerance. Types of Rider.
7. *Classification of Microbalances.* (*Gorbach's* Scheme).
   Classes I a and *I b.* – Refined Assay Balances and Light Quartz Beam Type. Suspensions.
8. *Classification of Microbalances.*
   Classes II, III a and III b. – Inclination Type and Torsion Types. *Nernst, Salvioni,* and *Helical Spring.*
9. *Classification of Microbalances.*
   Class III c. – Twist Thread Type. Plutonium Balances.
10. *Classification of Microbalances.*
    Classes IV and V. – Electromagnetic Compensation. Stock Gas Density Balance. *Ehrenhaft's* Condenser.
11. *Determination of Carbon-Hydrogen.* History of Method. *Lavoisier, Gay-Lussac, Berzelius, Liebig, Cöpfer,* and *Pregl.*
12. *Determination of Carbon-Hydrogen. Pregl* Universal Filling. Function of PbO_2. Pyrolytic Decomposition of Various Types of Nitrogen-Containing Compounds.
13. *Van Slyke wet Combustion.* Principle of Method. Importance of HJO_3. Procedure. Submicro, Micro, and Macro Techniques. Application for Decarboxylation Studies.
14. *Determination of Nitrogen.* Classification of Methods.
    Class I – *Common Organically-Bound Nitrogen. Dumas. Varrentrapp* and *Will. Kjeldahl.*

　　　Class II – Nitrate Nitrogen. Nitrometer. Saponification. Volumetric
　　　　　Reduction.
　　　Class III – Nitro Compounds. Aromatic Cmpds. Aliphatic Cmpds.
　　　　　Cyclic Cmpds.
15. *Determination of Nitrogen.*
　　　Class IV　– Azo and Diazo Compounds.
　　　Class V　　– Amino Nitrogen. Van Slyke Methods.
　　　Class VI　— Alkylimide Nitrogen.
　　　Class VII – Miscellaneous Nitrogen. Nitriles. Nitrogen Heterocycles.
16. *Mid-Semester Written Examination.*
17. *Kjeldahl Ultramicro Method.* Carlsberg Technique. Kirk Technique.
　　　Applications of Ultramicro Procedures.
18. *Determination of Oxygen.* Need for a Direct Method. Classification of
　　　Methods.
　　　Class I　– Ter Meulen Hydrogenation.
　　　Class II – Kirner Oxidation at Constant Volume.
19. *Determination of Oxygen.*
　　　Class III　– Unterzaucher Carbonization. CO Equilibrium with Excess C.
　　　　　Principle of Method. History. Apparatus. Procedure. *Kirsten*'s Remarks.
　　　　　Future Application to Submicro Carbon-Hydrogen.
20. *Determination of Sulfur.* Classification of Methods.
　　　Class I – Combustion in Gaseous Oxygen. Lamp Method. *Pregl* Procedure.
　　　　　Berthelot's Bomb.
　　　Class II – Heating with Oxidants. Na_2O_2 Fusion. *Liebig* Fusion with
　　　　　$KOH + KNO_3$.
21. *Determination of Sulfur.*
　　　Class III – Oxidation in the Wet Way. By *Carius*. *Messinger*'s Method
　　　　　with $K_2Cr_2O_7 + HCl$. *Gasparini* Electrolytic Oxidation.
22. *Determination of Halogen.* Classification of Methods.
　　　Oxidation, Dry. Liebig's Combustion with Lime. Method of *Piria* and
　　　　　Schiff. Method of *Pringsheim.* Method of *Pregl.* Method of *Grote.*
　　　Oxidation, Wet. Carius Procedure. Method of *Zacherl* and *Krainick.*
23. *Determination of Halogen.*
　　　Reduction, Dry. Ter Meulen Combustion.
　　　Reduction, Wet. Method of *Chablay.* Method of *Stepanoff.* Catalytic
　　　　　Reduction.
　　　Special Methods for Fluorine. Potentiometric Titration of Chloride.
　　　　　Separation of Mixed Halide.
24. *Methods for Proof of Structure.*
　　　Determination of Molecular Weight. Physical vs. Chemical Methods.
　　　　　Titration. Elementary Analysis. Anions. *Niederl* Vaporimetric Method.
　　　　　Rast Method. Osmometric Method of *Baldes.* *Puddington*'s Method
　　　　　for Static Comparison of Vapor Pressures.
25. *Methods for Proof of Structure.*
　　　Determination of Olefinic Linkage (List of Methods).
　　　Determination of Active Hydrogen. Four types of *Grignard* Reaction.
　　　　　History of Method. The Pyridine Problem. Measuring the Unconsumed
　　　　　Grignard. Apparatus and Procedure.
26. *Methods for Proof of Structure.*
　　　Determination of Carbon Methyl. Apparatus for Oxidative Degradation.
　　　　　Outline of Procedure. Practical Problems. Application and Table of
　　　　　Groupings.

27. *Methods for Proof of Structure.*
    Determination of Oxygen Methyl. Occurrence of Methoxyl. History of
    Method. Method of *Zeisel.* Method of *Vieböck* and *Brecher.*
28. *Methods for Proof of Structure.*
    Determination of Nitrogen Methyl. History of Method. Method of *Pregl*
    and *Lieb.* Modification of *Friedrich.* Apparatus of *Fierz-David, Pfanner,*
    and *Opplinger.*
29. *Methods for Proof of Structure.*
    Microhydrogenation. Measuring H_2 Consumption at Constant Pressure in
    Microburet. *Warburg* Technique. Measuring Decrease in Pressure by
    Simple and Differential Manometers.

Theoretical Training. Table 1 is a list of lecture topics given at City
College during the term just ended. It represents subject material covered
in two 1-hour lecture periods per week for fifteen weeks. Disagreement
on the part of other teachers doubtless may exist as to the wisdom of
including certain topics on this list or of omitting others therefrom. We
can only say that in our judgment these have seemed to us to be most
desirable on the basis of their fundamental usefulness in general education.
The curriculum as a whole is the result of an evolution over a period of
years, but a few topics have remained unchanged from the time of our
last published description of this course eight years ago[5]. A few explanatory
comments will be made concerning some of the topics listed in Table 1.

Physical Principles of Weighing. As ultramicro procedures with their
attendant weighings of smaller and smaller samples come into more
general use, it seems reasonable to expect that the topics listed in these
first two lectures will claim more of our attention in the future. But
even at present it is important that there be a clear distinction in the
mind of the student between weight and mass. A practical appreciation
of the relationship existing between weight and altitude, weight and
latitude, and weight and buoyancy is also needed. In our course the
equation for sensitivity is systematically explored with respect to its
variables in order to fix in mind the reasons for familiar features of
balance design, viz.: light-weight beam, short lever arm, long pointer,
microscopic pointer-scale units, etc. The equation for period is likewise
explored. Under beam form, microbalances of the upright triangle type,
the downward triangle, and the rhombus are considered.

Environment and the Microbalance. In dealing with the topics in this
section, which all of us here today know so well from hard experience,
an attempt is made to emphasize not only the importance of air conditioning to minimize environmental effects, but also the dangers to the
analyst which can result from its periodic fluctuation; i. e., changes in
relative humidity, room temperature and effective barometric pressure.

Theory of Knife Edges. We still retain our two lectures on the theory
of knife edges. These topics are essentially the same as when we described

them in 1942. We also still make use of geometrical diagrams in teaching to explain to the student the methods of both *Guiglielmo* and *Schmerwitz* for determining the radius of curvature of the knife edge. These lectures may have to be revised shortly, however, because significant developments in the technique of evaluating bearing materials for microbalances are not far off. Support for this prediction lies in the appearance of a recent article of *Hodsman* on work done in the laboratory of Oertling, Ltd.[4]

Theory of Rider Error. In connection with the subject of rider error we still consider *Ramberg*'s treatment of the problem[9] and his argument for the stick rider as worthwhile for student consideration, although we now present *Lindner*'s recent criticism regarding the work in question[7].

Classification of Microbalances. The system of classifying microbalances according to their principles of construction, as proposed by *Gorbach*[3] has always proved very useful for teaching purposes. A new category has since appeared in the class of torsion balances. This is the twist thread or "plutonium" balance, a type which is proving very popular in America. It was used extensively during the war on atomic energy projects and will be discussed in a later paper.

Determination of Carbon-Hydrogen. Lectures 11 and 12 on the carbon-hydrogen determination require no comment since they deal with well known material which every student of microchemistry should know.

Van Slyke Wet Combustion. The discussion on the *Van Slyke* manometric method for carbon opens with emphasis on the practical value of this method as a confirmatory check whenever figures from the regular *Pregl* carbon-hydrogen procedure come into question. The value of the *Van Slyke* method for the analysis of "sub-micro" samples (below 3 mg of substance) is also pointed out.

Determination of Nitrogen. The classification of the methods for nitrogen is that recently proposed by *Becker*[1]. This is a convenient way of grouping together procedures which are specific for widely different nitrogen compounds and includes special methods for analyzing nitrogen-containing explosives.

Kjeldahl Ultramicro Method. Lecture 17 covers what is probably the most well established ultramicro procedure in existence — the ultramicro Kjeldahl. Students are fascinated by its daring but simple technique. They are interested in its application to industrial problems as recently published by us[6].

Determination of Oxygen. Two periods are allotted to a consideration of methods for oxygen. Here emphasis is placed on the *Unterzaucher* method which has been receiving more and more attention from microanalysts in America as elsewhere.

Determination of Sulfur. A convenient classification of methods for sulfur and their enumeration is that found in *Hans Meyer*[8]. The principles of each procedure are explained to the students.

Determination of Halogen. A comprehensive list of the numerous methods for halogen can likewise be found in *Hans Meyer*. We have always found this satisfactory for teaching purposes. New material has been added in connection with fluorine. Here we go into the thorium nitrate titration of fluoride and the decomposition of refractory fluorine compounds by means of fusion with metallic potassium.

Methods for Proof of Structure. The remaining six periods of the course are devoted to a consideration of the various group determinations which find theoretical application in problems of organic structure. The first of these periods is earmarked for a discussion of the newer methods for molecular weight. Another is devoted to the active hydrogen technique. Three periods are needed for carbon-methyl, methoxyl, and alkylimide, respectively. The last day goes for microhydrogenation and if there is time, the use of the *Warburg* manometric technique for hydrogenation measurements is taken up.

Laboratory Training. Laboratory instruction in many American schools has declined somewhat as a consequence of our post-war inflation. School building construction has not kept pace with student enrollment and many institutions are now faced with a shortage of laboratory space. Inadequate appropriations for new apparatus, maintenance of equipment, and for teaching assistance have also tended to lower our standards of laboratory training. This situation in many colleges has limited the number of laboratory experiments which the students can do and has resulted in the release of graduates who might be described as "talking chemists." That is, they can talk at great length about the theoretical aspects of many procedures, but have never had any practical experience with the methods which they talk about.

Evidence of sub-standard laboratory teaching can be found in microchemistry as well as in other fields of science. In the micro field it appears as a shortage of good microbalances and of the effects of. cramped working quarters. Shortcomings in the training of American microanalysts have been recently discussed by *Rather, Moore,* and *Benedetti-Pichler*[2].

Table 2 shows the schedule of laboratory experiments given this past semester to a class of twelve men at City College. Each column denotes an eight-hour laboratory period once a week and there are fifteen periods per term. By having the students work in pairs it is possible for twelve men to run six experiments within the short space of fifteen periods — each student serving as a teacher for his successor on the apparatus. Three periods at the start of the term are available to the

Table 2. Laboratory Schedule — Organic Microanalysis.

12 Students	15 Laboratory Periods of Class														
	1	2	3	4	5	6	7	8	9	10	11	12	13	14	15
1.	ORGANIZATION	C+H	C+H	C+H	M	M	OMe	OMe	X	X	S	S	N	N	
2.				C+H	C+H	M	M	OMe	OMe	X	X	S	S	N	N
3.		N	N	N	C+H	C+H	M	M	OMe	OMe	X	X	S	S	
4.				N	N	C+H	C+H	M	M	OMe	OMe	X	X	S	S
5.		S	S	S	N	N	C+H	C+H	M	M	OMe	OMe	X	X	
6.				S	S	N	N	C+H	C+H	M	M	OMe	OMe	X	X
7.		X	X	X	S	S	N	N	C+H	C+H	M	M	OMe	OMe	
8.				X	X	S	S	N	N	C+H	C+H	M	M	OMe	OMe
9.		OMe	OMe	OMe	X	X	S	S	N	N	C+H	C+H	M	M	
10.				OMe	OMe	X	X	S	S	N	N	C+H	C+H	M	M
11.		M	M	M	OMe	OMe	X	X	S	S	N	N	C+H	C+H	
12.				M	M	OMe	OMe	X	X	S	S	N	N	C+H	C+H

C+H = carbon-hydrogen
N = *Dumas*
S = *Pregl* sulfur
X = halogen (metal bomb)
OMe = methoxyl
M = metal sulfate

instructor for getting each of the six student chains under way. From then on they take care of themselves, although the instructor must be constantly on the alert to catch mistakes in technique. For equipment we have six apparatus set-ups and three microbalances for twelve men. The carbon-hydrogen man has one of the three balances to himself and the rest of the class uses the other two.

In selecting the six microanalytical procedures to be run by the class it is obvious that only those representing basic technique can be considered. Consequently we have chosen the six "indispensables": the carbon-hydrogen, *Dumas*, *Pregl* sulfur, halogen bomb, volumetric methoxyl, and ash. Table 3 lists the various manipulative skills acquired by the student in each determination.

II. Microchemistry in Industry.

The microanalytical laboratory of the American Cyanamid Company at Stamford, Connecticut, is a good example of a typical American set-up for industrial microanalysis. This laboratory is maintained by the company to take care of the microanalytical needs of its main research center. Two other similar microanalytical departments are located in manufacturing plants of the company situated elsewhere. The Stamford micro group is expected to handle requests for all types of microanalytical work originating in the various research groups. A majority of its samples, however, comes from the divisions of chemotherapy and organic research.

Table 3. Microanalytical Skills Taught.

Laboratory Experiment	Skills Involved
C + H	weighing the sample in a boat adjusting the water manometer burning the sample in oxygen handling and weighing the absorption tubes
Dumas	weighing the sample in a boat igniting copper oxide manipulating the gasometer controlling the stopcock burning the sample in carbon dioxide collecting gas over liquid reading the barometer
Pregl sulfur	weighing the sample in a boat burning the sample in oxygen rinsing out the spiral using the Pt filter crucible igniting barium sulfate weighing the Pt filter crucible
halogen	weighing the sample in a weighing tube ignition in the metal bomb filtering off the carbon precipitating and coagulating the silver halide use of the *Pregl* siphon handling and weighing the filter tube
methoxyl	weighing the sample in a weighing tube distillation on a small scale control of gas flow rinsing out the spiral use of the microburet and carrying out an iodometric titration
metal	weighing the sample in a boat ignition with sulfuric acid

At the present time the microanalytical staff consists of seven full-time analysts, all of whom are women. Although the bulk of the work done is of a routine character, at least one project of a research nature is usually being carried on at almost any time. Table 4 is a list of microanalytical services maintained by the laboratory. A newcomer to the staff is started out on the most common procedures and is moved down

Table 4.   Microanalytical Services — Industrial Laboratory.

Determinations	Analysts					
Seniority = Experience =	1 3.5 yrs.	2 3.5 yrs.	3 3 yrs.	4 1.5 yrs.	5 1.5 yrs.	6 0.5 yrs.
High Vacuum Drying	+	+	+	+	+	+
M. P. on Hot Stage of Microscope	+	+	+			
Carbon-Hydrogen, Semimicro and Micro	+	+	+	+	+	+
Dumas Nitrogen	+	+	+	+	+	+
Halogen Combustion (*Pregl*)	+	+	+		+	
Sulfur Combustion (*Pregl*)	+	+	+	+	+	+
Carius (Halogen)	+	+	+		+	
Carius (Sulfur)	+	+	+	+	+	
Metal Bomb (Halogen)	+	+	+		+	
Van Slyke Wet Combustion (Carbon)	+	+	+	+	+	+
Phosphorus	+	+			+	
Methoxyl	+	+	+	+	+	
Sulfated Ash	+	+		+		
Iodine Combustion	+	+	+			
Molecular Weight (4 Methods)	+	+	+			
Micro *Kjeldahl*	+	+	+		+	
Ultramicro *Kjeldahl*	+	+				
Active Hydrogen	+	+				
Oxygen (Carbonization)		+				
Van Slyke Amino (Nitrogen)	+	+				
Submicro Carius (Sulfur)	+	+				
Microsaponification	+					
Ultramicro Balance	+					

the list as fast as circumstances and ability permit. Each cross mark in the table represents a procedure which the analyst knows how to do and there are about forty altogether if one counts all the variations to be learned. Although the present group of analysts happens to be young in experience just now, in the past some persons have remained as long as six or seven years in the department before moving on to other things. Of the list of procedures shown, the carbon-hydrogen, *Dumas*, *Van Slyke* wet combustion, sulfur, halogen and methoxyl are run regularly. The others are run less frequently.

Table 5. Microanalytical Services
Industrial Laboratory.

Special Determinations Learned by the Staff in Previous Years.

Ultramicro Nitrate Nitrogen
Van Slyke Amino Acid Carboxyl
Carbon Methyl
Nitrogen Methyl
Fluorine Combustion
Arsenic
Magnesium
Electrometric Titration (Halide)
Mercury Combustion

Table 5 is a list of highly specialized procedures which have been run in the laboratory during past years. Each of these methods was worked out by a member of the microanalytical group in response to a special request of someone on the research staff. From the nature of this work we see that an important qualification for the industrial microanalyst can sometimes be the ability to master a new procedure within a short time. Furthermore it is not sufficient just to be able to imitate well after having observed the teacher. Here it is necessary to select the appropriate method for the problem, search the literature in regard to it, set up the necessary apparatus and perhaps make the procedure work in a way in which its original author never intended it to be used. This critical faculty, of course, increases with experience.

Several examples of this type of achievement may be of interest. For instance, we were recently requested to carry out determinations of alkoxyl on a certain resin. First of all, previous authors in the literature had emphasized the need of complete solution of the sample in the conventional procedure. In fact *von Baeyer* arrived at the use of molten phenol as a substitute for acetic anhydride for the express purpose of preventing resinification on the outer surface of the sample material. In the present instance the difficulty of handling a resin in contact with hydriodic acid was overcome after a trial and error search for a suitable solvent, and a good methoxyl figure was reported. Shortly afterwards, requests were submitted in turn for ethoxyl, propoxyl and isopropoxyl. These analyses were also made. Finally, analysis for butoxyl was requested. At this point a new difficulty with the procedure arose, i. e., separating by distillation n-butyl iodide, b. p. 131°, from constant boiling hydriodic acid, b. p. 127°. The problem was solved by sweeping carbon dioxide through the gently boiling solution for a week's time with a reflux condenser above the boiling flask, whereby the small amount of alkyl iodide was gradually evaporated from the aqueous solution and its vapor was quantitatively oxidized by the bromine in the spiral receiver. In this way successful results were obtained for butoxyl.

On another occasion we were asked to determine a small amount of nitrogen present as nitroglycerine vapor in the atmosphere where a certain manufacturing process was being carried on. For this purpose it was necessary to work up an ultramicro Kjeldahl procedure to handle the small amount of nitrogen involved. It was also necessary to find a way to reduce this trace of nitrate ester quantitatively in aqueous solution before the Kjeldahl digestion. In this instance one of the girls searched the literature and discovered the use of Devarda's alloy for alkaline reduction. We then secured samples of ultramicro pipets from Dr. *Holter* of the Carlsberg laboratory from which to make our own and thereby learn the Carlsberg procedure. Specific application of this technique for several industrial problems has since been published by us[6].

Recently there has been the possibility of a need to run in our laboratory carbon-hydrogen determinations of sub-micro sample sizes (about 2 mg). For more than a year analyses were run on 2 mg samples with our regular *Pregl* set-up and using a new *Oertling* microbalance for the weighings. The ratio of successful to unsuccessful analyses was high, both with standard and unknown samples. Confirmation of accuracy was constantly maintained by means of the sub-micro *Van Slyke* wet combustion.

Table 6. Successful and Unsuccessful Carbon-Hydrogen Analyses on 2 mg Samples.

Compound	Formula		mg Sample	% C	% H	% N
2-methoxyl-3amino-4-nitropyrimidine	$C_3H_6N_4O_3$	=		*35.30*	*3.56*	*32.93*
Found		=	2.086	35.55	3.81	32.97
		=	2.455	35.36	3.68	32.93
subst'd tetrazole	$C_2H_5N_5O_2S$	=		*14.72*	*3.09*	*42.93*
Found		=	2.215	15.55	3.43	42.90
		=	1.961	15.29	3.16	43.19
				14.77*	—	
				14.78*	—	
cyanuric acid	$C_3H_3N_3O_3$	=		*27.91*	*2.32*	*32.55*
Found		=	2.306	27.91	2.39	32.40
subst'd tetrazole	$C_2H_5N_5O_2S$	=		*14.72*	*3.09*	*42.93*
Found		=	1.888	15.07	3.25	42.75
		=	1.921	15.38	2.89	42.64
				14.63*	—	
				14.55*	—	
acetanilide, NBS	C_3H_7NO	=		*71.09*	*6.70*	
Found		=	1.766	70.93	6.72	
		=	2.156	71.34	6.56	

* Denotes *Van Slyke* wet combustion.

All analyses above done in immediate succession, one after another.

In some instances, however, anomalies occurred with 2 mg samples, an example of which is shown in Table 6. The two tetrazole samples concerned are different preparations of the same substance. All analyses were run consecutively as shown in the table and on the same apparatus.

We think that several interesting points of information may be gleaned from a study of this table. We note at the start that the purity of the tetrazole compounds is above question in view of the acceptable nitrogen analyses and wet combustion figures. The latter shows what the carbon figure ought to be by the carbon-hydrogen method.

If we assume for the moment that the high figures for the tetrazole compound were due to faulty balance weighings, the balance error in weighing about 1 mg of carbon dioxide amounts to between $+ 69$ and $+ 48\,\gamma$ in the first pair of analyses of the tetrazole and from $+ 24$ to $+ 46\,\gamma$ in the second pair. In the case of the combustion of the substituted pyrimidine and cyanuric acid standards, however, the corresponding error in weighing about 3 and 2 mg of carbon dioxide calculates to only $+ 7$ and $+ 1\,\gamma$ respectively. It is very improbable that the micro balance would misbehave in four tetrazole absorption tube weighings ($+ 25$ to $+ 70\,\gamma$) and behave quite properly in the two standard compound absorption tube weighings ($+ 7$ to $+ 1\,\gamma$).

If we assume, on the other hand, that oxides of nitrogen were not being retained by the lead peroxide in the case of the tetrazoles, we find that the theoretical ratio of mg NO_2/mg CO_2 is 2.6 as compared with 1.0 for cyanuric acid. Since the concentrations of both NO_2 and CO_2 are highly diluted by the oxygen sweep gas and since there is not too much difference in the ratio of NO_2 to CO_2, you would not think that there was any unusual demand on the lead dioxide absorbant.

Finally, there is no apparent gradation in carbon percent error as the carbon content goes from 71.09% to 35.30% to 27.91% to 14.72% and for want of a better answer we say that the error in this series of values is peculiar to the tetrazole compound.

Summary.

A course in microchemical training suitable for students who will enter the profession of chemistry must be carefully planned not only on account of the increased volume of microchemical knowledge, but also because of the growth of science in general. — For those in America intending to enter the industrial field of microchemistry a background of general knowledge is just as important as specialized training in microchemical science. — A list of lecture topics in quantitative organic microanalysis as given at the City College of New York has been reported and the justification of certain topics on this list has been commented upon. — A choice of six determinations selected to give the student an optimum experimental technique in the short space of time available has also been given. — Industrial microanalysis in America requires in addition to a thorough training in the subject, an ability to master new procedures within a short time and a talent for making a critical evaluation of a given method in the literature before it is selected for trial. — Three typical industrial problems have been illustrated where a simple method in the literature has had to be considerably modified before it could serve an industrial purpose.

Zusammenfassung.

Mikrochemische Studentenkurse müssen nicht nur wegen des umfangreichen mikrochemischen Wissens, sondern auch wegen des Anwachsens allgemeiner Erkenntnisse sorgfältig geplant werden. Für amerikanische Studenten, die in der Industrie mikrochemisch arbeiten wollen, ist allgemeine Grundausbildung ebenso wichtig wie mikrochemische Spezialausbildung. Die Berechtigung gewisser Vorlesungsthemen über quantitative organische Mikroanalyse am City College in New York wird besprochen. Eine Auswahl von sechs Bestimmungsverfahren, um in der kurzen verfügbaren Zeit ein Maximum experimenteller Technik zu erlernen, wird vorgelegt. — Die amerikanische Industrie verlangt vom Mikroanalytiker außer gründlicher Spezialausbildung auch die Fähigkeit, neue Methoden in kurzer Zeit zu beherrschen sowie kritisches Urteilsvermögen über neue in der Literatur beschriebene, in die Praxis einzuführende Verfahren. — Drei Beispiele zeigen die Notwendigkeit, einfache, in der Literatur beschriebene Verfahren gegebenenfalls durchgreifend zu ändern, um sie für industrielle Zwecke geeignet zu machen.

Résumé.

Un cours de travaux pratiques de microchimie pour les étudiants qui veulent embrasser la profession de chimiste doit être rigoureusement étudié, non seulement à cause de l'accroissement de volume des connaissances microchimiques, mais aussi, à cause du développement de la science en général. — Pour ceux qui, en Amérique, ont l'intention de se faire une situation industrielle en microchimie, une culture générale est tout aussi importante que l'entraînement spécialisé en microchimie. — On rapporte une liste de sujets de conférences données en microanalyse quantitative au City College de New York et l'on justifie et commente certains aspects de cette liste. — On donne aussi un choix de 6 dosages sélectionnés pour donner à l'étudiant une technique expérimentale maximum dans le court laps de temps dont on dispose. — La microanalyse industrielle en Amérique nécessite, en plus d'un entraînement complet dans la matière, une apitude à posséder les nouvelles méthodes en un temps restreint et un certain talent pour faire un choix critique d'une méthode donnée dans la bibliographie avant de la proposer pour essai. — Trois problèmes industriels typiques ont été illustrés là où une simple méthode tirée de la bibliographie a dû être considérablement modifiée avant qu'elle ne puisse servir pour un but industriel.

Bibliography.

[1] *W. Becker*, Analyt. Chemistry **22**, 185 (1950).

[2] *J. B. Rather*, *R. W. Moore*, and *A. A. Benedetti-Pichler*, CaEN **28**, 1724 (1950).

[3] *G. Gorbach*, Mikrochem. **20**, 275 (1936).

[4] *G. F. Hodsman*, Physics in Industry **26**, 341 (1949).

[5] *J. A. Kuck*, J. Chem. Education **19**, 574 (1942).

[6] *J. A. Kuck*, et al., Analyt. Chemistry **22**, 604 (1950).

[7] *J. Lindner*, Mikrochem. **34**, 75 (1948).

[8] *H. Meyer*, Analyse u. Konstitutionsermittlung Organischer Verbindungen, 6. Aufl. S. 197, Wien: Julius Springer 1938.

[9] *L. Ramberg*, Svensk. Kem. Tid. **41**, 106 (1929); ibid. **44**, 188 (1932); Ark. Kemi, Mineral. Geol. **11A**, 7 (1933).

Centre de Microchimie de l'Université de Bruxelles.

Réalisations d'enseignement et de recherche dans le domaine de la microchimie à l'Université de Bruxelles.

Par

A. Lacourt.

(Reçu le 6 juillet 1950.)

Les réalisations à *l'Université libre de Bruxelles* (U. L. B.) dans le domaine de la microchimie sont l'hommage de notre *Alma mater* aux deux grands pionniers de cette discipline que nous honorons et commémorons en ces journées. Elles sont en effet, le fruit des enseignements reçus ici, auprès des Professeurs *Emich* et *Lieb* au cours de l'année 1935.

Les techniques microchimiques nous étaient familières, les ayant utilisées depuis cinq ans déjà à l'occasion de recherches que nous poursuivions sur les acides carbodithioïques.

L'Université avait compris tout de suite leur grande importance, pour elle-même, ses étudiants, la formation de ses chimistes, de ses chercheurs, pour l'Industrie du Pays.

Des cours libres et à option, organisés aux Facultés des Sciences et de Médecine permettaient de la vulgarisation auprès des étudiants, des Industriels, des Institutions subsidiant la Recherche dans notre Pays. Grâce aux subsides ainsi obtenus, un matériel nécessaire à l'enseignement pratique fut réuni à l'intention des étudiants de 2e Licence en chimie. Consciente toutefois de sa position particulière en ce qui concerne la microchimie, l'Université voulu que cet enseignement et cet équipement ne fut pas uniquement réservé à ses étudiants en chimie. A côté de l'enseignement universitaire régulier elle créa un *Centre de Microchimie*, subsidié par 20 des plus importantes Industries de Belgique. Ce Centre est dirigé par un Comité Directeur. Il a pour but de promouvoir la Microchimie en Belgique, par l'enseignement, la recherche et les services à des tiers. Il offre aux anciens étudiants de l'U. L. B. et à tous les chimistes des Industries souscriptrices l'occasion d'acquérir la formation microchimique désirée.

En plus de ces réalisations, un *Service Universitaire de Microanalyse* est en voie d'organisation, à la demande de la *Faculté des Sciences*. Il a pour but de fournir aux chercheurs organiciens les renseignements analytiques nécessaires à la poursuite de leurs recherches et synthèses.

Dans ce dernier compartiment, le but poursuivi est d'obtenir un rendement analytique; on ne s'étonnera donc pas que pour cette réalisation nous envisagions un équipement plus moderne et plus perfectionné que celui destiné aux étudiants.

Les réalisations d'enseignement.

Le cours à option destiné aux étudiants de 2e Licence en chimie comporte un maximum de 30 heures inscrites au programme. Ces 30 heures devraient suffire, dans l'esprit des autorités facultaires, à l'enseignement théorique et pratique de notre discipline.

En réalité les étudiants sont d'accord pour y consacrer en plus, au cours du Ier semestre de leur 4e année d'étude, une après midi par semaine (15 séances de trois heures réservées à la pratique).

La *Théorie* comprend essentiellement les principes des activités diverses de la microchimie: microchimie qualitative, quantitative, fonctionnelle, élémentaire, organique, inorganique, titrimétrique, gravimétrique, chromatographique, à l'échelle du centigramme, du milligramme et du microgramme. Les méthodes préparatives selon *Alber*, *Emich*, etc., les méthodes de détermination des constantes physiques et des poids moléculaires sont enseignées. Parmi celles-ci il faut citer la mesure des indices de réfraction, des densités, des points de fusion, des points d'ébullition, des températures de sublimation. Les techniques de *Kofler*, d'analyse thermique des mélanges organiques, de détermination des points de transformation, des indices de réfraction à la fusion, de température critique de dissolution sont examinées.

Un court aperçu des possibilités de la polarographie, de l'absorptiométrie et de la spectrophotométrie est donné en connection avec leur utilisation dans la pratique microchimique.

La *pratique* comporte un ensemble d'exercices généraux choisis dans la préparative, la caractérisation qualitative (organique ou minérale), les méthodes physiques, la gravimétrie, la titrimétrie et l'absorptiométrie. Ces exercices doivent être choisis de telle façon que l'étudiant puisse les terminer en une seule séance et arriver à un résultat positif.

C'est ainsi qu'en analyse élémentaire organique, seuls les dosages d'azote selon *Dumas*, *ter Meülen* ou *Kjeldahl* sont pratiqués, ainsi que le dosage du méthoxyle par titrage.

Les exercices plus longs ou nécessitant soit un entrainement ou des préparatifs compliqués ne sont présentés aux étudiants que comme démonstration (soufre, halogène, carbone, hydrogène).

Un cycle complet d'exercice est organisé pour enseigner à la fois les techniques des micropesées, des microtitrages. Celles-ci sont appliquées à la détermination — le plus fréquemment du fer et de l'aluminium — sous forme d'oxyquinoléate. Les étudiants apprennent au cours de ces dosages, à préparer les microfiltres pour la microgravimétrie, à faire des filtrations inversées, à préparer les microburettes.

Tous les prélèvements sont faits à la microburette horizontale que nous avons perfectionnée[12]. Le calibrage de ces instruments et l'établissement du diagramme de calibrage est un exercice auquel les étudiants participent avec d'autant plus d'intérêt qu'ils s'en servent pour contrôler le titre des solutions de fer ou d'aluminium (titrimétrie et gravimétrie).

Depuis que nous enseignons la microchimie, nous avons fait bénéficier de cet enseignement plus d'une centaine de chimistes, qui occupent en Belgique, et à l'étranger, des positions clé dans l'enseignement, la recherche, le contrôle (analyse légale) ou l'industrie et qui de ces positions diffusent à leur tour la microchimie dans le Pays.

Les réalisations de recherche.

Notre activité universitaire de recherche comme celle d'ailleurs du *Centre*, en ce qui concerne la *Microchimie*, comporte deux périodes distinctes, séparées par la guerre.

De 1937 à 1941 nos recherches dans le domaine de la microchimie étaient orientées vers la mise au point à l'échelle du milligramme de méthodes microanalytiques organiques, par hydrogénation (*ter Meulen*: oxygène, soufre, halogènes) et par oxydation (*Pregl, Friedrich*).

Nous avons réussi à mettre au point le microdosage du carbone, de l'hydrogène, du soufre, des halogènes simultanément sur une prise de 5 mg.

L'anhydride carbonique et l'eau sont pesés comme habituellement dans un dosage courant; le soufre et les halogènes sont captés sur toile d'argent et déterminés après combustion par titrage iodométrique. Les publications donnent des détails opératoires et la précision obtenue dans chaque cas[12].

D'autres techniques microanalytiques ont encore fait l'objet d'études et de mises au point: microextraction, microdosage du thiométhyle, etc. Dans la seconde période d'activité de recherche, des difficultés s'étant révélées dans l'emploi des microbalances, en attendant d'être en possession d'emplacements adéquats non perturbés, nous nous sommes orientés vers la séparation quantitative et qualitative chromatographique des cations, en utilisant comme développants des solvants essentiellement organiques. Le travail est conduit à l'échelle du microgramme. Ont été envisagés, des cas de cations difficilement séparables par voie chimique, ou, se trouvant à l'état de trace dans une grande quantité d'un ou de plusieurs autres.

Nous nous sommes surtout occupés du fer, de l'aluminium, du titane, du cuivre, du nickel et du cobalt; un peu du chrome, du vanadium et de l'uranium. Les cations non complexés sont déposés en solution sur le papier et développés après dessiccation par le solvant organique. L'élution suit le développement après nouvelle dessiccation et le cation est directement dosé dans l'éluat, par spectrophotométrie, absorptiométrie ou polarographie. On évite l'incinération du papier et la remise en solution du résidu, opérations assez délicates et qui de toute façon allongent la durée des séparations. Les séparations sont rapides en raison de la courte durée du développement. Certaines sont terminées en deux heures avec très bonne approximation.

Ce travail est important pour l'Industrie de chez nous et nous l'étendons à d'autres éléments, en envisageant toujours à la fois, le côté qualitatif et quantitatif[3-7].

Depuis la fin de la guerre, les activités microchimiques dans notre Pays rencontrent des difficultés à plus d'un point de vue; notamment pour l'obtention du matériel adéquat. Actuellement les relations avec les Etats-Unis et l'Autriche redeviennent normales et permettent d'acheter appareils et produits appropriés à la microchimie.

Afin de nous rendre compte de la diffusion de la microchimie en Belgique, nous avons récemment envoyé un questionnaire aux groupements professionnels de chimistes relevant de toutes les Universités du Pays et comptant au total 1200 chimistes. Le résultat de cette enquête révèle que sur 590 réponses, 35% intéressent la semimicrochimie en général, 41,6% la microchimie à l'échelle du milligramme et 23,2% la sub-microchimie. Il y a 39,2% des réponses qui se rapportent à la microchimie inorganique, 41,2% à l'organique et 19,8% aux méthodes physiques.

Les intérêts se rapportant aux domaines différents de la microchimie se répartissent comme suit (en %):

	inorganique	organique
Microchimie-quantitative	12,6	18,3
,, gravimétrie	8,3	8,9
,, titrimétrie	8,8	13,1
,, gazovolumétrie	4,4	5,8
,, absorptiométrie	21,5	15,7
Microscopie chimique	5,5	4,2
Chromatographie	6,0	11,0
Electrotitrations	7,7	5,2
Polarographie	6,6	3,7
Méthodes radiométriques	3,8	1,6
Spectrographie	11,5	3,7
Méthodes préparatives	1,1	8,9
Microanalyse qualitative (Tüpfel réact.)	2,2	—

Cette enquête nous enseigne qu'en Belgique la microchimie est pratiquée dans la plupart des domaines à côté de la microanalyse proprement dite. Il y a pourtant pour certaines activités microchimiques un pourcentage si réduit de réponses, qu'il faut conclure que cette discipline n'est pas connue dans notre Pays avec tout son potentiel de possibilités.

Il ressort de ceci que les microchimistes pratiquants auraient intérêt à se grouper comme cela s'est fait dans d'autres Pays. Les réunions qu'ils pourraient organiser entre eux leur permettraient de mieux prendre contact avec cet ensemble imposant de connaissances en voie de continuel perfectionnement.

Il est certain d'après cette enquête, qu'un mouvement de vulgarisation des techniques et des possibilités microchimiques organisé dans notre Pays par ce groupement, serait de nature à rendre de grands services tant à la microchimie qu'au Pays.

L'enseignement pratique dans les Universités gagnerait aussi à être développé pour permettre à un plus grand nombre d'étudiants de s'intéresser à cette discipline. Pour cela, il est essentiel que l'on cesse de considérer avec mépris l'analyse et ses techniques, et que l'on envisage la microchimie non plus comme un moyen mais comme une fin en soi. Il serait hautement souhaitable de lui attribuer dans les enseignements, la place qui est en rapport avec l'importance qu'elle a réellement dans la formation d'un chimiste et dans l'activité chimique toute entière.

Nous serions heureuse si les journées de ce Congrès pouvaient amener les microchimistes Belges à commencer ce travail constructif en commun et à jeter les bases de notre travail futur en collaboration.

Résumé.

L'auteur décrit la façon dont se sont développés l'enseignement et la recherche à *l'Université de Bruxelles* dans le domaine de la microchimie. En plus de l'enseignement organisé régulièrement au bénéfice des étudiants, il y existe un *Centre de Microchimie*, subsidié par une vingtaine des principales *Industries* de Belgique. Cet organisme s'est assigné comme but de promouvoir la pratique et la recherche de la microchimie en Belgique aussi bien que l'enseignement.

Toutes les techniques microchimiques peuvent être pratiquées à l'Université et des stages à l'usage des chimistes d'Industrie sont organisés au Centre de Microchimie d'une façon indépendante.

L'activité de recherche du département de microchimie comporte celle antérieure à 1940 et une autre postérieure à 1945. La première intéresse des recherches en microanalyse, la seconde est relative à des séparations d'anions et de cations, principalement par chromatographie sur papier, à la faveur de solvants organiques.

74   A. Lacourt: Réalisations d'enseignement et de recherche.

Zusammenfassung.

Es wird ein Bericht gegeben über die Entwicklung des mikrochemischen Unterrichtes und der wissenschaftlichen Forschungsarbeit auf dem Gebiet der Mikrochemie an der Universität Brüssel. Neben dem regulären Universitätsunterricht wurde ein Centre de Microchimie geschaffen, welches — von zwanzig der bedeutendsten belgischen Industriefirmen unterstützt — die Aufgabe hat, mikrochemische Belange in Belgien zu fördern. Es werden die Methoden und Verfahren angeführt, die an dieser Anstalt in regelmäßigen Kursen gelehrt werden. Deren wissenschaftliche Tätigkeit betraf vor dem Kriege vor allem die Methoden der organischen Mikroanalyse, während nach dem Jahre 1945 vor allem die chromatographische qualitative und quantitative Trennung anorganischer Kationen bearbeitet wurde.

Summary.

A report is given of the development of the microchemical instruction and the scientific research work in the field of microchemistry at the *University of Brussels*. In addition to the university course, a Centre de Microchimie was created, which — supported by 20 of the most important Belgian industrial concerns — has the task of advancing microchemistry in Belgium. The methods and procedures taught in regular courses in this institution are mentioned. Before the war, its scientific activity comprised especially the methods of organic microanalysis, whereas after 1945 the chief activities dealt with the chromatographic qualitative and quantitative separation of inorganic cations.

Bibliographie.

[1] *A. Lacourt*, Ber. dtsch. chem. Ges. **39**, 3219 (1906); Bull. soc. chim. Belg. **43**, 73, 93 (1934); **44**, 665 (1935); **45**, 189, 313 (1936); **46**, 428 (1937); **49**, 159 (1940); **50**, 67, 115, 135, 175 (1941); **51**, 225 (1942); Bull. acad. sci., Paris **203**, 1367 (1936); **205**, 280 (1937); Bull. acad. Royale Belg. (Cl. sci.) 5, **32**, 52 (1936); Mikrochem. **33**, 5, 217 (1947); Analyt. Chim. Acta 2, 140 (1947).

[2] *E. De Geyndt*, Mémoire de Licence en Chimie, U. L. B., 1947.

[3] *A. Lacourt*, Nature **163**, 999 (1949); Mikrochem. **34**, 215 (1949).

[4] *J. Baruh* et *J. Gillard*, Mémoires de Licence en Chimie, U. L. B. (1948).

[5] *E. De Geyndt*, Thèse Doctorat en Chimie, U. L. B. 1949.

[6] *A. Lacourt*, Mededelingen van de Vlaamse Chemische Vereniging 12, 76, 91 (1950).

[7] *A. Lacourt*, Mikrochem. **35**, 262 (1950).

Aus der Entwicklungsabteilung der Arthur H. Thomas Company,
Philadelphia, Pa., U. S. A.

Die Normung mikrochemischer Apparate,
mit Berücksichtigung des gegenwärtigen Standes in den Vereinigten Staaten von Amerika.

Von

Herbert K. Alber.

Mit 4 Abbildungen.

(Eingelangt am 18. Juli 1950.)

Wenn wir das Gebiet der analytischen Chemie in den Vereinigten Staaten von Nordamerika betrachten, so können wir in den letzten zehn Jahren einen großen Aufschwung feststellen, der in gewisser Hinsicht unerwartet war und für den analytischen Chemiker eine wohlverdiente Anerkennung brachte. Mikrochemie und Mikroanalyse haben zu diesem Fortschritt viel beigetragen und sind heute wichtige Bausteine im Gebäude der analytischen Chemie geworden. Die in diesem Zeitraum entwickelten analytischen Verfahren, Reaktionen und Apparate sind so zahlreich und mannigfaltig, daß sie jetzt einer strengen wissenschaftlichen Überprüfung unterzogen werden müssen, um ihren dauernden Wert und ihre allgemeine Anwendbarkeit zu gewährleisten[1].

Die *Aufstellung von Normen für Apparate und Analysenverfahren* ist mit diesem Vorhaben eng verbunden. Die Normung gestattet nicht nur eine bequemere, schnellere und wirtschaftlichere Arbeitsweise, sondern erhöht auch in vielen Fällen die Genauigkeit; gewisse Fehlermöglichkeiten werden bekanntlich stark zurückgedrängt.

Wenn wir *Normung* oder *Eichung* ganz allgemein betrachten, so erkennen wir, daß man sie als sehr wichtige Grundlagen unserer Zivilisation und Gesellschaft ansehen muß. Im weitesten Sinne des Wortes können wir *Normung* definieren als *eine Vereinheitlichung von Methoden, Geräten oder Substanzen, welche für einen bestimmten Zweck gebraucht werden, um eine gleichbleibende Qualität der Endergebnisse zu gewährleisten*[2]. Bei der Aufstellung von Normen müssen unsere besten Kenntnisse verwendet werden; Normung soll nur ein *Mittel* sein und ein solches bleiben, niemals aber als Endzweck betrieben werden.

Die *Vorteile der Normung* sind zum Teil identisch mit denen, die man für die Mikrochemie oft hervorgehoben hat; nämlich Ersparnis an Zeit, Arbeit, Material und Geld. Demgegenüber ist aber häufig der *Einwand* gemacht worden, daß Normung eine weitere Entwicklung verhindern kann. Um diese Gefahr zu vermeiden, muß die Aufstellung und Über wachung von Normen in den Händen von erfahrenen Fachleuten liegen, die sich nur durch sachliche Gründe leiten lassen, fortschrittlich denken können und gewillt sind, die Interessen der Allgemeinheit zu vertreten.

In U. S. A. befassen sich zahlreiche Vereinigungen mit der Aufstellung von praktischen Normen. Wir können am besten einen Einblick in diese Normungsbestrebungen erhalten, indem wir ganz kurz das Wirken einiger dieser Gruppen, soweit sie für uns in Frage kommen, besprechen.

A. Das *United States National Bureau of Standards (N. B. S.)* in Washington, D. C., ist die bekannteste Organisation, die auf bundesstaatlicher Grundlage amerikanische Normen und Eichmaße für Länge, Masse und Zeit neu aufstellt und kontrolliert. Außerdem werden im *Bureau of Standards* Industrienormen ausgearbeitet, die nicht nur eine gesetzliche Überwachung vieler Erzeugnisse erleichtern, sondern auch für die Sicherheit, die Gesundheit und das Wohlbefinden der Bevölkerung wichtig sind. Das *Bureau of Standards* ist dem *Department of Commerce* — dem amerikanischen Handelsministerium — unterstellt und vertritt die U. S. A. bei internationalen Abmachungen über Maße, Gewichte und andere Meßeinheiten. Das Arbeitsgebiet des *Bureau of Standards* ist daher sehr vielseitig und schließt nebenbei reine, bzw. angewandte Forschung ein*.

Eine für die Analytiker besonders *wichtige Arbeit* wurde z. B. in der chemischen Abteilung des *Bureau of Standards* vor einigen Jahren unter der Leitung von *G. E. F. Lundell* begonnen, ist aber anscheinend nicht genügend anerkannt worden. Sie besteht in der Herstellung von reinsten Verbindungen oder von Substanzen mit genauen Analysendaten für die Eichung von komplizierten Apparaten und für die Kontrolle von neuen Analysenverfahren[3]. In Zusammenarbeit mit dem *American Petroleum Institute* wurden z. B. im *Bureau of Standards* über 160 Kohlenwasserstoffe in sehr reiner Form hergestellt, die als analytische Eichsubstanzen *(Standard Samples)* für Spektralapparate, Massenspektrographen usw., sowie zur genauen Messung von physikalischen Konstanten verwendet werden. Wichtig ist auch die Gruppe organischer Verbindungen, die im *Bureau of Standards* zur Überprüfung von Elementaranalysen zusammengestellt wurde. Sie enthält unter anderem Benzoesäure, Acetanilid, Anissäure, Cystin, 2-Chlorbenzoesäure, 2-Jodbenzoesäure, welche zur Bestimmung von Kohlenstoff, Wasserstoff, Stickstoff, Schwefel, Chlor, Jod, Phosphor und Methoxylgruppen dienen. Gegenwärtig wird versucht, eine Universalsubstanz herzustellen, welche die Bestimmung der meisten oder aller der obgenannten Elemente in *einer* Substanz gestattet.

B. Auch die *Association of Official Agricultural Chemists (A. O. A. C.)* in Washington, D. C., befaßt sich mit der Aufstellung von Normen und

---

* Es vereinigt etwa die Funktionen, welche die Physikalisch-Technische Reichsanstalt, die Chemisch-Technische Reichsanstalt und das Staatliche Materialprüfungsamt in Berlin früher in Deutschland ausgeübt haben.

ist dem *Department of Agriculture* — dem amerikanischen Landwirtschaftsministerium — unterstellt. Sie ist eine Vereinigung aller *amtlichen* landwirtschaftlichen Chemiker und schließt neben den staatlichen landwirtschaftlichen Abteilungen auch diejenigen staatlichen Behörden ein, welche sich mit der Gesetzgebung für die Kontrolle von Lebensmitteln, Heilmitteln, Insektenvertilgungsmitteln, Düngemitteln usw. beschäftigen. Die *Normen für Analysenverfahren* bzw. die Abänderungen bestehender Normen werden zunächst auf wissenschaftlichen Tagungen vorgeschlagen, dann in besonderen Arbeitsausschüssen praktisch überprüft und schließlich dem Vorsitzenden als Schiedsrichter und einem Hilfsschiedsrichter zur Formulierung übergeben. Die Normen werden nach endgültiger Annahme in einer alle fünf Jahre erscheinenden Sammlung[4] beschrieben und treten 30 Tage nach der Veröffentlichung in Kraft.

Die *mikroanalytischen* Verfahren der A. O. A. C. sind anfänglich auf mikroskopische Identifizierungen beschränkt gewesen. *Clark*[5] führte um 1935 die ersten Vorschriften für Elementaranalyse mit Halbmikromengen (20 bis 50 mg Substanz) unter anderem für Stickstoff-*Kjeldahl* und Methoxyl in die A. O. A. C.-Berichte ein; ausführlichere Versuche in dieser Hinsicht sind aber erst kürzlich wieder von *Willits* und *Ogg* aufgenommen worden. Ein umfangreiches Arbeitsprogramm zum Studium der mikroanalytischen Bestimmung von Kohlenstoff, Wasserstoff und Stickstoff ist in die Wege geleitet worden[6] und ungefähr 80 verschiedene Laboratorien haben zunächst zwei organische Verbindungen, salzsauren Benzyl-iso-thioharnstoff[6a] und Nikotinsäure, analysiert. Eine auf diese Untersuchungen aufgebaute Normmethode für die Bestimmung von Kohlenstoff und Wasserstoff[7] wird gegenwärtig sorgfältig an Hand derselben Substanzen und genauer Arbeitsvorschriften überprüft. Alle Ergebnisse werden sorgfältigst statistisch ausgewertet. Man hofft, auf diese Weise ein klares Bild zu bekommen, ob es zweckmäßig ist, ein Normverfahren für die mikrochemische Bestimmung des Kohlenstoffs und Wasserstoffs in der A. O. A. C. vorzuschlagen und endgültig in die Berichte aufzunehmen. Meines Wissens würde dies dann die erste offizielle Anerkennung einer Mikroelementaranalyse (abgesehen von *Kjeldahl* und Methoxyl) darstellen. Es wäre daher gut, wenn alle in der Praxis stehenden Mikrochemiker diese eingehenden Studien verfolgen würden, da sie unter Umständen einen Wendepunkt in unseren Anschauungen bezüglich der Schwierigkeiten von mikrochemischen Verfahren im allgemeinen bedeuten könnten.

C. Die *American Society for Testing Materials (A. S. T. M.)* in Philadelphia, Pa., ist wohl die bedeutendste Organisation in U. S. A., welche die Aufstellung von Normen und Prüfverfahren zur Förderung der Kenntnis von Werkstoffen als ihren Hauptzweck betrachtet[8]. Über 700 technische Ausschüsse dieser Gesellschaft veranlassen Forschungsarbeiten auf verschiedenen speziellen Gebieten. Sie prüfen Werkstoffe und Methoden in verschiedenen Laboratorien, besprechen die Ergebnisse dieser Prüfungen und schlagen dann Normen vor, die sowohl im Interesse der Hersteller als auch im Interesse der Verbraucher liegen. Eine Zweidrittelmehrheit des Ausschusses ist notwendig für die Anerkennung einer Norm, bevor sie als ein Vorschlag der Gesellschaft selbst für weitere Behandlung vorgelegt wird. Nachdem dieser Vorschlag entweder in einer öffentlichen Versammlung oder im Rahmen eines besonderen Ausschusses *(Administrative Committee on Standards)* als „vorläufig" *(tentative)* angenommen wurde, wird er veröffentlicht, damit daran für ein volles Jahr allgemeine Kritik geübt werden kann. Nach Berücksichtigung eventuell eingelangter Abänderungsvorschläge empfiehlt der Fachausschuß die „endgültige" Norm, welche nun nach schriftlicher Zustimmung von zwei Drittel der Mitglieder als „A. S. T. M.-Norm" offiziell anerkannt und so veröffentlicht wird.

In dieser Art werden praktisch brauchbare Normen auf allen Gebieten der Technik aufgestellt und notwendig scheinende Änderungen nur dann vorgenommen, wenn sie wirklich im Interesse der Allgemeinheit liegen. Für den analytischen Chemiker kommt in der A. S. T. M. eigentlich nur der „Ausschuß *(Committee E-1)* für Prüfungsmethoden" in Frage, welcher Apparate, Geräte und Prüfmaschinen behandelt und auch als Ratgeber für andere Ausschüsse dient, in welchen diesbezügliche Fragen auftauchen. Besondere Ausschüsse für Mikrochemie sind bis jetzt in der A. S. T. M. noch nicht gebildet worden; die Möglichkeit für Zusammenarbeit mit anderen Gesellschaften, die solche Ziele fördern, ist aber in den sogenannten „gemeinsamen Ausschüssen" gegeben.

D. Die *American Standards Association (A. S. A.)* in New York, N. Y., soll hier erwähnt werden, weil sie die Bestrebungen einzelner Regierungsstellen offiziell vertritt und ihre Zusammenarbeit in allgemeinen Problemen erleichtert[9]; sie gestattet z. B. eine internationale Zusammenarbeit in Fragen der Normung für Namen, Bezeichnungen, Symbole, Abkürzungen usw. Dies ist besonders wichtig, bevor eine internationale Normung angestrebt wird, da man sonst leicht die endgültige Norm, schon aus sprachlichen Gründen allein, mißverstehen könnte.

E. Die Beziehungen zwischen internationalen Normen und Normen in den einzelnen Ländern werden übrigens auch durch die *International Organization for Standardization (I. S. O.)* aufrecht erhalten. Die I. S. O. selbst verfaßt keine internationalen Normen; die amerikanischen Interessen in dieser Gruppe werden durch die *A. S. A.* vertreten. Ursprünglich wurden die Arbeiten, die heute von der *I. S. O.* durchgeführt werden, von dem *United Nations Standards Co-ordinating Committee* und der *International Standards Association (I. S. A.)* behandelt. Einzelheiten über diese Organisationen und die allgemeinen Probleme, welche in einer internationalen Normung berücksichtigt werden müssen, sind von *Crittenden* in einem interessanten Artikel beschrieben worden[9a].

F. Die *Amerikanische Chemische Gesellschaft, American Chemical Society (A. C. S.)* in Washington, D. C., mit ihren 63 000 Mitgliedern beschäftigt sich eigentlich nicht direkt, mit einer Ausnahme, mit der Normung von Apparaten, wird aber in der Zusammenarbeit mit verschiedenen Organisationen durch den Fachausschuß für Normapparate *(Committee on Standard Apparatus)*[10] vertreten. Dieser Ausschuß handelt im Interesse der amerikanischen Chemiker in Zusammenarbeit mit dem *National Research Council (Committee Pertaining to International Union of Chemistry Affairs)* an Laboratoriumsmaterialien, mit der *American Standards Association*[9] an internationaler Normung von Laboratoriumsgeräten und mit den amerikanischen Herstellern von Laboratoriumsapparaten *(S. A. M. A.)*[11] für die Vermeidung von unnötigen Doppelausführungen von Geräten.

Die Fachgruppe für analytische Chemie in der Amerikanischen Chemischen Gesellschaft *(Division of Analytical Chemistry, A. C. S.)* hat einen besonderen Normenausschuß für mikrochemische Apparate *(Committee for the Standardization of Microchemical Apparatus)* gebildet, der dem obgenannten Fachausschuß für Normapparate angegliedert ist, im allgemeinen aber ganz unabhängig seine Probleme auswählt und sie in der besten Art behandelt.

Nach dieser allgemeinen Übersicht möchte ich nun auf die Arbeiten dieses Fachausschusses etwas näher eingehen, da dies ja das eigentliche Thema meines Vortrages ist.

Die Normung mikrochemischer Apparate in U. S. A.

Es ist eigentlich verwunderlich, daß gerade in einem so exakten Zweig der Analyse, wie es die Mikroanalyse ist, so wenig an Normungsfragen gearbeitet wurde. Die U. S. A. bildet hier keine Ausnahme, da anscheinend auch sonst kaum etwas über Bestrebungen zur Normung mikrochemischer Geräte bekannt geworden ist*. Meine persönliche

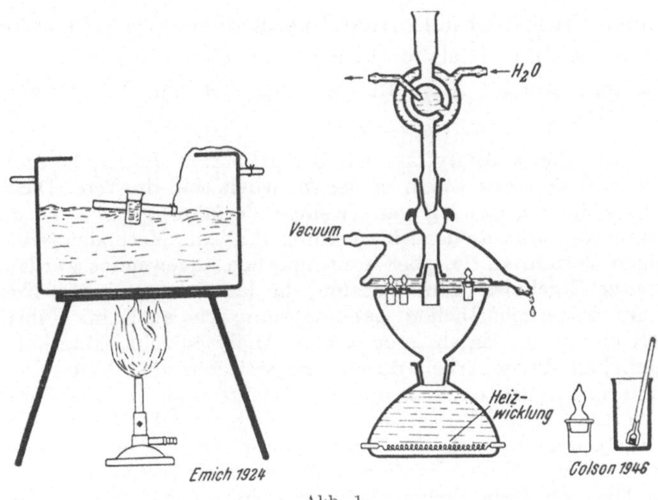

Abb. 1.

Ansicht über diesen Mangel an Interesse in der Normung mikrochemischer Apparate und Methoden vor dem Jahre 1935 ist durch langjährige Arbeiten auf dem Gebiete der Mikrochemie, sowie durch die Bekanntschaft mit vielen Mikrochemikern gebildet worden und läßt sich aus der historischen Entwicklung der Mikrochemie selbst erklären.

Wir können die Mikrochemiker ganz allgemein in *zwei Gruppen* einteilen. Die *erste Gruppe* besteht aus den erfahrenen Mikroanalytikern, die ich als die *Meister* bezeichnen möchte und die bis vor kurzem in der Mehrzahl waren.

Diese haben selbst die neuen Methoden in dem verhältnismäßig jungen Gebiet der Mikroanalyse ausgearbeitet, sie beschäftigten sich meistens persönlich mit Einzelheiten und erwarben sich ein solches „mikrochemisches Gefühl" für Dimensionen und Maße, daß sie kein besonderes Bedürfnis für

* Dem Verfasser sind nur einige englische Arbeiten durch Privatmitteilungen bekannt geworden, wie z. B. Normung von Glas für Verbrennungsröhren.

Normen hatten und haben. Als einen prominenten Vertreter dieser Gruppe möchte ich meinen geschätzten Lehrer *F. Emich* hinstellen, der mit den einfachsten Hilfsmitteln seines Laboratoriums, mit einem Stück Glas, etwas Kork und Wachs, die Grundlagen für vollkommen neue Methoden geschaffen hat. Ich will hier *Emichs* Wasserbad für das Filterstäbchenverfahren mit einem modernen Wasserbad für die anorganische Gewichtsanalyse vergleichen. Der am siedenden Wasser hin- und herschwankende Kork hat in seiner Einfachheit den Vorteil gegenüber dem beträchtlich kostspieligeren neuen Apparat, daß der Inhalt des Fällungsbechers gründlich geschüttelt wird und Niederschläge sich dadurch besser bilden können. Es ist aber fast selbstverständlich, daß sich ein so einfacher, improvisierter Apparat nicht für die Normung eignet.

Die *zweite Gruppe* der Mikroanalytiker wird vorwiegend von *technischen Hilfskräften* in Industrielaboratorien und den Studenten in höheren Lehranstalten, welche Mikroanalyse nur als ein Nebenfach wählen, gebildet.

Die Anzahl dieser Analytiker ist in den letzten Jahren beträchtlich gestiegen, so daß sie heute schon in der Mehrheit sein dürften. Diese Gruppe beschränkt sich meistens auf ganz wenige Verfahren, wie z. B. die Mikroelementaranalyse, ohne an der Entwicklung ähnlicher Methoden teilzunehmen. Die wenigen Verfahren, die aber kontinuierlich angewendet werden, müssen *immer genaue* Ergebnisse gewährleisten, da das Gelingen vieler Erzeugungsprozesse im wissenschaftlichen Laboratorium wie auch im Fabriksbetrieb heute vielfach auf den Ergebnissen solcher Analysen ruht. Man hat versucht, die Eintönigkeit dieser Arbeit durch eine weitgehende Abkürzung der Verfahren und womöglich auch durch die automatische Ausführung einzelner Operationen zu beheben*. Es ist daher wichtig, daß Industrielaboratorien in ihren Arbeiten stets gleich dimensionierte Geräte benützen und leicht ersetzbare Teile zum Einbau in die zuweilen komplizierten Spezialapparaturen erhalten. Dies schuf ein Bedürfnis für die Normung einiger Apparate, ganz besonders auch deshalb, weil die meisten mikrochemischen Geräte in dem Zeitpunkt unserer Betrachtungen (1935) vorwiegend von Österreich eingeführt wurden.

Wenn wir hier wieder ein besonderes Beispiel herausgreifen, nämlich die *Absorptionsapparate Pregls* für die Wägung von Wasser und Kohlensäure, so war es für österreichische Hersteller dieser Geräte zu Lebzeiten des Altmeisters *F. Pregl* möglich, seinen persönlichen Rat einzuholen.

Pregl hat in seinem Lehrbuch[12] leider nicht die genauen Dimensionen für diese Apparate angegeben, er hatte sich aber auf Grund seiner Erfahrungen das sichere Gefühl und die Urteilskraft erworben, ob ein bestimmter Absorptionsapparat zweckentsprechend gebaut war oder nicht. Außerhalb Österreichs mußte man eingehende Versuche machen und auch ich beschäftigte mich eine lange Zeit mit diesem Problem, um analytisch brauchbare Absorptionsapparate von den lokalen Glasbläsern zu erhalten. Bevor die

---

* Im Vortrag wurden zwei mikrochemische Laboratorien mit automatischen Verbrennungsapparaturen gezeigt (Smith, Kline & French Laboratories, Philadelphia, Pa., und Hercules Powder Experiment Station, Wilmington, Del.).

genauen Angaben von *Lieb* und *Soltys*[13] über den Einfluß der Beschaffenheit der Kapillaren auf die Gewichtskonstanz allgemein bekannt wurden, zogen es die meisten Fabrikanten in USA. vor, die Absorptionsapparate aus Europa einzuführen.

Mit der wachsenden Verwendung mikroanalytischer Methoden nahm auch die Bedeutung mikrochemischer Geräte und ihre leichte Zugänglichkeit in zweckmäßiger Form durch amerikanische Händler zu. Die Bestrebungen einiger Mikrochemiker, von denen ich hier nur *K. P. Link* und *W. R. Kirner* erwähnen möchte, und einiger Hersteller von Glas-

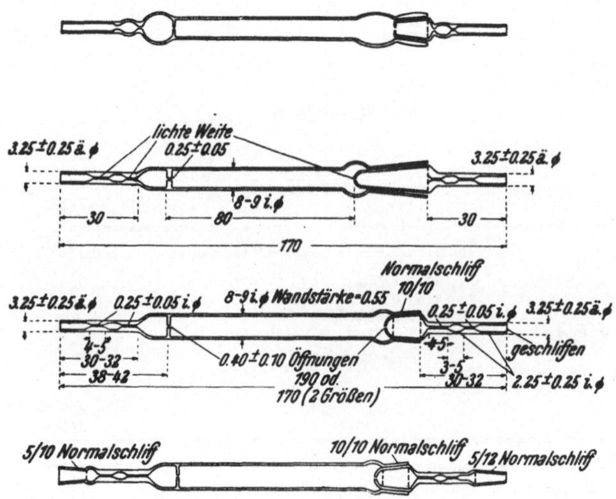

Abb. 2. Absorptionsapparate. Von oben nach unten: Original *Pregl*; erster Bericht; letzter Bericht; Abänderung von *Calco* und *A. O. A. C.*

und Laboratoriumsgeräten, wie z. B. *Corning Glass Works* und *Arthur H. Thomas Company*, führten im Jahre 1937 schließlich zur Gründung eines *Fachausschusses für die Normung mikrochemischer Arbeitsgeräte* seitens der Fachgruppe für Analyse und Mikrochemie in der Amerikanischen Chemischen Gesellschaft.

Dieser Fachausschuß stand vor keiner leichten Aufgabe, da bis zu diesem Zeitpunkte fast nichts über die Normung mikrochemischer Apparate bekannt geworden war. Es ist vielleicht allgemein interessant, einige Erfahrungen aus dieser ersten Zeit der Normung zu beschreiben. Der Fachausschuß erkannte bald, daß man sich auf die Methoden der Mikroelementaranalyse, die sogenannten *Pregl-Methoden*, beschränken sollte, da hierfür die größte Nachfrage herrschte. Es wurde der Grundsatz aufgestellt, genaue Grenzen in den Ausmaßen nur für solche Apparate auszuarbeiten, bei denen sehr geringe Änderungen einen *großen Einfluß auf die Endresultate* ausüben.

Im Falle der *Verbrennungsröhre mit seitlichem Ansatzrohr* für die Bestimmung des Kohlenstoffs und Wasserstoffs[16] wissen wir, daß geringe Abweichungen von dem Innendurchmesser der Röhre beträchtliche Änderungen in den Inhaltsverhältnissen, das ist Gas, Reagenzien, Absorption an den Füllmaterialien usw., zur Folge haben. Die Normung dieser einen bestimmten Verbrennungsröhre kann dann leicht, mit entsprechenden Änderungen, auf andere, im Gebrauche stehende Verbrennungsröhren übertragen werden,

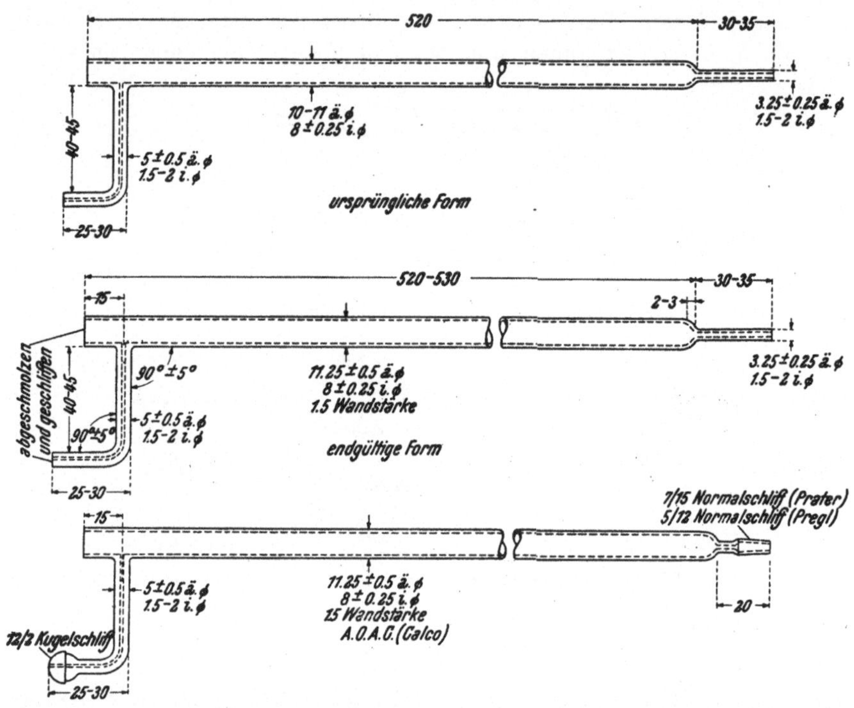

Abb. 3. Verbrennungsröhren mit seitlichem Ansatzrohr (C und H).

wie z. B. die ursprüngliche Röhre *Pregls*[12] oder die Abänderung mit Normschliffen von *Royer* und Mitarbeitern[14].

Der Hauptzweck der Normung war und ist auch heute noch die Festlegung der wichtigsten Ausmaße *eines allgemein verwendeten Apparates oder Apparatteiles mit Angabe der zulässigen Abweichungen.* Glasbläser, Hersteller, Händler, Käufer und Mikrochemiker — alle sind im gleichen Maße daran interessiert, daß durch die Aufstellung von Normen ein brauchbares Gerät zur Verfügung steht.

In den Jahren 1938 bis 1940 verfaßte der Fachausschuß für die Normung mikrochemischer Apparate *vier Berichte*, die den Mitgliedern der Fachgruppe für Analyse und Mikrochemie, A. C. S., zur Begutachtung vorgelegt wurden[15]. Die Erfahrungen von über 300 Analytikern wurden dann kritisch ausgewertet. Es zeigte sich aber gerade in diesem Zeitpunkt, daß man gewisse technische Schwierigkeiten in der Herstellung der Apparate nicht genügend berücksichtigt hatte und die Apparate dadurch kostspielig wurden. Der Fachausschuß, der vorwiegend aus Mikrochemikern von Lehranstalten bestand, holte sich die notwendigen Ratschläge für die wirtschaftliche Herstellung solcher Geräte von dem Fachausschuß der Erzeuger wissenschaftlicher Apparate in USA.[11]. Aus dieser Zusammenarbeit ergaben sich gewisse praktische Richtlinien, wie z. B. die *Normung* auf *Glasgeräte allein zu beschränken*.

Um hier wieder ein Beispiel anzuführen, möchte ich den *Preglschen Regenerierungsblock*[16] erwähnen, der in dem vorläufigen Bericht des Fachausschusses im Jahre 1938[15] in allen Einzelheiten beschrieben worden ist. Die Konstruktion eines solchen Heizblockes kann weitestgehend geändert werden, ohne die Endergebnisse zu beeinflussen. Wichtig ist nur ein Metallblock mit Bohrungen von solchen Ausmaßen, daß eine gewisse Länge des oberen Teiles oder des Stammes der Filterröhrchen auf eine bestimmte Temperatur erhitzt werden kann. Es ist für die Ausführung der analytischen Bestimmung von untergeordneter Bedeutung, ob die Heizung durch Heißluft, Gas oder Strom erfolgt, oder ob der Metallblock aus Aluminium, Bronze oder Kupfer hergestellt ist. Es sei für diejenigen, die mit den Gebräuchen in USA. nicht vertraut sind, hier auch erwähnt, daß man Metallteile vorwiegend in amerikanischen Zoll (verschieden vom englischen Zoll) mißt, während die Maße der Glasapparate, soweit sie für chemische Zwecke verwendet werden, im metrischen System, also in Millimeter, angegeben werden. Auf Grund der obigen Betrachtungen wurde beschlossen, daß *Metallapparate* nur *ganz allgemein* ohne Einzelheiten *beschrieben* werden sollten.

Der *erste offizielle Bericht* des Fachausschusses *über Apparate zur Kohlenstoff-, Wasserstoff- und Stickstoffbestimmung* erschien daher in stark gekürzter Form im Jahre 1941[17]; der *zweite* Bericht über die *Apparate für die Halogen- und Schwefelbestimmungen* wurde im Jahre 1943[18] in einer leicht zugänglichen Zeitschrift veröffentlicht, so daß ich hier nicht auf Einzelheiten einzugehen brauche.

Es wird wohl schon aus dem bisher Erwähnten verständlich sein, warum als Überschrift dieser Berichte „*Anempfohlene Ausmaße* für mikrochemische Arbeitsgeräte" gewählt wurde. Wir hatten niemals die Absicht, *endgültige Normen* aufzustellen und hatten wohl auch nicht die notwendige autoritative Stellung in der A. C. S. *Wenn ich daher die Ausdrücke „Normung", „Normen" usw. in dieser Diskussion verwende, so tue ich dies ziemlich frei und nur der Einfachheit halber.*

Da während der Kriegsjahre mikrochemische Untersuchungen einen unerwarteten Aufschwung nahmen und die Einfuhr europäischer Apparate nach USA. unmöglich wurde, waren die ersten Normungsvorschläge sofort einer kritischen Überprüfung ausgesetzt. Viele neue Erfahrungen wurden gesammelt; auch wurde bald die Notwendigkeit für eine Abänderung mancher vorgeschlagener Ausmaße und für eine Erweiterung des ursprünglichen Arbeitsprogramms erkannt. Im Jahre 1947 wurde ein *neuer Fachausschuß* für die Normung mikrochemischer Apparate, A. C. S., gebildet, dessen Mitglieder von Industrielaboratorien, wissenschaftlichen Forschungsinstituten, freiberuflichen Mikrochemikern, Lehranstalten, Glaserzeugern sowie Herstellern und Verkäufern von Laboratoriumsgeräten sorgfältig ausgewählt wurden. Diese Auswahl sollte eine fachlich einwandfreie Arbeit gewährleisten.

Der erste Punkt des neuen Arbeitsprogrammes bestand in der *Überprüfung* der *früheren Normungsvorschläge*. Ausführliche Fragebögen wurden an die nun mehr als 1000 Mitglieder zählende Fachgruppe für Analytische Chemie, A. C. S., ausgesandt[19]. Es liefen erfreulicherweise zahlreiche Antworten und Vorschläge ein, welche in gemeinsamen Besprechungen durchdiskutiert und in verschiedenen Laboratorien praktisch überprüft wurden. Einige der Abänderungsvorschläge mögen unbedeutend erscheinen, sind aber doch wichtig und geben Zeugnis von der Sorgfalt, die in der Behandlung des ganzen Problems aufgewendet wurde.

Um wieder ein Beispiel herauszugreifen, führe ich die Änderungen im *Preglschen Azotometer* an. Eine Reihe von *Fülltrichtern* wurde zunächst hergestellt, praktisch geprüft und der scheinbar günstigste ausgewählt, der aus einer zylindrischen Röhre von 10 ml Inhalt besteht und das unangenehme Verspritzen der 50%igen Kalilauge weitestgehend verhindert. Auch andere Formen des oberen Abschlusses, die den Zweck haben, ein „Einfrieren" des Hahnes zu verhindern, wurden überprüft, wie z. B. die von *Stehr*[20] oder *Müller*[21] angegebenen Apparate; die Versuche sind aber noch nicht abgeschlossen, da sie sich über längere Zeiträume erstrecken müssen, bevor solche radikale Änderungen anempfohlen werden können.

Die Verbindung zwischen Azotometer und Verbrennungsrohr ist bekanntlich ein häufig diskutiertes Problem. Die Verwendung von auswechselbaren *Kugelschliffen* hat in den letzten Jahren in USA. wohl auch durch die Einführung von praktischen Klammern[22] beträchtlich zugenommen. Die „*Ball and Socket*"-Schliffe, wie sie in USA. genannt werden, haben die Gummiverbindung zumindest an einer Stelle verdrängt und gestatten ein viel besseres Aneinanderpassen der Teile, sowie eine gewisse Beweglichkeit mit verminderter Bruchgefahr.

Ich möchte hier auch erwähnen, daß ich nach mehrjährigen Untersuchungen einen vollwertigen Ersatz für den gebrechlichen Feinregulierhahn in Form eines *Metallventiles* geschaffen habe, welches ursprünglich von *Hershberg* und *Southworth* in die Mikroanalyse in einer ähnlichen Form eingeführt worden war. Die sehr guten Erfahrungen vieler Mikrochemiker mit diesem Metallventil veranlaßten den Fachausschuß, abweichend von früher aufgestellten Grundregeln, auch dieses Gerät genau zu beschreiben und zu normieren[23].

Was nun das *Azotometer selbst* betrifft, so waren genaue Angaben für die Teile um den oberen Absperrhahn notwendig geworden. Die Teilstriche wurden so festgelegt, daß der Quecksilbermeniskus sowohl in Rechts- oder Linksaufstellung, als auch in Doppelapparaturen leicht abgelesen werden kann. Veranlaßt durch technische Schwierigkeiten in der Herstellung wurden neue Dimensionen für den Innendurchmesser des Gaseinleitungsrohres, für die Länge des kalibrierten Meßrohres, für das Anschlußrohr, für den eigentlichen Absorptionsteil usw. angegeben. Zum ersten Mal wurde auch eine Vorschrift, wie sie für die Eichung des Meßrohrteiles im *Bureau of Standards* gebräuchlich ist[24], in Einzelheiten angeführt.

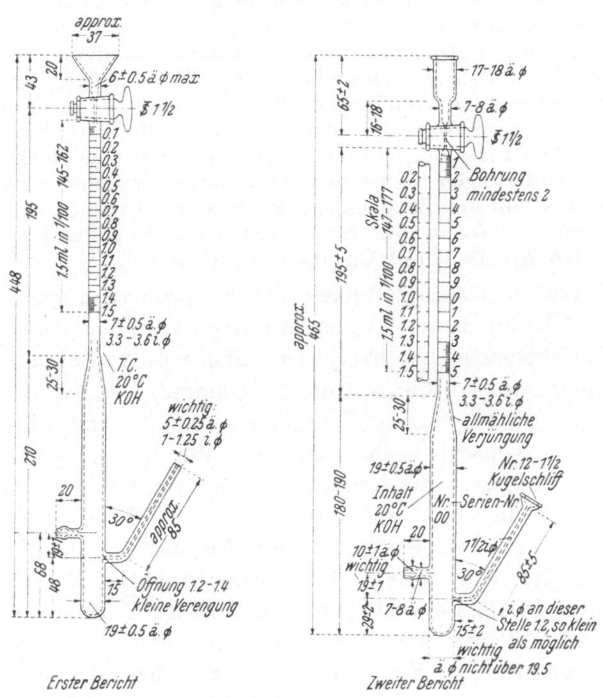

Abb. 4. Azotometer. Links: Erster Bericht; Rechts: Zweiter Bericht.

Die hier kurz erwähnten Änderungen, sowie alle anderen Normungsvorschläge sind in dem im Jahre *1949 erschienenen Bericht* des Fachausschusses für Apparate für Bestimmungen des Kohlenstoffs, Wasserstoffs, Stickstoffs, Schwefels und der Halogene[25] enthalten. *Alle* bisher vorgeschlagenen *Normen* für mikrochemische Apparate sind nun entweder in ihrer ursprünglichen Form oder in den abgeänderten Ausmaßen in diesem Bericht *an einer Stelle* leicht zugänglich; ich bin der Meinung, daß gerade dieser Schritt in USA. den Anlaß für eine Normung mikrochemischer Apparate in anderen Ländern geben kann.

Ich möchte hier noch kurz auf einige Fragen eingehen, welche den Fachausschuß *derzeit* beschäftigen. Die Beschreibung einer *neuen Form von Gummistopfen,* welche man ganz allgemein für alle mikrochemischen Apparate verwenden kann, wird bald im Druck erscheinen[26]. Die verhältnismäßig langen Gummistopfen können je nach Bedarf zugeschnitten werden, um den günstigsten unteren Durchmesser für die entsprechende Öffnung zu erhalten.

Nach langem Zögern haben wir uns auch entschlossen, einige Geräte für die *Stickstoffbestimmung nach Kjeldahl* zu normieren. Man findet bei keiner anderen Bestimmung so viele einander widersprechende Ansichten, wie dies aus der großen Anzahl der Veröffentlichungen, die z. B. in den Sammelreferaten von *Bradstreet*[27] oder *Kirk*[28] angeführt werden, ersichtlich ist. Die Vertreter der *A. O. A. C.* haben bereits ihre einschlägigen Versuche über die *Kjeldahl*-Bestimmung veröffentlicht[29] und auch eine Normungsmethode für die Bestimmung selbst vorgeschlagen. Wir konnten daher in verhältnismäßig kurzer Zeit unter den vorhandenen Apparaten eine Auswahl treffen, zweckmäßige Änderungen vornehmen und deren Brauchbarkeit praktisch prüfen. Die Auswahl des Fachausschusses wird wohl nicht die vollständige Zustimmung *aller* Mikrochemiker finden, aber sie kann zumindest als Grundlage für weitere Arbeiten und Diskussionen dienen.

Bei der großen Mannigfaltigkeit der zu prüfenden Substanzen ist es heute wohl kaum mehr möglich, Analysen nur in einem streng umgrenzten Gewichtsgebiet durchzuführen. Man wird in Zukunft *Methoden für alle Substanzmengen,* ob es nun Milligramme, Gamma oder kleinere Mengen sowie „Spuren" sind, normieren müssen und entsprechende Normen für die Apparate selbst schaffen. Wir haben versucht, in der *Kjeldahl*-Methode dieser Forderung einigermaßen Rechnung zu tragen, indem wir z. B. die Aufschlußkölbchen für 10, 30 und 100 ml Inhalt beschrieben und noch eine zweite Form für das 30-ml-Kölbchen vorschlugen, die der von *Soltys*[30] beschriebenen entspricht. Die *Pregl-Parnas-Wagner-Destilliereinrichtung*[12] wird heute wohl vorwiegend in USA. benützt und wird daher in einer allerdings etwas abgeänderten Ausführung beschrieben. Ein zweiter Apparat, den wir als „*Ein-Stück-Apparatur*" bezeichnen, besitzt als eine interessante Neuerung einen zylindrischen Reaktionstopf aus Glas (in USA. „*Resin Reaction Kettle*" genannt) mit einem eingebauten elektrischen Heizkörper, der die Wärmezufuhr für eine rasche Wasserdampferzeugung leicht regulieren läßt; verschiedene Kühler wurden auf ihre Wirksamkeit untersucht und die von *West*[31] angegebene Form als die beste erkannt. Diese Apparatur ist in ähnlicher Form in mehreren Laboratorien in Verwendung und zeichnet sich durch das leichte Übertreiben des Ammoniaks aus.

Die *weiteren Pläne* für die Normung mikrochemischer Apparate wurden im Jahre 1949 festgelegt[32]. Die Ausführung dieses umfangreichen Programmes wird mehrere Jahre in Anspruch nehmen. Wir hoffen, daß uns die Analytiker in USA. und im Ausland darin auch weiterhin unterstützen werden; Vorschläge sowie Kritik sind im Interesse des allgemeinen Zieles immer willkommen.

Ich möchte zum Schlusse das bisher Gesagte *kurz zusammenfassen* und dabei meine *persönlichen Ansichten* über die Normung mikrochemischer Apparate anführen, die sich aber keineswegs mit denen der anderen Mitglieder des Fachausschusses decken müssen.

Die *Normung mikrochemischer Apparate* ist aus *wirtschaftlichen* Gründen vorteilhaft und liegt im Interesse aller Beteiligten. In erster Linie sollen *Glasapparate* genormt werden, bei denen schon kleine Abweichungen große Einflüsse auf die Ergebnisse haben. Man soll die Normung nicht nur auf Apparate für die üblichen Milligrammverfahren beschränken, sondern auch *größere* und *kleinere Substanzmengen* einschließen. Es sollen grundsätzlich nur solche Apparate für die Normung in Betracht gezogen werden, die in *allgemeiner Verwendung* stehen und die von mehreren Mikrochemikern praktisch brauchbar gefunden worden sind. Die *Veröffentlichung* von Normvorschlägen soll so rasch als möglich in einer leicht zugänglichen Zeitschrift erfolgen und ich gebe der Hoffnung Ausdruck, daß die „*Mikrochemie vereinigt mit Mikrochimica Acta*" als die internationale Zeitschrift für diesen speziellen Zweck gewählt werden wird. Normung soll *niemals* ein Endzweck werden. Wir dürfen *nicht* durch Normung den *Fortschritt* in der Mikroanalyse *aufhalten* oder den Erfindungsgeist des einzelnen in irgendeiner Weise hindern. Ich möchte *heute* noch die *Zweckmäßigkeit* der Normung mikrochemischer *Analysenverfahren* in *Frage stellen*; wir stehen aber an der Schwelle einer vollständigen Umwälzung unserer Ansichten zumindest in diesem einen Punkte, eine Umwälzung, die in der nächsten Zeit eintreten kann. Ich würde es für das Beste halten, die *Normung* unabhängig *in jedem Lande* auf eine hohe Stufe der Vervollkommnung zu bringen. Dann kann durch *Ausgleich* der verschiedenen *Normen* oder durch die Auswahl der zweckmäßigsten Form in Zusammenarbeit der Länder eine Art internationaler Normung erreicht werden. Leider kann ich auf Grund der kaum vorhandenen Daten über Normung in anderen Ländern heute *eine internationale Normung* mikrochemischer Apparate nicht in greifbarer Nähe sehen. Ich hoffe aber, daß der Erste Internationale Mikrochemische Kongress zur Klärung dieser Fragen beitragen wird.

Zusammenfassung.

An der Normung mikrochemischer Geräte ist scheinbar bis jetzt nur in den Vereinigten Staaten von Nordamerika gearbeitet worden. Es werden die verschiedenen Vereinigungen beschrieben, die sich mit den Problemen der Normung beschäftigen; gleichzeitig wird auch darauf hingewiesen, inwieweit mikrochemische Probleme von diesen Gesellschaften in den USA. behandelt werden.

Die Arbeiten des Ausschusses für die Normung mikrochemischer Apparate in der Division of Analytical Chemistry, A. C. S., werden ausführlicher besprochen. An Hand von einigen ausgewählten Beispielen wird gezeigt, wie sich einige der im Anfang aufgetretenen Schwierigkeiten umgehen ließen und wie man zu der Aufstellung einiger Richtlinien gelangte. Die neueren Arbeiten des mikrochemischen Ausschusses werden angeführt, besonders einige Neuerungen auf dem Gebiete der *Kjeldahl*-Stickstoffbestimmung. Ein ausführlicher Literaturnachweis soll die Gelegenheit geben, alles bisher Bekannte auf dem Gebiete der mikrochemischen Normung in den USA. leicht zu verfolgen.

Summary.

It appears that the USA. has worked nearly alone in the field of the standardization of microchemical apparatus, at least until now. A description is given of several American organizations which deal with problems of standardization in general; at the same time it is shown how much these associations have contributed to microchemical studies.

The work of the Committee for the Standardization of Microchemical Apparatus in the Division of Analytical Chemistry, A. C. S., is described in greater detail. Several selected examples illustrate how some of the difficulties in the earlier periods of work have been overcome and how decisions have been made in establishing working principles. The work of the microchemical committee during the last year is mentioned, especially the apparatus for the determination of nitrogen by the *Kjeldahl* procedure. An extensive collection of literature references should give sufficient background to follow the development of microchemical standardization in the USA.

Résumé.

Il est visible que la normalisation des appareils microchimiques n'a été faite jusqu'ici qu'aux USA. On décrit les différents meetings qui se sont préoccupés du problème de la normalisation et simultanément, on a vu jusqu'à quel point les problèmes microchimiques étaient traités aux USA. par ces sociétés. Les travaux du Comité pour la normalisation des appareils microchimiques dans la division de Analytical chemistry, A. C. S., furent discutés en détail. Au moyen de quelques exemples bien choisis, on montre comment ont été tournées les difficultés existant au début et comment on réussit à poser quelques idées directives. Les nouveaux travaux du comité microchimique sont dirigés vers le dosage de l'azote Kjeldahl en ce qui touche quelques innovations. Une recherche bibliographique détaillée doit fournir tout ce qui est connu dans le domaine de la normalisation microchimique aux USA.

Diskussion.

H. *Prodinger* (Wien): Ist die Glassorte auch genormt?

H. *H. K. Alber:* In Amerika haben wir es noch nicht versucht, die für den Mikrochemiker wichtigen Glassorten zu normen. Bedingt durch die verschiedenen Ansprüche müßte man für jeden Glasteil besondere Glassorten bestimmen. Praktisch würde die Frage auch schwieriger zu behandeln sein, da ja der Chemiker keine Gewähr hat, ob das Glas auch wirklich den Normen entspricht. Scheinbar sind aber in England Versuche für Verbrennungsröhrenglas gemacht worden; die Röhren sind im Handel erhältlich.

Literatur.

[1] *W. A. Kirklin*, Vortrag über Normung in der analytischen Chemie, Pittsburgh Conference on Analytical Chemistry and Applied Spectroscopy, 17. Februar 1950.

[2] *N. F. Harriman*, Standards and Standardization, 1. Aufl., Mc Graw-Hill Book Co., Inc., New York, 1928.

[3] National Bureau of Standards Circular 398, Supplement issued January 1, 1949, U. S. Department of Commerce, Washington, D. C.

[4] Official and Tentative Methods of Analysis of the Association of Official Agricultural Chemists, 6. Aufl., 1945. Published by the Association of Official Agricultural Chemists, Washington, D. C. (Die 7. Aufl. wird im Oktober 1950 erscheinen.)

[5] *E. P. Clark*, Semimicro Quantitative Organic Analysis, Academic Press, Inc., New York, N. Y., 1943.

[6] *C. O. Willits* and *C. L. Ogg*, Report on Standardization of Microchemical Methods. Carbon, Hydrogen and Nitrogen. Presented at the Annual Meeting of the Association of Official Agricultural Chemists, October 10 to 12, 1948.

[6a] *C. L. Ogg* and *C. O. Willits*, Ind. Engng. Chem., Analyt. Ed. 18, 334 (1946).

[7] *C. L. Ogg*, Collaborative Study of the New Carbon and Hydrogen Method. Directions and Questionnaire prepared by the Associate Referee on Microchemical Methods, A. O. A. C., Spring, 1950.

[8] A. S. T. M. Yearbook, Published by the American Society for Testing Materials, September 1949, Philadelphia, Pa.

[9] American Standards Association Yearbook, 1945–46, New York, N. Y.

[9a] *E. C. Crittenden*, Standards World 2, 1 (1950).

[10] Committee on Standards Apparatus of the American Chemical Society, *W. D. Collins*, Chairman; Washington, D. C. (seit 1924 tätig); siehe CaEN 28, 1844 (1950).

[11] Laboratory Apparatus Standardization Committee, Scientific Apparatus Makers of America; *John M. Roberts*, Chairman, Chicago, Illinois.

[12] *F. Pregl*, Die quantitative organische Mikroanalyse, 2. Aufl., Springer-Verlag Berlin, 1923.

[13] *H. Lieb* und *A. Soltys*, Mikrochem. 20, 59 (1936).

[14] *G. L. Royer*, *A. R. Norton* und *O. E. Sundberg*, Ind. Engng. Chem., Analyt. Ed. 12, 688 (1940).

[15] Preliminary Reports of the Committee on Standardization of Microchemical Apparatus. 1938 to 1940. In Manuskriptform für die Mitglieder der *Division of Analytical and Microchemistry*, A. C. S.

[16] *F. Pregl*, Die quantitative organische Mikroanalyse, 5. Aufl., neubearbeitet von *H. Roth*, Springer-Verlag Wien, 1947, S. 122.

[17] *G. L. Royer*, *H. K. Alber*, *L. T. Hallett*, *W. F. Spikes* und *J. A. Kuck*, Ind. Engng. Chem., Analyt. Ed. 13, 574 (1941).

[18] *G. L. Royer*, *H. K. Alber*, *L. T. Hallett* und *J. A. Kuck*, Ind. Engng. Chem., Analyt. Ed. 15, 230, 476 (1943).

[19] Questionnaire on Microchemical Apparatus, May 1948; Questionnaire on the Apparatus Used in the Nitrogen-*Dumas* Procedure, Spring 1949; Questionnaire on the Apparatus Used in the Carbon-Hydrogen Procedure, in Vorbereitung. In Manuskriptform für die Mitglieder der *Division of Analytical Chemistry*, A. C. S.

[20] *E. Stehr*, Ind. Engng. Chem., Analyt. Ed. 18, 513 (1946).

[21] *A. Müller*, Mikrochem. 33, 192 (1947).

[22] S. Catalogue on Laboratory Apparatus and Reagents 1950, Arthur H. Thomas Company, Philadelphia, Pa., Catalogue No. 3241.

[23] *Al Steyermark, H. K. Alber, V. A. Aluise, E. W. D. Huffman, J. A. Kuck, J. J. Moran* and *C. O. Willits,* Analyt. Chemistry **21**, 1283 (1949).

[24] Privatmitteilung *G. C. Mulligan,* National Bureau of Standards. S. auch Anm. 25.

[25] *Al Steyermark, H. K. Alber, V. A. Aluise, E. W. D. Huffman, J. A. Kuck, J. J. Moran* und *C. O. Willits,* Analyt. Chemistry **21**, 1555 (1949).

[26] *Al Steyermark,* Chairman, Committee for the Standardization of Microchemical Apparatus, Analyt. Chemistry **22**, 1228 (1950).

[27] *R. B. Bradstreet,* Chem. Reviews **27**, 331 (1940).

[28] *P. L. Kirk,* Analyt. Chemistry **22**, 354 (1950).

[29] *C. O. Willits, H. J. John* und *L. R. Ross,* Journal A. O. A. C. **31**, 436 (1948). — *C. O. Willits* und *C. L. Ogg,* ibid. **31**, 565 (1948). — *C. O. Willits, M. R. Coe* und *C. L. Ogg,* ibid. **32**, 118 (1949). — *C. O. Willits* und *C. L. Ogg,* ibid. **32**, 561 (1949). — *C. L. Ogg* und *C. O. Willits,* ibid. **33**, 100 (1950).

[30] *A. Soltys,* Mikrochem. **29**, 304 (1936).

[31] *E. S. West,* Ind. Engng. Chem. **20**, 737 (1928).

[32] Program Second Summer Symposium on Analytical Chemistry, *Division of Analytical Chemistry,* Middletown, Conn., Analyt. Chemistry **21**, 651 (1949).

New York University, Washington Square College and Graduate School, New York City, N. Y.

25 Jahre Unterricht in der quantitativen organischen Mikroanalyse an der Universität New York.

Von

Joseph B. Niederl.

(Eingelangt am 10. Mai 1950.)

Die quantitative organische Mikroanalyse wurde vom Verfasser im Jahre 1925 in den Vereinigten Staaten, und zwar an der Universität New York, auf Veranlassung von Prof. *John A. Mandel* und unter Befürwortung von Prof. *F. Pregl* eingeführt. Drei Jahre später wurde dieser, damals in den Staaten noch neue Wissenschaftszweig offizieller Unterrichtsgegenstand an der „Graduate School" obgenannter Universität.

Anfangs wurde der Unterricht mehr oder weniger in gleicher Art geleitet, wie es am *Pregl*schen Institut an der Universität in Graz üblich war. Die Einfügung des Unterrichtes in das amerikanische Kurssystem für Fortgeschrittene brachte jedoch Abänderungen, über die im folgenden berichtet werden soll.

Der Kurs dauert *ein* Semester und jeder Kursteilnehmer muß einen ganzen Tag pro Woche (7 Arbeitsstunden) dem Kurse widmen. Ein Semester umfaßt durchschnittlich 14 Wochen, es müssen also die wichtigsten Bestimmungsmethoden innerhalb von 14 Arbeitstagen bewältigt werden. Folgender Arbeitsplan wurde in den letzten Jahren befolgt[*]:

Arbeitstage: 1. und 2.: Bestimmung des Nullpunktes, Empfindlichkeit und Präzision der Waage mit und ohne Belastung (10 g); erste Periode: Gebrauch gewöhnlicher analytischer Waagen ($10\,\gamma$ Empfindlichkeit); zweite Periode: Gebrauch mikroanalytischer Waagen (3 bis $5\,\gamma$ Empfindlichkeit).

3.: Bestimmung von Metallen in Salzen, Gebrauch der Mikromuffel.

---

[*] Vgl. *J. B. Niederl* and *V. Niederl*, Micromethods of quantitative organic Analysis, 2. Aufl., J. Wiley and Sons, New York, N. Y., 1942.

4. bis 6.: Mikro-*Kjeldahl*-Bestimmungen. Erste Periode: Ohne Auswägen der Substanzen, Anwendung von wäßrigen und alkoholischen Lösungen; zweite Periode: Gebrauch von festen Substanzen; dritte Periode: Analyse von unbekannten Forschungssubstanzen.

7. bis 8.: Mikro-*Dumas*-Bestimmungen: Erste Periode: Analyse von bekannten Substanzen; zweite Periode: Analyse von unbekannten Forschungssubstanzen.

9. bis 11.: Kohlenstoff-Wasserstoff-Bestimmungen: Erste Periode: Übungen mit den Absorptionsapparaten und Leerversuche; zweite Periode: Analyse bekannter Substanzen; dritte Periode: Analyse unbekannter Forschungssubstanzen.

12.: Kryoskopische Molekulargewichtsbestimmungen (*Rast*-Methode).

13.: Nachübungsperiode, Wiederholung von Bestimmungen, in denen der Student keine zufriedenstellenden Resultate erzielte.

14.: Prüfungsperiode: Analyse von Prüfungssubstanzen.

Jede Arbeitsperiode wird mit mündlichen Unterweisungen und einmaliger Vorführung der in Betracht kommenden Bestimmung und Apparatur begonnen. Die Kursteilnehmer arbeiten, besonders im Anfang, unter genauester Aufsicht eines Instruktors (full time teaching fellow). Jeder Kursteilnehmer hat seine eigene, ihm jeweils für eine Periode zugewiesene Waage (einmal eine gewöhnliche, das nächste Mal eine mikroanalytische Waage) und eine eigene Apparatur. Am Ende des Kurses werden eine oder zwei formale Vorlesungen über die Entwicklungsgeschichte der Mikrochemie und der einzelnen Methoden mit gleichzeitiger Besprechung strukturanalytischer Methoden gehalten.

Die Höchstzahl der Kursteilnehmer an der Universität New York ist gegenwärtig mit 12 Schülern pro Semester und vier pro Arbeitstag, also drei Arbeitsperioden pro Woche, angesetzt.

Ein Kurssystem, wie es oben angegeben ist, ermöglicht auch die Analyse zahlreicher Forschungssubstanzen, da im Durchschnitt beiläufig zwei Drittel der analysierten Substanzen Forschungsprodukte sind. Mit 12 Studenten ist es in 14 Arbeitstagen bei einer Durchschnittszahl von 6 Analysen pro Tag möglich, wenigstens 1000 Analysen pro Semester durchzuführen, wovon beiläufig 600 auf Forschungssubstanzen, meistens Dissertationssubstanzen, entfallen.

Abschließend möge bemerkt werden, daß ein Kurs in quantitativer organischer Mikroanalyse, abgesehen von seinen besonderen didaktischen Werten, auch durch die Vermittlung „chemischer Asepsis" als wertvolles Ausbildungsmittel dienen kann. Im Verlauf von 25 Jahren wurden unter der Leitung des Verfassers über 400 Studenten in der quantitativen organischen Mikroanalyse ausgebildet, wovon beiläufig 100 Absolventen gegenwärtig im Lehrberuf und in der Industrie mikrochemisch tätig sind.

Zusammenfassung.

Es wird ein kurzer Überblick über die an der Universität in New York (Washington Square College and Graduate School) übliche Art der Unterweisung auf dem Gebiete der quantitativen organischen Mikroanalyse gegeben.

Summary.

A brief survey of the usual type of instruction in quantitative organic microanalysis given at New York University (Washington Square College and Graduate School).

Résumé.

Coup d'œil rapide sur le mode d'enseignement usité à l'Université de New York (Washington Square College et Graduate School) dans le domaine de la microanalyse organique quantitative.

Ecole de Chimie de l'Université de Genève.

Le rôle de la microchimie dans les nouveaux domaines de la chimie analytique.

Par

P. E. Wenger.

(Reçu le 18 juillet 1950.)

Appartenant à une petite Université, ancienne, il est vrai, et qui eut le privilège de compter, au XIXème siècle, d'authentiques savants, je me suis imaginé que je pourrais, riche de 40 années d'expérience, vous parler de mes vues personnelles sur le développement de cette chimie analytique à laquelle j'ai consacré la plus grande partie de ma carrière.

Permettez-moi de vous dire très simplement, comment j'entrevois le rôle de la chimie analytique et, partant, de la microchimie, dans le domaine de la science contemporaine, et de vous exposer ensuite ce qu'un laboratoire, modeste comme le nôtre, a pu réaliser dans cet ordre d'idées.

Alors que le XIXème siècle établissait la chimie analytique classique, que de grands noms tels que *Berzelius, Dumas, Rose, Fresenius*, créaient des méthodes parfaites, techniquement parlant, mais constituant, en somme, toujours des cas particuliers, on pouvait lire en 1894, dans la préface d'un petit livre d'*Ostwald*. . . .

«la chimie analytique qu'on laisse affublée de théories antiques, de tournures vieillies, d'habits démodés. Quand il s'agit d'analyses, on ne se fait nul scrupule de présenter les faits sous une forme qui était démodée il y a 50 ans . . .»

Cette citation me parait être un signe précurseur d'un progrès considérable dans les conceptions de l'analyse.

A ce moment, la physico-chimie, suffisamment développée elle-même, vient apporter son tribut (et quel tribut!) au développement tant souhaité de l'analyse chimique.

Les chimistes spécialisés, dont les voeux et les regrets sont, en quelque sorte, résumés dans la préface d'*Ostwald*, se mettent à l'oeuvre. Cinquante ans ont passé depuis cette crise de croissance, et l'on peut, encore aujourd'hui, envisager le rôle de la physico-chimie dans la chimie analytique comme étant double; grâce à l'étude des phénomènes et de leur mécanisme, une nouvelle expérimentation est créée et des techniques inconnues jusqu'ici voient le jour (spectrographie, polarographie).

Mais les lois physico-chimiques permettent aussi d'expliquer les «réactions» de la chimie analytique classique, de fixer les conditions optima du «milieu» dans lequel on opère, et enfin, de faire appel à de «nouveaux réactifs» qui, augmentent la sensibilité et la spécificité des réactions, repoussent la limite des méthodes classiques de telle sorte, que l'on est à même de créer une technique, aussi bien quantitative que qualitative, permettant de travailler sur quelques milligrammes de substance, en atteignant une sensibilité de l'ordre du $^1/_{100}$ et du $^1/_{1000}$ de gamma.

C'est ainsi que prirent naissance les techniques microchimiques, tant qualitatives que quantitatives; mais, il faut bien s'entendre et ne pas omettre de faire la distinction entre la microchimie de 1920 et celle de 1950.

Je précise mes vues.

Fort heureusement, la chimie analytique moderne est une science rationnelle et, pour être analyste, il faut posséder une forte culture en physique et en chimie théorique, en chimie générale, et souvent aussi, dans des domaines encore plus particuliers.

En effet, si les méthodes analytiques tendent de plus en plus vers la science exacte et vers l'automatisme de l'instrumentation, le but reste le même: oeuvrer modestement, pour permettre aux chercheurs de faire leurs découvertes.

Mais, pour cela, il faut de la rapidité et de la précision. Les savants travaillent en équipes, dans de nombreux pays et disposent souvent de laboratoires parfaitement agencés.

Au cours du XIXème siècle, les chimistes se sont attachés essentiellement à l'identification et à la séparation des espèces.

Depuis plus d'un demi siècle, à ce travail d'isolement et de découverte des corps, est venu nécessairement s'ajouter l'étude intrinsèque des transformations par lesquelles les espèces chimiques s'engendrent les unes les autres.

Les physiciens et les chimistes tentent de dégager les lois fondamentales régissant l'évolution des systèmes chimiques, et d'interpréter à la fois le sens des réactions et les modalités de leurs mécanismes, étroitement liés à la structure même de la matière.

Pratiquement aussi, les problèmes posés à l'analyste ont évolué: détermination de la constitution des corps ou de mélanges de corps dont on ne possède que des traces, ou de très faibles quantités; identification et dosage de traces de corps étrangers dans un corps pratiquement pur, mais dont on dispose à volonté; enfin, dosage de traces dans de très faibles quantités, contrôle des fabrications, par exemple, synthèses biochimiques, tests de tous genres, etc. etc.

Lors du premier Congrès européen de chimie analytique, tenu à Utrecht, en juin 1948, sous la présidence de Monsieur le Professeur *van Nieuwenburg* de Delft, les travaux présentés dans les différentes sections, résumaient d'une façon frappante, l'orientation et les préoccupations des chimistes analystes, tant, d'ailleurs, au point de vue théorique que pratique.

Reprenant la comparaison entre la microchimie de 1920 et celle de 1950, je dois, tout d'abord, évoquer les grandes figures de *Pregl* et d'*Emich*, dont l'Autriche s'honore, et leurs travaux qui ont ouvert le chemin à l'analyse de très petites quantités de matière.

Pour la première fois, d'une façon systématique, l'on ramène à l'échelle micro, les méthodes de l'analyse classique, tant minérale qu' organique, et l'on peut ainsi procéder à des dosages permettant de suivre et d'établir des synthèses admirables. Les techniques de Graz eurent également l'immense avantage d'établir d'une manière infiniment plus précise, les facteurs nécessaires aux dosages et aux séparations volumétriques et pondérales.

En bref, l'on a, grâce aux perfectionnements de la balance et aux travaux de savants ingénieux, résolu le problème de la caractérisation des corps ou des espèces ne se présentant qu'en quantité de l'ordre du milligramme ou moins encore.

Un autre problème est celui du dosage de corps étrangers, de traces dans des quantités de matériaux de l'ordre du milligramme.

La microchimie doit alors prendre un nouveau développement, en s'appuyant sur les techniques physico-chimiques, que la science moderne met à la disposition des chercheurs (polarographie, ampérométrie, colorimétrie, méthodes électro-chimiques, électrolyse, conductométrie, gazométrie, spectrographie, chromatographie).

C'est pourquoi, actuellement, bien que nous soyons toujours encore dans une période de développement intense, nous avons atteint un nouveau palier, où la microchimie des débuts pénètre dans tous les domaines nouveaux de l'analyse, faisant sien ce machinisme si ingénieux et si coûteux.

Il me parait intéressant, pour illustrer les vues que je viens de résumer, de vous exposer quelques uns de nos travaux.

Application de la polarographie à la microchimie.

Lorsqu'une solution d'un corps électro-réductible ou électro-oxydant est électrolysée en utilisant comme électrode la chute régulière de petites gouttes de mercure, à partir d'un capillaire, on peut fréquemment construire une courbe voltage-courant reproductible. En examinant cette dernière, on peut, soit identifier la substance, soit déterminer sa concentration (1924, *Heyrovský* et *Shikata*, Polarographie).

Cette méthode a plusieurs avantages pour la microchimie:

1° on peut utiliser des solutions très diluées, 10^{-2}—10^{-5} M dans de très petits volumes;

2° les opérations purement chimiques sont grandement simplifiées;

3° la détermination à l'appareil est rapide et même automatique;

4° on peut aussi déterminer des substances non ionisées (substances organiques — O_2 dissous);

5° comme le courant qui passe pendant l'essai est très faible, la solution expérimentée est pratiquement inchangée pour d'autres expériences. On peut répéter plusieurs fois la détermination.

Nous avons appliqué cette méthode notamment dans deux cas:

Dosage minéral.

Dosage du cuivre dans une goutte de solution. Les mêmes données que pour le dosage polarographique dans un volume plus grand ont donné de bons résultats. La solution de base étant le nitrate de potassium n/10, pour une solution de cuivre n/100.

Gélatine: 0,01 à 0,05%; pH $\cong$ 5, limite de dilution 10^{-5} mol/lit. Nous avons choisi le dispositif le plus simple, le dosage du cuivre, en effet, n'exige pas l'abri de l'air, on chasse l'oxygène avant le dosage.

La solution à analyser est d'abord mélangée avec la solution de base et la gélatine et libérée d'oxygène. On verse ensuite une ou deux gouttes le long du capillaire; cette goutte forme un pont entre l'anode et la cathode à gouttes.

Dosage organique.

Dosage du potassium au moyen de la dipicrylamine (hexanitro-2-4-6-2′-4′-6′-diphénylamine). On polarographie d'abord le réactif seul, contenant déjà le tampon et la solution de base. Puis, on ajoute le sel de potassium sous forme solide et l'on obtient le précipité du dipicrylaminate de potassium. La hauteur du palier de la couche va en diminuant avec l'augmentation de la teneur en potassium; il est donc nécessaire d'établir une courbe d'étalonnage. Il y a plusieurs conditions que l'on doit remplir au moment de l'établissement de cette courbe:

1° la température doit être constante et notée;

2° le réactif doit être préparé 48 heures à l'avance et gardé à la température de l'expérience;

3° la durée de précipitation doit être lente, 12 à 24 heures.

En outre, le diamètre du récipient choisi est de 7—8 mm.

La quantité minimum de solution pour une analyse $= 0,5$ ml.

Je n'ai pas la prétention de vous avoir décrit des méthodes strictement originales, mais plutôt que d'emprunter à la littérature que vous connaissez tous, j'ai préféré vous orienter sur les travaux que nous sommes à même d'exécuter dans nos laboratoires, en microchimie polarographique, grâce à l'application des recherches de *Heyrovský, Kolthoff, Lingane, Okáč, Carruthers,* et grâce aussi aux travaux effectués en biochimie, alcaloïdes, acide ascorbique, hormones stéroïdes, etc.

L'analyse conductométrique et l'ampérométrie, mises au point par *Kolthoff* et ses collaborateurs, d'une façon si ingénieuse, sont aussi du domaine de la microchimie moderne. *Milton* et *Waters* dans le traité «Methods of quantitative microanalysis» nous citent un dosage du nickel avec la diméthylglyoxime ou une détermination d'une solution 0,001 M avec une solution de nitrate de plomb.

Kolthoff et ses assistants ont déterminé les anions chlorhydrique, chromique, phosphorique et, parmi les corps organiques, les mercaptans, les styroles, enfin l'α-tocophérol (avec le chlorure d'or).

Je n'ai pas non plus l'intention de faire une énumération fastidieuse de toutes les méthodes, cependant, il me semble indispensable de m'arrêter quelque peu sur les applications de la potentiométrie à la microchimie.

C'est ainsi que nous avons pu mettre au point un microdosage du chlore ou de l'argent.

D'autre part, une étude potentiométrique préalable du réactif α-nitroso β-naphtol, la détermination de son produit de solubilité, son comportement en fonction du pH, la constitution du complexe ont permis de jeter les bases de microdosages de l'argent et du cuivre.

Continuant à faire la revue des nouveaux domaines de la microchimie analytique, j'en arrive à l'identification des corps.

A la suite du novateur que fut le Professeur *Feigl,* l'extension prise par l'analyse à la touche, ou plutôt, par toute technique micro ou semi-microchimique de l'analyse qualitative minérale est un signe certain de l'intérêt qu'elle suscite; elle a, certes, de nombreux détracteurs; il s'en rencontre parmi les auteurs de livres français, parmi les chimistes d'usine et, vraisemblablement, parmi mes auditeurs d'aujourd'hui, cependant, à mon avis, nier, actuellement, son utilité et son droit à la vie, est tout aussi téméraire et illusoire que de croire à son universalité dans le domaine de la chimie analytique.

Peut-être ce nouveau style n'a-t-il rien créé? Pourquoi alors, est-il apparu au cours de ces dernières 40 années? Période pendant laquelle on assiste au développement quasi miraculeux de la chimie physique et de la chimie en général!

Il semble bien qu'il y ait là rapport de cause à effet.

C'est aussi grâce au fait que certains savants de la fin du XIXème siècle ont attiré l'attention de leurs contemporains sur la vétusté des méthodes en cours.

J'estime, pour ma part, Mesdames et Messieurs, que le mérite des analystes du XXème siècle est d'avoir su utiliser, ou de l'avoir tenté tout au moins, les ressources multiples d'une science en plein épanouissement.

Je reste persuadé que ce furent des travaux tels que ceux de *Tschugaeff* sur la diméthylglyoxime, en 1905, études systématiques d'un réactif organique, qui furent le point de départ de l'impulsion donnée aux nouvelles recherches. Et, tout naturellement, comme le prouve l'histoire de la science, les praticiens, entrevoyant alors une voie nouvelle s'y lancèrent à corps perdu et proposèrent un nombre considérable de nouveaux réactifs.

Il faut remarquer que ce grand nombre de réactifs, souvent incomplètement étudiés ou décrits à la hâte, ne permet pas un usage aisé de ces précieuses techniques de la chimie contemporaine.

Le travail de la Commission des Réactions et Réactifs analytiques nouveaux de l'Union Internationale de Chimie a été, dans ses 4 rapports, d'établir une liste aussi complète que possible des réactifs et d'en choisir un nombre restreint, bien étudiés, et pouvant être utilisés avec sécurité.

Ces rapports de la Commission, notamment les 2ème et 4ème, sont très utiles au chimiste, bien qu'étant, en somme, un métisse de science et de technique. Celui qui se soumet à la critique des méthodes préconisées peut y trouver des possibilités de recherches; c'est ainsi que nous avons été conduit à l'établissement d'une méthode de séparation analytique à base des xanthates, puis à l'élaboration de dosages semi-quantitatifs. En effet, la spécificité et la sensibilité des réactions ont déjà donné lieu à plusieurs travaux qui ont amené les chercheurs à se demander s'il n'y avait pas possibilité de réaliser, avec des réactifs particulièrement sensibles, des dosages rapides qui n'auraient pas toute la rigueur de l'analyse classique, mais qui auraient l'avantage d'une grande rapidité. C'est dans cet esprit que nous avons établi la méthode d'analyse semi-quantitative.

Depuis le début de nos études, nous avons fait plusieurs dosages. Nous pouvons confirmer, grâce à ces exemples, que les deux notions de spécificité et de sensibilité ne suffisent pas pour fixer la valeur d'un réactif, surtout dans le domaine que nous exposons ici. En effet, la sensibilité d'une réaction n'est pas forcément en relation directe avec la visibilité. Il faut tenir compte, dans l'établissement d'une méthode, aussi bien de la visibilité que de la sensibilité ou de la spécificité de la réaction.

Avant toute chose cependant, le principe général qui nous a guidé est le suivant:

Choix de 2 ou 3 réactifs sélectifs pour un élément considéré. Détermination de la limite de perceptibilité pour chacun d'eux.

Etablissement de tables ou de formules qui donnent directement ou permettent de calculer le pourcentage approximatif du corps à doser.

Du point de vue pratique, la limite de perceptibilité est fonction de plusieurs facteurs; corps ou ions étrangers en solution, coloration obtenue, mode opératoire, température et facteurs personnels se rapportant à l'observateur.

Ces méthodes nous semblent d'un emploi opportun parce qu'elles sont d'une exécution très simple et qu'elles nécessitent un appareillage facile à réaliser. Il n'entre pas dans mes intentions de nier le grand intérêt des méthodes modernes, dites mécaniques, telles que potentiométrie, colorimétrie, spectrographie, polarographie, mais, chaque petit laboratoire ne peut pas toujours faire les frais de dispositifs onéreux et, si l'on doit rapidement s'orienter sur la valeur d'un produit, les méthodes dont je viens de parler, me paraissent parfaitement indiquées pour ce faire.

Ces méthodes qui, par l'instrumentation, diffèrent passablement des méthodes mécaniques, s'en rapprochent, par contre, et peuvent les suppléer au besoin, lorsqu'il s'agit de déterminer la teneur du corps étranger et des constituants représentant un faible pourcentage de l'ensemble de la solution à analyser.

A titre documentaire, je vous cite quelques unes des principales publications que nous avons faites dans ce domaine:

Contribution à l'étude d'une méthode d'analyse inorganique semi-quantitative *(dosage du cuivre)*.

Contribution to the study of an inorganic semi-quantitative method of analysis, *analysis of chromium and nickel*.

Dosage semi-quantitatif *de l'or*.

Le dosage semi-quantitatif de *l'ion sulfurique* (SO_4'') dans les eaux naturelles.

Quelques dosages semi-quantitatifs basés sur l'emploi des réactifs sensibles et sélectifs.

Dosage semi-quantitatif *des anions du soufre*.

Pour rendre notre méthode aussi quantitative que possible, il est indispensable, à côté des considérations techniques déjà décrites, que l'expérimentateur se mette dans les mêmes conditions et qu'il établisse lui-même la limite de perceptibilité qui, comme on le comprend aisément, peut varier d'un chimiste à l'autre.

La difficile explication du mode opératoire n'est pas, à notre avis, un inconvénient, étant donné que l'exécution elle-même est beaucoup plus aisée.

Colorimétrie.

La limite de sécurité dans l'exactitude des microméthodes gravimétriques et volumétriques n'est pas suffisante toujours pour la pratique, particulièrement dans la chimie biologique, où, seules, de très petites quantités de substance peuvent être utilisées pour un examen.

Vu le grand nombre de réactifs nouveaux, l'analyse colorimétrique peut être utilisée avec avantage; 10 fois plus sensible qu'une méthode volumétrique et 100 fois plus sensible qu'un dosage gravimétrique pour des dosages minéraux.

Pour l'analyse de substances organiques, la colorimétrie est inégalée, pour la détermination des radicaux ou des molécules spécifiques. La rapidité est une de ses principales qualités.

Le perfectionnement de la technique nous a donné des colorimètres, des spectrophotomètres de grande sensibilité.

On sait que la loi de «*Lambert-Beer*» est à la base des mesures colorimétriques, bien que strictement, elle ne s'applique qu'aux radiations d'une certaine longueur d'onde; elle n'est valable pour l'absorption de la lumière blanche, que pour les substances qui ont un spectre d'absorption relativement simple, et, d'une façon générale, elle ne vaut que si l'absorption de lumière est directement proportionnelle à la concentration pondérale du corps dissous, indépendamment de sa dilution. Enfin, il est évident qu'une méthode colorimétrique ne peut être utilisée avec succès que si la coloration est due seulement au composé qui doit être estimé.

Je n'irai pas plus loin dans l'exposé d'une technique classique, mais dirai simplement les considérations qui amènent au choix d'un procédé colorimétrique:

dosage gravimétrique ou volumétrique imparfait ou impossible. Plus d'exactitude dans les limites du travail microchimique. Très spécifique, le plus souvent, et enfin rapidité d'obtention du résultat.

Pour notre compte, nous avons établi quelques méthodes qui nous donnent entière satisfaction.

Détermination du borax.

Le principe de cette méthode consiste à complexer le bore du borax à analyser avec l'anion fluorhydrique, l'excès d'ions fluorhydriques provoquera la décoloration du composé fer(III)-acide sulfosalicylique violet, par formation du complexe $[FeF_6]^{-3}$ incolore.

Le logarithme de l'extinction (E) mesuré au colorimètre est donc proportionnel à la concentration en ions F^{-1} et, par conséquent, indirectement à celle du borax à doser.

Détermination du cuivre.

Plusieurs méthodes de dosages spectrophotométriques du *cuivre* (ammoniaque, dithizone, etc.) sont excellentes, mais dans des limites de pH bien déterminées.

Nous avons employé une méthode rapide, qui n'exige pas un ajustement du pH et qui, en l'absence de fer, aluminium, molybdène, cobalt, peut, en général, s'effectuer sans séparation préalable. Elle est moins sensible que la méthode à la dithizone, mais beaucoup plus que celle à l'ammoniaque ou à l'acide chlorhydrique. Les résultats sont reproductibles, à condition toutefois, d'effectuer les mesures colorimétriques après un temps déterminé et fixe.

Principe de cette méthode:

Une solution saturée de thiocyanate de potassium dans l'acétone dissout le chlorure de cuivre (II). Il se forme un composé cuivre-thiocyanate qui colore la solution en rouge brun. Le principal inconvénient de cette méthode provient de ce que le composé n'est pas très stable. Au bout de quelques minutes déjà, on constate une légère altération de la couleur qui provient de la réduction de cuivre (II) en cuivre (I).

Néanmoins, on obtient des résultats tout à fait reproductibles, si l'on effectue la mesure colorimétrique rapidement et toujours après le même temps, 10 à 12 minutes par exemple, après le début de la mise en solution dans l'acétone.

Il est nécessaire de travailler en milieu anhydre, car si l'on ajoute de très petites quantités d'eau au composé qui est en solution dans l'acétone, on constate un affaiblissement sensible de la coloration.

Je ne voudrais pas fermer cette boîte aux échantillons sans vous dire que j'ai laissé de côté, volontairement, bien des chapitres fort intéressants de notre chimie moderne, par exemple la chromatographie, si employée en biochimie.

Je désire néanmoins rendre hommage à notre collègue *Duval*, de Paris, qui a instauré une méthode fort commode: la gravimétrie automatique basée sur l'emploi de la thermobalance. Les journaux «Analytica Chimica Acta» et «Mikrochemie vereinigt mit Microchimica Acta» publient toute une série d'articles de cet auteur et de ses collaborateurs.

Je conclus, en précisant que ce premier Congrès International de Microchimie, tenu au berceau même de cette science, arrive à son heure pour faire le point sur les progrès accomplis depuis le début du XXème siècle.

Les méthodes automatiques ayant acquis droit de cité, dans tous les domaines de la chimie, il semble que le temps manque aux chercheurs pour continuer l'oeuvre des pionniers de la microanalyse théorique, tant qualitative que quantitative; je souhaite néanmoins une coordination des travaux, sous l'égide de la Section de Chimie analytique de l'Union Internationale de Chimie Pure et Appliquée.

Les buts poursuivis jusqu'à présent sont surtout pratiques et, pour que l'on puisse continuer à les justifier, il faut qu'à l'avenir, la recherche scientifique pure reprenne sa place; la pratique, la technique peuvent l'orienter, mais, il y a là menace de servitude dangereuse. La recherche scientifique a son objet; elle a aussi sa fonction qui est la connaissance et la création d'une culture.

Le chimiste analyste doit, actuellement, disposer d'une pléiade de techniques diverses, mais n'a pas le droit d'attribuer une place spéciale, à part, à l'une de ces techniques. Il faut que sa culture soit suffisamment étendue pour qu'il sache faire choix de la méthode appropriée, après une étude critique, et il faut que son intelligence soit assez vive pour savoir que ce n'est pas l'établissement ou la création de nouveaux domaines qui annulent, a priori, les méthodes ayant, jusqu'à présent, rendu de grands services.

Résumé.

Après une introduction, rappelant l'histoire de la chimie analytique durant le XIXème et le début du XXème siècle, l'auteur démontre l'importance de la microchimie dans tous les domaines modernes de l'analyse.

Se basant sur des expériences faites avec ses collaborateurs, il mentionne les applications de la microchimie à la polarographie, la conductométrie, l'ampérométrie et la potentiométrie.

Poursuivant la revue des nouveaux domaines de la microchimie analytique, il parle de l'établissement d'une nouvelle méthode semi-microchimique, basée sur la sensibilité, la spécificité, et la visibilité des réactions.

Enfin, passant à la colorimétrie, il relève tout l'intérêt que peut avoir cette technique pour la microchimie.

Zusammenfassung.

Nach einem einleitenden Rückblick auf die Geschichte der analytischen Chemie des 19. und des beginnenden 20. Jahrhunderts weist der Verfasser auf die Bedeutung der Mikrochemie für alle Gebiete der modernen Analytik hin. Auf Grund der mit seinen Mitarbeitern gesammelten Erfahrungen bespricht er besonders die Anwendung mikrochemischer Arbeitsweise auf Polarographie, Konduktometrie, Amperometrie und Potentiometrie. Ein Überblick über die neuen Gebiete der Mikroanalyse führt zur Besprechung einer neu eingeführten halbmikrochemischen Methode, die auf der Empfindlichkeit, der Spezifität und Sichtbarkeit der Reaktionen beruht. Schließlich wird das große Interesse, welches der Kolorimetrie vom Standpunkt der Mikrochemie zukommt, hervorgehoben.

Summary.

After an historical introduction dealing with the history of analytical chemistry during the 19th and the beginning of the 20th century, the author shows the importance of microchemistry in all the modern fields of analysis.

On the basis of studies made with his collaborators, he discusses the establishment of a new semi-microchemical method, based on the sensitivity, specificity and the visibility of reactions.

Finally, going on to colorimetry, he takes up all the interesting matters which this technique may offer for microchemistry.

Analytisches Laboratorium der Badischen Anilin- und Sodafabrik,
Ludwigshafen/Rhein.

Anwendung organischer Komplexbildner zur Trennung und Bestimmung von Metallen mit Hilfe von Ausschüttelungsreaktionen.

Von

Ernst Abrahamczik.

(Eingelangt am 25. Juli 1950.)

Ausschüttelungsverfahren wendet der Analytiker bei seiner Arbeit sehr häufig an. Es sei verwiesen auf das Ausäthern des Eisens bei der Stahlanalyse, auf die Bestimmung des Cobalts oder Eisens als Rhodanid, wobei häufig die gefärbte Verbindung mit Äther oder Amylalkohol extrahiert wird, und schließlich auf die häufige Anwendung des Ausätherns bei analytischen Arbeiten in der organischen Chemie, z. B. bei der Untersuchung von Fetten oder Alkaloiden.

Zusammenfassend lassen sich als Ausschüttelungsverfahren jene Methoden bezeichnen, die, auf der Verteilung eines Stoffes zwischen zwei miteinander nicht oder nur beschränkt mischbaren Lösungsmitteln beruhend, es gestatten, diesen Stoff aus der einen Lösung in die andere durch Schütteln des Gemisches überzuführen.

Als eine besondere Gruppe von Ausschüttelungsverfahren kann man jene zusammenfassen, bei denen jede der beiden Lösungen einen Stoff gelöst enthält; während des Schüttelvorganges *reagieren* die beiden gelösten Stoffe an der Phasengrenzfläche miteinander, es entsteht ein neuer Stoff mit anderen Löslichkeitsverhältnissen und letzten Endes tritt auch hier der eine Stoff — in veränderter Form — in das andere Lösungsmittel über. Diese Gruppe von Ausschüttelungsverfahren wollen wir im folgenden „*Ausschüttelungsreaktionen*" nennen. Ein bekanntes Beispiel: Eine grün gefärbte Lösung von Diphenylthiocarbazon in Tetrachlorkohlenstoff wird mit einer wäßrigen Lösung eines Kupfersalzes zusammengebracht. Beim Schütteln entsteht der Kupfer-DithizonKomplex, der sich mit violetter Farbe im Tetrachlorkohlenstoff löst.

Damit haben wir bereits das wichtigste Ausschüttelungsreagens erwähnt, das Diphenylthiocarbazon, Dithizon, das von *Hellmut Fischer* vor genau 25 Jahren in die analytische Chemie eingeführt wurde[1]. Mit diesem Reagens geben z. B. Cu, Ag, Au, Zn, Cd, Hg, Tl, Sn^{++}, Pb, Bi, Co, Ni, Pd, Pt gefärbte ausschüttelbare Komplexe[1]. Alle diese Metalle reagieren mit Dithizon in schwach alkalischer Lösung. So ungünstig diese unspezifische Reaktionsfähigkeit auf den ersten Blick erscheint, so günstig wirkt sich dieser Umstand aus, wenn man bei der Spurensuche aus einer großen Menge Ausgangsmaterial die Summe der Spurenelemente mit möglichst wenig Manipulationen anreichern will, um sie im zweiten Teil des Arbeitsganges zu trennen und zu bestimmen. Die Trennung der in Summe extrahierten Dithizonmetalle geschieht durch besondere Reaktionseinstellung oder durch Tarnung, z. B.: In mineralsaurer Lösung reagieren nur Cu, Ag, Au, Hg, Pd und Pt; in cyanidhaltiger alkalischer Lösung nur Pb, Bi, Sn^{++} und Tl; in essigsaurer, Thiosulfat und Cyanid enthaltender Lösung, nur Zn.

Dem Dithizon verwandte Verbindungen sind ebenfalls auf ihr Verhalten als Ausschüttelungsreagenzien untersucht worden, z. B. das o-Ditolylthiocarbazon von *I. P. Ssuprunowitsch* und *D. L. Schamschin*[2], das sich durch leichtere Tarnungsmöglichkeit der Metalle auszeichnet, oder das Dinaphthylthiocarbazon.

Fast ebenso alt wie *Fischers* Dithizonverfahren ist die Anwendung von *Na-Diäthyldithiocarbamat*, das, von *M. Delépine* 1908[3] in seinem Verhalten gegen Metalle näher untersucht, erstmals von *F. Grendel* 1930[4] zu einer Ausschüttelungsreaktion für Kupferspuren verwendet wurde. Das Verfahren ist vielfach modifiziert worden. Teils arbeitet man in saurer, teils in alkalischer Lösung; als organische Lösungsmittel dienen Tetrachlorkohlenstoff, Chloroform, Butyl-, Amyl-, Isoamylalkohol, Isoamylacetat und Brombenzol. Im Gegensatz zum Dithizon, das für die Bestimmung einer größeren Anzahl von Metallen verwendet wird, ist das Diäthyldithiocarbamat bisher fast nur zur Bestimmung von Kupfer verwendet worden, obwohl es mit mindestens 18 Metallen Komplexe gibt *(T. Callan* und *J. A. R. Henderson*[5]*).* Bei der Kupferbestimmung schaltet man z. B. die Störung, welche Eisen verursacht, durch Pyrophosphatzusatz aus, die Störung durch Zink durch Arbeiten in ammoniakalischer Lösung. Mit dem Einfluß von Mn, Bi, Co, Ni, Sn, Pb, Cd und dessen Beseitigung befassen sich neuerdings *T. C. J. Ovenston* und *C. A. Parker*[6].

Blei und Wismut extrahiert z. B. *S. L. Thompsett*[7] mit Diäthyldithiocarbamat und bestimmt anschließend das Blei nach der Dithizonmethode, das Wismut mit Thioharnstoff. Ähnlich arbeiten *J. E. Kench*[8] bei der Bleibestimmung in Urin und *J. A. Tschernikow* und *B. M.*

Dobkina[9] bei der Bestimmung von Cadmium. Zur Zinkbestimmung im Meerwasser verwendet es *W. R. G. Atkins*[10].

Umgekehrt verfahren *O. R. Alexander, Edith M. Godar,* und *N. J. Linde*[11] bei der Nickelbestimmung in Nahrungsmitteln, biologischem Material und Stahl. Sie extrahieren das Nickel als Dimethylglyoximkomplex mit Chloroform, zersetzen mit Salzsäure, schütteln das Ni aus der abgetrennten wäßrigen Lösung mit Diäthyldithiocarbamat und Isoamylalkohol aus und messen spektrophotometrisch bei 385 mμ oder im kurzwelligen Blau.

Ein dem Na-Diäthyldithiocarbamat ähnliches *Dibutylammoniumdibutyldithiocarbamat* verwendet *G. Sag*[12] zur Entfernung störender Elemente durch Ausschütteln mit einem chlorierten Kohlenwasserstoff bei der kolorimetrischen Bestimmung von Mangan als $HMnO_4$.

G. Beck[13] untersuchte ein Thioderivat des Salicylaldehyds (die dem *Pfeiffer*schen *Salicylaldehydäthylendiimin* entsprechende *Dithioverbindung*). Als mit Chloroform ausschüttelbar erwiesen sich Cu, Ag, Au, Zn, Cd, Hg, In, Tl, Sn, Pb, Bi, Co, Ni, Pd, Pt. Diese Metallkomplexe sind, ähnlich den Dithizonaten, von sehr unterschiedlicher Beständigkeit. Die Wechselwirkung zwischen der Chloroformlösung eines dieser Komplexe, z. B. des violetten Nickelkomplexes und Ionen anderer Metalle in der wäßrigen Lösung wurde von *Beck* näher studiert und zur qualitativen Unterscheidung einander in der Farbe ähnlicher Metallkomplexe von Zn, Cd, In, Hg herangezogen.

Die obenerwähnte Ausschüttelung des Nickel-*Dimethylglyoximkomplexes* mit Chloroform wurde auch von *W. Mohr* und *J. Wellm*[14] durchgeführt, aber in Anwendung auf die Bestimmung von Diacetyl. Die Bedingungen für die Extraktion wurden näher studiert. Ferner bedienen sich noch der Chloroform-Ausschüttelung des Ni-Dimethylglyoximkomplexes *E. B. Sandell* und *R. W. Perlich*[15], sowie *M. Struszynski*[16].

Ein weiteres Dioxim, nämlich α-*Benzildioxim*, wurde von *Suzanne Tribalat*[17] bei ihrer Untersuchung über Rhenium (Perrhenat, mit $SnCl_2$ reduziert) zur Ausschüttelung mit (Iso-) Amylalkohol oder -acetat angewendet.

Von den bekannten organischen Fällungsreagenzien ist ferner das *Oxychinolin* zu Ausschüttelungsverfahren herangezogen worden, erstmals wohl von *R. Montequi* und *M. Gallego*[18], welche Vanadin mit Oxin und Chloroform extrahierten. Auch *E. B. Sandell*[19] bedient sich der gleichen Reaktion. *J. M. Bach*[20] findet Isoamylalkohol als für die Extraktion vorteilhafter. Ferner wird von *E. B. Sandell*[21] der Gallium-Oxin-Komplex in Chloroform extrahiert und das Ga durch eine gelbgrüne Fluoreszenz nachgewiesen. Andere als Oxinkomplexe extrahierbare Metalle, z. B. Fe, Cu, V, Mo, werden vorher abgetrennt.

R. W. Merwel[22] schüttelt aus acetatgepufferter Lösung Aluminium zur Trennung von Beryllium als Oxychinolat mit Benzol aus und kolorimetriert die Gelbgrünfärbung. *N. K. Kusskowa*[23] bestimmt geringe Aluminiummengen in Stahl durch Ausschüttelung mit Oxychinolin und Isoamylalkohol nach Entfernung störender Elemente durch Fällung mit Ammoniumbenzoat oder durch Cupferron.

In seiner exakten Arbeit untersucht *S. Lacroix*[24] die Bedingungen der Ausschüttelung von Aluminium, Gallium und Indium mit Oxin und Chloroform und gründet darauf eine exakte Trennung des Galliums von Al bzw. In durch Ausschüttelung bei genau eingestelltem p_H-Wert. Zweckmäßig kombiniert man dieses Verfahren mit der Extraktion des Galliums aus zirka sechsmolarer Salzsäure mit Äther, das die Ausschaltung anderer störender Elemente gestattet. Gleichzeitig schlägt auch *E. B. Sandell*[25] dasselbe Verfahren vor.

Die Löslichkeit der Oxinate von Al, Ce, Cr, Th, Fe, Tl, Bi, Cu in Chloroform bearbeiteten *Feigl* und *Heisig*[26].

Eine interessante Anwendung des Löslichkeitsverhaltens des Vanadinoxychinolats benützen *F. Buscarons, J. L. Marin* und *J. Claver*[27]: Vanadinoxychinolat löst sich mit roter Farbe in allen Alkoholen, auch höheren und mehrwertigen, und gestattet so die Unterscheidung der Alkohole von allen anderen Gruppen organischer Lösungsmittel, welche V-oxinat nicht oder mit grauer oder brauner Farbe lösen.

Das am längsten bekannte organische Metallfällungsreagens, *Ilinski* und *Knorres*[28] α-Nitroso-β-Naphthol und sein Isomeres β-Nitroso-α-Naphthol wurden von *Hellmut Fischer*[29] näher untersucht und festgestellt, daß beide sich ebenfalls zu Ausschüttelungsreaktionen eignen.

Cupferron wurde von mehreren Forschern zu Extraktionsreaktionen verwendet. Das bei der Bleibestimmung mit Dithizon störende Eisen wird von *M.-L. Panouse-Pigeaud* und *H. Cheftel*[30] als Cupferronverbindung mit Chloroform ausgezogen. *D. Bertrand*[31] kolorimetriert den Vanadin-Cupferron-Komplex nach Extraktion mit Chloroform. Zur Bestimmung von Aluminium in organischem Material extrahieren *N. Strafford* und *P. F. Wyatt*[32] störendes Eisen (und Cu) mit einer Lösung von Cupferron und Chloroform aus der schwefelsauren Aufschlußlösung. *C. S. Piper* und *R. S. Beckwith*[33] verfahren ähnlich bei der Bestimmung von Molybdän in Pflanzen. Nach der Anreicherung des Molybdäns im Cupferron-Chloroform-Extrakt wird das Cupferron zerstört und das Molybdän mit *Dithiol* (Dimercaptotoluol) gefällt, mit Amylacetat extrahiert und die Olivgrünfärbung kolorimetrisch gemessen. Mo und W schüttelt *J. H. Hamence*[34] aus saurer Lösung mit Dithiol, Amylalkohol und Äther aus. *Ch. C. Miller*[35] extrahiert und trennt Re und Mo als Dithiolkomplexe mit Butylacetat oder Tetrachlorkohlenstoff.

F. Kröhnke[36] verwendet *Isonitrosoacetophenon* zur Ausschüttelung von Cu, Zn, Cd, Hg, Pb, Co, Ni und zweiwertigem Fe, welch letzteres einen blauen in Chloroform löslichen Komplex bildet.

Eine große Anzahl von *o-Nitrosophenolen* untersucht *G. Cronheim*[37] und schüttelt Komplexe von Cu, Zn, Hg, Pb, Ni, Fe^{++}, Co und Pd mit o-Nitrosophenol und Petroläther oder Äther aus. Weniger gut eignet sich das Reagens zur Ausschüttelung von Fe^{+++}, Ag, Au, Cd, Mn, Ti, U.

Auch einige Farbstoffe, welche Metalllacke geben, eignen sich zu Ausschüttelungsverfahren. *G. Beck*[38] hat das Verhalten von *Chinalizarin* eingehend untersucht und hat gefunden, daß die Komplexe desselben mit Fe, Al, Ti, Th, Zr (dieses nur teilweise) und besonders mit Scandium mit Äthylacetat oder Isoamylalkohol ausschüttelbar sind (Innerkomplexlacke), während die Verbindungen mit Beryllium und Magnesium nicht ins organische Lösungsmittel gehen (Additionslacke).

Das Komplexbildungsvermögen von 1,3- und 1,4-Diketonen ist aus theoretischen Gründen oftmals der Gegenstand von Untersuchungen gewesen, aber erst 1939 wurde das einfachste Diketon, *Acetylaceton* von *S. Stene*[39] zu einer Ausschüttelungsreaktion für Fe, Cu, Al, Be, Ce mit Tetrachlorkohlenstoff oder Chloroform angewendet. Sein Anwendungsbereich wurde in eigenen Untersuchungen[40] noch auf Ti, Mn, Th, U u. a. Elemente ausgedehnt. Auch Trennungen dieser Elemente durch Maskierung, z. B. mit Cyanid, Pyrophosphat, Fluorid, oder durch Einstellung eines bestimmten p_H-Wertes sind möglich. Eisen ist z. B. am besten im p_H-Bereich zwischen 3 und 7 ausschüttelbar, Aluminium zwischen 9 und 12, Mangan bei noch höherem p_H-Wert. Man kann das Eisen mit Cyanid in bekannter Weise in den Ferrocyanidkomplex überführen und daneben direkt das Aluminium ausschütteln.

Höhere Homologe des Acetylacetons wurden ebenfalls zu Ausschüttelungsverfahren angewendet. *H. Götte*[41] benützt zur rascheren Abtrennung von seltenen Erden bei Kernreaktionen das Verfahren von *Szillard* und *Chalmers*. Er geht von dem Unvermögen der Seltenen Erden aus, Komplexe mit *Dibenzoylmethan* zu bilden, während Uran, aus dem diese Erden bei der Kernreaktion entstehen, einen in neutraler Lösung stabilen, wasserunlöslichen Komplex bildet.

Acetessigester hat sich ähnlich wie Acetylaceton als zu Ausschüttelungsreaktionen geeignet erwiesen. Sein Anwendungsbereich erscheint aber beschränkter als bei diesem Diketon.

Kaliumxanthat gibt, wie *A. Kutzelnigg*[42] festgestellt hat, einen grüngefärbten Cobaltkomplex, dessen Ausschüttelbarkeit mit aliphatischen und aromatischen Kohlenwasserstoffen, chlorierten Kohlenwasserstoffen, Alkoholen, Ketonen, Äthern und deren Mischungen untersucht wurde. Hierbei ergab sich, daß die Löslichkeit in Gemischen starke Abweichungen von der Additivität zeigt. Auch andere Metalle, z. B. Fe,

Mn, Ni, geben ausschüttelbare Xanthate, die durch Maskierung von der Cobaltverbindungen abgetrennt werden können.

Die bisher gegebene Zusammenstellung ist in keiner Weise vollständig, weder was die Reagenzien anbelangt, noch was die mit diesen ausschüttelbaren Metalle betrifft. Erstens sind die Forschungsergebnisse zerstreut über das ganze analytische Schrifttum und die durch den Krieg und seine Auswirkung bedingte Erschwerung ihrer Sammlung noch nicht ganz überwunden. Zweitens ist das bis heute Erforschte noch sehr lückenhaft. Eine systematische Untersuchung der Ausschüttelungsreaktionen bahnt sich jetzt erst allmählich an. Trotzdem lassen sich aber bereits jetzt einige allgemeinere Erkenntnisse ableiten.

Keineswegs alle als Innerkomplexe erkannten Metallverbindungen sind ausschüttelbar. Als Beispiel hierfür seien Dicyandiamidin oder 7-Jod-8-Oxychinolin-5-sulfosäure genannt. Die der Ausschüttelung zugrunde liegende Verteilung eines Komplexes zwischen den beiden Phasen, der wäßrigen und dem organischen Lösungsmittel, ist eben abhängig von der Löslichkeit in *beiden* Phasen. Die Löslichkeit im organischen Lösungsmittel ist nur die *eine* Voraussetzung günstiger Ausschüttelbarkeit. Wenn auch die Innerkomplexbildung die Hydratation der Metallionen verhindert, also die Wasserlöslichkeit herabsetzt oder aufhebt, so kann durch die Anwesenheit polarer Gruppen eine Wasserlöslichkeit des Komplexes gegeben sein und damit die Ausschüttelbarkeit fehlen oder sehr gering sein. Vielfach sind Ausschüttelungsreaktionen nur in einem engen p_H-Bereich ausführbar, aber, einmal gebildet, sind die Komplexe dann in viel weiteren p_H-Grenzen stabil. Es entspricht dies den Verhältnissen, die auch bei Fällungsreaktionen zu beobachten sind, z. B. der Fällung von Ni- oder Co-sulfid. Diese Erscheinungen hat kürzlich *Feigl* zusammengefaßt[26]. Im übrigen fehlt noch häufig die Theorie, warum die eine Metallverbindung eines organischen Komplexbildners nun Innerkomplexcharakter hat und ausschüttelbar ist, die andere nicht (vgl. *H. Fischer*[29]).

Es bleibt noch die Frage zu diskutieren, in welchen Fällen wir uns der Ausschüttelungsreaktionen mit besonderem Vorteil bedienen können. Es ist das eingangs bereits erwähnte Gebiet der Spurensuche nach *Emich*, und zwar hinsichtlich zweier Gesichtspunkte. Es betrifft erstens die Ausschüttelung von Spuren, die in einer größeren Menge Untersuchungsmaterial enthalten sind. Dies gilt für die meisten der derzeit verwendeten Ausschüttelungsverfahren. *Helmut Fischer* spricht hier von der „extraktiven Anreicherung", die in günstigen Fällen über 3 bis 4 Zehnerpotenzen gehen kann. Aus natürlichen Wässern lassen sich z. B. noch Gehalte an Zink, Kupfer oder Eisen in der Größenordnung von Bruchteilen eines Gamma im Liter durch Ausschüttelungsverfahren anreichern und bestimmen[43]. Hierzu bedarf es allerdings noch besonderer Methoden der Reagensreinigung, wie des Verfahrens der „Isothermdiffusion" *(E. Abrahamczik*[44])*.

Die extraktive Anreicherung gibt uns auch die Möglichkeit an die Hand, Probleme zu lösen, die mit den üblichen anderen Verfahren der Mikrochemie nicht gelöst werden können. Ich will eines davon herausgreifen. Wir sind heute in der Lage, Spuren in der Größenordnung von 10^{-9} g pro Gramm mit Ausschüttelung anzureichern, z. B. auch Spuren von Uran, Thorium und Blei. Man hat damit die Möglichkeit, Altersbestimmungen an solchen Mineralien, Gesteinen usw. durchzuführen, die diese Elemente nur als geringfügige Nebenbestandteile enthalten. Die Altersbestimmung wird sich also vielleicht viel universeller durchführen lassen, nicht nur, wenn zufällig reine Uran- oder Thoriumminerale vorliegen.

Die zweite Anwendungsmöglichkeit für Ausschüttelungsreaktionen gilt der Abtrennung der störenden Hauptmengen, ehe man an die Bestimmung der Spurenelemente schreitet. Eine Abscheidung der Hauptmengen durch Fällung scheitert nur zu oft an dem Umstand, daß die Spurenelemente bei der Niederschlagung der Hauptmengen zu einem großen Teil mit ausgefällt werden und der Bestimmung so entgehen[40]. Für diese zweite Art der Anwendung von Ausschüttelungsverfahren eignet sich z. B. das Dithizon nicht. Die Dithizonate besitzen hierzu nicht die erforderliche große Löslichkeit in organischen Lösungsmitteln, auch verbietet der Preis des Dithizons diese Anwendung. Wie gezeigt werden konnte, stellte uns die Forschung der vergangenen 25 Jahre aber noch eine Reihe anderer Reagenzien zur Verfügung, die diesen Anforderungen entsprechen, und wir wollen hoffen, daß uns die nächsten 25 Jahre abermals einen beachtlichen Fortschritt auf dem Gebiet der Ausschüttelungsreaktionen bringen werden.

Zusammenfassung.

Seit *Helmut Fischer* vor 25 Jahren das Dithizon in die Analyse eingeführt hat, sind Ausschüttelungsreaktionen immer häufiger für die Trennung und Bestimmung von Metallen angewandt worden, z. B. unter Verwendung von Na-Diäthyldithiocarbamat, Dimethylglyoxim, Oxychinolin, Nitrosonaphthol, Cupferron, Chinalizarin, Acetylaceton. Ausschüttelungsreaktionen werden angewandt einerseits zur „extraktiven Anreicherung" von Spurenelementen vor ihrer Bestimmung in einer größeren Menge Probematerial, anderseits zur Abtrennung störender

---

* Ein unschätzbarer Vorteil aller Ausschüttelungsmethoden ist der Umstand, daß Reagenzien, die der Maskierung oder Reaktionseinstellung dienen, durch Ausschüttelung mit dem Metallreagens von Spuren von Verunreinigungen befreit werden können. Auch die Geräte lassen sich durch Ausschüttelung von anhaftenden Metallspuren reinigen.

Hauptmengen durch Extraktion derselben vor der nachfolgenden Bestimmung von Spuren, um einen Verlust an diesen durch Mitfällung oder Adsorption zu vermeiden.

Summary.

Since *Helmut Fischer* introduced dithizone into analytical practice 25 years ago, extraction reactions have constantly grown in popularity for the separation and determination of metals, e. g. with the use of Na-diethyldithiocarbamate, dimethylglyoxime, hydroxyquinoline, nitroso-naphthol, cupferron, quinalizarin, acetylaceton. Shakingout reactions are used on one hand, for the "extractive accumulation" of trace elements prior to their determination in a larger quantity of test material; on the other hand, for the removal of interfering principal quantities by extraction of the latter prior to the subsequent determination of traces, in order to avoid a loss of the latter through coprecipitation or adsorption.

Résumé.

Depuis que *Helmut Fischer* a introduit, il y a 25 ans, la dithizone en analyse, les réactions de séparation par décantation sont toujours de plus en plus fréquemment utilisées pour la séparation et le dosage des métaux. Ainsi, par emploi du diéthyldithiocarbamate de sodium, de la diméthylglyoxime, de l'hydroxy-8 quinoléine, de l'α-nitroso-β-naphtol, du cupferron, de la quinalizarine, de l'acétylacétone, les réactions d'épuisement sont utilisées d'une part, pour « l'enrichissement extractif » de traces d'éléments, pour leur dosage dans une grande masse d'échantillon, d'autre part, pour la séparation de grandes quantités d'éléments gênants, par extraction avant le dosage des traces, afin d'éviter une perte de celles-ci par coprécipitation ou adsorption.

Diskussion.

H. *H. Sachse* (Heidenheim-Mergelstetten, Deutschland): Welche spezifischen Vorteile haben 1,3- und 1,4-Diketone gegenüber Dithizon?

H. *E. Abrahamczik:* Ihr besonderer Vorteil besteht darin, daß sie auf diejenigen Elemente ansprechen, bei denen Dithizon versagt, z. B. Mn, Ti, V, Mo, U, Fe, Al und noch einige andere.

H. *C. Duval* (Paris) weist darauf hin, daß Mlle. *Tribalat* derzeit Tetraäthylphosphoniumchlorid zur Trennung von Re und Mo verwendet.

Literatur.

[1] *Helmut Fischer*, Wiss. Veröff. Siemens-Konzern 4, 158 (1925); Z. angew. Chem. 47, 685 (1934); 50, 919 (1937).

[2] *I. P. Ssuprunowitsch* und *D. L. Schamschin*, Shurnal analititschesskoi Chimii 1, 198 (1946).

[3] *M. Delépine*, C. r. acad. sci., Paris 146, 981 (1908); Bull. soc. chim. France 3, (IV) 652 (1908).

[4] *F. Grendel*, Pharmac. Weekbl. 67, 913 (1930).

[5] *T. Callan* und *J. A. R. Henderson*, Analyst 54, 650 (1929).

[6] *T. C. J. Ovenston* und *C. A. Parker*, Analyt. Chim. Acta 4, 135 (1950).

[7] *S. L. Thompsett*, Biochemic. J. 33, 1231 (1939); Analyst 63, 250 (1938).

[8] *J. E. Kench*, Biochemic. J. 34, 1245 (1940).

[9] *J. A. Tschernichow* und *B. M. Dobkina*, Sawodskaya Lab. (russ.) 8, 906 (1949).

[10] W. R. G. *Atkins*, J. Marine Biol. Ass. **20**, 625 (1936).

[11] O. R. *Alexander*, Edith M. *Godar* und N. J. *Linde*, Ind. Engng. Chem., Analyt. Ed. **18**, 206 (1946).

[12] G. *Sag*, Bull. soc. chim. France, Mém. (5) **16**, 30 (1949).

[13] G. *Beck*, Mikrochem. **33**, 188 (1947).

[14] W. *Mohr* und J. *Wellm*, Z. angew. Chem. **50**, 841 (1937).

[15] E. B. *Sandell* und R. W. *Perlich*, Ind. Engng. Chem., Analyt. Ed. **11**, 309 (1939).

[16] M. *Struszynski*, Przemysl Chem. **19**, 48 (1935).

[17] *Suzanne Tribalat*, C. r. acad. sci., Paris, **224**, 469 (1947).

[18] R. *Montequi* und M. *Gallego*, An. Soc. español. Fisica Quim. **32**, 134 (1934).

[19] E. B. *Sandell*, Ind. Engng. Chem., Analyt. Ed. **8**, 336 (1936).

[20] J. M. *Bach*, An. Asoc. quim. argent. **28**, 108 (1940).

[21] E. B. *Sandell*, Ind. Engng. Chem., Analyt. Ed. **13**, 844 (1941).

[22] R. W. *Merwel*, Shurnal analititschesskoi Chimii **2**, 103 (1947).

[23] N. K. *Kusskowa*, Shurnal analititschesskoi Chimii **2**, 7 (1947).

[24] S. *Lacroix*, Analyt. Chim. Acta **1**, 260 (1947); **2**, 167 (1948).

[25] E. B. *Sandell*, Analyt. Chemistry **19**, 63 (1947).

[26] F. *Feigl* und G. B. *Heisig*, Analyt. Chim. Acta **3**, 561 (1949); F. *Feigl*, Chemistry of Specific, Selective and Sensitive Reactions, Academic Press Inc., New York, 1949; Österr. Chemiker-Ztg. **51**, 118 (1950).

[27] F. *Buscarons*, J. L. *Marin* und J. *Claver*, Analyt. Chim. Acta **3**, 310 (1949).

[28] M. *Ilinski*, Ber. dtsch. chem. Ges. **17**, 2592 (1884); M. *Ilinski* und G. v. *Knorre*, Ber. dtsch. chem. Ges. **18**, 699 (1885).

[29] *Helmut Fischer*, Wiss. Veröff. Siemens-Konzern, Werkstoff-Sonderheft **1940**, 217.

[30] M. L. *Panouse-Pigeaud* und H. *Cheftel*, Ann. falsificat. fraudes **32**, 296 (1939).

[31] D. *Bertrand*, Bull. soc. chim. France, Mém. [5] **9**, 128 (1942).

[32] N. *Strafford* und P. F. *Wyatt*, Analyst **72**, 54 (1947).

[33] C. S. *Piper* und R. S. *Beckwith*, J. Soc. Chem. Ind. **67**, 374 (1948).

[34] J. H. *Hamence*, Analyst **65**, 152 (1940).

[35] *Christina C. Miller*, J. Chem. Soc. London **1941**, 792.

[36] F. *Kröhnke*, Ber. dtsch. chem. Ges. **60**, 527 (1927); Gas- u. Wasserfach **70**, 510 (1927).

[37] G. *Cronheim*, J. Org. Chemistry **12**, 1, 7, 20 (1947)

[38] G. *Beck*, Mikrochem. **34**, 282 (1949).

[39] S. *Stene*, Tidsskr. Kjemi Bergves. **19**, 6 (1939).

[40] E. *Abrahamczik*, Mikrochem. **33**, 209 (1947); Z. angew. Chem. **61**, 96 (1949).

[41] H. *Götte*, Z. Naturforsch. **1**, 377 (1946).

[42] A. *Kutzelnigg*, Z. anorg. Chem. **256**, 46 (1948).

[43] E. *Abrahamczik*, Mikrochem. **25**, 228 (1938).

[44] E. *Abrahamczik*, Die Chemie **53**, 233 (1942).

Aus dem physikalischen Laboratorium der Militär-Akademie und dem toxikologischen Laboratorium des gerichtlich-medizinischen Institutes in Lissabon.

Ein Photometer für Dreifarbenanalyse.

Von

A. G. de Almeida.

Mit 1 Abbildung.

(Eingelangt am 12. September 1950.)

Die Bestimmung der Farbe eines Objektes nach der Dreifarbentheorie von *Young* und *Helmholtz* erfolgt bekanntlich entweder auf synthetischem oder auf analytischem Wege. Für die Anwendung des erstgenannten Verfahrens benötigt man einen Farbmischapparat. In dem *Leitz*schen Photometer sind hierfür zwischen zwei totalreflektierenden Prismen drei Farbfilter — rot, grün und blau — montiert. Bei dem analytischen Verfahren vergleicht man die Helligkeit des Normallichtes mit der des Objektes ebenfalls unter Benützung dreier solcher Farbfilter. Die Schwierigkeit des synthetischen Verfahrens besteht darin, daß Farbton, Sättigung und Helligkeit gleichzeitig geschätzt werden müssen, wobei überdies zu berücksichtigen ist, daß Sättigungsunterschiede bis zu 10% durch entsprechende Helligkeitsdifferenzen ausgeglichen werden können[1].

Bestimmungen nach dem analytischen Verfahren können mit dem *Pulfrich*-Photometer durchgeführt werden, wie dies *Haitinger*[2] für Fluoreszenzfarben fester Stoffe und ich[3] für Normalfarben gefärbter Lösungen getan haben. Dabei ist allerdings die Verwendung eines Zusatzapparates für die als Normale dienende Barytweißplatte und einer besonderen Lampe zur Beleuchtung der Untersuchungslösung erforderlich, wie *Haitinger* (l. c.) angegeben hat.

Farben mikroskopischer Präparate oder weit entfernter Objekte (z. B. des Himmels, der Berge) können mit Hilfe des Photometerokulars von *Haschek* und *Haitinger*[1] gemessen werden. Eine Zusammenstellung hiermit (aber auch mit dem *Pulfrich*-Photometer) durchgeführter Messungen findet sich in der zitierten Arbeit.

8

Will man nun Farbmessungen in normalem Licht an festen Körpern makroskopischer Größe vornehmen, so muß man den Prüfling auf eine um 45⁰ geneigte Bank legen und ihn von oben her mit einer Lampe beleuchten, deren Anbringung dann ein neues Gestell erfordert. Oder man ist genötigt, einen weiteren Zusatzapparat, ähnlich dem der Barytweißplatte, zu verwenden.

Unter diesen Umständen schien es mir zweckmäßiger, einen Apparat herzustellen, der zwar nicht für universale Anwendung, sondern ausschließlich als Photometer für die Dreifarbenanalyse geeignet ist. Dieser sollte für Farbmessungen nach dem analytischen Verfahren an makroskopischen Objekten sowohl in Durchsicht (gefärbte Lösungen) als auch in Aufsicht (Küpenfarbstoffe, Metallegierungen usw.) in normalem oder ultraviolettem Licht dienen.

Der Unterschied der üblichen photometrischen Konstruktionen liegt vor allem in der Art, wie die beiden zu vergleichenden Lichtbündel nebeneinander gebracht und das eine von ihnen oder beide abgeschwächt werden. Je nachdem, ob die beiden Lichtbündel parallel oder senkrecht zueinander laufen, benützt man zu dem erstgenannten Zweck entweder das Doppelprisma von *Helmholtz* (bzw. den Rhombus von *Hüfner*) oder den Würfel von *Lummer-Brodhun*. Die Abschwächung eines Lichtbündels erfolgt entweder durch Veränderung des Abstandes zwischen Lichtquelle und beleuchteter Oberfläche (Photometer von *Bunsen*, Photometer von *Lummer-Brodhun*) oder durch Veränderung der Schichtdicke einer Flüssigkeit (Kolorimeter von *Duboscq*, Absorptionsgefäß von *Baly*) oder mittels Keilen (*Aurenrieth-Königsberger*); ferner auch durch ein System zweier Polarisationsprismen (*Leitz*) oder durch eine viereckige *Aubert*sche Blende mit Meßtrommel (Farbmischapparat des letztgenannten Photometers, *Pulfrich*-Photometer, Photometerokular von *Haschek* und *Haitinger*).

Bezeichnet man mit I die Helligkeit des Lichtbündels, mit l die Seite der quadratischen Blende, mit α den betreffenden Drehungswinkel der Meßtrommel, mit I_0 die ursprüngliche Helligkeit, die der maximalen Blendenseite l_0 entspricht, so gilt:

$$\frac{I}{I_0} = \frac{l^2}{l_0{}^2} \quad \text{und} \quad \frac{\alpha}{360} = \frac{l}{l_0},$$

weil die Helligkeit der von der Blende eingeschlossenen Fläche proportional ist. Setzt man nun $I_0 = 1$, so ergibt sich

$$I = \frac{l}{360^2}\, \alpha^2.$$

Diese Voraussetzungen ergeben eine sehr einfache Photometerkonstruktion, wie sie in der Abbildung wiedergegeben ist. Die Lichtquelle bildet ein Niedervoltlämpchen L, das von einem Akkumulator gespeist wird oder unter Zwischenschaltung eines Widerstandes auch an das Leitungsnetz angeschlossen werden kann. Das Lichtbündel, durch die Kollimatorlinse K parallel gerichtet, passiert das Tageslichtfilter F und wird durch den mittleren Teil P_3 eines Doppelprismas nach *Helmholtz* in zwei Bündel geteilt. Bei P_1 und P_2 sind für Messungen in Durchsicht totalreflektierende Prismen angebracht, wie aus der Abbildung ersichtlich ist. Für Messungen in Aufsicht werden diese Prismen bei P_1 gegen eine Barytweißplatte, bei P_2 gegen den entsprechend befestigten Prüfling vertauscht. Die beiden Tröge A_1 und A_2 dienen zur Aufnahme der zu prüfenden Lösung bzw. von reinem Wasser für den Fall der Bestimmung in Durchsicht. Mit Hilfe der Trommel M wird die rechte *Aubert*sche Blende reguliert. Statt dieser kann zur Abschwächung der Lichthelligkeit auch ein System zweier Polarisationsprismen angebracht werden. Durch das *Helmholtz*sche Doppelprisma P_4 werden beide Lichtbündel durch das in der Trommel T befindliche Farbfilter geführt und beleuchten die beiden Gesichtshälften des Okulars, das scharf auf deren Trennungslinie einzustellen ist. Statt der Trommel T kann über Wunsch auch ein Schieber mit den entsprechenden Farbfiltern angebracht sein.

Will man Fluoreszenzfarben bestimmen, so läßt man die linksseitige Öffnung bei P_2 frei, führt die Abschirmblende B ein und beleuchtet die Lösung in A_2 mit dem ultravioletten Licht aus dem rückwärtigen Fenster der Quarzlampe. Bei Bestimmung des Fluoreszenzlichtes fester Körper vergleicht man die Helligkeit der Barytweißplatte mit dem Fluoreszenzlicht, das von dem auf einer schrägen Bank mit Quarzlicht beleuchteten Prüfling in den Apparat gesandt wird.

Abgesehen von seiner Anwendbarkeit für alle Arten der Farbmessung, ohne daß besondere Zusatzgeräte erforderlich sind, bietet dieser

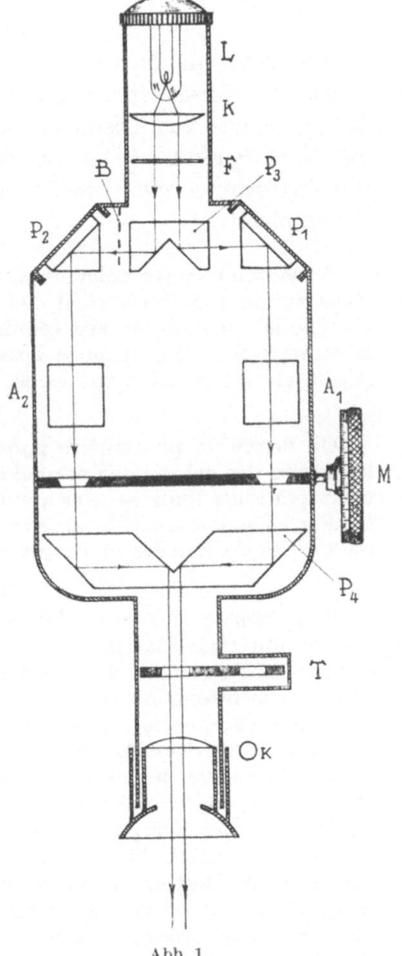

Abb. 1.

Apparat den Vorteil des unverändert gleichen Abstandes zwischen der stets gleichbleibenden Lichtquelle und der Normalen (optisch leeres Wasser bzw. Barytweißplatte) bzw. dem beleuchteten Prüfling.

Bezüglich der mathematischen Auswertung der Farbmessungen sei auf frühere Mitteilung des Verfassers verwiesen[3, 4].

Zusammenfassung.

Es wird ein Photometer zur Farbenanalyse beschrieben, welches sowohl für Messungen der normalen wie der Fluoreszenzfarben fester Körper sowie von Lösungen geeignet ist, ohne daß besondere Zusatzgeräte nötig sind. Die beschriebene Konstruktion bietet den Vorteil, daß die Entfernung zwischen Lichtquelle und beleuchtetem Objekt immer gleich bleibt.

Summary.

A photometer for color analysis is described, which is suitable both for measurements of the normal and fluorescence colors of solids and solutions. No special accessories are required. The described construction has the advantage that the distance between the light source and the illuminated object always remains the same.

Résumé.

On décrit un photomètre pour l'analyse des teintes qui, aussi bien pour la mesure des colorations normales ou de fluorescence des corps solides, convient pour les liquides sans qu'il soit nécessaire d'ajouter un organe particulier. La construction décrite présente l'avantage que la distance entre les sources de lumière et l'objet éclairé reste toujours la même.

Diskussion.

S. *G. Nebbia* (Bologna, Italien): Il confronto fra le misure tricromatiche e i termini tricromatici ottenuti trasformando le curve spettrofometriche secondo la Commissione Internazionale di Illuminazione mostra che con i secondi si ottengono risultati più riproducibili (*W. Ciusa* e *G. Nebbia*, La Chimica e l'Industria, 1949).

H. *A. G. de Almeida:* Es war nicht der Zweck meines Vortrages, die *Young-Helmholtz*sche Theorie mit der der Internationalen Beleuchtungskommission zu vergleichen, sondern einen Apparat zu beschreiben, der die Messung der Erregungen der Grundempfindungen einer Farbe gestattet. Übrigens verlangen beide Theorien einen Apparat, um eine Farbe durch irgendwelche Bestimmungsstücke zu charakterisieren. Man kann selbstverständlich für diese Bestimmungen ein Spektralphotometer heranziehen. Aber die Dreifarbenphotometer vom Typus *Pulfrich* von *Haschek* und *Haitinger* oder das von mir vorgeschlagene bieten den Vorteil größerer Einfachheit und Schnelligkeit der Messungen.

Literatur.

[1] *E. Haschek* und *M. Haitinger*, Farbmessungen, Verlag E. Haim & Co. Wien und Leipzig 1936. S. 37.

[2] *M. Haitinger*, Mikrochem. **9**, 441 (1931). — *E. Haschek* und *M. Haitinger*, Mikrochem. **13**, 55 (1933).

[3] *A. G. de Almeida*, Mikrochem. **26**, 9 (1939); Mikrochem. **33**, 28 (1946).

[4] *A. G. de Almeida*, Mikrochem. **26**, 1 (1939).

Centre de Microchimie de l'Université de Bruxelles.

Nouvelle méthode chromatographique (sur papier) de séparation des cations, par intervention de solvants organiques*.

Par

A. Lacourt, Gh. Sommereyns, Ed. De Geyndt et Od. Jacquet.

(Reçu le 6 juillet 1950.)

L'adsorption est une des nombreuses propriétés de la matière dont le chimiste analyste se sert depuis peu, pour élargir son champ d'action. Elle lui a servi en analyse organique dans des cas où une séparation chimique semblait impossible (absence de caractère fonctionnel ou différences imperceptibles dans les propriétés physiques des corps à isoler). L'adsorption de ces substances en solution dans un solvant adéquat, conduit à leur séparation.

La faculté d'adsorption du support choisi, se partage entre la substance dissoute et le solvant. Lorsque deux substances sont dissoutes dans le même solvant il est à prévoir que leurs différences, même très faibles, doivent se révéler par une possibilité d'adsorption différente et leur dépôt dans une colonne adsorbante à des niveaux différents.

Les solvants organiques peuvent être classés dans un ordre, relatif à leur pouvoir adsorbant décroissant, vis-à-vis de supports bien définis.

Cet ordre est pour *Strain*[1]: CCl_4, CS_2, Ether, Acétone, Benzène, Toluène, Esters d'acides organiques, Chloroforme, Alcools, Eau (pH variables et concentrations de sels différentes), Pyridine, Acides organiques, Eau additionnée de bases, Alcools additionnés de pyridine.

W. Trappe[2] donne une liste éluotrope dans laquelle l'ordre des solvants est peu différent de celui de *Strain*: Hexane (éther de pétrole léger), Cyclohexane, CCl_4, Trichloroéthylène, Toluène, Benzène, Chlorure de méthylène, Chloroforme, Ether éthylique, Acétate d'éthyle, Acétone, Alcools (n. propylique, éthylique, méthylique), Eau.

Cette liste est dressée au cours de l'étude de la chromatographie des graisses adsorbées sur du quartz, de l'alumine, du silicagel ou de la floridine.

---

* Ce travail a été subsidié par l'I. R. S. I. A. et le F. N. R. S.

Le dernier auteur constate un parallélisme entre la variation du pouvoir adsorbant de ces solvants et celle de leurs propriétés physiques, telles que la constante diélectrique, le moment dipolaire, la solubilité de l'eau. La tension superficielle de ces solvants décroît en ordre inversé.

L'étude du comportement des *Cations* chromatographiés à l'égard de solvants organiques a commencé à Bruxelles en octobre 1947.

Pour des raisons de convenance, le papier a été choisi comme support et les recherches sont menées à l'échelle du microgramme.

Les éléments choisis jusqu'ici sont le fer, l'aluminium, le titane (vanadium), le nickel, le cobalt et le cuivre. Tous sont en solution chlorhydrique (1 : 1) à l'état de chlorures.

Les solvants expérimentés sont à l'état pur, mélangés entre eux (mélanges binaires, ternaires, quaternaires ou plus) ou additionnés de bases ou d'acides (pyridine, ammoniaque, acides organiques ou HCl sec ou aqueux concentré).

En ce qui concerne les cations fer, titane et aluminium, leur comportement au développement par les solvants organiques suit l'ordre prévu par la liste de *Strain*, sauf pour ce qui en est du dioxane et de l'acétone (papier Whatman No 1). Ces deux solvants éluent le fer de façon anormale par rapport à l'ordre de *Strain*. Les exceptions sont encore plus nombreuses dans le cas du nickel, cobalt, et cuivre, vis-à-vis de l'acétone, des alcools méthylique et éthylique (papier Whatman No 4). On ne doit d'ailleurs pas s'attendre à une concordance parfaite puisque ces listes éluotropes ne sont pas établies pour ces cations.

Les solvants organiques mettent en évidence chez les cations expérimentés des différences de vitesse de développement qui leur sont propres.

	Fer γ			Cuivre γ		
	50	60	70	50	60	70
	secondes					
F CH$_3$OH	585	585	585	1005	1080	990
T	720	720	720	1620	1830	1620
Q	1620	1620	1620	2970	2520	3300
F H·COOH	690	735	690	1050	960	1020
T	1200	1200	1200	1350	1350	1350
Q	1800	1800	1800	2100	1920	2100
F H$_2$O bidist.	765	765	765	720	510	600
T	945	960	915	900	600	—
Q	1380	1110	1380	1125	855	990

Dans le tableau au-dessus, on a chronométré pour deux cations (Fer et Cuivre), le temps nécessaire au passage à un repère donné, du front liquide (F), de la tête (T) et de la queue de bande (Q). Ces cations sont déposés en quantités différentes et développés par le méthanol, l'acide formique et l'eau bidistillée*.

Le front liquide de méthanol (F) atteint le repère après 585'' lorsque c'est le fer qui est développé, après 1000'' lorsque c'est le cuivre qui est développé (toutes autres choses égales).

La mobilité des taches de fer et de cuivre est d'après ce tableau très différente dans le même solvant.

C'est sur ces mobilités différentes (vitesses différentes de développement) qu'est basée la technique de séparation que nous étudions en nous servant de solvants organiques.

Le développement des cations par les solvants organiques a bien les mêmes caractères que celui des matières organiques adsorbées. C'est ainsi que la *température* et la *durée du développement* affectent les taches du chromatogramme de la même manière qu'en organique.

Toutes nos expériences sont faites en locaux thermostatisés à 20°.

Pour chaque solvant et chaque cation, il y a une *durée optimum* de développement, pour laquelle la tache est la plus condensée et la plus nette. Au delà de cette durée, le développant fonctionne comme éluant et les dimensions des taches augmentent.

Exemples:

Méthanol	*Fer*	développement:	30'	60'	90'	
		hauteur des taches:	58	31	42 mm	
Acide Acétique ..	*Titane*	développement:	30'	60'	90'	120'
		hauteur des taches:	25	30	10	35 mm
Alcool iso-Propylique		développement:	60'	120'	240'	
	Nickel	hauteur des taches:	16	11	10 mm	
	Cobalt	hauteur des taches:	17	10	11 mm	
	Cuivre	hauteur des taches:	18	7	7 mm	

Il est intéressant de noter la rapidité avec laquelle l'équilibre chromatographique se fait dans le domaine minéral. Tandis qu'en organique la durée des chromatogrammes est de 8 à 24 heures, en inorganique un bon chromatogramme s'obtient en un nombre de minutes qui dépasse rarement l'heure. La nature du solvant impose en partie la durée du développement. Il sera toujours plus rapide avec l'acide formique, l'acétone et les premiers termes des alcools qu'avec les suivants.

---

* Le cuivre et le fer sont des cations dont les taches chromatographiées sont visibles et pour lesquels il est possible de suivre l'avancement du chromatogramme avec le temps, sans révélation. Ces chiffres sont extraits de la Thèse Doctorale de *E. De Geyndt*: Doctorat en chimie, Octobre 1949, Université de Bruxelles.

Tabl. 1. Comportement du Fer, Titane, Aluminium, Vanadium vis-à-vis des développants organiques purs.

Développant	Durée	Fer (A)	Fer (B)	Titane (A)	Titane (B)	Aluminium (A)	Aluminium (B)	Vanadium (A)	Vanadium (B)	Séparations
Ethers-Oxydes										
(Eth)$_2$O	90'	0	48*	0	20	0	10			
	60'							28	76	Al/Va Ti/Va
(Prop)$_2$O	60'	0	80	0	10	0	10	0	10	
Prop-O-isoprop	60'	0	10	0	15	0	10			
Dioxane	90'	58	123	0	30	0	60			
	60'							5	84	Ti/Fe (anormal pour le Fer)
Acétone	90'	171	193	20	30	10	50			Fe/Al Fe/Ti (anormal pour le Fer)
	60'							34	60	
Benzène	60'	A/C	B/C	A/C	B/C	A/C	B/C			
		0	7	0	8	0	8			
		0	8	0	8	0	8			
Toluène	60'	0	7	0	7	0	7			
Alcools		(A)	(B)	(A)	(B)	(A)	(B)	(A)	(B)	
Mét (OH)	30'	52	110	50	72	57	126			
				45	75	60	120			
	60'	79	119	60	73	80	117	54	68	Fe/Ti Ti/Al Al/Va Fe/Va
	90'	110	152			78	140			
		120	148			80	130			
Eth (OH)	90'	70	91	5	35	0	50			Fe/Ti Fe/Al
Prop (OH)	90'	57	79	0	35	0	30			Fe/Ti Fe/Al
	180'	0	186	0	57	0	38			
iso-Prop (OH)	90'	46	74	0	10	0	15			Fe/Ti Fe/Al
Amyl (OH)	90'	53	62	0	10	0	15			Fe/Ti Fe/Al
Acides										
HCOOH	30'			25	50	15	65			
	60'			70	100	95	140			
				60	80	65	117			
	90'			85	95	110	155			Ti/Al
	120'			85	120	90	170			
CH$_3$COOH	90'	90	117	0	30					Fe/Ti

* Par raison de simplification tous les chiffres sont entiers. Leur valeur réelle est 0,48 pour 48; 0,07 pour 7 lorsqu'il s'agit de A/C, B/C. (A) mesure en mm la distance du dépot au bord supérieur de la tache; (B) mesure en mm la distance du dépot au bord inférieur de la tache; (C) mesure en mm la distance du dépot au front liquide.

On peut se demander si cette grande différence entre les durées des chromatographies organiques et inorganiques ne tient pas à la grosseur des particules engagées dans le processus.

Tableau 2. Comportement du *Nickel, Cobalt, Cuivre* vis-à-vis des développants organiques purs.

Développant	Durée	Nickel		Cobalt		Cuivre		Séparations		
		A/C	B/C	A/C	B/C	A/C	B/C	Ni/Cu	Co/Cu	Ni/Co
Dioxane	60′	0	7*	0	18	0	94			
		0	7	0	19	0	98			
Méthylale	60′	0	17	0	13	28	50	+	+	
		0	16	0	13	27	50	+	+	
Acétone	30′	0	13	0	13					
	60′	0	13	0	15					
Méthyléthyle cétone	45′	0	8	0	19	21	39	+	+	
		0	8	0	19	21	39	+	+	
Chloroforme	60′	0	9	0	10	0	8			
		0	10	0	7	0	8			
Benzène	60′	0	8	0	7	0	8			
		0	9	0	7	0	7			
Toluène	45′	0	5	0	5	0	7			
		0	6	0	6	0	8			
Mét (OH)	30′	71	100	75	100	80	97			
		69	100	74	100	75	97			
	60′	67	80	70	85					
	60′	69	97	77	100	81	90			
		76	98	74	100	77	91			
	60′	68	94	72	100	76	83			
		71	93	65	100	72	91			
Eth (OH)	60′	7	55	13	64	22	64			
		7	54	11	62	22	64			
Prop (OH)	60′	0	27	0	21	0	25			
		0	25	0	24	0	25			
iso-Prop (OH)	60′	0	16	0	17	0	18			
		0	18	0	20	0	21			
	120′	0	11	0	10	0	11			
		0	12	0	10	0	11			
	240′	0	10	0	7	0	7			
		0	7	0	7	0	7			
But (OH)	120′	0	13	0	100	0	95			
		0	12	0	100	0	98		Dispersion anor-male Co, Cu	
Amyl (OH)	120′	0	16	0	14	0	15			
		0	19	0	13	0	14			
HCOOH	30′	72	100	75	99					
		79	91	75	87					
		80	90	79	89					

* Voir remarque à la page précédente.

Les Tableaux I et II donnent les valeurs chiffrées des développements descendants des cations Fer, Titane, Aluminium, Nickel, Cobalt et Cuivre, par les solvants purs les plus courants.

L'effet spécifique de la fonction est rendu évident lors du développement à l'aide des alcools et des cétones. Lorsque le poids moléculaire du solvant augmente et que la fonction y perd de son influence, le pouvoir développant diminue. Cela se vérifie sur les deux séries de cations examinés.

Les solvants purs permettent déjà d'obtenir qualitativement de bonnes séparations dans quelques cas.

Le mélange de solvants organiques peut conduire à des développants doués d'un pouvoir séparateur beaucoup plus grand.

Les propriétés du nouveau développant ne sont prévisibles que si le second constituant n'est ajouté qu'en minime proportion.

C'est généralement le solvant de base qui donne les propriétés au nouveau développant. Toutefois, quand le second constituant est là pyridine, même à raison de 0,1%, c'est son pouvoir dispersif qui se manifeste et s'impose.

L'effet moyen du nouveau développant sur la migration des cations, ne se fait pas sentir également sur tous. Certains ne sont absolument pas affectés. Ces différences accentuent les différences entre les cations et donnent des possibilités nouvelles de séparation.

Les tableaux suivants résument les essais faits avec les mêmes cations et des mélanges de solvants organiques.

Un nombre de séparations très intéressantes est ainsi obtenu qualitativement.

Mélange de solvants*	Durée	Séparations	
		Fe/Ti	Fe/Al
Acétone			
+ toluène 0,1%		+	+
+ toluène 1,0%		+	+
+ benzène 50%		+	+
+ chloroforme 0,1%		+	+
+ propanol 50%			+
+ butanol 0,1%		+	
+ butanol 1,0%		+	
+ acide formique........... 50%	60′	+	+
+ HCl conc. 0,1%		+	+
+ pyridine................. 0,1%		+	
+ {méth OH 0,1%			
{HCOOH.................. 0,1%		+	+
+ {méth OH 0,1%			
{HCl.................. 0,1%		+	+

* Les compositions sont données en volumes.

Continuation du tableau.

Mélange de solvants		Durée	Séparations	
			Fe/Ti	Fe/Al
Acétone				
+ { propanol	47,5%			
{ HCl.....................	5,0%	120′		+
+ { HCOOH..................	30,0%			
{ HCl....................	20,0%	60′	+	+
+ { HCOOH..................	25,0%			
{ C_6H_6.................	25,0%	60′	+	+
+ { C_6H_6.................	24,0%			
{ HCl....................	5,0%	180′	+	+
+ { C_6H_6.................	10,0%			
{ HCl....................	20,0%	120′	+	
+ { pyridine................	0,5%			
{ CH_3OH	0,1%		+	+
+ { C_6H_6.................	20,0%			
{ HCOOH..................	20,0%	60′	+	+
{ HCl....................	10,0%			
Toluène				
+ { butanol ,.................	47,5%			
{ acétone	5,0%	60′	+	+
Propanol				
+ acétone	50,0%	120′		+
+ mét OH.................	1,0%	120′		+
+ mét OH.................	10,0%	120′		+
+ HCl conc.	20,0%	210′	+	+
+ { acétone	10,0%			
{ HCl conc.	10,0%	180′	+	+
+ { acétone	10,0%			
{ HCl conc.	10,0%	240′	+	+
+ { acétone	10,0%			
{ HCl conc.	20,0%	120′	+	+
+ id. prise séchée		120′	+	+
+ id. prise séchée		180′	+	+
+ { acétone	10,0%			
{ HCl p. s.	30,0%	180′	+	+
+ { acétone.	10,0%	180′	+	+
{ HCl p. s.	30,0%			
+ id........................		270′	+	+
+ { acétone	47,5%			
{ HCl conc.	5%	120′		+
+ { acétone	40,0%			
{ toluène	1,0%	120′		+
+ { acétone	35,0%			
{ toluène	5,0%	120′		+
+ { C_6H_6.................	10,0%			
{ HCl conc. p. s............	30,0%	180′	+	+
+ id. prise *non* séchée		180′	+	+
+ { CH_3OH	1,0%			
{ HCl....................	5,0%	120′		+

Continuation du tableau.

Mélange de solvants		Durée	Séparations	
			Fe/Ti	Fe/Al
Propanol				
+ { CH$_3$OH 10,0%				
HCl........................ 5,0%		120′		+
+ { CH$_3$OH 10,0%				
HCl........................ 10,0%		180′	+	+
+ { HCOOH.................... 10,0%				
HCl gazeux p. s. 1,5%		180′		+
+ { HCOOH.................... 10,0%				
HCl p. s. 20,0%		180′	+	+
+ { HCOOH.................... 10,0%				
HCl p. s. 30,0%		180′	+	+
+ { acétone 10,0%				
C$_6$H$_6$................. 10,0%		120′	+	+
HCl........................ 20,0%				
+ id. p. s.		240′	+	+
+ { acétone 35,0%				
CH$_3$OH 5,0%		120′		+
toluène 1,0%				
+ { acétone 5,0%				
HCOOH.................... 10,0%		120′	+	+
HCl p. s. 25,0%				
+ { acétone 10,0%				
HCOOH.................... 10,0%		180′	+	+
HCl p. s. 20,0%				
+ id. p. s.		240′	+	+
+ { acétone 10,0%				
HCOOH.................... 10,0%		180′	+	+
HCl p. s. 30,0%				
+ { C$_6$H$_6$................. 10,0%				
HCOOH.................... 10,0%		180′	+	+
HCl p. s. 20,0%				

Mélange de solvants	Durée	Séparations		
		Fe/Ti	Fe/Al	Ti/Al
Butanol				
+ acétone 1,0%	75′		+	
+ acétone 1,0%	120′		+	
+ acétone 5,0%	120′		+	
+ HCl 30,0%	240′	+	+	+
+ { toluène 47,5%				
acétone 5,0%	60′	+	+	
+ { toluène 5,0%				
acétone 35,0%	120′		+	
+ { toluène 20,0%				
acétone 20,0%	120′		+	

Continuation du tableau.

Mélange de solvants		Durée	Séparations		
			Ni/Cu	Co/Cu	Ni/Co
Butanol					
+ {C_6H_6	10,0%				
HCl	30,0%	240′		+	
+ {C_6H_6	10,0%				
HCOOH	5,0%	210′	+	+	
HCl p. s.	20,0%				
+ {acétone	10,0%				
HCOOH	5,0%	210′	+	+	+
HCl p. s.	20,0%				
+ {acétone	10,0%				
HCOOH	10,0%	210′	+	+	
HCl p. s.	20,0%				
+ {acétone	10,0%				
HCOOH	15,0%	210′	+	+	
HCl	20,0%				
Alcool Amylique					
+ HCl p. s.	30,0%	310′		+	+
+ id.		240′		+	+
+ HCl p. s.	50,0%	310′		+	+
+ {C_6H_6	10,0%				
W. 1. HCl p. s.	30,0%	240′		+	+
W. 4. + id.				+	+
W. 1. + HCl p. s.	30,0%	300′		+	+
W. 4. + id.				+	+
+ {C_6H_6	10,0%				
W. 1. HCl p. s.	30,0%	240′		+	+
+ {acétone	10,0%				
HCOOH	5,0%	210′	+	+	+
HCl p. s.	20,0%				
Dioxane					
+ ac. acétique	10,0%	60′	+	+	
+ {éthanol	15,0%				
ac. acétique	15,0%	90′	+	+	
+ {éthanol	20,0%				
ac. acétique	10,0%	90′	+	+	
Méthylale pur		60′	+	+	
Acétone pure		60′	+	+	
+ chloroforme	10,0%	60′	+		
+ méthanol	5,0%	60′	+		
+ HCl	1,0%	60′	+		+
Méthyléthylcétone		45′	+	+	
Ethanol					
+ HCl	50,0%	120′	+		+
+ {propanol	25,0%				
HCl	25,0%	120′	+		
+ id.		180′	+		
+ id.		210′	+		+

Continuation du tableau.

Mélange de solvants		Durée	Séparations		
			Ni/Cu	Co/Cu	Ni/Co
Ethanol					
+ { propanol	25,0%				
{ HCl......................	35,0%	240′	+		+
+ { propanol	15,0%				
{ HCl......................	35,0%	240′	+		+
+ { propanol	30,0%				
{ HCl......................	20,0%	120′	+	+	
+ id.............................		180′	+	+	
+ id.............................		210′	+	+	+
+ { propanol	15,0%				
{ ac. acétique	10,0%	180′	+	+	
{ HCl......................	25,0%				
+ { propanol	25,0%				
{ ac. acétique	10,0%	180′	+	+	
{ HCl......................	15,0%				

De même que dans les chromatographies organiques, les bases ou les acides peuvent jouer un rôle dans le développement, nous avons observé que l'acide chlorhydrique a une action évidente en chromatographie minérale sur papier.

L'acide peut être apporté 1°) par la solution de cation; 2°) par le solvant.

Toutes nos solutions sont 50% chlorhydriques, il a été montré précédemment que la tache migre moins et est plus ramassée lorsque la solution du cation est très acide.

La différence est encore accentuée lorsque la prise de solution acide déposée sur le papier est séchée à basse température *avant* de subir le développement.

Exemple:

Exemple	Fer		Titane		Aluminium	
	A/C	B/C	A/C	B/C	A/C	B/C
Propanol prise non séchée.........	70	100	17	59	5	40
+ C_6H_6 10%....................	70	100	21	62	4	40
+ HCl 30% conc., 180′	76	100	27	56	5	25
prise séchée, 180′	80	100	27	59	1	32

Dans une expérience, le papier tout entier a été vaporisé par HCl, séché, puis les chromatogrammes de nickel, cobalt, cuivre, développés pendant 60′ au dioxane. Le résultat est très différent de ce que l'on obtient sur papier non traité à HCl:

Dioxane pur		Nickel		Cobalt		Cuivre	
		A/C	B/C	A/C	B/C	A/C	B/C
p. s.	60′	0	7	0	18	0	94
papier traité à HCl	60′	0	8	0	10	0	7

Lorsque l'acide chlorhydrique est apporté par le développant, il peut l'être sous forme de solution sèche (HCl gazeux) ou humide (HCl concentré). Dans le second cas, l'acide est accompagné d'eau qui intervient dans la composition du solvant développant. Lorsque le pourcentage d'acide chlorhydrique concentré ajouté au développant est faible, l'action dispersive de l'eau sur les chromatogrammes est visible. Lorsque le pourcentage d'acide chlorhydrique incorporé au développant est élevé (50 à 30% d'HCl concentré) son action est de condenser les taches et d'éluer moins.

Exemple:

Exemple		Nickel		Cobalt		Cuivre	
		A/C	B/C	A/C	B/C	A/C	B/C
Méthanol	60′	69	97	77	100	81	90
		76	98	74	100	77	91
+ HCl conc. 1%	60′	55	94	56	87	62	82
		63	91	54	89	62	81
+ HCl conc. 50%	60′	53	77	53	95	71	82
		51	76	51	76	69	86

Reproductibilité des dimensions des taches de Fer-, Titane-, Aluminium-développées. (Papier Whatman N° 1.)

Développant: alcool amylique + benzène (10% vol.), + HCl concentré (30% vol.). *Durée du développement*: 240 minutes.

Fer		Titane		Aluminium	
A/C	B/C	A/C	B/C	A/C	B/C
63	100	33	70	0	25
67	100	34	75	0	22
70	100	35	65	0	24
70	100	33	69	0	24
69	100	31	64	0	23
75	100	30	65	0	19
70	100	34	68	0	23
65	100	32	75	0	22
		30	69		
		32	73		
		34	65		
		31	65		

Déterminations quantitatives des cations après séparation et élution.

Séparations						
Nickel	Cobalt	Nickel	Cuivre	Fer	Titane	Aluminium
Nature et durée du développement						
acétone alcool 1,4 gr% 0,5 à 1 gr% HCl sec de 60′ à 90′		dioxane ac. acétique 10% (10:1) 60′		alcool amylique benzène 10% (vol.) HCl conc. 30% (vol.) 240′		
Eluants et durées des élutions						
HCl (1:1)		HCl (1:1)		H_2SO_4 (400:1)		H_2O
120′	120′	120′	30′—60′	240′		90′
Conditions de dosage						
Absorptiométrie		Absorptio- métrie	Spectro- photométrie	Spectrophotométrie		
filtre 601 4000—4400 Å Diméthyl- glyoxime	602 4500—4900 Å Nitroso- -R-sel	601 4000—4400 Å Diméthyl- glyoxime	4480 Å Diéthyldithio- carbamate	5600 Å	4100 Å Tiron pH 4,7	5200 Å Aluminon pH 4,7

Microgrammes de cations déposés

| 10,00 | 10,00 | 10,00 | 10,00 | 9,2 | 9,8 | 10,5 |

Microgrammes retrouvés dans l'Eluat

Ni	Co	Ni	Cu	Fe		Ti		Al
10,37	10,08	10,13	10,02	9,2	9,7	9,8	9,4	10,1
10,25	10,16	10,00	10,20	9,0	9,2	8,5	9,3	10,4
10,06	10,18	10,09	10,02	9,4	9,0	9,3	9,4	9,9
9,75	10,08	9,97	10,02	9,4	8,6	9,3	9,2	10,0
10,47	10,08			9,7	9,4	9,1	8,9	10,1
10,06	10,37			9,4	9,7	9,1	9,3	10,4
10,06	10,32			9,2	8,9	9,5	8,6	10,1
10,75	10,16			8,7	9,4	9,0	9,1	10,4
10,25	9,96			9,0	8,9	8,8	9,2	10,9
10,25	10,24			8,7		9,4	9,2	10,4
10,50	10,00			9,4		8,9	9,0	10,6
9,50	10,10			9,7		9,3	9,1	10,0
10,46	10,24			9,7		9,5		10,7
10,00	10,40							
10,25	10,16							
9,37	10,16							
	10,02							

Moyennes:

| 10,14 | 10,17 | 10,05 | 10,06 | 9,2 | 9,1 | 10,3 |

Erreur:

| + 1,4% | + 1,7% | + 0,5% | + 0,6% | ± 4% | ± 3,3% s/92% élués | ± 3% |

Ces données sont mises à profit pour constituer des développants conduisant à des séparations qualitatives.

La grandeur des taches pour une même concentration, un même développant, une même durée de développement et un même papier est reproductible avec une bonne approximation.

Ce sont les dimensions des taches révélées (8-hydroxyquinoléine acétique pour le fer, le titane et l'aluminium-hydrogène sulfuré pour le nickel, le cobalt et le cuivre) qui servent de guide pour le travail quantitatif.

Pour se servir des données de la qualitative et passer à la quantitative, il faut:

1° découper les taches non révélées,

2° choisir un éluant capable de sortir quantitativement tout le cation, dans le minimum de temps,

3° éluer,

4° choisir le mode de dosage et l'appliquer à l'éluat.

Les résultats de ces études, faites dans les cas de séparations Fer, Titane, Aluminium; de Nickel et de Cobalt; de Nickel et de Cuivre sont résumés dans le tableau à la page précédente.

Résumé.

1° Les cations étudiés (Fer, Titane, Aluminium, Vanadium, Nickel, Cobalt et Cuivre) sous forme de leurs chlorures, chromatographiés sur papier Whatman No 1 ou 4, donnent lieu à des chromatogrammes, lorsque développés (développement descendant) par des *solvants organiques*.

2° Pour le même solvant, la vitesse de diffusion des cations au travers du support varie de l'un à l'autre, ce qui permet des séparations.

3° Le temps nécessaire à l'établissement de l'équilibre chromatographique en minérale est beaucoup plus court qu'en organique: 45′, 60′, 240′ en inorganique; de 8 à 24 heures dans la séparation des acides aminés.

4° Des séparations qualitatives ainsi que quantitatives en proportions différentes ont été effectuées avec bons résultats.

5° Ces chromatographies présentent un intérêt dans les cas de séparations chimiques laborieuses. Du point de vue industriel, elles présentent un intérêt considérable pour le contrôle et le dosage des traces d'impuretés dans des éléments rares ou exigés d'une très grande pureté.

A ce point de vue, le travail se poursuit pour voir les limites d'utilisation des séparations expérimentées jusqu'ici, et notamment avec d'autres proportions de cations.

6° Du point de vue *Contrôle*, nous avons vu que de minimes quantités de solvants organiques adjointes à un solvant peuvent altérer l'allure d'un chromatogramme. Ce fait est utilisable pour le repérage des impuretés dans les solvants organiques et même pour leur dosage[3].

7° Le travail chromatographique se présente comme très simple et propre. Il a l'avantage de n'utiliser manuellement le chimiste que pendant une partie du temps, les séparations évoluant sans son intervention.

8° Nous croyons que l'on pourra tirer dans l'avenir large profit de cette technique aussi bien dans la recherche que dans l'application industrielle.

Zusammenfassung.

1. Die Kationen Fe, Ti, Al, V, Ni, Co und Cu wurden in Form ihrer Chloride verteilungschromatographisch auf Filtrierpapier (Whatman Nr. 1 und 4) untersucht. Die Chromatogramme wurden bei absteigendem Lauf mit organischen Lösungsmitteln entwickelt.

2. Bei gleichem Lösungsmittel ist die Diffusionsgeschwindigkeit der Kationen unterschiedlich; dies ermöglicht ihre Trennung.

3. Die zur Einstellung des chromatographischen Gleichgewichtes erforderliche Zeit ist bei anorganischen Substanzen erheblich kürzer als bei organischen: 45 bis 60 bis 240 Minuten gegenüber 8 bis 24 Stunden bei der Trennung von Aminosäuren.

4. Qualitative und quantitative Trennungen verschiedener Gemische wurden durchgeführt.

5. Diese Chromatogramme sind in allen Fällen schwieriger Trennbarkeit auf chemischem Wege von Interesse. Vom industriellen Gesichtspunkt aus sind sie für die Kontrolle und die Bestimmung von geringsten Verunreinigungen in seltenen Elementen bei hohen Reinheitsanforderungen von Bedeutung. Deshalb werden die Untersuchungen fortgesetzt, um die Grenzen der Anwendbarkeit der bisherigen Versuchsergebnisse festzustellen; dies gilt auch hinsichtlich anderer Kationenverhältnisse.

6. Wir konnten beobachten, daß die Zugabe geringster Mengen organischer Lösungsmittel den Lauf des Chromatogramms beeinflußt. Diese Tatsache ist für die Erkennung und Bestimmung von Verunreinigungen organischer Lösungsmittel selbst verwertbar.

7. Die Durchführung der chromatographischen Analyse ist sehr einfach und sauber. Sie bietet den Vorteil, daß der Trennungsvorgang abgesehen von wenigen Handgriffen ohne weiteres Zutun des Analytikers abläuft.

8. Wir glauben, daß man sich in Hinkunft sowohl bei Forschungsarbeiten wie bei industrieller Anwendung dieser Arbeitstechnik in weitem Ausmaß wird bedienen können.

Summary.

1. The cations studied (Fe, Ti, Al, V, Ni, Co, Cu) in the form of their chlorides, when chromatographed on paper (Whatman Nr. 1 or 4) produced chromatograms when developed (downward development) by means of organic solvents.

2. For the same solvent, the speed of diffusion of the cations through the support varies from case to case, a fact which makes separations possible.

3. The time required for the establishment of chromatographic equilibrium in mineral is much less than in organic mixtures: 45′; 60′; 240′ in inorganic; from 8 to 24 hours in the separation of aminated acids.

4. Some qualitative as well as quantitative separations in different proportions have been accomplished.

5. These chromatographies are of interest in the case of laborious chemical separations. From the industrial point of view, they have considerable interest for the control and determination of traces of impurities in the rare elements or those elements required in a high state of purity. From this standpoint, the investigation is being continued to discover the limits of usefulness of the separations tried thus far, and notably with other proportions of cations.

6. From the point of view of control, it has been found that the course of a chromatogram may be altered by the addition of minimum quantities of organic liquids to the solvent. This fact may be useful in revealing impurities in the organic solvents and even for their determination.

7. Chromatography appears to be very simple and clean. It has the advantage of requiring the chemists' attention for only part of the time; the separations continue without his intervention.

8. The authors believe that this technique will be used to a great extent in the future both in research and industrial application.

Bibliographie.

[1] *H. H. Strain*, Chromatographic Adsorption Analysis, New York 1945.
[2] *W. Trappe*, Biochem. Z. **305**, 150 (1940).
[3] *A. Lacourt, G. Sommereyns* et *E. De Geyndt*, Symposium de Microchimie, Mededelingen Van de Vlaamse Chemische Vereniging **12**, 91 (1950).

Discussion.

Fr. Prof. *E. Cremer* (Innsbruck, Österreich): Wird die Durchwanderungsgeschwindigkeit wesentlich größer bei Erhöhung der Temperatur?

Mlle. *A. Lacourt:* Des expériences faites à 15° et à 33° n'ont pas révélé de différence dans les chromatogrammes.

Mr. Prof. *P. E. Wenger* (Genève, Suisse): Quel est le nombre maximum d'éléments que l'on peut identifier simultanément?

Mlle. *A. Lacourt:* Le nombre d'éléments que l'on peut identifier ainsi n'est pas limité parce que en présence d'un mélange, le développant peut devenir l'éluant des cations adsorbés. Dans l'éluat ou sur le papier, chacun des éléments peut être révélé ou identifier. Des chromatogrammes liquides peuvent aussi terminer cette identification.

Mr. *R. T. Magge* (Edinburgh, Greatbritain): Has any work been done on the separation of the metals of the Alkali or Alkaline-earth groups? In place of Whatman No. 1 filter paper has any other adsorption material been used?

Mlle. *A. Lacourt:* We have not yet touched the Alkalies nor the Alkaline-earth groups. No other adsorption material but Whatman paper 1 or 4 has been used.

Research Laboratories, L. Oertling Ltd., London, England.

Developments in Microchemical Balance Design.

By

George F. Hodsman.

With 4 figures.

(Received July 18, 1950.)

1. Introduction.

It is appropriate that a Congress, dedicated to the memory of *Emich* and *Pregl*, should make some reference to the development of the Microchemical Balance. The early microchemical balances (e. g. *Warburg* and *Ihmori*[1], *Nernst*[2], *Steele* and *Grant*[3]), were designed for special purposes, and consequently had a limited load-capacity. *Emich*, and later, *Pregl*, persuaded the German balance manufacturer *Kuhlmann* to refine his assay balance, which was only suitable for a maximum load of 2 g. Under their stimulus, he produced an instrument with a 20 g capacity, and which was sufficiently accurate for microchemical analysis. *Emich* and *Pregl* appreciated the importance of instrumentation in the development of the new science and realised that the accuracy of analyses depends to a large extent on the performance of which the balance is capable.

Trends in design during recent years have been towards improving the sensitivity and precision of the microchemical balance. The distinction between sensitivity, which is measured by the angle through which the beam rotates per unit excess weight in one pan, and precision, which is a measure of the extent to which successive readings are reproducible, is often imperfectly understood. The different conventions used by different countries and manufacturers lead to further confusion in this respect, and there is a need for clarification of these terms.

The aim of this paper is firstly to review some of the important trends in microchemical balance design, showing how they have contributed to improved sensitivity and precision, and secondly to consider the inter-relationship of sensitivity and precision, showing how the ideal specification for an instrument should be framed.

2. Design of Microchemical Balances.

Early microchemical balance design was based largely on the intuition and experience of the skilled craftsman. Although this is still important today, the progress of science and technology offers opportunities which were not available to the earlier designers. It is only possible in this section to deal briefly with a few aspects of modern design-each of which could form the subject of a separate paper.

a) The Bearings.

The knife and plane bearings are the most important parts of the instrument and they must be designed not merely to give maximum precision but also to maintain this precision over prolonged periods.

If this is to be achieved, the planes must be both hard, flat and highly polished. They must be hard in order to resist the grinding action of the knife-edge, flat to ensure even distribution of the load along the knife-edge, and highly polished to give minimum friction between the knife-edge and the plane. It is desirable that the plane itself should form the stirrup for suspending the pan, as any cementing or other fixing of this plane into a supporting block leads to a distortion of the working surface of the plane.

The design of the bearings should be such as to reduce knife-wear to a minimum. Knife-wear lowers precision due to the fouling of the bearing by the wear-products, and also leads to changes in the sensitivity of the instrument. Measurements of these sensitivity variations have been used[4], to determine the amount of wear produced between knife-edges and planes of various materials. The method is sufficiently sensitive to detect wear on knife-edges of amounts as small as 0.0002 cm.

The design of balance bearings has been neglected in the past and little is known of the desirable shape and material for knives and planes. The specification of the optimum physical and chemical properties of bearing materials is complex, and reliable measurements of such properties as hardness, brittleness and elasticity of materials which are at least as hard as agate, are difficult to obtain. It is, however, measurements such as these which will influence the design of the balance in the future, and it is encouraging to note that serious attention is now being paid to a solution of these bearing problems.

b) The Beam.

The design of beams ranks second only to the bearings in importance, and results essentially in a number of compromises between conflicting factors.

The beam should be long to attain a high sensitivity and stability, but the longer the beam, the longer the period of oscillation, and the greater the flexure under load. It should be as light as possible for a high sensitivity and short time period, but the rigidity of the beam suffers and the tendency to flexure is increased. The beam should be designed with the centre of gravity close to the centre knife-edge for maximum sensitivity, but this again leads to a longer time period and lower stability.

The skill of the balance designer arises from an appreciation of these compromises and in their adaption to changing circumstances. The development of new materials gives a wider-scope today for improving the level of the compromise, but the fundamental conflicting nature of the requirements remains unaltered. Any new requirement by the microchemist, whether for sensitivity or weighing speed, or additions to the weight of the beam or increased capacity inevitably means a readjustment of the whole design if the most efficient instrument is to be produced.

The early microchemical balance beams were invariably short—the original *Kuhlmann* being only 7.0 cm long. Since the beam was short, the instruments were rapid in operation, but to achieve the necessary sensitivity, the centre of gravity of the beam assembly must be very close to the central knife-edge. This means that small changes in the position of the centre of gravity, or knife-edge wear produce serious variations in sensitivity. For this reason, these balances required considerable skill in use and a prolonged period of aclimatisation. An important advance was made when the 13 cm beam was introduced. The beam was re-designed so that the rigidity was maintained with little increase in weight, and consequently the time-period was maintained within reasonable limits. The long beam balance has proved to be capable of high stability and the modern instrument of this design can in fact be used within a few hours of its installation or cleaning.

The choice of material for the beam is governed by the requirements of dimensional stability and corrosion resistance. Lacquering or plating is not, in general, as satisfactory as the use of alloys, such as 80% Ni to 20% Cr, which are highly corrosion resistant, and dimensionally stable. The materials should be free from magnetic impurities to avoid weighing errors with ferromagnetic materials or when the balance is used in non-homogeneous magnetic fields. Tests on typical specimens of Ni/Cr beams showed that their magnetic moment was less than 0.03 c. g. s. units and that the field produced at a distance of 2.5 cm from the beam was less than 0.0004 oersted, which were the limits of sensitivity of the test apparatus.

Internal strains introduced into the beam during manufacture must
be removed by normalising treatments to eliminate distortions of the
beam and consequent derangement of the line of the knife-edges after
the balance has been adjusted. Finally, consideration must be given to
the shape of the beam, to ensure that all parts of the material are
uniformly stressed, so giving minimum flexure of the beam combined
with minimum weight. The use of photoelastic stress techniques now
enables the design of balance beams to be studied more comprehensively

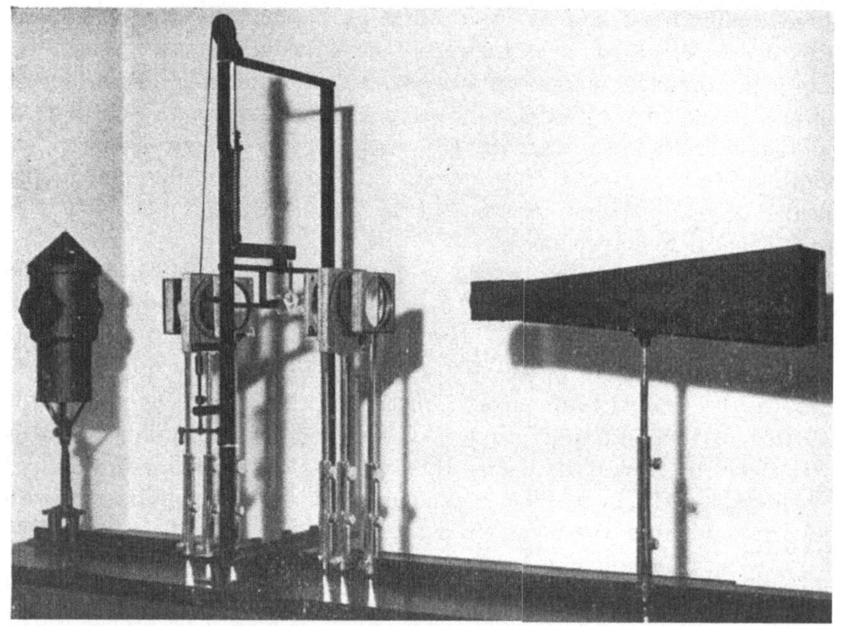

Fig. 1. Photoelastic stress analysis apparatus for Microchemical Balance Beams.

than was possible a few years ago. Models of various beam shapes may
be cut from transparent plastic material and viewed in a polarimeter
whilst being stressed by a suitably designed loading frame. A typical
apparatus is shown in Fig. 1. From an examination of the resulting
stress patterns, the distribution of stresses across the beam may be
determined, modifications to the model rapidly made and their effect
speedily assessed.

c) The Rider-bar and Rider.

There are two principal sources of error in the use of a rider-bar
and rider. With a rider bar of total length 13 cm and a rider weighing
5 mg a notching error of 0.0013 cm (0.0007 cm on the 7 cm beam) will

produce a $1\,\gamma$ error in the reading. This is not merely a tolerance on each notch, but a tolerance on the length from one end knife-edge to each of the 101 notches. Development of new techniques of notching now enables a higher accuracy to be achieved than was possible with the older methods using lead-screws, where it was difficult to eliminate periodic errors.

The second source of error arises in the location of the rider, when it is removed and replaced, even in the same notch. This is a more serious problem, and it has been shown[5], that the majority of the weighing errors obtained with the microchemical balance arise from this trouble. If the rider is located as shown in Fig. 2, where it is

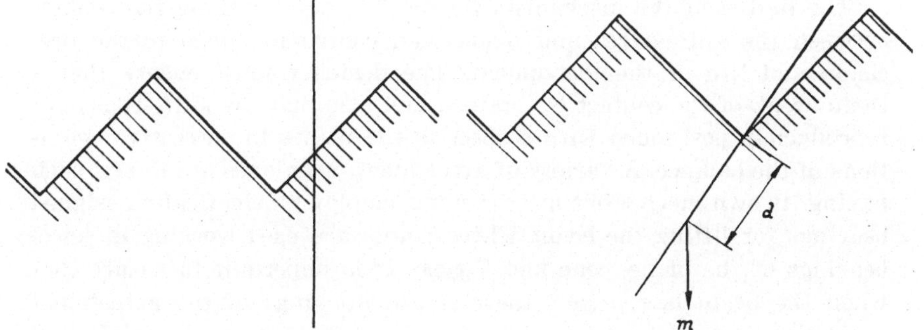

Fig. 2. Rider Location Error.   Fig. 3. Rider Angular Error.

prevented from reaching the bottom of the notch either by friction or irregularities in the form of the notch, then an error is introduced governed by similar considerations as for inaccurate notching. The rider must therefore locate in the bottom of the notch to within 0.0013 cm.

Even, however, if this positional accuracy is achieved, there is still a possible angular error for the rider may be located as shown in Fig 3.

The permissible angular tolerance is proportional to $1/md$ where m is the mass of the rider and d is the distance from its centre of gravity, to the point where it rests on the notch. For the *Kuhlmann* rider, this amounts to only $12'$ per γ i. e., a 1^0 angular change in location causes a $5\,\gamma$ change in reading. Attempts have been made to assist the vertical location of the rider by making it in such a way that it has a low centre of gravity, but this is of little avail, for the angle tolerance then becomes more stringent. A better theoretical approach is to make the rider in the form of a cylinder or sphere which rests in the notch. Provided that the cross-section is accurately circular, the angular error does not arise. In practice, however, this type of design has not proved popular owing to the difficulties of handling the riders and the complexities of the lifting mechanisms.

Tests on a balance using a quartz stick rider have been carried out by *Kuck* and *Loewenstein*[6] who report favourably on its performance and quote an average deviation of 2.6 mg from a series of weighings. They also make reference to the handling difficulties.

It is possible that a solution of the rider problem may well lie in a complete abandonment of the rider principle and its replacement by torsion or electrical methods. These alternatives are theoretically sound, but have practical limitations which must be solved first on the less exacting 0,1 mg analytical balance.

d) Arrestment Mechanism.

The design of the mechanism for making and breaking the contact between the knife-edges and planes can contribute much to the precision and life of the instrument. The designer must ensure that a clean break of the contact is obtained and also that the knife-edges are reproducibly positioned with respect to the planes in successive operations of the balance. A variety of arrestment techniques are in use, each having its own merits, but most systems employ kinematically designed bearings for lifting the beam. Three points are used working in jewel bearings of the plane, cone and V-type. It is important to ensure that when the beam is released, there is no "sticking" of the arrestment contacts to cause an uneven "set-off". Such sticking can be minimised by using highly-polished jewel bearings, inverted on the beam so that they cannot form receptacles for small dust particles.

e) Aperiodic Instruments.

There has been some controversy concerning the desirability, practicability, and technique of rendering microchemical balances aperiodic. The growth of microchemical analysis has led naturally to a desire for more rapid weighing and there is little doubt that a direct reading microchemical balance has long been required by the microchemist. It will be shown later that an efficient microchemical balance is one which enables micrograms to be read directly on the scale without the necessity for visual or vernier estimation of divisions into tenths. Damping devices have been successfully applied to balances which read to 0.01 mg per division on the scale, and such instruments are often described as microchemical balances. The application of damping to an instrument giving 0.001 mg per division on a projected illuminated scale has only been satisfactorily solved during recent months; the first instrument to be produced of this type was shown at the exhibition accompanying the 1st. International Microchemistry Congress. The damping device used on this instrument is an airdashpot—the use of magnetic dampers not being appropriate for a microchemical balance.

f) The Case.

An important feature of the modern microchemical balance is the separate beam compartment, and this technique, which was first introduced on British balances, represents a marked advance in the precision obtainable. A glass shelf is fitted horizontally across the middle of the balance case, to isolate the beam from the pans. When the doors of the balance case are opened, the resulting air-disturbances are not then transmitted to the air surrounding the beam, and a higher dimensional stability of the beam is obtained.

The design of cases is intimately connected with the size of microchemical apparatus, and it is possible even today, to find instruments which are incapable of handling certain items of apparatus. One of the tasks of this Congress was to examine the problems of international standardisation of the physical dimensions of microchemical apparatus and the balance manufacturer is anxious to co-operate for a standardisation of microchemical apparatus might be a first step towards a standardisation of weighing facilities on microchemical balances.

3. The Inter-Relationship of Sensitivity and Precision.

The sensitivity of a balance is defined by the rotation of the beam per unit excess weight in one pan, whereas the precision is a measure of the extent to which readings are reproducible. It is not possible to set precise limits to reproducibility and to assert that a balance "will reproduce to within $x\gamma$." The problem is essentially statistical and recourse must be made to one of the usual statistical concepts, such as "standard deviation" which enables the assertion to be made that, for example, 9 out of 10 readings will probably lie within $\pm x\gamma$ of the correct value. The precision of a balance, therefore, is best determined by making a series of observations and evaluating the standard deviation in the usual way.

The sensitivity of a balance is a fundamental factor determined solely by the length and weight of the beam and by the vertical displacement of its C. of G. from the central knife-edge. The precision, on the other hand, is a variable quantity and is impaired in two ways—by errors produced in the instrument due to inherent defects or varying external conditions, and secondly by errors of observation of the reading. Instrumental errors can arise in many ways, but principally, as a result of displacements of the C. of G. of the beam assembly or variations in the effective lengths of the two arms of the beam due to varying external conditions of temperature or humidity. The friction between the knife-edges and planes also contributes to the instrumental errors. In the design of the instrument these factors must be considered in so far as they are affected by the sensitivity of the balance. The results of such an investigation are summarised graphically in Fig. 4.

In general, the instrumental errors are reduced by utilising a low value of sensitivity and the introduction of optical projection devices has enabled the designer to work at a lower sensitivity and hence to give increased precision.

The precision is also influenced by the errors of observation of the reading, which are decreased by increasing the magnification, thus enabling more numerous divisions to be provided on the scale.

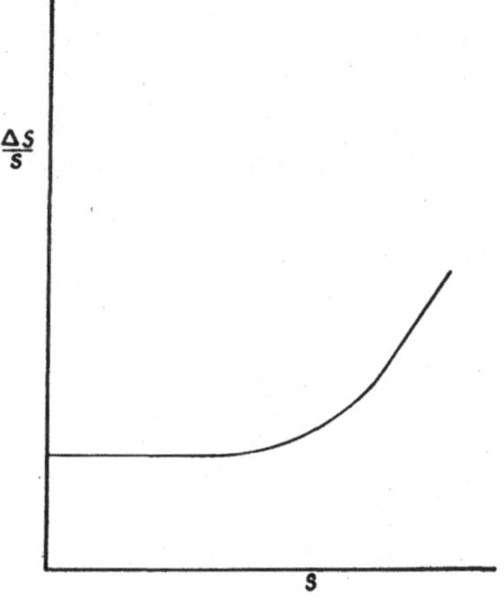

Fig. 4. Instrumental Errors (Δs/s) as a function of Sensitivity (s).

It is true then, that in general, maximum precision will be achieved by utilising a low sensitivity beam in conjunction with a high degree of magnification of the rotation of the beam. There is naturally a limit to this process, for on the one hand Fig. 4 shows that there is a limit below which further reduction in sensitivity leads to no increase in precision, and on the other hand, there is no advantage in increasing the magnification of the rotation of the beam beyond the point where the value of the smallest scale division is of the same order as the instrumental errors. In practice, the designer aims to provide a scale which enables the user to take full advantage of the precision of which the instrument is capable, without the necessity for visual or vernier estimation of divisions.

The specification of a microchemical balance should thus contain two items. Firstly, the *sensitivity* which may for convenience be expressed as the scale deflection in divisions or mms., per microgram, and secondly, the *precision* expressed in terms of the standard deviation or some similar statistical concept. It is certainly true that this latter figure is influenced by the conditions under which the balance is operated and by the skill of the operator, but the manufacturer should be prepared to quote average figures for the instrument as used under reasonably good conditions.

A specification which quotes one of these figures without the other may prove to be misleading and unreliable.

4. Conclusion.

In the comparatively short space of forty years, the microchemical balance has seen a succession of improvements and refinements to enable the chemist to weigh with higher precision and speed, but the tradition of craftsmanship and pride of construction which was evident to all who were privileged to visit the *Kuhlmann* "shed"—is still to be found in the factories of the microchemical balance manufacturers of today.

5. Acknowledgments.

The author wishes to express his indebtendness to the "Oesterreichische Gesellschaft für Mikrochemie" for their invitation to read this paper to the First International Congress. Thanks are also due to *J. Rock Cooper* Esq., Chairman, and the Directors of *L. Oertling Ltd.*, London, England, for their permission to read and publish this paper, and for their generous granting of the necessary facilities.

Summary.

The design of the modern microchemical balance is discussed, showing how new methods and techniques enable the chemist to obtain higher sensitivity and precision. Reference is made to new theories concerning the design of more reliable bearings, and the possibilities of new bearing materials are considered. The design of microchemical balance beams is discussed, and the importance of corrosion resistance, non-magnetic materials, strain relief, and stress analysis is emphasized. The design of riders, rider-bars, and arrestment mechanisms is mentioned, and the errors which can arise in their use are considered. Reference is also made to the value of standardisation of physical dimensions of microchemical apparatus, as a first step towards standardisation of weighing facilities provided on microchemical balances.

The inter-relation of sensitivity and precision is considered and the practical applications of the results are mentioned, showing how specifications for balances should be compiled so as to be of maximum value to the microchemist.

Zusammenfassung.

Der Bau moderner mikrochemischer Waagen wird erörtert und dabei gezeigt, wie neue technische Methoden den Chemiker in die Lage versetzen, höhere Empfindlichkeit und Genauigkeit zu erzielen. Neue Theorien über die Herstellung verläßlicher tragender Elemente werden mitgeteilt und die Möglichkeiten der Verwendung neuer Werkstoffe hierfür erwogen. Der Verfasser diskutiert die Konstruktion von Mikrowaagebalken; die Wichtigkeit von Korrosionsbeständigkeit, von antimagnetischem Material und

Biegungsfestigkeit wird hervorgehoben. Die Form der Reiter, der Reiter-auflage und die Konstruktion des Arretierungsmechanismus und die bei deren Gebrauch möglicherweise auftretenden Fehlerquellen werden dargelegt. Weiters wird der Wert der Standardisierung mikrochemischer Geräte betont, da hierin der erste Schritt auch zur Standardisierung mikrochemischer Wägebehelfe zu sehen ist.

Die gegenseitige Abhängigkeit von Empfindlichkeit und Genauigkeit und deren praktische Anwendung ergeben die Möglichkeit, die Waage in allen Einzelheiten den Bedürfnissen des Mikrochemikers anzupassen.

Résumé.

On discute le schéma de la microbalance moderne en montrant comment les nouvelles méthodes et les techniques permettent au chimiste d'obtenir une plus grande sensibilité et une plus grande précision. On fait appel aux nouvelles théories concernant une disposition plus appropriée du fléau et l'on envisage d'autres possibilités pour les substances formant ces fléaux. Le schéma de ceux-ci est discuté ainsi que l'importance de la résistance à la corrosion, des substances non-magnétiques, de l'influence de la tension et l'analyse de la flexion. On fait mention du schéma des cavaliers, des tiges de cavaliers, du mécanisme d'arrêt; on fait allusion également à l'importance de la standardisation des dimensions physiques de l'appareillage micro-chimique, comme premier pas vers la standardisation des processus de pesée sur les microbalances. On considère la relation entre la sensibilité et la pré-cision et mentionne les applications pratiques des résultats qui montrent comment les spécifications pour les balances devraient être recueillies afin de présenter une grande valeur au microchimiste.

Discussion.

Mr. *H. K. Alber* (Philadelphia, Pa.): According to Standardization Committee in USA., no real working precedures have been worked out, which would determine the sensitivity and precision in terms agreeable to both the user *and* manufacturer. Dr. *Corvin*, Johns Hopkins University, as chairman is now working on this question together with the National Bureau of Standards. The rider location by suspending it on a wire according to *Manley* is not widely known. Is this used in England to some extent?

Mr. *A. Hodsman:* First part is important and interesting. Second part: no.

Mr. *D. F. Phillips* (Blackpool, England): Has the use of non-corrodible light alloys e.g. aluminum alloys been considered for the material of the beam?

Mr. *A. Hodsman:* The use of such alloys should be investigated in accordance with my suggestion that new materials were required for this purpose. It was only relatively recently that such new alloys had become available.

Bibliography.

[1] *E. Warburg* and *T. Ihmori*, Ann. Phys. Chem. 27, 481 (1886), ibid. 31, 1006 (1887).

[2] *W. Nernst*, Nachrichten kgl. Ges. Wiss. Göttingen, 75-82, (1902).

[3] *B. D. Steele* and *K. Grant*, Proceed. Royal Soc. London 82, 580 (1909).

[4] *G. F. Hodsman*, J. Sci. Instr. 26, 341 (1949).

[5] *M. Corner* and *H. Hunter*, Analyst 66, 149 (1941).

[6] *J. A. Kuck* and *E. Loewenstein*, J. Chem. Education 1940, 171.

Aus der Anwendungstechnischen Abteilung der Farbwerke Höchst.

Weiterentwicklung und Einsatzmöglichkeiten der Eigenbergerschen Waage.

Von

Gerhard Müller.

Mit 7 Abbildungen.

(Eingelangt am 28. August 1950.)

1939 beschrieb *Eigenberger*[1] eine Mikroauftriebswaage zur Bestimmung der Dichte in geringen Flüssigkeitsmengen (0,2 bis 0,5 ml). Der Aufbau der horizontal gelagerten einarmigen Waage war folgender (s. Abb. 1):

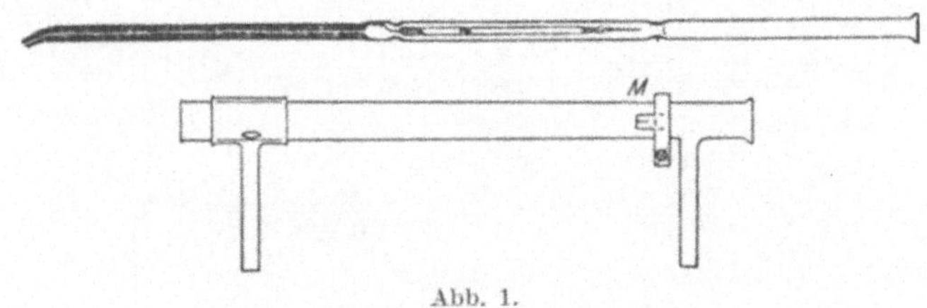

Abb. 1.

In einer pipettenartig aufgeweiteten Glaskapillare trägt ein feiner Glasfaden einen hohlen Waagearm mit einem Eisenkern als Laufgewicht. In der zu messenden Flüssigkeit, die das Gerät auch langsam durchströmen kann, wird durch Verschiebung des Laufgewichtes die Waage auf eine Nullstellung eingespielt; oder mit anderen Worten ausgedrückt, je höher die zu bestimmende Dichte einer Flüssigkeit ist, um so größer ist der Auftrieb des Waagearmes. Der Auftrieb muß durch Verschiebung des Eisenkernes bis zur Nullstellung der Waage ausgeglichen werden. Die Dichtebestimmung wird dadurch in eine Längenmessung übergeführt. Wegen ihrer Einfachheit und Verläßlichkeit erwies sich die Visiermethode für den Meßvorgang als am besten geeignet. Die Verschiebung des Eisenkernes erfolgt mit Hilfe eines kleinen Hufeisenmagneten, der mit gemshornförmigen Polschuhen über den

Kühler gehängt wird. Durch sanftes Klopfen läßt sich das Laufgewicht mit dem Magneten in die gewünschte Richtung dirigieren.

Die von *Eigenberger* ursprünglich vorgeschlagene Anordnung bzw. Arbeitsweise hatte den Nachteil, daß der Beobachter an zwei verschiedenen Ableselupen die Verschiebung des Laufgewichtes und die Zeigerstellung der Mikrowaage gleichzeitig beobachten mußte (s. Abb. 2).

Ein weiterer Nachteil lag in der groben Ausführung der Visiereinrichtung, die trotz einer verhältnismäßig großen Balkenlänge und Meßstrecke von 30 mm Länge nur die Erfassung eines engen Dichtebereiches

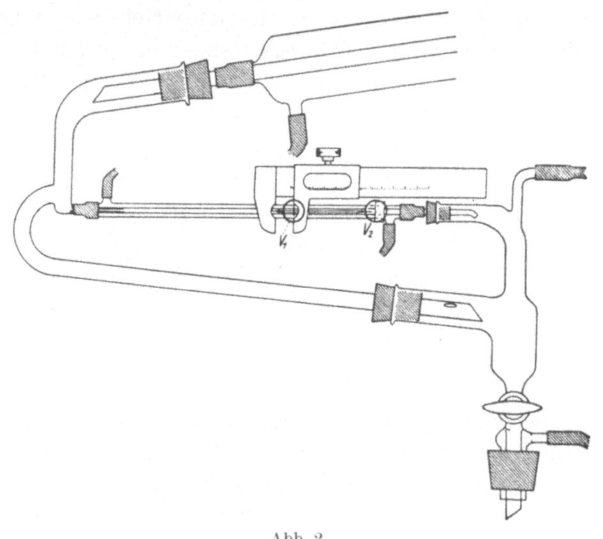

Abb. 2.

gestattete. Bei 0,1 mm Ablesegenauigkeit entsprach diese etwa einem Dichtebereich von 0,03 Dichteeinheiten. Die betreffende Waage war somit nur für einen Meßbereich von beispielsweise 0,8700 bis 0,9000 geeignet. Für größere Bereiche mußten mehrere Auftriebswaagen bereitgehalten werden. Dies veranlaßte *Eigenberger*, den Bau seiner Mikro-Auftriebswaage zu vervollständigen und in eine einfacher zu handhabende Form zu bringen.

Eigenberger schreibt hierüber wörtlich[2]: „Der Bau der Mikroauftriebswaage wurde in folgender Weise vervollständigt:

Zur Einstellung dient ein einfaches Ablesemikroskop, welches auf einem Schlitten befestigt und über einen Bereich von etwa 30 mm mittels einer entsprechend geteilten Mikrometerschraube verschiebbar ist (s. Abb. 3).

Der stark ausgezogene Teil zeigt das in einem Zweistabstativ *S* befestigte Ablesemikroskop *A* mit Schlitten *B* und Mikrometerschraube *M*. Die dünn gezeichnete Glasvorlage mit Mikrodichtewaage *A* ist am gleichen Stativ unverrückbar befestigt. Durch Einführung der mikroskopischen Beobachtung (30- bis 40fache Vergrößerung) wird zweierlei erreicht:

1. Wegen der starken Auflösung des Mikroskops kann ein größerer Meßbereich bestritten werden. Beispielsweise entspricht bei einer Teilung der Mikrometerschraube auf 0,005 mm eine Verschiebung von 20 mm einen Bereich von 0,4 Dichteeinheiten bei einer Meßgenauigkeit von 10^{-4}. Das wäre z. B. ein Dichtebereich von 0,8000 bis 1,2000. Es ist

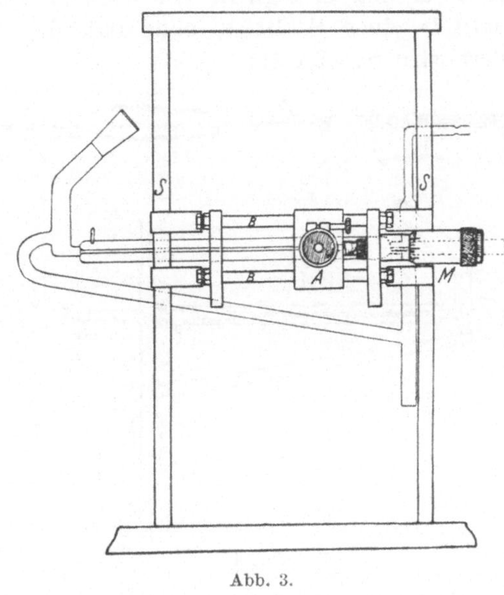

Abb. 3.

also zu ersehen, daß ein Austausch der Mikrowaage wegen Überschreitungen des Meßbereiches nur selten vorgenommen werden muß.

2. Die Beobachtung der Mikrowaage erfolgt ausschließlich durch das Mikroskop. Das pipettenartige Gefäß der Mikrowaage wird mit seiner Achse genau parallel zur Schlittenachse eingespannt, so daß man in jeder Mikroskopstellung eine Abweichung von der Null-Lage feststellen kann. Zur Ablesung dient lediglich ein vertikal eingestelltes Okularmikrometer, auf das einerseits die Spitze des Laufgewichtes, anderseits die Kontur des Waageröhrchens eingestellt wird.

Die Ablesung erfolgt somit nur mehr durch das Mikroskop. Der Waagekörper trägt daher jetzt auch keine Spitze mehr, sondern ist vorne rund abgeschmolzen. Dies bietet den Vorteil, daß bei Messungen in strömender Flüssigkeit des kürzeren Waagearmes wegen die Verminderung der Ablesegenauigkeit durch die Strömungsgeschwindigkeit geringer ist. Selbst langsame Bewegungen des Waageröhrchens lassen sich im Mikroskop feststellen, so daß auch Dichtemessungen höher viskoser Flüssigkeiten durchführbar sind. Z. B. erfordert eine Messung bei 20^0 C $\eta = 10\,800$ cp etwa $1^1/_2$ Stunden.

Der Eisenkern ist auf einer Seite zu einer feinen Spitze zugeschliffen, die im Mikroskop eine scharfe Einstellung auf die Skala des Okularmikrometers gestattet. Die Verschiebung des Laufgewichtes erfolgt mittels eines Magneten mit hörnerartigen Polschuhen, die man über das Kühlerrohr hängt.

Eine weitere Neuerung ermöglicht ein leichtes Auswechseln der Mikrowaagen mittels eines Schliffes, ohne daß der Nullpunkt der Waagen verändert wird (s. Abb. 4):

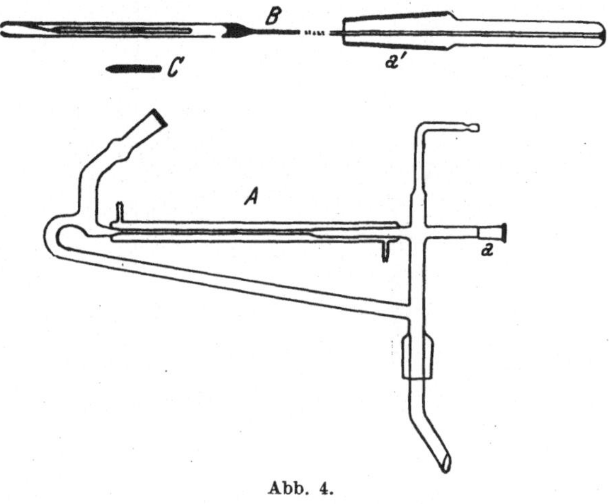

Abb. 4.

Diese zeigt die Anordnung für strömende Flüssigkeit. In den Schliff Aa wird die Waage B mittels eines Schliffkernes a' eingeschoben und in einer konstanten Lage fixiert. Der dünne federnde Glasstab, der in der Kappe a' eingeschmolzen ist, hält das Waageröhrchen, das in den zugehörigen Teil der Durchflußapparatur paßt. Die Flüssigkeit tritt an der linken Öffnung des Waageröhrchens ein, rechts aus. Mittels dieser Anordnung kann man bei entsprechenden Maßen die gleiche Mikrowaage zur Dichtemessung im Apparat für strömende Flüssigkeiten einsetzen oder aber in der Vorrichtung für ruhende Flüssigkeit benutzen. Die Anordnung im letzteren Falle ist durch Abb. 5 wiedergegeben.

Bei Nichtbenutzung wird die Waage in der oben abgebildeten Schutzhülle aufbewahrt."

Dieser Bericht wurde dem Verfasser mit einem Waagemodell zur Begutachtung auf praktische Einsatzfähigkeit Ende des Jahres 1944 überlassen. Bei der praktischen Erprobung der verbesserten Mikroauftriebswaage zeigte es sich, daß für Destillationsanalysen, bei denen gleichzeitig mit dem Siedeverlauf die Änderungen des spezifischen Gewichtes mit Hilfe der *Eigenberger*schen Waage erfaßt werden sollten, zwei Personen benötigt wurden. Dies wurde bei Reihenversuchen aus verschiedenen Gründen als störend empfunden und gab zu dem Gedanken Anlaß, die Waage vollautomatisch arbeitend zu gestalten.

Als zweckmäßig erschien damals die Koppelung der Auftriebswaage mit einer trägheitslos arbeitenden Photozelle, die in Kompensationsschaltung mit einem Elektromagneten arbeitet. Eine nach diesem Prinzip aufgebaute Apparatur war gerade fertiggestellt und erste orientierende Versuche angesetzt, die Klarheit darüber geben sollten, für welchen Dichtebereich sich der Gedanke verwirklichen ließ, als

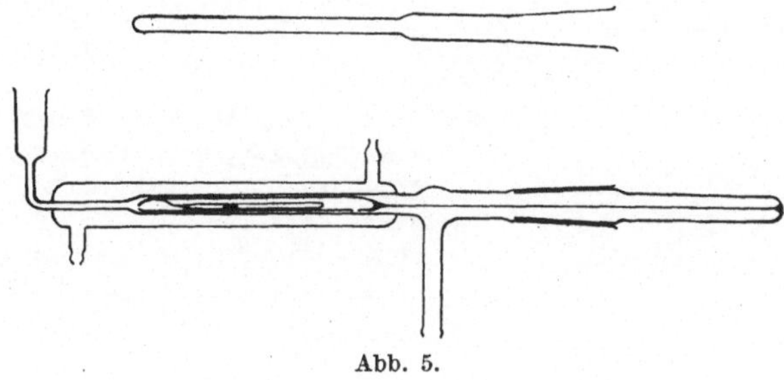

Abb. 5.

durch Kampfhandlungen die Arbeiten jäh unterbrochen wurden. Die Geräte wurden dabei vernichtet und auch die Zeichnungsunterlagen gingen mit verloren.

Das Interesse, das nach wie vor in chemischen Betrieben und Forschungslaboratorien an einer vollautomatischen Auftriebswaage besteht, veranlaßte den Verfasser, das Problem wieder aufzugreifen und die damalige Versuchsanordnung (Apparatur) aus dem Gedächtnis zu rekonstruieren. Wie aus Abb. 6 zu ersehen, ist der Glasteil des verbesserten *Eigenberger*schen Modells in seinem Aufbau bis auf ganz geringfügige Änderungen beibehalten worden. Die Arbeitsweise des Gerätes ist äußerst einfach.

Während der Destillation durchfließt das Destillat konstant im Nebenstrom die Auftriebswaage. Da die Dichte temperaturabhängig ist, muß die Flüssigkeit während des Meßvorganges auf konstanter Temperatur gehalten werden. Deshalb ist ein zweiter Kühlmantel vorgesehen, der an einen Ultrathermostat von *Hoeppler* angeschlossen ist. Es sei vorausgeschickt, daß der Kühlmantel nur ungefähr bis zur Mitte der Auftriebswaage geht, um den Strahlengang zwischen Lichtquelle und Photozelle nicht zu beeinträchtigen. Der Eisenkern im hohlen

Waagebalken des Auftriebskörpers ist feststehend, das Ende des Waagearmes etwas breitgedrückt und aus Kobaltglas. *L* soll die horizontal
strahlende Lichtquelle, *VFZ* die darauf ansprechende Vakuumphoto-
zelle darstellen, die je nach der durchgelassenen Lichtmenge das Gitter
einer Verstärkerröhre mehr oder weniger stark auflädt. Durch die
Spannung am Gitter wird der Strom im Anodenkreis gesteuert, der
durch zwei vertikal wirkende Elektromagneten in Kompensationsschaltung die Rückführung des Auftriebskörpers bewirkt.

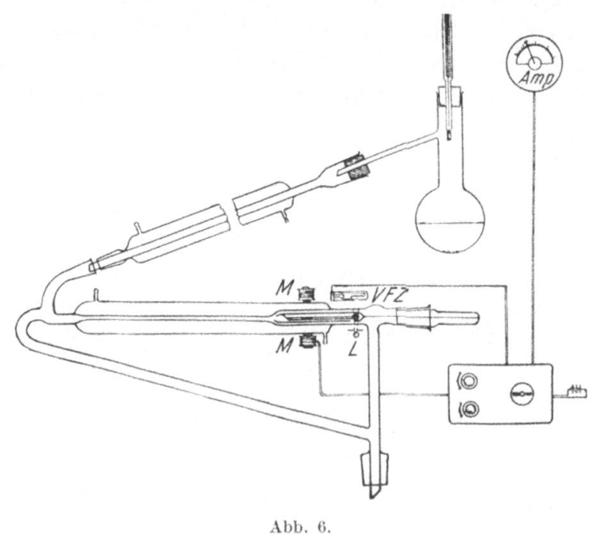

Abb. 6.

Abb. 7 zeigt das Schaltschema, an Hand dessen die Wirkungsweise
der vollautomatischen Waage sowie der elektrischen Anlage erklärt
werden soll.

Wenn sich die Dichte der die Waage durchfließenden Flüssigkeit
erhöht, erfährt der hohle Waagebalken einen stärkeren Auftrieb. Er
versucht nach oben auszuweichen, die Steuerfahne macht diese Bewegung mit, dadurch vergrößert sich der Lichtspalt, die Photozelle wird
stärker beleuchtet und es fließt in dem ganzen System ein stärkerer
Strom, der die Rückfederungskraft des Magnetfeldes erhöht. Dadurch,
daß der Stromfluß im Magneten der Bewegung des Steuerorganes
nachfolgt, bleibt ein Rückstellstrom erhalten. Waagebalken und Steuerfahne gehen nicht in eine fixierte Nullstellung zurück, sondern es kompensiert sich der Auftrieb des Waagebalkens mit der Summe der Rück-
federungskräfte.

Da ein eindeutiger Zusammenhang zwischen Dichte und den Rück-
federungskräften besteht, muß es möglich sein, Schwankungen der

Dichte direkt am Ausschlag eines im Regelstrom liegenden, entsprechend geeichten Amperemeters abzulesen. Für extreme Beanspruchung ist an der Apparatur noch eine Stufenschaltung vorgesehen.

Sofern die Photozellenschaltung bei der spezifischen Gewichtsbestimmung sich bewährt, kann die *Eigenbergersche* Waage mit lichtelektrischer Steuerung zu einem Gerät entwickelt werden, welches als Steuer- und Schaltorgan universell in allen den Fällen eingesetzt werden kann, bei denen spezifische Gewichtsänderungen eine Rolle spielen. Als Beispiel sei die Reindarstellung von Lösungsmitteln aus Lösungsmittel-

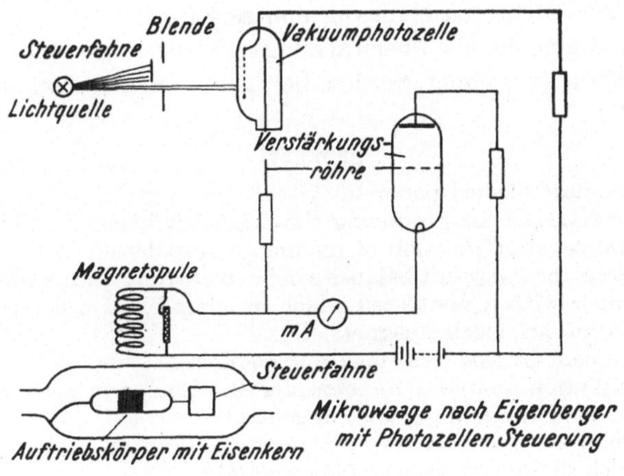

Abb. 7.

gemischen durch fraktionierte Destillation angeführt, wo unerwünschte azeotropisch siedende Gemische infolge Auslösung einer Ventilschaltung durch die automatisch arbeitende Auftriebswaage abgefangen werden können.

Da alle mit Flüssigkeiten in Berührung kommenden Teile der Waage aus Glas bestehen, sind sie korrosionsunempfindlich. Die Waage dürfte daher auch als automatischer Überwachungsapparat bei der Konzentration von Laugen bzw. Säuren interessieren. Allerdings muß das Gerät dann robuster gebaut werden, an Stelle des Glasfadens wird wahrscheinlich eine Glasfeder zur Fixierung des Auftriebskörpers angeschmolzen werden müssen

Mit diesen Hinweisen ist das Gebiet der Mikrochemie verlassen worden. Dies erfolgte bewußt, um zu zeigen, welche Entwicklungs- und Einsatzmöglichkeiten die *Eigenbergersche* Waage bietet und welche Bedeutung in einzelnen Fällen mikro-chemisch-physikalische Arbeiten für die chemische Industrie erlangen können.

Zusammenfassung.

Eine noch nicht veröffentlichte Mitteilung *Eigenbergers*, die Vorschläge zur Verbesserung der Mikroauftriebswaage (Erweiterung des Meßbereiches, Vereinfachung der Ablesung und Handhabung des Gerätes) enthält, ist in der Originalfassung wiedergegeben. Es wird beschrieben, wie durch Koppelung des Auftriebskörpers mit einer Photozelle, die in Kompensationsschaltung die Stärke eines Elektromagneten steuert, die Mikroauftriebswaage vollautomatisch arbeitend gestaltet werden kann. Ein solches Instrument ermöglicht

1. bei Destillationsanalysen gleichzeitig mit dem Siedeverlauf die Änderung der Dichte zu erfassen, und es kann

2. ganz allgemein als Überwachungs-, Steuerungs- und Schaltorgan in allen Fällen verwendet werden, bei denen Dichteschwankungen eine Rolle spielen.

Summary.

An as yet unpublished paper by *Eigenberger* is given in its original form. It contains proposals for improving the micro-lift balance (extension of the measuring range, simplification of reading, manipulation of the equipment). It is shown how the micro-lift balance can be made fully automatic by coupling the lift member with a photo cell which in compensation connection guides the strength of an electromagnet.

An instrument of this kind makes it possible:

1. in distillation analyses, to determine the change in density concurrent with the course of the boiling, and, in general,

2. to use it as a supervisory-, regulatory-, and switching organ in all cases, in which density variations play a part.

Résumé.

Une communication non encore publiée de *Eigenberger* qui contient les projets de perfectionnement de la microbalance à impulsion (élargissement de l'échelle de mesure, simplification du mode de lecture et manipulation du dispositif) est reproduite suivant l'original. On décrit comment, par couplage de l'organe impulsif avec une pile thermoélectrique qui, dans un montage par compensation commande la puissance d'un électro-aimant, la microbalance est installée pour travailler d'une manière entièrement automatique. Un tel appareil permet:

1° au cours des analyses par distillation, simultanément avec la marche de l'ébullition, de saisir l'altération de la densité et peut,

2° d'une manière entièrement universelle, être utilisée comme agent de surveillance, de commande, de minuterie, dans tous les cas pour lesquels les variations de densité jouent un rôle.

Literatur.

[1] *E. Eigenberger*, Mikrochem. **26**, 264 (1939).
[2] Private Mitteilung *E. Eigenbergers* aus dem Jahr 1944.

Laboratoire de chimie analytique de l'Université de Gand, Belgique.

Représentation graphique de la sensibilité des réactions: les diagrammes de sensibilité.

Par

J. Gillis.

Avec 7 figures.

(Reçu le 21 août 1950.)

§ 1. Caractéristiques des réactions analytiques.

Toute réaction, utilisée en chimie analytique, comporte trois aspects importants qui la caractérisent et en établissent la valeur:

Ce sont:

1° Un *caractère limitatif* traduit par les expressions: *sélectivité* ou *spécificité*.

Le Premier Rapport de la «Commission Internationale des Réactions et des Réactifs analytiques nouveaux» appelle «spécifiques» les réactions (réactifs) qui, dans certaines conditions sont *absolument sans équivoque* pour *une* substance et «sélectives» celles ne permettant qu'un choix plus ou moins limité[1].

Ce premier aspect doit retenir l'attention du chimiste analyste pour chaque réaction dont il se sert.

2° Un *caractère quantitatif* traduit par l'expression: *sensibilité*.

L'aspect quantitatif d'une réaction est une donnée numérique, dont la présentation peut se faire de diverses manières. Certains auteurs ont fait des propositions à ce sujet, et je devrai me borner à quelques noms et aux données de la littérature qui s'y rapportent. Ce sont e. a., sans pouvoir être complet, les noms de: *Emich*[2], *Feigl*[3], *Hahn*[4], *Heller*[5], *Schleicher*[6] *Wenger*[7], *Flaschka*[8], *Malissa*[9].

En 1940, *J. Gillis* et *B. V. J. Cuvelier*[10], ont proposé de recourir à un mode de représentation graphique pour traduire de façon objective l'aspect quantitatif de n'importe quelle réaction exécutée suivant une technique soigneusement décrite. Depuis lors leurs idées sur cette manière se sont précisées[11]. L'objet de cette communication sera de remonter aux bases algébriques générales sur lesquelle une telle représentation graphique a pu être édifiée.

3° *Un caractère d'imperturbabilité* que traduit l'expression: *fidélité*.

Les perturbations causées par la présence de substances étrangères n'ont pas échappé aux chimistes et dès 1907, *Schoorl*[12] a introduit la notion de «rapport-limite» pour bien marquer qu'en présence de substances étrangères déterminées une réaction conserve son caractère de fidelité jusqu'à une certaine valeur limite, qu'il importe que le chimiste connaisse.

Ces trois aspects présentés par chaque réaction peuvent être étudiés de façon systématique et les résultats obtenus peuvent être exprimés par des graphiques que, depuis 1945, j'ai proposé de nommer *diagrammes de sensibilité*.

Ces diagrammes expriment à la fois l'aspect quantitatif et l'aspect de fidélité vis-à-vis de diverses substances étrangères; de plus un ensemble de tels diagrammes peut faire ressortir les substances aux quelles la réaction est limitée et traduire ainsi la sélectivité ou la spécificité.

Dans un diagramme de sensibilité ce dernier mot est pris dans le sens le plus large qui est celui que *Emich*[13] lui avait réservé en 1931, à savoir: „Empfindlichkeit zur Kennzeichnung des Gesamtbildes einer Reaktion".

§ 2. Représentation, dans l'espace, de quantités quelconques d'un mélange de trois composants: *A, B et C.*

Le problème analytique le plus courant peut être ramené en principe à rechercher une substance A dans un mélange contenant également le dissolvant B et une substance étrangère C, simple ou complexe. C'est dans ce mélange initial $A + B + C$, qu'on introduit un réactif que nous appelerons r et, dans le nouveau mélange, il se produit une réaction, désignée par R.

Dans tout ce que va suivre c'est toujours de la composition du mélange initial $A + B + C$, *avant l'addition du réactif r*, dont il sera question. Nous ne nous préoccuperons donc pas des variations de composition de ce mélange initial, par suite de l'addition du réactif r, de nature généralement très complexe. Nous rechercherons seulement si ce réactif r, ajouté au mélange initial $A + B + C$, dans des conditions expérimentales bien précises, produit dans celui-ci une réaction R, observable et caractéristique de la substance A, réaction que, dans ce cas, nous appelerons positive.

Le mélange initial des trois constituants suivants:

A	B	C
(substance à rechercher)	(dissolvant)	(substance étrangère)

sera formé de quantités variables:

a	b	c	
(de la substance à rechercher)	(du dissolvant)	(de la substance étrangère)	(1)

mesurées suivant *la même unité* de quantité, qui pourra être soit le gramme, soit la molécule-gramme, soit l'équivalent-gramme ou des multiples ou sous-multiples de ces quantités (p. ex. kilogramme, milligramme, microgramme, etc.).

Rien n'empêche d'ailleurs de *changer éventuellement d'unité* comme nous le verrons par la suite.

Pour des raisons analogues à celles qui ont amené *Sörensen*[14], en 1909 à introduire en chimie la notion du p_H, nous proposons d'écrire (p étant la première lettre du mot: puissance)

$$pA = -\log a; \quad pB = -\log b; \quad pC = -\log c. \tag{2}$$

Les fonctions pA, pB et pC sont les exposants pris en signe contraire d'une système de logarithmes, à base 10, des quantités a, b et c; donc:

$$a = 10^{-pA}; \quad b = 10^{-pB}; \quad c = 10^{-pC}. \tag{3}$$

Il est suffisant, pour les besoins de la chimie analytique, dite qualitative, de se servir d'une table de logarithmes à deux décimales p. ex. pour passer rapidement des valeurs a, b et c, à celles de pA, pB et pC et inversément. C'est pour faciliter ces opérations au lecteur que nous reproduisons ici une pareille table.

En faisant usage d'un système de coordonnées rectangulaires à trois axes X, Y et Z, nous serons à même, en reportant pA sur l'axe des Y, pB au l'axe des Z et pC sur l'axe des X, de représenter par un point dans l'espace, un mélange déterminé des trois composants A, B et C.

Dans un tel système, à coordonnées trilogarithmiques, nous aurons le loisir de représenter les quantités concrètes de a, b et c, présentes dans n'importe quel mélange des trois constituants A, B et C et leurs rapports: a/b, c/b et c/a, ainsi que les rapports inverses: b/a, b/c et a/c.

L'unité de mesure des quantités a, b et c peut être différente suivant les trois axes, p. ex. le kilogramme, le gramme, le milligramme ou le microgramme, soit la molécule-gramme ou toute autre unité souhaitable.

Table de logarithmes à deux décimales.

Nombres		mantisse	
1		00	
	15		18
2		30	
	25		40
3		48	
	35		54
4		60	
	45		65
5		70	
	55		74
6		78	
	75		87
7		90	
	85		93
9		95	
	95		98

154   J. Gillis:

   Si on choisit la même unité de quantité pour les trois axes, par exemple le gramme pour fixer les idées, l'origine du système de coordonnées aura pour valeur:

$$1 = 10^{-pA}; \; 1 = 10^{-pB}; \; 1 = 10^{-pC}. \tag{4}$$

soit:

$$pA = -\log 1; \; pB = -\log 1; \; pC = -\log 1. \tag{5}$$

   Cela signifie que l'origine du système de coordonnées correspond à un mélange composé de l'unité de quantité de la substance A, de l'unité de quantité de la substance B et de l'unité de quantité de la substance C.

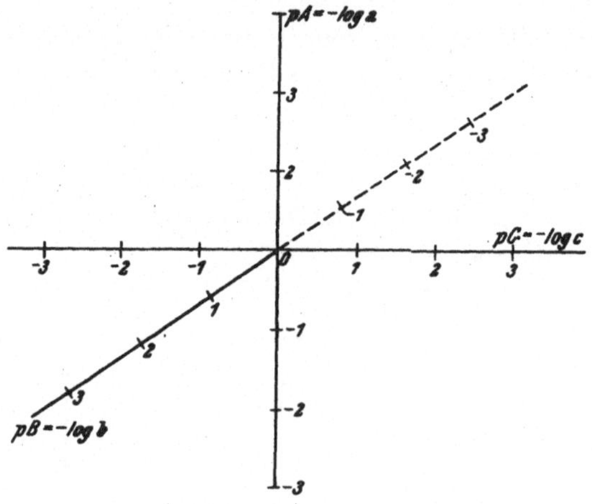

Fig. 1. Coordonnées logarithmiques, dans l'espace, des mélanges: $a + b + c$.

   N'importe quel point du système de coordonnées tel que nous venons de le définir et que nous représentons par la figure 1 correspondra à un mélange des trois constituants composé des quantités concrètes: a, b et c.

   Entre ces quantités concrètes il existe évidemment des rapports, par exemple: a/b; c/b et a/c et leurs valeurs inverses. Ces rapports algébriques présentent des relations qui peuvent être déduites de la figure de l'espace qui nous sert de point de départ, mais plus aisément encore d'une figure à deux coordonnées rectangulaires, déduite de la première et réduite au plan du papier.

§ 3. Représentation, dans un plan, suivant deux coordonnées rectangulaires, des quantités concrètes: *a*, *b*, *c* et de leurs rapports. Diagrammes des mélanges $A + B + C$.

   Enfin de passer du mode de représentation dans l'espace, à une représentation bien plus aisée à suivre et ramenée au plan du papier, il suffit, en premier lieu, de fixer la valeur de b et par conséquent de $pB = -\log b$.

Technique employée	Unité de masse	Unité de volume pour l'eau	Valeur de b vis-à-vis du gramme	Valeur de pB
Volumétrie............	kilogramme	litre	10^3	— 3
Tube à essai	5 g	5 ml	$5 \cdot 10^0$	— 0,7
Microtube à essai......	0,1 g	0,1 ml	10^{-1}	1
Microcristalloscopie.....	0,01 g	0,01 ml	10^{-2}	2

C'est pourquoi il était utile de se rendre compte du fait qu'un diagramme logarithmique, du type de la figure 2, portant en ordonnée et en abscisse respectivement les fonctions $pA = -\log a$ et $pC = -\log c$, des quantités concrètes a et c, permet la lecture des fonctions logarithmiques $-\log a/b$ et $-\log c_,b$ des rapports $a_,b$ et c/b par simple soustraction, aux valeurs pA et pC, de la valeur pB correspondant à la grandeur choisie pour b.

Le plus simple pour trouver $-\log a/b$ et $-\log c/b$ consiste à effectuer ces soustractions suivant les expressions (6) et (7), en ne changeant rien au diagramme.

Une autre manière consiste de construire une nouveau diagramme portant les nouvelles valeurs absolues $pA = -\log a$ et $pC = -\log c$, correspondant à la nouvelle valeur de b et à y faire figurer les nombres correspondant aux fonctions: $-\log a/b$ et $-\log c/b$.

Ce procédé conduit au même résultat que le précédent, mais est plus long puisqu'il implique un déplacement de l'origine et de ce chef un changement des nombres figurant aux coordonnées.

§ 4. Lieux géométriques importants du diagramme logarithmique des mélanges $a + b + c$.

1° *Lieu géométrique des points pour lesquels a/c = constante*:

Les propriétés des logarithmes (différence de deux logarithmes = logarithme d'un quotient) conduisent à la relation suivante:

$$pA - pC = -\log a - (-\log c) = \log \frac{c}{a} = -\log \frac{a}{c}. \qquad (8)$$

Si a/c est une constante, le logarithme a/c le sera également. Il en résulte que $-\log a - (-\log c)$ sera également une constante. D'où $pA - pC = $ constante. $\qquad (9)$

Tous les points d'une droite parallèle à la première bissectrice répondent à cette relation. Ainsi,

pour $\dfrac{a}{c} = 1 \qquad pA - pC = 0 \qquad$ Première bissectrice (fig. 2)

pour $\dfrac{a}{c} = 10^{-1} \quad pA - pC = +1 \qquad$ Parallèle passant par $pA = 1$,
$$pC = -1$$

pour $\dfrac{a}{c} = 10^{+1}$ $pA - pC = -1$ Parallèle passant par $pA = -1$,
$$pC = 1.$$

Pour n'importe quel point du diagramme des mélanges (fig. 2) la différence $pA - pC$ donne la valeur de $-\log \dfrac{a}{c}$, d'après (8). A cette différence correspond une parallèle à la première bissectrice.

La lecture de cette différence $pA - pC$ pourra se faire à partir de cette bissectrice, comme l'indique la fig. 2, pour deux points: $pA = 2{,}7$; $pC = 1{,}7$ et $pA = 1{,}7$; $pC = 2{,}7$. Connaissant la différence $pA - pC$, la table de logarithmes permet d'en déduire le rapport a/c lui-même, qui indique dans quelles proportions relatives les quantités a de A et c de C, sont présentes dans le mélange contenant une quantité de $b = 1$.

La même différence $pA - pC = + \log a/c$ est également importante en chimie analytique, car elle fixe aussi, pour chaque point du diagramme, la proportion relative des quantités c et a présentes dans un mélange $a + b + c$.

$2°$ *Lieux géométriques des points pour lesquels* $\dfrac{ac}{b^2} = $ *constante*:

Les relations (6) et (7) peuvent s'écrire:

$$pA = - \log \frac{a}{b} + pB, \tag{10}$$

et

$$pC = - \log \frac{c}{b} + pB. \tag{11}$$

D'où $pA + pC = - \log \dfrac{ac}{b^2} + 2pB = \log \dfrac{b^2}{ac} + 2pB.$ (12)

Tous les points d'une droite parallèle à la seconde bissectrice répondent à la relation:

$$- \log \frac{ac}{b^2} = \log \frac{b^2}{ac} = (pA + pC) - 2pB = \text{constante}. \tag{13}$$

1ᵉʳ Cas: $b = 1$.

Dans le cas particulier de la fig. 2, où $b = 1$, cette relation se simplifie et devient:

$$- \log ac = \log \frac{1}{ac} = pA + pC = \text{constante}. \tag{14}$$

Si $pA + pC = 0$, le produit $ac = 1$:   seconde bissectrice

$pA + pC = 1$, le produit $ac = 10^{-1}$: droite passant par
$$pA = + 1, \; pC = + 1.$$

$pA + pC = 2$, le produit $ac = 10^{-2}$: droite passant par
$$pA = + 2, \; pC = + 2.$$

2e Cas: b différent de 1:

Si b est différent de 1, on pourra avoir p. ex.:

$$\text{pour } b = 0{,}1,\ pB = 1;\ -\log \frac{a\,c}{b^2} = (pA + pC) - 2,$$

et

$$\text{pour } b = 10,\ pB = -1;\ -\log \frac{a\,c}{b^2} = (pA + pC) + 2.$$

En faisant changer b d'un facteur de 10, la valeur $-\log \dfrac{a\,c}{b^2}$ varie de 2 unités et le rapport $\dfrac{a\,c}{b^2}$ d'un facteur 100.

En effet le rapport $\dfrac{a}{b}$ devient ainsi 10 fois plus grand ou plus petit, de même le rapport $\dfrac{c}{b}$; d'où $\dfrac{a\,c}{b^2}$ devient 100 fois plus grand ou plus petit.

Les droites parallèles à la seconde bissectrice trouvent également des applications en chimie analytique, notamment dans l'étude des équilibres des systèmes protolytiques[14].

3° *Lieux géométriques des points pour lesquels $a + c = $ constante.*

1. *Calcul pour $a + c = 1$.*

Ces lieux géométriques présentent un intérêt tout particulier pour les problèmes de chimie analytique qui nous occupent.

En écrivant $a = 10^{-pA}$ et $c = 10^{-pC}$, nous aurons la relation:

$$10^{-pA} + 10^{-pC} = \text{constante} \tag{15}$$

ou encore:

$$10^{\log a} + 10^{\log c} = \text{constante.} \tag{16}$$

En donnant à la constante des valeurs déterminées, p. ex. 10^0, 10^{-1}, 10^{-2}, etc. on pourra trouver, dans chaque cas, les valeurs de pA et de pC qui satisfont à la relation envisagée.

On pourra opérer tout simplement, par voie algébrique, en recherchant les logarithmes négatifs pA et pC, correspondant aux valeurs choisies a et c pour lesquelles $a + c = $ constante. Quelques données obtenues de cette manière ont été réunies dans le tableau suivant, pour lequel on a supposé $a + c = 1$.

Il comprend également les nombres correspondant au rapport a/c et au rapport $\dfrac{a}{a + c}$. Les pA et pC de ce tableau correspondent aussi aux points d'intersection de la courbe $a + c = 1$ et des parallèles à la première bissectrice correspondant au rapport a/c envisagé, c'est-à-dire à la différence $pA - pC = -\log \dfrac{a}{c}$.

                    J. Gillis:

Tableau des valeurs pA et pC appartenant au lieu géométrique des points pour lesquels a + c = 1.

a	$pA = -\log a$	c	$pC = -\log c$	a/c	$a/(a + c)$
$1 \cdot 10^{-3}$	3	0,999	0,001	0,001	0,001
$3 \cdot 10^{-3}$	2,5	0,997	0,001	0,003	0,003
$5 \cdot 10^{-3}$	2,3	0,995	0,002	0,005	0,005
$8 \cdot 10^{-3}$	2,1	0,992	0,003	0,008	0,008
$1 \cdot 10^{-2}$	2	0,99	0,004	0,01	0,01
$3 \cdot 10^{-2}$	1,5	0,97	0,013	0,031	0,03
$5 \cdot 10^{-2}$	1,3	0,95	0,022	0,053	0,05
$8 \cdot 10^{-2}$	1,1	0,92	0,036	0,087	0,08
$1 \cdot 10^{-1}$	1	0,9	0,046	0,111	0,10
$1,4 \cdot 10^{-1}$	0,85	0,86	0,665	0,163	0,14
$1,6 \cdot 10^{-1}$	0,80	0,84	0,076	0,19	0,16
$1,8 \cdot 10^{-1}$	0,75	0,82	0,086	0,22	0,18
$2 \cdot 10^{-1}$	0,70	0,80	0,097	0,25	0,20
$2,25 \cdot 10^{-1}$	0,65	0,775	0,111	0,29	0,225
$2,5 \ \cdot 10^{-1}$	0,60	0,75	0,125	0,33	0,25
$2,8 \ \cdot 10^{-1}$	0,55	0,73	0,137	0,38	0,28
$3,2 \ \cdot 10^{-1}$	0,50	0,68	0,167	0,47	0,32
$3,5 \ \cdot 10^{-1}$	0,45	0,65	0,187	0,54	0,35
$4 \ \cdot 10^{-1}$	0,40	0,60	0,222	0,67	0,40
$4,5 \ \cdot 10^{-1}$	0,35	0,55	0,260	0,82	0,45
$4,8 \ \cdot 10^{-1}$	0,32	0,52	0,284	0,92	0,48
$5 \ \cdot 10^{-1}$	0,30	0,50	0,301	1,00	0,50
$5,2 \ \cdot 10^{-1}$	0,28	0,48	0,319	1,08	0,52
$5,5 \ \cdot 10^{-1}$	0,26	0,45	0,347	1,22	0,55
$6 \ \cdot 10^{-1}$	0,22	0,40	0,398	1,50	0,60
$6,5 \ \cdot 10^{-1}$	0,19	0,35	0,456	1,85	0,65
$7 \ \cdot 10^{-1}$	0,15	0,30	0,523	2,33	0,70
$7,6 \ \cdot 10^{-1}$	0,12	0,24	0,620	3,17	0,76
$8 \ \cdot 10^{-1}$	0,10	0,20	0,699	4	0,80
$8,5 \ \cdot 10^{-1}$	0,07	0,15	0,824	5,66	0,85
$9 \ \cdot 10^{-1}$	0,05	0,10	1,000	9	0,90
$9,5 \ \cdot 10^{-1}$	0,022	0,05	1,311	19	0,95
$9,9 \ \cdot 10^{-1}$	0,004	0,01	2	99	0,99
$9,99 \cdot 10^{-1}$	0,001	0,001	3	999	0,999

Lorsque la somme $a + c$ n'est plus égale à l'unité, mais prend p. ex. les valeurs 10^{-1}, 10^{-2}, 10^{-3}, etc. on trouve des valeurs logarithmiques pA et pC exactement égales à celles du tableau précédent. Seule la caractéristique des logarithmes aura changé. Elle augmente de 1 unité chaque fois que la somme $(a + c)$ devient 10 fois plus petite.

2. *Représentation graphique des lieux géométriques: (a + c) = constante*
Cas où b = 1:

Nous référant à la fig. 2 pour laquelle $b = 1$, nous y tracerons respectivement les lieux géométriques des points pour lesquels $a + c = 10°$; 10^{-1}; 10^{-2} etc. Nous obtenons de cette manière la fig. 3.

Nous remarquons que ces lieux géométriques sont formés de courbes ressemblant à des hyperboles qui rejoignent asymptotiquement les axes pA et pC à l'infini.

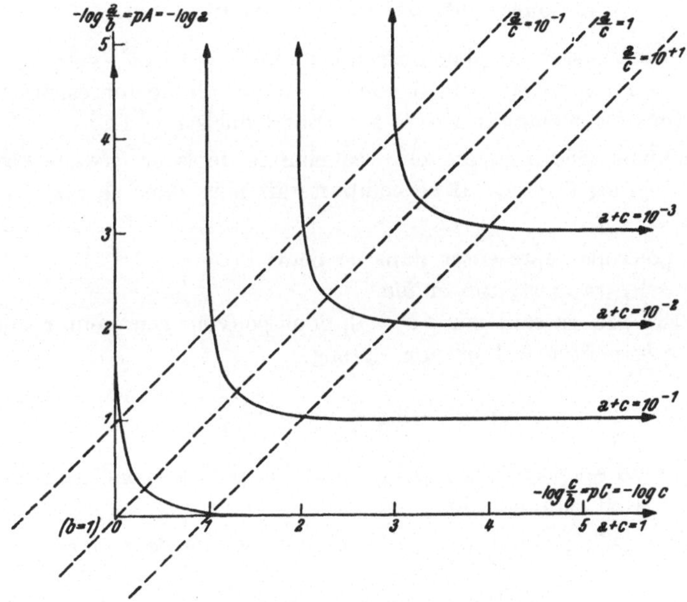

Fig. 3. Lieux géométriques des points: $(a + b)$ = constante.

Elles nous permettent de passer graphiquement du rapport a/c au rapport $a/(a + c)$ et inversément, lorsque la somme $a + c$ est connue et maintenue constante.

Cette possibilité est intéressante pour la chimie analytique, lorsque l'on considère une somme *(a + c)*, maintenue constante, de deux substances A et C, mélangées dans des proportions variables a/c et dissoutes dans un poids déterminé $b = 1$ de dissolvant B (voir plus loin).

Cas où b est différent de 1:

Au cas où la quantité b de dissolvant diffère de l'unité, la fig. 3 peut encore être utilisée, mais en tenant compte des nouvelles valeurs des coordonnées.

En effet, d'après la relation: $-\log a/b = pA - pB$, nous savons que lorsque b croît dans le rapport de 1 à 10, les coordonnées $-\log a/b$ et $-\log c/b$ diminuent de une unité. Ce point (0,0) (l'origine) devient alors le point (1,1).

Cela signifie pratiquement que, si nous maintenons l'origine de la fig. 3, nous devrons considérer que la courbe $(a + c) = 1$ s'est déplacée de 1 unité et qu'elle correspond, pour $b = 10$, à la courbe $(a + c) = 0{,}1$ du diagramme de la fig. 3, pour lequel $b = 1$.

II. Coupe: pA, pB ($pC = 0$ ou $pC = \infty$).

En faisant passer un plan perpendiculaire à l'axe pC (voir fig. 1) et passant par l'origine $pC = 0$, il nous serait loisible de représenter dans ce plan tous les mélanges $a + b + c$ pour lequels $c = 1$.

En laissant tendre c vers zéro, ce plan se déplacerait dans l'espace vers $pC = -\log 0 = \infty$. Il ne comporterait plus, dans ce cas, que des mélanges $A + B$.

Nous pouvons représenter dans ce plan:

1° tous les rapports a/b et b/a.

Sur l'axe pA, passant par $pB = 0$, nous pouvons représenter tous les rapports a/b, pour $b = 1$ et nous avons:

$$pA = -\log \frac{a}{b} = -\log \frac{a}{1}. \tag{17}$$

Lorsque pA est positif, plus pA est grand et plus la «concentration» du mélange $A + B$ sera minime.

Sur l'axe pB, passant par $pA = 0$, nous avons de même:

$$pB = -\log \frac{b}{a} = -\log \frac{b}{1}. \tag{18}$$

Lorsque pB est négatif, plus la valeur absolue de pB croît, plus b augmente par rapport à l'unité de a, plus la *«dilution»* de A par B sera élevée.

2° par des droites parallèles à la première bissectrice, tous les lieux géométriques des points pour lesquels le rapport a/b est constant ou, ce qui revient au même, pour lesquels $pA - pB = $ constante.

3° par des droites parallèles à la 2° bissectrice, les lieux géométriques des mélanges pour lesquels le produit $a \cdot b$ est constant, c'est-à-dire pour lesquels $pA + pB = $ constante.

4° par des courbes les lieux géométriques des points pour lesquels la somme $a + b = $ constante. Ces courbes nous permettent d'indiquer graphiquement la teneur $\dfrac{a}{a + b}$ de chaque mélange $A + B$ considéré.

III. Coupe: pB, pC (pour $pA = 0$).

Il est possible de représenter dans un pareil diagramme:

1° toutes les quantités concrètes c et b pour $a = 1$.

2° tous les rapports: c/b et b/c, a/c et b/a (pour $a = 1$) et a/c et c/a (pour $a = 1$).

3° les lieux géométriques des points pour lesquels:

$pB + pC =$ constante.
$pB + pC =$ constante.
$b + c \ \ =$ constante.

IV. Propriétés du modèle dans l'espace: pA, pB, pC.

Ce modèle permet de représenter:

1° les quantités concrètes de A, B et C.

2° les rapports entre a, b et c.

3° les lieux géométriques:

α) des plans parallèles à la première bissectrice (solide) pour lesquels ces rapports sont constants,

β) des plans parallèles à la deuxième bissectrice (solide) pour lesquels les produits de ces rapports sont constants,

γ) des surfaces pour lesquels $a + b + c =$ constante, ce qui permet des représenter la teneur $\dfrac{a}{a+b+c}$, $\dfrac{b}{a+b+c}$ et $\dfrac{c}{a+b+c}$ de chaque mélange.

4. Généralité des diagrammes logarithmiques des mélanges $A + B + C$.

Les coupes passant par l'origine du modèle solide de la figure 1 permettent de représenter les propriétés physico-chimiques de mélanges de 3 composants lorsque la composition de ces mélanges varie dans des propositions très différentes et, en général, quelconques.

Ces diagrammes des mélanges $A + B + C$ permettent e. a. de représenter les solubilités de substances très peu solubles en présence de substances qui le sont très fort, de représenter les potentiels électro-chimiques de solutions très diluées vis-à-vis de un constituant et très concentrées vis-à-vis de l'autre et ils sont utiles pour la représentation de la sensibilité des réactions analytiques.

Sous ce rapport ils sont préférables aux diagrammes classiques de mélanges utilisés en chimie physique pour exprimer la relation entre le pourcentage et une propriété particulière (point de fusion, point d'ébullition, conductibilité, potentiel, etc.), diagrammes classiques auxquels nous avions fait appel précédemment[10] et dont Mlle *De Ridder* p. ex.[15] s'était servie pour exprimer la sensibilité de réactions analytiques.

Nous avons fait usage, depuis 1945, de diagrammes logarithmiques de mélanges pour exprimer la sensibilité des réactions et nous avons désigné ces diagrammes du nom de *diagrammes de sensibilité*[11].

5. *Usage de papier millimétrique ou de papier bilogarithmique.*

On peut dessiner les diagrammes des mélanges $A + B + C$ soit sur papier millimétrique, en se servant de la table des logarithmes à 2 décimales rappelée plus haut et en calculant les fonctions (p. ex. pour $pB = 0$)

$$pA = - \log a = - \log \frac{a}{b} \text{ et } pC = - \log c = - \log \frac{a}{b}.$$

On peut également faire usage de papier bilogarithmique *(Schleicher & Schüll*, Düren: numéro: $366^1/_2$) pour représenter *directement* les quantités concrètes de a et de c et les rapports a/b et c/b.

Les deux procédés conduisent pratiquement au même résultat.

§ 5. Diagrammes de sensibilité des réactions analytiques.

1. *Conditions précises pour l'exécution des réactions analytiques.*

Comme nous l'avons déjà esquissé au § 2, nous aurons à considérer pour la plupart des réactions effectuées en solution: 1° une substance A à rechercher par un réactif r_A; 2° un dissolvant B; 3° une substance étrangère C.

La composition du mélange $a + b + c$, *avant l'addition du réactif*, pourra être représentée par un diagramme logarithmique de mélanges répondant aux propriétés décrites aux § 3 et 4. Du moment que la quantité b de dissolvant est fixée, un point du diagramme établit les valeurs absolues de a et de c, leur somme $(a + c)$ et les valeurs relatives de a/b, c/b, et a/c.

Nous attirons tout particulièrement l'attention sur le fait que nous écartons délibérément de nos considérations tout changement de composition du mélange $a + b + c$, par suite de l'addition du réactif.

Comme nous ajouterons toujours le réactif r_A, en quantités égales, à des quantités égales de mélange $a + b + c$, où b sera présent en quantités préponderantes, nous pourrons recueillir des données comparables entre elles, au point de vue analytique, et qui sont fonction des proportions relatives de a, b et c, dans les divers mélanges étudiés.

C'est pourquoi le diagramme logarithmique des mélanges $a + b + c$, *considéré avant l'addition du réactif*, permettra de traduire, sans ambiguïté, les résultats analytiques observables par l'addition d'un réactif, pourvu que toutes les conditions soient exactement décrites.

Afin qu'il en soit ainsi, il est très désirable que le réactif r_A ait, non pas une composition variable, mais une composition soigneusement connue, à la fois qualitativement et quantitativement, tel que c'est le cas pour les réactifs décrits dans les «Deuxième» et «Quatrième» Rapports[16] de la «Commission des Réactions et des Réactifs analytiques nouveaux».

D'autre part le mode opératoire devra être décrit avec soin. L'ensemble des opérations à effectuer constitue la *technique de la recherche*[17].

Diverses techniques étant possibles pour la recherche d'une même substance A par un même réactif r_A, nous les désignerons, pour les distinguer, par les symboles t_1, t_2, t_3, etc. suivant qu'il s'agit p. ex. d'opérations à la touche, sur papier, en microtube, en tube à essais, en microcreuset ou sous le microscope.

D'autre part une même substance A peut être recherchée par des réactifs distincts les uns des autres. Nous les désignerons par r_{A1}, r_{A2}, r_{A3}, etc.

Faisons observer pour plus de clarté que le mot *réactif* s'applique aux compositions r_{A1}, r_{A2}, etc. *avant* leur addition aux mélanges $a + b + c$.

Ajoutés à une masse connue de ces mélanges, il pourra se produire un *réaction* qui, si elle perceptible sans équivoque, sera appelée positive.

Une réaction peut répondre à des mécanismes ou à des types très variés: précipitation, coloration, adsorption, catalyse, etc.

Elle pourra être influencée par de nombreux facteurs: température, substances étrangères, p_H, etc. Les conditions optima, établies par une étude expérimentale préalable, font l'objet de la description soignée du mode opératoire.

Cette étude expérimentale préalable, ayant conduit à fixer les meilleures conditions pour l'exécution de chaque réaction, a été effectuée e. a. par les membres de la «Commission des Réactions et des Réactifs analytiques nouveaux».

C'est ainsi qu'à chaque réaction, dans les conditions décrites avec soin dans les 2° et 4e Rapports[16], correspond une *«limite de dilution»* chiffrée, qui en exprime la sensibilité.

Le but du diagramme de sensibilité est de précisément de rassembler, dans un même diagramme logarithmique, tout les mélanges $a + b + c$ pour lesquels la réaction, effectuée dans les conditions exactes fixées par le mode opératoire, est positive sans équivoque.

2° *Equivalence des notions de teneur, pourcentage et concentration pour des solutions très diluées.*

Pour la plupart des réactions analytiques des 2e et 4e Rapport[16], il est possible d'identifier une partie de substance à rechercher dans dix mille à un million de parties du dissolvant.

On dit que la *«limite de dilution»* en est généralement de l'ordre de 10^{-4} à 10^{-6}.

Pour des solutions aussi diluées, le rapport $a/(a \pm b)$, correspondant à la teneur ou, multiplié par 100, au pourcentage, de A dans le mélange $A + B$, tendra de plus en plus vers le rapport a/b, au fur et à mesure que a sera plus petit vis-à-vis de b.

Si, de plus, le dissolvant est l'eau, l'unité de masse et l'unité de volume pourront se substituer l'une à l'autre, puisque 1 g = 1 ml.

Dans ces conditions les rapport $a/(a + b)$, et a/b représentent aussi bien un rapport de masses, qu'une quantité de substance a dans l'unité de volume de dissolution $(a + b)$, c'est-à-dire une concentration.

Comme nous l'avons déjà exposé en détail dans la conférence faite en 1945 à la Société chimique de France[11], la «concentration» des solutions très diluées peut toujours s'exprimer par un rapport de la forme a/b, pris soit par lui-même, ou multiplié par une constante, pour exprimer des notions telles que: teneur, pourcentage ou concentration, qui se confondent pour des solutions très diluées, même s'il s'agit d'autres dissolvants que l'eau.

Si, de plus, au lieu de mesurer a en grammes, nous l'exprimons en molécules-grammes, et que nous exprimons b soit en kilogrammes, soit en litres, dans le cas de l'eau comme dissolvant, les rapports $a/(a + b)$ exprimeront la molarité en poids, soit la molarité en volume (respectivement la «molality» ou la «molarity» des anglo-saxons).

Pour des solutions aqueuses diluées le rapport a/b exprimera ainsi la concentration en molécules-grammes au litre, notion familière aux chimistes.

S'il s'agissait d'une solution très diluée d'un acide fort on pourrait exprimer la concentration des ions d'hydrogène par le nombre a d'ions-grammes au litre (b = 1 litre); de sorte que l'on aurait $p_H = - \log a/b$.

3° Diagramme de sensibilité: pA, pB. Représentation graphique de la limite de perceptibilité, de la limite de concentration et de la limite de dilution d'une réaction analytique.

En utilisant un diagramme de mélanges (pA, pB) il est possible de représenter par une droite parallèle à la première bissectrice des rapports a/b = constante. Dans la fig. 4, la droite $pA - pB = 4$ correspond à un rapport constant $a/b = 10^{-4}$ et est choisie pour représenter la limite de deux aires: l'une, située au dessous de cette droite et correspondant à la région des réactions positives de la réaction analytique et l'autre, située au dessus de cette droite et correspondant à la région où la même réaction n'est plus perceptible.

Nous désignerons cette droite dans la fig. 4 par le symbole $\left(\dfrac{a}{b}\right)_{\text{lim}} = 10^{-4}$ et en général par le symbole: $\left(\dfrac{a}{b}\right)_{\text{lim}}$.

Si nous appliquons l'expression (17) à la droite envisagée, nous pouvons écrire:

$$pA_{\lim} = -\log\left(\frac{a}{b}\right)_{\lim} = -\log\frac{a_{\lim}}{1}\,. \tag{19}$$

Lorque $b = 1$ et $pB = 0$, nous pouvons lire ainsi, sur l'axe pA, à la fois la quantité concrète $a_{\lim}$, déduite de $pA = -\log a_{\lim}$, ainsi que le rapport $\left(\frac{a}{b}\right)_{\lim}$, déduit de la même quantité $pA - = \log\left(\frac{a}{b}\right)_{\lim}$.

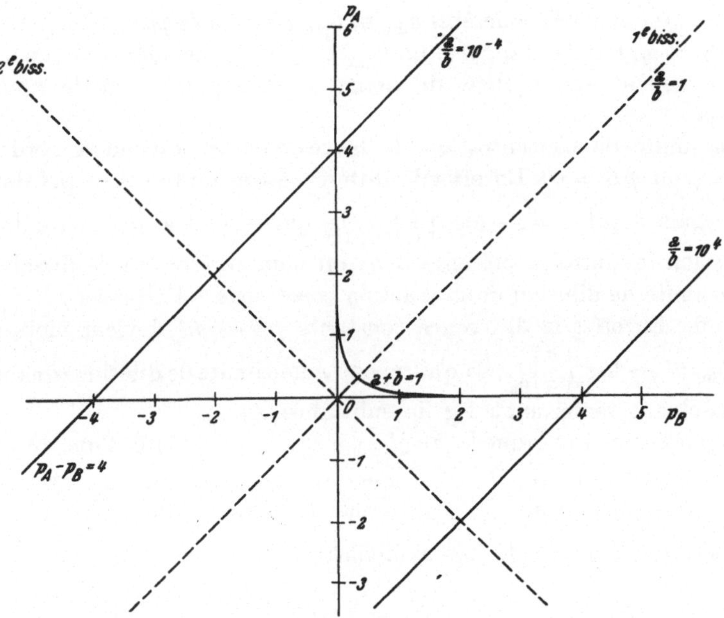

Fig. 4. Limites de perceptibilité; limite de concentration et limite de dilution.

Si $b = 1$ gramme et que pA a une valeur positive, $a_{\lim}$ exprimera la plus petite quantité de substance A, mesurée en fraction du gramme, qui sera perceptible dans 1 gramme (ou dans 1 ml, dans le cas de l'eau) de dissolvant B. Cette quantité concrète $a_{\lim}$, mesurée en γ, constitue, la limite de perceptibilité (Erfassungsgrenze) d'après *Feigl*[3], pour le cas où le volume de solution employée vaut 1 ml.

L'expression (16), appliquée à la même droite, pourra être mise sous la forme:

$$pB_{\lim} = -\log\left(\frac{a}{b}\right)_{\lim} = -\log\frac{b_{\lim}}{1}\,. \tag{20}$$

Losque $a = 1$ et $pA = 0$, le même nombre exprimant $pB_{\lim}$ nous fournira aussi bien la quantité concrète $b_{\lim}$ que la rapport $\left(\frac{a}{b}\right)_{\lim}$.

Lorsque $a = 1$ gramme et que pB a une valeur négative, la quantité concrète b_{lim} exprimera la masse du dissolvant B, mesurée en grammes (ou pour l'eau, en ml) dans laquelle la réaction analytique considérée permet encore de percevoir, sans le moindre doute, 1 gramme de la substance A.

Nous pouvons dire que la droite répondant à la différence constante $pA - pB$ ou $pB - pA$ $\left(\text{ou au rapport constant } \dfrac{a}{b} \text{ ou } \dfrac{b}{a}\right)$, située à la limite des aires où à la réaction est soit positive, soit négative, exprime à la fois les quantités concrètes a_{lim} et b_{lim} *(limites de perceptibilité* dans le sens de *Feigl)* et les rapports $(a/b)_{\text{lim}}$ et $(b/a)_{\text{lim}}$, ces derniers répondant respectivement aux notions de *limite de concentration* ou de *limite de dilution.*

La limite de concentration de la réaction correspond à l'ordonnée pA_{lim}, pour $pB = 0$. En effet la différence constante $pA - pB$ devient alors égale à $pA_{\text{lim}} = - \log \left(\dfrac{a}{b}\right)_{\text{lim}}$, ce qui répond à une limite de concentration (quantité a présente dans un nombre b de ml de dissolvant).

La limite de dilution de la réaction correspond à l'abscisse pB_{lim} pour $pA = 0$. En effet la différence constante $pB - pA$ devient alors égale à $pB_{\text{lim}} = - \log \left(\dfrac{b}{a}\right)_{\text{lim}}$, ce qui répond à une limite de dilution (quantité b de dissolvant renfermant 1 g de substance A).

L'expression par laquelle *Feigl* exprime la sensibilité d'une réaction:

$$\frac{\text{g de substance}}{\text{ml de dissolvant}} = 1 : \frac{\text{volume de dissolvant (en ml)} \cdot 10^6}{\text{limite de perceptibilité (en } \gamma)} \tag{21}$$

peut s'écrire, à l'aide de nos symboles:

$$\frac{a_{\text{lim}}}{1} = 1 : \frac{b_{\text{lim}}}{1} \tag{22}$$

et exprime que la limite de concentration (pA_{lim} pour $pB = 0$) a pour valeur inverse la limite de dilution (pB_{lim} pour $pA = 0$), soit

$$a_{\text{lim}} = \frac{1}{b_{\text{lim}}}. \tag{23}$$

A l'aide des relations (19) et (20) on peut voir également qu'il en est ainsi puisque:

$$pA_{\text{lim}} = - \log \left(\frac{a}{b}\right)_{\text{lim}} \text{ et } pB_{\text{lim}} = - \log \left(\frac{b}{a}\right)_{\text{lim}}.$$

Tout point d'une droite limitant les aires positives et négatives d'une réaction analytique et répondant à l'expression $pA - pB = \text{constante}$, permet donc la lecture:

1° des limites de perceptibilité: a_{lim} et b_{lim} (à partir des coordonnées du point: pA_{lim} et pB_{lim}).

2° de la limite de concentration: $\left(\dfrac{a}{b}\right)_{\text{lim}}$ (donnée par le point pA_{lim} pour $pB = 0$).

3° de la limite de dilution: $\left(\dfrac{b}{a}\right)_{\text{lim}}$ donnée par le point pB_{lim} pour $pA = 0$).

Cette droite traduit toutes les limites de perceptibilité *virtuellement* possibles de la réaction. Au volume b, réellement utilisé dans l'essai, répond la limite de perceptibilité *effective* de la réaction.

Somme toute il suffit, pour indiquer l'emplacement de cette droite de connaître la valeur du rapport $\left(\dfrac{a}{b}\right)_{\text{lim}}$. C'est ce que font *Wenger* et *Duckert*[17] lorsqu'ils parlent de «limite de dilution»; c'est également ce que fait *Malissa*[18] lorsqu'il désigne la sensibilité par un seul nombre positif, répondant à la quantité pA_{lim} pour $pB = 0$.

Le diagramme des mélanges: pA, pB, traversé, tel que l'exprime la fig. 4, par une droite aux propriétés relatées ci-dessus, forme ce que nous pouvons appeler le *diagramme de sensibilité*: pA, pB, d'une réaction analytique déterminée.

Un seul nombre (p. ex. pA_{lim} pour $pB = 0$) suffit pour situer, dans le diagramme, l'emplacement de cette droite, fixant la sensibilité de la réaction, et pouvant être désignée sous le nom de *droite des limites de perceptibilité de la réaction*.

§ 6. Influence d'une substance étrangère sur la sensibilité d'une réaction: Diagramme de sensibilité: *pA, pC (pB = 0)*.

1° Allure générale des diagrammes de sensibilité: pA, pC.

Lorsque l'on considère l'action d'une substance étrangère C sur l'allure générale d'une réaction analytique destinée à la recherche d'une substance A, répartie uniformément dans un dissolvant B, on peut se servir d'un diagramme logarithmique des mélanges des 3 constituants $A + B + C$, pour exprimer graphiquement cette influence.

Nous avons déjà fait observer, au paragraphe 5, sous le tertio, que dans un tel diagramme l'axe pA, situé à l'infini en l'absence de substance étrangère, se rapproche de l'origine du diagramme des mélanges lorsque la quantité C va en croissant, et qu'elle atteint celle-ci lorsque c est devenu égal à b.

Lorsque c prend des valeurs supérieures à b, pC devient négatif et l'axe pA dépasse l'origine vers la gauche.

Toutefois, pour des solutions aqueuses et autres, il n'est généralement pas possible de dissoudre, dans une quantité donnée ($b = 1$) de dissolvant, des quantités indéfiniment croissantes de substance étrangère.

A un moment donné la solution de C dans B sera saturée et ce cas se produira le plus souvent avant que pC ne soit devenu égal à zéro.

Les cas seront rares (quelques acides, bases ou substances organiques très miscibles ou miscibles en toutes proportions) où l'on aura affaire à des valeurs négatives de pC.

C'est pourquoi le diagramme des mélanges qui nous intéresse en chimie analytique sera limité le plus souvent aux valeurs positives de pA et de pC et à la surface comprise entre ces coordonnées positives.

Il sera possible d'y marquer graphiquement la limite entre les mélanges $A + B + C$, pour lesquelles la réaction est positive et celle pour laquelle la réaction est devenue négative.

Cette limite sera une droite, partant de l'infini et parallèle à l'axe pC, tant que c est négligeable. Lorsque c se rapproche de b, la droite pourra aller en s'incurvant pour s'arrêter au point où c aura atteint cette valeur maxima, correspondant à la solubilité de C dans B, dans les conditions expérimentales envisagées.

Au dessous de cette limite nous aurons l'aire des reactions positives et, au dessus, l'aire des réactions négatives.

Trois cas pourront se présenter:

1° la limite des deux aires, *reste horizontale* sur tout son parcours.

La réaction ne subit aucune influence de la part de la substance C (réaction fidèle).

2° la limite *s'incurve vers le bas*: la sensibilité de la réaction diminue sous l'influence de la substance C.

La réaction subit ainsi une *perturbation*, dont le diagramme traduit l'importance.

3° la limite *se relève*: la sensibilité de la réaction augmente (exaltation).

Le premier cas, lorsqu'il s'est présenté pour une réaction, est important à connaître. En effet, s'il en est ainsi, toutes les considérations du paragraphe 5 s'y appliquent directement; la réaction n'étant pas influencée par la substance étrangère.

Le deuxième cas est celui que l'on rencontre le plus fréquemment.

De nombreux exemples en sont connus. Qu'il me suffise de citer ici les diagrammes de sensibilité qui ont été publiés dans les «Analytica Chimica Acta»[24] relatifs à la réaction de l'antimoine trivalent et de la méthylfluorone en présence de divers ions perturbateurs, e. a. Sn (II), Ir (III), Pt (IV), Se (IV) et Te (IV).

Le troisième cas est plutôt rare dans la pratique analytique; toutefois on en connaît divers exemples.

2° *Les diagrammes de sensibilité et le rapport-limite d'après Schoorl.*

Nous avons vu (§ 4,1°) que les lieux géométriques des points pour lesquels le rapport a/c a une valeur constante, sont situés sur des droites parallèles à la première bissectrice (fig. 2).

Le rapport lui-même a/c résulte, comme nous l'avons vu, de la relation (8):

$$pA - pC = -\log \frac{a}{b}. \tag{8}$$

D'autre part la distance entre la droite parallèle et la première bissectrice, donne directement la valeur $pA - pC$, si on se réfère au diagramme des mélanges (et à la figure 2).

Si nous passons aux diagrammes de sensibilité répondant au deuxième cas, la limite entre les aires des réactions positives et négatives, donnée d'abord par une droite horizontale de valeur pA constante, commence à s'incurver vers le bas, pour une valeur déterminée de pC. C'est à cet endroit que la sensibilité de la réaction commence à être affectée par la substance étrangère.

Le rapport a/c (ou pour préciser davantage $a_{\lim}/c$) entre la limite de perceptibilité $a_{\lim}$ et la quantité c de substance étrangère, répond au *rapport-limite* (Grenzverhältnis) de *Schoorl*[12].

Il peut être déduit immédiatement du diagramme de sensibilité et est donné par les valeurs pA et pC du point pour lequel l'incurvation de la limite de sensibilité commence à se produire.

Grâce au diagramme de sensibilité, il est possible non seulement de voir directement à partir de quelle valeur de pC la limite de sensibilité commence à s'abaisser, mais encore de connaître la valeur du rapport $a_{\lim}/c$ pour lequel la perturbation commence à se faire valoir.

C'est cette première valeur du rapport $a_{\lim}/c$ qui correspond, à notre avis, à la valeur que *Schoorl* a désignée sous le nom de: ,,Grenzverhältnis'

Nous avons repris une réaction décrite par *Schoorl*, à savoir la réaction au fluosilicate d'ammonium du $Ba(NO_3)_2$ en présence de $Sr(NO_3)_2$ ou de $Ca(NO_3)_2$. Il écrit ,,obgleich bei einem Verhältnis 1 : 1 die Kristallisation leichter wahrnehmbar ist, als es bei den Azetaten der Fall ist, bleibt doch schon bei einem Verhältnis von 1 : 5 von Barium neben Strontium und Calcium auch bei Nitraten die Kristallisation von Baryumfluorsilikat zurück''.

Le diagramme de sensibilité de la réaction du nitrate de baryum en présence de nitrate de strontium a été établi par deux étudiants en pharmacie (*Th. Verbeek* et *G. Meeus*) et conduit aux données suivantes:

Limite de Concentration de Ba a/b	Exposant pA $pA = -\log a/b$	Concentration de Sr c/b	Exposant pC $pC = -\log c/b$	Rapport c/a
$10^{-3,85}$	3,85	0		
$10^{-3,60}$	3,60	$10^{-3,60}$	3,60	1 : 1
$10^{-3,57}$	3,57	$10^{-3,27}$	3,27	1 : 3
$10^{-3,54}$	3,54	$10^{-2,94}$	2,94	1 : 5
$10^{-3,0}$	3,0	$10^{-2,0}$	2,0	1 : 10
$10^{-2,70}$	2,7	$10^{-1,1}$	1,1	1 : 50

Il est aisé de construire le diagramme de sensibilité à l'aide de ces données. La limite qui sépare l'aire des réactions positives de celle des réactions négatives, s'abaisse lentement pour des valeurs des rapports a/c 1 : 1; 1 : 3; 1 : 5.

La cristallisation de fluosilicate de baryum *se produit encore* pour des rapports 1 : 10 et même 1 : 50, à condition de *faire croître simultanément la concentration en nitrate de baryum.*

D'après le texte de *Schoorl*, cité plus haut, la cristallisation du fluosilicate de baryum s'arrêterait au rapport $a/c = {}^1\!/_5$. Cela ne s'explique que si l'on part d'une solution de nitrate de baryum, de concentration voisine de la concentration limite, à laquelle on ajoute des quantités croissantes de nitrate de strontium. En opérant de cette manière on se déplace, dans le diagramme de sensibilité, le long d'une droite parallèle à pC, coupant la limite de concentration au voisinage du rapport $a_{\text{lim}}/c = 1 : 5$.

Comme nous opérons différemment pour établir le diagramme de sensibilité, notamment en diluant, jusqu'à la limite de perceptibilité des solutions de rapports a/c connus, nous nous déplaçons, dans le diagramme de sensibilité, le long de droites parallèles à la première bissectrice. De cette manière nous sommes également en état d'étudier les rapports 1 : 10 et même 1 : 50, dans le cas de la réaction qui nous intéresse ici.

Grâce aux diagrammes de sensibilité: pA, pC nous sommes renseignés d'une façon complète, sur toutes les variations de sensibilité qui résultent de la présence, dans le mélange $A + B + C$, de la substance étrangère C, dans les rapports a/c les plus divers, pouvant aller jusqu'à la valeur de c, correspondant à une solution saturée de B par rapport à C.

Parmi les rapports a_{lim}/c méritant le plus l'attention du chimiste analyste, il en est au moins deux:

1° le rapport-limite *(à sensibilité constante)*, se confondant avec le rapport-limite d'après *Schoorl*.

2° le rapport-limite *(en solution saturée)* pouvant être utile pour l'examen de pureté de la substance C, dans laquelle il s'agit de rechercher une impureté designée par A.

Nous avons déjà fait remarquer, dans une publication antérieure[11], qu'il n'y a donc pas un seul rapport-limite, mais que, suivant les cas, d'autres rapports a_{lim}/c peuvent avoir leur importance.

3° *Mode opératoire pour la préparation des dilutions en vue d'établir un diagramme de sensibilité.*

Afin de préparer des solutions aqueuses devant contenir des quantités exactement connues de a, b et c, nous préconisons le mode opératoire suivant.

Nous disposons de solutions renfermant les cations et les anions les plus courants du systeme périodique des élements et qui répondent aux « Stock-solutions » et « Test-solutions » de l'excellent traité de chimie analytique qualitative de *A. A. Noyes* et *W. C. Bray*[20]. Les premières (solutions-S) ont une concentration de 100 mg au ml de l'ion considéré (soit $a/b = 10^{-1}$); les secondes (solution-T) sont préparées par dilution des premières dans le rapport de 1 à 10 et ont une concentration $a/b = 10^{-2}$ de l'ion considéré. Toutes les solutions seront préparées avec des réactifs pro analysi et de l'eau bidistillée.

On commence en général les essais à l'aide de la solution T_A de la substance à rechercher, que l'on additionne, comme il sera indiqué ci-dessous, de la solution T_C renfermant la substance étrangère C.

La solution T_C se trouve dans une burette contrôlée; une seconde burette contrôlée délivre l'eau nécessaire à la dilution. Quelques pipettes de 1 ml sont également requises, ou bien une seule pipette de 1 ml rincée avec soin à chaque reprise, d'abord à l'eau puis à l'aide de la solution à prélever.

Le schéma des mélanges est le suivant:

Pipette burette	Solution	Pipette burette	Solution	Rapport de dilution
1 ml T_A + 9 ml T_C	k	1 ml k + 9 ml H_2O	k_1	1 : 10
		1 ml k_1 + 9 ml H_2O	k_2	1 : 10
		1 ml k_2 + 9 ml H_2O	k_3	1 : 10
		1 ml k_3 + 7 ml H_2O		1 : 8
		1 ml k_3 + 5 ml H_2O		1 : 6
		1 ml k_3 + 3 ml H_2O		1 : 4
		1 ml k_3 + 2 ml H_2O		1 : 3
		1 ml k_3 + 1 ml H_2O		1 : 2
		1 ml k_3 + 0,5 ml H_2O		1 : 1,5
1 ml k + 9 ml T_C	l	1 ml l + 9 ml H_2O	l_1	
		1 ml l_1 + 9 ml H_2O	l_2	
		etc. (comme ci-dessus)		
1 ml l + 9 ml T_C	m	1 ml m + 9 ml H_2O	m_1	
		1 ml m_1 + 9 ml H_2O	m_2	
		etc. (comme ci-dessus)		

Les concentrations respectives $\dfrac{a}{b}$ et $\dfrac{c}{b}$ et les rapports $\dfrac{a}{c}$ de ces divers mélanges sont données par le tableau suivant:

Désignation	a/b	pA	c/b	pC	a/c	$pA - pC$
k	10^{-3}	3	$0,9 \cdot 10^{-2}$	2,046	1/9	0,954
l	10^{-4}	4	$0,99 \cdot 10^{-2}$	2,004	1/99	1,996
m	10^{-5}	5	$0,999 \cdot 10^{-2}$	2,000	1/999	3,000

La dilution à l'aide de la solution T_C correspond à un déplacement dans le diagramme des mélanges, parallèlement à l'ordonnée, le long d'une droite passant par l'abscisse $pC = 2$.

La dilution à l'aide de l'eau correspond à un déplacement le long d'une droite parallèle à la première bissectrice.

Les dilutions dans les deux sens se poursuivent jusqu'à ce que la réaction soit devenue négative. Dans ce cas la limite de dilution est dépassée et il y a lieu de revenir en arrière et d'effectuer non plus des dilutions dans le rapport de 1 à 10, mais dans des rapports moindres p. ex. 1 à 8, 1 à 6, 1 à 4, 1 à 3, 1 à 2, et 1 à 1,5; on note finalement la composition de la solution pour laquelle la réaction est encore perceptible sans équivoque.

Avec l'eau comme diluant, la dilution des constituants A et C s'effectue dans les mêmes proportions (colonne a/b du tableau suivant).

Avec la solution T_C comme diluant, les valeurs de pA sont les mêmes que par dilution à l'eau, mais les valeurs de pC ne diffèrent que légèrement les unes des autres, comme le montre le tableau suivant:

1 ml de k	a/b	pA	c/b	pC	a/c	$pA-pC$
$+ 0,5$ ml de T_C	$\frac{1}{1,5} \cdot 10^{-3}$	3,176	$\frac{1,4}{1,5} \cdot 10^{-2}$	2,030	$\frac{1}{14}$	1,146
$+ 1$ » » »	$\frac{1}{2} \cdot 10^{-3}$	3,301	$\frac{1,9}{2} \cdot 10^{-2}$	2,022	$\frac{1}{19}$	1,279
$+ 2$ » » »	$\frac{1}{3} \cdot 10^{-3}$	3,477	$\frac{2,9}{3} \cdot 10^{-2}$	2,015	$\frac{1}{29}$	1,462
$+ 3$ » » »	$\frac{1}{4} \cdot 10^{-3}$	3,602	$\frac{3,9}{4} \cdot 10^{-2}$	2,011	$\frac{1}{39}$	1,591
$+ 4$ » » »	$\frac{1}{5} \cdot 10^{-3}$	3,699	$\frac{4,9}{5} \cdot 10^{-2}$	2,009	$\frac{1}{49}$	1,690
$+ 5$ » » »	$\frac{1}{6} \cdot 10^{-3}$	3,778	$\frac{5,9}{6} \cdot 10^{-2}$	2,007	$\frac{1}{59}$	1,771
$+ 6$ » » »	$\frac{1}{7} \cdot 10^{-3}$	3,845	$\frac{6,9}{7} \cdot 10^{-2}$	2,006	$\frac{1}{69}$	1,839
$+ 7$ » » »	$\frac{1}{8} \cdot 10^{-3}$	3,903	$\frac{7,9}{8} \cdot 10^{-2}$	2,005	$\frac{1}{79}$	1,898
$+ 8$ » » »	$\frac{1}{9} \cdot 10^{-3}$	3,954	$\frac{8,9}{9} \cdot 10^{-2}$	2,005	$\frac{1}{89}$	1,949
$+ 9$ » » »	$\frac{1}{10} \cdot 10^{-3}$	4,000	$\frac{9,9}{10} \cdot 10^{-2}$	2,004	$\frac{1}{99}$	1,996

Si l'on veut réaliser des mélanges dix fois plus concentrés en substance étrangère, on opérera comme ci-dessus mais en remplaçant cette fois la solution T par la solution S.

Enfin on pourra opérer de même avec une solution saturée en substance étrangère, si on désire établir la limite de dilution d'une substance A dans une solution saturée de substance étrangère, en se déplaçant le long d'une droite parallèle à l'ordonnée.

4° *Exemples d'application des diagrammes de sensibilité dans les essais de pureté de substances commerciales. Emploi de solutions-limite de comparaison.*

Premier exemple: Recherche des ions de chlore dans le sulfate de sodium officinal.

L'exercice a pour but d'estimer la qualité du produit et de constater s'il répond aux exigences de la pharmacopée.

La première question qui se pose est celle de savoir si le réaction qui sera utilisée pour la recherche des ions de chlore est affectée oui ou non par la présence du sulfate de sodium.

C'est pourquoi on établit d'abord, et une fois pour toutes, l'allure générale du *diagramme de sensibilité de la réaction envisagée*.

Les composants sont: A, l'ion de chlore; B, l'eau comme dissolvant; C, le sulfate de sodium pro analysi.

Le réactif r_A est la solution 0,1 normale de nitrate d'argent.

La technique employée: tube à essai ordinaire; 5 ml de solution + 3 gouttes de HNO_3 (4 N) + 3 gouttes de $AgNO_3$ (0,1 N).

Le diagramme de sensibilité, établi d'après le mode opératoire décrit précédemment, livre une droite pratiquement horizontale séparant les aires des réactions positives et négatives et passant par $pA = 6$ environ („Limite de dilution" $= 10^{-6}$; $pA - pB = 6$).

Cette limite reste pratiquemment inchangée, même en présence de Na_2SO_4, à des concentrations allant jusqu'à la saturation.

Essai de pureté du sulfate de sodium officinal:

La pharmacopée néerlandaise tolère l'opalescence, sous l'action du nitrate d'argent, d'une solution de sulfate de sodium (1 : 10), soit de $pC = 1,7$.

Cette opalescence pourra être comparée et amenée à égalité à celle que l'on obtient par dilution, en proportions connues, d'une solution limite de teneur connue en ion de chlore (p. ex. 5 mg au litre; $pA = 5,3$).

La pharmacopée néerlandaise tolère 250 mg d'ions de chlore au kilogramme de Na_2SO_4, ce qui correspond au rapport $a/c = 2,5 \cdot 10^{-4}$, donné par la différence ($pA - pC = 5,3 - 1,7 = 3,6$), entre pA l'ordonnée de la solution-limite et pC l'abscisse de la solution de sulfate de sodium employée.

La différence $pA - pC = - \log a/c$ trouvée pour un échantillon de sulfate de sodium déterminé, fournira le rapport a/c pour ce produit et permettra de chiffrer son dégré de pureté vis-à-vis des ions de chlore.

Deuxième exemple: Recherche des ions de calcium dans le chlorure de sodium commercial.

Diagramme de sensibilité: Les composants sont: A = ion de Ca; B = H_2O; C = NaCl.

Les réactifs: r_{A1} = oxalate d'ammonium, $^1/_2$ N.

r_{A2} = carbonate de sodium, 2 N.

Les techniques: tube à essai ordinaire; 5 ml + 3 gouttes de réactif.

Pour l'oxalate, apprécier le réaction après 2 minutes. Pour le carbonate, faire bouillir et examiner à froid.

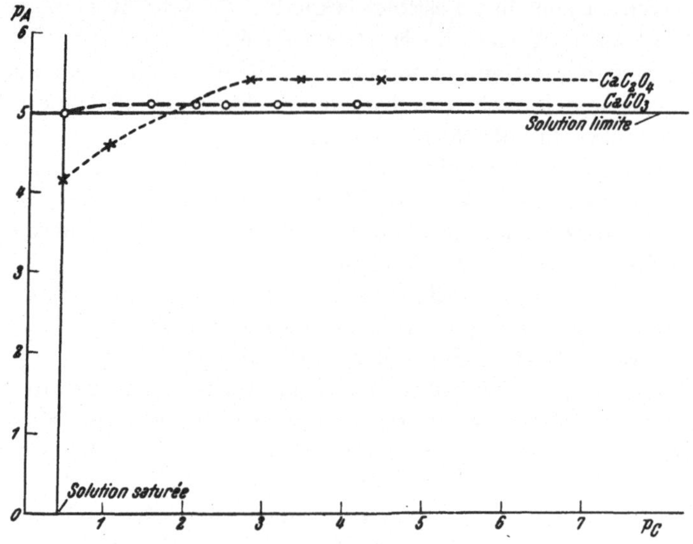

Fig. 5. Diagramme de sensibilité pour les ions Ca·· dans NaCl.

Le diagramme de sensibilité, établi comme précédemment, montre que, en solution diluée de NaCl dans l'eau (p. ex. à la concentration $1:1000$; $pC = 3$), la réaction du Ca^{2+} à l'oxalate est la plus sensible (certainement après 2 heures ou après 24 heures). Le facteur temps intervient ici, car il faut que la cristallisation de l'oxalate de calcium puisse être complète.

La formation de calcite produite à l'ébullition, par le carbonate de sodium et les ions de calcium, est une réaction du Ca^{2+}, moins sensible que la précédente, et moins spécifique.

Toutefois en solution plus concentrée de NaCl (p. ex. $1:10$) les rôles sont changés: la réaction du Ca^{2+} au carbonate, non affectée par le NaCl, est devenue la plus sensible, par suite du fait que la solubilité de l'oxalate de calcium a considérablement augmenté sous l'action de NaCl.

Une solution-limite de comparaison, renfermant 10 mg de Ca au litre ($pA = 5$), et 100 g de NaCl au litre ($pC = 1$), ne précipite plus par l'oxalate, tandis que la réaction avec le carbonate est encore positive.

Dans le cas actuel, le diagramme de sensibilité (fig. 5) fait ressortir la supériorité, déjà signalée par *N. Schoorl*[21], d'une réaction (celle au carbonate) qui, en l'absence de chlorure de sodium, aurait été moins sensible vis-à-vis des ions de calcium.

Estimation de la teneur en Ca du chlorure de sodium:

Le chlorure de sodium industriel, à 99%, renferme environ 80 millionièmes de CaO et 60 millionièmes de MgO. Le chlorure de sodium pro analysi, à 99,9%, ne renferme plus que 20 millionièmes de CaO et de MgO réunis. Son prix est environ 40 fois plus élevé que le produit technique.

L'examen du degré de pureté d'un échantillon de chlorure de sodium commercial pourra se faire à l'aide de la réaction au carbonate dans une solution de NaCl (1 : 10), par comparaison avec la solution-limite de calcium, décrite plus haut. De même que, dans l'exemple précédent, la teneur en calcium découlera de la valeur du rapport a/c et servira de guide dans l'appréciation de la valeur commerciale du produit.

Essais en vue de contrôler la pureté du chlorure de sodium commercial:

L'examen plus complet de la pureté de NaCl, requiert évidemment une étude plus approfondie que celle que nous venons de citer ici, mais peut faire l'objet d'une étude analogue à celle que nous avons décrite.

D'autres réactifs et d'autres techniques auraient pu être étudiées de la même manière, d'abord pour la recherche et le dosage semi-quantitatif de l'ion de calcium dans le chlorure de sodium commercial et ensuite pour la recherche des autres impuretés.

A l'aide d'un groupe d'étudiants il est possible de résoudre ce problème en établissant expérimentalement les diagrammes de sensibilité pour la recherche des impuretés dans le chlorure de sodium commercial, officinal ou pro analysi.

Les diagrammes pourront être établis:

1° pour la recherche d'un même ion, à l'aide du même réactif, mais suivant diverses techniques.

2° pour la recherche d'un même ion, à l'aide de divers réactifs, comme dans l'exemple venant d'être traité.

3° pour la recherche des autres impuretés possibles, à l'aide de n réactifs différents et éventuellement suivant diverses techniques.

De ce travail de groupe résulterait finalement la sélection des réactifs et des techniques les plus adéquates pour l'identification, l'estimation ou l'exclusion jusqu'à une certaine limite des impuretés le plus fréquemment rencontrées dans le chlorure de sodium.

Les réactions destinées aux essais de pureté devront être en général des réactions peu affecteés par la présence de substances étrangères, d'autre part très sensibles, sélectives et pas nécessairement spécifiques, étant destinées à exclure des groupes d'impuretés, sans vouloir nécessairement les identifier d'une façon spécifique.

Quant aux réactions d'identification des substances commerciales ou pharmaceutiques, elles devront être spécifiques et pourront être moins sensibles, étant donné qu'on dispose généralement de quantités suffisantes de la substance à identifier.

5° *Dosage semi-quantitatif d'une substance A à l'aide de un ou de plusieurs réactifs r_{A1}, r_{A2}, r_{A3} de limite de perceptibilité connue.*

G. Gutzeit a déjà attiré l'attention[18], en 1940, sur la possibilité d'utiliser la limite de perceptibilité ($pA_{\lim}$ pour $pB = 0$) pour déterminer très rapidemment, la teneur approchée d'un échantillon ou d'une solution.

L'exemple caractéristique qu'il décrit est celui de la détermination de l'ordre de grandeur des teneurs de l'or dans les minerais par l'utilisation d'une réaction sur papier réactif à l'acétate de benzidine, dont il a établi exactement la limite de perceptibilité.

Suivant une technique déterminée, désignée par t_1, la réaction permet la recherche de 4 microgrammes d'or dans 1 ml de solution, ce qui correspond à une limite de dilution de 1 : 250.000.

En attaquant 50 g de minerai, pendant une nuit par l'eau de brôme, en chassant ensuite l'halogène par évaporation à sec, en reprenant le résidu par quelques gouttes d'acide sulfurique et en évaporant jusqu'à fumées blanches, puis par lavage quantitatif à l'eau bouillante dans un petit ballon jaugé de 10 ml, on obtient une solution que l'on dilue avec de l'eau, dans des proportions connues, de façon à se trouver dans la région de perceptibilité limite.

On effectue la réaction à la touche sur papier à l'acétate de benzidine et on poursuit la dilution jusqu'à ce que la coloration bleue cesse d'être visible.

Pour le calcul de la teneur *Gutzeit* cite l'exemple suivant: 5 ml de la solution primitive (correspondant ainsi à 25 g de minerai) ont dû être dilués à un volume total de 38 ml, pour que la réaction cesse d'être positive. En admettant que la concentration de l'or dans cette solution soit précisément celle qui correspond à la limite de concentration (1 : 250.000) de la réaction, on aura l'égalité des concentrations:

$$\frac{x}{38} = \frac{1}{250.000}, \text{ soit } x = 0,000152 \text{ g d'or.}$$

Cette quantité étant contenue dans 25 g de minerai, la teneur en or de celui-ci répond à 6,08 g à la tonne.

Un autre procédé élégant, proposé dans le même article par *G. Gutzeit*, consiste à faire usage successivement d'une série de 9 réactifs r_{A1}, r_{A2}, r_{A3} etc. de limite de perceptibilité décroissante.

Il cite notamment, pour l'or, les réactifs suivants et leur limite de perceptibilité en microgrammes, pour une technique en godet de porcelaine, sur 1 ml de solution.

Numéro d'ordre	Réactifs	Limite de perceptibilité (en γ)	Coloration
1.	Sulfure d'ammonium	3000	jaune foncé
2.	Acide hypophosphoreux	1200	bleuâtre
3.	Hydrogène sulfuré	120	jaunâtre
4.	Aldéhyde formique et potasse caustique	90	violette
5.	Nitrate mercureux	90	grisâtre
6.	Sulfate ferreux	60	bleuâtre
7.	Eau oxygénée et potasse caustique . .	30	rouge + reflets bleus
8.	p-diméthyl-amino-benzylidène- -rhodanine	0,1	violette
9.	Acétate de benzidine	0,02	bleue

En attaquant, comme plus haut, 50 g de minerai et en amenant la liqueur obtenue exactement à 10 ml, il est possible, en effectuant chaque réaction sur 1 ml de solution, d'estimer rapidement la teneur en or de l'échantillon, pour des teneurs comprises entre 150 g et 20 g par tonne, en se basant sur le tableau suivant.

Il en ressort clairement comment les réactions, marquées de 3 à 9 sont à même de fournir, rapidement et de façon simple, des indications approchées sur la teneur en or d'un échantillon.

Teneur du minera 1 (grammes/tonne)	Microgrammes d'or au ml	Réactions observées	
		Positives	Négatives
150	150	r_{A3}	r_{A2}
100	100	r_{A4}	r_{A3}
90	90	r_{A6}	r_{A3}
		r_{A4} (faible)	r_{A3}
80	80	r_{A6}	r_{A4}
70	70	r_{A6} (faible)	
60	60	r_{A7}	
		r_{A6} (très faible)	
50	50	r_{A7}	r_{A6}
40	40	r_{A7} (faible)	
30	30	r_{A7} (très faible)	
20	20	r_{A8} et r_{A9}	r_{A7}

En augmentant la dilution pour des minerais plus riches, ou en augmentant la prise d'essai pour les minerais plus pauvres, le même tableau peut servir à l'estimation rapide de leur teneur.

Nous tenons à faire remarquer que, en principe, cette méthode d'analyse semi-quantitative ne sera parfaite qu'à condition que les substances étrangères, présentes dans la gangue et dissoutes en même temps que l'or, ne modifient pas les valeurs des limites de perceptibilité, établies en leur absence et sur lesquelles sont basés les résultats du calcul.

Plus récemment encore, *P. E. Wenger, D. Monnier* et *Y. Rusconi*[19] ont décrit une méthode simple de dosage semi-quantitatif de l'or dans les bains de cyanures. Le procédé, ne nécessitant pas l'emploi d'une balance, repose sur l'emploi d'une seule réaction d'identification de l'or (réduction à l'aide du chlorure de mercure [I]) et correspond, en principe, au premier exemple décrit par *Gutzeit* et que nous venons de reprendre ci-dessus. La technique des dilutions toutefois, a été rationalisée et l'addition d'un tableau de dilutions facilite le calcul de la teneur de l'or dans ces bains de cyanures.

5° *Application des diagrammes de sensibilité à l'analyse semi-quantitative d'alliages, par un choix de réactions fidèles.*

Nous avons déjà décrit plus haut (§ 5,5°) le principe du dosage semi-quantitatif de minerais d'or et de solutions de cyanure d'or basé sur l'utilisation d'une ou de plusieurs réactions fidèles, de limite de perceptibilité exactement connue.

· A condition que les réactions employées conservent leur fidélité dans les circonstances de leur emploi, il est possible d'obtenir des données semi-quantitatives relatives à la teneur d'une substance à doser, dans un mélange répondant à un type déterminé. Les alliages (p. ex. ceux à base de cuivre, ou les aciers inoxydables, à base de Cr-Ni) ont déjà fait l'objet de recherches[22, 23] ayant prouvé qu'il est possible de les analyser, rapidement, de façon semi-quantitative avec un matériel simple et peu coûteux.

Ces méthodes consistent à soumettre à l'analyse une quantité de substance toujours la même (p. ex. 0,1 g), qui sera diluée, dans des proportions exactement connues, jusqu'à ce que la limite de dilution, de la réaction envisagée, soit atteinte.

Plus l'alliage est riche par rapport à l'élément à doser, plus il faudra diluer la solution, avant que la limite de perceptibilité de la réaction ne soit atteinte.

Si la réaction employée conserve sa fidélité, en présence des substances étrangères à envisager, il y aura une relation simple entre la dilution et la teneur de l'élément à doser. Cette relation peut être exprimée, soit sous forme de tables[22], soit sous forme de graphiques[22, 23].

Cette relation peut être reproduite très nettement à l'aide d'un diagramme de sensibilité (fig. 6), qui illustre, en même temps, de façon claire, le principe de la méthode.

L'alliage à analyser est constitué de la substance A (à doser) et de substances étrangères, réunies sous l'appellation C. Le dissolvant est la substance B. En dissolvant toujours la même quantité (p. ex. 0,1 g) d'alliage, dans une même quantité de dissolvant (p. ex. 1000 ml), on obtiendra une première solution, de composition $a + b + c$ déterminée (b étant connu et $(a + c)$ étant constant). Comme le rapport a/c sera

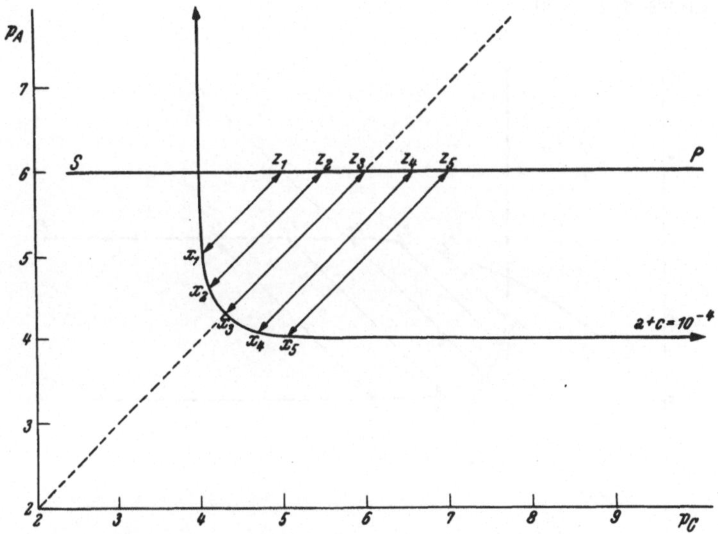

Fig. 6. Principe de l'analyse semi-quantitative par une réaction fidèle.

différent suivant la teneur de l'alliage, *les points figuratifs* de la première solution (0,1 g par litre), seront situés sur le lieu géométriques des points pour lesquels $a + c = 10^{-4} \cdot b$.

La ligne horizontale PS exprime la sensibilité de la réaction et fait ressortir que celle-ci reste fidèle en présence de l'ensemble des substances étrangères éventuellement présentes et désignées globalement par C.

Les solutions x_1, x_2, x_3, x_4, x_5, x_6, etc. des alliages de teneur croissante en substance à doser A, devront être de plus en plus diluées, comme l'indiquent les distances x_1, z_1; x_2, z_2, etc. avant d'atteindre la limite de dilution de la réaction.

Le diagramme de sensibilité exprime clairement la relation entre la teneur ($a/a + c$ ou a/c) et les distances $x\,z$. Cette relation sera établie au préalable pour chaque réaction analytique utilisée au dosage de A, p. ex. la diphénylcarbazide[22] ou l'acide perchromique[23] pour le chrome.

L'étalonnage peut se faire soit à partir de solutions synthétiques (*Wenger* c. s.) soit à partir d'alliages de composition connue (*Claeys-Gillis*).

L'analyse semi-quantitative d'un échantillon du même type mais de composition centésimale inconnue, pourra s'effectuer à l'aide de la figure 6, sachant la proportion suivant laquelle il a fallu diluer la première solution avant d'atteindre la limite de dilution. Cette proportion, exprimée par la distance $x\,z$, permet la lecture sur le diagramme, soit du rapport a/c, d'où se déduit le rapport $\dfrac{a}{c}\Big/\Big(\dfrac{a}{c}+1\Big)$, soit la lecture directe du rapport $a/(a+c)$.

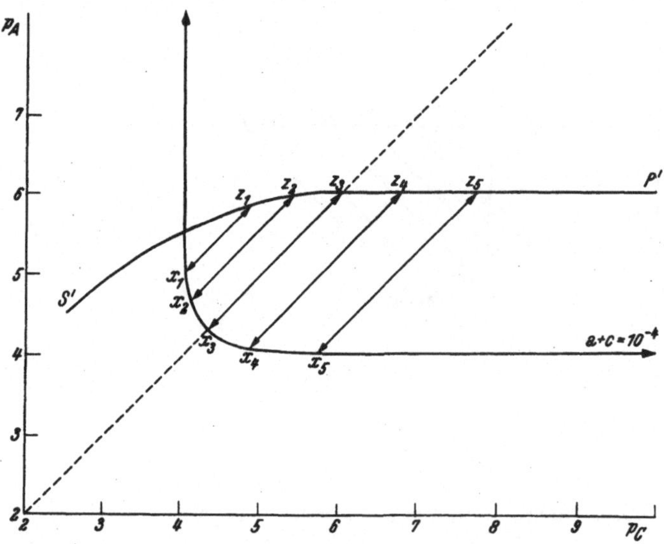

Fig. 7. Principe de l'analyse semi-quantitative par une réactive perturbée.

Tout ce qui vient d'être dit implique le choix d'une réaction fidèle. Le diagramme de sensibilité permet de voir directement s'il en est bien ainsi (horizontalité de la droite SP).

Claeys et *Gillis*[23], qui ont étudié le cas de l'analyse semi-quantitative des aciers Cr — Ni (18—8), ont pu s'assurer que les réactions utilisées répondaient à cette exigence.

Wenger c. s. qui ont décrit l'analyse semi-quantitative[22] d'aciers au chrome et au nickel de composition quelconque, ont eu recours à *plusieurs* réactions, autant que possible spécifiques du Cr et du Ni, peu affectées par la présence des substances étrangères et ont décrit les procédés pour l'élimination ou le masquage des ions pertubateurs.

6° Application des diagrammes de sensibilité à l'analyse semi-quantitative d'alliages, dans le cas de réactions perturbées.

Rien n'empêche d'utiliser une réaction perturbée pour l'analyse semi-quantitative d'un alliage de type déterminé, à condition de connaître exactement le diagramme de sensibilité de la réaction utilisée, en présence de l'ensemble des substances étrangeres désignées par C.

Le principe de la méthode restera le même que dans le cas d'une réaction fidèle; toutefois la ligne SP de la figure 5 ne sera plus une droite horizontale, mais une courbe $S'\,P'$ (fig. 7).

La relation entre les distances $x\,z$ ($x_1\,z_1$, $x_2\,z_2$, etc.) et la composition centésimale de l'alliage n'aura plus le caractère d'une simple proportionalité comme c'était le cas dans la fig. 5, mais la nouvelle fonction aura p. ex. l'allure traduite par la fig. 7.

On conçoit que, lorsque le diagramme de sensibilité est exactement connu, l'analyse d'un alliage du type envisagé pourra en être déduite, du moment que la distance $x\,z$ aura été déterminée expérimentalement.

A cette distance $x\,z$ correspond en effet le pourcentage $a/(a + c)$, que l'on peut lire, soit directement sur la courbe $a + c = $ constante ou deduire du rapport a/c.

La principe reste donc le même que ci-dessus même dans le cas de réaction perturbeés, à condition que la nature des substance étrangères représentées par C, reste pratiquement la même, ce qui a lieu dans le cas d'alliages ou de mélanges de type déterminés.

§ 7. Résumé.

1° Chaque réaction analytique est marquée par trois traits saillants:
a) un caractère limitatif: sélectivité et spécificité;
b) un caractère quantitatif: sensibilité;
c) un caractère d'imperturbabilité: fidélité.

2° En général, toute réaction analytique, s'effectue sur un mélange de trois composants:

A	B	C
(substance à rechercher)	(dissolvant)	(substance étrangère)

comportant des quantités variables:

a	b	c
(de substance à rechercher)	(du dissolvant)	(de substance étrangère)

En exprimant les logarithmes négatifs de ces quantités par les symboles (analogues à celui du p_H):

$$pA = -\log a \qquad pB = -\log b \qquad pC = -\log c$$

il est possible:

a) de représenter, *dans l'espace*, tous les mélanges possibles de $A + B + C$, renfermant des quantités quelconques a, b et c.

b) de représenter, *dans un plan*, tous les mélanges possibles de $A + B + C$, correspondant à une valeur constante soit de a, soit de b, soit de c.

c) de représenter p. ex. dans le plan pA, pC, en choisissant b égal à l'unité (soit $pB = 0$), par le même point aux coordonnées pA et pC, à la fois les quantités concrètes a et c du mélange pour $b = 1$, et les rapports a/b, c/b. Les mêmes possibilités se retrouvent pour le plan pA, pB ($pC = 0$) et pour le plan: pB, pC ($pA = 0$).

Les diagrammes bilogarithmiques correspondants sont désignés par nous sous le nom de *diagrammes des mélanges $a + b + c$*.

3° Le diagramme des mélanges entre $A + B + C$, situé dans le plan pA, pB, comporte certains lieux géométriques importants:

a) celui pour lequel le rapport $a : c =$ constante

b) celui pour lequel le rapport $\dfrac{ac}{b^2} =$ constante

c) celui pour lequel la somme $a + c =$ constante.

Il en est de même, mutatis mutandis, des diagrammes des mélanges situés dans le plan pA, pC et dans le plan pB, pC.

4° Ces diagrammes des mélanges $a + b + c$, permettent d'exprimer graphiquement des propriétés quelconques (solubilité, potentiel électrochimique, etc.) de divers mélanges: $A + B + C$, de composition très variable.

5° Le diagramme des mélanges: pA, pB ($pC = 0$ ou $pC = + \infty$) permet la représentation graphique des *limites de perceptibilité* de la réaction, ainsi que de la *limite de concentration* et de la *limite de dilution*.

Il suffit d'un nombre positif (pA_{lim} pour $pB = 0$) pour situer dans le *diagramme de sensibilité*: pA, pB, une droite limitant les aires des réactions positives et négatives. On peut la désigner sous le nom de *droite des limites de perceptibilité de la réaction*.

6° Le diagramme de mélanges: pA, pC (pour $pB = 0$) permet la représentation graphique de l'influence d'une substance étrangère C sur la sensibilité de la réaction. Nous le désignons sous le nom de diagramme de sensibilité: pA, pC ($pB = 0$).

Le diagramme de sensibilité d'une réaction représente dans sa partie inférieure l'aire des mélanges $a + b + c$ pour lesquels la réaction est positive et, au delà de la limite de perceptibilité (pA_{lim} pour $pB = 0$), l'aire des mélanges pour lesquels la réaction est négative. La limite de ces deux aires peut être:

a) horizontale (réaction *fidèle*)

b) incurvée vers le bas (réaction *perturbée*)

c) incurvée vers le haut (réaction *exaltée*).

7° Le diagramme de sensibilité: pA, pC d'une réaction rend compte des valeurs du *rapport-limite* (Grenzverhältnis d'après *Schoorl*). Un exemple (détection du fluosilicate de baryum en présence du nitrate de strontium) fait ressortir la signification du rapport-limite d'après *Schoorl*, mais montre que, d'autre part, d'autres rapports-limite sont possibles pouvant éventuellement présenter un certain intérêt analytique.

Les deux rapports-limite extrêmes ont été nommés:

a) rapport-limite à sensibilité constante.

b) rapport-limite en solution saturée.

8° Le mode opératoire a été décrit pour la préparation des dilutions en vue d'établir un diagramme de sensibilité d'une réaction analytique.

9° Un diagramme de sensibilité d'une réaction fidèle a été choisi comme exemple pour la détection des ions de chlore dans le sulfate de sodium officinal et pour illustrer l'usage des solutions-limite de comparaison indiquées par les pharmacopées pour les essais de pureté.

10° Pour la recherche des ions de calcium dans le chlorure de sodium commercial, les diagrammes de sensibilité de deux réactions: l'une à l'oxalate, l'autre au carbonate, permettent de choisir la réaction la plus appropriée suivant les concentrations de NaCl soumises à l'essai.

11° Il est montré comment les diagrammes de sensibilité peuvent être appliqués pour des dosages semi-quantitatifs:

a) par un choix et à l'aide de *réactions fidèles*:

α) analyse de minerais d'or suivant *Gutzeit*;

β) analyse de bains de cyanures suivant *Wenger*, c. s.;

γ) analyse d'aciers au chrome et au nickel, suivant *Wenger*, c. s.;

δ) analyse d'aciers de type déterminé Cr-Ni (18—8), suivant *Claeys-Gillis*;

b) à l'aide d'une *réaction perturbée*, à condition de se limiter aux éléments étrangers, désignés par C, et de connaître exactement le diagramme de sensibilité de la réaction utilisée.

Zusammenfassung.

1. Jede analytische Reaktion ist durch drei hervorstechende Beziehungen gekennzeichnet:

a) hinsichtlich ihrer Grenzen: durch ihre Selektivität und Spezifität;

b) hinsichtlich der Menge: durch ihre Empfindlichkeit;

c) hinsichtlich ihrer Fähigkeit, gestört zu werden: durch ihre Eindeutigkeit.

2. Im allgemeinen wird jede analytische Reaktion in einer Mischung aus drei Komponenten durchgeführt:

A	B	C
(die nachzuweisende Substanz)	(Lösungsmittel)	(Begleitstoff)

diese liegen vor in variablen Mengen:

a	b	c
(der nachzuweisenden Substanz)	(des Lösungsmittels)	(des Begleitstoffes)

Drückt man diese Mengen in negativen Logarithmen analog dem p_H aus:

$$pA = -\log a \qquad pB = -\log b \qquad pC = -\log c$$

so ist es möglich:

a) alle möglichen Mischungen von $A + B + C$ in irgendwelchen Mengen a, b und c *im Raum* darzustellen;

b) alle möglichen Mischungen von $A + B + C$ für einen konstanten Wert, sei es von a, b oder c, *in einer Ebene* darzustellen;

c) nach Belieben in der Ebene pA, pC den Wert für b der Einheit gleichzusetzen (d. h. $pB = 0$) und dann durch ein und denselben Punkt des Koordinatensystems pA und pC gleichzeitig bestimmte Mengen a und c einer Mischung, deren b gleich 1 ist, und die Verhältnisse a/b, bzw. c/b darzustellen. Dieselben Möglichkeiten ergeben sich natürlich auch für die Ebene pA, pB (für $pC = 0$) und für die Ebene pB, pC ($pA = 0$).

Die entsprechenden bilogarithmischen Diagramme wurden von uns als *Mischungsdiagramme* $(a + b + c)$ bezeichnet.

3. Das Diagramm der Mischungen aus $A + B + C$ in der Ebene pA, pB enthält gewisse wichtige geometrische Orte:

a) jenen, für welchen das Verhältnis $a:c$ konstant ist;

b) jenen, für welchen das Verhältnis $a \cdot c/b^2$ konstant ist;

c) jenen, für welchen die Summe $a + c$ konstant ist.

Das gleiche gilt mutatis mutandis für Mischungsdiagramme in den Ebenen pA, pC und pB, pC.

4. Diese Mischungsdiagramme von $a + b + c$ ermöglichen die graphische Darstellung bestimmter Eigenschaften verschiedener, in ihrer Zusammensetzung variabler Mischungen von $A + B + C$ (Löslichkeit, elektrochemisches Potential usw.).

5. Das in der Ebene pA, pB (für $pC = 0$ oder $pC = +\infty$) dargestellte Mischungsdiagramm ermöglicht die graphische Darstellung der *Erfassungsgrenze*, der *Grenzkonzentration* und der *Verdünnungsgrenze* einer Reaktion.

Es genügt eine positive Zahl (pA_{lim} für $pB = 0$), um in dem Empfindlichkeitsdiagramm pA, pB eine Gerade zu ziehen, welche die Gebiete der positiven und negativen Reaktionen scheidet. Man kann sie als *Erfassungsgrenzlinie* einer Reaktion bezeichnen.

6. Das Mischungsdiagramm in der Ebene pA, pC für $pB = 0$ ermöglicht die graphische Darstellung der Empfindlichkeitsbeeinflussung einer Reaktion durch einen Begleitstoff C. Wir bezeichnen es als *Empfindlichkeitsdiagramm: pA, pC ($pB = 0$)*.

Das Empfindlichkeitsdiagramm einer Reaktion stellt in seinem unteren Teil jenes Mischungsgebiet für $a + b + c$ dar, für welches die Reaktion positiv verläuft. Und oberhalb der Erfassungsgrenzlinie jenes Mischungsgebiet, für welches die Reaktion negativ verläuft. Die Grenzlinie dieser beiden Gebiete kann sein:

a) horizontal (*eindeutige* Reaktion),

b) nach unten gekrümmt (*gestörte* Reaktion),

c) nach oben gekrümmt (Reaktion *gesteigerter Empfindlichkeit*).

7. Das Empfindlichkeitsdiagramm: pA, pC einer Reaktion gibt den Wert für das Grenzverhältnis (nach *Schoorl*) wieder. Ein Beispiel (der Nachweis von Bariumsilikofluorid bei Gegenwart von Strontiumnitrat) läßt die Bedeutung des Grenzverhältnisses nach *Schoorl* hervortreten, es zeigt aber anderseits, daß auch andere Grenzverhältnisse möglich sind, die gegebenenfalls von analytischem Interesse sind.

Die beiden extremen Grenzverhältnisse wurden benannt:

a) Grenzverhältnis bei konstanter Empfindlichkeit;

b) Grenzverhältnis in gesättigter Lösung.

8. Die Herstellung von Verdünnungen zum Zweck der Darstellung des Empfindlichkeitsdiagrammes einer analytischen Reaktion wurde beschrieben.

9. Das Empfindlichkeitsdiagramm einer eindeutigen Reaktion wurde als Beispiel für den Nachweis der Chloridionen in offizinellem Natriumsulfat gebracht. Dieses Beispiel dient auch zum Verständnis der Anwendung von Vergleichslösungen, wie sie von Pharmakopöen zur Reinheitsprüfung angegeben werden.

10. Für den Nachweis der Calciumionen im Natriumchlorid des Handels ermöglichen die beiden Empfindlichkeitsdiagramme einerseits der Reaktion mit Oxalat, anderseits der Reaktion mit Carbonat, jene Reaktion zu wählen, die für die betreffende Kochsalzkonzentration am geeignetsten ist.

11. Es wurde gezeigt, wie die Empfindlichkeitsdiagramme für semiquantitative Bestimmungen Anwendung finden können:

a) durch Auswahl und Anwendung *eindeutiger Reaktionen*:

α) Analyse goldhaltiger Minerale nach *Gutzeit*;

β) Analyse von Cyanidlaugen nach *Wenger* e. a.;

γ) Analyse von Chrom- und Nickelstählen nach *Wenger* e. a.;

δ) Analyse von Chrom-Nickelstählen vom Typus 18/8 nach *Claeys-Gillis*.

b) Mit Hilfe einer *gestörten Reaktion* unter der Voraussetzung der Begrenzung der mit C bezeichneten Begleitstoffe und der genauen Kenntnis des Empfindlichkeitsdiagrammes der angewendeten Reaktion.

Summary.

1. Every analytical reaction is marked by three salient features:

a) a limiting character: selectivity and specificity;

b) a quantitative character: sensitivity;

c) an imperturbability character: fidelity.

2. In general, every analytical reaction involves a mixture of three components:

$$A \qquad\qquad B \qquad\qquad C$$
(substance being sought) (solvent) (foreign substance)

admitting of variable quantities:

$$a \qquad\qquad b \qquad\qquad c$$
(of the substance being sought) (of the solvent) (of the foreign substance)

By expressing the negative logarithms of these quantities by the symbols (analogous to that of p_H)

$$pA = -\log a \qquad pB = -\log b \qquad pC = -\log c$$

it is possible to represent:

a) *in space*, all the possible mixtures of $A + B + C$ containing any quantities whatsoever of a, b or c.

b) *in a plane*, all the possible mixtures of $A + B + C$, corresponding to a constant value either of a, or b, or c.

c) for instance, by choosing, in the plane pA, pC (b equal to unity, or $pB = 0$), it is possible to represent by the same point on the coordinates pA and pC, at the same time the concrete quantities a and c of the mixture for $b = 1$, and the ratios a/b, c/b. The same possibilities exist for the plane pA, pB ($pC = 0$) and for the plane pB, pC ($pA = 0$). The corresponding

188   J. Gillis:

bilogarithmic diagrams are designated by the author as *diagrams of mixtures*
$a + b + c$.

3. The diagrams of the mixtures of $A + B + C$, situated in the plane
pA, pB, admit of certain important geometrical relations:

    a) that for which the ratio $a : c = $ constant;
    b) that for which the ratio $ac/b^2 = $ constant;
    c) that for which the sum $a + c = $ constant.

The same applies, *mutatis mutandis* for the diagrams of the mixtures
situated in the plane pA, pC and in the plane pB, pC.

4. These diagrams of mixtures $a + b + c$ permit the graphic expression
of any properties (solubility, electrochemical potential, etc.) of various mixtures $A + B + C$ of quite variable composition.

5. The diagram of mixtures: pA, pB ($pC = 0$ or $pC = - \infty$) allows the
graphic representation of the *limits of perceptibility* of the reaction, as well
as the *limit of concentration* and the *limit of dilution*.

It is sufficient for a positive number ($pA_{\lim}$ fo$_6$ $pB = 0$) to locate in the
diagram of sensitivity pA, pB, a straight line limiting the areas of positive
and negative reaction. It may be designated by the term *line of the limits
of perceptibility of the reaction*.

6. The diagram of mixture pA, pC (for $pB = 0$) permits the graphic
representation of the influence of a foreign substance C on the sensitivity
of the reaction. This is termed the *diagram of sensitivity*: pA, pC ($pB = 0$).
The diagram of sensitivity of a reaction represents, in its lower portion, the
area of the mixtures $a + b + c$ for which the reaction is positive and beyond
the limit of perceptibility or the limit of dilution, the area of mixtures for
which the reaction is negative. The limit of these two areas may be

    a) horizontal (reliable reaction);
    b) curved inward toward the base (disturbed reaction);
    c) curved inward toward the top (entranced reaction).

7. The diagram of sensitivity: pA, pC of a reaction accounts for the
values of the *limiting ratio* (Grenzverhältnis after *Schoorl*) an example (detection of barium fluosilicate in the presence of strontium) emphasizes the
significance of the limiting proportion according to *Schoorl*, but shows in the
other hand, that some other limiting proportions may possibly present a
certain analytical interest eventually.

The two extreme limiting proportions are called:

    a) limiting proportion at constant sensitivity;
    b) limiting proportion in satured solution.

8. A description has been given of the procedure used in preparing dilutions
for the purpose of establishing a diagram of sensitivity of an analytical
reaction.

9. A diagram of sensitivity of a reliable reaction was chosen as example
for the detection of chloride ions in officinal sodium sulfate and to illustrate
the use of limiting comparison solutions indicated by the pharmacopeias
for tests of purity.

10. The sensitivity diagrams of two reactions, namely with oxalate and
carbonate, have been given in order to guide the choice the most appropriate
test reaction depending on the concentrations of NaCl submitted for the test,
when detecting calcium in commercial sodium chloride.

11. It is shown how the sensitivity diagrams may be applied for semi-
quantitative determinations:

a) by a choice of and with the aid of *reliable reactions*:

α) analysis of gold ores according to *Gutzeit*;

β) analysis of cyanide baths according to *Wenger*;

γ) analysis of chrome and nickel steels according to *Wenger*;

δ) analysis of Cr-Ni (18—8) steels, according to *Claeys-Gillis*.

b) By the aid of a disturbed reaction, on condition of limiting the study the foreign elements designated by C, and of knowing exactly the sensitivity diagram of the reaction employed.

§ 8. Bibliographie.

[1] Tables of reagents for inorganic analysis. First Report of the "International Committee on new Analytical Reactions and Reagents" of the "International Union of Chemistry". Akademische Verlagsgesellschaft. Leipzig, 1938. Avant-Propos p. XV.

[2] *Fr. Emich*, Ber. dtsch. chem. Ges. **43**, 10 (1910). — *Fr. Emich*, Lehrbuch der Mikrochemie. J. F. Bergmann, München 1926, S. 2 u. 3.

[3] *F. Feigl*, Mikrochem. **1**, 4 (1923).

[4] *F. L. Hahn*, Mikrochem. **8**, 75 (1930).

[5] *K. Heller*, Mikrochem. **8**, 141 (1930).

[6] *A. Schleicher*, Z. analyt. Chem. **121**, 86, 183, 187 (1941).

[7] *P. Wenger* et *R. Duckert*, Réactifs pour l'analyse qualitative minérale Wepf & Co, Bâle 1945.

[8] *H. Flaschka*, Analytica Chim. Acta **3**, 629 (1949).

[9] *H. Malissa*, Analytica Chim. Acta **4**, 1 (1950).

[10] *J. Gillis* et *B. V. J. Cuvelier*, Représentation graphique de l'influence d'une ou de deux substances étrangères sur la sensibilité d'une réaction. Ann. chim. analyt. **22**, 164 (1940). — *J. Gillis* en *B. V. J. Cuvelier*, Vergelijkend onderzoek en graphische voorstelling van verschillende analysemethoden (met enkele voorbeelden uit de As-groep). Natuurwet. Tijdschr. **22**, 67 (1940). — *J. Gillis*, Graphische voorstelling van den invloed van begeleidende stoffen in de analytische chemie. Meded. Kon. Vlaamse Acad. voor Wetenschappen, enz. van België, Jaargang 1940 n° 3.

[11] *J. Gillis*, Influence des ions étrangers sur la sensibilité des réactions Bull. soc. chim., France 5e Série, T. 13, 177 (1946).

[12] *N. Schoorl*, Z. analyt. Chem. **46**, 658 (1907).

[13] *Fr. Emich*, Mikrochemisches Praktikum. J. F. Bergmann, München 1931 p. 3.

[14] *G. Hägg*, Die theoretischen Grundlagen der analytischen Chemie. Verlag Birkhauser, Basel 1950 p. 54.

[15] *M. de Ridder*, Het opsporen, naast elkaar, van de elementen Ge, As en Se. Meded. Kon. Vlaamse Academie v. Wetenschappen, Lett. & Sch. K. van België, 1942, 4, n° 7.

[16] Second Report of the International Committee on new analytical Reactions and Reagents of the International Union of Chemistry; Reagents for quantitative inorganic analysis. Editors: *P. Wenger & R. Duckert*. Elsevier Publishing Co. Amsterdam-Brussels, 1948. Quatrième Rapport. Réactifs pour analyse qualitative minérale. Société d'Edition d'Enseignement supérieur Paris (1950).

[17] Réactifs pour l'analyse qualitative minérale. *P. Wenger & R. Duckert*. Wepf & Cie. Bâle 1945.

[18] *G. Gutzeit*, Helv. Chim. Acta **23**, 21 (1940).

[19] *P. E. Wenger, D. Monnier & Y. Rusconi*, Dosage semi-quantitatif de l'or. Helv. Chim. Acta, **30**, 1636 (1947).

[20] *A. A. Noyes* et *W. C. Bray*, Qualitative Analysis for the rare elements. The MacMillan Co. New-York, 1927.

[21] *W. C. de Graaf, N. Schoorl & P. Vanderwielen*, Algemene methoden voor onderzoek, bewaring, enz. van de geneesmiddelen der Nederlandsche Pharmacopee. Ed. V. Oosthoek Uitg. Mij, Utrecht 1936, p. 192 et p. 205.

[22] *P. E. Wenger, D. Monnier* et *Y. Rusconi*, Analyt. Chim. Acta 1, 190 (1947).

[23] *A. Claeys & J. Gillis*, Analyt. Chim. Acta 1, 364 (1947).

[24] *J. Gillis, J. Hoste* et *A. Claeys*, Analyt. Chim. Acta 1, 291 (1947).

Laboratorio da Produção Mineral, Rio de Janeiro, and Department of
Chemistry, Louisiana State University, Baton Rouge, La.

Development, Present State, and Outlook of Spot Test Analysis.

By

Fritz Feigl and **Philip W. West.**

(Received September 26, 1950.)

Approximately thirty years ago the senior author, in his doctorate thesis, showed that surprisingly sensitive tests for metals could be made by means of spot reactions performed on filter paper. Since that time steady progress has been made and the whole field of spot test analysis has developed to where it is now an important method of detecting, or sometimes of determining inorganic and organic materials.

With respect to its practical application, spot test analysis is an analytical technique. However, there is much more to be said concerning it if it is viewed from a scientific standpoint. Its development is linked with studies of the analytical usefulness of chemical reactions. The results of such research have been of profit not only to spot test analysis but to analytical chemistry in general. The benefit has been two-fold. New tests and methods of determination have resulted, and furthermore, the knowledge of the scientific bases of analytical chemistry has been deepened. Therefore, it may be of interest to review the development of spot test analysis, to examine its present state, and to consider its future prospects.

It is difficult to establish who was the first to carry out spot reactions. Analytical chemists have long used single chemical tests conducted in drops of solutions on filter paper or on impermeable surfaces. The earliest published instance appears to have been given by *Schiff*[1]. He used paper impregnated with silver carbonate to detect uric acid through the formation of a spot of metallic silver. This instance of a spot reaction was not known to the senior author when, as a student, he made his first trials with spot reactions. These experiments were inspired by reading the classical studies by *Goppelsroeder*[2] who had investigated the capillary rise and spreading of liquids and dissolved materials in filter paper. *Goppelsroeder* was concerned primarily with the capillary separation of organic compounds, and he made this the basis of his so-called "capillary analysis". His papers, however, also contained references to the capillary spreading of inorganic salts. These references suggested the problem of finding out whether an inorganic capillary analysis was possible, with the primary objective being to carry out color reactions in the form of spot tests on the separate zones of the paper in order to detect the materials which had been separated by capillarity. It was impossible in the experiments which were subsequently performed to overlook the fact that the picture of a reaction when carried out as a spot reaction on paper is quite different from that seen in a test tube. The appearance of the flecks was quite different according to the concentration of the reaction partners, the variety of the paper, and the experimental conditions, a finding that hinted at a regularity which was still unknown at the time. It was observed, also, that many tests exhibited an unexpectedly great sensitivity when they were conducted as spot reactions on paper; this was especially the case, when using organic reagents. Furthermore it was ground that not only sensitive individual tests were possible through spot reactions but that several materials could be detected in a drop of a solution provided the reagents are chosen properly by *Feigl* and *Stern*[3].

When the first extensive paper on spot reactions was published, there was encountered, if not rejection, at least nothing more encouraging than indifference. A prominent analytical chemist advised in all seriousness that this playing around should be stopped in favor of more worthwhile things. This well-intentioned counsel was not followed and subsequently encouragement was received from several recognized chemists, including *R. Fresenius*, *A. Jolles*, *W. Schlenk*, *R. Strebinger*, and *G. Vortmann*.

The method of testing for the constituents of a mixture by spot test analysis was new. In order to pursue this path further it was necessary to take up the question as to the evaluation of qualitative tests. It was surprising to find that the term "sensitivity" had been used in quite different senses in the literature of analytical chemistry. Sometimes it was stated to be the absolute quantity of detectable material, sometimes it referred to the dilution prevailing when the test was made. Obviously, the former indicates the quantity sensitivity, and the latter refers to the concentration sensitivity. *Feigl* pointed out[4] that in evaluating the sensitivity of tests it is essential to know not merely the absolute quantity of detectable material, but in addition the volume at which the test is possible. The dilution can be easily calculated from these two figures. He suggested that the terms "limit of identification" and "concentration limit" would be appropriate. The former is the quantity in gamma, the latter the concentration of a detectable material. Both of these terms have been generally accepted. It was evident that any evaluation of a test should also take into consideration its certainty or non-equivocality. An evaluation along this line had been initiated somewhat earlier by *Schoorl*[5], who suggested that tests should be characterized by their "limiting proportions", *i. e.*, by stating the ratio of the material being tested for to the quantity of attendant materials. The considerations of sensitivity and certainty were directed originally toward securing a rational appraisal of tests. However, they had a directional significance for spot test analysis. A comparison of spot reactions with the tests of qualitative microanalysis by so-called crystal precipitation yielded values for the respective detection limits and dilution limits which showed that many spot reactions are just as good as the classical microchemical tests with respect to quantity sensitivity, and for the most part, are far superior to the latter with respect to their concentration sensitivity. Thus it was proven that spot reactions can be called on to solve microchemical problems.

It was not by chance that spot test analysis was founded in Austria. Its institutions of higher learning have always laid special stress on instruction and research in analytical chemistry. The masterly work of *F. Pregl* and *F. Emich* had made Austria the home of microanalysis. Both of these eminent investigators early appreciated the importance of spot test analysis to microchemistry, and encouraged efforts toward its development.

A lecture by the senior author on spot reactions, which was delivered in Berlin, was reported in 1924 by Professor *H. Grossmann* under the title: "Microchemistry without a Microscope". This is mentioned because the slogan points to the following fundamental question: Is microanalysis a particular working technique or does microanalysis signify the detection and/or the determination of small quantities of material? This question has not been clearly answered even yet. Some maintain that the term microanalysis should be applied to operations of gravimetry, titrimetry, combustion, etc. carried out with small quantities of samples in correspondingly proportioned equipment. In the sense of this limitation, microanalysis is characterized by a definite working technique. Since the use of micro drops and the examination of precipitates under the microscope are essential features of classical qualitative microanalysis, spot test analysis, which employs macro drops and gets along without a microscope has unfortunately been dubbed "semimicroanalysis". This term has gained a firm foothold, particularly in the Anglo-Saxon countries. However, there are spot reactions which can reveral far smaller quantities of material than can be successfully handled by the methods of crystal precipitation. It certainly is not sensible to speak of "semi-micro" in such cases. The following should also be considered: a material may be present at such dilution (in solution or mixed with other solids) that the classical methods of microanalysis cannot be applied directly. When a problem of this type is presented, it is customary to speak of trace analysis. It seems logical to regard the latter as a part of microanalysis. Sometimes problems of qualitative trace analysis can be solved directly by means of spot reactions. When this is not possible, the desired goal can be reached with the aid of a preliminary accumulation of traces on so-called collectors or trace catchers. Such an assembling of traces is likewise required when the classical methods of microanalysis are used for the detection. This is a further reason for not regarding spot test analysis as a semimicro method.

It was of fundamental significance when it was demonstrated by means of spot reactions on a large sample that it is possible to detect small quantities of material without being restricted to a technique which is regarded by many as characteristic of microanalysis. This was substantiated by the brilliant successes of the electrographic methods and by the triumphal progress of instrumental methods. The boundaries between macro-, semimicro-, micro-, and ultramicro-analysis have not yet been established. It may well be expedient to draw the boundaries with respect to certain ranges of detection limits.

Even the first high quality spot reactions indicated the lines along which spot test analysis would develop. These guiding principles were the employment of reactions of the highest possible sensitivity and certainty, and the utilization of all possibilities for enhancing the sensitivity and certainty. As to the former, spot test analysis has filled a very useful function. In the effort to adapt for purposes of spot testing tests that had already been described, many tests, that were scattered through the literature and had in part been forgotten, were tried out again and some were improved. It often became necessary to elucidate their chemical basis or to correct erroneous notions. In this way, new facts were assembled which later proved valuable in the search for new analytically useful reactions. Many reactions to which spot test analysis had recourse, and others, which were first used in spot testing, were subsequently employed in qualitative, and sometimes even in quantitative macro- and microanalysis.

The possibility of increasing the certainty and sensitivity of tests resides in the fact that the progress of chemical reactions and the perceptibility of reaction products depend on the reaction medium and the reaction conditions. The occurrence of color- and precipitation reactions frequently depends on p_H and often they can be prevented by masking agents. Modern methods of chemical analysis make extensive use of these facts in order to raise the selectivity of color- and precipitation reactions. Of course, spot test analysis also makes use of findings along this line. Sometimes, when spot reactions are carried out on paper, the successive precipitation of two ionic species by a single precipitant can be readily seen. The basis of such fractional precipitations is that when two precipitates can form, the one with the lower solubility product is produced first. Only in rare cases can fractional precipitations be seen in test tube reactions. When spot reactions are carried out on paper, the capillary spreading of solutions and the adsorption of reactants and reaction partners make it possible to secure fractional precipitations and hence in spot test analysis non-specific reagents can deliver specific tests[6].

The sensitivity of a test is not a constant of the underlying chemical reaction. Rather, it is an expression for the threshold value of the visibility of a reaction product. In precipitation reactions this threshold value is not determined exclusively by the solubility product of the precipitate. Other factors, such as breaking down of supersaturation, form, species, color, transparency of the precipitate and its spatial distribution, also play a role. Such factors can be influenced. For example, if reactions are conducted so that single drops of the test and reagent solution are brought together on filter paper, the reaction occurs seemingly, in the plane of the paper. This is an advantage in that colored, insoluble reaction products are held near the site of their production by the capillaries of the paper, and are more readily seen because of the white background provided by the paper. In precipitation reactions, precipitation and filtration take place in the plane of the paper, so to speak. As a consequence, other spot reactions to reveal cosolutes can be applied to the area surrounding the fleck, *i. e.*, to the quasi filtrate. A matter of great importance in spot reactions on paper is that this medium not only brings about rapid uniform spreading of liquids through its coarse capillaries, but the fine porosity of the cellulose fibers serves as an effective adsorption medium. When a drop of an aqueous solution is placed on filter paper, the dissolved materials are almost always accumulated at the center or in certain zones of the fleck. This local enrichment is a very valuable aid to the improvement of reactions.

Though a fleck is produced in a quite simple manner, it actually represents the result of a complicated interplay of capillary spreading, diffusion, swelling, adsorption, and chemical reaction[7]. Hence fleck pictures can have quite different appearances. Connected with this is the fact that certain reactions can be utilized only in the form of spot reactions on paper. In such cases, it may truthfully be said that the paper is an active participant in the reaction. An example can be cited with verification of this statement in the strictest sense of the work. It is the test for traces of permanganate in solutions of alkali chromate[8].

If a drop of the solution is placed on filter paper, the cellulose is oxidized and the resulting MnO_2 is deposited. The chromate remains unaltered and can be removed from the paper by washing with water. The residual fleck of MnO_2 permits the detection of 0.3 γ $KMnO_4$ in the presence of 20000 γ K_2CrO_4. It would be difficult to conceive of a simpler method of solving this problem, which actually is quite difficult when carried out by other procedures.

In isolated instances, spot reactions have been made on filter paper which was impregnated with water-insoluble reagents. However, it remained for *Clarke* and *Hermance*[9] to show, in a study that was of fundamental importance to spot test analysis, that the sensitivity of reactions on filter paper impregnated with water-insoluble reagents can be greater by powers of ten than the sensitivity of spot reactions produced by bringing together drops of the reacting solutions. This enhanced sensitivity is due to the fact that the particular reaction occurs right on the surface of solids, and thus diffusion and dilution are avoided. It is worth noting that certain reactions have value as tests only when they are carried out as spot reactions on filter paper impregnated with insoluble reagents. Appropriate examples are: detection of H_2O_2 by spotting on PbS-paper[10]; detection of reducing compounds by spotting of MnO_2 paper[11]. In both cases, the redox reaction produces a colorless fleck on the colored reagent paper.

Sometimes when spot reactions are carried out on paper impregnated with water-insoluble reagents, it is possible to follow details of the course of a reaction, that escape entirely if the same reaction is conducted in a test tube. Analytical use can be made of this, as shown by the following test for palladium[11]. When a drop of a palladium solution is placed on filter paper impregnated with red nickel dimethylglyoxime, no change is visible. If the paper is then dipped into dilute HCl, a red stain is left at the spotted area, while the rest of the paper is decolorized. As little as 0.5 γ Pd can be detected in this way. The localized acid-resistance of the nickel dimethylglyoxime which is the basis of this test can be explained as follows: as a result of the action of the acid, yellow acid-insoluble palladium dimethylglyoxime is formed at the site of the fleck and protects the underlying nickel dimethylglyoxime against solution in the acid. Therefore, the palladium test is based on the effect of a protective layer. Sensitive tests for sulfur and selenium which likewise depend on protective layer effects have been developed[12]. There is no doubt that further examples of the use of protective layers in spot test analysis will be discovered.

Its capillary and adsorption effects have made filter paper the preferred substrate for spot reactions. However other suitable supports are in use. *Przibram*[13] recommended impregnated silk threads for spot réactions with micro-drops. *Winckelmann*[14] recommends the use of gelatine containing certain reagents. The product of a spot reaction usually remains colloidally dispersed in the gelatine. *Skalos*[15] suggested the use of small paraffined porcelain dishes for spot reactions. Tiny drops retain their spherical form in the paraffine substratum and do not flow together.

Paper is not a suitable substrate for spot reactions that are to be conducted in strongly acidic or strongly basic solution, or that require considerable elevation of temperature. In such cases, it has been found well to use glass or porcelain spot plates, whose surface, according to *Razim*[16] can be heated by infra-red radiation. *West*[17] has developed an improvement for procelain spot plates. Further aids for spot reactions which cannot be carried out on paper, include the following: micro-crucibles, micro-test tubes, and micro-centrifuge tubes. In general, from the standpoint of apparatus, all operations of macro-analysis can be carried out on a micro or semimicro scale, which require working with drops. The appropriate equipments is readily available.

Spot test analysis has inspired various investigational studies. If explanations can now be supplied for the strikingly changeful morphology of flecks, and if information is now available as to whether the sensitivity and certainty of tests can be enhanced by spot reactions on paper, it is because research along these lines was necessary. The same holds true regarding the effective adaptation of reactions to spot testing and with respect to the improvement of the technical conduct of spot reactions. But research of this kind does not go much beyond the narrow objectives of spot test analysis. Of more general significance was the fact that spot test analysis stimulated the search for new reactions possessing the greatest possible certainty and sensitivity. In the front rank is the use of organic reagents, whose particularly marked usefulness came to light right at the start of the experiments on spot reactions. Efforts to arrive at new organic reagents seemed so important that the senior author soon began to make studies concerning the relations between groups in organic compounds and selective actions. Comprehensive studies produced results, which could not always be utilized directly for analytical purposes, but which nevertheless deepened the knowledge of the activity of organic reagents. That the chosen course had been correct was demonstrated by the discovery of new organic reagents, and some of them also proved useful in spot testing. Among these was the first sensitive and selective organic color reagent for silver, namely dimethylaminobenzylidene rhodanine[18]. The latter has now been found to be also an excellent reagent for the identification of insoluble lead salts[19]. The search for new organic reagents, which is based principally upon a knowledge of group actions, has become a special research province of analytical chemistry. No present-day worker who discovers an organic reagent that leads to colored metallo-organic reaction products would neglect to test the applicability of his new compound as a spot reagent. This is a good indication of the close ties that now exist between spot test analysis and the search for new organic reagents.

The pioneer service rendered by spot test analysis with respect to the appreciation of certainty and sensitivity is shown especially by the utilization of catalytic reactions in qualitative analysis. Many of these, including also some which play a role in quantitative procedures, have been known for many years. It has also been known that catalytic actions can be produced by small quantities of materials and that they limit their effects to definite reaction systems. Nevertheless, it is only within the last 20 years that much consideration has been given to tests which are based on catalyses in homogeneous systems. The stimulus for this came from the reports on several highly sensitive spot tests based on catalytic reactions and from the indication that in catalytic actions the effects obviously possess specificity and sensitivity[20]. At present, a very considerable number of such tests are in use, and there is an extensive literature dealing with the use of catalytic reactions in analytical work.

The search for new tests, that was stimulated by spot test analysis, places in the foreground the question as to the analytical applicability of reactions and the question as to the specificity, selectivity and sensitivity of chemical methods. These questions go beyond the narrow objectives of spot test analysis since they obviously refer to basic problems of analytical chemistry. Satisfactory answers require the assembling, classification and critical review of the experimental material, which is connected directly or indirectly with specificity, selectivity and sensitivity. The pertinent material is so extensive that it is entirely proper to speak of a "chemistry of specific, selective and sensitive reactions". Within the bounds of this special field[21], spot test analysis presents only a particular method of carrying out and applying specific, selective and sensitive reactions.

In its early years, spot test analysis was restricted to tests conducted in drops of a test solution. This technique was soon extended through the use of spot reactions carried out directly on solid materials, either powders, smooth surfaces, or massive fragments. Many identifying reactions, which have proved very useful in the examination of technical materials and rocks, are in this category. Examples are: the detection of insoluble sulfides, the identification of alumina, the differentiation of dolomite and magnesite. Such identification reactions, carried out by spotting, need not be directed toward microchemical goals exclusively. Because of their convenience, they can often replace tedious procedures of macro- or semimicro analysis. A fundamental effect of spot test analysis, namely the recognition of colored reaction products at certain points or areas of filter- or reagent papers has logically been applied in the so-called off-print process. By this means, inhomogeneities in metals and rocks can be detected and located. The development of this interesting technique is due to the studies by *Niessner*[22], *Yagoda*[23], and *Gutzeit*[24]. The localized deposition of colored reaction products is likewise the basis of the methods of electrographic detection methods, which were originated by *Glazunow*[25].

The main field of application of spot test analysis is in qualitative inorganic analysis. However, spot reactions that lead to colored reaction products can be successfully employed, also for quantitative determinations. The Russian chemist, *N. A. Tananaeff* was the first (1929) to make "spot colorimetric determinations" by comparing the identity of color reactions, carried out in drops, on filter paper or on a spot plate. *Yagoda*[26] considerably improved and refined spot colorimetry through his ingenious idea of conducting spot reactions on "confined" spot test papers. Small quantities of material can be colorimetrically determined in a single drop with remarkable accuracy by the *Yagoda* method.

The foregoing discussion of the development and present state of spot test analysis has indicated that the consideration of the outlook for this branch of analysis will have to be along several lines: 1. development of the technique; 2. additional reactions available for spot testing; 3. applications of spot reactions. There is little likelihood that anything essentially new will be developed with regard to the technique of spot test analysis. On the other hand, numerous improvements and refinements may become necessary. Particularly desirable would be an arsenal of stable reagent papers that had been impregnated with water-insoluble compounds. The preparation of reagent papers is not always easy. There are no general procedures that will invariably produce uniformly impregnated papers. When reagent papers are stored for any length of time, the impregnant dusts off, a process that clearly is due to a growth in the size of the particles (recrystallization). Hence it is important to stabilize as much as possible the fine distribution of reagents on and in the capillaries of filter paper. *Steigmann*[27] described a novel method of preparing reagent papers impregnated with water insoluble organic salts of water soluble organic reagents. Such organic reagents are precipitated with "sapamine" (trimethyl oleoaminoethyl ammonium sulfate) a cationic wetting agent. The dried precipitates are soluble in organic liquids, chloroform for example. If filter paper is bathed in such a solution and the solvent allowed to evaporate, the amorphous organic salt is left as a fine dispersion in the capillaries. Possibly the interesting procedure discovered by *Steigmann* points the way to the production of more stable, strongly impregnated reagent papers. The latter would be of great importance for the extension of the technique of utilizing protective layer effects.

There are, as yet, no reports concerning the preparation and use of reagent foils made of cellophane or other plastics, including those with water-repellant surfaces. Possibly, such reagent foils would offer advantages in certain cases.

Flood[28] showed that filter paper, impregnated with basic or acidic alumina, can accomplish the same chromatographic separations as the alumina columns used in inorganic chromatography first described by *Schwab*[29]. In other words, cations or anions are fixed in definite separate zones if solutions are allowed to ascend strips of alumina paper. If the latter is then developed by means of suitable reagents, the adsorptively separated materials can be detected. *Iijima*[30] and his associates have further developed this method, and they have also experimented with papers impregnated with chromium hydroxide. *Hopf*[31] carried out spot reactions on filter paper impregnated with basic alumina (starch) and certain reagents. He has suggested the name "chromatographic spot test" for this noteworthy procedure, which probably is capable of further development.

The future will certainly bring an added number of spot reactions for the detection of inorganic materials. An important part will be performed by organic reagents which lead to colored reaction products. Besides this, the use of organic reagents as masking agents will offer several advantages with respect to improving the selectivity. The production of fluorescing metallo-organic compounds will receive more attention than heretofore. *Goto*[32] has done pioneer service in this direction. He demonstrated that both the formation of fluorescent metal salts and also the quenching of their fluorescence can be employed in inorganic spot tests analysis. Less consideration has thus far been given to the utilization of photo-reactions; the possibilities here are promising. It may be confidently expected that new highly sensitive spot reactions will be developed on the basis of catalytic reactions. Up to now, catalyzable redox reactions have been considered almost exclusively. However, catalytic accelerations of other reactions — especially organic — as well as the inhibiting of catalytic effects will certainly be employed. As has been mentioned, spot test analysis constitutes a field of application of specific, selective and sensitive reactions. Anything which leads to the deepening and extension of our knowledge of the specificity, selectivity and sensitivity of analytical methods will therefore doubtless contribute to the further development of spot test analysis.

There is still much to be done with regard to the thorough study, including quantitative measurements, of the influence exerted by the cosolutes on the sensitivity of spot reactions. Modern papers on spot reactions give information of this kind, and also statements regarding selectivity. The earlier publications neglected such considerations, either completely or in part. *West* has discussed[33] the importance of interference studies and has classified the modes of interfering reactions on the basis of the reactions involved. *Wenger*[34] has been making a critical study of spot tests. The reports published since 1938 by the *International Committee on New Analytical Reactions and Reagents* contain much information about sensitivity and certainty of tests. These reports also give many references to tests that can be adapted to the purposes of spot test analysis.

Inorganic spot test analysis has been widely accepted. This is shown not only by the existence of special works[35] devoted to spot reactions, but also by the fact that spot reactions are included in many textbooks of qualitative inorganic analysis. There are also a considerable number of spot reactions for the detection of so-called functional groups in organic compounds and for the identification of certain organic compounds. For reasons that are not fully understood, organic spot test analysis has not yet acquired the favor which it merits; the textbooks of qualitative organic analysis have thus far paid practically no attention to spot reactions. It is hoped in the future organic spot test analysis will find application, so that this branch likewise will experience its proper growth.

The development of spot test analysis has shown that its practical importance resides primarily in the fact that it permits the rapid accomplisment of sensitive identification tests. Such tests are of interest to all branches of natural science which have need of chemical tests within the bounds of their particular problems. The main fields of application of spot test analysis, which can also give it new stimuli, will reside in the future as in the present, in trace analysis and the testing of materials. This prediction is based on the finding that recently the number of publications dealing with applications of previously known spot reactions far exceeds the number of papers concerned with new spot reactions. Spot colorimetry is capable of great expansion since additional color reactions can be called on. Further advances may be expected in the detection of inhomogeneities in metals and rocks by the off-print procedure, as well as in the identification of minerals by means of selective spot reactions. Excellent prospects are provided by the extinction method for semi-quantitative spot test analysis. This method, which was developed by *Wenger*[36], requires the use of different tests of varied but known sensitivities. Noting which tests fail and which ones are positive gives an indication of the concentration. Chromatography, in its modern aspect[37], has opened new possibilities for the application of spot reactions. The latter may be of great significance for the detection of organic or inorganic materials that have been adsorptively separated and fixed in definite zones of an adsorption column. A combination of chromatographic fixation and spot reaction offers especially good prospects for solving the problems of trace analysis.

It is safe to predict that future advances in the field of spot tests will include the development of new tests of high selectivity or specificity. New and better reagents will continue to appear, and more effective methods of conditioning tests will be evolved. The conditioning of reactions may produce tests that are specific, even where general reagents are used, and so continued work on disclosing, and applying new masking agents should prove of great value. An interesting example of such a development is the use of malonic acid to mask interferences in the dithiooxamide test for copper[38]. Dithiooxamide, although extremely sensitive, has suffered from many critical interfering effects; the conditioned reaction, however, is essentially specific. Another significant advance will be in the use of extractions as a means of separation or isolation. The extraction pipet described by *Carlton*[39] permits clean separations to be made within seconds, and there are already many excellent separations being developed. Not only can organic reagents such as dithizone be used for such work, but many inorganic systems lend themselves to extraction. For example, copper carbonate extracts into butyraldehyde, and lead iodide can be extracted into methyl isopropyl ketone. The elegance of such separations conforms with the general simplicity of spot tests.

Another general advance in the use of spot tests is anticipated. A very important field of study, the chemistry of coordinated compounds, is often overlooked. Recognition of the importance of this field is being established now through expanding use of complexes in masking of interferences, organic reagents, catalytic reactions, physiological studies, etc. The most logical place to study the chemistry of coordination compounds is in spot test chemistry, because it presents a broad survey of possible reaction types and because it provides a simple approach to the necessary laboratory studies.

Modern analysis is making ever-increasing use of physical and instrumental methods, many of which have proved to be superior to purely chemical methods. There doubtless are analytical problems that can be solved by only physical methods. Hence, the opinion is often encountered that the future of chemical analysis and of the chemical testing of materials may lie in the application of physical methods. However, the requirements of chemical analysis and the chemical examination of materials are so varied that there will always be a place for and a need of chemical tests. Spot test analysis has the advantage of great economy of material, time, and work, as well as a considerable measure of reliability. Consequently, it will continue to be applied even in the future, side by side with instrumental methods, and will continue to attract serious interest.

Summary.

The field of spot test analysis is now thirty years old. During its existence it has become an established technic for practical qualitative analysis and is becoming recognized as a valuable pedagogic tool. It is to be emphasized that spot tests are true microchemical technics, having absolute sensitivities generally comparable with microscopic methods, and having concentration sensitivities of superior order.

The value of spot tests in many types of analyses are surveyed. Also, the contribution of spot test studies in the development of such broad fields as those dealing with organic reagents, catalysis, chromatography, masking and demasking, and the teaching of advanced analytical principles are discussed.

Future work in the field will undoubtedly include numerous new tests for both inorganic and organic compounds, detailed studies of selectivities of tests applied to complex mixtures, new methods for increasing the selectivity and sensitivity of tests, and finally, the development of many uses for spot tests, including new applications in the important field of trace analysis.

Zusammenfassung.

Die Tüpfelanalyse blickt nunmehr auf eine 30jährige Entwicklung zurück. Sie ist zu einem wohlausgebildeten Verfahren für qualitativ-analytische Zwecke geworden und wird immer mehr auch als pädagogisch wertvoll erkannt. Es muß hervorgehoben werden, daß Tüpfelanalyse echte mikrochemische Technik ist, deren absolute Empfindlichkeit im allgemeinen mikroskopischen Methoden gleichwertig, hinsichtlich der Konzentration diesen sogar überlegen ist.

Es wird ein Überblick über den Wert der Tüpfelmethodik für zahlreiche analytische Problemstellungen gegeben. Weiters wird der bedeutende Beitrag erörtert, den das Studium dieser Methoden für die Erforschung organischer Reagenzien, für die Kenntnisse der Katalyse, der Chromatographie, der Maskierung und Demaskierung, wie überhaupt für die Erweiterung der Grundlagen der Analytik mit sich gebracht hat.

Die Zukunft wird durch weitere Bearbeitung dieses Gebietes zweifellos zahlreiche neue Nachweismöglichkeiten sowohl für anorganische wie für organische Verbindungen erschließen. Die Selektivität der Nachweise besonders in komplexen Gemischen wird eingehend zu untersuchen sein. Neue Methoden werden die Empfindlichkeit und Eindeutigkeit der Nachweisreaktionen steigern. Schließlich ist die Anwendung der Tüpfelanalyse für neue Probleme, vor allem auf dem Gebiet der Spurensuche sicher zu erwarten.

Résumé.

Le champ d'investigation de l'analyse à la touche a maintenant 30 ans d'existence. Pendant ce laps de temps, elle est devenue une technique appropriée pour l'analyse qualitative pratique et l'on a reconnu que c'était un outil de grande valeur pédagogique. On peut souligner que les réactions à la touche constituent la vraie technique microchimique ayant des sensibilités absolues généralement comparables à celles des méthodes microscopiques et possédant des limites de dilution d'un degré supérieur.

La valeur des essais à la touche de nombreux types d'analyses est passée en revue; de même, on discute l'apport des études à la touche pour le développement des domaines très vastes comme ceux qui se rapportent aux réactifs organiques, à la catalyse, à la chromatographie, au masquage et au démasquage, à l'enseignement des principes analytiques en évolution.

La tâche de demain dans ce domaine devra inclure, sans aucun doute, de nombreux tests nouveaux, à la fois pour la chimie minérale et la chimie organique, des études approfondies sur la sélectivité des tests appliqués aux mélanges complexes, des méthodes nouvelles pour accroître la sélectivité et la sensibilité des essais, et, finalement, le développement de nombreux usages pour les essais à la goutte, y compris de nouvelles applications dans l'important chapitre de l'analyse des traces.

Literature.

[1] *H. Schiff*, Ann. Chem. **190,** 67 (1859).

[2] *F. Goppelsroeder*, Kapillaranalyse, Dresden 1910.

[3] *F. Feigl* and *R. Stern*, Z. analyt. Chem. **69,** 1 (1921).

[4] *F. Feigl*, Mikrochem. **1,** 4 (1923).

[5] *N. Schoorl*, Z. analyt. Chem. **46,** 658 (1907).

[6] Compare *F. Feigl* and *H. J. Kapulitzas*, Mikrochem. **8,** 239 (1930); *A. Velculescu* and *J. Cornea*, Z. analyt. Chem. **94,** 285 (1933).

[7] Compare *F. Feigl*, Laboratory Manual of Spot Tests (translated by *R. E. Oesper*), New York, 1943 Chapt. III.

[8] *F. Feigl* and *H. A. Suter*, Chemist Analyst **32,** 4 (1943).

[9] *B. L. Clarke* and *H. W. Hermance*, Ind. Engng. Chem., Analyt. Ed. **9,** 292 (1937).

[10] *R. Kempf*, Z. analyt. Chem. **80,** 88 (1933).

[11] *F. Feigl*, Chemistry and Industry **57,** 1161 (1938).

[12] *F. Feigl* and *N. Braile*, Chemist Analyst **33,** 28 (1944).

[13] *E. M. Przibram*, Chem. Zbl. I, 475 (1939).

[14] *J. Winckelmann*, Mikrochem. **10,** 437 (1931); **12,** 127 (1932; **14,** 171 (1934); **16,** 203 (1936).

[15] *G. Skalos*, Mikrochem. **32,** 233 (1944).

[16] *W. W. Razim*, Ind. Engng. Chem., Analyt. Ed. **14,** 278 (1942).

[17] *P. W. West*, Ind. Engng. Chem., Analyt. Ed. **15,** 475 (1943).

[18] *F. Feigl*, Z. analyt. Chem. **74,** 380 (1928).

[19] *F. Feigl* and *H. A. Suter*, Ind. Engng. Chem., Analyt. Ed. **14,** 840 (1942).

[20] *F. Feigl*, Z. angew. Chem. **44,** 741 (1931); Compare also *F. Feigl*, Z. analyt. Chem. **74,** 369 (1928); *F. Feigl* and *P. Krumholz*, Ber. dtsch. chem. Ges. **62,** 1138 (1929).

[21] Compare *F. Feigl*, Chemistry of Specific, Selective and Sensitive Reactions, Academic Press. New York, 1949 (translated by *R. E. Oesper*).

[22] Compare *M. Niessner*, Z. angew. Chem. **52,** 721 (1949).

[23] *H. Yagoda*, Ind. Engng. Chem., Analyt. Ed. **15,** 135 (1943).

[24] *G. Gutzeit*, Eng. Mining J. **143,** 57 (1942).

[25] *A. Glazunow*, Österr. Chem.-Ztg. **41,** 217 (1938).

[26] *H. Yagoda*, Ind. Engng. Chem., Analyt. Ed. **9,** 79 (1937).

[27] *A. Steigmann*, J. Soc. Chem. Ind. **64,** 88 (1945).

[28] *H. Flood*, Z. analyt. Chem. **129**, 327 (1940).
[29] Compare *G. Schwab* and *A. N. Gosh*, Z. angew. Chem. **53**, 39 (1940).
[30] *Sh. Iijima* and associates, Chem. Abstr. **42**, 7197 (1948).
[31] *P. P. Hopf*, J. Chem. Soc. London, 785 (1946).
[32] *H. Goto*, J. Chem. Soc. Japan **50**, 199, 203, 365, 371, 547, 625, 805, 797, 1215, 1357, 1362 (1938); **60**, 937, 940 (1939).
[33] *P. W. West*, J. Chem. Education, **13**, 528–32 (1941).
[34] *P. E. Wenger*, Helv. Chim. Acta, Since 1941.
[35] *F. Feigl*, Qualitative Analysis by Spot Test, Chpt. 3, New York 1946; Laboratory Manual of Spot Tests, New York 1943.
[36] *P. E. Wenger*, Helv. Chem. Acta **29**, 1698 (1946); Analyt. Chim. Acta **1**, 190 (1947).
[37] Compare *L. Zechmeister* and *L. Cholnoky*, "Principles and Practice of Chromatography" New York, John Wiley & Sons, 1944.
[38] *P. W. West*, Analyt. Chemistry **17**, 740 (1945).
[39] *J. K. Carlton*, Analyt. Chemistry **22**, 1022 (1950).

Departamento de Química da Faculdade de Filosofia, Ciências e Letras da
Universidade de S. Paulo, S. Paulo, Brasil.

The Catalyzed Iodine-Azide Reaction in Micro-Analysis. I.

The spot test for the detection of thiocyanate.

By

Paschoal Senise.

With 1 figure.

(Received October 17, 1950.)

According to *Feigl*[1] use can be made of the catalytic effect of thiocyanate on the iodine-azide reaction for the detection of this ion. The spot test is based on the evolution of the nitrogen produced in the reaction and as carried out by the author presents a limit of identification of $1.5\,\gamma$ and a concentration limit of $1:33\,000$ in terms of KSCN. It is also pointed out by *Feigl* that the sensitivity of the test decreases in the presence of considerable amounts of sodium phosphate or potassium ferrocyanide as well as of large quantities of iodide.

In a research carried out by us on the system $N_3^- \!-\! J_2 \!-\! SCN^-$,[2] the rate of evolution and the total amount of nitrogen formed in the reaction were studied in dependence of several factors.

It was found that the velocity of nitrogen evolution is favored by increasing the SCN^-, N_3^- and iodine concentrations whereas it decreases by increasing the iodide concentration and with increasing temperature. The total production of gas, on the contrary, is favored by raising the iodide concentration and by lowering the iodine concentration or the temperature. This behavior toward the variation of iodine and iodide concentrations was explained as being directly related to the oxidation-reduction potential of the $J_2 \cdot KJ$ solution and so no specific rôle was ascribed to iodide in the consideration of the reaction mechanism. It was also found that the rate of evolution and the total production of nitrogen depend on the p_H of the medium. A maximum was observed in both studied phenomena at p_H 5.7—5.9.

As it appears evident the sensitivity of the spot test should depend on the velocity of formation of the gas rather than on the total amount produced. This was confirmed by our experiments. Thus, in recommending a test procedure conditions must be chosen which favor the rate of evolution, i. e., one should use a reagent solution buffered at the optimum value and with a relatively low concentration of J^-. *Feigl* reagent being alkaline (p_H 7.8—8,0) can be made more active – when a higher sensitivity is required – by a slight modification in its preparation.

The effect of phosphate and ferrocyanide was found to be not specific. Phosphate affects the reaction because it increases the p_H of the medium and ferrocyanide reacts with iodine thus promoting also an increase of the iodide concentration.

Experimental.

Quantitative determinations of the nitrogen formed were made using a differential manometer of the *Barcroft* type. Spot tests were performed in watch glasses as indicated by *Feigl* and bubbles formation observed without magnifyers.

Results of a measure of the evolution of nitrogen carried out in a solution very similiar to the reagent indicated by *Feigl* (3 g NaN_3 in 100 ml of 0.1 N iodine solution) are shown in the first column of table 1. In the second column results are shown which were obtained with a solution having the same N_3^- concentration, lower iodine and iodide concentrations and buffered with acetic acid-sodium acetate. Spot tests were also performed with solutions identical to the both just referred to. In the first case a limit of identification of 1.0 γ and a concentration limit of 1 : 50000 was found. With the buffered solution 0.25 γ in a concentration of 1 : 20000 were easily detected.

Table 1. Measure of N_2-evolution — λ at N. T. P.

Time in min.	Initial concentrations: NaN_3 = 0.46 M (30 g/l) $KSCN$ = 4.8 $\cdot$ 10^{-5} M ($\simeq$ 5 γ/ml) 20° C	
	J_2 = 0,11 N KJ = 0,25 M (42 g/l) init. p_H = 7.8 (unbuffered)	J_2 = 0.032 N KJ = 0.060 M init. p_H = 5.0
5	58.6	272
10	75.2	436
15	82.5	552
20	85.4	632
30	(total)	736
45		817
60		856
75		876
90		885

The inhibitory effect of phosphate was studied at controlled p_H values by replacing sodium phosphate with other alkaline reacting substances. It was found that the course of the reaction depends only on the p_H regardless of the nature of the substance used. Fig. 1 shows quantitative results obtained in buffered solutions. Spot tests were also performed in the presence of borax, sodium acetate and carbonate instead of phosphate. It can be also shown that the presence of phosphate in acid medium does not exert any influence on the reaction. See table 2.

The addition of ferrocyanide to the reacting medium decreases the velocity of gas evolution but promotes the increase of the total volume of nitrogen. This effect was proved to correspond quantitatively to a lowering of iodine and an increase of iodide concentrations, as can be

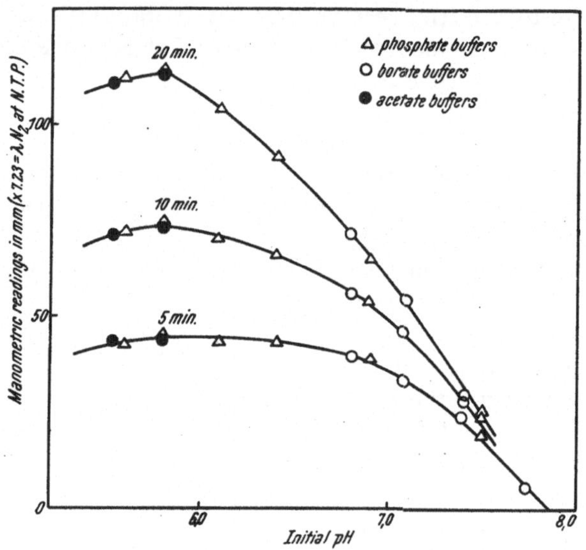

Fig. 1. Initial concentrations: $NaN_3 = 5.00 \cdot 10^{-2}$ M; $J_2 = 1.03 \cdot 10^{-2}$ N;   KJ = $1.23 \cdot 10^{-1}$ M; KSCN = $1.94 \cdot 10^{-4}$ M.   20° C.

seen in table 2, column 5. The consumption of iodine by ferrocyanide was also observed by mixing in a spot plate a drop of iodine-azide solution with a drop of $K_4[Fe(CN)_6]$ solution and further addition of starch.

Studies of the sensitivity of the test were always carried out using solutions containing the same NaN_3 concentration as used by *Feigl.* A limit of identification of 0.035 γ and a concentration limit of 1 : 1 000 000 in terms of Potassium thiocynate were found using a reagent buffered at p_H 5.8 and having an azide concentration corresponding to 3 g NaN_3 in 100 ml of a 0.1 N iodine solution containing 20 g KJ per liter. Such a reagent was prepared by dissolving 90 mg of pure NaN_3 in a solution prepared with 1.0 ml of 0.3 N iodine, containing 60 g KJ per liter, diluted to 3.0 ml with a 1 : 1 mixture of 0.2 M acetic acid and 0.2 M sodium acetate.

Table 2. Measure of N_2-evolution — λ at N. T. P.

Time in min.	Initial concentrations: $NaN_3 = 6.04 \cdot 10^{-2}\,M$ $KSCN = 1.94 \cdot 10^{-4}\,M$ $J_2 = 5.84 \cdot 10^{-2}\,N$ $KJ = 5.55 \cdot 10^{-2}\,M$				
	Initial $p_H = 5.0$	Na_2HPO_4 $= 1.1 \cdot 10^{-2}\,M$ init. $p_H = 5.0$	Na_2HPO_4 $= 1.1 \cdot 10^{-2}\,M$ init. $p_H = 8.1$ (unbuffered)	$K_4[Fe(CN)_6]$ $= 1.1 \cdot 10^{-2}\,M$ init. $p_H = 5\,0$	$J_2 = 4.74 \cdot 10^{-2}\,N$ $KJ = 6.65 \cdot 10^{-2}\,M$ init. $p_H = 5.0$
5	780	775	102	468	472
10	1034	1043	106	716	724
15	1205	1201	111	873	891
20	1290	1293		1011	1017
30	1438	1452	125	1196	1201
45	1562	1573		1368	1372
60	1639	1654	157	1487	1492
180	1700	1707		1702	1708
300	1705	1710			
left over- night	1722 (total)	1732 (total)	412 (total)	1975 (total)	1983 (total)

Solutions of Potassium thiocyanate containing phosphate were tested with this reagent. Same limits were found with solutions containing 1.5 mg $Na_2HPO_4 \cdot 7\,H_2O$ per ml (p_H 8.1) but such values could not be attained in the presence of 3.0 mg per ml (p_H 8.5). However if the tested solution was also kept at a low p_H the limits were reached even with higher concentrations of phosphate.

The author wishes to thank Professor *H. Rheinboldt*, Director of this Department, and Professor *F. Feigl* from the Laboratorio da Produção Mineral, Rio de Janeiro, for valuable suggestions and criticism.

Summary.

Conditions that favor the sensitivity of the spot test for the detection of thiocyanate by the catalysis of the iodine-azide reaction and the inhibitory effect of phosphate and ferrocyanide on the test were studied.

Zusammenfassung.

Bedingungen zur Steigerung der Empfindlichkeit des Tüpfelnachweises von Rhodanidion durch Katalyse der Jod-Azid-Reaktion sowie die Hemmung dieses Nachweises durch Phosphat und Ferrocyanid wurden untersucht.

Résumé.

On étudie les conditions qui favorisent la sensibilité de l'essai à la touche pour la recherche des thiocyanates par catalyse de la réaction iode-azoture et l'effet inhibiteur des phosphates et des ferrocyanures sur le test.

Literature.

[1] *F. Feigl*, Qualitative analysis by spot tests, 3rd edition 1946, p. 212.
[2] *P. Senise*, accepted for publication in the J. Phys. and Colloid Chem.

Departamento de Química da Faculdade de Filosofia Ciências e Letras da
Universidade de S. Paulo, S. Paulo, Brasil.

The Catalyzed Iodine-Azide Reaction in Micro-Analysis. II.

A gas volumetric method for the microdetermination of
thiocyanate.

By

Paschoal Senise.

With 1 figure.

(Received October 16, 1950.)

The catalysis of the iodine-azide reaction by various sulfur-con-
taining compounds has been widely used in micro qualitative tests
which have been developed especially by *Feigl*[1] for the detection of
such compounds.

A quantitative application of the reaction was indicated by *Goto* and
Shishiokawa[3] who, with the aid of fluorescent indicators, carried out
microdeterminations of ions such as S^{--}, $S_2O_3^{--}$ and SCN^- by relating
the change of fluorescence to the concentration of the catalyst.

Recently *Holter* and *Løvtrup*[4] studied this catalyzed reaction with
the aim of using it in connection with the Cartesian diver for the
microdetermination of some sulfur compounds. The determinations of
tetrathionate and cystine were studied by the authors as examples of
two different types of catalysts.

Independently from *Holter* and *Løvtrup* we* also have investigated
the possibility of using the iodine-azide reaction for quantitative estima-
tions and our attention was directed to the special case of thiocyanate
determination. This idea arose from results obtained in a more general
study on the system N_3^-—I_2—SCN^- [6] which—as referred to in Part I[7]—

---

* The report of our preliminary experiments was sent to the Microchemical
Congress in April. We came across the results of *Holter* and *Løvtrup* through
the May 10, 1950 issue of the „Chemical Abstracts".

provided us the possibility of controlling the rate of evolution of the nitrogen formed in the reaction as well as its total production.

As a result of these investigations small amounts of thiocyanate could be determined by measuring the gas evolved in a given time. In fact, it was shown[6] that, provided small intervals of time and not too wide concentration ranges are considered, the volume of nitrogen produced in a given time and the concentration of thiocyanate are in linear relation. Fig. 1 shows the results of some determinations carried out by this rapid and simple method.

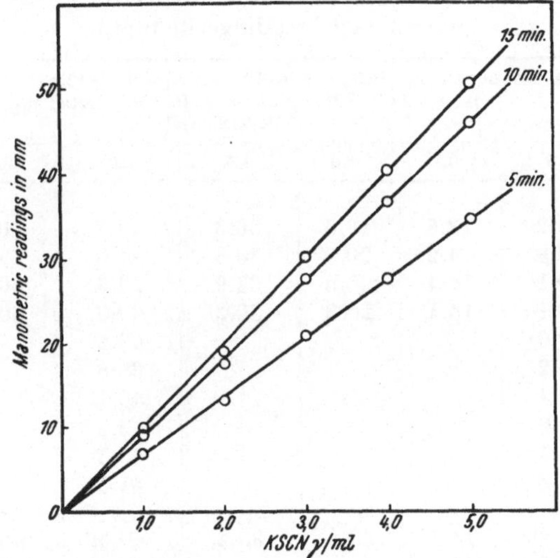

Fig. 1.   Initial concs: $NaN_3 = 6.04 \cdot 10^{-2}\,M$; $J_2 = 2.92 \cdot 10^{-2}\,M$; $KJ = 5.55 \cdot 10^{-2}\,M$; initial $p_H =$ = 5.0. 20.0° C. Plots in the graph are mean values of 4 determinations.

The sensitivity and accuracy of this procedure were limited by the imperfectness of the apparatus available in our laboratory. In the determination of $1.0\,\gamma$ KSCN/ml an average deviation of 4.5% was observed.

Higher sensitivity and accuracy were obtained in the measure of the total nitrogen evolved. In such cases the volume of gas produced is always proportional to the initial concentration of thiocyanate[6]. The study of the precision of the latter method was made for two concentrations of potassium thiocyanate ($0.5\,\gamma$ and $2.0\,\gamma$ per ml). As shown in table 1 the standard deviation of the mean of ten measurements, in the determination of $0.5\,\gamma$/ml, in terms of readings in mm was 0.096. The probable error of the mean was 0.06 and the probable error of a single measurement 0.20 which in terms of potassium thiocyanate indicates that in the determination of $0.5\,\gamma$ per ml a single determination should be correct to $\pm 0.01\,\gamma$/ml.

                                    P. Senise:

Experimental.

A differential manometer of the *Barcroft* type was used in the measure of the nitrogen evolution. The U tube had a total lenght of 80 cm, an average cross section of $3.37\,mm^2$ and the volumes of each vessel including the space above the meniscus in the corresponding sidearm of the apparatus was $39.246\,\lambda$ and $39.260\,\lambda$ respectively. The apparatus constant for the conversion of readings in mm to volume of gas in λ at N. T. P. was 7.23 at 20^0 C.

Table 1. Measure of total N_2-evolution — 20.0° C.
(Manometric readings in mm.)

Run no.	Initial concentrations: $NaN_3 = 6.16\cdot10^{-1}\,M$; $J_2 = 6.07\cdot10^{-2}\,M$; $KJ = 2.19\cdot10^{-2}\,M$; $HAc = 4\cdot10^{-2}\,M$; $NaAc = 4\cdot10^{-2}\,M$. Initial $p_H = 5.7$ — KSCN γ/ml						
	0.5	0.7	1.0	1.5	2.0	3.0	5.0
1	10.2	13.8	19.6	30.3	40.7	60.0	101.5
2	10.9	14.2	20.8	30.3	41.0	59.7	102.3
3	10.1	14.4	20.6	29.9	39.9	60.2	102.8
4	10.1	14.1	20.3	30.2	40.0	60.1	102.6
5	10.0				40.2		
6	10.2				39.8		
7	10.1				40.1		
8	10.0				40.6		
9	10.7				40.3		
10	10.3				41.0		
Average	10.26	14.1	20.3	30.2	40.36	60.0	102.3

Aver. dev.	0.22	0.37
σ	0.30	0.44
σ mean	0.096	0.14
Prob. error	0.20	0.29
Prob. error mean	0.06	0.09

Experiments were always carried out in a thermostat with continuous shaking. The total volume of solution in both the reaction and the blank vessels was of 3.0 ml. In the reaction flask were introduced 0.5 ml of aqueous NaN_3 solution, 1.0 ml of iodine solution ($KJ\cdot J_2$), 1.2 ml of acetic acid-sodium acetate buffer and 0.3 ml of aqueous thiocyanate solution.

Some experiments were also carried out in a *Warburg* apparatus. But as the reaction vessels available were not the most suitable for this kind of work and also the temperature controlling device was deficient the results obtained are not considered in this paper. However, it is evident that when a good *Warburg* apparatus is available it should be

preferred to a *Barcroft* manometer of the type used by us. The volume
of the reactants can be reduced and a higher degree of sensitivity and
accuracy is to be expected. In this connection, it is to be noted that the
Cartesian diver used by *Holter* and *Løvtrup*, which is generally considered as an ultramicro apparatus should provide the more sensitive
results employing extremely small quantities of reactants, but a personal
experience of the refined technique is also required.

Standard solutions were prepared with C. P. KSCN purified according to *Kolthoff* and *Lingane*[5]. Commercial NaN_3 (Schering) was purified
by dissolving in water and precipitating with ethyl alcohol, this procedure being repeated several times. Solutions of NaN_3 were controlled by
iodimetric titrations in the presence of CS_2 according to *Feigl* and
Chargaff[2].

The author is greatly indebted to Professor *H. Rheinboldt*, Director
of this Department, and to Professor *F. Feigl* from the Laboratorio da
Produção Mineral, Rio de Janeiro, for helpful suggestions and interest.

Summary.

A method for the microdetermination of thiocyanate based on the
measure of the nitrogen evolved in the catalyzed iodine-azide reaction
is presented.

Zusammenfassung.

Es wird ein Verfahren zur Mikrobestimmung von Rhodanid beschrieben,
welches auf der volumetrischen Messung des Stickstoffes beruht, der durch
Katalyse der Jod-Azid-Reaktion in Freiheit gesetzt wird.

Résumé.

On présente une méthode de dosage basée sur la micromesure de l'azote
dégagé dans la réaction catalysée de l'iode sur un azoture.

Literature.

[1] *F. Feigl*, ,,Qualitative analysis by spot tests" — 3[d] edition 1946; ,,Che-
mistry of specific, selective and sensitive reactions" 1949.

[2] *F. Feigl* and *E. Chargaff*, Z. analyt. Chem. **74**, 376 (1928).

[3] *H. Goto* and *T. Shishiokawa*, J. Chem. Soc. Japan **65**, 6737 (1944);
Chem. Abstr. **41**, 3392[b] (1947).

[4] *H. Holter* and *S. Løvtrup*, C. r. trav. lab. Carlsberg. Sér. chim. **27**, 72
(1949).

[5] *I. M. Kolthoff* and *J. J. Lingane*, J. Amer. Chem. Soc., **57**, 2126 (1935).

[6] *P. Senise*, accepted for publication in the J. Phys. & Colloid Chem.

[7] *P. Senise*, Mikrochem. **36**, 206 (1951).

Institut für anorganische Chemie der Universität Sofia.

Der Bau der Realkristallsysteme und die Probleme der Mikrochemie.

Von

D. Balarew.

(Eingelangt am 31. Juli 1950.)

In den letzten 25 Jahren habe ich eine neue Theorie über den Bau der Realkristallsysteme ausgearbeitet. Danach sind diese dispergiert, stellen Verwachsungskonglomerate vor, besitzen große innere Oberflächen, wobei dieser disperse Bau thermodynamische Grundlagen besitzt[1].

Die folgenden Behauptungen meiner Theorie müssen im Zusammenhang mit den Grundproblemen der Mikrochemie besonders unterstrichen werden.

Die Frage der spontanen Kristallisation ist keine Frage nur der genügenden Dimensionen des Kristallkeims, sondern ein Problem der Formierung eines solchen Verwachsungskonglomerates — frisch, metastabil —, welches fähig ist, in der übersättigten Lösung zu wachsen. Dafür spricht die Tatsache, daß alte Gleichgewichtskristalle von z. B. $NaBr \cdot 2 H_2O$ die Auskristallisierung einer gegebenen übersättigten Lösung des Salzes[2] nicht hervorrufen, wie auch die Tatsache der Löslichkeit des Gipses von unten und von oben[3].

Beim Aufwachsen der Kristallkeime werden drei Gebiete der Stabilität des Systems durchschritten[4]:

1. Die Stabilität auf dem Gebiet der oberen Grenze der Kolloiddimensionen — um $0{,}01\,\mu$. Dafür spricht die Tatsache, daß wir in Gläsern, in welchen der Zustand der Schmelze fixiert ist, Kriställchen von solchen Dimensionen haben.

2. Stabilität auf dem Gebiet der unteren Grenze der Kolloiddimensionen — um $0{,}1\,\mu$. Dafür spricht die Tatsache, daß beim dauernden Auswaschen der anisotropen Kristalle von $BaSO_4$ man ein Sol mit Teilchen von $0{,}1\,\mu$ erhält, die in der Lösung gleichzeitig mit den großen

Makrokristallen vorliegen, wiewohl das Gleichgewicht zwischen einem BaSO$_4$-Kristall und seiner Lösung sich in 10 bis 30 Min. realisiert[5].

3. Die Stabilität bei den Makrokristallsystemen — um 1 μ herum, wenn das Aufwachsen langsam aus der Schmelze oder extrem langsam aus der wäßrigen Lösung verläuft.

Die Tatsache, daß die Dimensionen des Kristallkeimes zu klein sind — vielleicht ist er an der oberen Grenze der Kolloiddimensionen und wird trotz seiner kleinen Dimensionen nicht aufgelöst, sondern wächst in dem unterkühlten bzw. übersättigten System auf —, zeigt, daß die *Gibbs-Thompson*sche Gleichung, wenn auch qualitativ, in ihrer klassischen Form bei kleinen Kriställchen nicht anwendbar ist und daß die Löslichkeit eines Soleteilchens, dessen Größe innerhalb der Grenze der typischen Kolloide liegt, fast dieselbe sein muß wie die Löslichkeit eines Makrokristalls.

Ein vollkommen idealer Kristall kann nicht im Gleichgewicht mit seiner Umgebung stehen. Dieses Gleichgewicht realisiert sich durch entsprechende Rundung der Ecken und Kanten, entsprechende Biegung der Flächen, durch entsprechende Verunreinigung im weiteren Sinne des Wortes der verschiedenen Stellen der Flächen usw. Bei den Makrokristallsystemen — Verwachsungskonglomeraten — nehmen bei der Realisierung des Gleichgewichtes auch die Orientierung der Elementarkriställchen sowie der Bau und die Zusammensetzung der festen Bindungen der Realkristallsysteme teil. Von diesem Standpunkt aus müssen alle verschiedenen Stellen der freien oder verwachsenen Elementarkriställchen der Realkristallsysteme ihren eigenen Bau und ihre eigene Zusammensetzung, überhaupt ihr eigenes Verhalten im weiteren Sinne des Wortes besitzen, durch welches sich nämlich das Gleichgewicht in dem System und zwischen den Kristallsystemen und ihrer Umgebung realisiert.

Bei den polar gebauten, wenig löslichen Kristallsystemen erfolgt die Verunreinigung des Systems nach der *Paneth-Fajans*schen Regel; in den besser löslichen Systemen — nach den *Hoffmeister*schen Reihen der Anionen[6].

Die Gesetze der inneren Adsorption bei den organischen Stoffen sind bis jetzt nicht genauer untersucht worden.

Von diesem Standpunkt aus ist die Frage der Verunreinigung eines Kristallsystems sehr kompliziert, weil, um zu wiederholen, jeder verschiedene Teil eines Realkristallsystems seine eigene Verunreinigung besitzt.

Beim Aufwachsen der Kristallsysteme, Blöckchen nach Blöckchen, entspricht jeder Größe des Blöckchens eine verschiedene Gleichgewichtsverunreinigung oder eine Verunreinigung, durch welche sich das System dem Gleichgewichtszustande nähert, der aber beim schnellen Aufwachsen der Kristallkeime und den intermediären Stufen ihres Aufwachsens bis zu den Elementarkriställchen des Makrokristalls, nicht erreicht werden kann.

Aus dem Gesagten wird klar, warum der Habitus der Teilchen, der in der Mikrochemie zur Identifizierung bestimmter Ionen ausgenützt wird, mehr oder weniger von der Umgebung abhängt, in welcher der Prozeß des Ausfällens verläuft, und warum die Kristallsysteme, die wir in der Mikrochemie ausnützen, mehr oder weniger, meßbar oder unmeßbar verunreinigt sind.

Die Grundprobleme der Mikrochemie werden vollkommener beleuchtet werden, wenn die Gesetze der inneren Adsorption genau festgestellt sind; nämlich die Reihe der Adsorption von verschiedenen fremden Stoffen, die Geschwindigkeit des Aufwachsens und die Art und Weise des Verwachsens der verschieden verunreinigten Elementarkriställchen usw.

Von diesem Standpunkt aus hat sich die Mikrochemie in bezug auf die Darstellung von Niederschlägen von Teilchen mit bestimmtem Habitus und von Teilchen mit genügender Reinheit mit zufälligen Beobachtungen oder solchen ohne leitende Gedanken begnügt.

In Zukunft werden die bisherigen Errungenschaften der Mikrochemie unter dem Licht der neuen Theorie des Baues der Realkristallsysteme so zu präzisieren sein, daß man den Prozeß des Ausfällens möglichst vollkommen beherrscht und im voraus feststellen kann, welcher Zusammenhang zwischen den Bedingungen des Ausfällens — Zusammensetzung, Temperatur, Konzentration der Mutterlauge, Geschwindigkeit, Art und Weise des Ausfällens — einerseits und dem Habitus und der Reinheit der ausgefällten Teilchen anderseits besteht.

Zusammenfassung.

Die Bedeutung der neuen Theorie des Baues der Realkristallsysteme für die Probleme der Mikrochemie wird nach folgenden Gesichtspunkten erörtert:

a) die Größe des Kristallkeimes;

b) die Bedingungen der Stabilität der Kristallkeime und deren Grenzen in Abhängigkeit von den Dimensionen der dispergierten Kristallsysteme;

c) die Löslichkeit des Kristallkeimes;

d) die Art der Realisierung des Gleichgewichtes zwischen dem Kristall und dessen Umgebung;

e) die komplizierte Art und Weise der Verunreinigung eines freien Elementarkriställchens bzw. des Verwachsungskonglomerates.

Der Zusammenhang zwischen Habitus und Verunreinigung eines Niederschlages einerseits, den Bedingungen seines Entstehens anderseits, kann in Hinkunft nur in dem Lichte der neuen Theorie des Baues der Realkristallsysteme fruchtbringend erforscht werden.

Summary.

The significance of the new theory of the structure of the real crystal systems for the problems of microchemistry is discussed from the following viewpoints:

a) the size of the crystal nucleus;

b) the conditions of stability of the crystal nuclei and their limits in dependence of the dispersed crystal systems;

c) the solubility of the crystal nucleus;

d) the type of the realization of the equilibrium between the crystal and its surroundings;

e) the complicated kind and manner of the contamination of a free elementary crystal or the growth conglomerate.

The relation between habit and contamination of a crystal, on one hand, and the conditions surrounding its origin, on the other, can be productively studied in the future only in the light of the new theory of the structure of the real crystal systems.

Résumé.

On discute d'après les points de vue suivants, la signification de la nouvelle théorie de la structure des systèmes cristallins pour les problèmes de microchimie.

a) la grandeur du germe cristallin;

b) les conditions de stabilité des germes cristallins et de leurs limites en rapport avec les dimensions des systèmes cristallins dispersés;

c) la solubilité du germe cristallin;

d) le mode de réalisation de l'équilibre entre le cristal et le milieu environnant;

e) le mode compliqué et le mode de pollution d'un petit cristal élémentaire libre ou du conglomérat où il s'accroît.

L'interdépendance entre l'habitus et la souillure d'un précipité, d'une part, les conditions de sa formation, d'autre part, peuvent être explorées d'une manière fructueuse, seulement à la lumière de la nouvelle théorie de la structure des systèmes cristallins réels.

Literatur.

[1] *D. Balarew*, Kolloid-Z. **106**, 116 (1944).

[2] *D. Balarew*, Kolloid-Z. **101**, 50 (1942).

[3] *D. Balarew* und *N. Kolarow*, Z. Kristallographie (A) **103**, 186 (1941).

[4] *D. Balarew*, Chemie und Industrie, Sofia 1949. Kolloid-Z. **97**, 300 (1941); **96**, 23 (1941). Der disperse Bau der festen Systeme. Th. Steinkopf, Dresden u. Leipzig 1939.

[5] *D. Balarew*, Z. analyt. Chem. **120**, 393 (1940).

Microchemistry Laboratory, Chemistry Department, The Queen's University
of Belfast.

Chromatography of Organo-Metallic Complexes.

By

A. K. Al-Mahdi and Cecil L. Wilson.

With 3 figures.

(Received July 18, 1950.)

Various separations of metallic ions by so-called "inorganic chromatography" have been described[1]. However, the processes involved are properly regarded as ion-exchange rather than true chromatographic adsorption. Partly because of this, theoretically complete separations are not achieved by this method, since the bands formed by the different ions usually overlap to a greater or less extent.

Thus while chromatography of a mixture of two organic substances will produce the stages indicated by fig. 1, so-called chromatography of inorganic ions will, on continued washing, produce the series of phenomena represented in fig. 2. In consequence, a complete separation is not to be expected. Where the over-lapping is very small, the separation may, of course, be effectively complete, although not being so in theory.

The method devised by *Erlenmeyer* and co-workers[2], of passing aqueous solutions of ions through columns of, or impregnated with, organic reagents such as 8-hydroxyquinoline, equally cannot be regarded as true chromatography, since it is probably dependent on the relative solubilities or stabilities of complexes formed *in situ* on the column.

Since many complexes formed between inorganic ions and organic reagents are covalent, and are soluble in organic solvents, it could be reasoned that true chromatography might be possible in mixtures of these complexes, resulting in separations strictly comparable with those achieved in the organic field. Consequently, in 1946 one of us (C. L. W.), working on this assumption, achieved the complete or partial separation of milligram amounts of the dithizone complexes of mercuric, bismuth, copper and cadmium, on alumina columns. Considerable difficulty was experienced because of separation of dithizone itself on the column. This can be attributed to the formation, in the first instance, of complexes derived from the keto form of the reagent in acid solution, and subsequent transformation to the enol form on the basic column, resulting in the liberation of one molecule of dithizone from each molecule of the complex. Further experiments with complexes prepared in alkaline

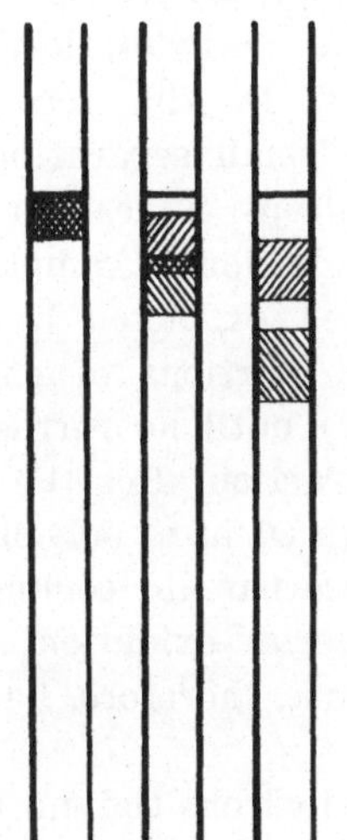

Fig. 1. True chromatographic separation.

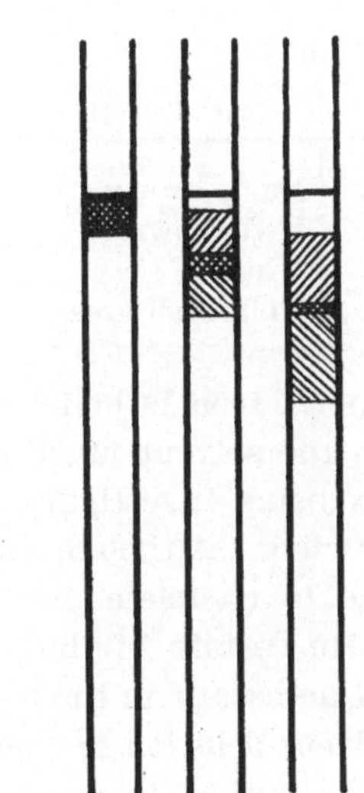

Fig. 2. Chromatography of inorganic ions.

solution, and with acid-washed alumina, various forms of silica, and paper as adsorbents, suggested that the difficulty could be overcome, at least in some of the separations.

At this stage work had to be abandoned temporarily. In the meantime, attention was drawn to the work of *Erämetsä*[3], which seems to be along the same lines, and which must, therefore, claim priority. This work is, however, only known to us in abstract form.

It should be noted that a recent communication of *Dunabin, Mason, Seyfang* and *Woodman*[4] describes a dithizone-concentration process only one stage short of chromatography.

As no further work of this nature seems to have been reported by *Erämetsä*, we some time ago re-opened the investigation on a wider basis. While the results of the dithizone work have been re-examined in part, attention has mainly been turned to other reagents which do not show the same disadvantages.

Sodium diethyldithiocarbamate, which is water soluble, forms stable coloured complexes with aqueous solutions of metallic ions[5]. The complexes shown in Table 1 have been chosen for examination. They can readily be extracted from the aqueous phase by immiscible organic solvents, and the dried extracts used for normal chromatography.

After investigating a wide range of adsorbents and solvents, the procedure which has been finally adopted is as follows: The reagent solution is an aqueous 0.2 per cent solution of sodium diethyldithiocarbamate. This is added to the ion solution, contained in a small separating funnel, until further drops of reagent solution produce no additional complex. The complex is then extracted by shaking with successive portions of chloroform (or benzene if iron is believed to be present) until no further colour appears in the solvent layer in the final extraction. For the amounts of complex being investigated, a total of 15 to 20 ml of solvent proved to be sufficient. Although the diethyldithiocarbamate complexes are very stable to complete destruction, some aerial oxidation seems to take place in certain of them. They should not, therefore, be exposed more than necessary to the atmosphere.

Table 1.

Ion	Colour of complex
Copper.....	Dark brown
Iron	Red-brown
Cobalt	Green
Nickel	Yellowish-green

The solvent solution is then dried over anhydrous sodium sulphate. The dried solution is chromatographed on a *dry* 4 mm column of alumina (Peter Spence Type H, 100 to 200 mesh) 20 to 25 cm long. This alumina, if regenerated, should be reactivated by heating for three hours in shallow layers in Petri dishes in an electric oven at 250 to 300⁰ C. This reactivated material gives consistent results.

Table 2.

Ion	Colour of zone	R_F value at 15° C
Copper.......	Brown	0.37
Iron	Pinkish	0.07
Cobalt	Green	0.62
Nickel	Yellowish	0.32

In practice, the solution is made to a known volume, and an aliquot is taken for chromatography, usually 0.5 to 1 ml. Continued washing of the column with the solvent used for the extraction, without application of suction to the column, separates the zones due to the different ion-complexes. If the column is moistened with solvent beforehand, or if suction is applied, more diffuse zones result.

Zones were formed by the chosen complexes, as shown in Table 2.

These figures suggest that any pair of these complexes might be completely separated, although difficulty might be anticipated with the copper-nickel separation. More complex mixtures should also be separable. It should be noted that R_F values were measured to the leading edge of the zone rather than to its centre of gravity, as this was found to give more consistent results.

In actual experience, the copper-nickel and nickel-iron separations were not as good as those obtained with other pairs. Qualitatively the two ions could be readily detected, but the two zones were more or less attached as in the case of normal ion chromatography. However, in the favourable pairs, complete separations with clear white zones between the complex zones, were obtained. A copper-iron-cobalt mixture has also been completely separeted. Typical chromatograms are represented diagrammatically in fig. 3.

In order to determine the limit of detection of the ions by this method, chloroform or benzene solutions containing known amounts of each of the

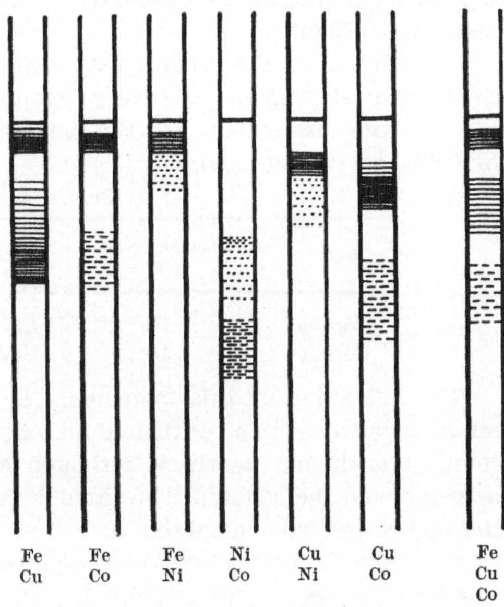

Fig. 3. Chromatograms of diethyldithiocarbamate complexes of copper, iron, cobalt and nickel.

ions were prepared, and binary mixtures were made, using 0.5 ml of each complex solution. These mixtures were then chromatographed. The limits of detection of the ions present in smallest amount are shown in Table 3.

Table 3.

Major ion	Amount present γ	Minor ion	Limit of detection γ
Copper	16	Cobalt	2
Cobalt	15	Copper	0.3
Iron	9	Nickel	2
Nickel	18	Iron	0.6
Iron	9	Copper	1
Copper	16	Iron	0.6
Nickel	18	Cobalt	0.5
Cobalt	10	Nickel	2
Copper	16	Nickel	2
Nickel	18	Copper	0.3
Iron	14	Cobalt	0.7
Cobalt	15	Iron	0.7

For the purpose of quantitative estimation, the complexes may be removed from the column, either by washing them through in turn, or, preferably by extruding the column, and extracting the portion bearing the complex with small successive portions of chloroform, or, in the case of iron, acetone. The combined extract of any one complex is then made up to 10 ml.

Comparison of the colours with standards in an EEL photoelectric colorimeter showed that recovery was quantitative within the limit of error of the instrument. For the pair cobalt-copper, the results shown in Table 4 were obtained.

Table 4.

Major ion	Amount present γ	Minor ion	Amount capable of estimation γ
Copper	16	Cobalt	7
Cobalt	15	Copper	3

The deflection on this instrument is too small to allow less of the minor constituent to be estimated directly as the diethyldithiocarbamate complex with any accuracy, although smaller amounts were readily detectable on the column. The same drawback is found in dealing with the nickel and iron complexes.

However, by converting the complexes to other forms, considerably smaller amounts may be estimated, even with this relatively insensitive instrument. Because of the particularly stable nature of the diethyl-dithiocarbamate complexes, complete destruction is only possible by evaporating the solution to dryness, treating with bromine water, and then with concentrated nitric acid, thus converting the ions to the nitrates. The nitrates, freed from acid, are then dissolved in distilled water, and treated with more sensitive reagents.

The increased sensitivity obtained in this way will be clear from Table 5.

Table 5.

Major ion	Amount present γ	Minor ion	Reagent	Amount capable of estimation γ
Copper	16	Cobalt	β-nitroso-α-naphthol-4-sulphonic acid (Na salt)[6]	0.6*
Cobalt	15	Iron	Ammonium thiocyanate[7]	0.9
Cobalt	15	Nickel	Dimethylglyoxime[8]	0.9

Since the smaller amounts which could be determined in this way were often below the qualitative limit of detection of the complex zone

---

* In this case 0.7 γ was originally present. The low value is attributed in part to the residual colour of the reagent.

on the colum, the R_F value was used to determine the portion of the column to be eluted.

Work is continuing on the investigation of other reagents which will give separable complexes. For example, 8-hydroxyquinoline complexes and triethanolamine complexes of various cations are separable using this technique. There is also reason to believe that satisfactory separations may be achieved by adding more than one specific reagent to the solution of mixed ions, thus producing a mixture of separable but unrelated complexes. This work will be the subject of further communications.

Summary.

True chromatography may be used to separate inorganic ions by forming complexes with organic reagents and chromatographing these from organic solvents. Separations in the ions copper, iron, nickel, cobalt, using as reagent sodium diethyldithiocarbamate have been investigated both qualitatively and quantitatively. The accuracy of determination may be increased considerably by converting to another complex after separation.

Zusammenfassung.

Chromatographie im wahren Sinne des Wortes kann zur Trennung anorganischer Ionen angewendet werden, indem man Komplexverbindungen mit organischen Reagenzien bildet und diese aus organischen Lösungsmitteln chromatographiert. Die Trennung von Cu, Fe, Ni und Co als Diäthyldithiocarbamat-Komplexe wurde sowohl in qualitativer wie in quantitativer Hinsicht untersucht. Die Genauigkeit der Bestimmung kann wesentlich durch Umwandlung in andere Komplexverbindungen nach der Trennung gesteigert werden.

Résumé.

La chromatographie vraie peut être utilisée à la séparation d'ions minéraux en formant des complexes avec les réactifs organiques et chromatographiant ceux-ci pour les séparer des solvants organiques. Les séparations dans les ions Cu, Fe, Ni, Co utilisant comme réactifs le diéthyldithiocarbamate de sodium ont été à la fois qualitativement et quantitativement expérimentées. La sensibilité du dosage peut être considérablement accrue en convertissant en un autre complexe après séparation.

Bibliography.

[1] See, e. g., *G. M. Schwab* et al., Naturwiss. **25**, 44 (1937); Z. angew. Chem. **50**, 546, 691 (1937); **51**, 709 (1938).

[2] *H. Erlenmayer* et al., Helv. Chim. Acta **22**, 1369 (1939); **24**, 878, 1213 (1941).

[3] *O. Erämetsä*, Suomen Kem. **16 B**, 13 (1943); Brit. Chem. Abstr. **1946**, 308.

[4] *J. E. Dunabin, H. Mason, A. P. Seyfang* and *F. J. Woodman*, Nature **164**, 916 (1949).

[5] *M. Delepine*, C. r. acad. sci., Paris **164**, 981 (1948). — *F. J Welcher*, Organic Analytical Reagents, vol. IV, New York, 1948, S. 82.

[6] *F. Feigl*, Qualitative Analysis by Spot Tests, New York, 1947, S. 113.

[7] *F. Feigl*, loc. cit. S. 113.

[8] *F. J. Welcher*, loc. cit., Vol. III, S. 175.

Microchemistry Laboratory, Chemistry Department, the Queen's University of Belfast.

A Microscheme for Cations without Hydrogen Sulphide.

By

M. C. Alvarez Querol and C. L. Wilson.

With 12 figures.

(Received August 28, 1950.)

Introduction.

As already has been outlinied elsewhere[1] many modifications have been proposed since *Fresenius*[2], by selection and improvement of previous methods, formulated the basis of a qualitative scheme for the analysis of cations. The use of this system has been almost universal and frequently we refer to it as the classical scheme for the analysis of cations.

The conditions under which *Fresenius* perfected his scheme were very different from those of to day. Few specific reagents were known and so it was necessary, in most cases, to achieve complete isolation of each cation before applying confirmatory tests.

When an analyst performs the qualitative analysis of a sample, his interest, in most cases, is to ascertain the components in order to select a proper quantitative procedure for the determination of one or more of the elements. In other words qualitative analysis is generally preliminary to quantitative analysis, and therefore the shorter the better. Complete separation, in qualitative analysis, may be important academically but has no intrinsic analytical purpose. Identification of, say, cobalt, after complete separation is no more effective than identification in a solution containing five other cations.

Apart from the unpleasant use of the hydrogen sulphide, a serious fault in the classical scheme, as usually presented in teaching, is the selection of cations. It has been claimed that this has academic utility, but, as a matter of fact, it does not seem particularly reasonable to train the student on the analytical characteristics of elements which he will seldom find during his work as a chemist, at the same time forgetting others with which he is going to deal almost daily.

Reference to the tables devised by *Lundell* and *Hoffman*[3] supports this idea. These authors give the following table showing the frequency of determination of the elements in an analytical laboratory:

Frequency of the Elements in Applied Analysis*.

A. Black blocks: Elements more often determined.
B. Dotted blocks: Elements quite often determined.
C. Ruled blocks: Elements occasionally determined.
(Elements not enclosed are very seldom determined).

H																	He
Li	Be											B	C	N	O	F	Ne
Na	Mg											Al	Si	P	S	Cl	A
K	Ca	Sc	Ti	V	Cr	Mn	Fe	Co	Ni	Cu	Zn	Ga	Ge	As	Se	Br	Kr
Rb	Sr	Y	Zr	Nb	Mo	—	Ru	Rh	Pd	Ag	Cd	In	Sn	Sb	Te	I	Xe
Cs	Ba	La*	Hf	Ta	W	Re	Os	Ir	Pt	Au	Hg	Tl	Pb	Bi	Po	—	Rn
—	Ra	Ac	Th	Pa	U												

* Elements 58–71

Ce	Pr	Nd	—	Su	Eu	Gd	Tb	Dy	Ho	Er	Tm	Yb	Lu

Since in cation analysis the interest centres in the metals we can make the following classification.

Group A. Metals more often determined in analytical work:
  Na, K, Mg, Ca, Ti, *V*, Cr, Mo, W, Mn, Fe, Ni, Cu, Zn, Al, Sn, Pb, As, Sb.

Group B. Elements quite often determined:
  Zr, Co, Ag, *Au*.

Group C. Metals that are determined only occasionally:
  Li, *Be*, Sr, Ba, Nb, *Ta*, *Rh*, *Ir*, *Pd*, *Pt*, Cd, Hg, *Se*, *Te*, Bi.

From this it is clear that logically an analytical scheme should deal at least with all the cations of groups A and B. The more cations of group C that are introduced the more widely applicable will the scheme be. The scheme usually taught includes Sr, Ba, Cd, Bi and Hg, ignoring the existence of Ti, V, Mo, W and Zr.

---

* It is highly probable that Ce, Th and U are nowadays determined with a frequency much higher than when this table was drawn up by *Lundell* and *Hoffman*.

The scheme proposed in this paper includes the elements of groups A, B and C not printed in italics, i. e.

Na, K, Mg, Ca, Sr, Ba, As, Sb, Bi, Hg, Cu, Cd, Pb, Sn, Ti, Cr, Mo, W, Mn, Fe, Ni, Zn, Al, Zr, Co, Ag.

Vanadium is not included—and this is a defect of the scheme—due to its special chemical behaviour which renders its isolation and identification very troublesome. The inclusion of this element will form another part of this work.

Of the many analytical schemes proposed to avoid the use of hydrogen sulphide as a precipitant, few of them have been worked out on a small scale. That due to *Belcher* and *Burton*[4] has proved useful and is derived by a reduction of the working scale with some modifications of *Mee*'s macro scheme[5]. Sodium thiosulphate is employed for the precipitation of the insoluble sulphides. *Belcher* and *Burton*'s scheme has been further amplified by *Badry, McDonnell* and *Wilson*[6] to include the elements W, Ti, Ce, Mo, Th, Zr, U and V.

In the present work our interest was not merely to exclude the use of hydrogen sulphide but also to avoid the necessity for the precipitation of sulphides by any reagent whatever.

In the schemes outlined elsewhere[1] a common procedure is the precipitation,—either before or after precipitating the first group of cations,—of the elements Sn and Sb by evaporation with nitric acid. Working on a macro scale this procedure is objectionable in at least two ways: firstly no less than three evaporations to dryness are necessary; one to expel the HCl used as precipitant for the first group, and two more with nitric acid. Secondly the precipitate of tin and antimony oxides is very often contaminated by adsorption of iron, copper and zinc nitrates. In addition, from a hygienic point of view the three evaporations are as objectionable as the use of hydrogen sulphide, because of the large quantity of acid fumes.

On a small scale however, starting with three or four drops of solution, which are treated for each evaporation with two drops of acid, the drawbacks of time and fumes are considerably lessened. Moreover the adsorption phenomena may not be of so much importance with such small precipitates. In addition, as far as the present scheme is concerned, the method has the great advantage of giving an excellent separation for both titanium and molybdenum, as well as fortin and antimony.

This separation is followed by precipitation of the alkaline earths and lead as sulphates, using sodium sulphate and ethanol as precipitants.

The property of many elements of forming ammonia complexes and the non-precipitation of some hydroxides by ammonia in the presence of ammonium salts have already been used in some new macro-schemes. After the elimination of ethanol from the filtrate an excess of ammonium chloride and ammonia precipitates the hydroxides of Fe, Al, Cr, Bi, Zr together with $MnO(OH)_2$. The cations Zn, Cd, Cu, Hg, Ni, Co and Mg remain in solution.

This is the last group separation required in this scheme since the alkali metals are identified in a separate sample[6].

The following table outlines the procedure:

Add HCl (1:1) to the cations solution. Centrifuge

Residue Ag Hg Pb W	*Filtrate.* Evaporate the hydrochloric solution to dryness. Treat twice with conc. nitric acid evaporating each time just to dryness. Extract with hot 1% nitric acid, wash and centrifuge				
	Residue Sn Sb Ti Mo	*Filtrate.* Treat with Na_2SO_4 and ethanol. Centrifuge			
		Residue Ca Sr Ba Pb (Zr)	*Filtrate.* Treat with NH_4Cl and NH_4OH. Heat. Centrifuge		
			Residue Fe Al Cr Mn Bi Zr	*Filtrate* Cu Cd Ni Hg Zn Co Mg	

Experimental Part.

Tests were carried out with separate cations and with mixtures to determine their behaviour during the various stages of the scheme.

It is obviously impossible to test every combination of cations and only long experience of the scheme can show whether any mixture of cations not tested may behave anomalously. In this respect the anomaly recently found in the classical scheme by *Bradbury* and *Edwards*[7] might be instanced.

The experiments were carried out using stock solutions containing 10 mg/ml of the cation.

Group I.

Elements Ag, Pb, Hg (ous) and W.

The experimental work in this group was actually a multiplication of the working scale, since an ultra micro separation[8] devised to deal with quantities of cations of the order of 0.5–1.0 micrograms, has been adapted to the milligram scale.

The most important difference between this separation and others on the macroscale is the necessity to carry out the detection of Hg_2^{++} in a separate sample, because of the easy oxidation to $HgCl_2$ on heating, with consequent solution.

On our working scale oxidation has been only partial, but even so it is an advisable precaution to carry out a prior test for Hg_2.

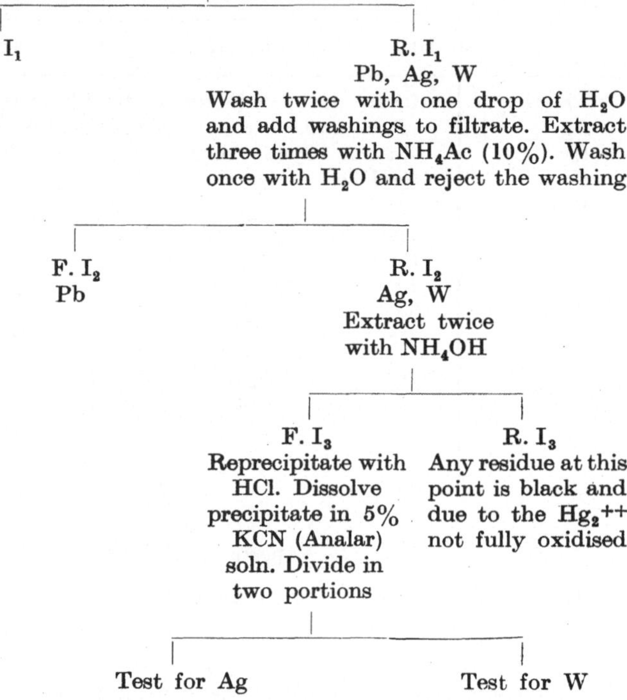

Confirmatory tests.

Lead: 1. Potassium chromate. Add one drop of the reagent to one drop of filtrate F. I_2 on the spot plate. Yellow precipitate.

2. Dithizone. Add to one drop of neutral solution one drop of saturated KCN (Analar) soln. and another drop of freshly prepared reagent. The green reagent colour changes, immediately or after some seconds, to red. (Deuxième Rapport. p. 16[9]).

Silver: 1. p-dimethylaminoazobenzalrhodamine. One drop is spotted on filter paper with reagent solution. The red colour of the reagent changes to red violet. (Deuxième Rapport, p. 6.)

Mercury: The ammonia test has been found the most reliable for this cation. The black residue can be dissolved with bromine water and one drop of this solution on a copper foil gives a grey spot of metallic mercury.

Tungsten: If present in F. I_3 is as ammonium tungstate. The confirmatory test depends upon the reduction to blue W_2O_5. One drop of conc. HCl is placed on a filter paper followed by one drop of the solution to be tested and one drop each of KCNS solution and stannous chloride hydrochloric acid solution. Blue spot indicates tungsten.

If the solution F. I_3 has considerable bulk it is advisable to concentrate it before performing the test. (Deuxième Rapport, p. 71.)

Group II.

Evaporate the hydrochloric solution F. I to dryness in a micro-spoon[19]. Add two drops of conc. HNO_3 and evaporate to dryness on a heating block maintained at 105° C to avoid over heating with consequent formation of insoluble basic salts. Treat the residue again with nitric acid and repeat the evaporation under the same conditions. Extract the residue with 3–4 drops of 1% nitric acid. Transfer by a capillary from the micro-spoon to a micro-cone. Centrifuge. Wash the ppt. twice with hot water and collect the washings with F. II_1.

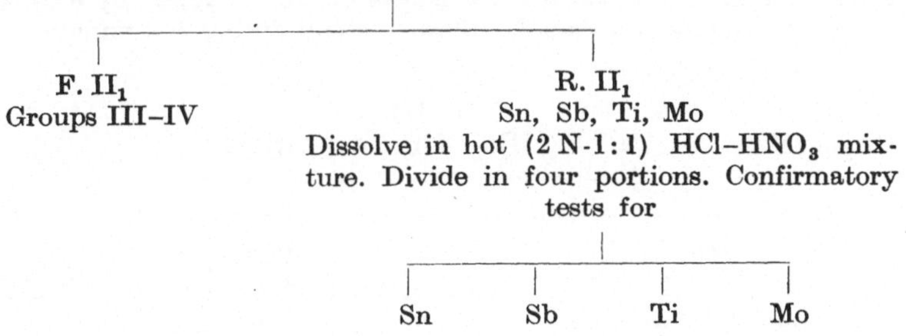

F. II_1 R. II_1

Groups III–IV   Sn, Sb, Ti, Mo

Dissolve in hot (2 N-1:1) HCl–HNO_3 mixture. Divide in four portions. Confirmatory tests for

Sn   Sb   Ti   Mo

Notes.

a) When molybdenum was present the solution F. II_1 gave a slight positive reaction for Mo. The separation of this cation may be incomplete, some of it passing into F. II_1 and appearing in Group IV.

b) Arsenic must be identified separately since during the evaporation of the hydrochloric solution it may be quantitatively lost. If any remains it will precipitate as As_2O_5 in R. II_1 when Mo is absent. If Mo is present the precipitate would be in the form of yellow arsenomolybdate.

Confirmatory tests.

Antimony: 1. Tin foil. This very well known reaction is in our experience the most reliable.

2. Rhodamine-B. (*Belcher* and *Wilson*, p. 36[11]).

Tin: 1. Dimethylglyoxime, tartaric acid and ferric chloride. The ferric cation is reduced to the ferrous state and then reacts in ammoniacal solution with dimethylglyoxime forming a red coloured complex.

Because of the treatment with nitric acid tin is present in the quadrivalent state making its reduction necessary. A small fragment of aluminium is added to the solution. After a few minutes the aluminium is removed. One drop of freshly prepared $FeCl_3$ is added followed by some crystals of tartaric acid, and drops of dimethylglyoxime and ammonia. A red colour confirms tin. (Deuxième Rapport, p. 36.)

2. Cacotheline. (*Belcher* and *Wilson*, p. 36.)

Titanium: 1. Hydrogen peroxide. (Deuxième Rapport, p. 123.)

2. Chromotropic acid. (Deuxième Rapport, p. 123.)

Molybdenum: 1. Potassium thiocyanate and stannous chloride. (Deuxième Rapport, p. 65.)

2. Ethyl acetate and soidum thiosulphate. (Deuxième Rapport, p. 68.)

Group III.

Evaporate the solution F. II_1 to the initial volume and treat with an equal volume of a saturated solution of Na_2SO_4 followed by four times this volume of ethanol. Allow to stand during 2–3 minutes

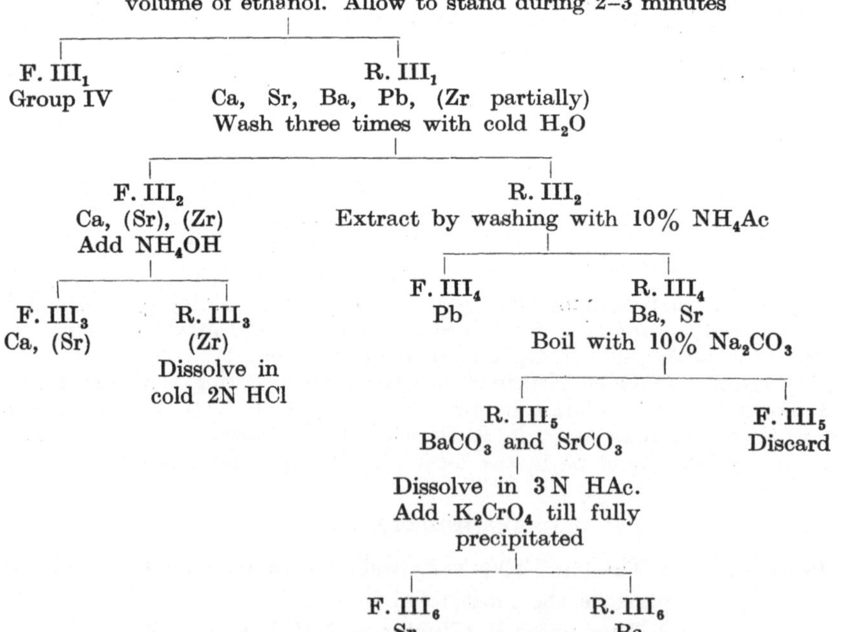

Note. The separation of the alkaline earth metals as sulphates at this point is convenient. This early separation has two advantages. Firstly the precipitate of hydroxides will be free from contamination of these elements; and secondly lead is also quantitatively separated and need not be considered in Group IV.

The method described by *Belcher* and *Burton*[4] has been used as a basis and the confirmatory tests are as described elsewhere[6].

Group IV.

After separation of the first three groups, the following elements remain in solution: Fe, Cr, Al, Bi, Zn, Cd, Hg, Co, Cu, Ni, Mg, as well as most of the Zr and traces of Mo.

Expel the ethanol by evaporation in a spoon, reducing the bulk of solution to one third. Transfer the solution by means of a capillary to a centrifuge cone.

Add some crystals of ammonium chloride followed by ammonia till distinctly alkaline. Heat in the block at $95°$ C for 5–6 minutes. With this time of heating the soluble $Mn(OH)_2$ will be oxidised to insoluble $MnO(OH)_2$.

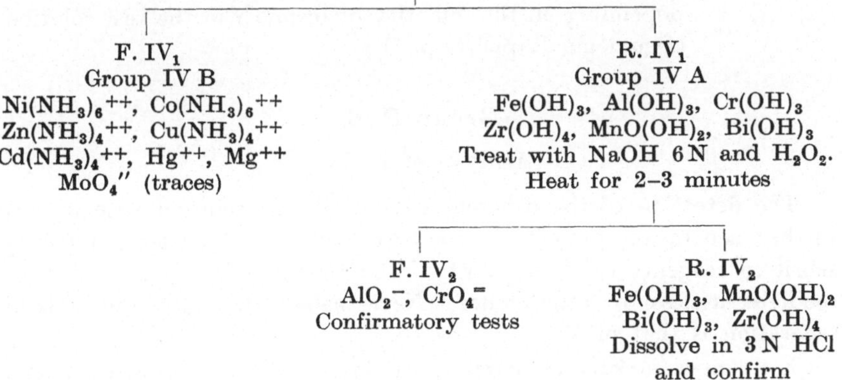

Confirmatory Tests.

Group IV A.

Aluminium: 1. Alizarin S. (Deuxième Rapport, p. 92.)

2. Caesium sulphate. Concentrate some drops of F. IV$_2$ solution by evaporation. Neutralise with 2 N H_2SO_4. One drop of the resultant soln. is treated on the slide with one crystal each of caesium chloride and potassium sulphate. After some minutes colorless octahedra of the caesium alum are observed. (Deuxième Rapport, p. 91.)

In our experience this is the most reliable test for the cation.

3. Aluminon. (*Belcher* and *Wilson*, p. 40.)

232   M. C. Alvarez Querol and C. L. Wilson:

Chromium: 1. Hydrogen peroxide. (Deuxième Rapport, p. 103.)
Iron: 1. Potassium ferrocyanide.
               2. Potassium thiocyanate.
               3. The original solution can be tested with phenanthroline
               for the ferrous cation. (Deuxième Rapport, p. 96.)
Manganese: 1. Ammonium persulphate and silver nitrate.
               2. Sodium bismuthate.
Bismuth: 1. Thiourea. One drop of slightly acid solution on the spot
               plate gives a yellow colour when treated by a crystal of the
               reagent. (Deuxième Rapport, p. 23.)
               2. Stannous chloride, potassium hydroxide and lead acetate.
               Place on the spot plate in this order one drop of 1% lead
               acetate soln., one drop of slightly acid test solution, three
               drops of 2 N potassium hydroxide solution and one small
               drop of 5% estannous chloride in 3 N HCl. A black pre-
               cipitate of lead appears immediately or after some minutes
               depending on the quantity of bismuth in the test solution.
               (Deuxième Rapport, p. 21.)

Group IV B.

(Analysis of F. IV$_1$).

The detection of the different cations of this solution without any
further separation presents a complex problem. Excellent and very
sensitive reagents exist for most of the elements but there are often
rendered useless by interference. Nevertheless the only unavoidable
separation is that of Mg.

For copper, nickel and mercury, reactions with the required specificity
can be found. For the other three cations—Zn, Cd, and Co—potassium
mercury thiocyanate was found suitable, even in samples containing
considerable amounts of copper.

It is well known that this reagent forms a complex series of double
salts with small solubility and characteristic habit and colour not only
with the three cations in question but also with two others, Cu and Ni,
whose presence in the solution is possible. Nickel can be easily removed
before applying the reagent.

The possibility of identifying each of these cations with the reagent
in the presence of the others is discussed by *Chamot* and *Mason*[12] in a
general way.

Solutions containing all possible combinations of the four cations
were treated with ammonia and ammonium chloride. After dissolving
a small crystal of sodium acetate the ammoniacal solution was acidified

with 2 N nitric acid. One drop of this solution was mixed on a slide with a drop of 5% aqueous potassium mercury thiocyanate.

The stock solutions were considerably diluted for carrying out these tests.

Photographs of characteristic formations of the single ions are shown in figs. 1–4.

For the mixtures the following results were obtained.

Cations	Observations
Cu and Zn	Deep violet crystals. Mostly dendritic formations characteristic of the copper compound but also small boat shaped crystals. In this case the colour alone confirms the presence of zinc (fig. 5). Decreasing the concentration of copper, the feathery zinc formations, now violet coloured, are evident (fig. 6).
Cu and Cd	Boat shaped copper crystals and cadmium prisms coloured olive green (fig. 7).
Cu and Co	Fig. 8 shows a preparation using the stock solutions of both cations diluted 5 times. The long needles have the typical blue colour of the cobalt compound. The smaller crystals are copper formations having an olive green colour. When the concentration of copper was increased it was not possible to find any blue crystal even after waiting for 15 minutes. However adding more reagent, heating some seconds and cooling immediately again produced the blue Co crystals. Some small blue crystals were observed at the edge of the drop, which is characteristic of the cobalt salt.
Zn and Cd	Colorless arrow-heads and irregular feathery formations of the zinc salt (fig. 9).
Zn and Co	Beautiful feathery crosses deeply coloured blue (fig. 10).
Cd and Co	Cadmium prisms with a blue colour. The cavities of the cadmium prisms are distinctly observed (fig. 11). In the following tests the copper was present in twice the concentration of the other cations.
Cu, Zn and Cd	A great number of arrow-heads but coloured deep violet (fig. 12). Occasional crystals of the copper compound with the typical olive green colour can be seen. The form (arrow-heads) of the precipitate proves Zn and Cd. Its colour (violet) zinc and copper.

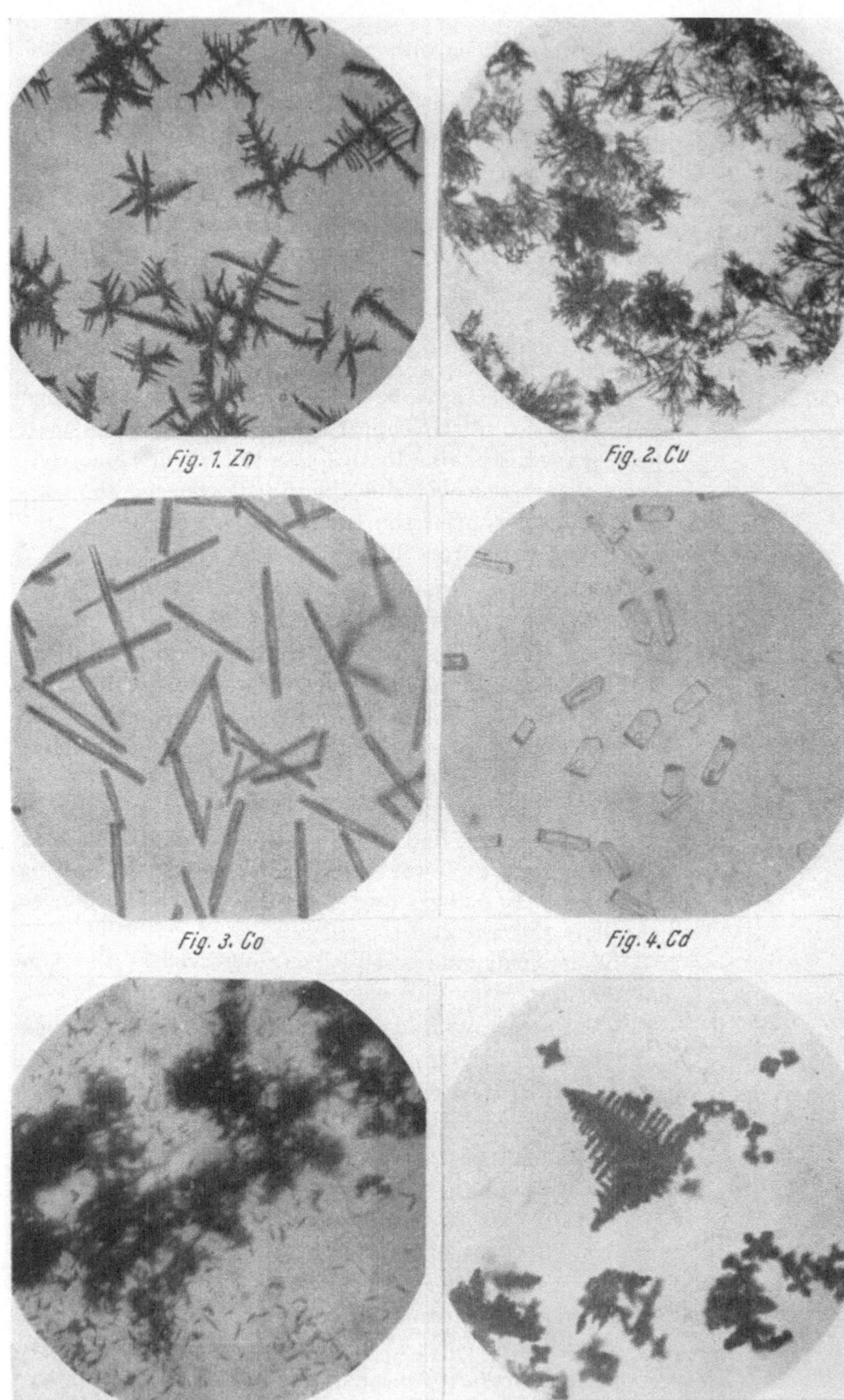
Fig. 1. Zn
Fig. 2. Cu
Fig. 3. Co
Fig. 4. Cd
Fig. 5. Cu. and Zn
Fig. 6. Cu and Zn
(Cu solution was very diluted)

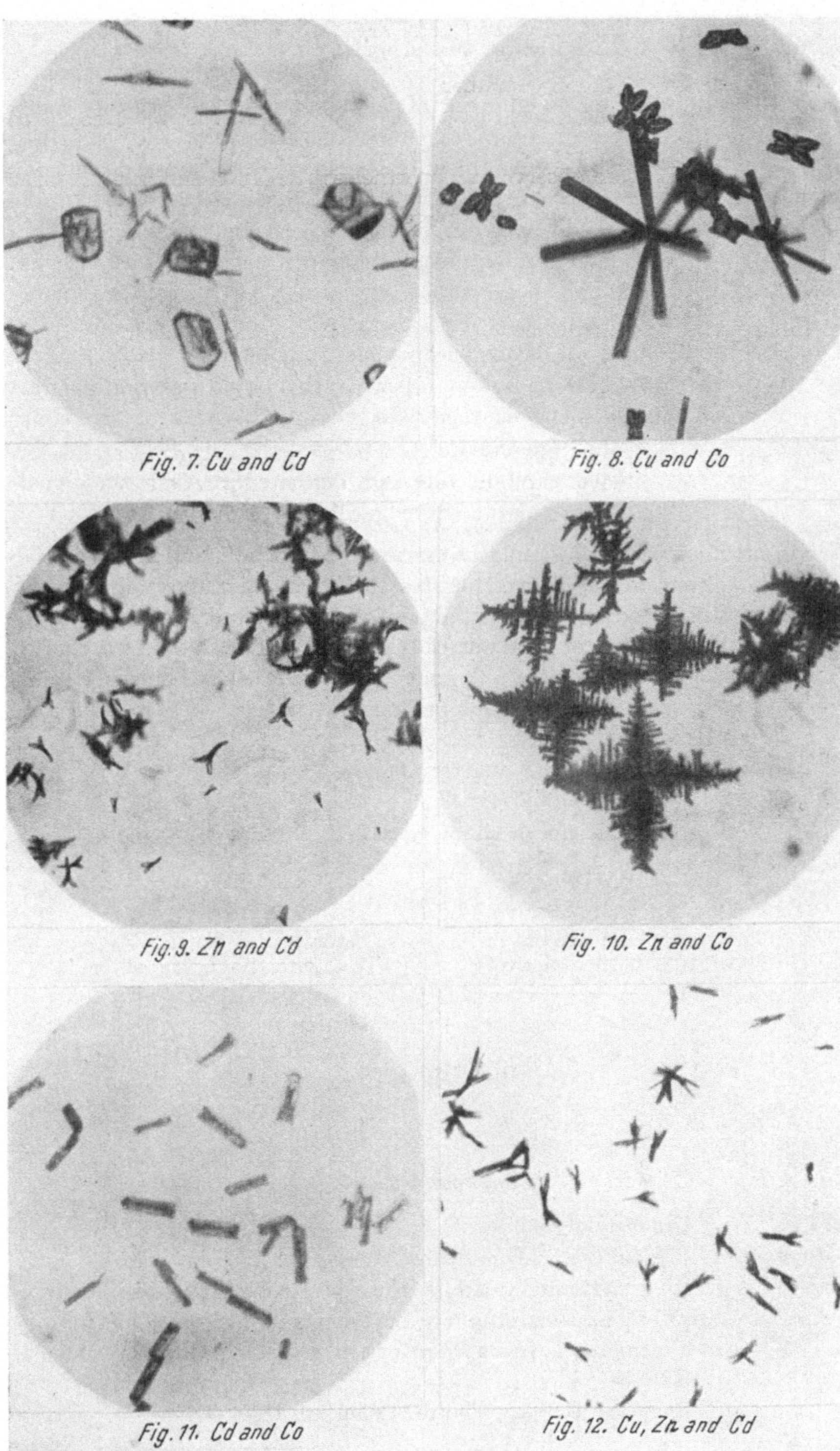

Fig. 7. Cu and Cd

Fig. 8. Cu and Co

Fig. 9. Zn and Cd

Fig. 10. Zn and Co

Fig. 11. Cd and Co

Fig. 12. Cu, Zn and Cd

Cu, Zn and Co　　　Large number of small boat-shaped crystals violet in colour. More reagent was needed to find the blue cobalt crystals. No blue feathery crystals (see Zn and Co) were observed. Nevertheless the Zn is confirmed by the deep violet colour of the boat-shaped crystals.

　　　　　　　　　　Some mossy copper dendrites in the drop edges.

Cu, Zn, Cd, Co 1. Small boat-shaped crystals, deep violet in colour: Zn and Cu.

2. Arrow heads, deep violet: Zn, Cd and Cu.

3. Some cadmium prisms, although it was not possible to see the characteristic cavities because of the violet colour: Cd and Cu.

4. Blue crystals, after adding more reagent, and small blue crystals at the edge of the drop: Co.

Control experiments should be carried out in order to become familiar with the appearance of the precipitates which may be found in unknowns.

Chamot and *Mason* mention the possibility of missing small amounts of zinc in the presence of large quantities of cobalt or cadmium. Obviously the possibility of a cation escaping identification when it is in very small amount arises with most reagents, but the identification of zinc is without doubt particularly subject to this danger.

The procedure for the analysis of the F. IV_1 (Group IV B) is as follows:

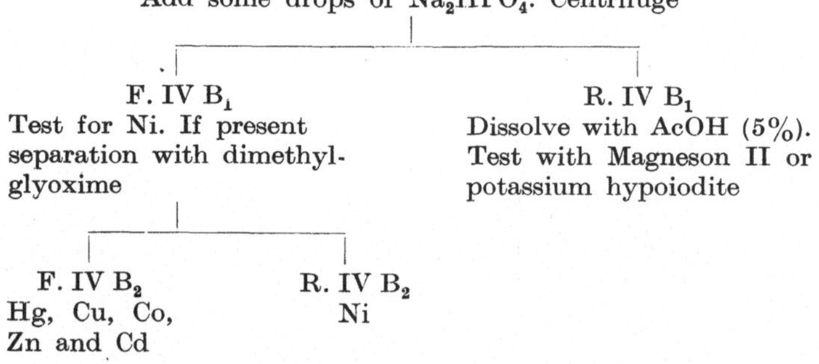

Confirmatory tests.

Nickel:　　　Dimethylglyoxime.

Magnesium: 1. Magneson. One drop of the neutral or slightly acid solution treated with one drop of p-nitrobenzene-azo-resorcinol (0.1% in 50% ethanol) and two drops of 0.1 N potassium hydroxide, gives a blue colour or precipitate. (Deuxième Rapport, p. 181.)

2. Potassium hypoiodite. (Ibid., p. 183.)

Copper: 1. There is an acceleration of the decolorisation of ferric thiocyanate by sodium thiosulphate through the catalytic action of copper cations. Two drops of ferric thiocyanate solution (1.5 g $FeCl_3$ and 2 g KCNS dissolved in 100 mls H_2O) are placed in two cavities of a spot plate containing respectively one drop of distilled water and one drop of test solution. Then simultaneously one drop of sodium thiosulphate is added to each cavity. If copper is present the decolorisation is appreciably faster in the test drop. (Deuxième Rapport, p. 13.)

2. Potassium mercury thiocyanate. (As discussed above.)

Mercury: Stannous chloride and aniline. (Deuxième Rapport, p. 8.)

Zinc, Cadmium and *Cobalt.* As discussed above.

Summary.

After precipitation of the insoluble chlorides and treatment with nitric acid to remove tin and antimony, the remainder of the "common" cations may be separated schematically using only sodium sulphate and ammonium hydroxide as precipitants. This avoids the use of either sulphuretted hydrogen or a potential sulphide ion reagent.

On the micro scale this mode of separation has been extended to include with the more usual cations the elements tungsten, titanium, molybdenum and zirconium.

Zusammenfassung.

Nach Fällung der unlöslichen Chloride und Behandlung mit Salpetersäure zur Entfernung von Zinn und Antimon kann für den Trennungsgang des Restes der „gewöhnlichen" Kationen mit Natriumsulfat und Ammoniumhydroxyd als Fällungsmittel das Auslangen gefunden werden. Schwefelwasserstoff oder sonstige sulfidhaltige Reagenzien können so vermieden werden.

Im Mikromaßstab konnten in diesen Trennungsgang neben den üblichen Kationen auch die Elemente Wolfram, Titan, Molybdän und Zirkon aufgenommen werden.

Résumé.

Après précipitation des chlorures insolubles et traitement par l'acide nitrique pour éliminer l'étain et l'antimoine, le reste des cations «communs» peut être séparé en employant schématiquement du sulfate de sodium et de l'ammoniaque seulement comme précipitants. Ceci évite l'emploi soit de l'hydrogène sulfuré soit d'un réactif à base d'ion sulfure. A l'échelle micro, ce mode de séparation a été étendu pour inclure le tungstene, le titane, le molybdène et le zirconium avec les cations plus usuels.

Bibliography.

1 *F. R. M. McDonnell* and *C. L. Wilson*, Metallurgia, **39**, 280 (1949).
2 *J. Cornog*, J. Chem. Ed. **15**, 420 (1938).

[3] *G. E. F. Lundell* and *J. I. Hoffman*, Outlines of Methods of Chemical Analysis. J. Wiley & Sons, New York 1949.

[4] *R. Belcher* and *F. Burton*, Metallurgia, **31**, 317 (1945); **32**, 37 (1945).

[5] *A. J. Mee*, A New Scheme of Elementary Qualitative Analysis. Dent and Sons, 1942.

[6] *H. El Badry*, *F. R. M. McDonnell* and *C. L. Wilson*, Analyt. Chim. Acta 4, 440 (1950).

[7] *F. R. Bradbury* and *E. G. Edwards*, J. Soc. Chem. Ind. **59**, 96 (1940).

[8] *H. El Badry* and *C. L. Wilson* (unpublished work).

[9] *P. E. Wenger* and *R. Duckert*, Deuxième Rapport. Reactifs pour l'Analyse Qualitative Minerale. Wepf & Co., Bâle 1945.

[10] *R. Belcher*, Metallurgia, **30**, 280 (1944).

[11] *R. Belcher* and *C. L. Wilson*, Qualitative Inorganic Analysis. Longmans, London 1946.

[12] *E. M. Chamot* and *C. W. Mason*, Handbook of Chemical Microscopy. J. Wiley & Sons, New York 1947.

From the Dirección Nacional de Química and the Universidad Nacional de Buenos Aires, República Argentina.

A Test for Cobalt.

By

Alberto J. Llacer* and **Juan A. Sozzi**.**

With 4 figures.

(Received September 26, 1950.)

Dimethylglyoxime was used by *Braley* and *Hobart*[1] as an analytical reagent for cobalt following the researches of *Tschugaeff*[2] on metallic derivatives of dioximes. Compounds containing ammonia or pyridine were studied, and the brown colorations permitted to detect as little as 5 γ of cobalt. Using the same reagent combined with alkaline sulfides, *Feigl* and *von Tustanowska*[3] obtained a violet red coloration which allowed them to detect cobalt ion in a dilution of 1 to 830000. *Bertrand* and *Machebeuf*[4] developed a colorimetric method for the determination of cobalt in biological materials. *Charottino*[5] replaced ammonia by certain amines, chiefly aromatic ones (benzidine), and claimed to have thus increased the sensitivity of the test, which was confirmed by *Braun*[6]. Finally, by the use of toluidine, *Spacu* and *Macaronici*[7] attained a still higher sensitivity.

Table 1. Sensitivity of Test.

Performance of Test	Limiting Concentration	Limit of Identification γ	Limiting Proportion Co : Ni
Test Tube	1 : 1 million	1	
In Presence of Ni	1 : 100000	10	1 : 100
Spot Test	1 : 200000	0,05	
In Presence of Ni	1 : 12500	0,8	1 : 40
Slide Test	1 : 50000	0,2	
In Presence of Ni	1 : 2000	5	1 : 80

* Dirección Nacional de Química, Rosario.
** Universidad Nacional de Buenos Aires.

In the course of a systematic study of the tests for nickel and cobalt ions, the authors have found a new alternative for the use of dimethylglyoxime. In the presence of iodide ion, a fairly light to golden yellow coloration develops in a neutral or slightly acid solution, the intensity of which seems to depend upon the concentration of cobalt ion. The test may be performed in various ways which are outlined above.

In the Test Tube or in the Centrifuge Cone.

Reagents: Dimethylglyoxime, 2 per cent solution in alcohol-acetone. Dissolve 2 grams of dimethylglyoxime in a mixture of 70 parts of ethanol and 30 parts of acetone.

Potassium Iodide, 10 per cent solution, free from iodate.

One milliliter of the test solution is treated with 0.5 ml of the iodide solution and 0.5 ml of ethanol in a small test tube of 8 mm inside diameter. The addition of ethanol is required to prevent the precipitation of dimethylglyoxime when the reagent is subsequently added. The liquid in the test tube is carefully mixed and then treated with 0.5 ml of the dimethylglyoxime reagent solution. A fairly light to golden yellow coloration appears immediately on mixing.

In the presence of nickel the test is better performed in a centrifuge cone. After collecting the nickel dimethylglyoxime in the tip of the cone by means of the centrifuge, the yellow coloration is easily observed in the supernatant solution.

Spot Test.

Reagents: Dimethylglyoxime, 2 per cent solution in acetone.

Potassium Iodide, 10 per cent solution, free from iodate.

Sodium Bicarbonate, 1 molar solution.

Filter paper No. 590 of *Schleicher* and *Schüll* was found most convenient. A drop of the dimethylglyoxime reagent is placed on a piece of the paper and a drop of the iodide solution is added. When the paper has become almost completely dry, 0.010 ml of the test solution are transferred to the impregnated zone by means of a capillary pipet. Formation of a yellow stain indicates the presence of cobalt. Nickel gives the red precipitate of dimethylglyoxime nickel which may partially or completely obscure the cobalt test. In such instances the tip of a capillary pipet filled with bicarbonate solution is applied to the center of the red spot so that the alkaline solution may spread in the paper. Only the soluble cobalt compound is carried along to the periphery where the yellow coloration may be recognized.

Slide Test.

Reagents: Dimethylglyoxime, 1 per cent solution in absolute ethyl alcohol.

Potassium Iodide, 10 per cent solution.

Approximately 10 λ of the test solution are transferred to a microscope slide by means of a capillary pipet. A like volume of iodide reagent is deposited close to the test solution, and the two drops are stirred together by means of a glass rod. The mixture is evaporated to almost complete

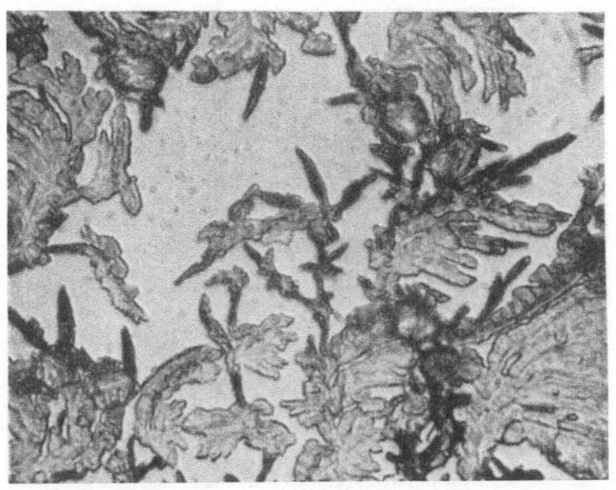

Fig. 1.

dryness by properly warming the slide. When the slide has cooled to room temperature, breath is blown on the residue so as to slightly moisten

Fig. 2.

it. Then, 30 λ of the dimethylglyoxime reagent are deposited close to the residue. The slide is placed under the microscope and, while observing through the eyepiece, the reagent solution is spread over the residue by

means of a glass rod. A yellow to orange coloration appears immediately
and is soon followed by the formation of a yellow to dark red precipitate

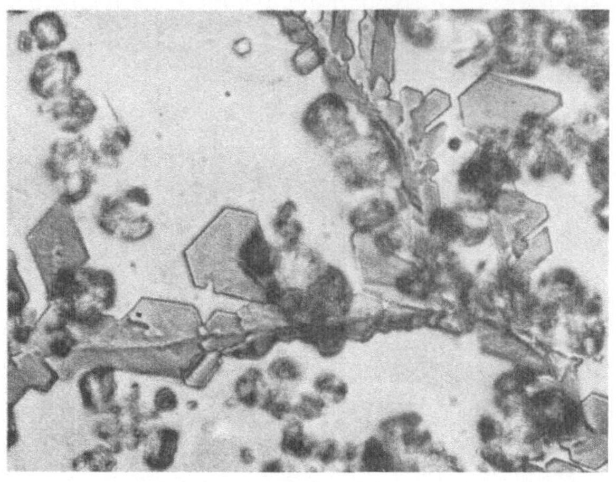

Fig. 3.

which is of a dendritic or arborescent appearence, fig. 1, if it separates
very rapidly, or appears in well-shaped crystals, figs. 2 and 3, which

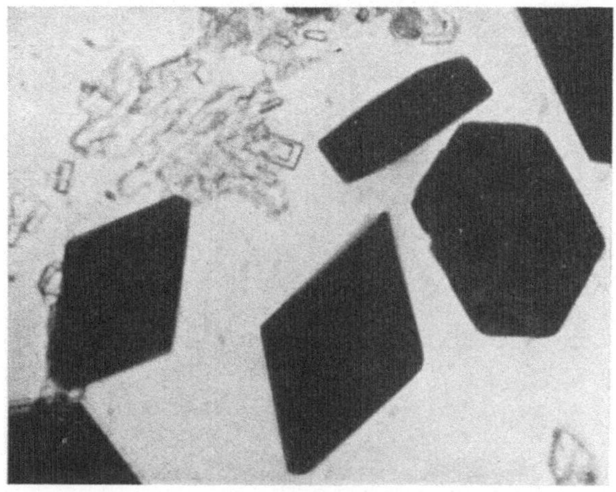

Fig. 4.

may grow to quite gigantic size, fig. 4. The preparation presents a
characteristic appearance for nearly 15 minutes, after which time it starts
to deteriorate.

If the evaporation of the reagent solution is too rapid, an amorphous precipitate may result. In such instances it is best to let the preparation dry at room temperature. Breath is then blown on the residue which is thereafter again treated with a drop of the dimethylglyoxime solution. The amorphous precipitate dissolves immediately and characteristic crystals form, as a rule, on slow evaporation.

If the test is performed with smaller quantities of cobalt than listed in the table for the limit of identification, the presence of cobalt is still indicated by a reddish amorphous precipitate or tint visible in the outermost zone of the residue left when complete evaporation has taken place.

Sensitivity and Interferences.

The test is most sensitive if the p_H of the solution is between 3.5 and 6.8. Outside this range the sensitivity decreases noticeably and it may even be completely inhibited. In our experiments the p_H of the solutions was controlled by means of *McIlvaine* buffer solutions, 0.1 molar citric acid and 0.2 molar disodium phosphate. The presence of strong bases or alkali carbonates hinders the test. Ammonia hinders it partially, and presence of bicarbonate decreases the sensitivity.

The presence of acetate, chloride, and sulfate do not interfere with the test. Nitrate in strongly acid solution leads to liberation of iodine, and for the same reason many oxidants interfere quite generally: permanganate, nitrite, chromate, ferricyanide, ferric ion, and ceric ion. Furthermore those ions hinder the test, which either impart a strong coloration to the solution or react with iodide ion so as to remove it from the solution. In this connection may be listed the following ions, silver, lead, mercurous, mercuric, cupric, bismuth, chromic, auric, arsenate, antimony (V), selenium (IV), and vanadium (V). The slide test is further hindered by zirconium and rhodium. The alkalies, alkaline earths, thorium, germanium (IV), gallium (III), tellurium (IV), molybdenum (VI), and vanadium (II) are without adverse effect.

Data on the sensitivity of the test for cobalt are compiled in Table 1. All experiments were performed with the use of a test solution of cobaltous chloride hexahydrate which had been proven to be free from nickel according to the specified conditions of *Analar*[8]. The most suitable concentrations of the various reagents were determined by the colorimetric comparison of tests performed with varying amounts of the reagents and a constant concentration of cobalt. The order in which reagents and test solution are mixed does not make much difference.

Summary.

Cobalt may be detected by means of dimethylglyoxime and iodide in slightly acid solution. Yellow colorations are obtained in test tube and in spot tests. Yellow to red crystals are obtained on the microscope slide. The data on sensitivity are compiled in Table 1.

Zusammenfassung.

Kobalt kann in schwach saurer Lösung mit Dimethylglyoxim und Jodid nachgewiesen werden. Gelbfärbungen werden dabei in Reagensglasversuchen und in Tüpfelproben erhalten. Unter dem Mikroskop können charakteristische gelbe bis rote Kristalle erkannt werden. Alle Angaben über die Empfindlichkeit der Probe sind in Tabelle 1 zusammengefaßt.

Résumé.

Le cobalt peut être recherché en solution faiblement acide avec la diméthylglyoxime et un iodure. On a obtenu des colorations jaunes dans des tubes à essais et des expériences à la touche. Sous le microscope, on peut former des cristaux caractéristiques, rouges et jaunes. Toutes les données sur la sensibilité de l'essai sont consignées dans le tableau 1.

Literature.

[1] *S. A. Braley* and *F. B. Hobart*, J. Amer. Chem. Soc. **43**, 482 (1921).

[2] *L. Tschugaeff*, Ber. dtsch. chem. Ges. **39**, 3382 (1906); **41**, 1678, 2219 (1908).

[3] *F. Feigl* and *L. von Tustanowska*, Ber. dtsch. chem. Ges. **57**B, 762 (1924).

[4] *G. Bertrand* and *M. Machebeuf*, C. r. acad. sci., Paris **180**, 993 (1925).

[5] *A. Chiarottino*, Industria Chimica **8**, 32 (1933).

[6] *E. F. Brau*, Rev. Cien. Quím. Univ. Nac. de la Plata **6**, 65 (1933).

[7] *G. Spacu* and *C. G. Macaronici*, Bul. Soc. Stiinte Cluj **8**, 245 (1935).

[8] *Analar*, edited by the British Drug House Ltd., 3rd English edition. Hopkin & Williams Ltd., London.

Aus dem Medizinisch-chemischen Institut der Universität Bern.

Oxydimetrische Titrationen in alkalischen Lösungen mit Kaliumcupri-3-perjodat (Percuprimetrie).

Von

G. Beck.

(Eingelangt am 23. Juni 1950.)

1. Die Bestimmung des Calciums als Naphthalhydroxamat.

Die Naphthalhydroxamsäure gibt mit den Erdalkalien und den Schwermetallen außerordentlich schwerlösliche, mit farblosen Kationen gelb oder ziegelrot gefärbte Niederschläge. Die Schwermetallsalze lösen sich entweder in Ammoniak, ausgenommen das des Cadmiums und natürlich das des Bleis, Wismuts usw., oder in Ammoniumtartrat, mit Ausnahme von Cadmium und Blei, oder in Nitriloacetat. Die Salze der Erdalkalien lösen sich nicht in den genannten Komplexen. Die Bariumverbindung ist rein gelb, die des Calciums und Strontiums im ersten Moment der Fällung aus wäßriger Lösung gelb, dann rasch ziegelrot werdend, besonders beim Erwärmen. Erfassungsgrenze für Ca ist 0,1 γ/ml. Infolge der außerordentlich geringen Löslichkeit werden das Oxalat, das Phosphat, das Carbonat und das Fluorid beim Kochen mit Alkalinaphthalhydroxamat rasch in das Calciumnaphthalhydroxamat umgesetzt, und aus komplexen Verbin-

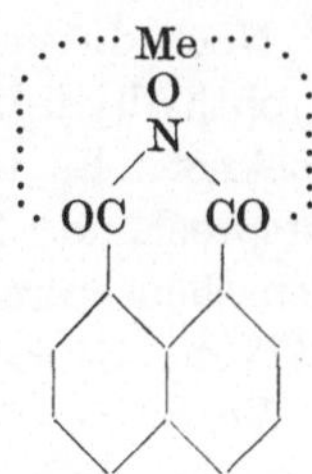

Naphthalhydroxamat.

dungen, wie Tartrat, Citrat oder Nitriloacetat, aus denen das Calcium nicht mehr als Oxalat gefällt wird, entsteht sofort der gelbe Niederschlag des Calciumsalzes. Dagegen wird dieses sofort von verdünnter Essigsäure unter Abscheidung von farbloser Naphthalhydroxamsäure zersetzt. Auch Strontiumsulfat wird schnell in wäßriger Suspension in Naphthalhydroxamat umgesetzt, das gegen Natriumsulfat stabil ist. Mit Bariumsulfat wird nur ein Gleichgewichtszustand erreicht.

Versetzt man daher Leitungswasser mit einigen Tropfen einer Natriumnaphthalhydroxamatlösung, so entsteht sofort eine dichte gelbe Trübung.

Selbst nach dem Verdünnen auf das 30- bis 50-fache ist nach einigem Stehen noch eine Fällung zu beobachten.

Zur quantitativen Bestimmung des Calciums kann man es mit Alkalinaphthalhydroxamat fällen und nach kurzem Aufkochen in Zentrifugiertiegeln[1] abzentrifugieren, dann mit 20%igem, 50%igem und zuletzt mit reinem Aceton auswaschen. Nach kurzem Erwärmen bei 30 bis 40° ist der Niederschlag trocken und nach 5 Minuten Stehen im Exsikkator zum Wägen bereit. Der Niederschlag enthält 8,6% Ca, ein für gravimetrische Bestimmungen günstiges Verhältnis. Beim Abrauchen mit Schwefel- und Salpetersäure wurden aus 0,0840 g des Calciumsalzes 0,0242 g $CaSO_4$ erhalten, entsprechend 8,5%, ber. 8,6%.

Nach dieser Methode wurde aus 50 ml Leitungswasser das Ca gefällt, zentrifugiert und gewogen. Der Niederschlag wog 0,0211 g entsprechend $1,81_5$ mg Ca = 3,63 mg%. Dieselbe Menge Leitungswasser mit Oxalat versetzt und das abgeschiedene Oxalat mit Permanganat titriert, ergab 3,62 mg% Ca.

Nach dieser Methode wurde das Calcium aus 10 ml Pferdeserum als Naphthalhydroxamat gefällt, zentrifugiert und ausgewaschen und getrocknet. Es wurden 0,01225 g Calciumnaphthalhydroxamat gefunden, entsprechend 10,5 mg% Ca (normal 10 bis 12 mg% Ca). In 4 ml Menschenserum wurden 0,00555 g Niederschlag erhalten, entsprechend 0,477 mg Ca = 11,9 mg% Ca.

Versuche, das Calciumnaphthalhydroxamat mit Permanganat, Bichromat, Jodwasserstoff oder mit Ferrisalzen zu bestimmen, lieferten keine guten Resultate, da die Naphthalhydroxamsäure sehr stabil ist. Von Natriumhypochlorit wird sie langsam oxydiert, aber die jodometrischen Titrationen ergaben keine guten Übereinstimmungen. Dagegen gelang es, nach einer neuen Methode die Verbindung in alkalischer Lösung mit Kaliumcupri-3-perjodat $K_7[Cu(JO_6)_2]$ zu titrieren[2]. Die tief braunschwarze $1/_{100}$-molare Lösung des dreiwertigen Kupfers wird beim Kochen zu schwach bläulichem zweiwertigem Kupfer reduziert. Der Umschlag ist sehr scharf, denn schon 0,005 ml, entsprechend $0,1\,\gamma$ Ca, vermögen 5 ml der schwach blauen Cu^{II}-Lösung, die durch Reduktion von 1 ml der $1/_{100}$-molaren Lösung entstanden war, deutlich grünlich zu färben. Ein Molekül Calciumnaphthalhydroxamat verbraucht in einer ersten, schnell verlaufenden Stufe 4 Cu^{III}, in einer zweiten, sehr langsam verlaufenden noch weitere 2 Cu^{III}. In der ersten Stufe wird offenbar die Oximgruppe zu Nitrit oxydiert und die Naphthalsäure abgespalten, und in der zweiten, langsam verlaufenden Stufe wird das Nitrit zu Nitrat oxydiert. In der Tat wird Natriumnitrit in stark alkalischer Lösung vom Kaliumcupri-3-perjodat sehr langsam oxydiert, viel schneller dagegen bei einem p_H von 6 bis 7. 1 ml einer Lösung mit $99\,\gamma$ Ca (= 0,494-n) wurde mit Natriumnaphthalhydroxamat gefällt, der Niederschlag ausgewaschen, in 5%iger

Kalilauge suspendiert und in der Wärme titriert. Bis zur zweiten Oxydationsstufe wurden in zwei Versuchen 1,49 ml n/100-Kaliumcupri-3-perjodatlösung verbraucht, statt der berechneten 1,482 ml.

Für die kolorimetrische Bestimmung kann man den Niederschlag des Calciumnaphthalhydroxamats mit verdünnter Salzsäure behandeln, wobei die farblose, in Wasser unlösliche Naphthalhydroxamsäure abgeschieden wird. Nach mehrmaligem Auswaschen kann man sie in verdünnter Natronlauge lösen, auf ein bestimmtes Volumen auffüllen und mit einer bekannten Standardlösung vergleichen.

2. Eiweißbestimmungen.

Während die Zucker in stark alkalischer Lösung rasch oxydiert werden, sind die Eiweiße etwas resistenter gegen das Kaliumcupri-3-perjodat. In der Wärme lassen sie sich aber gut und mit großer Empfindlichkeit percuprimetrisch titrieren. Bei der Oxydation werden natürlich zuerst die reduzierenden Gruppen, wie das Cystein und das Cystin, und die prosthetischen Zucker oxydiert, dann werden die Biuretbrücken gesprengt und die Aminogruppen zu Alkoholen oxydiert, wie dies am Fall des Glykokolls gezeigt wurde[2]. Es wird also jedes Eiweiß eine ganz charakteristische Reduktionszahl aufweisen, und man wird den verschiedenen Eiweißen eine spezifische Percuprizahl zuschreiben können, so wie man den Fetten eine Jodzahl zuschreibt. Für die unten angeführten Bestimmungen wurden je 100 mg Substanz in wäßriger Kalilauge gelöst und auf 50 ml aufgefüllt und davon 0,5 ml entsprechend 1 mg Eiweiß in ein Kölbchen gegeben, mit 5 ml 10%iger Kalilauge versetzt und in der Siedehitze mit Kaliumcupri-3-perjodat titriert. Die ersten Tropfen der Titrierflüssigkeit erzeugen nach der Reduktion eine schwache Violettfärbung infolge der Biuretreaktion. In dem Maße, wie weiter titriert wird, verschwindet die Farbe, da die Biuretgruppen oxydiert werden, und am Schlusse sind die Lösungen schwach bläulich. Man titriert, bis ein kleiner Überschuß von 0,005 ml der bläulichen Lösung eine etwas grünliche Tönung erteilt. Dies entspricht einer Empfindlichkeit von 5 γ Eiweiß. Diejenigen Eiweiße, die wenig reduzierende Gruppen oder höhermolekulare Aminosäuren (daher weniger Biuretgruppen pro Gewichtseinheit) enthalten, werden eine kleine Percuprizahl aufweisen, anderseits werden solche mit viel Cystin (Keratin, Spongin) oder mit viel Glykokoll und Alanin (Gelatine) oder Zucker (Mucin) eine hohe Percuprizahl aufweisen. Für die Bestimmung des Serumeiweißes genügen 0,01 ml Serum. Es wurde 1 ml Serum mit 1 ml 10%iger Natriumwolframatlösung und 1 ml $^2/_3$-n Schwefelsäure enteiweißt, zentrifugiert und zweimal mit schwefelsäurehaltigem Wasser ausgewaschen, in Natronlauge von 10% gelöst, auf 100 ml aufgefüllt, und davon 1 ml titriert, wobei 0,60 ml verbraucht wurden. Wurde das Serum mit 20%iger

Trichloressigsäure im Verhältnis 1 : 1 enteiweißt, so verbrauchten 0,01 ml Serum 0,65 ml Titrierflüssigkeit. Die Trichloressigsäure wird aber in alkalischer Lösung in der Siedehitze langsam hydrolytisch gespalten und dann langsam oxydiert. Wurde das Serum ohne Enteiweißung direkt titriert, so verbrauchten 0,01 ml im Mittel 0,765 ml.

Tabelle 1.

Eiweiß	verbrauchte ml Cu^{III}	Reduktionszeit
Gliadin..........	1,21	1′ 50″
Eieralbumin	1,47	37″
Edestin	1,60	1′ 05″
Paraglobin.......	1,63	1′ 00″
Keratin	1,73	5″
Vitellin..........	1,73	55″
Casein...........	1,94	1′ 45″
Fibrin...........	1,99	35″
Pepton Witte	2,22	42″
Spongin	2,22	5″
Gelatine.........	2,22	1′ 40″
Pseudomucin.....	2,50	25″

Um die Geschwindigkeit des oxydativen Abbaues (quasi der chemischen Verdauung) zu bestimmen, wurden je 5 ml der Eiweißlösungen mit 0,5 g KOH und bei 25° mit 0,3 ml Cu^{III} versetzt und die Zeit bis zur vollständigen Reduktion gemessen. Es tritt hier ein Moment ein, in dem die Lösung vorübergehend farblos wird, dann nämlich, wenn die violette Farbe des Cupri-2-biuretkomplexes mit dem komplementär gefärbten orangebraunen Cu^{III} gleich intensiv ist, was gegen Ende der Reduktion der Fall zu sein pflegt. Wie man sieht, sind es namentlich die stark schwefelhaltigen Eiweiße Spongin und Keratin, die sehr schnell reduzieren. Die Geschwindigkeit des oxydativen Abbaues dürfte sich rasch verlangsamen, sobald die Cystingruppen oxydiert sind. Sehr leicht verdaulich sind, wie man sieht, Fibrin, Albumin und Vitellin, schwerer dagegen das Casein und die pflanzlichen Eiweiße. 5 ml Serum, 1 : 100 verdünnt, mit zirka 0,7 mg Eiweiß, brauchten zur Entfärbung 2′ 10″.

3. Weitere Titrationen von Salzlösungen.

Ähnlich wie mit Permanganat in saurer Lösung können verschiedene Salze in alkalischer Lösung mit Kaliumcupri-3-perjodat titriert werden. In einigen Fällen ist die Titration mit Kaliumnickeli-4-perjodat vorzuziehen. Die entsprechenden Titerlösungen mit Tellursäure sind schwieriger herzustellen und weniger beständig. Es wurden Lösungen, die je $^1/_2$ Millimol in 50 ml 1- bis 2%iger Kalilauge enthielten, hergestellt und davon 0,5 oder 1 ml titriert mit einer Cu^{III}-Lösung, die so eingestellt war, daß 1 ml 0,5 mg Glykose entsprach.

1. 99 mg As_2O_3 in 50 ml 1%iger KOH.

Es wurden 0,5 ml entnommen, mit 5 ml 10%iger KOH versetzt und titriert. Dabei wurden 0,60 ml Cu^{III} verbraucht.

2. 146 mg Sb_2O_3 in 50 ml 1%iger KOH.

Es wurden 0,5 ml entnommen, mit 5 ml 10%iger KOH versetzt und titriert. Dabei wurden 0,60 ml Cu^{III} verbraucht.

3. 250 mg $KCr(SO_4)_2 \cdot 12\,H_2O$ in 50 ml 2%iger KOH.

Es wurden 0,5 ml entnommen, mit 5 ml 10%iger KOH versetzt und titriert. Das Cu^{III} wird sofort reduziert, aber der Endpunkt ist nicht gut zu erkennen, weil die gelbe Farbe des Chromats stört. Mit Nickeli-4-perjodat tritt er schärfer hervor.

4. 98 mg NaCN in 50 ml 0,5%iger KOH ($^1/_{50}$-n).

Es wurden 0,5 ml entnommen, mit 5 ml KOH versetzt und titriert. Es wurden 3,00 ml Cu^{III} verbraucht, also $2^1/_2$mal soviel als bei der Oxydation des Arsenits zu Arseniat. Es findet also folgende Reaktion statt:

$$NaCN + 2\,KOH + 5\,O = K_2CO_3 + NaNO_3 + H_2O.$$

Am Anfang der Titration färbt sich die Lösung vorübergehend violett.

Nach dieser Methode können Cyanide scharf neben den anderen Halogeniden titriert werden.

5. 139 mg $PbCl_2$ in 50 ml 2%iger KOH.

Die Oxydation des Bleis erfolgt erst in der Siedehitze und auch da nur sehr langsam. In mehreren Versuchen wurden auf 1 ml Plumbitlösung 0,25 bis 0,30 ml Cu^{III} verbraucht, statt der berechneten 0,60 ml. Es scheint also, daß bei der Oxydation nur eine Zwischenstufe von Plumboplumbat erreicht wird, oder daß ein Salz mit dreiwertigem Blei entsteht.

6. $^1/_{200}$-n $Na_2S_2O_3$.

Es wurden 0,5 ml mit 5 ml 10%iger KOH versetzt und titriert. Dabei wurden 0,60 ml Cu^{III} verbraucht, also doppelt soviel als bei der Oxydation von Arsenit zu Arseniat. Das Thiosulfat wird demnach zu zwei Molekülen Sulfat oxydiert:

$$Na_2S_2O_3 + 4\,O + 2\,NaOH = 2\,Na_2SO_4 + H_2O.$$

7. 123 mg As_2S_3 in 50 ml 1%iger KOH.

Es wurden 0,5 ml mit 5 ml 10%iger KOH versetzt und titriert. Dabei wurden 0,60 ml Cu^{III} verbraucht, was der Oxydation zu einem Oxysulfarseniat entspricht:

$$As_2S_3 + 2\,O + 6\,OH^- = AsS_2O_2''' + AsSO_3''' + 3\,H_2O.$$

In der Siedehitze erfolgt eine weitere langsamer verlaufende Reduktion des Cu^{III}, wobei 1,20 ml verbraucht wurden. Für die Wegoxydation des einen Schwefelatoms aus dem AsS_2O_2''' werden 4 Sauerstoffatome verbraucht:

$$AsS_2O_2''' + 4\,O + H_2O = AsSO_3''' + H_2SO_4.$$

Das letzte Schwefelatom ist so fest gebunden, daß es nicht mehr reagiert.

In analoger Weise lassen sich Sb_2S_5, PS_5, MoS_3 und SnS_2 in alkalischer Lösung titrimetrisch bestimmen. Sogar die in Lauge unlöslichen Sulfide ZnS und PbS werden rasch zu Sulfat und Zinkat, bzw. Plumbit oxydiert, wobei man mit Substanzmengen von weniger als 1 mg auskommt.

Zusammenfassung.

Die Erdalkalien und die Schwermetalle geben mit Nap hthalhydroxamat sehr schwerlösliche Niederschläge, welche mit Kaliumcupri-3-perjodat in alkalischer Lösung titrimetrisch bestimmt werden können. Mit dieser Titrationsmethode kann man auch Eiweiße und verschiedene Salze in sehr empfindlicher Weise bestimmen.

Summary.

The earth alkalies and the heavy metals give very difficultly soluble precipitates with naphthalhydroxamate, which can then be determined by titration in alkaline solution with potassium cupri-3-periodate. This titration method can be used likewise for the determination of albumens and various salts in a very sensitive manner.

Résumé.

Les alcalino-terreux et les métaux lourds donnent avec l'hydroxamate de naphtylidène des précipités peu solubles qui peuvent être dosés volumétriquement avec le cuivre-3-periodate de potassium, en solution alcaline. Avec cette méthode de titrage, on peut aussi doser les protéines et des sels divers d'une manière sensible.

Literatur.

[1] *G. Beck*, Analyt. Chim. Acta 4, 245 (1950).
[2] *G. Beck*, Mikrochem. 35, 169 (1950).

Diskussion.

H. Prof. *K. Lang* (Mainz, Deutschland): Kann man durch Titration mit Cupri-3-perjodat Nucleotide charakterisieren?

H. *Beck*: Bei der Titration werden sowohl Amino- wie Zuckergruppen oxydiert. Man muß allerdings zuerst die „Percuprizahl" bestimmen, die für jedes Eiweiß verschieden ist.

Aus dem Institut für anorg. und physik. Chemie der Technischen Hochschule
Graz.

Über die mikromaßanalytische Bestimmung höherer Titangehalte, insbesondere in Gegenwart von Niob.

Von

F. Bischoff.

(Eingelangt am 18. Juli 1950.)

1. Einleitung.

Die mikroanalytischen Methoden können je nach ihrer Zielsetzung, insbesondere nach zwei Richtungen hin, wesentlich unterschieden werden. Einerseits handelt es sich um die Auffindung kleinster Mengen von Elementen oder Verbindungen, wobei man von relativ großen Einwaagen ausgehend, zuguterletzt den gesuchten Stoff mittels Mikrowaage, colorimetrisch, mikromaßanalytisch und ähnlich mit möglichst großer Präzision bestimmt. Anderseits wird aus Gründen des Mangels an Untersuchungsmaterial oder in dem Bestreben nach Zeit- und Materialersparnis von möglichst kleinen, auf der Mikrowaage auszuführenden Einwaagen ausgegangen. Bei hundertprozentigen Substanzen und solchen Proben, in denen der Gehalt der zu bestimmenden Komponente sehr hoch ist und eine Genauigkeit auf wenige Zehntel Fehlerprozente gefordert wird, kommen nur Methoden in Betracht, die diese Forderung erfüllen können. Kolorimetrische, spektroskopische und ähnliche Methoden scheiden für direkte Bestimmungen dieser Art von vornherein aus. Zur direkten genauen Gehaltsbestimmung hundertprozentiger Substanzen werden demnach die gravimetrischen und maßanalytischen einschließlich der elektrometrischen Methoden der Mikroanalyse in Betracht gezogen.

Die vorliegende Arbeit hat die mikroanalytische Bestimmung des Titans in hochprozentigen Titanpräparaten zum Gegenstand. Während die gravimetrische Bestimmung des Titans entweder über die Hydrolyse, die Abscheidung nach der Acetatmethode oder die Fällung mit Cupferron letzten Endes zur Auswaage als TiO_2 führt und bei sorg-

16 a*

fältiger Ausführung in allen Fällen befriedigende Werte liefert, haftet manchen maßanalytischen Methoden eine gewisse Unsicherheit an, weshalb in vielen Fällen die langwierigere und mühevollere gravimetrische Arbeitsweise für Schiedsbestimmungen vorgezogen wird. Die maßanalytische Gehaltsbestimmung stellt jedoch gegenüber der gravimetrischen einen solchen Vorteil hinsichtlich des Zeit- und Energieaufwandes dar, daß ihre Anwendung, wo immer möglich, angestrebt werden muß.

Um den Grund für die auftretenden Unsicherheiten bei manchen maßanalytischen Arbeitsverfahren zur Titanbestimmung zu finden, wurden Versuche zur Prüfung der Zersetzlichkeit von Ti(III)-sulfatlösungen ausgeführt[1], wobei der Rückgang des Reduktionsgrades derselben auch bei absolutem Luftausschluß, insbesondere durch Erwärmen (Kochen) und Verdünnen (mit ausgekochtem Wasser) gezeigt werden konnte. Es wurde ferner festgestellt, daß der Reduktionsrückgang durch Eisen(II)-ionen gehindert wird, ein Umstand, der auch beim mikrochemischen Arbeiten berücksichtigt werden soll.

2. Über die Möglichkeiten der Durchführung der maßanalytischen Titanbestimmung.

Nach den Ergebnissen der oben zitierten Arbeit ist stets zu empfehlen, sich einer Reduktionsmethode zu bedienen, welche bei Raumtemperatur arbeitet. Methoden dieser Art wurden durch Anwendung fester[2] und flüssiger[3] Amalgame in der Makromaßanalyse eingeführt und sind auch in Verbindung mit verschiedenen Reduktorkonstruktionen[4] in der Mikromaßanalyse in Anwendung.

Bedenken bezüglich der Gefahr einer eventuellen metallischen Abscheidung der zu reduzierenden Substanz im Reduktor[5,6] fallen fort, wenn man die Reduktion so durchführt, daß man die Lösung mit einer überschüssigen Menge Metalls versetzt und dieses vollständig unter Luftausschluß auflöst. Letztere Methode soll hier beschrieben werden. Wie bereits oben ausgeführt wurde, kommt jedoch für diese Arbeitsweise bei Titanbestimmungen nur metallisches Eisen in Betracht.

3. Die Reduktion mit metallischem Eisen.

Diese in der Makromaßanalyse entwickelte Methode[7] kann, wie Versuche ergeben haben, ohne weiteres als mikroanalytische Methode zur Untersuchung von Ferrotitan, Titanweiß usw., aber auch zur TiO_2-Gehaltsbestimmung von Niederschlägen mit Al_2O_3 oder ZrO_2 angewendet werden.

Analysenvorschrift für reines TiO_2 (Titer). 0,01 g TiO_2 werden mit 0,4 g $(NH_4)_2SO_4$ und 1 bis 2 ml konz. Schwefelsäure im Mikro-Quarzglastiegel aufgeschlossen. Nach dem Erkalten verdünnt man mit 5 ml Schwefelsäure (1:5) und schüttelt gut um. Während man einen 50 ml

Erlenmeyer-Kolben durch Einleiten von CO_2 aus einem *Kipp*schen Apparat luftfrei macht, wägt man 0,4 g reines Eisenpulver ab und gibt dieses in den *Erlenmeyer*-Kolben, der mit einem doppeltdurchbohrten Gummistöpsel mit Zu- und Ableitungsrohr für CO_2 verschlossen ist. Nach Durchleiten eines kräftigen CO_2-Stromes wird die oben vorbereitete Ti(IV)-sulfatlösung in den *Erlenmeyer*-Kolben übergeführt und noch 2ml Schwefelsäure (1 : 1) beigegeben. Nach Umschwenken wird gelinde erwärmt und mit fortschreitender Auflösung des Eisenpulvers die Temperatur gesteigert, bis alles klar gelöst ist. Nach dem Erkalten im CO_2-Strom wird unter Beibehalten desselben mit Fe(III)-sulfatlösung und einigen Tropfen KSCN-Lösung als Indikator titriert. 1 ml 0,01 n $Fe_2(SO_4)_3$-Lösung entspricht 0,000799 g TiO_2.

Tabelle 1.

Untersuchte Substanz	Ergebnis	
	gravimetrisch	mikromaßanalytisch
TiO_2 (*Merck*)	99,87% TiO_2 99,97% „	100,01% TiO_2 99,72% „
Ferrotitan (*Böhler*)	40,86% Ti 40,97% „	40,96% Ti 41,16% „

Tabelle 1 zeigt, daß die nach der beschriebenen Methode erhaltenen Werte nichts zu wünschen übrig lassen.

4. Ergebnisse in Gegenwart von Niob.

Versuche mit Lösungen, welche neben Titan auch in der gleichen Größenordnung Niob enthielten, zeigten, daß nach der obigen Methode das Titan allein, nicht aber das Niob erfaßt wird.

Diese Tatsache macht das Reduktionsverfahren mit metallischem Eisen gegenüber den anderen unter 2. erwähnten zu einem Mittel der Differentialreduktion. Während nämlich z. B. mit Zinkamalgam Niob *und* Titan reduziert werden, kann durch Reduktion mit metallischem Eisen das Titan allein in Gegenwart von Niob bestimmt werden, was bei Niobiten oder Ferrolegierungen u. dgl., aber auch im Gang der Analyse mitunter von Vorteil sein kann.

Tabelle 2.

	Nach Methode von *Ruff* und *Thomas*[8]	Nach Eisen-Methode
Nb_2O_5 (acid. niobic. *E. Merck*, Darmstadt)	99,00% Nb_2O_5	0,00% Nb_2O_5
TiO_2 (*Merck*) (0,02 g TiO_2 + 0,02 g Nb_2O_5).....	—	99,80% TiO_2

Die Werte der Tabelle 2, die Mittelwerte einer ganzen Anzahl von Versuchen angeben, zeigen, daß ein Niobpentoxyd, dessen Gehalt durch Reduktion mit Wasserstoff bei 950° C bestimmt worden ist, in gleicher Menge dem TiO_2 zugewogen, aufgeschlossen und der Reduktion mit Eisen unterworfen wurde, auf das TiO_2-Ergebnis keinen Einfluß ausübte und der Wert der Tabelle 1 erhalten wurde. Die Angabe „0,00% Nb_2O_5" in der Tabelle rechts gibt an, daß bei wiederholten Versuchen mit schwefelsauren Nb_2O_5-Lösungen diese nicht reduziert worden sind.

Zusammenfassung.

Die Verwendung von metallischem Eisen zur Reduktion von Titanlösungen in der Mikroanalyse wird diskutiert und eine Analysenvorschrift angegeben. Diese Methode eignet sich besonders zur Titanbestimmung neben Niob, da letzteres hierbei nicht erfaßt wird.

Summary.

The use of metallic iron for the reduction of titanium solutions in microanalysis is discussed and an analytical procedure is given. This method is particularly suited to the determination of titanium in the presence of niobium, since the latter is not included in the reduction.

Résumé.

On discute l'emploi du fer métallique pour la réduction des solutions de titane en microvolumétrie et donne un exemple d'analyse. Cette méthode convient particulièrement pour le dosage du titane en présence de niobium, du fait que ce dernier ne réagit pas dans ces conditions.

Literatur.

[1] *F. Bischoff*, Monatsh. Chem. **81**, 333 (1950).

[2] *G. E. F. Lundell* und *H. B. Knowles*, J. Amer. Chem. Soc. 45, 2620 (1924); Z. analyt. Chem. **65**, 198 (1924/25).

[3] *T. Nakazono*, J. Chem. Soc. Japan 42, 526 (1921); — *Someya Kinichi*, Z. anorg. Chem. **138**, 291 (1924).

[4] *J. Mika*, Die exakten Methoden der Mikromaßanalyse, Verlag Enke Stuttgart 1939 S. 150.

[5] *E. Müller* und *G. Wegelin*, Z. analyt. Chem. **50**, 615 (1911).

[6] *P. Fleury*, J. pharm. et chim. (8) 9, 561 (1929); Chem. Zbl. 1929, II, 1950.

[7] *F. Bischoff*, Z. analyt. Chem. **130**, 195 (1950).

[8] *O. Ruff* und *F. Thomas*, Z. anorg. Chem. **156**, 213 (1920).

Istituto Superiore di Sanità, Roma.

Die Verwendung von o-Dianisidin als Redoxindikator in der Mikromaßanalyse.

Von

Giulio Milazzo und **Leonello Paoloni.**

(Eingelangt am 25. Mai 1950.)

Bei den für analytische Zwecke brauchbaren oxydimetrischen Reaktionen muß ein Indikator verwendet werden, der den Endpunkt der Reaktion eindeutig anzeigt. Eine Ausnahme bildet in der Makroanalyse das Kaliumpermanganat, das zufolge seiner intensiven Färbung selbst als Indikator wirkt. Auf dem Gebiet der Mikroanalyse hingegen würde die Verwendung des Permanganats als Indikator zu hohe Werte liefern. In der Mikromaßanalyse ist daher ein eigener Indikator in jedem Fall unerläßlich. Die Redoxindikatoren können in zwei Gruppen eingeteilt werden: in jene, die spezifisch eine bestimmte Reaktion anzeigen (z. B. Stärke in der Jodometrie) und jene, die ganz allgemein bei Erreichung eines bestimmten Redoxpotentials umschlagen. Um als Indikator dienen zu können[1], muß eine Substanz unter anderem insbesondere folgenden Anforderungen entsprechen: sie muß eine eindeutige Farbänderung in einem möglichst kleinen Potentialintervall aufweisen und im gefärbten Zustand einen möglichst hohen molaren Extinktionskoeffizienten besitzen. In der Mikroanalyse müssen diese Bedingungen besonders streng erfüllt sein.

Die bis jetzt für analytische Redoxreaktionen vorgeschlagenen Indikatoren der zweiten Art sind nicht sehr zahlreich und nur ein kleiner Teil von ihnen hat sich in der Praxis behaupten können. Unter den Verbindungen, die bisher keinen Erfolg hatten, muß auch das o-Dianisidin erwähnt werden. Diese Verbindung ist zum ersten Male von *M. E. Weeks*[2] als Redoxindikator für die Titration von Eisen(II)-verbindungen mit Bichromat vorgeschlagen worden. Von diesem Zeitpunkt an ist sie mit Ausnahme seltener Hinweise in Vergessenheit geraten, sie wird in neueren Verzeichnissen von guten Redoxindikatoren nicht angeführt[1, 4] und von *Kolthoff* und *Stenger*[5] gerade nur erwähnt. Und doch müßte sie ihrer spezifischen Eigenschaften und ihres niedrigen Preises wegen in die Reihe der normal verwendeten Redoxindikatoren aufgenommen werden.

Das o-Dianisidin ist ein Zwischenprodukt bei der Herstellung von Farbstoffen und daher leicht zu beschaffen. In Kristallform ist es fast unbegrenzt haltbar; wird es direkt aus dem Handel bezogen, dann ist jedoch eine Reinigung* vor der Bereitung der Indikatorlösung zu empfehlen. In gereinigtem und getrocknetem Zustand ist das perlfarbige Pulver zur Bereitung der Indikatorlösung auch nach sehr langer Lagerung geeignet. Die Strukturformel des o-Dianisidins ist:

$$H_2N\!\!-\!\!\langle\!=\!\rangle\!\!-\!\!\langle\!=\!\rangle\!\!-\!\!NH_2$$
$$OCH_3 \qquad OCH_3$$

Es ist in wäßriger, angesäuerter Lösung im reduzierten Zustand farblos und nimmt, oxydiert, eine intensiv blutrote Färbung an. Sein Umschlagspotential beträgt (in einer Lösung vom p_H 0,5 bis 1,0) $0,79 \pm 0,02\ V$[6]. Der Umschlag ist reversibel, wenigstens in einem genügend langen Zeitraum, so daß man sowohl Titrationen mit oxydierenden Lösungen (mit Erscheinen der roten Farbe als Endpunkt) als auch Titrationen mit Reduktionsmitteln (mit Entfärbung der roten Lösung als Endpunkt) durchführen kann. Nach längerer Berührung mit oxydierenden Substanzen erfährt die oxydierte Form eine allmähliche weitere Umwandlung.

Das primäre Oxydationsprodukt des o-Dianisidins hat ein Absorptionsmaximum bei 450 mμ mit einem molaren Extinktionskoeffizienten $\varepsilon = 1,33 \cdot 10^4$. Zieht man in Betracht, daß die charakteristische rote Farbe eben sichtbar wird, wenn 10% des hierzu komplementären grünen Anteils des einfallenden Lichtes absorbiert werden, so kann man die Menge des oxydierten o-Dianisidins für eine Schichtdicke von 2 cm und ein Volumen von 10 ml mit ungefähr 10^{-8} Äquivalenten berechnen. Die für die Rotfärbung des Indikators benötigte Menge des Oxydationsmittels ist also im Verhältnis zu der bei der Analysenreaktion verbrauchten Menge schon bei 0,01-Normallösungen vernachlässigbar. Für 0,005 n-Lösungen wird der Fehler, der durch den Verbrauch von Oxydationsmittel für die Indikatorfärbung zustande kommt, ungefähr 1%; die Ergebnisse gewisser Messungen werden daher im Mittel gerade um diesen Betrag vom richtigen Wert abweichen. Es muß aber darauf hingewiesen werden, daß unter den gegebenen Arbeitsbedingun-

---

* Man löst zu diesem Zwecke die Base in Salzsäure und behandelt die Lösung mit aktiver Kohle. Hierauf filtriert man und fällt die Base mit konzentriertem Ammoniak aus. Nach dem Auswaschen löst man das Produkt in möglichst wenig Alkohol, fällt es nochmals mit etwa fünfprozentiger Ammoniaklösung und trocknet es im Vakuum.

gen bei Verwendung von Mikrobüretten mit 3 ml Inhalt 1% etwa 0,03 ml oder einem Tropfen entspricht, so daß dieser Fehler in den Bereich der Abweichungen fällt, die unter gleichen Bedingungen ausgeführte Einzelbestimmungen ein und derselben Substanzmenge untereinander aufweisen und die gewöhnlich 1% noch überschreiten.

Das o-Dianisidin ist in einem sehr weiten p_H-Bereich anwendbar: es kann von stark sauren bis zu fast neutralen Lösungen verwendet werden, nicht aber im alkalischen Bereich.

Die Konstitution des die blutrote Farbe hervorrufenden primären Oxydationsproduktes ist noch nicht genau bekannt. Zieht man das Absorptionsspektrum, die Löslichkeit und das Verhalten der sich selbst überlassenen oxydierten Lösung in Betracht, könnte man als Produkt der primären Oxydation vorläufig ein Diiminochinon nach der folgenden Reaktion annehmen[7]:

$$H_2N\!\!-\!\!\langle\ \rangle\!\!-\!\!\langle\ \rangle\!\!-\!\!NH_2 \rightleftharpoons HN\!\!=\!\!\langle\ \rangle\!\!=\!\!\langle\ \rangle\!\!=\!\!NH + 2H^\cdot + 2e$$

$$\underset{OCH_3}{}\quad\underset{OCH_3}{}\qquad\underset{OCH_3}{}\quad\underset{OCH_3}{}$$

(e = Elektron)

Mit diesem Indikator wurden einige analytische Reaktionen durchgeführt, deren Ergebnisse in den folgenden Tabellen zusammengefaßt sind. Die Ergebnisse der Bestimmungen von Gold mit Hydrochinon und von Iridium mit Hydrochinon und Ferrocyanid sind früheren Arbeiten entnommen[6, 7].

Das Volumen der verwendeten Mikrobüretten und Meßkolben wurde durch Auswägung mit Quecksilber überprüft; auf Grund der gefundenen Abweichungen wurden alle Messungen korrigiert. Verwendet wurden normale Mikrobüretten mit einem Fassungsvermögen von 3 ml und einer Ablesegenauigkeit von 0,01 ml.

Als Indikatorlösung wurde eine Lösung von 0,2 g o-Dianisidin und 1 ml konzentrierte Salzsäure in 200 ml Wasser verwendet.

Die titrierten Lösungen waren 0,02 bis 0,005 normal. Natürlich müssen alle Vorsichtsmaßregeln, die für Makrobestimmungen dieser Art vorgeschrieben sind, für Mikrobestimmungen mit noch größerer Sorgfalt angewendet werden, so z. B. die Ausschaltung des Sauerstoffes beim Arbeiten mit starken Reduktionsmitteln, der Gebrauch von gegen Permanganat beständigem destilliertem Wasser, wenn Permanganat zur Titration verwendet wird, usw. Die speziell für Mikrobestimmungen anzuwendenden Maßnahmen sind jeweils bei den betreffenden Ausführungsanweisungen angegeben. Das Gesamtvolumen betrug nach Zusatz der verschiedenen Reagenzien etwa 10 ml, so daß die Titration ohne Verwendung besonderer mikrochemischer Apparaturen bequem durchgeführt werden konnte.

1. Bestimmung des freien Chlors im Wasser.

Für diese Bestimmung wurden die mit der üblichen jodometrischen Methode erhaltenen Ergebnisse mit jenen verglichen, die durch Titration mit einer durch Einwaage erhaltenen und durch Zusatz von 20 ml konz. Salzsäure je Liter stabilisierten Hydrochinonlösung gewonnen wurden.

Die Titration wird wie folgt ausgeführt: Man gibt in das Titrationsgefäß ein gemessenes Volumen Hydrochinonlösung, verdünnt, säuert an und setzt 0,1 ml Indikatorlösung zu. Hierauf titriert man mit dem zu analysierenden chlorhaltigen Wasser bis zur deutlichen Rotfärbung der Lösung und titriert diese Färbung mit Hydrochinon zurück. Die Berechnung wird dann durch Vergleich des verbrauchten Volumens des chlorhaltigen Wassers mit dem Gesamtvolumen des Hydrochinons, das sich aus der Anfangsmenge und dem zur Entfärbung am Ende der Operation erforderlichen Volumen ergibt, durchgeführt. Auf diese Weise wird der Fehler, der durch Verbrauch des Chlors durch den Indikator entsteht, ausgeschaltet. Um die Genauigkeit und die Reproduzierbarkeit der Methode festzustellen, bezieht man sich besser auf die je Volumeneinheit gefundenen Chlormengen anstatt auf die Gesamtmenge. In Tabelle 1 ist für jede der analysierten Lösungen das Mittel der verschiedenen Bestimmungen angegeben. In der Kolonne „ml entnommen“ sind die direkt abgelesenen Volumina und nicht die korrigierten angegeben, während in der Kolonne „mg/ml“ die auf Grund der erwähnten Volumskorrekturen erhaltenen Werte angeführt sind.

Die Ergebnisse sind in Tabelle 1 zusammengefaßt. Daraus könnte man eine kleine systematische Abweichung von den mit der jodometrischen Methode gefundenen Werten herauslesen. Abgesehen davon jedoch, daß von vornherein nicht behauptet werden kann, daß die jodometrische Methode bei den in Betracht kommenden Verdünnungen genauer ist als die vorgeschlagene, muß in Erwägung gezogen werden, daß die Absolutwerte der beiden Methoden nur ganz geringfügige Unterschiede aufweisen und außerdem, daß die maximalen Unterschiede zwischen den Einzelbestimmungen innerhalb einer Gruppe größer sind als die Unterschiede zwischen den Mittelwerten der beiden Methoden. Es ist daher der Schluß erlaubt, daß diese beiden Methoden gleichwertig sind und daß die Bestimmung des freien Chlors mit Hydrochinon und o-Dianisidin für Chlormengen bis zu 0,1 mg/ml und wahrscheinlich auch darunter zuverlässige Ergebnisse liefert.

2. Die Bestimmung des freien Broms in Wasser.

Auch für diese Bestimmung wurde die jodometrische mit der Hydrochinon-o-Dianisidin-Methode verglichen. Der Vorgang ist der gleiche wie bei der Chlorbestimmung. Die Ergebnisse sind in Tabelle 2 zusam-

Tabelle 1. Bestimmung von Cl₂ mit Hydrochinon.

Lösung	Cl₂ mit Hydrochinon und o-Dianisidin titriert					Cl₂ jodometrisch					Differenz der Chlorwerte nach beiden Verfahren	
	ml entnommen	Cl₂ gefunden		mittlerer Fehler ± %	größte Abweichung %	ml entnommen	Cl₂ gefunden		mittlerer Fehler ± %	größte Abweichung %	Absolut mg/ml	%
		mg total	mg/ml				mg total	mg/ml				
1	2,49	0,71	0,288	1,2	2,4	2,00	0,612	0,306	—	—	0,018	— 6,1
	3,64	1,06				3,00	0,918					
2	2,20	1,06	0,486	1,0	4,6	3,00	1,463	0,505	1,2	6,3	0,019	— 3,9
	1,825	0,908				2,50	1,293					
	1,45	0,706				2,00	1,036					
	0,95	0,457				2,00	1,020					
	0,36	0,184				2,00	1,036					
3	1,85	0,53	0,284	0,9	2,8	2,05	0,599	0,288	0,8	2,8	0,004	— 1,4
	1,81	0,52				1,85	0,549					
	1,62	0,48				1,50	0,434					
4	3,42	0,445	0,129	1,1	7,0	3,00	0,363	0,124	1,3	8,9	0,005	+ 3,9
	2,63	0,338				3,00	0,377					
	2,41	0,314				3,00	0,382					
	1,83	0,241				1,50	0,195					
	1,38	0,173				1,50	0,198					
	0,89	0,124				1,00	0,125					
5	3,75	0,157	0,0427	1,8	14	3,00	0,134	0,0445	1,0	2,2	0,0018	— 4,5
	3,39	0,147				3,00	0,137					
	3,02	0,129				3,00	0,134					
	2,88	0,137				3,00	0,137					
	2,80	0,121				3,00	0,137					
	2,70	0,119				3,00	0,137					
	2,61	0,113				2,00	0,090					

mengestellt. Es gelten für diese Tabelle die gleichen Bemerkungen und Schlußfolgerungen, die für die Chlorbestimmung gemacht wurden. Auch beim Brom beträgt die Menge, die noch einwandfrei quantitativ bestimmt werden kann, 0,2 mg/ml und wahrscheinlich darunter.

Tabelle 3. Titration des Goldes mit Hydrochinon.

Au entnommen mg	Au gefunden* mg	Fehler %
1,24	1,154	— 6,9 ± 2
1,24	1,157	— 6,7 ± 2
1,24	1,186	— 4,4 ± 2
0,62	0,587	— 5,3 ± 2
0,124	0,092	— 26,0 ± 6
0,124	0,121	— 2,0 ± 4
1,24	1,167	— 5,9 ± 1
1,24	1,140	— 8,1 ± 4
0,124	0,132	+ 6,4 ± 2

Mittlerer Fehler: — 6,4% ± 2,8

3. Die Bestimmung des Goldes mit Hydrochinon.

Die Arbeitsmethode und die erhaltenen Ergebnisse sind bereits veröffentlicht worden[3,7] und es wird deshalb nur eine Analysenreihe wiedergegeben, die unter den ungünstigsten Umständen erhalten wurde, und zwar mit vorangehender Trennung des Goldes von anderen Begleitelementen, was den normalen Analysenbedingungen am besten entspricht. Hinsichtlich der durch die Trennungsoperationen bedingten Fehler wird auf die Originalarbeit[7] verwiesen.

4. und 5. Die Bestimmung des Iridiums mit Hydrochinon und mit Ferrocyanid.

Auch diese Versuche wurden bereits veröffentlicht. Es werden daher nur die zahlenmäßigen Ergebnisse gebracht und hinsichtlich der Fehlerdiskussion auf das Original[6] verwiesen.

Tabelle 4. Titration des Iridiums mit Hydrochinon.

Ir entnommen mg	Ir gefunden mg	Fehler %
3,970	5,777	— 3,2
1,990	1,935	— 2,8
1,715	1,641	— 4,3
0,857	0,835	— 2,6
0,863	0,640	— 3,5
0,199	0,193	— 3,0

Mittlerer Fehler: — 3,2% ± 0,6

Tabelle 5. Titration des Iridiums mit Ferrocyanid.

Ir entnommen mg	Ir gefunden mg	Fehler %
6,105	6,051	— 0,9
5,970	6,066	+ 1,6
2,795	2,791	— 0,1
2,560	2,561	—
2,035	2,010	— 1,2
1,862	1,858	— 0,2
1,017	1,009	— 0,8
0,663	0,655	— 1,2
0,199	0,188	— 5,5

Mittlerer Fehler: — 0,9% ± 1,9

* Jede Zeile entspricht einer unter gleichen Bedingungen ausgeführten Meßreihe. Die angeführten Zahlen sind die Mittelwerte dieser Reihen.

Tabelle 2. Bestimmung von Br_2 mit Hydrochinon.

Lösung	Br_2 mit Hydrochinon und o-Dianisidin titriert					Br_2 jodometrisch					Differenz der Bromwerte nach beiden Verfahren	
	ml entnommen	Br_2 gefunden		mittlerer Fehler $\pm$ %	größte Abweichung %	ml entnommen	Br_2 gefunden		mittlerer Fehler $\pm$ %	größte Abweichung %	absolut mg/ml	%
		mg/total	mg/ml				mg/total	mg/ml				
1	2,22	3,11	1,39	1,11	5,0	3,00	4,42	1,43	0,6	2,8	0,04	— 2,8
	1,76	2,55				2,00	2,94					
	1,66	2,39				1,50	2,19					
	1,23	1,69				1,50	2,15					
2	8,62	0,879	0,100	2,3	12,0	6,00	0,628	0,093	4,1	19,3	0,007	+ 7,2
	5,40	0,583				3,00	0,277					
	3,00	0,292				3,00	0,260					
	2,70	0,260				3,00	0,307					
	2,50	0,264				3,00	0,260					
3	3,93	0,959	0,248	1,9	10,5	3,00	0,814	0,255	1,2	9,0	0,007	— 2,8
	3,00	0,735				3,00	0,788					
	2,80	0,747				3,00	0,766					
	2,75	0,737				3,00	0,775					
	2,73	0,659				3,00	0,745					
	2,70	0,683				2,50	0,636					
4	2,94	0,221	0,079	1,9	12,8	3,00	0,232	0,075	2,0	13,3	0,004	+ 5,3
	2,80	0,229				3,00	0,214					
	2,79	0,214				3,00	0,244					
	2,66	0,209				3,00	0,228					
	2,48	0,209				3,00	0,241					
	2,42	0,189				3,00	0,226					
	2,38	0,203				3,00	0,214					

Die Verwendung von Ferrocyanid in Gegenwart von o-Dianisidin scheint im Mittel einen kleineren Fehler zu ergeben als Hydrochinon.

6. Die Bestimmung von Ferrocyanid mit Permanganat.

Die für diese Bestimmung verwendete Ferrocyanidlösung wurde potentiometrisch nach dem Verfahren von *Müller*[8] bestimmt. Die Titration kann sowohl in salzsaurer als auch in schwefelsaurer Lösung durchgeführt werden, die Ergebnisse sind identisch. Bei den Bestimmungen wurde in der Lösung mittels eines Salzsäure-Natriumacetatpuffers ein p_H von ungefähr 1 eingehalten. Die Bestimmungen größerer Mengen von Ferrocyanid wurden bis zur Rotfärbung des Indikators ausgeführt und sind daher mit einem besonderen Fehler behaftet, da sich die Farbe des Ferrocyanids zur Indikatorfarbe addiert und den Anschein erweckt, als ob das Umschlagen bei einem leichten Defizit des Oxydationsmittels einträte. Die mittleren und kleinen Werte dagegen sind von diesem Fehler frei. Die in

Tabelle 6. Titration von Ferrocyanid mit Permanganat.

$K_4[Fe(CN)_6]$ entnommen mg	$K_4[Fe(CN)_6]$ gefunden mg	Fehler %
6,08	5,94	— 2,3
6,08	5,96	— 2,0
6,08	5,98	— 1,6
6,08	6,00	— 1,3
2,06	2,03	— 1,5
2,06	2,03	— 1,5
2,08	2,07	— 0,5
2,08	2,05	— 1,5
0,84	0,84	—
0,83	0,83	—
0,85	0,85	—
0,85	0,85	—

Tabelle 6 zusammengestellten Ergebnisse zeigen, daß besonders die kleinsten Mengen von Ferrocyanid mit größerer Genauigkeit bestimmt werden können und daß die für die Analyse erforderliche Menge beträchtlich unter 1 mg liegt.

7. Die Bestimmung des Zinns mit Permanganat.

Diese Bestimmungen wurden wegen der großen Empfindlichkeit der Zinn(II)-chloridlösungen, besonders in großen Verdünnungen, auf eigens gereinigtes metallisches Zinn als Ausgangssubstanz bezogen. Die Einwaagen wurden einzeln mit einer Halbmikrowaage ausgeführt und unter gelindem Erwärmen mit 1 ml konz. Salzsäure gelöst. Nach vollständiger Auflösung in einem Kölbchen von ungefähr 15 ml Inhalt mit langem (7 bis 8 cm) und engem Hals wurde die Luft mit absolut sauerstofffreiem Stickstoff verdrängt, die Lösung mit 2 ml Wasser verdünnt und in Stickstoffatmosphäre mit ein wenig Aluminiumdraht reduziert. Der bei der Reduktion gebildete Zinnschwamm wurde nach Zusatz von 3 ml konz. Salzsäure neuerlich in der Wärme gelöst, was wegen der feinen

Verteilung im Gegensatz zum ersten Auflösungsvorgang sehr rasch vor sich geht. Nach Abkühlung wurde unmittelbar im gleichen Kölbchen in Stickstoffatmosphäre mit Permanganat in Gegenwart von Manganosulfat bis zur rötlichen Verfärbung der ersten Spuren oxydierten o-Dianisidins titriert. Die doppelte Auflösung hat sich als notwendig erwiesen, da es fast unmöglich ist, während der ersten Auflösung, die wie gesagt lange dauert, die Diffusion von Sauerstoffspuren der Luft gegen die Zinn(II)-chloridlösung zu verhindern. Die Ergebnisse einer Versuchsreihe sind in Tabelle 7 zusammengefaßt.

Es wurden überdies viele andere Reaktionen untersucht und nach den vorläufigen Ergebnissen scheint es berechtigt anzunehmen, daß o-Dianisidin eine Verwendung auf breitester Basis zuläßt, auch zur quantitativen Bestimmung einiger organischer Substanzen in wäßriger Lösung. Für einige Reaktionen hat es sich dagegen als nicht anwendbar erwiesen, so z. B. bei der Bestimmung der arsenigen Säure. Aus Zeitmangel konnten die Gründe hierfür noch nicht festgestellt werden, man sollte aber annehmen, daß sich bei entsprechender Wahl der Arbeitsbedingungen o-Dianisidin als Redoxindikator von wirklich universeller Anwendbarkeit erweisen wird.

Tabelle 7. Titration des Zinns mit Permanganat.

Sn Einwaage mg	Sn gefunden mg	Fehler %
3,83	3,92	+ 2,3
3,73	3,66	— 1,9
3,26	3,20	— 1,8
3,17	3,14	— 0,9
3,00	3,06	+ 2,0
2,15	2,20	+ 2,3
1,50	1,45	— 3,0
1,28	1,25	— 2,3
1,15	1,14	— 0,9
0,90	0,91	+ 1,1

Mittlerer Fehler: — 0,3% ± 2,0

Zusammenfassung.

Es wird über die Möglichkeit der Verwendung von o-Dianisidin als Redoxindikator für volumetrische Mikrobestimmungen berichtet. Die in einer Reihe von verschiedenen Redoxbestimmungen erzielten Ergebnisse zeigen, daß o-Dianisidin alle notwendigen Eigenschaften eines Redoxindikators von allgemeinster Anwendbarkeit für Makro- und Mikrobestimmungen besitzt.

Summary.

A report is given of the possibility of using o-dianisidine as redox indicator for volumetric micro-determinations. The results of a series of different redox determinations reveal that o-dianisidine has all the necessary properties of a redox indicator of general applicability for macro- and micro-determinations.

Résumé.

On étudie la possibilité d'emploi de l'o-dianisidine comme indicateur redox pour les microdosages volumétriques. Les résultats obtenus avec une série de déterminations redox variées montrent que l'o-dianisidine possède toutes les propriétés requises pour un tel indicateur d'utilisation générale pour les macro- et les micro-dosages.

Diskussion.

H. *H. Flaschka* (Graz, Österreich): Zur Geschichte des Indikators sei bemerkt, daß er zur Mikrotitration von Zink mit Ferrocyanid verwendet wurde. Die Methode ist in dem Buch von *Milton* und *Waters* beschrieben.

H. *G. Milazzo:* Einige Literaturangaben dürften mir entgangen sein, weil nicht alle Veröffentlichungen der Kriegsjahre in unseren Bibliotheken vorhanden sind.

H. *W. Leithe* (Linz, Österreich): Ist das o-Dianisidin eventuell als reversibler Indikator in der Bromometrie an° Stelle der bisherigen irreversiblen Indikatoren (Indigo oder Methylorange) verwendbar?

H. *G. Milazzo:* Die Frage wurde noch nicht untersucht, wahrscheinlich aber schon.

H. *S. Foghammar* (Borås, Schweden): Betreffs der Bestimmung von Chlor in wäßrigen Lösungen ergibt sich die Frage, ob sich mit diesem neuen Indikator auch auf dem Gebiet der Wasseranalyse gleich gute oder bessere Analysen durchführen lassen, wie mit der bisher üblichen Methode mit o-Tolidin und Schwefelsäure, ob also das neue Verfahren soweit von störenden Einflüssen unabhängig ist, daß es sich z. B. bei der Analyse von Leitungswasser oder Schwimmbadwasser anwenden läßt.

H. *G. Milazzo:* Die untere Grenze der Anwendbarkeit dieser Methode für freies Chlor in Wasser wurde aus Zeitmangel nicht ermittelt. Die in den Tabellen angegebene kleinste Konzentration entspricht, nach Verdünnung auf das Analysenvolumen, etwa 10 mg Cl/l, das heißt einer Menge, die ungefähr 10- bis 50mal größer ist als die Chlormenge, die gewöhnlich im Leitungswasser zu finden ist, bzw. 3mal größer als die Chlormenge von Schwimmbadwasser. Die von uns untersuchte kleinste Chlormenge ist noch sehr gut titrierbar, so daß man annehmen kann, daß die Methode für Schwimmbadwasser noch anwendbar ist. Dagegen müßte man noch prüfen, ob sich auch Leitungswasser noch mit hinreichender Genauigkeit analysieren läßt.

Literatur.

[1] *T. H. Whitehead* und *C. C. Wills* jr., Chem. Rev. **29**, 69 (1948).

[2] *M. E. Weeks*, Ind. Engng. Chem., Analyt. Ed. **4**, 127 (1932).

[3] Vgl. z. B. *W. B. Pollard*, Analyst **62**, 597 (1937). — *A. R. Jamieson* und *R. S. Watson*, Analyst **63**, 702 (1938).

[4] *A. A. Guntz*, Congr. chim. ind. Nancy 18, II, 806 (1938). — *G. Charlot*, Chim. anal. **24**, 134 (1942); id. Méthodes modernes d'analyse quantitative minérale, Masson, Paris 1945, S. 47 u. ff.

[5] *I. M. Kolthoff* und *V. A. Stenger*, Volumetric analysis, II. Aufl., Interscience Publ. New York 1942, S. 136.

[6] *G. Milazzo* und *L. Paoloni*, Monatsh. Chem. **81**, 155 (1950).

[7] *G. Milazzo*, Analyt. Chim. Acta **3**, 126 (1949).

[8] *E. Müller*, Elektromet ische Maßanalyse. VI. Aufl. T. Steinkopff Dresden, Leipzig 1942, S. 169.

Aus dem Laboratorium der Österreichischen Stickstoffwerke A.-G.,
Linz-Donau.

Über mikro-maßanalytische Nitratbestimmungen.

Von

Wolfgang Leithe.

(Eingelangt am 1. September 1950.)

Obwohl die Arbeiten, die dieser Mitteilung zugrunde liegen, schon etwa drei Jahre zurückliegen, sollen sie hier nochmals in aller Kürze zusammenfassend behandelt werden. Die Wichtigkeit des Problems einer raschen und genauen Nitratbestimmung, die auch mit kleinen Substanzmengen durchführbar ist, liegt auf der Hand, insbesondere wenn man an die Düngemittel-, Trinkwasser- und Bodenanalyse denkt.

Das vorzutragende Verfahren knüpft an die Methode von *Pelouze* und *Fresenius*[1] an, ein fast 100 Jahre altes Verfahren, das zwar recht genaue Werte liefert, aber immerhin ziemlich umständlich ist.

Die diesem Verfahren zugrunde liegende Reaktion ist die Umsetzung von Nitraten mit Eisen(II)-Ion zu NO und Eisen(III)-Ion, auf der ja auch viele andere bekannte Nitratbestimmungsverfahren beruhen.

$$HNO_3 + 3\,FeCl_2 + 3\,HCl = N\dot{O} + 3\,FeCl_3 + 2\,H_2O.$$

Bei *Pelouze-Fresenius* wird mit gewogenen Mengen Eisen bzw. mit gestellter Fe(II)-Lösung gearbeitet und das überschüssige Fe(II)-Ion zurücktitriert. Umständlich war das Verfahren in seiner ursprünglichen Form deshalb, weil man etwa 40 Min. im CO_2-Strom kochen mußte. Spätere Modifizierungen von *Grigorieff* und *Nastaskina*[2] brachten keine Vorteile, *Kolthoff*, *Sandell* und *Moskovitz*[3] konnten immerhin durch Zusatz eines Katalysators (Ammoniummolybdat) die Kochdauer auf 10 Min. herabsetzen, arbeiten aber immer noch im CO_2-Strom.

Es hat sich nun bei der Nacharbeitung dieser Verfahren bald gezeigt, daß für die Beschleunigung der Reaktion die Erhöhung der Säurekonzentration wesentlich ist. Ursprünglich arbeiteten wir in stark schwefelsaurer Lösung[4], später hat sich gezeigt, daß die gleichzeitige Anwesenheit von Cl-Ionen doch sehr günstig ist; wir setzen also zu der stark schwefelsauren Lösung noch etwas Kochsalz zu. Die Reaktion ist unter diesen Bedingungen bereits nach 3 Min. Kochen zu Ende. Dabei hat sich gezeigt, daß das Arbeiten im CO_2-Strom ganz überflüssig ist; man kann ohne weiteres im offenen *Erlenmeyer*-Kolben kochen, ohne eine schädliche Wirkung des Luftsauerstoffes befürchten zu müssen.

Die Rücktitration des unveränderten Fe(II)-Ions führen wir, wie dies bereits *Kolthoff* tut, mit Bichromatlösung durch, nur wenden wir als Redox-Indikator nicht Diphenylaminsulfonat, sondern *Ferroin* an, das auch in stark saurer Lösung scharf umschlägt, während Diphenylaminsulfosäure eine vorherige Abstumpfung der Acidität mit Natriumacetat notwendig gemacht hat.

Somit hat sich ein sehr genaues, bequemes und rasches Nitratbestimmungsverfahren ergeben[5]. Es ist insbesondere zur Düngemittelanalyse geeignet. Wir verwenden es gerne, leider ist es zur Schiedsanalyse noch nicht allgemein anerkannt, bewährt sich aber sehr als Kontrollbestimmung; dabei ist vorteilhaft, daß es sich um ein methodisch von den üblichen Standardmethoden (*Devarda* oder *Arnd*) völlig unabhängiges Verfahren handelt, deren etwaige Fehlresultate daher mit größter Sicherheit aufgedeckt werden. Der Nitratgehalt ergibt sich unmittelbar und nicht als Differenz von Gesamtstickstoff-Ammoniakstickstoff. Eine Genauigkeit von $\pm$ 0,3%, z. B. 20,06% N statt 20,00%, ist leicht zu erzielen.

Weiters hat sich ergeben, daß mit Rücksicht auf den quantitativen Verlauf der Reaktion und die außerordentliche Schärfe des Endpunktes auch mit sehr verd. Nitratlösungen bzw. sehr geringen Nitratmengen gearbeitet werden kann[6]. Ein Meso-Verfahren arbeitet mit n/50 $FeSO_4$-Lösungen und n/100 $K_2Cr_2O_7$-Lösungen, man kann aber sogar bis auf n/500 $FeSO_4$-Lösungen und n/1000 $K_2Cr_2O_7$-Lösungen heruntergehen und dabei Mengen bis 2 γ NO_3' erfassen. Ich arbeite hierbei mit den normalen Titriergeräten der Makro-Volumetrie. Sicherlich kann aber insbesondere das Meso-Verfahren auch mit einer speziellen Mikrotechnik angewandt werden, so daß die zu analysierende Substanzmenge noch weiter herabgesetzt werden könnte.

Ein derartiges Bestimmungsverfahren hätte nur einen relativ geringen Wert, wenn es nur mit einigermaßen reinen Probensubstanzen ausführbar wäre und durch Verunreinigungen, wie sie in der Praxis neben Nitrat häufig vorkommen, gestört würde. Für die Nitratbestimmung kommt vor allem als Verunreinigung das *Nitrit* in Betracht, welches in schlechteren Trink- und Brauchwässern, sowie in Bodenextrakten bei der Analyse von Ackerböden immer neben Nitrat anwesend ist.

Nitrit, das an sich mit Eisen(II)-Ion auf ähnliche, aber stöchiometrisch verschiedene Weise reagiert, kann bekanntlich leicht mit Harnstoff oder mit Natrium-Azidlösung oder mit Amidosulfonsäure zerstört werden. Diese Zersetzung verläuft um so sauberer, je verdünnter die Nitritlösung ist. Bei Anwendung unserer Nitratbestimmungsverfahren kann man nun wegen deren Schärfe auch in sehr verdünnten Lösungen arbeiten, so daß auch bei der Bestimmung von Salzen mit höherem Nitritgehalt eine nennenswerte Nitratbildung bei der Nitritzersetzung nicht zu befürchten ist. Man kann auf diese Weise Mischungen von Nitriten und Nitraten[7], wie sie in Pökelsalzen oder — als freie Säuren — in gebrauchten Mischsäuren aus der technischen Nitrierung aromatischer Kohlenwasserstoffe vorkommen, leicht und genau bestimmen.

Von besonderer Wichtigkeit sind diese Verfahren für die *Wasser-* und *Bodenanalyse*[7].

Zur Durchführung einer Wasseranalyse werden 5 ml Wasser ohne weitere Vorbehandlung, wie Eindampfen u. dgl., mit Harnstoff und Schwefelsäure zur Zerstörung des Nitrits 5 Min. stehen gelassen, mit 5 ml $n/250$-$FeSO_4$-Lösung versetzt, eine Messerspitze Bicarbonat zugesetzt (bei diesen kleinen Konzentrationen ist es nämlich besser, die Luft weitgehend zu verdrängen), 1 g $NaCl$ zugesetzt und 3 Min. gekocht. Nach Zusatz von etwas Phosphat und Ferroinlösung wird mit $n/500$-$K_2Cr_2O_7$-Lösung bis zum Umschlag von rötlich auf bläulich titriert.

Bei der Bodenanalyse werden 10 g mit 50 ml $1^0/_0$iger KCl-Lösung extrahiert; hierauf wird wie oben verfahren.

Die Fehlergrenze bei Wässern beträgt etwa $\pm 0,5$ mg $NO_3{}'/l$; das Verfahren ist demnach bei kleinen Nitratgehalten (etwa unter 3 mg/l) nicht mehr am Platz und wird in diesem Fall zweckmäßig durch ein kolorimetrisches Verfahren (z. B. nach *Kolthoff* mit Diphenylaminsulfosäure) ersetzt. Bei größeren Nitratgehalten über 3 mg/l leistet es indessen sehr gute Dienste.

Bei Böden beträgt die Fehlergrenze etwa 0,5 mg in 100 g Boden, eine Menge, die bei normalen Analysen ohne Interesse ist.

Die Übereinstimmung mit den Ergebnissen der bisherigen Bestimmungsverfahren ist sehr befriedigend. Bei Böden sind die Abweichungen bisweilen etwas größer. Da Böden meist nach *Arnd* analysiert werden und der Nitratgehalt als Differenz aus Gesamtstickstoff, Nitritstickstoff und Ammoniakstickstoff gefunden wird, somit alle Fehler dieser drei Bestimmungen einschließt, möchte ich meinen Nitratwerten das größere Gewicht beimessen, was sich auch durch Bestimmungen an Böden mit zugewogenen Nitratmengen bestätigt hat.

Zusammenfassung.

Die vom Verfasser seit dem Jahre 1945 ausgearbeiteten maßanalytischen Verfahren zur Bestimmung von Nitraten werden besprochen und ein Überblick über deren Anwendung zur Analyse von Düngemitteln, Trinkwässern und Böden wird gegeben.

Summary.

The volumetric procedures developed by the writer since 1945, for the determination of nitrates are discussed and a survey is given of their application to the analysis of fertilizers, drinking waters and soils.

Résumé.

Les procédés titrimétriques mis au point par l'auteur dès 1945, pour le dosage des nitrates, sont discutés et l'on donne une vue d'ensemble sur leur emploi dans l'analyse des engrais, des eaux potables et des sols.

Literatur.

[1] *R. Fresenius*, Ann. Chem. **106**, 217 (1857).
[2] *P. Grigorjeff* und *E. Nastaskina*, Z. analyt. Chem. **93**, 105 (1933).
[3] *I. M. Kolthoff, E. B. Sandell* und *B. Moskovitz*, J. Amer. Chem. Soc. **55**, 1454 (1933).
[4] *W. Leithe*, Mikrochem. **33**, 48 (1947).
[5] *W. Leithe*, Analyt. Chemistry **20**, 1082 (1948).
[6] *W. Leithe*, Mikrochem. **33**, 150 (1947).
[7] *W. Leithe*, Mikrochem. **33**, 310 (1947).

Aus dem Entwicklungslaboratorium der Firma A. Zankl Söhne, Farben- und
Lackwerke, Graz-Gösting.

Die Mikro-Reduktor-Bürette.

Von

H. Flaschka.

Mit 1 Abbildung.

(Eingelangt am 22. April 1950.)

Es gibt eine große Zahl titrimetrischer Methoden unter Verwendung
reduzierender Maßlösungen, die in Bezug auf die Schnelligkeit der Umsetzung, die genaue Gültigkeit der stöchiometrischen Gleichungen und
auch hinsichtlich der Endpunkterkennung sehr befriedigend sind. Dagegen läßt die Konstanz des Wirkungswertes sehr viel zu wünschen
übrig. Nur mit einem verhältnismäßig umfangreichen apparativen Aufwand ist es möglich, mittels eines inerten Gases die Lösung vor Luft-
oxydation zu schützen und selbst dann ist häufiges Nachstellen des
Titers, besonders bei Mikrolösungen, unumgänglich nötig. Es ist daher
verständlich, daß sich diese Verfahren nur vereinzelt eingebürgert haben,
und zwar hauptsächlich dort, wo Serienbestimmungen den Aufwand rechtfertigen.

H. Schäfer[1] hat nun für Eisen(2)-Lösungen eine Anordnung vorge-
schlagen, mit deren Hilfe Titerkonstanz in einfacher Weise erzielt wird.
Etwas später, aber ohne seine Arbeit zu kennen, hat der Verfasser für
Eisen- und Titanlösungen eine ähnliche Anordnung veröffentlicht.[2] Diese
stellt eine Kombination von Bürette und Jonesreduktor dar, wobei das
Titrationsmittel erst unmittelbar vor dem Einfließen in die zu titrierende
Lösung reduziert wird. Man setzt zu diesem Zwecke über dem Hahn der
Bürette einen Glaswollpfropfen auf und schichtet darüber Reduktions-
pulver. *Schäfer* nahm nach Art des Waldenreduktors Silberpulver. Für
Titanlösungen (auch für Eisen verwendbar) habe ich Cadmiumamalgam
in Gebrauch genommen. Diese einfache Art einer R-Bürette (Reduktorbürette) kommt bei dem geringen Volumen der Mikrobüretten für diese

natürlich nicht in Frage. Es wurde daher die aus der Abbildung ersichtliche Konstruktion entwickelt.

An eine Mikrobürette (B) wird mittels eines 10-mm-Schliffes der Reduktor (R) angesetzt. Letzterer ist ungefähr 120 mm lang und hat einen Durchmesser von ca. 12 mm. Er trägt unten einen Hahn, darüber einen Glaswollpfropfen und ist mit Cadmiumamalgam gefüllt (für Eisenlösungen kann auch Silberpulver verwendet werden). Der Schliff ist durch Federn gesichert und wird vor dem Aufsetzen hauchfein eingefettet. An sich genügt auch ein Reduktor halber Größe, doch ist dann ziemlich langsam zu titrieren. Mit einem Gerät der angegebenen Dimensionen erzielt man durchaus normale Tropfgeschwindigkeiten. Bei Büretten, deren Größe ein Füllen von oben gestattet, fällt die seitliche Nachflußeinrichtung weg. Läßt man sich zur gezeigten Anordnung noch ein Stück verfertigen, das nur aus Schliff und Hahn besteht, kann man Büretten je nach Bedarf in gewöhnlicher Art oder als R-Büretten verwenden.

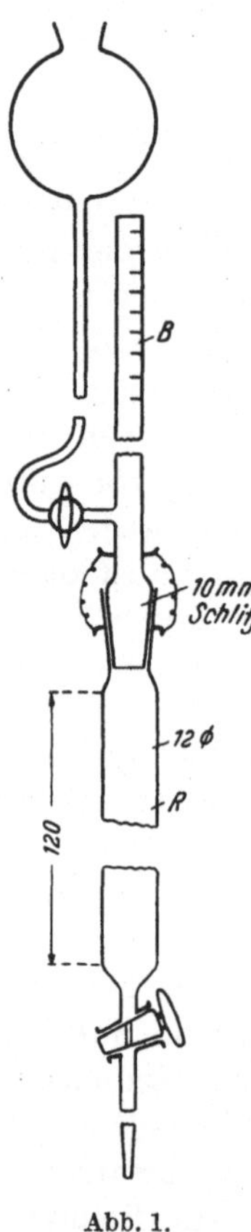

Abb. 1.

Die Reduktorfüllung bereitet man wie folgt: Die nötige Menge Cadmiumgrieß wird in einer weithalsigen Flasche mit Wasser überschichtet und mit wenigen Tropfen konzentrierter Salzsäure sowie einigen Millilitern gesättigter Quecksilber(2)-chloridlösung versetzt. Anschließend schüttelt man 5 bis 10 Minuten und wäscht dann durch oftmaliges Dekantieren mit Wasser.

Besonderes Augenmerk ist bei der Bereitung der Maßlösungen darauf zu legen, daß diese nicht zu stark sauer sind, anderenfalls eine Gasentwicklung einsetzen würde, die unkontrollierbare Meniskusverschiebungen zur Folge hätte. Bei einer Azidität von ca. 0,2 n an Schwefelsäure ist über einen Zeitraum von 15 Minuten eine Meniskushebung sicher vermieden; also während einer Zeit, in der auch bei langsamstem Arbeiten jede Titration beendet ist. Ganz läßt sich die Gasentwicklung nicht unterbinden, so daß zeitweilig, besonders nach mehrtägigem Nichtgebrauch, die Bürette „entlüftet" werden muß, was sehr einfach durch Saugen am oberen Ende geschieht. Noch besser ist es, die Bürette nach Entleeren neu zu füllen, was zweckmäßig durch Einsaugen der Lösung durch die Bürettenspitze erfolgt.

Die Eisenmaßlösung erhält man, indem die berechnete Menge Mohrsches Salz eingewogen, in der zur angegebenen Azidität nötigen Menge verdünnter Schwefelsäure gelöst und dann mit Wasserstoffperoxyd oxydiert wird. Nach Verkochen des Peroxydüberschusses und Abkühlen wird mit Wasser aufgefüllt. Man hat nun eine Eisenlösung, die je nach Verwendung einer gewöhnlichen oder einer R-Bürette als $F^{\cdots}$- bzw. $F^{\cdot\cdot}$-Lösung dient.

Titrationen von n/100 Kaliumbichromat mit n/100 Eisensulfat. 10-ml-Bürette mit $^1/_{50}$-Teilung.

Vorgelegt ml n/100 Cr_2O_7''	Verbraucht ml n/100 $Fe^{\cdot\cdot}$	Differenz in ml
1,23	1,22	— 0,01
1,84	1,84	± 0,00
2,52	2,52	± 0,00
3,02	3,03	+ 0,01
3,82	3,82	± 0,00
4,60	4,62	+ 0,02
5,98	5,99	+ 0,01
6,50	6,50	± 0,00
7,06	7,08	+ 0,02
7,99	8,00	+ 0,01
9,32	9,33	+ 0,01
10,00	9,99	— 0,01

Zinkgelb (mit 0,05 n Fe-Sulfat):
Einwaage: 7,420 mg .... gefunden 31,79% Cr_2O_3
makro-jodometrisch 31,82%   ,,

Ferrochrom „Böhler" mit .... 66,17% Cr
Einwaage: 2,823 mg .... 66,00% Cr
5,057 mg .... 66,24% Cr

Titrationen mit n/100 Titansulfat.

Eisen in mg		Differenz in		
gegeben	gefunden	%	γ	
2,792	2,794	+ 2	+ 0,11	
	2,800	+ 8	+ 0,28	10-ml-Bürette, $^1/_{50}$-Teilung
1,675	1,670	— 5	— 0,29	
	1,682	+ 7	+ 0,41	
0,558	0,558	± 0	± 0,00	
	0,565	+ 7	+ 1,25	
0,279	0,282	+ 3	+ 1,07	3-ml-Bürette, $^1/_{100}$-Teilung
	0,287	+ 8	+ 2,86	
0,056	0,060	+ 4	+ 7,15	

Pompejanischrot:
Einwaage: 16,060 mg..................... gefunden 14,85% Fe_2O_3
makro-analytisch nach *Zimmermann-Reinhardt* 14,95% ,,

Mohrsches Salz (gelöst, aufoxydiert):
Einwaage: 13,46 mg......................... gefunden 1,917 mg Fe
berechnet 1,917 ,, ,,

Die Titanlösung stellt man her, indem geglühtes Titandioxyd p. a. eingewogen und mit Kaliumhydrogensulfat aufgeschmolzen wird; die erstarrte Schmelze löst man in Wasser, das Schwefelsäure in einer Menge enthält, die nach dem Auffüllen einen Säuregehalt von ca. 0,2 n gewährleistet. Die Titrationen selbst sowie Titerstellungen bzw. Kontrollen, Ermittlung etwaiger Indikatorkorrekturen usw. werden in bekannter Art durchgeführt. Selbstverständlich können die Maßlösungen auch irgendwie anders hergestellt werden. In der beschriebenen Weise gelangt man aber in einfacher und sicherer Art zu faktorfreien Lösungen. Über einige nach der beschriebenen Methode erhaltene Resultate geben vorstehende Daten Auskunft.

Zusammenfassung.

Es wird über eine für Mikrotitrationen entwickelte Kombination von Bürette und Jonesreduktor berichtet, bei der man die wirksame Substanz der Maßlösung erst unmittelbar vor dem Einfließen in die zu titrierende Lösung reduziert. Damit erübrigt sich der sonst nötige umfangreiche apparative Aufwand zur Aufrechterhaltung einer inerten Atmosphäre. Die Anwendung dieser als Mikro-R-Bürette (Reduktorbürette) bezeichneten Anordnung wird besprochen. Beleganalysen für Eisen- und Titanlösungen werden mitgeteilt.

Summary.

A report is given of a combination burette and *Jones* reductor developed for microtitrations. In this the active material of the standard solution is not reduced until just prior to its addition to the solution to be titrated. In this way, it is possible to eliminate the extensive supply of apparatus that is otherwise necessary to maintain an inert atmosphere. The use of this arrangement, called the micro-R-burrete (reductor burette) is discussed. Sample analyses of iron and titanium solutions are given.

Résumé.

On présente, en vue du microtitrage, un dispositif combiné avec une burette et un réducteur de *Jones*, dans lequel on réduit d'abord la substance active de la liqueur titrée, immédiatement avant de la faire écouler dans la solution à doser. Avec lui, on épargne la dépense jusqu'ici très importante d'un appareil pour maintenir une atmosphère inerte. On décrit l'emploi de ce dispositif appelé micro-R-burette (Réducteur-burette) et publie, à l'appui, des analyses de solutions de fer et de titane.

Diskussion.

H. *Bischoff* (Graz, Österreich): Treten in der Amalgamsäule nicht Gasräume durch Bläschenbildung auf?

H. *Flaschka*: Ja, doch kann durch Absaugen nach oben in solchen Fällen Entgasung erzielt werden.

Literatur.

[1] *Schäfer, H.*, Naturforschung und Medizin in Deutschland 1939—1946. Band 29. Analytische Chemie, S. 43. Wiesbaden: Dieterichsche Verlagsbuchhandlung. 1948.

[2] *Flaschka, H.*, Analyt. Chim. Acta, im Druck.

Istituti di Merceologia delle Università di Bari e Bologna.

Über die Grenzen der Anwendungsmöglichkeit des Karl Fischer-Reagens zur Bestimmung von Wasser.

Von

Walter Ciusa und **Ercole Moroni.**

(Eingelangt am 30. Mai 1950.)

Die Methode von *Karl Fischer*[1] zur Bestimmung von Wasser ist in der letzten Zeit eingehend studiert und auf breiter Basis angewendet worden. Es besteht bei diesen Arbeiten die Tendenz, diese Methode auf die verschiedensten Substanzen mit einem Wassergehalt, der von Spuren bis fast zu reinem Wasser reicht, anzuwenden.

In der vorliegenden Arbeit soll gezeigt werden, daß diese Methode gewissen Beschränkungen unterworfen ist und vor allem nur auf gewisse Arten von Substanzen angewendet werden kann. Sie gibt nur dann gute Resultate, wenn die vorhandene Wassermenge 10 mg nicht übersteigt und die Substanz im verwendeten Lösungsmittel löslich ist, d. h. in Methylalkohol-Pyridin, oder aber wenn das Wasser leicht mit wasserfreiem Methylalkohol extrahiert werden kann.

In unserem Laboratorium sind viele Analysen mit einem im Handel befindlichen Apparat ausgeführt worden, der den Titrationsendpunkt mit Hilfe polarisierbarer Elektroden elektrisch anzeigt. Die Versuche wurden teils mit einem käuflichen Reagens, teils mit im Laboratorium bereitetem Reagens verschiedener Konzentration durchgeführt.

Auf Grund einer großen Zahl von ausgeführten Analysen der verschiedensten Substanzen mit bekanntem Feuchtigkeitsgehalt kann festgestellt werden, daß man die größte Sorgfalt auf die Fernhaltung der Luftfeuchtigkeit verwenden muß.

Man kann in der Tat das Reagens so bereiten, daß 1 ml ungefähr 1 bis 5 mg Wasser entspricht. Titriert man nun in einem Gefäß von 100 ml Inhalt in Luft von normaler Feuchtigkeit, die etwa 1 mg beträgt und variabel ist, muß man mit diesem Fehler rechnen, da das Titrationsgefäß nur schwer ganz dicht gehalten werden kann.

Diese Tatsache bedingt die Verwendung von 20 bis 100 ml Reagens, wenn man sich in den für Feuchtigkeitsbestimmungen üblichen Fehlergrenzen von 1% halten will.

Dieser Fehler könnte durch Verwendung einer Anordnung, welche die Luftfeuchtigkeit während der Titration ausschließt, vermieden werden; doch würde dies zu einer Komplikation der Apparatur sowie zu Zeitverlusten führen. Außerdem wäre es auf diese Weise nicht möglich, eine feste Substanz zu analysieren, sondern man müßte vorzugsweise mit alkoholischen Auszügen arbeiten.

Die Notwendigkeit, alkoholische Auszüge herstellen zu müssen, stellt eine weitere Beschränkung in den Anwendungsmöglichkeiten dar, abgesehen davon, daß unsere Versuche ergeben haben, daß es unmöglich ist, durch eine Extraktion mit Methylalkohol die theoretische Menge des Wassers aufzufinden. Dies muß offensichtlich folgenden Gründen zugeschrieben werden: Die Möglichkeit, das Wasser durch Extraktion zu entfernen, hängt von dem Wassergehalt des Lösungsmittels einerseits und dem Wassergehalt der zu analysierenden Substanz anderseits ab. Außerdem spielen die Menge des zu extrahierenden Wassers, die Art des zu analysierenden Stoffes sowie die Eigenschaften des sog. hygroskopischen Wassers, das oft sehr fest an das Substrat gebunden ist, wie die Versuche mit der Thermowaage beweisen, eine sehr große Rolle.

Andrerseits bietet die Extraktion mit dem *Fischer*schen Reagens selbst sehr große Schwierigkeiten, wenn man die vollkommene Ausschaltung der Luftfeuchtigkeit von dem außerordentlich hygroskopischen Reagens in Betracht zieht.

Die vielen vorgeschlagenen Verfahren zur indirekten Bestimmung des Wassers in besonderen Substanzen, die Vorschläge zur Vermeidung des Einflusses störender Stoffe[2, 3] verwandeln die im Prinzip einfache Methode von *Karl Fischer* in ein Verfahren, das weniger genau und viel komplizierter ist, als die bisher verwendeten Methoden.

Man muß also schließen, daß die Methode von *Karl Fischer* für flüssige Substanzen, die nicht mehr als 20 mg Wasser enthalten, und bei völliger Ausschaltung der Luftfeuchtigkeit anwendbar ist.

Unter diesen Umständen scheint uns diese Methode nicht geeignet, für die normalen Serienanalysen im Laboratorium verwendet zu werden, während sie besonders berufen ist, unter Einhaltung gewisser Vorsichtsmaßregeln zur Bestimmung und Mikrobestimmung von alkoholischen Hydroxylgruppen[4], Carboxylgruppen[5], Säureanhydriden[6] und ähnlichen zu dienen.

Zusammenfassung.

Es werden Gründe aufgezählt, die das Reagens von *Karl Fischer* für Serienanalysen von Feuchtigkeitsgehalten nicht geeignet erscheinen lassen. Die Methode ist jedoch unter Einhaltung von gewissen Maßregeln für Mikropräzisionsanalysen zu empfehlen.

Summary.

Reasons are given which make it appear that the *Karl Fischer* reagent is not suitable for series determinations of moisture contents. However, the method can be recommended for micro-precision analyses, provided certain precautions are observed.

Résumé.

On énumère les raisons qui ne paraissent pas appropriées pour les teneurs en humidité dans le cas des analyses en série par le réactif de *Karl Fischer*. On doit cependant recommander la méthode pour les microanalyses précises, en s'astreignant à certaines précautions.

Literatur.

[1] *K. Fischer*, Z. angew. Chem. 48, 394 (1935).

[2] *J. Mitchell* Jr. und *D. M. Smith*, Aquametry, Interscience Publishers Inc., New York 1948.

[3] *J. Mitchell* Jr., *R. L. Kangas* und *W. Seaman*, Analyt. Chemistry 22, 485 (1950).

[4] *D. M. Smith, W. M. D. Bryant* und *J. Mitchell* Jr., J. Amer. Chem. Soc. 62, 1 (1940).

[5] *D. M. Smith, W. M. D. Bryant* und *J. Mitchell* Jr., J. Amer. Chem. Soc. 62, 4 (1940).

[6] *D. M. Smith, W. M. D. Bryant* und *J. Mitchell* Jr., J. Amer. Chem. Soc. 62, 608 (1940).

Organisch-chemisches Laboratorium der Eidgenössischen
Technischen Hochschule, Zürich.

Zur Mikrotitration organischer Säuren.

Von

W. Ingold.

Mit 5 Abbildungen.

(Eingelangt am 18. Juli 1950.)

Der mit Naturstoffen arbeitende Organiker ist besonders daran interessiert, daß die gebräuchlichen Analysenmethoden mit möglichst geringen Substanzmengen ausgeführt werden können. Dies umsomehr, als die für die Analyse benötigten Mengen für weitere Untersuchungen meist nicht mehr zur Verfügung stehen.

Wir finden in der Literatur zahlreiche Ausführungsformen für die Titration organischer Säuren beschrieben. Entsprechend der Art, den Endpunkt zu bestimmen, handelt es sich um Methoden mit Farbstoff-Indikatoren, konduktometrische und potentiometrische Ausführungsformen. Die übliche Endpunktbestimmung bei der Säuretitration mit Farbstoffindikatoren kann bei Vorliegen sehr kleiner Substanzmengen und ganz besonders dann nicht mehr verwendet werden, wenn es sich um die Titration sehr schwacher Carboxylgruppen handelt. Bei zweckmäßigem Vorgehen kann die elektrometrische Titration jedoch mit Erfolg zu Hilfe gezogen werden.

Bei der elektrometrischen Säuretitration wird mit Hilfe einer geeigneten Meßkette in Intervallen ein Potential bzw. die in der Meßlösung herrschende Wasserstoff-Ionen-Konzentration gemessen. Trägt man die so ermittelten p_K-Werte gegen die ihnen entsprechenden Reagenszusätze in einem Koordinatensystem auf, so erhält man die sogenannte Titrationskurve. Im Falle einer einbasischen Säure ergibt sich etwa folgendes Bild (siehe Abb. 1).

Der Wendepunkt des mehr oder weniger steil aufsteigenden Kurvenastes (E) entspricht dann dem Titrationsendpunkt. Der besondere Wert der Titrationskurve liegt nun nicht bloß darin, daß das Titrationsende sehr genau festgestellt werden kann, sie vermittelt außerdem durch Form und Verlauf oft wertvolle Informationen. Der Kurvenpunkt, der der halben Titration (HT) entspricht, ist charakteristisch für die Stärke der an der Titration beteiligten sauren oder basischen Gruppe, indem die Höhe (Ordinate) ein Maß hiefür darstellt und als angenäherter p_K-Wert gelten kann.

Bei jeder Titration ist es von Vorteil, sowohl eine nicht zu verdünnte Probelösung, als auch mit einer nicht zu verdünnten Lauge zu titrieren. Will man diesen Wünschen bei der Titration sehr kleiner Substanzmengen nachkommen, so wird man es einerseits mit einem entsprechend kleinen Titrationsvolumen und andererseits mit der Messung kleiner Volumina Maßlösung zu tun haben. Wie diesen Forderungen nach Möglichkeit entsprochen wurde, wird im folgenden gezeigt:

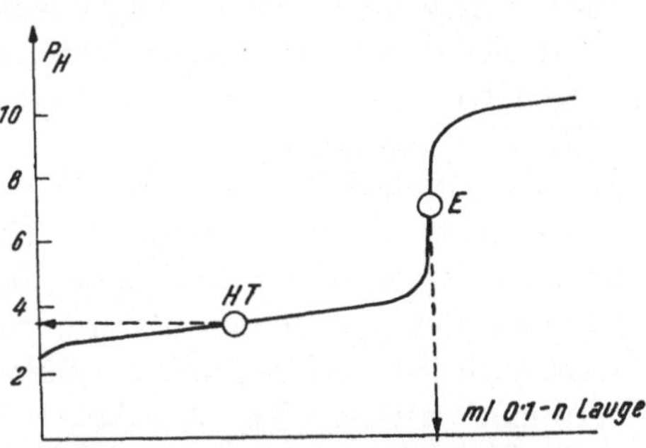

Abb. 1. Allgemeiner Verlauf der elektrometrischen Titrationskurve für eine organische Säure.

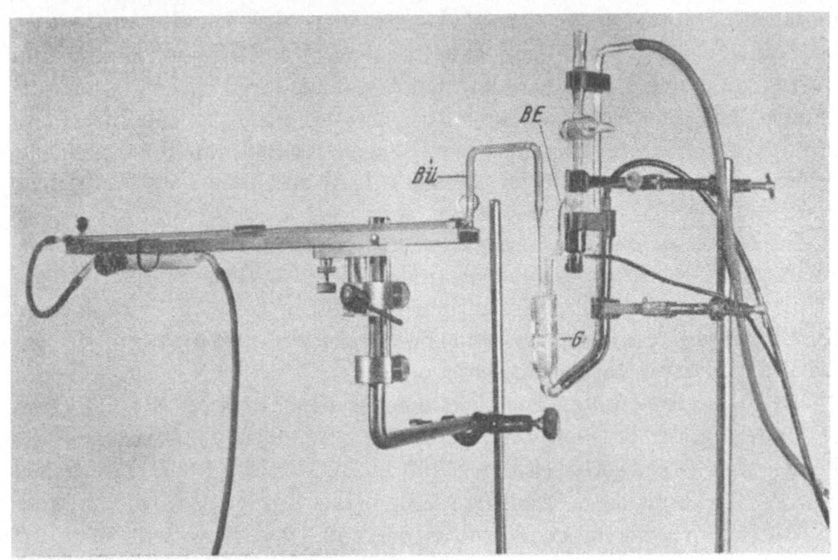

Abb. 2. Totalansicht der Titrationsanordnung.

Die Meßkette ist aus einer Glaselektrode und einer Kalomel-Bezugselektrode aufgebaut worden. Die Besonderheit liegt nun in der *speziellen Form* der Glaselektrode (Abb. 2, *G*).

Die Glaselektrode, in Form eines Napfes ausgebildet, dient selbst als Titriergefäß. Dadurch wird in einfacher Weise der Forderung nach einem kleinen Titrationsvolumen Rechnung getragen. Die für die p_H-Messung allein wirksame Elektrodenkugel faßt etwa 1 ml. Dabei ist es für die praktische Durchführung nicht erforderlich, das ganze verfügbare Volumen auszunutzen. Entleerung und Reinigung erfolgen zweckmäßigerweise mit Hilfe eines Absaugeröhrchens.

Das 2. Bild zeigt die gesamte Titrationsanordnung mit Glaselektrode, Bezugselektrode (*BE*) und Bürette (*Bü*). Das Titrierreagens (normalerweise 0,1 n) wird der horizontal auf einer Trägerschiene montierten kapillaren und hahnlosen Bürette entnommen. — (Selbstverständlich kann auch jede andere geeignete Bürette, wie etwa die Injektionsbürette, verwendet werden. Sie soll lediglich ermöglichen, sehr kleine und gleich große Portionen zu entnehmen, eine Forderung, die besonders im Umschlagsgebiet zur genauen Feststellung des Endpunktes wichtig ist.)

Die Wirkungsweise der hier verwendeten Bürette, deren Prinzip von *Hybbinette* und *Benedetti-Pichler*[1] angegeben wurde, ist derart, daß Titrierreagens nur dann ausfließt, wenn die Schnabelspitze in die Flüssigkeit eintaucht. Während der Titration kann dies nach Bedarf durch Herunterdrücken des an der Stützlatte angebrachten Hebels erfolgen, wodurch die ganze Bürette etwa 2 cm vertikal verschoben wird. Durch Paraffinieren der Schnabelspitze wird eine Erhöhung der Oberflächenspannung und Verringerung der Benetzbarkeit erzielt und dadurch erreicht, daß die Bürette nach dem Austauchen nicht von selbst ausfließt. Mit dieser Anordnung der Bürette können leicht Reagenszusätze von 0,1 λ gemacht werden. Die Bürette faßt im ganzen 0,1 ml und ist in 500 Teilstriche graduiert. Ein Teilstrich entspricht somit 0,2 λ.

Zur Ableitung des Potentials dient die in diesem Zusammenhang vorgeschlagene Durchfluß-Kalomelelekrode, deren kapillarer Ausfluß, gemeinsam mit dem Rührgaseinleitungsrohr für CO_2-freien Stickstoff, in die Meßlösung taucht. Glas- und Bezugselektrode werden an ein geeignetes p_H-Meter angeschlossen*.

Mit dieser Anordnung zur elektrometrischen Titration mit der Glaselektrode können bequem 200 bis 1000 γ oder mehr Substanz entsprechend einem *Molekulargewicht von* 200 *bis* 1000 mit 0,1 n Lauge titriert und die Titrationskurve erhalten werden. Die Äquivalentgewichte sind, bei Verwendung normaler Mikrowaagen, auf $\pm 3\%$ reproduzierbar. Als Beispiel sei eine Titration von 315 γ Salicylsäure (Mol. Gew. 138) angeführt:

Laugeverbrauch $= 22,2\ \lambda\ 0,1$ n; daraus berechnetes Äquivalentgewicht $= 142$; $\varDelta = +\ 4$ oder ca. $+\ 3\%$.

---

* Ausgezeichnet bewährt haben sich die direkt anzeigenden Präzisions-p_H-Meter der Firma Polymetron AG., Zürich.

Bezüglich apparativer Einzelheiten verweise ich auf die Publikation in der Zeitschrift Helvetica Chimica Acta[2].

Im Verlaufe der routinemäßigen Verwendung dieser Methodik an der Organ. Abteilung der Technischen Hochschule in Zürich sind Fragen aufgetaucht, die dann Gegenstand näherer Prüfung waren.

1. Rücktitration.

Es ist gelegentlich erwünscht, eine mit Lauge titrierte Substanz anschließend mit Säure zurückzutitrieren. In einem solchen Falle ist es nicht gleichgültig, ob die als Titrierreagens verwendete Lauge NaOH,

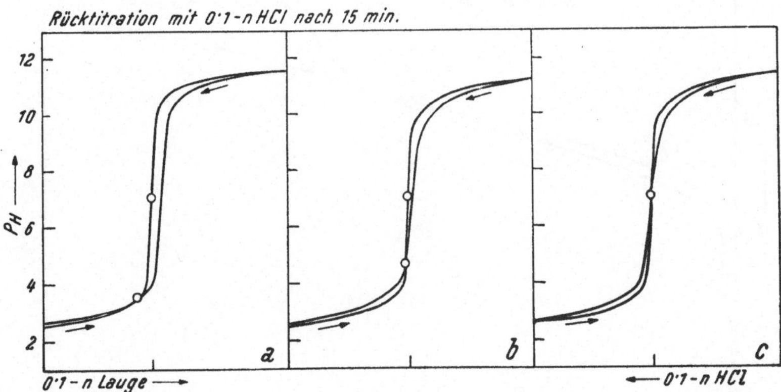

Abb. 3. Titration gleicher Mengen verd. Salzsäure mit *a* 0,1 n-Natronlauge, *b* 0,1 n-Kalilauge, *c* 0,1 n Tetramethylammoniumhydroxyd und anschließender Rücktitration mit 0,1 n Salzsäure nach 15 Min.

KOH oder eine andere Base ist. Die Abbildung 3 zeigt, daß bei der Titration von *gleichen Mengen* 0,1 n HCl mit

a) 0,1 n NaOH;   b) 0,1 n KOH

und Rücktitration der so erhaltenen Lösungen nach 15 Min. Verweilzeit die Rücktitrationskurve nicht mehr durch den Äquivalenzpunkt der ersten Titrationskurve geht.

Der Fehler (Laugeverbrauch) beträgt für 0,1 n NaOH nach 15 Minuten bereits 6%; für 0,1 n KOH ungefähr die Hälfte. Er ist um so kleiner, je größer das Laugekation im Vergleich zum Alkalimetall des Elektrodenglases ist. Daß der Fehler auf eine Wechselwirkung der Alkali-Ionen im alkalischen Milieu mit dem Elektrodenglas zurückzuführen ist, geht aus dem Beispiel c) hervor, wo bei Anwendung von 0,1 n Tetramethylammoniumhydroxyd die Rücktitrationskurve nach der gleichen Zeit noch genau durch den Äquivalenzpunkt der ersten Kurve geht. Aus diesem Grunde und auch wegen des sehr kleinen Alkalifehlers der Glaselektrode gegen Tetramethylammoniumion ist diese Base für alle elektrometrischen Titrationen mit der Glaselektrode unbedingt vorzuziehen.

2. Direkte Titration von Aminosäuren.

Aminosäuren lassen sich unter den üblichen Titrationsbedingungen wegen des Zwitterion-Charakters sehr unscharf, oft überhaupt nicht direkt titrieren. Das Titrationsintervall ist für die direkte Titration zu klein (Kurve 1, Abb. 4). Es läßt sich jedoch vergrößern durch Erhöhung der Aminosäurekonzentration auf etwa 10^{-1} m. Die vorstehend beschriebene Mikromethode eignet sich nun besonders gut, durch Einwaage

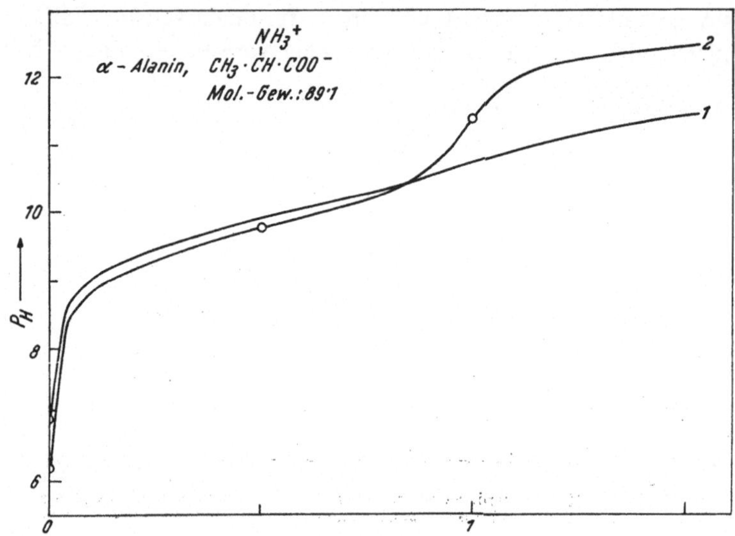

Abb. 4. Direkte Titration von α-Alanin. Kurve 1: 0,446 mg Subst. in 0,8 ml Wasser ($c = 0,006$ m); titriert mit 0,1 n Tetramethylammoniumhydroxyd. Kurve 2: 6,700 mg Subst. in 0,4 ml Wasser ($c = 0,18$ m); titriert mit 1,5 n Tetramethylammoniumhydroxyd.

einer etwa zehnmal größeren Substanzmenge und Titration mit einer ebenfalls zehnmal konzentrierteren Base, die direkte Titration durchzuführen und immer noch im Mikromaßstab zu bleiben (Kurve 2).

3. Verwendung organischer Lösungsmittel.

Da nur eine relativ geringe Zahl der organischen Säuren und Basen in einer für die Titration noch günstigen Konzentration von Wasser vollständig gelöst wird, war es erforderlich, organische Lösungsmittel auf ihre Verwendbarkeit mit der Glaselektrode zu prüfen. Wichtig war dabei festzustellen, ob die in Frage kommenden organischen Lösungsmittel oder deren Gemische mit Wasser außer der erforderlichen Beständigkeit gegen Säuren und Alkali rasche und reproduzierbare *Potentialeinstellungen an der Glaselektrode* geben. Von all den untersuchten Alkoholen, wasserlöslichen Ketonen und anderen organischen Lösungsmitteln erwies sich einzig Glykol-Monomethyläther (Methyl-Cellusolve) gleich gut verwendbar wie Wasser. Die Potentialeinstellungen sind rasch und reproduzierbar, auch im wasserfreien Zustand, sehr im Gegensatz zu den gebräuchlichen Lösungsmitteln. Außerdem besitzt Methyl-Glykoläther ein sehr gutes Lösungsvermögen und ist relativ wenig flüchtig. Die Abb. 5 zeigt die Titrationskurven von Bernsteinsäure in Wasser (Kurve 1) und in reinem Cellusolve (Kurve 2), bei gleichen Konzentrationen titriert mit Tetramethylammoniumhydroxyd.

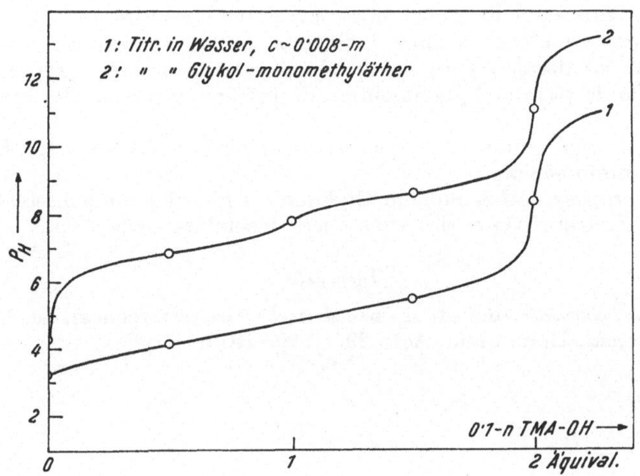

Abb. 5. Titration von Bernsteinsäure in Wasser (Kurve 1) und in reinem Glykol-Monomethyläther (Kurve 2).

Der Stiftung für Stipendien auf dem Gebiete der Chemie danke ich für die Unterstützung dieser Arbeit (1946 bis 1948).

Zusammenfassung.

1. Es wird über eine elektrometrische Mikro-Titrationsmethode für Substanzmengen unter 1 mg berichtet, bei der eine Glaselektrode von spezieller Form gleichzeitig als p_H-Indikator und Titrationsgefäß dient.

2. Für Titrationen mit der Glaselektrode wird die Verwendung von Tetramethylammoniumhydroxyd gegenüber Alkalihydroxyden vorgezogen und begründet.

3. Die Anwendung der Methode zur direkten Titration von Aminosäuren wird an einem Beispiel gezeigt.

4 Als Lösungsmittel für die elektrometrische Titration von in Wasser unlöslichen Stoffen wird Glykolmonomethyläther vorgeschlagen.

Summary.

A report is given of an electrometric micro titration method for quantities of material below 1 mg, in which a glass electrode of special form is used simultaneously as p_H indicator and titration vessel.

The use of tetramethylammonium hydroxide in preference to alkali hydroxides for titrations with the glass electrode is established.

An example is given to demonstrate the application of the method for the direct titration of amino acids.

Glycol monomethyl ether is proposed as solvant for the electrometric titration of water-insoluble materials.

Résumé.

1° On décrit une méthode électrométrique de microtitrage pour les substances au-dessous de 1 mg; on se sert d'une électrode de verre de forme spéciale, simultanément comme indicateur de p_H et récipient de titrage.

2° Pour les dosages avec l'électrode de verre, on préconise l'emploi de l'hydroxyde de tétraméthylammonium de préférence à celui des hydroxydes alcalins.

3° On montre comme exemple, l'emploi de la méthode pour le titrage direct des amino-acides.

4° On propose l'éther monométhylique du glycol comme dissolvant pour le titrage électrométrique des substances insolubles dans l'eau.

Literatur.

[1] *A.-G. Hybbinette* und *A. A. Benedetti-Pichler*, Mikrochem. **30**, 15 (1942).
[2] *W. Ingold*, Helv. Chim. Acta **29**, 1929 (1946).

Mikroskopische Methoden in der Mikrochemie.

Von

L. Kofler, Innsbruck.

(Eingelangt am 18. Juli 1950.)

Bei den mikroskopischen Methoden kann man zwischen solchen unterscheiden, die Spezialkenntnisse voraussetzen, und solchen, die sich ohne weiteres anwenden oder leicht erlernen lassen.

Eine vollständige mikroskopische Charakterisierung einer kristallisierten Substanz ist nur mit Beherrschung der *kristallographischen Methoden* und mit Erfahrung in der Untersuchung von Kleinkristallen möglich. Es ist das Verdienst einzelner Mineralogen, insbesondere von *Groth* und seiner Schule, daß sie neben ihrem ursprünglichen Arbeitsgebiet, den Mineralien und anorganischen Stoffen, sich auch der Erforschung organischer Stoffe gewidmet haben. Das gesamte bis dahin vorhandene Material wurde von *Groth* kritisch durchgearbeitet und in seinem fünfbändigen Handbuch der Kristallographie niedergelegt[1]. Eine Ergänzung dieses Handbuches stellt das im Jahre 1921 erschienene Buch von *Groth* „Elemente der physikalischen und chemischen Krystallographie"[2] dar, in dem die vor allem von *Steinmetz* gelieferten kristallographischen Daten mancher weiterer wichtiger Substanzen enthalten sind. Eine Neuauflage des Handbuches von *Groth* mit Einbeziehung der in den letzten Jahrzehnten bekanntgewordenen Substanzen wäre dringend notwendig. Es ist daher sehr zu begrüßen, daß in den letzten Jahren einige amerikanische Autoren begonnen haben, systematisch die kristallographischen Daten organischer Substanzen zu erforschen. In der Zeitschrift „Analytical Chemistry" ist seit zwei Jahren von *McCrone* eine eigene Rubrik eingerichtet für „Chrystallographic Data, contributed by Armour Research Foundation of Illinois Institute of Technology"[3].

Da der Mineraloge und der Chemiker eine andere Sprache sprechen, bemühte sich *Groth* seit 1870 in seinen Vorlesungen und Büchern, dem Chemiker die *Grundlagen der Kristallographie* zu vermitteln und ihn instand zu setzen, selbst kristallographische Bestimmungen durchzuführen oder wenigstens die von Mineralogen ermittelten Daten zu verstehen und für seine Zwecke zu verwerten. Die Berechtigung dieser Bestrebungen wurde zwar allgemein anerkannt, der Erfolg entsprach aber nicht den Erwartungen. Es waren immer nur vereinzelte Chemiker, die sich eine vollständige kristallographische Ausbildung aneigneten und die Methoden praktisch beherrschen lernten. Schuld daran ist weniger der Mangel an Interesse, sondern der Umstand, daß dazu ein mehrsemestriges Fachstudium notwendig ist.

In der *mikrochemischen Literatur* wird die Wichtigkeit der Erfassung kristalloptischer und kristallographischer Eigenschaften zur Charakterisierung einer Substanz allgemein anerkannt. Es wird aber nicht immer genügend unterschieden zwischen den Methoden, die Fachkenntnisse voraussetzen, und solchen, die auch vom Nichtmineralogen leicht erlernbar und durchführbar sind. Beispielsweise ist in mehreren Lehrbüchern der Mikrochemie die *Fuchs-Braun*sche Tabelle abgedruckt, die zur raschen Bestimmung des Kristallsystems dienen soll. Für den Mineralogen ist diese Tabelle überflüssig, den Nichtmineralogen führt sie nur in wenigen, besonders günstigen Fällen zu richtigen Resultaten. In den meisten Fällen hingegen wird durch das leichtfaßlich erscheinende Schema der *Fuchs-Braun*schen Tabelle das Erkennen des Kristallsystems zu leicht dargestellt und der Unkundige zu Angaben verleitet, die sich dann häufig als falsch erweisen. Mißbräuchliche Verwendung kristallographischer Fachausdrücke haben in der mikrochemischen Literatur manche Verwirrung hervorgerufen und spätere Untersuchungen erschwert.

Eine vollständige Ablehnung der kristallographischen Untersuchungsmethoden ohne vollkommene Kenntnis der Kristallkunde ist jedoch auch nicht gerechtfertigt. Denn ein allerdings beschränkter Teil der kristall-optischen Untersuchungsmethoden kann auch ohne vollständige mineralogische Fachausbildung durchgeführt und praktisch verwertet werden. Insbesondere wird das Nachprüfen optischer Konstanten nach bereits vorhandenen Angaben bei einiger Erfahrung auch dem Nicht-Kristallographen keine allzu großen Schwierigkeiten bereiten. Nach Aneignung einiger allgemeiner Kenntnisse in der Kristallkunde kann der Mikrochemiker an geeigneten Kristallen eine bestimmte Auswahl von kristalloptischen Untersuchungen durchführen, z. B. Winkelmessungen, Erkennung der Doppelbrechung und der Lage der Schwingungsrichtungen. Die so gewonnenen Ergebnisse können für die Identifizierung organischer Substanzen ausgezeichnete Dienste leisten, wie z. B. *Fischer* bei der Untersuchung von Schlafmitteln gezeigt hat[4].

Da die *Brechungsindices* sehr stabile Eigenschaften der Kristalle sind und z. B. gegen geringe Verunreinigungen im allgemeinen weniger empfindlich sind als der Schmelzpunkt, hat man sie mit Recht als Indikatoren für die Mikroanalyse herangezogen. Bei den anisotropen Körpern wird bei der kristalloptischen Untersuchung das Endziel die Bestimmung der Lage der Indikatrix, d. h. die Lage der drei Hauptschwingungsrichtungen mit den dazugehörigen Brechungsindices α, β und γ sein. Diese Bestimmung kann aber nur dann ausgeführt werden, wenn die

Kristalle so liegen, daß wenigstens eine Hauptschwingungsrichtung parallel zum Polarisator orientiert ist, d. h. daß die Kristalle auf einer der Hauptkristallflächen liegen. Da nun der Nicht-Kristallograph die Lage der Kristalle in bezug auf Hauptschwingungsrichtung nicht einwandfrei bestimmen kann, so werden auch die Indices nicht richtig beurteilt werden können. Aus diesem Grunde wurde von *Schroeder van der Kolk* empfohlen, das Hauptaugenmerk auf den *größten und kleinsten Brechungsindex zu legen* und die Bestimmung an einer größeren Anzahl von Kristallsplittern durchzuführen. Auch *Kley*[5] und *Mayrhofer*[6] haben diese Methode benützt. Es wurden Tabellen nach der Höhe der so bestimmten Brechungsindices und nach dem Grad der Doppelbrechung zusammengestellt, die zur Identifizierung der einzelnen Substanzen dienen sollten. Wir haben an orientierten Lagen der Kristalle den größten und kleinsten Brechungsindex bestimmt und dabei festgestellt, daß die nach der *Schroeder van der Kolk*schen Methode bestimmten kleinsten und größten Brechungsindices im besten Falle eine grobe Annäherung liefern, häufig aber falsch sind[7].

Amerikanische Autoren lehnen ebenfalls die Bestimmung der kleinsten und größten Brechungsexponenten als zu ungenau ab und empfehlen dafür in den letzten Jahren in steigendem Maße die Bestimmung der Hauptindices (*Mitchell*)[8].

Sogar in die neueste Auflage der US.-Pharmakopoe[9] ist eine von *Keenan*[10] stammende Tabelle mit den Brechungsindices einer größeren Anzahl von Arzneistoffen aufgenommen worden zum Zwecke der Identifizierung. Wenn der Apotheker oder der pharmazeutische Chemiker keine kristallographische Fachausbildung genossen hat, wird er im allgemeinen nicht imstande sein, auf Grund dieser Tabelle eine sichere Identifizierung durchzuführen. Aber selbst der Kristallograph kann durch die Tabelle der US.-Pharmakopoe irregeführt werden. Für Oestron wird z. B. nur angegegeben „Crystal System monoclinic $n_\alpha = 1{,}520$, $n_\beta = 1{,}642$, $n_\gamma = 1{,}692$.“ Diese Daten beziehen sich auf die monoklin-instabile Modifikation des Oestrons. Über das Vorkommen anderer Modifikationen ist in der US.-Pharm.-Tabelle nichts erwähnt. Nun kann aber das Oestron in drei verschiedenen Modifikationen auftreten. Das internationale Standardpräparat, das wir seinerzeit untersuchten, bestand z. B. ausschließlich aus der rhombisch-instabilen Modifikation[11]. Bei der Untersuchung dieses Präparates nach der US.-Pharm.-Tabelle müßte man zu dem Schluß gelangen, daß das Präparat kein Oestron ist.

Für den Nichtmineralogen bleibt nur der *Verzicht auf den Brechungsindex oder die Flucht in die isotrope Phase*, d. h. die Bestimmung des Brechungsindex der geschmolzenen Substanzen, worauf wir später noch zurückkommen.

Viele Autoren verzichten auf jeden Versuch einer genaueren kristalloptischen Untersuchung und verwerten nur die rein *äußerliche Morphologie* zur Unterscheidung und Identifizierung von Substanzen. Es ist zweifellos, daß manche Stoffe bei bestimmter Art der Kristallisation in einer Form auftreten, die eine Identifizierung erlauben. Z. B. erhält man beim g-Strophantin durch eine bestimmte Arbeitsweise sehr charakteristische und für die Identifizierung eindeutige Hydratkristalle[12]. Im allgemeinen wird aber der Wert der Habitusbilder überschätzt. Schon *Behrens*[13] wies darauf hin, daß der äußeren Form der Kristalle als Diagnostikum kein großer Wert beigelegt werden darf.

Die Keimbildung, das Wachstum der Einzelkristalle, die Bevorzugung bestimmter Wachstumsrichtungen und die Art der Vereinigung vieler Einzelkristalle zu Aggregaten ist von den spezifischen Eigenschaften einer bestimmten Substanz abhängig, die man als „innere Faktoren" zusammengefaßt hat. Neben der Stoffnatur ist die Morphologie der Kristalle durch eine Reihe „äußerer Faktoren" bestimmt, die im Augenblicke der Kristallisation die Gestaltungsvorgänge beeinflussen. Das Kristallisat ist stets das Resultat des Zusammenwirkens beider Momente, jedoch ist das Überwiegen des einen oder des anderen Faktors bei verschiedenen Stoffgruppen äußerst variabel. Bei den organischen Stoffen haben sich die „äußeren Faktoren" als stark formbestimmend erwiesen. Die Kristallisation durch Fällung oder durch Verdunstung eines Lösungsmittels oder durch Sublimation kann bei ein und derselben Substanz sehr verschiedene Formen erzeugen. Die Verschiedenheiten beruhen im wesentlichen auf der Änderung der Wachstumsgeschwindigkeit in der Richtung der Senkrechten zur Kristallfläche. Daher werden langsam wachsende Flächen groß sein, rasch wachsende klein.

Trotz dieser Hinweise findet man bis in die neueste Zeit immer wieder Beschreibungen, Zeichnungen und Mikrophotographien von „charakteristischen" Kristallbildungen. Diese stellen häufig nicht einmal Abbildungen gut ausgebildeter Einzelkristalle, sondern Bilder von Kristallaggregaten oder -skeletten vor. Vor kurzem z. B. reproduzierte *Turfitt*[13] in einer Arbeit über die Identifizierung von Barbitursäurederivaten eine große Anzahl von angeblich charakteristischen Kristallen. Bei einer Nachprüfung dieser Arbeit verglich *Brandstätter*[14] Kristalle, die genau nach den Vorschriften von *Turfitt* hergestellt waren, mit den Abbildungen von *Turfitt* und fand, daß in vielen Fällen Kristalle eines bestimmten Derivates nicht dem entsprechenden Bild, sondern dem Bild irgend eines anderen Derivates ähnlich waren.

Die Leistungsfähigkeit der mikroskopischen Methoden für die Mikrochemie kann in vielen Fällen dadurch wesentlich gesteigert werden, daß man die Untersuchungen nicht nur bei Raumtemperatur, sondern bei Temperaturänderungen auf dem *Heizmikroskop* durchführt.

Am häufigsten wird heute das heizbare Mikroskop zur *Bestimmung des Schmelzpunktes* verwendet. Dabei ist der geringe Substanzverbrauch nur *ein* Vorteil. Wichtiger ist der Umstand, daß man unter dem Mikroskop das Verhalten jedes einzelnen Kriställchens vor, bei und nach dem Schmelzen genau verfolgen und damit sozusagen als Nebenbefund viel mehr kennzeichnende Eigenschaften einer Substanz feststellen kann als bei der Schmelzpunktbestimmung im Kapillarröhrchen. Vor allem bietet die mikroskopische Schmelzpunktbestimmung ein viel besseres Kriterium für die *Reinheit* der Substanz.

Außer der Schmelzpunktbestimmung lassen sich aber auf dem Heizmikroskop manche andere Untersuchungen durchführen, die eine weitere Charakterisierung organischer Substanzen ermöglichen.

Mit Hilfe einer Skala von 24 Pulvern mit bekannter Brechzahl kann man auf dem Heiztischmikroskop die *Lichtbrechung von geschmolzenen* Substanzen bestimmen.[16],[17]. Diese Methode läßt sich ohne kristallographische Kenntnisse in kurzer Zeit erlernen und leicht durchführen. Sie ermöglicht in Verbindung mit der Schmelzpunktmikrobestimmung eine sichere Identifizierung organischer Substanzen und eine Gehaltbestimmung vieler Zweistoffgemische.

Auf dem Heiztischmikroskop kann man auch die *eutektische Temperatur* von Zwei- und Mehrstoffsystemen bestimmen.[18],[19] Wir haben die eutektische Temperatur mit geeigneten Mischsubstanzen zur Identifizierung organischer Substanzen empfohlen. Die neue dänische Pharmakopoe[19] hat diese Anregung aufgegriffen und benützt als erstes offizielles Arzneibuch die mikroskopische Bestimmung von Schmelzpunkten und von eutektischen Temperaturen zur Prüfung einer Anzahl von organischen Arzneimitteln. In unseren Tabellen[17] sind für zahlreiche Substanzen neben den Schmelzpunkten die eutektischen Temperaturen und die nach der Glaspulvermethode bestimmte Lichtbrechung angegeben.

Wenn es sich nur um die Identifizierung und Reinheitsprobe handelt, ist in den allermeisten Fällen die Untersuchung auf dem Heiztischmikroskop den kristallographischen Methoden überlegen. Denn die Heiztischmethoden lassen sich ohne Fachkenntnisse leicht erlernen, schnell und einfach durchführen und ergeben zuverlässige Resultate.

Für wissenschaftliche Untersuchungen können sich die Methoden am *Heizmikroskop und kristallographische Methoden* in wirkungsvollster Weise *gegenseitig unterstützen.* Z. B. führen bei Polymorphiestudien kristallographische Untersuchungen allein nicht zu zuverlässigen Ergebnissen, wenn nicht gleichzeitig das Heiztischmikroskop herangezogen wird[20]. Selbst dort oder gerade dort, wo bei den kristallographischen Untersuchungen einer organischen Substanz Polymorphiestudien gar nicht bezweckt waren, haben nicht selten auch die sorgfältigsten kristallographischen Untersuchungen zu falschen oder unvollständigen Ergebnissen geführt, die sich durch Verwendung des Heizmikroskops leicht hätten vermeiden lassen.

Als weiteres Beispiel für die Leistungsfähigkeit mikroskopischer Methoden soll auf die *Mikro-Thermoanalyse* hingewiesen werden. Mit derartigen Versuchen beschäftigte sich *Lehmann*[21] schon vor mehr als

60 Jahren, fand aber wenig Beachtung. *A. Kofler* hat auf dem Heiztischmikroskop in systematischer Weise die thermodynamischen Beziehungen
von Zwei- und Dreistoffsystemen untersucht und in ihrer „Kontaktmethode" ein Mikroverfahren ausgearbeitet[22, 17], das der klassischen Methode der thermischen Analyse und auch der Methode von *Stock*, bzw. von
Rheinboldt überlegen ist, und zwar hinsichtlich Zeit- und Materialersparnis
und hinsichtlich der Zuverlässigkeit. Mit Hilfe der Kontaktmethode kann
man in wenigen Minuten entscheiden, ob zwei Stoffe miteinander ein
einfaches Eutektikum, Verbindungen, Mischkristalle oder eine Mischlücke
bilden. Zur Beantwortung dieser Fragen war nach den bisherigen Methoden eine tagelange Arbeit notwendig.

Die Molekulargewichtsbestimmung auf dem Heiztischmikroskop soll
nur erwähnt werden; *Brandstätter* berichtet in einem eigenen Referat
hierüber. Ferner sei auf die schönen Methoden von *R. Fischer*[23] zur Bestimmung der kritischen Lösungs- bzw. Entmischungstemperatur und
ihre Anwendung zur Gehaltsbestimmung von Flüßigkeiten hingewiesen.

Vor kurzem besprach *Mason*[24] unter dem Titel,, Der Mikroskopiker in
der technischen Organisation" die *Wirkungsmöglichkeiten und die Arbeitsweise eines Mikroskopikers* in einer chemischen Fabrik und die Vorteile,
die dem Betriebe durch die Anstellung eines Mikroskopikers erwachsen.
Er betont vor allem die Notwendigkeit einer engen Zusammenarbeit des
Mikroskopikers mit den Chemikern des Betriebes. Auf Grund unserer
eigenen Erfahrungen sind wir ebenfalls der Überzeugung, daß sich für
größere chemische Forschungslaboratorien und für chemische Fabriken
die Anstellung eines Mitarbeiters lohnen würde, der die modernen mikroskopischen Methoden beherrscht. Es würde sich dann bald zeigen, wie-
viele Fragen, die anscheinend weitab vom Mikroskop liegen, auf diesem
Wege einer Lösung näher gebracht werden können.

Zusammenfassung.

Bei den mikroskopischen Methoden kann man unterscheiden zwischen
solchen, die Spezialkenntnisse voraussetzen und solchen, die sich ohne
weiteres anwenden oder leicht erlernen lassen.

Eine vollständige mikroskopische Charakterisierung ist nur mit
Beherrschung der kristallographischen Methoden möglich. Der Mikrochemiker kann aber nach Aneignung einiger allgemeiner Kenntnisse in
der Kristallkunde einzelne Konstanten bestimmen, die für die Charakterisierung und Identifizierung ausgezeichnete Dienste leisten. Er muß sich
aber vor der mißbräuchlichen Verwendung kristalloptischer Fachausdrücke hüten. Der äußeren Form der Kristalle darf als Diagnostikum kein
allzu großer Wert beigelegt werden.

Die Leistungsfähigkeit der mikroskopischen Methoden für die Mikrochemie kann in vielen Fällen durch das Heiztischmikroskop wesentlich

gesteigert werden. Dadurch wird nicht nur die Bestimmung des Schmelzpunktes kleinster Substanzmengen ermöglicht, sondern darüber hinaus
eine weitgehende Charakterisierung organischer Substanzen und ihrer
Gemische (z. B. durch Bestimmung der eutektischen Temperaturen mit
geeigneten Mischsubstanzen, durch die Bestimmung der Lichtbrechung
mit Hilfe der Glaspulverskala).

Besonders erfolgreich ist die Anwendung des Heiztischmikroskops in
Verbindung mit kristalloptischen Methoden z. B. bei der Polymorphie-
untersuchungen und bei der Thermo-Analyse.

Summary.

Among the microscopic methods, a distinction can be made between those,
which presuppose special knowledge, and those, which can be applied directly
or which can be learned readily.

A complete microscopic characterization is possible only with mastery
of the crystallographic methods. However, the microchemist, after acquiring
several general skills in crystallology, can determine single constants, which
give excellent service for characterizing and identifying purposes. However, he
must guard against the improper use of crystal-optical technical terms.
Not too much weight can be put on the external form of crystals for diagnostic
purposes.

The serviceability of the microscopic methods for microchemistry can be
greatly enhanced in many cases by the hot-stage microscope. This makes
possible not only the determination of the melting point with minute amounts
of the sample, but in addition permits an extensive characterization of organic
substances and their mixtures (e. g., by determination of the eutectic temperatures with suitable mixing materials, or through the determination of
the light refraction with the aid of the glass powder scale).

Particularly successful is the use of the hot-stage microscope in combination with crystal-optical methods, e. g., in studies of polymorphism and in
thermal analyses.

Résumé.

Parmi les méthodes microscopiques, on peut distinguer entre celles qui
supposent des connaissances spéciales et celles qui s'utilisent sans rien savoir
d'autre ou qui s'apprennent facilement.

Une caractérisation microscopique complète est possible seulement si l'on
domine la question des méthodes cristallographiques. Le microchimiste peut,
cependant, après assimilation de quelques connaissances générales en cris-
tallographie, déterminer des constantes isolées qui rendent de précieux services pour la caractérisation et l'identification. On doit se garder cependant
de l'emploi abusif des expressions techniques. Il ne faut pas attribuer à la
forme extérieure des cristaux, une trop grande valeur pour le diagnostic.

La faculté de réalisation des méthodes microscopiques pour la microchimie
peut, dans beaucoup de cas, être essentiellement élevée par le microscope à
platine chauffante. Grâce à lui, non seulement la mesure du point de fusion
de très petites quantités de substance est rendue possible, mais encore la
caractérisation des substances organiques et de leur mélange (p. ex. la détermination des températures eutectiques avec des substances convenablement
mélangées, grâce à la mesure de l'indice de réfraction en se servant de l'échelle
à poudre de verre).

Particulièrement intéressant est l'emploi du microscope à platine chauffante en liaison avec les méthodes cristallo-optiques, p. ex., les recherches de polymorphie ou de thermo-analyse.

Diskussion.

H. *W. Ruziczka* (Wien): Bestehen Erfahrungen über die Anwendung des Heiztisch-Mikroskops bei der Schmelzpunktbestimmung von Harzen und Wachsen, die die Anwendung dieser Methode in der industriellen Praxis wünschenswert erscheinen lassen?

H. Prof. *L. Kofler:* Wir haben gelegentlich einige Versuche mit Harzen und Wachsen auf dem Heiztisch-Mikroskop durchgeführt und gesehen, daß man dabei das Erweichen verfolgen kann. Sehr gut läßt sich mit Hilfe der Glaspulvermethode die Lichtbrechung der geschmolzenen Harze und Wachse bestimmen. Vergleichende Untersuchungen über die Erweichungs- und Zersetzungstemperaturen von Harzen und Wachsen kann man mit gutem Erfolg auf der Heizbank durchführen.

Literatur.

[1] *P. Groth*, Handbuch der Kristallographie, Braunschweig, 1910—1919.

[2] *P. Groth*, Elemente der physikalischen und chemischen Kristallographie, München und Berlin 1921.

[3] *W. C. McCrone*, Chrystallographic Data, contributed by Armour Research Foundation of Illinois Institute of Technology, Analyt. Chemistry, **20**, 274 (1948) ff.

[4] *R. Fischer*, Mikrochem. **4**, 409 (1932); **26**, 255 (1939); Arch. Pharmaz. u. Ber. dtsch. pharmaz. Ges. **277**, 305 (1939).

[5] *C. Kley*, Z. analyt. Chem. **43**, 160.

[6] *A. Mayrhofer*, Mikrochemie der Arzneimittel und Gifte, I und II, Berlin und Wien, 1922 und 1928.

[7] *L.* und *A. Kofler* und *A. Mayrhofer*, Mikroskopische Methoden in der Mikrochemie, Wien 1936.

[8] *I. Mitchell*, Analyt. Chemistry, **21**, 448 (1949).

[9] Pharmakopoeia of the USA. XIII 1947, S. 683—685.

[10] *G. L. Keenan*, J. Assoc. Official Agr. Chem., **27**, 153 (1944).

[11] *A. Kofler* und *A. Hauschild*, Z. physiol. Chem., **224**, 150 (1934).

[12] *L.* und *A. Kofler*, Mikrochem. **35**, 83 (1950).

[13] *G. E. Turfitt*, Quarterly J. Pharmacy Pharmacol., **21**, 1 (1948).

[14] *M. Brandstätter*, Mikrochem., im Druck.

[15] *Behrens-Kley*, Organische mikrochemische Analyse, Leipzig 1922.

[16] *L. Kofler*, Mikrochem. **22**, 241 (1937); *L. Kofler* und *H. Rueß*, Chemie der Erde, **11**, 590 (1938); *A.* und *L. Kofler*, ebenda, **13**, 316 (1940).

[17] *L.* und *A. Kofler*, Mikromethoden zur Kennzeichnung organischer Stoffe und Stoffgemische, Universitätsverlag Innsbruck 1948.

[18] *L.* und *A. Kofler*, Z. angew. Chem. **53**, 434 (1940).

[19] Pharmakopoea danica, IX, 1949.

[20] *A. Kofler*, Mikroskopie, **5**, 153, (1950).

[21] *O. Lehmann*, Molekularphysik, Leipzig 1888.

[22] *A. Kofler*, Z. physik. Chem. (A) **187**, 363 (1941); Z. Elektrochem. **47**, 810 (1941); Z. Naturwiss. **31**, 553 (1943).

[23] *R. Fischer* und *T. Reichel*, Mikrochem. **31**, 102 (1943); *R. Fischer* und *E. Neupauer*, Mikrochem. **34**, 319 (1949).

[24] *C. W. Mason*, Analyt. Chemistry **21**, 430 (1949).

Aus dem Pharmakognostischen Institut der Universität Innsbruck.

Zur Molekulargewichtsbestimmung unter dem Mikroskop.

Von

Maria Brandstätter.

Mit 2 Abbildungen.

(Eingelangt am 18. Juli 1950.)

Die Bestimmung des Molekulargewichtes nach *Rast* ist insofern oft nicht angenehm auszuführen, als es häufig schwierig ist, das Verschwinden der letzten Kristallreste zu verfolgen. Es war daher besonders naheliegend, zu versuchen, diese Bestimmung auf das Heizmikroskop zu übertragen[1], weiß man doch, daß unter dem Mikroskop jedes Kriställchen beim Schmelzen genau verfolgt werden kann.

Naturgemäß denkt man bei mikroskopischer Betrachtung an ein Objektträger-Deckglaspräparat. Leider ist das beim Kampfer, der ja hauptsächlich für die *Rast*-Methode in Betracht kommt, wegen seiner großen Flüchtigkeit nicht möglich. Andere Lösungsmittel dagegen erlauben die Bestimmung zwischen Objektträger und Deckglas, wie z. B. Bornylchlorid, Camphen, Tetrabrommethan. In diesen Fällen kann man bequem an Kristallfilmen von wiedererstarrten Schmelzen unter dem Mikroskop die Schmelzpunktdepression bestimmen.

Abb. 1. Spontane Kristallisation des Kampfers.

Bei Verwendung von Kampfer als Lösungsmittel wird die Bestimmung in einer beiderseits zugeschmolzenen Kapillare vorgenommen. Diese führt man in einen gefensterten Metallblock ein, der in den Verschieberrahmen des *Kofler*schen Mikroheiztisches paßt. Beim Erhitzen unter dem Mikroskop kann man das Verschwinden der letzten Kampferkristalle wesentlich besser und sicherer verfolgen als durch Beobachtung mit freiem Auge oder mit der Lupe. Vor allem die spontane Kristallisation des Kampfers bei neuerlichem Abkühlen ist sehr eindrucksvoll, da ganz plötzlich sternförmige Kristalle aufschießen, die dann rasch zu christbaumartigen Gebilden heranwachsen (Abb. 1). Wir bestimmen nun sowohl den Erstarrungspunkt als auch den Schmelzpunkt, der Be-

19*

rechnung legen wir im allgemeinen die Schmelzpunkte zugrunde. Die spontanen Erstarrungspunkte liegen bei reinem Kampfer 1 bis $1^1/_2^0$, bei Gemischen mit $10^0/_0$igem Zusatz etwa 2 bis $2^1/_2^0$ tiefer als die betreffenden Schmelzpunkte. Durch die Bestimmung des Erstarrungspunktes, die so nebenbei erfolgt, haben wir eine Kontrolle für den Schmelzpunkt. Die Bestimmung wird nun in der Weise ausgeführt, daß das Gemisch vollständig durchgeschmolzen wird, dann läßt man langsam abkühlen (1^0 pro Min.) und bestimmt die Temperatur der primären Kristallisation. Nun wird wieder langsam geheizt und die Schmelztemperatur der letzten Kristalle vermerkt.

Die Temperaturablesung erfolgt auf dem am Mikroheiztisch angebrachten Originalthermometer mit 1^0-Teilung, auf dem halbe Grade gut abgelesen werden können. Versuche mit einem in Zehntelgrade unterteilten *Anschütz*-Thermometer, das ebenfalls gut in die Bohrung des Heiztisches eingeführt werden kann, zeigten, daß die Ablesung von halben Graden völlig zureichend ist.

Nachstehende Zahlen geben die Schmelzpunkte wieder, die an einem Kampferpräparat und einem Gemisch mit den beiden Thermometern durch vier Bestimmungen erhalten wurden. Die daraus ermittelte Temperaturdifferenz ist in beiden Fällen praktisch gleich.

Anschütz		*Kofler*	
Fp. Kampfer	Fp. Gemisch	Fp. Kampfer	Fp. Gemisch
178,8	166,7	179	166,5
178,6	166,8	178,5	166,5
178,8	166,6	178,5	166,5
178,4	166,7	178,5	166
$\varDelta t = 11,95$		$\varDelta t = 12$	

Es wurde wiederholt vorgeschlagen, das Verschwinden der letzten Kristalle des Lösungsmittels zwischen gekreuzten Polarisationselementen zu beobachten. Sicher wäre das sehr vorteilhaft, nur ist leider beim größeren Teil der als Lösungsmittel geeigneten Stoffe die Verwendung polarisierten Lichtes nicht möglich, da die Kristalle einfach brechend sind. Dies gilt auch für den Kampfer. Er besitzt zwar eine doppelbrechende Modifikation, die sich aber zwischen 80 und 125^0 in die stabile, einfach brechende Form umwandelt, so daß in den in Betracht kommenden Temperaturbereichen die einfach brechende Form vorliegt.

In Tabelle 1 sind die uns zugänglichen Lösungsmittel mit ihrer Brechung angegeben. Von neun Lösungsmitteln sind nur drei bei den in Betracht kommenden Temperaturen doppelbrechend. Wenn es möglich ist, wird man natürlich vom polarisierten Licht Gebrauch machen, im übrigen arbeiten wir bei kampferartigen Stoffen mit stark zugezogener Blende.

Tabelle 1.

Substanz	Mikro-Fp. °C	Brechung
Perylen....................	276	doppelt
Borneol	204	einfach
Hexachloräthan	186	einfach
Kampher	178	Mod. I doppelt, II einfach
		Umwandlungspunkt 80 bis 125
Bornylchlorid	130	einfach
Tetrabrommethan	93	Mod. I doppelt, II einfach
		Umwandlungspunkt 46,5°
2,4,6-Trinitrotoluol..........	82	doppelt
Cyclo-pentadecanon (Exalton)	65	doppelt
Camphen	49,5	einfach

Nach Angaben in der Literatur erfährt die Kampfermethode Einschränkungen[2], wenn die Substanz mit Kampfer Verbindungen eingeht, wie z. B. mit Phenol, Salicylsäure, Salol u. a. m. Wir haben eine Reihe von Substanzen, die mit Kampfer nach Literaturangaben Molekülverbindungen bilden, geprüft und festgestellt, daß die Fehler nicht größer sind als in Fällen, wo keine Molekülverbindungsbildung bekannt ist. Vielmehr hat *Rast* seine Konstante für Kampfer aus einem Diagramm berechnet, von dem sich nachträglich durch Arbeiten von *Le Fèvre*[3] herausstellte, daß es eine Molekülverbindung aufweist. Sogar für Salicylsäure und Salol, die beide namentlich bei den Substanzen angeführt sind, auf die sich die Einschränkung bezieht, erhielten wir Werte mit den üblichen Abweichungen.

Wesentlich größere Bedeutung kommt der Frage der Unlöslichkeit eines Stoffes in Kampfer zu, denn während man bei empfindlichen Stoffen ein tiefer schmelzendes Lösungsmittel verwenden kann, ist es schwer, ein Lösungsmittel zu finden für den Fall, daß die Substanz in Kampfer unlöslich ist.

Zur Prüfung der Frage, ob eine Substanz in Kampfer überhaupt löslich ist oder nicht, ziehen wir die Kontaktmethode[4] heran. Da der Kampfer und die übrigen verwandten hochschmelzenden Verbindungen stark flüchtig sind, ist die übliche Art der Herstellung des Kontaktpräparates nicht möglich. Wir gehen nun so vor, daß wir eine kleine Menge Kampfer auf einem Objektträger mit einem Deckglas bedecken und durch Auflegen über der Schmelztemperatur des Kampfers durchschmelzen — die *Kofler*-Heizbank ist ein besonders geeignetes Hilfsgerät für derartige mikroskopische Untersuchungen. Auf einem kalten Block erstarrt das Präparat wieder. Dabei erhält man ein Kristallisat von etwa rundlichem Umriß, wobei zwischen Objektträger und Deckglas ein äußerer Rand freibleibt. Nun bringt man die Kristalle der fraglichen Substanz x an den Deckglasrand und legt das Präparat etwas über der Schmelztemperatur von x auf. Die Schmelze fließt unter das Deckglas ein und füllt den freien Raum aus, zugleich ist der Kampfer eingesperrt, so daß seine starke Flüchtigkeit bei der Beobachtung nicht mehr stört. Ist wenig von x vorhanden, so schafft man nur eine kleine Kontaktzone, ein paar Kriställchen genügen, und rahmt das Präparat mit einer indifferenten Schutzsubstanz ein. Beim Erhitzen des Präparates sieht man nun im Falle der Löslichkeit in der Kontaktzone das Schmelzen des eutektischen Gemisches (Abb. 2), schließlich das Schmelzen der Substanz x und weiter ein allmähliches Auflösen der Kristallisationsfront des Kampfers. Liegt dagegen Unlöslichkeit vor, so erkennt man das meist schon an der geringen Depression in der Kontaktzone, außerdem hebt sich kurz vor dem Schmelzen des Kampfers eine flüssige Schicht ab. Auf dieselbe Weise kann man natürlich auch alle anderen Lösungsmittel prüfen, wobei für Stoffe mit weniger großer Flüchtigkeit ein Umrahmen des Präparates wegfällt.

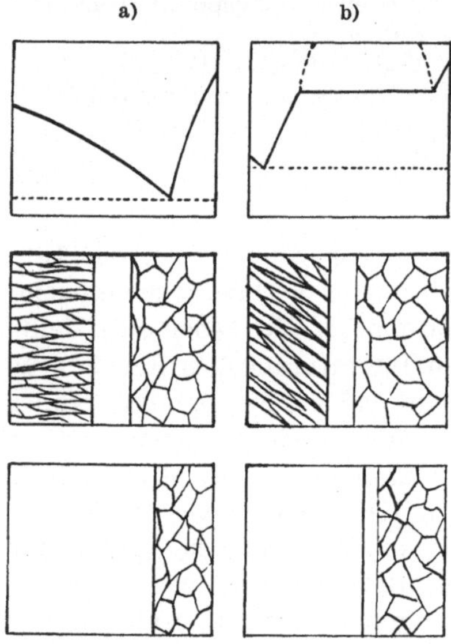

Abb. 2. a) Diagramm und Kontaktpräparat eines Stoffes, der in Kampfer löslich ist. b) Dasselbe für den Fall beschränkter Löslichkeit. Rechts = Kampfer, links = Substanz x.

Zusammenfassung.

Auf dem Heizmikroskop kann man kryoskopische Molekulargewichtsbestimmungen auf zweierlei Art durchführen: im Objektträger-Deckglaspräparat oder im zugeschmolzenen Kapillarröhrchen.

Für Kampfer kommt wegen seiner großen Flüchtigkeit nur das Kapillarröhrchen in Betracht, von anderen Lösungsmitteln, wie Bornylchlorid, Camphen, Exalton, kann man Kristallfilme zwischen Objektträger und Deckglas herstellen.

Die Möglichkeiten für die Verwendung polarisierten Lichtes werden erörtert.

Zur Prüfung der Löslichkeit wird die Kontaktmethode empfohlen.

Summary.

Cryoscopic molecular weight determination can be conducted on the hot-stage microscope in two ways: (a) in the slide-cover glass preparation or (b) in sealed capillary tubes. Because of its high volatility camphor can be used only in the capillary tube. With other solvents, such as bornyl chloride, camphene, exalton, crystal films can be preparated between the slide and cover glass. Mention is made of the possibilities of using polarized light. The contact methods are recommended for solubility tests.

Résumé.

Sous le microscope chauffant, on peut déterminer les poids moléculaires par cryoscopie de deux manières: dans l'ensemble porte-objet, préparation, couvre-objet ou dans le capillaire soudé. Pour le camphre, à cause de sa grande tension de vapeur, seul l'emploi du capillaire vient en question. On peut obtenir entre lame et lamelle des films cristallins des autres dissolvants comme le chlorure de bornyle, le camphène, l'exaltone. On discute les possibilités pour l'emploi en lumière polarisée et recommande la méthode par contact pour l'essai de solubilité.

Diskussion.

H. *H. P. A. Groll* (Göteborg, Schweden): Welche physikalischen Eigenschaften bedingen die Ausnahmestellung des Kamphers als Lösungsmittel, so daß dieser trotz seiner unangenehmen Flüchtigkeit immer noch praktisch allein verwendet wird?

H. *K. Rast* (Leverkusen, Deutschland): Physikalisch-chemisch gesehen liegt der Grund für die große *Beckmann*-Konstante des Kamphers in der abnorm kleinen molaren Schmelzwärme desselben. — Über gemeinsame Konstitutionseigentümlichkeiten solcher Substanzen, welche eine abnorm kleine Schmelzwärme haben, hat zuerst *Pirsch* nachgedacht und glaubt angeben zu können, daß vor allem Substanzen mit kugeliger Molekülform diese Eigenschaft besitzen. Tatsächlich ist Kampher kugelig gebaut, ebenso wie von *Pirsch* angegebene weitere Substanzen der Kampherreihe. — Als weiteres Kriterium glaube ich angeben zu können: Häufung von Verzweigungen (Kampher ist ungefähr das verzweigteste Gebilde, das man sich vorstellen kann) und Nahezusammenliegen von Schmelz- und Siedepunkt. — Immerhin gibt es Substanzen mit hoher *Beckmann*-Konstante, die keiner dieser Bedingungen genügen (Cyklohexanol, Exalton), und anderseits andere, die sie gut erfüllen und doch eine kleine *Beckmann*-Konstante haben (Monobromkampher). Die Frage ist also noch ziemlich ungeklärt.

Literatur.

[1] *L. Kofler* und *M. Brandstätter*, Mikrochem. **33**, 20 (1947). *M. Brandstätter* und *L. Kofler*, Mikrochem. **34**, 364 (1949).

[2] *F. Pregl*, Quantitative organische Mikroanalyse, 5. Auflage, neubearbeitet von Dr. *H. Roth*, Springer-Verlag Wien. 1947.

[3] *R. J. W. Le Fèvre* und *W. H. A. Webb*, J. Chem. Soc. London **1931**, 1211.

[4] *A. Kofler*, Z. physik. Chem. (A) **187**, 363 (1941); Z. Elektrochem. **47**, 810 (1941); Naturwiss. **31**, 553 (1943).

Aus dem Pharmakognostischen Institut der Universität Graz.

Die Mikrobestimmung der kritischen Mischungstemperatur.

Von

R. Fischer.

(Eingelangt am 14. September 1950.)

Im folgenden sei über Versuche berichtet, die ich zusammen mit Frau Dr. *Karasek*[1] und Frau Dr. *Neupauer*[2] durchgeführt habe.

Die kritische Mischungstemperatur (MTk), auch kritische Lösungstemperatur genannt, die in der Technik schon manche Anwendung gefunden hat — ich verweise auf die Anilinzahl von Treibstoffen und auf die Prüfung von fetten Ölen — kann mit Substanzmengen unter 1 mg auf dem *Kofler*-Heiztisch folgendermaßen bestimmt werden:

In eine Kapillare von 0,7 bis 0,8 mm Durchmesser und 30 mm Länge füllt man etwa gleiche Teile der beiden Flüssigkeiten (Probe + Testlösung) ein, schmilzt zu, zentrifugiert und bringt die Kapillare in ein geschlitztes Metallplättchen, das dann in den Objektverschieber des Heiztisches gelegt wird. Man stellt den Meniskus, der beide Flüssigkeiten trennt, scharf ein — kippt das Mikroskop auf 40° zur Horizontalen — erhitzt und beobachtet, daß der Meniskus in der Nähe der MTk im allgemeinen immer flacher wird und dann verschwindet. Beim Abkühlen erscheint er plötzlich wieder. Man liest am besten die Temperatur beim Wiedererscheinen ab, da diese schärfer zu beobachten ist als beim Verschwinden, so daß man auch von einer kritischen „Entmischungstemperatur" sprechen kann. Praktisch ergibt sich keine Differenz, da der ganze Vorgang sich innerhalb 0,2° abspielt.

Wenn man die in allen einschlägigen Büchern abgebildete Kurve für die Mischungslücke (z. B. von Phenol-Wasser) betrachtet, wird man sich wundern, daß die beiden Flüssigkeiten ohne Wägung eingefüllt werden. Das Maximum, die MTk, findet sich hier doch nur bei einem bestimmten Mischungsverhältnis! Die Erklärung ist einfach: Die beiden Flüssigkeiten mischen sich bei der MTk nur innerhalb eines Bereiches von etwa 0,5 mm bis 1 mm — wie Versuche mit einer angefärbten Komponente ergaben —. Es ist daher gleichgültig, ob man 3 + 10 oder 10 + 3 Teile von beiden Flüssigkeiten einfüllt, in beiden Fällen erhält man denselben Wert. Eine Durchmischung durch Schütteln findet ja nicht statt und es stellt sich eben das dem Maximum entsprechende Mischungsverhältnis ein. Zur Methodik sei — der Druck spielt praktisch keine Rolle, da erst bei 3 bis 600 atü Fehler von 3^0 beobachtet wurden — noch darauf hingewiesen, daß infolge Verschiedenheit der Temperaturkoeffizienten der Brechungsindex der beiden Flüssigkeiten gleich werden kann, also der Meniskus verschwindet und dadurch die MTk vorgetäuscht wird. Die n_D-Temperaturkurven des Systems Glykol-m-Xylol schneiden sich bei 215 bis 217^0 (n_D-Gleichheit, kein Meniskus sichtbar!). Beim Weiterhitzen kommt in diesem Fall der Meniskus wieder, da die Kurven auseinander streben; bei der MTk, die bei 237^0 liegt, erscheint jedoch der Meniskus nicht mehr.

Anwendung der Methode.

1. als Kennzahl.

Benötigt wird eine Testflüssigkeit, an die folgende Anforderungen gestellt werden: Eine Reinsubstanz oder ein durch chemische oder physikalische Eigenschaften einwandfrei gekennzeichneter Stoff, Nichtmischbarkeit bei Zimmertemperatur, Mischbarkeit bei einer zulässigen Temperatur (ohne Zersetzen oder Erreichen der kritischen Temperatur). Erwünscht ist die Verwendbarkeit für möglichst viele Proben. Beispiele für Testflüssigkeiten:

Paraffinöle für niedere Alkohole, Ketone, Aldehyde, Phenole,

Glykol für ätherische Öle, Äther, Ester, Aldehyde, Ketone, Benzolderivate,

Glycerin für Aldehyde, Ketone,

Äthylencyanid für Benzol, dessen Homologe und Halogenderivate,

Benzylalkohol für aliphatische Kohlenwasserstoffe,

Methanol, Anilin für aliphatische Kohlenwasserstoffe und Naphthene (ähnlich: Trikresylphosphat),

Ameisensäure für Halogenderivate niederer aliphatischer Kohlenwasserstoffe,

Phenol und Butanol für wäßrige Lösungen anorganischer Stoffe.

Wesentlich wichtiger und erfolgreicher erscheint:

2. die Analyse binärer Gemische:

Diese werden mit einer Testflüssigkeit geprüft, wobei die MTk-Differenz der beiden Komponenten mit Rücksicht auf die Genauigkeit möglichst groß sein soll. Vorbedingung ist die Analyse von 6 bis 10 Gemischen verschiedenen Mischungsverhältnisses und die Erstellung einer „Eichkurve". Ordinate: MTk; Abszisse: Prozentzahlen von 0 bis $100^0/_0$. An Hand einer solchen Kurve läßt sich aus der gefundenen MTk der Prozentsatz ablesen. Volumsabhängige Systeme wurden bisher nicht berücksichtigt und besitzen auch keine große Bedeutung. Meist ist eine der beiden Komponenten in der Testflüssigkeit besonders leicht (bzw. besonders schwer löslich); häufig findet man dies bei wäßrigen Lösungen.

In einer Zusammenstellung der untersuchten binären Systeme ist auf den Quotienten $\dfrac{\Delta\,\%}{2\,\Delta\,MTk}$ hinzuweisen, aus dem sich die Genauigkeit der Bestimmung ($\%$ pro $0,5^0$) ergibt (s. Tabelle). Besonders her-

Tabelle 1.

System:	MTk — MTk	% pro 0,5°	Test
HCl (22,9%)—Wasser	157,0— 66,0	0,038 bis 0,017 n	Phenol
HBr (28,8%)—Wasser	113,2— 66,0	0,047 bis 0,026 n	Phenol
NH₃ (23,55%)—Wasser	41,8—128,5	0,15%	Butanol
H₂O₂ (30%)—Wasser	91,5—128,5	0,4	Butanol
Eisessig—91% Essigsäure	183,0—263,0	0,055	Paraffinöl
Anilin—Nitrobenzol	107,1— 48,1	0,85	Paraffinöl
Äthanol abs.—Äthanol 85% ...	126,5—218,0	0,082	Paraffinöl
Propyl—Allyl-Alkohol	44,5—103,0	0,85	Paraffinöl
Methanol—Aceton	192,0— 64,3	0,4	Paraffinöl
Benzol—Nitrobenzol	191,9—119,5	0,8	Glykol
Carvon—Kümmelöl carvonfrei ..	100,5—241,4	0,35	Glykol
52,3%—83,7% Menthol in Öl ..	234,5—159,0	0,2	Glykol
Glycerin abs.—Glykol abs.	158,5— 58,0	0,4	Acetophenon
Glykol—Glykol mit 45% H₂O .	58,0—149,0	0,25	Acetophenon
Glycerin—Glyc. mit 37,5% H₂O.	99,5— 38,5	0,3	Aceton
Phenol—Anilin................	66,0—167,0	0,5	Wasser
Phenol—c-Hexanol	66,0—182,5	0,45	Wasser
Äthanol abs.—Methanol abs. ...	126,5—192,0	0,76	Paraffinöl
Benzol—Toluol	47,0—134,5	0,55	Äthylen-cyanid
Benzol—Xylol	47,0—187,0	0,35	Äthylen-cyanid
Toluol—m-Xylol	134,5—174,0	1,25	Äthylen-cyanid
Toluol—o-Xylol..............	134,5—163,5	1,75	Äthylen-cyanid
Toluol—Rohxylol	134,5—187,0	0,95	Äthylen-cyanid
Benzol—Benzol m. 20% Thiophen	49,5— 29,5	0,5	Äthylen-cyanid
Benzol—Chlorbenzol	47,0—121,5	0,65	Äthylen-cyanid
Benzol—Brombenzol...........	47,0—129,0	0,625	Äthylen-cyanid
Benzol—Jodbenzol	47,0—149,0	0,5	Äthylen-cyanid
Benzol—o-Dichlorbenzol	47,0—154,5	0,55	Äthylen-cyanid
Benzol—m-Dichlorbenzol	47,0—189,0	0,35	Äthylen-cyanid
Benzol—p-Dichlorbenzol	47,0—176,0	0,39	Äthylen-cyanid
Chlorbenzol—o-Dichlorbenzol ...	121,5—154,5	1,5	Äthylen-cyanid
Chlorbenzol—m-Dichlorbenzol ..	121,5—189,0	0,75	Äthylen-cyanid
Brombenzol—p-Dibrombenzol ..	129,0—201,5	0,7	Äthylen-cyanid
Toluol—o-Jodtoluol	134,5—198,0	0,8	Äthylen-cyanid
Toluol—p-Jodtoluol	134,5—188,2	0,95	Äthylen-cyanid

vorzuheben ist die Empfindlichkeit bei der Wasserbestimmung in Äthanol und in Eisessig. An einer Ausdehnung der Bestimmung auf niedrigere Konzentrationen dieser beiden Substanzen wird gearbeitet. Recht aussichtsreich erscheint — abgesehen von der Prüfung chemischer Reaktionsgemische — die Bestimmung des Gehaltes ätherischer Öle (Anethol, Cineol, Limonen, Thymol, Citral usw.), wobei kleinste Ölmengen aus einzelnen Pflanzen oder Pflanzenorganen analysiert werden können.

Zum Abschluß eine Übersicht über die für Flüssigkeiten ausgearbeiteten physikalischen Analysenverfahren unter Verwendung des *Kofler*schen Mikroskopheiztisches.

1. Bestimmung des Brechungsindex in der Mikroküvette mit der *Kofler*schen Glaspulvermethode (*Fischer* und *Kocher*[3]),

2. Mikrosiedepunktsbestimmung mit dem Stufenrohr (*Fischer* und *Kocher*[4]),

3. Bestimmung der kritischen Temperatur. Die zu etwa zwei Drittel gefüllte Kapillare wird in derselben Weise wie bei der MTk im Verschieber befestigt und das Verschwinden der flüssigen Phase registriert (*Fischer* und *Reichel*[5]).

Zusammenfassung.

Die Bestimmung der kritischen Mischungstemperatur (MTk) von Flüssigkeiten (in Mengen unter 1 mg) erfolgt auf dem *Kofler*-Heiztisch, wobei man etwa gleiche Mengen beider Komponenten (ohne Wägung!) in einer zugeschmolzenen Kapillare erhitzt und das Verschwinden bzw. Wiederauftreten des Meniskus (beim Abkühlen) beobachtet. Die gefundene Temperatur ist die MTk. Ablesefehler unter $0,5^0$. Die verwendeten Systeme sind nicht volumsabhängig. Die Methode dient:

1. Zur Identifizierung und Reinheitsprüfung mittels Testflüssigkeiten, wobei z. B. Glycerin für Aldehyde und Ketone, Glykol für ätherische Öle, Äthylencyanid für Benzol und Homologe und Halogenderivate Verwendung finden.

2. Zur quantitativen Bestimmung binärer Gemische, wobei weitere Testflüssigkeiten benützt werden: z. B. Paraffinöl, Butanol, Acetophenon. Auf Grund der abgelesenen MTk können an Hand von Eichkurven die Prozentzahlen der Gemische abgelesen werden. Die Genauigkeitsgrenze liegt unter $0,5^0/_0$ (Tabelle im Original). Weitere Anwendungsmöglichkeiten: Untersuchung von Industrieprodukten, Analyse ternärer Gemische (Glycerin-Glykol-Wasser) unter Hinzuziehung des Brechungsindex, Wertbestimmung und Kennzeichnung ätherischer (und fetter) Öle selbst in einzelnen Pflanzenorganen.

Zum Schluß eine Übersicht über physikalische Mikromethoden zur Untersuchung von Flüssigkeiten auf dem *Kofler*-Heiztisch.

Summary.

The critical mixing temperature (MTk) of liquide (in quantities below 1 mg) is determined on the *Kofler* hot stage. Approximately equal amounts of the two components (not weighed!) are heated in a sealed capillary, and the disappearance or reappearance of the meniscus (in cooling) is noted. The observed temperatur is the MTk. The error in reading is less than 0,5° C. The systems used are not volume-dependent.

The method serves:

(1) for the identification and test of purity by means of test liquids, where, e. g., glycerol is used for aldehydes and ketones, glycol for ethereal oils, ethylene cyanide for benzene and its homologues and halogen derivatives.

(2) for quantitative determination of binary mixtures, when still other test liquids are employed: paraffine oil, butanol, acetophenone. By reference to calibration curves, the observed MTk can be translated into percentage composition of the mixtures. The limits of accuracy lies below 0,5% (table in the original publication). Further possibilities of application: examination of industrial products; analysis of ternary mixtures (glycerin, glycol, water) with inclusion of the refractive index; assay and characterization of ethereal (and fatty) oils, even in separate plant organs. The paper concludes with a survey of the physical micro-methods for the examination of liquids on the *Kofler* hot stage.

Résumé.

La détermination de la température critique de dissolution (TCD) des liquides (en quantité inférieure au mg) se fait à la table chauffante de *Kofler* grâce à laquelle des quantités sensiblement égales des deux composants (sans pesée) sont chauffées dans un capillaire scellé où l'on observe la disparition ou la réapparition du ménisque (en refroidissant). La température trouvée est la TCD. Erreur de lecture: moins de 0,5°. Les systèmes utilisés ne dépendent pas du volume. La méthode sert:

1° à identifier et à contrôler la pureté au moyen de tests-liquides, comme le glycérol pour les aldéhydes et les cétones, le glycol pour les huiles essentielles, le cyanure d'éthylène pour le benzène, ses homologues et les dérivés halogénés.

2° Pour le dosage de mélanges binaires pour lesquels d'autres tests-liquides sont utilisés, p. ex. l'huile de paraffine, le butanol, l'acétophénone. Sur la base de la TCD peuvent être lus les pourcentages des mélanges au moyen de courbes d'étalonnage. La limite de sensibilité se trouve au-dessous de 0,5% (Tableaux dans l'original). D'autres possibilités d'emploi: recherches sur les produits industriels, analyse de mélanges ternaires (glycérol, glycol, eau) par détermination supplémentaire de l'indice de réfraction, évaluation et caractérisation des huiles grasses et essentielles même chez les organes végétaux isolés, enfin, une vue d'ensemble sur les microméthodes physiques de recherches, sur les liquides, avec la table chauffante de *Kofler*.

Diskussion.

Fr. *E. Schramke* (Graz, Österreich): Wurden binäre Systeme mit oberer *und* unterer MTk schon untersucht (z. B. Nicotin und Wasser)?

H. Prof. *R. Fischer:* Bisher noch nicht.

H. *Philippovich* (Wien, Österreich): Wurden gleiche Werte für z. B. Anilinpunkt in üblicher Weise und nach der neuen Methode erhalten?

H. Prof. *R. Fischer:* Die Chlorexpunkte stimmen überein, für Anilin liegen noch wenig Werte vor.

Literatur.

[1] *R. Fischer* und *G. Karasek*, Mikrochem. **33**, 316 (1948); hier ist die die MTk betreffende Literatur angegeben.

[2] *R. Fischer* und *E. Neupauer*, Mikrochem. **34**, 319 (1949); hier ist die die MTk betreffende Literatur angegeben.

[3] *R. Fischer* und *G. Kocher*, Mikrochem. **32**, 173 (1944).

[4] *R. Fischer* und *G. Kocher*, Die Chemie **55**, 244 (1942).

[5] *R. Fischer* und *T. Reichel*, Mikrochem. **31**, 102 (1943).

Mikroskopische Methoden zur Untersuchung von Hydraten.

Von

Adelheid Kofler, Innsbruck.

Mit 1 Abbildung.

(Eingelangt am 18. Juli 1950.)

Die kristallisierten Hydrate anorganischer und organischer Stoffe werden wie alle anderen Verbindungen, die mit irgendeinem Lösungsmittel zu kristallisieren vermögen, nach der *Werner*schen Theorie[1] als Komplexverbindungen aufgefaßt. Thermodynamisch besitzen die Hydrate häufig den Charakter *inhomogen* schmelzender Molekülverbindungen entsprechend der großen Schmelzpunktdifferenz ihrer Komponenten. Seltener verhält sich ein Hydrat gegenüber der im Diagramm benachbarten höherschmelzenden Phase, die entweder ein wasserärmeres Hydrat oder die wasserfreie Phase darstellt, *homogen* schmelzend.

Bei der gewöhnlichen Untersuchung von Hydraten unter dem Heizmikroskop kann man in der Regel nur Hydrate mit relativ niedrigen Übergangs-, bzw. Schmelzpunkten direkt zum Schmelzen bringen. Die meisten Hydrate geben nämlich während des Erwärmens *vorzeitig,* d. i. unterhalb des Übergangspunktes (Up.) einen Teil des Wassers unter Bildung einer neuen Phase ab, was mit einer mehr oder weniger rasch fortschreitenden Trübung der Kristalle verbunden ist; dadurch wird die weitere Untersuchung unmöglich.

Die vorzeitige Wasserabgabe läßt sich in einfacher Weise verhindern, wenn man die Hydratkristalle in *Paraffinöl* oder in eine andere, das Hydrat nicht lösende Flüssigkeit oder Schmelze einbettet. Bei der Untersuchung am Heiztisch können dann alle Erscheinungen beobachtet werden, die sich während des Erwärmens abspielen, und zwar nicht nur unter 100⁰, sondern auch über 100⁰ bis etwa 110⁰ oder 120⁰. Da in diesem Temperaturintervall die meisten Übergangspunkte liegen, läßt sich mit Hilfe dieser einfachen Versuchsanordnung ein großer Teil der Hydrate unter dem Heizmikroskop erfassen.

So kann man z. B. bei $BaCl_2 \cdot 2\,H_2O^2$ den Übergangspunkt zum Monohydrat bei 102⁰ ohne weiteres bestimmen; auch bei dem Dihydrat des p-aminosalicylsauren Natriums ist der Übergangspunkt zur wasserfreien Phase bei 110⁰ eindeutig feststellbar.

Bei der mikroskopischen Untersuchung eines Hydrates unter Paraffinöl wird zunächst festgestellt, ob das vorliegende Hydrat homogen oder inhomogen schmilzt; im ersten Fall entsteht eine klare Schmelze, im zweiten Falle kristallisiert während des Schmelzvorganges eine neue Phase aus. Der rechtzeitige Beginn des inhomogenen Schmelzens ist jedoch keimbedingt. Bleibt die Keimbildung der in Frage kommenden Nachbarphase aus, so läßt sich der Übergangspunkt überschreiten, und zwar maximal bis zu dem zugehörigen homogenen Schmelzpunkt, der in Abb. 1 bei dem tiefer schmelzenden Hydrat mit M_1, bei dem höher schmelzenden mit M_2 gekennzeichnet ist. Aus der Abb. 1 ist ferner zu ersehen, daß die Differenz zwischen der Peritektalen und dem eigentlichen homogenen Schmelzpunkte sehr verschieden sein kann. Liegen die beiden Temperaturen nahe beisammen, wie z. B. die Peritektale K_1P_1 und der Punkt M_1, so ist eine größere Verzögerung des inhomogenen Schmelzens nicht möglich, da bei geringem Überschreiten schon das homogene Schmelzen des betreffenden Hydrates

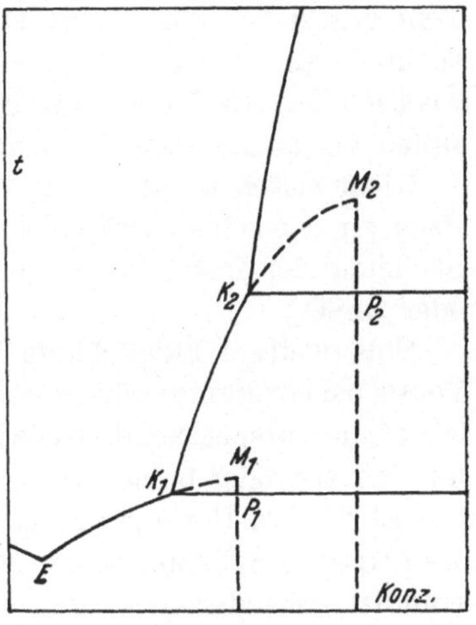

Abb. 1.

vor sich geht. Bei sehr geringen Differenzen, wie z. B. bei Oxalsäure (Up. = 100,5⁰ und Fp. = 101⁰) oder bei Orcin (Up. = 56⁰, Fp. = 57,5⁰) tritt beim Erwärmen in Paraffinöl das homogene Schmelzen sogar in der Regel ein, wenn nicht eigens für die Anwesenheit von Keimen der wasserfreien Phase gesorgt wird. In anderen Fällen ist der Unterschied zwischen Übergangs- und Schmelzpunkt verhältnismäßig groß, entsprechend dem Abstand der Peritektalen K_2P_2 und dem Punkt M_2 der Abb. 1, was insbesondere bei den wasserärmeren anorganischen Hydraten vorkommt. In solchen Fällen besteht die Möglichkeit, daß sich der Übergangspunkt um viele Grade überschreiten läßt. Erreicht aber die Temperatur, bevor die Keimbildung der Nachbarphase eingetreten ist, den Punkt M_2, so schmilzt das Hydrat homogen. Die dabei entstehenden Tropfen stellen eine übersättigte Lösung der entsprechenden höherschmelzenden Phase dar, die häufig noch sekundär zur Kristallisation kommen kann. Unter dem Mikroskop lassen sich solche, im instabilen

Gebiete liegenden, homogenen Schmelzpunkte von Hydraten natürlicher-
weise häufig feststellen. Auch bei Makromethoden ist dies keine
Seltenheit; in der Literatur sind zahlreiche homogene Schmelzpunkte
von an sich inhomogen schmelzenden Hydraten bekannt.

Das rechtzeitige inhomogene Schmelzen eines Hydrates läßt sich
ohne weiteres erzwingen, wenn man für die Anwesenheit von Keimen
der in Frage kommenden höher schmelzenden Phase sorgt. Auch dann
wird beim mikroskopischen Arbeiten immer eine gewisse Überschrei-
tung des Übergangspunktes beobachtet, was damit zusammenhängt, daß
der Ablauf der peritektischen Reaktion meist auch bei anorganischen
Salzen sehr träge vor sich geht und erst durch weitere Erhöhung der
Temperatur merkbar beschleunigt wird. Der richtige Gleichgewichtszustand des Übergangspunktes läßt sich aber im Mikroskop durch ab-
wechselndes Abkühlen und Erwärmen unter Beobachtung des rever-
siblen Vorganges ohne weiteres feststellen.

Nicht selten ist an einem Hydratkristall beim Erwärmen am Heiztisch an demselben Präparat ein zweimaliges inhomogenes Schmelzen
nacheinander feststellbar, wie z. B. an den Heptahydraten von $FeSO_4$
oder $ZnSO_4$.

Eine weitere Möglichkeit zur Untersuchung von Hydraten ist die
Versuchsanordnung, wie sie bei der Kontaktmethode[3] verwendet wird,
wobei die entsprechende Substanz zwischen Deckglas und Objektträger
mit Wasser, oder besser mit einer konzentrierten Lösung des betreffenden Stoffes in Berührung gebracht wird. Voraussetzung dabei ist, daß
die fragliche Substanz selbst oder ein wasserärmeres Hydrat unzersetzt
schmilzt. Mit dieser Versuchsanordnung läßt sich z. B. bei $Mg(NO_3)_2$
sofort erkennen, daß sich ein wasserreiches Hydrat (Hexahydrat)
gegenüber einem wasserärmeren (Dihydrat) homogen schmelzend verhält[4, 5] mit einem Eutektikum von 55°. Das Hexahydrat zeigt ferner
bei 73° einen enantiotropen, bisher unbekannten Umwandlungs-
punkt.

Bei Chlorbutol (Trichlorisobutylalkohol) lassen sich die im Schrifttum nicht vollständig eindeutigen Angaben über das Verhalten des
Hemihydrates in einem Kontaktpräparat sofort aufklären[6]. Das Hemi-
hydrat stellt eine bei 78° homogen schmelzende Verbindung dar, die mit
der wasserfreien Substanz (Fp. 97°) ein Eutektikum bei 75,5° und mit
Wasser eine Mischungslücke bei 77,5° bildet. Die im Schrifttum mit
80 bis 81° angegebenen Schmelzpunkte beziehen sich daher auf Proben,
die bereits einen Teil des Wassers abgegeben haben. Zur mikroskopischen Untersuchung kann man die Hemihydratkristalle
nicht in Paraffinöl einbetten, sondern in Wasser, da die Löslichkeit des Hemihydrates in Paraffinöl bedeutend größer ist als
in Wasser.

Zusammenfassung.

Zur mikroskopischen Untersuchung werden die Hydratkristalle in Paraffinöl oder in eine andere, das Hydrat nicht lösende Flüssigkeit oder Schmelze eingebettet, um die vorzeitige Wasserabgabe zu verhindern. Beim Erwärmen am Heiztisch läßt sich dann in einfacher Weise der Charakter eines Hydrates, homogen oder inhomogen schmelzend, sowie das Vorliegen eines oder mehrerer Übergangspunkte und deren Gleichgewichtstemperaturen feststellen. Ferner werden zur Untersuchung von Hydraten Kontaktpräparate zwischen der wasserfreien Substanz und Wasser mit Erfolg herangezogen.

Summary.

For microscopic studies, the hydrate crystals are prevented from losing water prematurely by imbedding them in paraffine or some other liquid or melt which does not dissolve the hydrate. On warming on the hot-stage, it is than a simple matter to determine the thermodynamic character of a hydrate (melting homogeneous or inhomogeneous) and also the presence of one more transformation products and their equilibrium temperatures. Further success in the study of hydrates is obtained by the use of contact preparations between the anhydrous substance and water.

Résumé.

Au cours de l'investigation microscopique, les cristaux d'hydrates sont enrobés dans l'huile de paraffine ou dans tout autre liquide ne dissolvant pas l'hydrate, afin d'empêcher la perte d'eau préliminaire. Par chauffage à la platine chauffante, le caractère thermodynamique d'un hydrate (fondu homogène ou non) se laisse établir de manière simple de même que l'existence d'un ou plusieurs produits de transformation et de leur température d'équilibre. En outre, on a réalisé avec succès, pour la recherche sur les hydrates, des préparations par contact entre la substance anhydre et l'eau.

Diskussion.

H. *W. Ruzicka* (Wien, Österreich): Gibt es zwischen den einzelnen Hydraten nicht Zwischenstufen, die vielleicht noch nicht aufgeklärt sind?

Fr. *A. Kofler:* Es ist durchaus wahrscheinlich, daß bei der Untersuchung von in Paraffinöl eingebetteten Hydratkristallen am Heiztisch neue, bisher unbekannte Zwischenstufen gefunden werden, soferne es sich um thermodynamisch definierbare Phasen handelt.

H. *M. Blumer* (Basel, Schweiz): Läßt sich die Paraffinöl-Einbettungsmethode auch auf die Untersuchung der Stabilität analytisch wichtiger Hydrate anwenden (z. B. Oxychinolate usw.)?

Fr. *A. Kofler:* Untersuchungen in dieser Richtung wurden nicht gemacht. Es wäre dabei wichtig, die Löslichkeitsverhältnisse zwischen den betreffenden Stoffen und Paraffinöl zu beachten.

Literatur.

[1] *A. Werner*, Z. anorg. Chem. **3**, 267 (1892).

[2] *G. Hüttig* und *Ch. Shomi*, Z. anorg. allg. Chem. **181**, 65 (1929).

[3] *A. Kofler*, Z. physik. Chem. (A) **187**, 363 (1941); Z. Elektrochem. **47**, 810 (1941); Naturwiss. **31**, 553 (1943).

[4] *A. Sieverts* und *W. Petzold*, Z. anorg. allg. Chem. **205**, 113 (1932).

[5] *W. Ewing* und *E. Klinger*, J. Amer. Chem. Soc. **55**, 4825 (1933); Chem. Zbl. **1934** I, 1932.

[6] *L.* und *A. Kofler*, Mikro-Methoden zur Kennzeichnung organischer Stoffe und Stoffgemische, Univ. Verl. Wagner, Innsbruck 1948.

[7] *A. Kofler*, Arch. Pharmaz. im Druck.

Ein neuer Mikroschmelzpunktapparat.

Von

H. Hilbck, Köln.

Mit 1 Abbildung.

(Eingelangt am 18. Juli 1950.)

Der Mikroschmelzpunktapparat, über den ich hier berichten möchte, entstand durch Weiterentwicklung des mit thermoelektrischer Messung arbeitenden Apparates[1], der seinerzeit unter Leitung von Herrn Prof. *Kofler* im Innsbrucker Pharmakognostischen Institut gebaut wurde. *Kofler* hat ihn später mit Thermometern versehen, die mit Testsubstanzen am zugehörigen Apparat geeicht werden[2]. Diese Geräte sind allgemein bekannt.

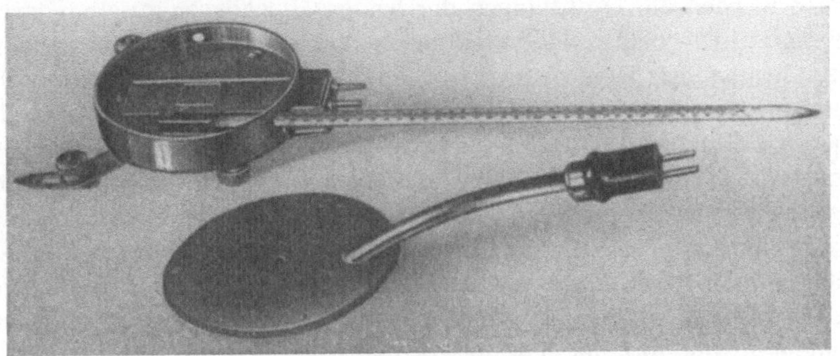

Abb. 1. Mikroschmelzpunktapparat mit elektrisch beheizter Deckplatte.

Wie aus der Abbildung ersichtlich ist, habe ich bei dem neuen Apparat die Tischform des unteren Teiles beibehalten, ebenso die zentrale Öffnung für den Durchtritt des Lichtes, die so klein gehalten war, daß die Wärmezufuhr zu den auf dem Objektträger liegenden Kristallen nicht gestört wurde. Die beiden vorhergehenden Geräte sind nach oben durch eine Glasplatte verschlossen. Hier ließen die Temperaturverhältnisse auf dem Tisch und in dem darüber befindlichen Luftraum als einzige Möglichkeit zur *direkten* Messung der Temperatur

20*

auf der Oberfläche des Tisches nur die Verwendung eines sorgfältig befestigten Thermoelementes zu.

Zur Beseitigung des störenden Temperaturgefälles zwischen Tisch und Deckplatte habe ich nun die Glasplatte durch eine 5 mm starke elektrische Heizplatte mit zentraler Bohrung ersetzt, welche ebenso einfach aufzulegen und abzunehmen ist wie jene. Die Anschlußvorrichtung für die Stromzufuhr dient dabei als wärmeisolierender Handgriff. Der mit Glimmer isolierte Heizkörper dieser Platte ist bis zum *äußersten* Rande so gleichmäßig wie möglich bewickelt. Ein Heizkörper der gleichen Form wurde unter der Tischplatte befestigt, und zwar in direktem Kontakt damit, an Stelle der früher im Luftraum darunter befindlichen Heizspirale. Dadurch wurde der Wärmeübergang erleichtert und die früher schon gute Regulierbarkeit weiter verbessert. Wegen der verschiedenen Wärmekapazität des Tisches und der Deckplatte wurden die Drahtlängen der beiden Heizkörper aufeinander abgestimmt. Die beiden Heizwicklungen und ein Schiebewiderstand zur Regulierung des Heizstromes werden hintereinander geschaltet. Ein Zeichen für die gleichmäßige Beheizung des Tisches und des darüber befindlichen Luftraumes ist die geringe Neigung fast aller Substanzen zur Sublimation. Nur einige wenige zeigen Sublimationserscheinungen bei höheren Temperaturen. Zur Temperaturmessung werden normale Stabthermometer mit möglichst zylindrischen Quecksilbergefäßen verwendet. Sie werden in einem Abstand von 18 mm, also etwa dort, wo bei den ersten Apparaten die Lötstelle des Thermoelementes war, auf der Tischplatte befestigt. Die Befestigungsart ist nicht wesentlich. Es muß nur das Thermometergefäß innigen Kontakt mit dem Metall haben. Am besten geeignet sind, wie gesagt, Stabthermometer, deren Gefäß sich besonders leicht zylindrisch anfertigen läßt. Diese Forderung ist aber auch bei Einschlußthermometern zu erfüllen. Thermometer mit ungünstiger Form, z. B. mit stark verjüngtem Quecksilbergefäß, sind weniger geeignet, da sie mit der Platte nicht in genügende Berührung gebracht werden können*.

Die am Thermometer abgelesenen Temperaturen sind natürlich unkorrigiert. Es ist deshalb eine Korrekturtabelle aufzustellen, die nach der bekannten Formel berechnet oder aus Fluchtlinientafeln abgelesen wird. Die Genauigkeit der Messung wird durch die Korrektur nicht beeinträchtigt, da hier die mittlere Fadentemperatur leicht zu bestimmen ist. Es genügt im allgemeinen eine Tabelle für eine Fadentemperatur von 20°. Beträgt sie 5° weniger oder mehr, so ändert sich die

---

* Im Vortrag wurde die Verwendung von Thermometern mit flachen, dem Tisch anliegenden Quecksilbergefäßen noch nicht erwähnt. Es hat sich nachträglich gezeigt, daß diese für die Messung besonders vorteilhafte Form durch den Glasbläser gut angefertigt werden kann.

Korrektur um ungefähr 0,1% des am Apparatthermometer abgelesenen Wertes. Deshalb wird man nur in besonderen Fällen eine Korrekturrechnung anstellen. Der Glasbläser kann natürlich die Korrekturen bereits bei der Herstellung der Thermometerskalen berücksichtigen, auch wenn er in üblicher Weise die Thermometer mit ganz eintauchendem Faden eicht. Dann fallen die unbequemen Korrekturen der einzelnen Ablesungen weg.

Geprüft wurde die Richtigkeit der korrigierten Thermometerangaben *in erster Linie* durch einen Vergleich mit einem Thermoelement, dessen eine Lötstelle in der früher bewährten Weise in der Mitte der Apparate befestigt war. Die elektromotorische Kraft des Elementes wurde in geeigneter Schaltung durch Kompensation gemessen. Die zur Prüfung verwendeten Thermometer und elektrischen Meßgeräte waren von der Physikalisch-Technischen Reichsanstalt oder einem angeschlossenen Institut geeicht. Bei Stabthermometern der angegebenen Form werden die Fehler verschwindend klein. Die Thermometer, welche von der gleichen Firma G. Gerhardt, Bonn, Bornheimerstraße, hergestellt waren, die mir auch meine Apparate lieferte, stimmten auf den Schmelzpunktapparaten innerhalb der subjektiven Ablesefehler mit dem Thermoelement überein. Die Thermometer sind auswechselbar, und der Apparat erfordert keine besondere Eichung.

In *zweiter Linie* diente zur Prüfung eine große Anzahl von Schmelzpunktbestimmungen, wobei die Testsubstanzen unter Verwendung der gleichen Thermometer im Röhrchen und auf dem Apparat geschmolzen wurden. Auch hier war die Übereinstimmung sehr gut. Der Temperaturanstieg sollte einige Grade unter dem Schmelzpunkt nicht mehr als $2°$ pro Minute betragen. Man kann aber auch bis $4°$ pro Minute gehen. Die genauesten Werte erhält man bei der Beobachtung des letzten Gleichgewichtes zwischen den Kristallresten und der Schmelze.

Zum Studium von Sublimationserscheinungen ist die obere Heizplatte wegzulassen oder durch eine Glasplatte zu ersetzen. Die dann gemessenen Temperaturen sind freilich etwas zu niedrig, aber bei der Messung von Sublimationstemperaturen ist ja keine große Genauigkeit erforderlich. Man kann natürlich bei der Verwendung des Apparates mit Glasdeckel eine Eichung vornehmen.

Zu ergänzen ist noch, daß selbstverständlich Zusatzgeräte von der Art, wie sie von *Kofler* und seiner Schule z. B. für die Molekulargewichtsbestimmung und für andere Zwecke entwickelt wurden, auch auf dem beschriebenen Apparat verwendbar sind. Dabei kann die gleichmäßige Beheizung die Genauigkeit der Messungen nur günstig beeinflussen.

Zusammenfassung.

Es wurde ein neuer Mikroschmelzpunktapparat beschrieben, der gegenüber seinen Vorgängern (*Kofler* und *Hilbck* bzw. *Kofler*) im wesentlichen zwei Unterschiede aufweist:

1. Zur Bedeckung dient an Stelle der Glasplatte eine elektrische Heizplatte mit zentraler Bohrung. Sie beseitigt das Temperaturgefälle in dem Luftraum.

2. Die Temperaturmessung geschieht mit auswechselbaren Thermometern, welche ohne Benutzung des Apparates und ohne Testsubstanzen mit Normalthermometern geeicht werden und mit dem Eichschein der PTA (früher PTR) versehen werden können. Durch Vergleich mit der Anzeige eines in der Mitte des Apparates befestigten Thermoelementes wurde festgestellt, daß durch die in üblicher Weise ermittelte Fadenkorrektur oder andere Ursachen innerhalb der am Stabthermometer möglichen Ablesegenauigkeit kein Fehler entsteht. Alle bei der Prüfung der Apparate benutzten Meßgeräte waren amtlich geeicht.

Summary.

A new micro-melting point apparatus is described. It differs from its predecessors (*Kofler* and *Hilbck* or *Kofler*) in two essential points:

1. An electric hot plate with a central opening is used as cover instead of the glass plate. This eliminates the temperature drops in the atmosphere.

2. The temperature is measured with exchangeable thermometers, which are calibrated against normal thermometers, without use of the apparatus and test substances, and which can be provided with a calibration certificate of the PTA (formerly PTR). By comparison with the reading of a thermoelement fastened in the middle of the apparatus, it was demonstrated that the stem exposure correction, determined in the ordinary way, or other causes, produce no error within the accuracy with which a stem thermometer can be read. All the measuring devices used in testing the apparatus had been officially calibrated.

Résumé.

On décrit un nouvel appareil pour la microdétermination du point de fusion qui contrairement à ses devanciers (*Kofler* et *Hilbck* ou *Kofler*) présente essentiellement deux différences:

1° Comme couvercle, à la place de la plaque de verre, on se sert d'une plaque chauffante électrique avec ouverture centrale. Elle empêche la chute de température dans la chemise d'air.

2° La mesure de température a lieu avec des thermomètres interchangeables qui, sans utiliser l'appareil et sans substance-test, sont étalonnées avec le thermomètre normal et peuvent être munis du certificat d'étalonnage du PTA (auparavant PTR). Par comparaison avec l'indication d'un thermocouple fixé au milieu de l'appareil, on a établi que la correction de colonne intérieure, constatée d'après la manière habituelle ou bien d'autres causes inhérentes à la précision de la lecture ne produisent pas d'erreur. Tous les dispositifs utilisés pour la mise au point de l'appareil furent étalonnés officiellement.

Diskussion.

Mr. *N. D. Cheronis* (Chicago, USA.): What substances do you use for calibrating the thermometer? And how do you know the reliability of the melting point in view of the contradictory statements as to the values of the melting point of organic compounds found in the literature. For example the melting points of several compounds used for calibrating thermometers listed in the International Critical Tables differ from the values listed in other standard works.

H. *H. Hilbck:* Die Schmelzpunktbestimmungen mit dem gleichen Thermometer auf dem Mikroschmelzpunktapparat und im Röhrchen eines üblichen Makroapparates zeigten durch ihre Übereinstimmung, daß innerhalb der bei dieser Prüfung möglichen Beobachtungsgenauigkeit der Mikroapparat keine Abweichungen verursacht. Die Schmelzpunktbestimmungen dienten nicht der Thermometereichung. (Die Thermometer waren „amtlich geeicht", d. h. mit dem Prüfschein der Physikalisch-Technischen Reichsanstalt versehen. Deshalb ist ihre *Eichung* von der bei dieser Gelegenheit von Ihnen und von Herrn Prof. *Kofler* betonten, aber auch sonst bekannten *Unsicherheit der Literaturschmelzpunkte unabhängig.*)

H. *K. Rast* (Leverkusen, Deutschland): Die Korrekturformeln sind ungenau, ebenso die Fluchtlinientafeln. Der Wärmeübergang von der Kugel auf den Faden des Thermometers kann Fehler verursachen, die nicht berücksichtigt sind. Besser ist die Eichung des Apparates mit Substanzen, deren Schmelzpunkt als Haltepunkt auf 0,1° bekannt ist. Wie groß ist die mit dem Mikroschmelzpunktapparat erreichte Genauigkeit?

H. *H. Hilbck:* Die durch die Korrektur bewirkten Fehler können nur gering sein, da die *Thermometer und das Thermoelement auf dem Apparat übereinstimmten.* Die Wärmeleitung von der Kugel zum Faden könnte zu hohe Werte geben. Wenn der Fehler, der durch die Korrektur und andere Ursachen in die Messung gebracht wird, überhaupt merklich ist, so wird er durch andere Fehler kompensiert, vielleicht durch ein Temperaturgefälle von innen zum Rande der Tischplatte. Auch dieser Fehler kann in 18 mm Entfernung von der Mitte nur gering sein, da die Heizwicklung bis zum Rande des Tisches reicht und der Tisch gegenüber dem *Kofler*schen vergrößert ist. Ich persönlich ziehe die Prüfung des Apparates mit dem von der Reichsanstalt geeichten Thermoelement jeder Prüfung mit Testsubstanzen vor. Eine solche erfolgt nur zusätzlich. Auf dem Apparat werden nicht die Haltepunkte beobachtet, sondern entweder Anfang und Ende des Schmelzens oder, am besten reproduzierbar, das letzte Gleichgewicht zwischen den Kristallresten und der Schmelze. Die bei der Prüfung des Apparates durch Vergleich der korrigierten Thermometerangaben mit denen des Thermoelementes erzielte Genauigkeit liegt innerhalb der am Stabthermometer möglichen subjektiven Ablesefehler.

Literatur.

[1] *L. Kofler* und *H. Hilbck*, Mikrochem. **9**, 38 (1931).
[2] *L. Kofler*, Mikrochem. **15**, 242 (1934).

Centre de Microchimie de l'Université Libre de Bruxelles.

Nouvelle séparation chromatographique de mélanges Fer, Titane, Aluminium, à l'échelle du microgramme*.

Par

A. Lacourt, Gh. Sommereyns et E. De Geyndt.

Avec 4 figures.

(Reçu le 9 juillet 1950.)

Le problème consiste à rechercher une méthode de séparation et de dosage des éléments Fer, Titane, Aluminium en solution.

La séparation est faite par chromatographie sur papier. Le dosage de chacun des éléments, après leur élution, est fait par spectrophotométrie.

Partie qualitative.

Les solutions employées pour cette étude renferment dans 0,01 ml, des quantités de Fer, de Titane et d'Aluminium de l'ordre de 10 γ. Les cations sont à l'état de chlorures et les solutions sont 50% chlorhydriques en volume.

Une prise de 0,01 ml de solution des cations est déposée à 3,5 cm du bord supérieur de la bandelette de papier filtre *Whatman* no I (1 cm de large $\times$ 25 cm de long). La prise est séchée.

Le chromatogramme des cations est développé à l'aide de solvants organiques; ils interviennent à l'état pur ou sous forme de mélanges homogènes. Le développement est descendant: la partie supérieure du papier plonge dans le solvant.

La nature du solvant règle la durée du développement. Les bandelettes sont séchées. Les taches des cations sont révélées par vaporisation du réactif approprié, ce qui donne un chromatogramme qualitatif. C'est de la mesure des taches sur celui-ci que se déduisent les données destinées à la quantitative.

De très nombreux essais d'orientation ont été faits avant d'obtenir la séparation chromatographique désirée: Aluminium séparé du Fer et du Titane. Les déductions intéressantes tirées de chacun de ces essais conduisent insensiblement au but proposé.

* Travail exécuté au Service de Microchimie de l'Université Libre de Bruxelles, grâce aux Subsides de l'I. R. S. I. A. (Institut pour l'Encouragement de la Recherche scientifique à l'Industrie et à l'Agriculture).

Parmi les développants utilisés: quelques-uns sont cités dans le tableau suivant. L'ordre dans lequel ils sont rangés donne une idée de l'évolution des résultats qui ont amené l'Aluminium à se séparer du Fer et du Titane.

Tableau 1.

Solvant utilisé % exprimé en volume	*Durée du* développe-ment (en min.)	*Conclusions* à retirer de la chromato-graphie de 10 γ de Fer, de Titane, d'Aluminium
Pyridine 0,1—0,2—1,0—2,0—5,0— 10,0—20,0% dans l'eau	45	pas de séparation intéressante
HCl concentré 0,1% dans l'acétone	45	Fer séparé de l'Aluminium Fer séparé du Titane
Méthanol 0,1% HCOOH concentré 0,1% dans l'acétone	45	séparations très nettes: Fer séparé de l'Aluminium Fer séparé du Titane
Benzène pur	60	aucun déplacement aucune séparation
Acétone 50% Benzène 50%	60	très bonnes séparations: Fer séparé de l'Aluminium Fer séparé du Titane
Toluène 0,1% dans l'acétone	45	séparations très nettes: Fer séparé de l'Aluminium Fer séparé du Titane
Acétone 1,0% dans le butanol	120	Fer séparé de l'Aluminium
Acétone 1,0% dans le toluène	45	aucun déplacement aucune séparation
Butanol 47,5% Toluène 47,5% Acétone 5,0%	60	Fer séparé de l'Aluminium Fer séparé du Titane

Toluène 20,0%
  dans le méthanol
	60	effet dispersif très marqué du
		  méthanol. Aucune séparation

Propanol pur	180	pas de séparation tache de Fer très dispersée
HCl concentré 1,0% Méthanol 1,0% Propanol 98,0%	120	pas de séparation, mais un léger déplacement du Titane
HCl concentré 5,0% Méthanol 1,0% Propanol 94,0%	120	Fer séparé de l'Aluminium le Titane se déplace légèrement
HCl concentré 10,0% Méthanol 10,0% Propanol 80,0%	180	Fer séparé de l'Aluminium déplacement appréciable du Titane
HCl concentré 30,0% Benzène 10,0% Propanol 60,0%	180	Fer séparé de l'Aluminium Fer séparé du Titane Titane fortement déplacé

Continuation du tableau 1.

Solvant utilisé % exprimé en volume	*Durée du* développe-ment (en min.)	*Conclusions* à retirer de la chromato-graphie de 10 γ de Fer, de Titane, d'Aluminium
HCl concentré 30,0% Butanol 70,0%	240	Aluminium séparé du Fer et du Titane
HCl concentré 30,0% Benzène 10,0% Butanol 60,0%	240	Aluminium séparé du Fer et du Titane
HCl concentré 30,0% Alcool amylique 70,0%	300	Aluminium séparé très nette-ment du Fer et du Titane
HCl concentré 30,0% Benzène 10,0% Alcool amylique 60,0%	240	Aluminium séparé très nette-ment du Fer et du Titane

Après un développement de 4 heures à l'aide de ce dernier mélange, l'Aluminium se sépare du Fer et du Titane. Cette séparation est inté-ressante, car elle permet le dosage respectif des trois éléments par la méthode spectrophotométrique. Après découpage de la bandelette à un niveau convenable, l'Aluminium isolé est élué et dosé à l'aide d'Alu-minon. Quant au Fer et au Titane, élués simultanément, ils seront dosés dans un même éluat à l'aide de Tiron.

Les essais de reproductibilité du chromatogramme obtenu, après développement à l'aide de ce solvant, montrent tout l'intérêt qu'il y a à poursuivre ce travail sur le plan quantitatif. Les résultats de ces essais sont les suivants:

Tableau 2.

Cations déposés: 10 γ de Fer, de Titane et d'Aluminium. Développant: Alcool amylique 60,0% (vol) + Benzène 10,0% (vol) + HCl concentré 30,0% (vol). Durée du développement: 240 minutes.

Fer		Titane		Aluminium	
* A/C	B/C	A/C	B/C	A/C	B/C
0,67	1,00	0,33	0,70	0,00	0,25
0,63	1,00	0,34	0,75	0,00	0,22
0,70	1,00	0,35	0,65	0,00	0,24
0,70	1,00	0,33	0,69	0,00	0,24
0,69	1,00	0,31	0,64	0,00	0,23
0,75	1,00	0,30	0,65	0,00	0,19
0,70	1,00	0,34	0,68	0,00	0,23
0,65	1,00	0,32	0,75	0,00	0,22
		0,30	0,69		
		0,32	0,73		
		0,34	0,65		
		0,31	0,65		

* Ces rapports fixent la position des taches des cations par rapport au front liquide et leur grandeur[1].

Partie quantitative.

Dosage de l'Aluminium.

L'Aluminium se dose à l'aide du sel ammonique de l'acide aurinetricarboxylique ou «Aluminon». Il forme avec l'Aluminium une laque rouge[2]. Les variations de pH, de température, de concentrations en ions étrangers, perturbent l'intensité de la coloration et rendent les résultats aberrants.

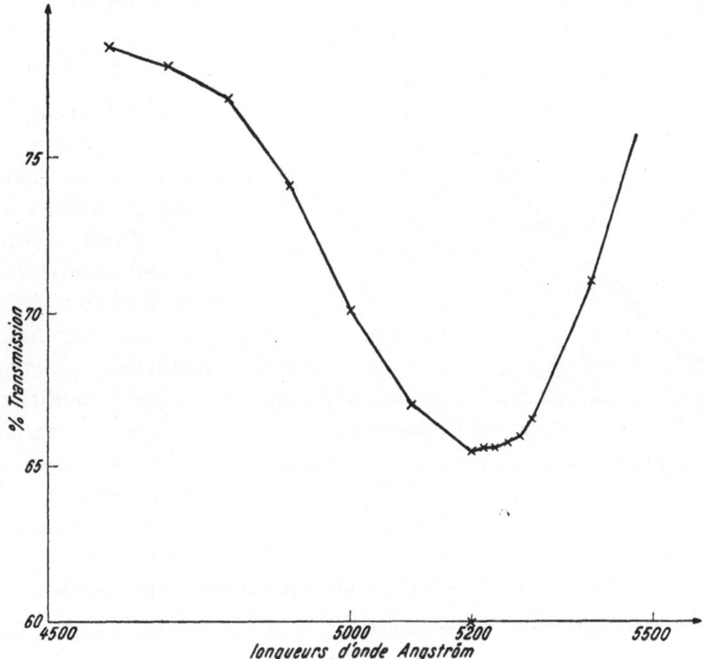

Fig. 1. Courbe d'absorption de la solution aqueuse de la laque d'Aluminium.

Spectrophotomètre de *Beckman* { 10 γ Al / cuvette 1 cm / pH = 4,70

Le processus selon lequel l'Aluminium est dosé après son élution est le suivant :

A l'éluat transvasé dans un matras de 25 ml, sont ajoutés 1 ml d'une solution fraîche d'Aluminon 0,2% aqueuse, 5 ml d'une solution tampon de pH 4,70 (acide acétique — acétate d'ammonium). Après mise au trait et repos de 15 minutes, la mesure de l'intensité de coloration obtenue est faite au spectrophotomètre de *Beckman*, à la longueur d'onde de 5200 Å.

Cette longueur d'onde est déterminée à partir de la courbe d'absorption ci-jointe (diagramme no 1).

La courbe de dosage est tracée dans les conditions précédentes pour les concentrations comprises entre 3 et 15 γ d'Aluminium (diagramme no 2).

La reproductibilité de la mesure est bonne. Sur 23 déterminations du point de référence correspondant à 10,5 γ d'Aluminium, l'écart à la moyenne est de $\pm$ 1,5%.

Elution.

L'élution de l'Aluminium s'opère par trempage de la bandelette dans un godet contenant 2 ml d'eau. L'opération dure 90 minutes et s'effectue à chaud, à la température du bain-marie bouillant.

Les conditions de séchage des bandelettes, après développement et avant élution, doivent être rigoureusement observées:

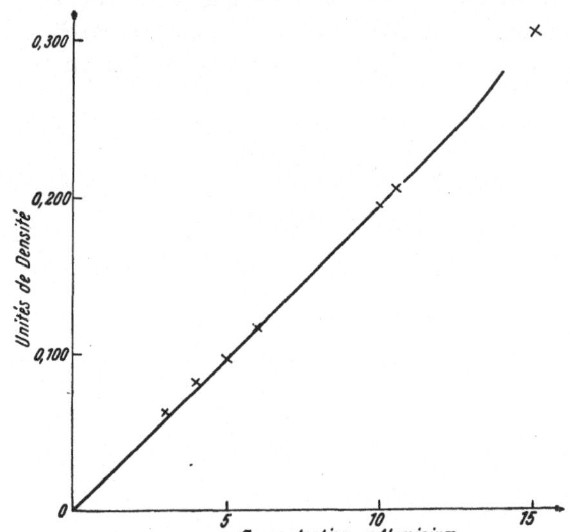

Fig. 2. Courbe de dosage de l'Aluminium par l'Aluminon.

Spectrophotomètre de *Beckman* $\begin{cases} \text{cuvette 1 cm} \\ \lambda = 5200 \text{ Å} \\ \text{pH} = 4,70 \end{cases}$

45 minutes à 35° C., sous une lampe infra-rouge.

Pour ces conditions opératoires bien déterminées, *l'élution de l'Aluminium est quantitative.*

Nous avons vérifié que l'Aluminium demeure entièrement dans la partie supérieure du chromatogramme. *La séparation du Fer et du Titane est donc quantitative.*

Reproductibilité: sur 13 essais d'élution de 10,5 γ d'Aluminium, l'écart à la moyenne se chiffre à $\pm$ 3%. Les résultats de ces essais sont les suivants:

Tableau 3.

Dosage de l'Aluminium après élution	γ retrouvés				
Prise initiale: 10,5 γ	10,1	10,4	9,9	10,0	10,1
	10,4	10,1	10,4	10,9	10,4
	10,6	10,0	10,7		

Dosage du Fer et du Titane.

Le Fer et le Titane se dosent à l'aide du sel sodique de l'acide 1-2-di-hydroxybenzène-3,5 disulfonique ou «Tiron». Ils forment avec ce réactif un complexe coloré[3].

La coloration du complexe Fer-Tiron varie avec le p_H du milieu:

coloration bleue sous $p_H = 5$,
coloration violette entre p_H 5,5 et 6,5,
coloration rouge au-dessus de $p_H = 7$.

Le complexe Titane-Tiron est jaune. L'intensité de la coloration est indépendante du p_H entre p_H 4,3 et 10.

D'après les auteurs[4], le dosage du Fer et du Titane dans une même solution est possible à l'aide du Tiron:

Au p_H 4,7, la détermination spectrophotométrique du Fer se fait à 5600 Å, sans interférence du Titane. Le Fer est ensuite réduit par le dithionite de soude ($Na_2S_2O_4 \cdot H_2O$). La détermination du Titane s'effectue alors à 4100 Å.

La méthode spectrophotométrique de *Yoe, Jones* et *Armstrong* a

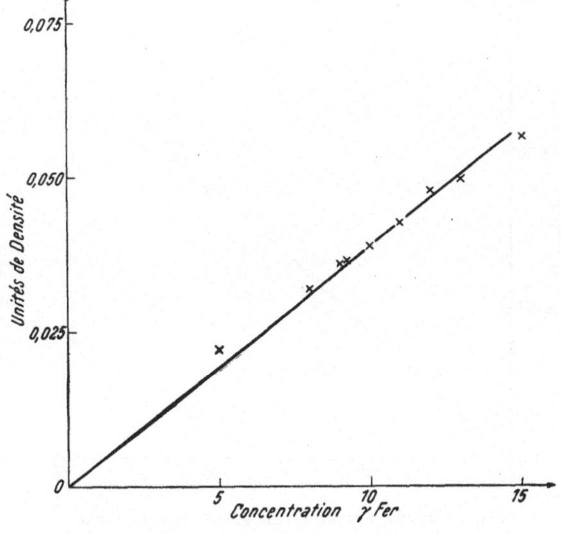

Fig. 3. Courbe de dosage du Fer par le Tiron.
Spectrophotomètre de *Beckman* { cuvette 1 cm ; λ = 5600 Å ; p_H = 4,70

été adaptée à la détermination du Fer et du Titane dans un même éluat. Le mode opératoire est le suivant:

A l'éluat (SO_4H_2 0,25% vol) recueilli dans un matras de 25 ml, sont ajoutés 1 ml de solution aqueuse de Tiron à 4%, 10 ml de solution tampon de p_H 4,70 (acide acétique M-acétate de soude M).

Après mise au trait, la mesure de l'intensité de coloration du complexe Fer-Tiron se fait au spectrophotomètre de *Beckman*, à la longueur d'onde de 5600 Å.

La solution colorée est contenue dans une cuvette de 5 ml de capacité. 2,5 mg de dithionite de soude, ajoutés directement dans la cuvette, réduisent le Fer. La mesure de l'intensité de coloration du complexe Titane-Tiron se fait alors à 4100 Å.

Les courbes de dosage sont tracées dans ces conditions pour des concentrations comprises entre 5 et 15 γ (voir diagrammes 3 et 4).

La reproductibilité des mesures est satisfaisante. Sur 10 déterminations du point de référence correspondant à 9,2 γ de Fer et sur 11 déterminations du point de référence correspondant à 9,8 γ de Titane, l'écart à la moyenne est de $\pm$ 3%.

Elution.

La position du Fer et du Titane sur le chromatogramme est telle que les taches des deux cations chevauchent légèrement*. Leur séparation n'a donc pas lieu sur la bandelette de papier. Ils sont élués ensemble et leur dosage respectif se fait dans une même solution (gain de temps).

L'élution par siphonage décrite par *A. J. P. Martin*[5] pour les acides aminés, convient le mieux. Elle utilise le même principe que celui du développement, et est applicable à la chromatographie inorganique:

L'extrémité du papier, qui ne contient pas les taches de Fer et de Titane, plonge dans de l'acide sulfurique dilué (0,25%

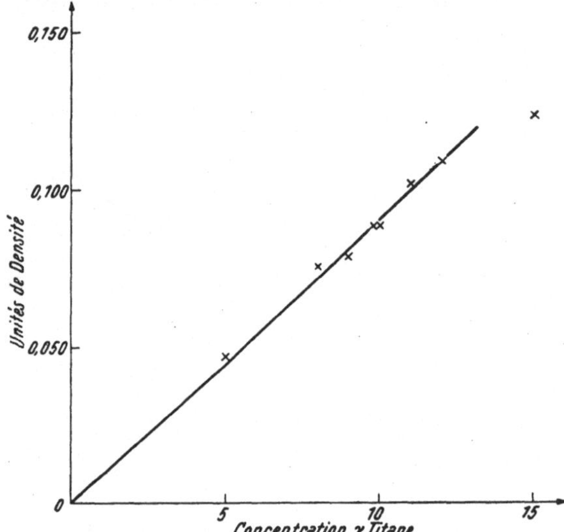

Fig. 4. Courbe de dosage du Titane par le Tiron.

Spectrophotomètre de *Beckman* $\begin{cases} \text{cuvette 1 cm} \\ \lambda = 4100 \text{ Å} \\ \text{pH} = 4,70 \end{cases}$

en volume). L'autre extrémité pend au-dessus du col d'un matras. Après un siphonage de 4 heures, rinçage du papier et du col du matras, les deux cations sont dosés suivant le processus décrit plus haut.

Les conditions de séchage des bandelettes, après développement et avant élution, ont ici beaucoup moins d'importance. Les résultats des dosages sont les mêmes pour des durées de séchage différentes. Les opérations qui précèdent l'élution se déroulent simultanément pour les trois cations. Les conditions de séchage seront donc celles utilisées dans le cas de l'Aluminium (45 minutes à 35° C., sous une lampe infra-rouge).

---

* Des dosages du Fer séparé du Titane par découpage du papier et élué par H_2SO_4 0,25% montrent que la séparation Fer/Titane n'est pas quantitative: sur 9,2 γ de Fer déposés, 8,9—8,0—8,9—9,4 γ ont été retrouvés.

Le *Fer* se retrouve entièrement dans l'éluat. Son élution et sa séparation de l'Aluminium sont donc *quantitatives*.

L'élution du *Titane* ne permet de retrouver que les 92% *de la quantité déposée sur le papier*. Nous avons vérifié que le Titane migre entièrement au-delà de la tache d'Aluminium. Sa séparation de ce cation est donc *quantitative*. C'est l'élution qui est en cause*.

Reproductibilité:

Sur 22 essais d'élution de 9,2 γ de Fer, l'écart à la moyenne se chiffre à $\pm$ 4%.

Sur 25 essais d'élution de 9,8 γ de Titane, l'écart à la moyenne se chiffre à $\pm$ 3,3%.

Les résultats de ces essais sont ceux du tableau 4:

Tableau 4.

Dosage du Fer après élution	γ retrouvés								
Prise initiale: 9,2 γ	9,2	9,0	9,4	9,4	9,7	9,4	9,2	8,7	
	9,0	8,7	9,4	9,7	9,7	9,7	9,2	9,0	
	8,6	9,4	9,7	8,9	9,4	8,9			

Dosage du Titane après élution	γ retrouvés								
Prise initiale: 9,8 γ	9,8	8,5	9,3	9,3	9,1	9,1	9,5	9,0	9,1
	8,8	8,9	9,4	9,3	9,5	9,4	9,3	9,4	
	9,2	8,9	9,3	8,6	9,1	9,2	9,2	9,0	

Conclusions.

Les solvants organiques ont permis la séparation chromatographique des cations Fer, Titane, Aluminium. Cette séparation s'est effectuée à l'échelle du microgramme. Plusieurs autres séparations Fer/Aluminium, Fer/Titane, Aluminium/Fer, Titane ont été obtenues.

L'étude quantitative a été faite dans le cas de la séparation Aluminium/ Fer, Titane. Cette séparation s'est révélée être quantitative pour des quantités de l'ordre de 10 γ de chaque cation.

La reproductibilité des résultats du dosage des éluats est satisfaisante:

l'Aluminium ,chromatographié, développé, élué se retrouve avec une approximation de $\pm$ 3%,

le Fer chromatographié, développé, élué se retrouve avec une approximation de $\pm$ 4%,

le Titane chromatographié, développé, élué se retrouve avec une approximation de $\pm$ 3,3%.

---

* Des élutions réalisées par trempage et par siphonage à l'aide d'HCl 1,0%—50,0%—d'H_2SO_4 1,0% (conc. exprimées en vol./vol. solution) n'ont pas donné de meilleurs résultats.

Les diverses manipulations décrites pour la séparation chromatographique et la détermination quantitative du Fer, du Titane, et de l'Aluminium, sont dans leur ensemble d'une grande simplicité.

Le seul point délicat est l'obligation de se conformer rigoureusement aux conditions opératoires mises au point. Il s'agit de respecter le pourcentage des mélanges de solvants, la température et la durée de séchage des bandelettes, le p_H des solutions à doser, la qualité de HCl conc.

Les précautions sont prises pour éviter toute variation de température (20°) dans le local et toute cause de contamination.

La durée de l'ensemble des manipulations est évaluée à une dizaine d'heures. Néanmoins certaines phases ne demandent de la part de l'opérateur qu'une simple surveillance. Pendant ce temps, il lui est permis de poursuivre le travail là où sa présence est nécessaire. Un gain de temps appréciable en résulte.

Ce travail a été réalisé sur des solutions synthétiques de Fer, de Titane, d'Aluminium. Nous envisagerons dans la suite son application pratique à des matériaux et l'extension de la méthode à des mélanges renfermant les cations en d'autres proportions.

Résumé.

Le Fer, le Titane et l'Aluminium sont chromatographiés sur des bandelettes de papier filtre *Whatman* n° I. Les prises des solutions salines sont séchées. Le chromatogramme des cations est développé à l'aide de solvants organiques. Ces solvants sont employés purs ou en mélanges.

Un chromatogramme utilisable qualitativement et quantitativement est obtenu à l'aide d'un mélange d'alcool amylique, de benzène et d'acide chlorhydrique concentré. Le Fer et le Titane se séparent de l'Aluminium.

Les trois cations sont dosés par spectrophotomètrie après découpage des bandelettes au niveau des taches et élution des chlorures correspondants. Le Fer et le Titane sont dosés dans une seule et même solution à l'aide du Tiron (p_H 4,7); l'Aluminium est dosé à l'aide d'Aluminon (p_H 4,7).

L'approximation de l'ensemble de la méthode est proche de celle de la technique de dosage employée.

Zusammenfassung.

Zur chromatographischen Trennung wird die Lösung von Eisen, Titan und Aluminium auf Filterpapierstreifen (Whatman Nr. 1) aufgetragen und getrocknet. Das Chromatogramm wird mit Hilfe organischer Lösungsmittel ausgeführt. Diese werden entweder rein oder in Mischungen angewandt. Ein qualitativ und quantitativ brauchbares Chromatogramm erhält man mit Hilfe einer Mischung aus Amylalkohol, Benzol und konz. Salzsäure. Eisen und Titan werden hierbei von Aluminium getrennt. Nach Abschneiden der Papierstreifen in der Höhe der Adsorptionsflecken und Elution der entsprechenden Chloride werden die drei Kationen spektrophotometrisch bestimmt. Zur Bestimmung des Eisens und des Titans in ein und derselben Lösung bei p_H 4,7 dient „Tiron" (1,2 Dioxybenzol-3,5-disulfosäure); Aluminium wird mittels „Aluminon" (Aurintricarbonsäure) bei p_H 4,7 bestimmt. Die Genauigkeit des gesamten Verfahrens entspricht der bisher verwendeten Bestimmungsart.

Summary.

Iron, titanium and aluminum are chromatographed on strips of Whatman filter paper No. 1. The strips containing the saline solutions are then dried. The chromatogram of the cations is developed by means of organic solvents. The latter are used pure or mixed. A chromatogram, which is usable both qualitatively and quantitatively, is obtained by means of a mixture of amylalcohol, benzene and concentrated hydrochloric acid. The iron and the titanium separate from the aluminum. The three cations are determined spectrophotometrically after cutting the strips at the boundaries of the stains and eluting the corresponding chlorides. The iron and the titanium are determined in one and the same solution by means of Tiron (p_H 4,7); the aluminum is determined with the aid of Aluminon (p_H 4,7).

The approximation of the procedure as a whole is close to that of the technique of the determination employed until now.

Discussion.

M. *H. Sachse* (Heidenheim-Mergelstetten, Deutschland): Peut-on réaliser la séparation chromatographique des mélanges Fe, Al et Ti, si de grandes quantités des sels d'alkali sont présentes?

Mlle. *Gh. Sommereyns:* La méthode est seulement utilisée et développée pour les mélanges des solutions de ces trois éléments. Les interférences seront étudiées ultérieurement.

Mlle. *M. Quinet* (Paris): Comment ont été déshydratés les alcools qui ont servi aux opérations?

Mlle. *Gh. Sommereyns:* Par distillation sur chlorure de calcium.

Bibliographie.

[1] *A. Lacourt, Gh. Sommereyns, E. De Geyndt, J. Baruh* und *J. Gillard,* Nature **163**, 999 (1949); Mikrochem. **34**, 215 (1949).

[2] *E. B. Sandell,* Colorimetric determination of traces of metals, 120 (1944). — *F. J. Welcher,* Organic analytical reagents, II, 94—102 (1947).

[3] *F. J. Welcher,* Organic analytical reagents, I, 251 (1947).

[4] *J. H. Yoe* and *A. L. Jones,* Ind. Engng. Chem., Analyt. Ed. **16**, 111 (1944). — *J. H. Yoe* and *A. R. Armstrong,* Ind. Engng. Chem., Analyt. Ed. **19**, 100—102 (1947).

[5] *A. J. P. Martin,* Symposium de chromatographie—Bruxelles (1949).

Dept. of Industrial Hygiene, National Institute of Public Health, Tomteboda,
Sweden.

A New Microtechnique for the Analysis of Liquids by Displacement Adsorption.

By

Sven-Gösta Blohm.

With 9 figures.

(Received July 18, 1950.)

Quantitative analysis of liquid mixtures through fractional distillation may be a matter of difficulties, if the boiling points of the components of the mixture do not differ appreciably, and especially if they form azeotropic mixtures. In the first case an increase in the number of theoretical plates of the column will give a better fractionation. If azeotropic mixtures are formed an increase in the fractionating capacity of the column will — as is well known — not help. In this case it is necessary to change the pressure or to make suitable additions to the sample in order to change the composition of the liquid phase. This can, however, be difficult to realize, if the quantity of sample is small.

Grimm and coworkers[2] showed in 1928 that a separation of the components of an azeotropic mixture — though insufficient — was obtained, if the sample was passed through an adsorption column. When *W. Trappe*[5] in the year 1940 set up his famous elutropic series of solvents, he found that the adsorption affinity was a function of the solubility of the liquid in water, the surface tension against water, the heat of solution in water, etc. Thus, the vapor pressure does not play the primary role as it does for the distillation. Theoretically it should therefore be possible to separate quantitatively the components of an azeotropic mixture or a mixture of fluids with small differences in the boiling points, if only the adsorption affinities were not the same. However, it was necessary to work out an appropriate procedure.

In 1943 *A. Tiselius*[4] — Nobel price winner 1948 — published a work "Displacement development in Adsorption Analysis", where he introduced a new idea which became very useful for different analytical purposes. The principle is, that a mixture of fluids, the sample, is adsorbed in a column and then displaced with a solution of a substance which is more strongly adsorbed than any of the components of the sample. When the components of the mixture pass the column they are adsorbed according to their affinity, and from the column will flow first that component which is most weakly adsorbed and last the developer. *Tiselius* used this method for the analysis of biological fluids.

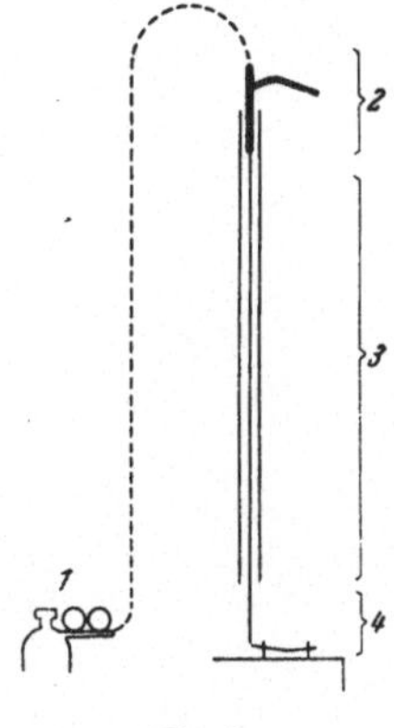

Fig. 1.

Tiselius technique has found an extensive use for the analysis of petroleum products. The fundamental work was done by *B. Mair*[3] in 1945 who showed, that a sharp separation of aromatic and aliphatic hydrocarbons was possible. A great number of papers have been published later, all however, concerning work in macro scale. The volumes of the samples have varied from 10 to 2900 ml and the amount of adsorbent (silica gel) from 50 g to 2000 to 3000 g and the time for the analysis from $2^1/_2$ hours to more than 100 hours.

No one seems to have tried to reduce the volume of the sample to micro scale. I am now going to demonstrate the apparatus and the technique I have developed in order to reduce the amount of the sample to some tenths of a milliliter, the amount of the adsorbent to 3 g and the time for the analysis to less than 1 hour*.

Fig. 1 shows a comprehensive survey of the apparatus. The adsorbent is filled in a column of about 1 m length and 2 mm inner diameter*. The column is shielded by a glass pipe *(part 3)*. *Part 2* is a valve for the supplying of the developer. The liquid is pressed through the column with the aid of nitrogen gas from a bomb *(part 1)* connected with the top of the column by the aid of a rubber hose — *the dotted line.* The solutions coming from the column are collected in horizontally placed capillary tubes in a rack *(part 4)*.

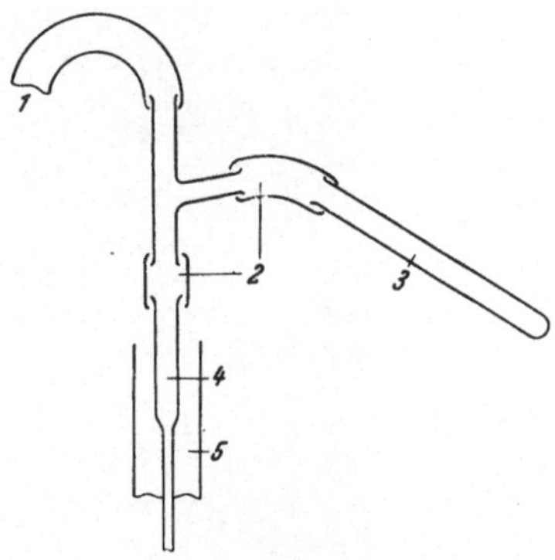

Fig. 2.

---

* Later the size of the apparatus has been diminished to: sample: 30–40 λ, adsorbent: $^1/_4$ g and time: 10–15 min. Length: 25 cm and inner diameter: 1,8 mm.

Fig. 2 shows the upper part of the apparatus. The sample is first added in the extension *(part 4)* and is then forced through the column filling. Just when the last part of the sample is pressed into the column, the developer should be added. In order to avoid reducing the pressure

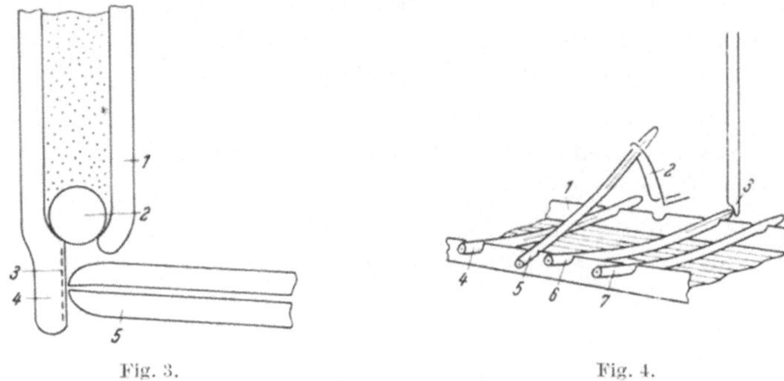

Fig. 3.   Fig. 4.

the developer is brought in by tilting the tube *(part 3)*, so that the developer flows into the column. *Part 5* is the protection glass tube. *Part 2* is rubber ligatures joining the glass parts of the apparatus which is connected to the excess pressure bomb at *part 1*.

Fig. 3 shows the lower part of the column. The end of the column pipe is reduced to a small opening and prolonged on one side to a tongue

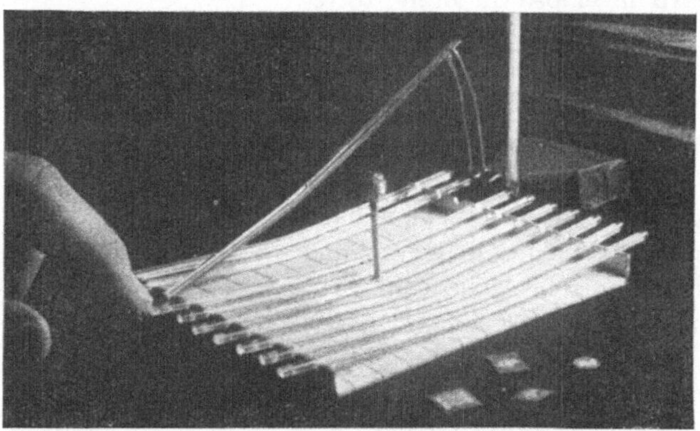

Fig. 5.

(part 4). A glass ball *(part 2)* keeps the adsorbent in the column at the same time as the solution flows in a notch *(part 3)* in the inner side of the tongue. The solution is collected in a capillary tube *(part 5)* whose end rests against the tongue. The liquid flows into the capillary tube because of the capillary force.

Fig. 4 shows a sketch of the rack for capillary tubes *(part 1)*, and the method used for the collection. In order to avoid evaporation, the solution is brought to the middle of the capillary tubes in the following manner. If for example tube *number 7* is in turn to be filled, *number 6* is just being filled and rests with the end against the lower part of the column *(part 3)*. *Tube 5* has just been filled and is tilted and supported by the steering device *(part 2)*. *Tube 4* has just been tilted and is in its place in the rack. As the capillary tube has a slight bend, the fraction flows to the middle of it. When the desired volume has flown into tube *number 6*, the rack is pushed sidewise to the left. This procedure is then repeated until the collection is complete. One centimeter of fluid in the capillary tubes used corresponds to somewhat more than 2 λ of fluid. It is possible to fill more than 30 capillary tubes in 7 to 8 minutes.

In Fig. 5 is shown a picture of this moment. Only 10 capillary tubes are placed in each rack in order to facilitate the handling of the tubes. The graduation on the upper side of the rack is used for the measuring of the volumes, as each capillary tube has the same inner diameter. The small plates to the right of the apparatus are intended for the measuring of the refractive indices.

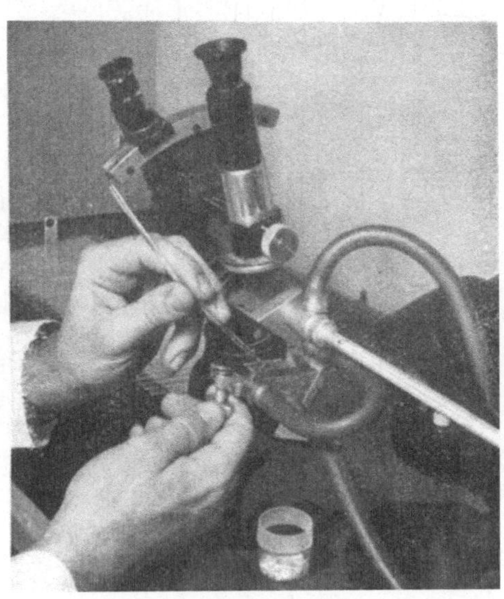

Fig. 6.

Fig. 6 shows a detail of the refractive index measuring. Unfortunately it is not possible to measure so small quantities as some cubic millimeters with an *Abbe* refractometer without using special artifices. The fraction is transferred directly from the capillary tube to the prism where the solution is sucked up by a transparent material. The prisms are then closed quickly. In a paper published in 1940 *H. K. Alber*[1] and coworkers pointed out that it is possible to measure refractive indices using only samples of 10 λ if they are placed on a piece of thin paper between the prisms. As the solution evaporates rather quickly, it is not always possible to perform the more time consuming drum readings. However, I found that if the tissue paper is mounted in a circular hole in a metal sheet, the evaporation is prevented effectively and it is possible to measure the refractive index of benzene with an *Abbe* refractometer using samples of only 2 λ. These plates were shown in the preceding slide. At the measuring, the metal sheet is placed between the prisms. The accuracy seems not to be influenced by this procedure even if the light intensity becomes somewhat lower*.

When the separation is completed, it is not recommended to try to remove the wet silica gel from the 1 meter long and some millimeter wide column with the aid of long spatulas or similar devices. The gel aggregates like mortar. But if the column is heated in the same time as the upper part is evacuated, the gel is literally blown out of the column after some minutes.

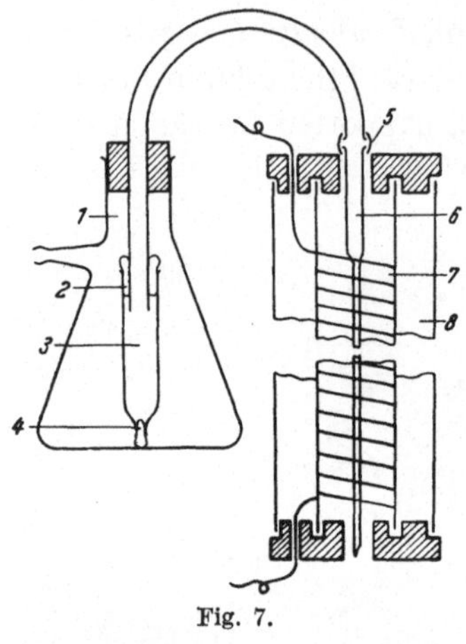

Fig. 7.

The apparatus for this is shown in figure 7. The column *(part 6)* is placed in a pipe *(part 7)* on which is winded a resistance wire the latter shielded by an exterior protectioning glass pipe *(part 8)*. With the aid of a ligature *(part 5)* the upper part of the column is connected to a suction flask through a bent glass pipe *(part 1)*. In the suction flask is a receptacle for the silica gel *(part 3)* with porous stoppers *(part 2 and 4)*. The regenerated silica gel can be filled directly in a column through the lower opening of the vessel *(part 4)* without allowing the humidity of the air to come in contact with the gel.

Finally I want to show the results of some experiments intended to demonstrate the

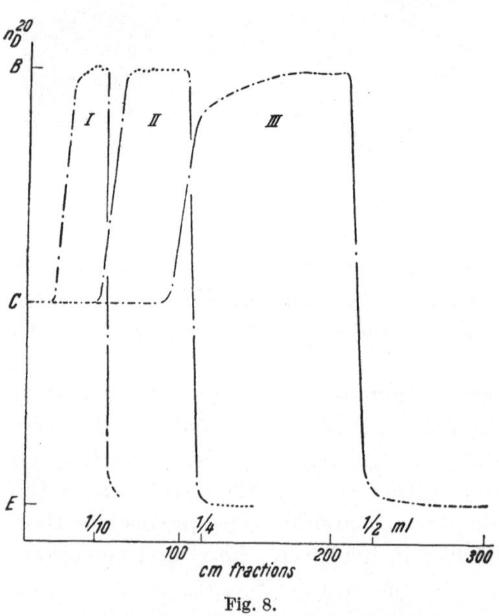

Fig. 8.

---

* This technique has been further developed after this paper was read and will be published in Acta Chem. Scand. under the title of "Microrefractometry with *Abbe*-Type Refractometer".

effect of different volumes of samples on the separating effect and also the effect of repeated regenerations of the adsorbent. In the so called adsorptogram, the volume of the fractions (1 cm corresponding to a little more than two λ) is plotted as the abscissa against the refractive index as the ordinate. The data from three experiments I, II and III are plotted. The composition of the samples was the same but the volumes different; 0,1 ml, 0,25 ml and 0,5 ml. The samples consisted of a mixture of equal parts of benzene (B) and cyklohexan (C). This mixture is impossible to separate through distillation as the boiling points

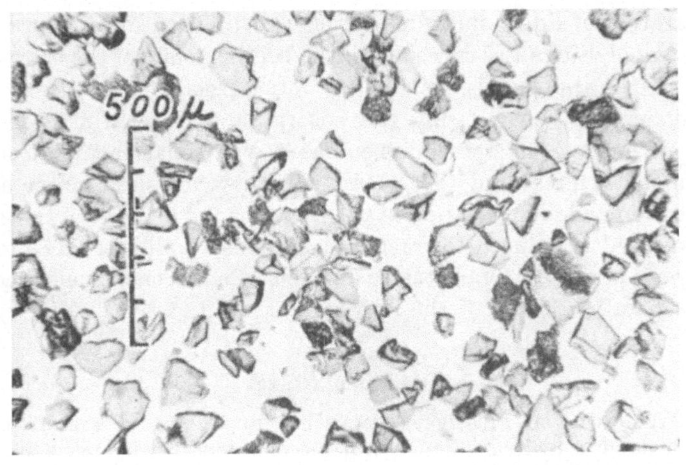

Fig. 9.

of the components do not differ enough and also as an azeotropic mixture is formed. Absolute ethyl alcohol (E) was used as a developer. The same silica gel was used and was regenerated five times at experiment II, six times at experiment III and seven times at experiment I. If the slope between the horizontal parts of the curve is taken as a measurement of the sharpness of the separation it appears, that the latter increases with decreasing volume of the sample. In experiment III the separation is definitely inferior to that in the other experiments. The repeated regenerations, however, have caused that the horizontel steps of benzene and ethanol are not reached as quickly in experiment number I as in experiment number II.

As a conclusion can be said, that the separating power seems to increase with decreasing volume of the sample and to decrease at repeated regenerations. The analytical errors at similar adsorption experiments are about plus minus 0,2% by volume of the theoretically calculated value.

The particle size of the silica gel which is used is shown in next slide (fig. 9). Experiments have shown, that the experience from separations according to the same principal in macro scale are not applicable in micro scale. At separations in macro scale it is shown that very fine particles cause the separation but in the apparatus I have demonstrated here, the separation becomes sharper, if the finest particles are removed*. It will appear that the separation power has an optimum at a certain particle size.

Summary.

Separation of liquid mixtures through distillation in microscale may be a matter of difficulties especially if the boiling points of the components do not differ appreciably or if they form azeotropic mixtures. This problem may be solved using the adsorption affinities instead of the vapor pressure. A microtechnique, based on displacement adsorption, is preliminarily presented. By means of a new technique inter alia by the collection and identification of the fractions the amount of the sample to be analysed is reduced to fractional parts of a milliliter. The method is rapid and useful for quantitative analysis. Some conclusions according to the separating effect of the apparatus are intimated.

Zusammenfassung.

Die Trennung von Flüssigkeitsgemischen durch Mikrodestillation bietet vor allem dann Schwierigkeiten, wenn die einzelnen Siedepunkte nahe beieinander liegen oder wenn es sich um azeotrope Gemische handelt. Durch Anwendung von Adsorptionskräften läßt sich dieses Problem besser lösen als mit Hilfe des Dampfdruckes. Ein Mikroverfahren der Verdrängungsadsorption wird in einer vorläufigen Mitteilung vorgelegt. Mit Hilfe dieses neuen Verfahrens wird die Analysenprobe in Bruchteile von Millilitern fraktioniert und identifiziert. Die Methode ist rasch durchführbar und für quantitative Untersuchungen geeignet. Einige Überlegungen über den Trenneffekt der verwendeten Apparatur werden angestellt.

Résumé.

La séparation d'un mélange de liquides, à l'échelle micro, par distillation, peut être sujette à difficultés spécialement si le point d'ébullition des constituants ne diffère pas de manière appréciable ou s'ils forment des mélanges azéotropes. Ce problème peut être résolu en faisant usage de l'affinité d'adsorption à la place de la tension de vapeur. On présente tout d'abord une microtechnique basée sur l'adsorption par déplacement. Au moyen d'une autre technique qui combine l'isolement et l'identification des fractions,

---

* This may depend on that the very fine particles render it difficult to get carefully packing of the gel in the harrow column, which is an requisit qualification attaining optimal effect.

le volume de l'échantillon à analyser peut être réduit à des fractions de ml. La méthode est rapide et utile en analyse quantitative. On tire quelques conclusions sur le pouvoir séparateur de l'appareil.

Bibliography.

[1] *H. K. Alber* and *J. T. Bryant*, Ind. Engng. Chem., Analyt. Ed. **12**, 305—307 (1940).

[2] *H. G. Grimm*, *H. Wolff* and *W. Raudenbusch*, Z. angew. Chem. **41**, 98—103 (1928).

[3] *B. J. Mair*, Bur. Stand. J. Res. **34**, 435—451 (1945).

[4] *A. Tiselius*, Ark. Kemi, Mineral. Geol. **16 A**, No. 18 (1943).

[5] *W. Trappe*, Biochem. Z. **305**, 150—161 (1940).

Laboratoire de Physique de l'Inspection Technique des Subsistances,
Ministère de la Guerre, Paris.

Progrès récents de la sensibilité des méthodes optiques d'identification et de dosage des substances organiques. Applications à la microanalyse biochimique.

Par

Michel Vacher.

Avec 9 figures.

(Reçu le 18 juillet 1950.)

1. Analyse quantitative.

La microanalyse biochimique moderne tend à chercher, dans des organes de plus en plus petits, dans des échantillons de plus en plus réduits, la localisation et la distribution de substances peu concentrées dans les tissus vivants, bien que physiologiquement très actives, telles que les hormones et les vitamines.

Cette tendance doit s'accentuer encore, car on peut espérer découvrir de nouvelles substances encore moins concentrées dans les tissus, que ce soient des formes intermédiaires ou surtout des médiateurs chimiques, des catalyseurs qui, plus actifs à masse égale, peuvent n'être présents qu'à des concentrations inconnues à ce jour.

Les méthodes optiques de dosage qui sont couramment utilisées dans les laboratoires présentent déjà une sensibilité considérable: les méthodes par absorption utilisent des prises d'essai de l'ordre de quelques dizaines de microgrammes de substance, et les méthodes par fluorescence, mille fois plus sensibles, des prises d'essai de l'ordre de quelques centièmes de microgramme. De ce point de vue, elles soutiennent la comparaison avec les méthodes biologiques, et en particulier avec les méthodes microbiologiques; mais elles sont d'application plus générale: on sait par exemple que toutes les molécules sans exception ont des spectres d'absorption, ultra-violet et infra-rouge, caractéristiques de leur structure.

Je décris ci-dessous trois procédés permettant d'accroître beaucoup la sensibilité des méthodes optiques de dosage: deux d'entre eux sont relatifs aux méthodes par absorption; le troisième, relatif aux méthodes par fluorescence, permet en outre, grâce à sa sensibilité, de mettre pour la première fois au service de la microanalyse biochimique l'effet *Raman*, susceptible de donner, relativement à une molécule quelconque, non seulement une identification précise, mais encore des renseignements précieux sur sa structure et certaines de ses propriétés chimiques.

A. Cuves à reflexions multiples.

1⁰ Introduction.

Supposons qu'une très petite quantité de substance soit placée, en solution, dans une cuve ordinaire destinée à la mesure de l'absorption lumineuse. Cette absorption est pratiquement négligeable, mais si nous renvoyons dans la cuve la lumière qui l'a déjà traversée une fois, cette

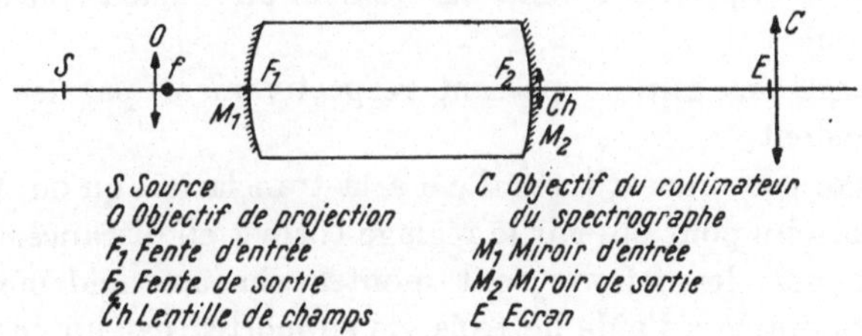

Fig. 1.

lumière sera absorbée après deux parcours comme si nous disposions d'une quantité double de matière. Si nous nous arrangeons pour imposer à la lumière n parcours dans la cuve, tout se passe comme si nous disposions d'une quantité n fois plus grande de matière.

Dans ce but, quelques auteurs ont déjà tenté de réaliser des dispositifs destinés à imposer à la lumière de longs parcours dans un milieu limité: *Kratz* et *Mack*[1] avaient déjà réalisé un dispositif quelque peu rudimentaire tendant à résoudre ce problème. *Smith* et *Marshall*[2] ont obtenu des résultats plus intéressants, mais ils n'ont obtenu que 37 parcours au maximum.

2⁰ Principe de notre dispositif.

Nous utilisons deux miroirs sphériques identiques et centrés M_1 et M_2 dont les faces concaves métallisées sont en regard (fig. 1). Sur l'axe du système centré ainsi constitué, les couches réfléchissantes des deux miroirs sont percées de deux ouvertures rectangulaires en forme de fente (hauteur: quelques millimètres, largeur: de l'ordre du dixième de millimètre). On peut régler la distance des deux miroirs de manière que la fente de sortie soit conjuguée de la fente d'entrée après un certain nombre n de réflexions. Si l'on envoie de la lumière entre les miroirs à travers la fente F_1 de M_1, elle ressortira par M_2 après ces n réflexions. Nous verrons ci-dessous qu'on s'affranchit aisément de la lumière directement transmise par les deux fentes. Un nombre n élevé de réflexions est facile à obtenir au voisinage du réglage dans lequel la distance des deux miroirs est égale au rayon de courbure commun de ces deux miroirs: c'est dans ces conditions que nous avons obtenu nos meilleurs résultats, qui sont de beaucoup supérieurs à ceux de *Smith* et *Marshall* d'une part parce que le réglage est plus facile, et d'autre part, parce que les pertes de lumière par réflexion sont moins importantes: un aller et retour dans notre dispositif ne comporte que deux réflexions alors que dans celui de *Smith* et *Marshall* il en comporte trois.

3⁰ Réalisation.

Pour que le dispositif réponde exactement au schéma ci-dessus indiqué, il importe que:

1⁰ les axes des miroirs passant respectivement par les centres des fentes coïncident;

2⁰ cet axe commun soit parallèle à la translation qu'on doit imposer à l'un des miroirs pour obtenir le réglage correct en distance.

Dans ce but, les miroirs sont montés chacun rigidement sur une couronne orientable à l'aide de trois vis supportée par un chariot mobile sur deux glissières. On réalise d'abord le parallèlisme de la direction de translation des miroirs (axe des glissières) avec la droite qui joint les centres des fentes des miroirs, en utilisant la lumière directement transmise par les fentes: on fait subir à M_2 une translation: la tache formée sur un écran par la lumière directement transmise doit, si le réglage est correct, être immobile au cours de la translation.

Le réglage en orientation est obtenu facilement en plaçant les miroirs à une distance égale à leur rayon de courbure: on oriente le miroir M_2 en faisant coïncider avec F_1 l'image qu'il en donne; on opère de même pour M_1. Ce réglage en orientation détruit en général le réglage précédent: on obtient le réglage définitif en se rapprochant progressivement par des opérations alternatives de centrage des fentes et d'orientation des miroirs. Ces réglages doivent être réalisés avec une grande précision. Supposons le réglage effectué et calculons l'angle minimum dont pourra tourner l'un des miroirs autour d'un axe parallèle aux fentes, pour éteindre la lumière transmise. Pour que la lumière entre par F_1 et sorte par F_2, il faudra que nous ayons toujours un nombre pair de réflexions. Si nous faisons tourner d'un petit angle α l'un des miroirs, le faisceau lumineux tournera d'un angle $2\,\alpha$ à chaque réflexion qui s'effectuera sur ce miroir. Si le réglage est effectué pour qu'on ait n réflexions, $n/2$ réflexions s'effectuent sur le miroir ainsi déréglé. La rotation totale du faisceau sera donc égale à $n/2 \times 2\alpha = n\alpha$; à ce moment, la lumière effectue $n + 1$ parcours dans l'intervalle des deux miroirs. Si nous utilisons des miroirs de rayon de courbure égal à 1 mètre, percés de fentes f de largeur égale à un dixième de millimètre, l'angle de rotation du faisceau lumineux sera égal à $n\alpha$; il devra être inférieur lui-même à l'angle $0,1/1000 = 1/10000$ de radian: l'angle minimum de rotation de l'un des miroirs qui suffira pour éteindre la lumière transmise sera donc inférieur à $1/10000\,n$; dans le cas où nous avons pu régler la distance de manière que n soit environ égal à 400, on voit que l'orientation devait être réalisée avec une erreur inférieure à $1/4000000$ de radian.

C'est pour cette raison que le dispositif qui supporte les miroirs: couronne, fente, chariot, glissière a dû être rendu très robuste. Les chariots venus d'un bloc de fonderie sont extrêmement massifs, et les glissières sont constituées par des barres guides d'ascenseur. En réalité, le dispositif ainsi réalisé est juste suffisant pour l'obtention de nombres de réflexions de cet ordre: le réglage une fois réalisé est altéré par une simple pression du petit doigt sur l'une des barres du banc.

Remarquons d'ailleurs qu'une autre raison nécessite la robustesse du montage: le dispositif est destiné à la réalisation de cuves dont les extrémités sont constituées par des miroirs de silice, (la face qui n'est pas concave est plane et polie pour permettre le passage de la lumière), montés par soudure autogène dans des bouts de tube de silice, et métallisés ensuite par évaporation dans le vide du métal convenable; après avoir pratiqué les fentes dans la couche réfléchissante on monte ces tubes sur le bâti.

On raccorde enfin par soudure autogène les tubes de silice (fig. 1) par leurs tranches en regard T et T' de manière à ne former qu'une seule cavité. Cette opération doit respecter le réglage préalablement réalisé: les miroirs doivent être maintenus très fermement dans leur position de réglage.

4⁰ Comptage des parcours.

Il importe de connaître rapidement pour chacun des réglages réalisés le nombre de parcours simples obtenus. Nous avons pu utiliser concurremment trois méthodes de comptage de ces parcours.

a) *Méthode des ombres.*

Si dans l'espace limité par les deux miroirs on place un petit objet opaque rectiligne et parallèle à la direction commune de fentes, cet objet porte ombre sur chacun des faisceaux correspondant à un parcours simple: on observe, sur un écran placé derrière la fente de sortie, une tache lumineuse sur laquelle se projettent autant d'ombres qu'il y a de parcours simples. Si l'objet est centré, ses ombres sont confondues au centre de la tache; si on le déplace normalement à sa propre direction, on peut distinguer ses diverses ombres et les compter lorsqu'elles défilent dans le champ. On n'augmente pas indéfiniment la finesse des ombres en

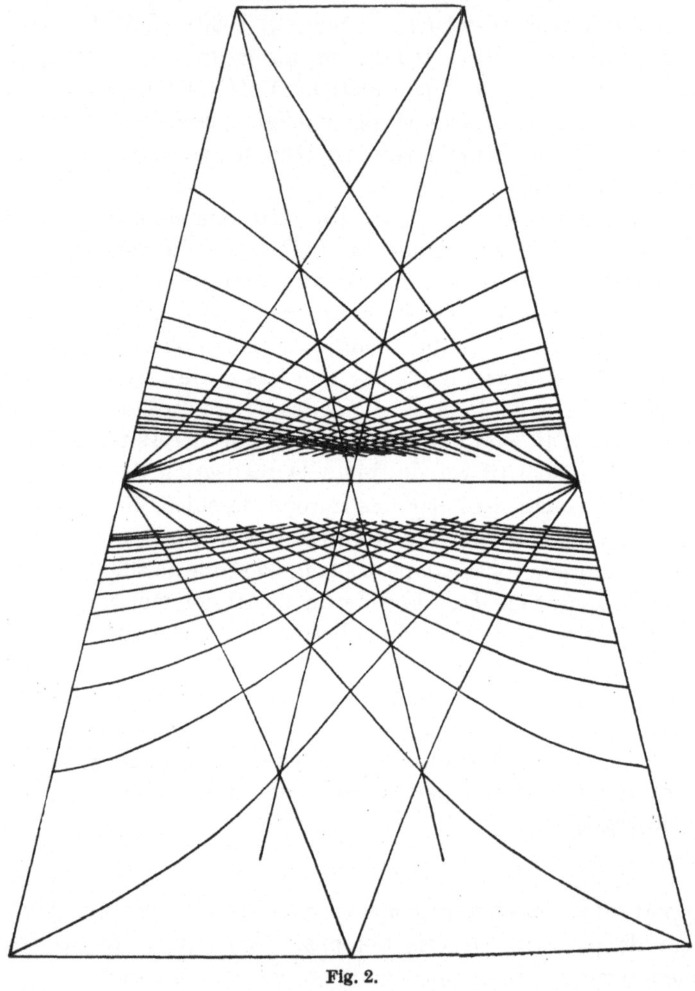

Fig. 2.

réduisant la largeur de l'objet, et l'on ne distingue plus les ombres quand leur nombre est de l'ordre de 20 ou 30; au delà, le procédé est inutilisable.

b) *Méthode des images intermédiaires.*

Le dispositif, nous l'avons dit, est utilisé pour un réglage dans lequel la distance entre les deux miroirs est légèrement supérieure ou inférieure au rayon de courbure des miroirs.

Dans le cas où cette distance est supérieure au rayon de courbure, toutes les images de la fente d'entrée données par M_2 sont réelles, et toutes celles données par M_1 sont virtuelles: on peut observer, dans l'espace limité par les deux miroirs, autant d'images réelles qu'il y a de faisceaux pairs. Si nous comptons ce nombre n d'images, le nombre total des parcours simples effectués par la lumière sera égal à $2\,n + 1$.

Si, au contraire, la distance des deux miroirs est inférieure à leur rayon de courbure, les images données par M_1 sont réelles (faisceaux impairs) et celles données par M_2 sont virtuelles (faisceaux pairs): à n images réelles correspondent $2\,n - 1$ parcours simples. On utilise comme écran, pour le comptage, un bout de fil métallique de quelques dixièmes de millimètre de diamètre, parallèle aux fentes, monté sur un chariot mobile sur les glissières du banc. Ce procédé de comptage nous a permis d'atteindre des nombres de parcours très supérieurs à ceux accessibles à la méthode des ombres: nous avons pu atteindre une soixantaine d'images, donc environ 120 parcours simples. Néammoins, il arrive un moment où le nombre des réflexions est tellement grand que la méthode devient inutilisable: à chaque réflexion, l'intensité du faisceau est multipliée par le facteur de réflexion R inférieur à un; après p réflexions, l'intensité est multipliée par R^p: si les images des premiers faisceaux (que l'on observe au voisinage de M_1) sont très intenses, celles que l'on trouve en se rapprochant progressivement de M_2, formées par les derniers faisceaux, sont de plus en plus pâles et aussi de plus en plus colorées à cause de la variation du pouvoir réflecteur en fonction de la longueur d'onde: avec l'argent, par exemple, les images rougissent en faiblissant (fig. 2).

Remarque. — Lorsque le réglage est réalisé pour une valeur élevée de n, la surface de M_1, examinée à travers F_2, porte des anneaux alternativement brillants et obscurs dont le nombre est d'autant plus grand que n est plus élevé. Nous en avons obtenu 35 pour $n = 407$. Cette apparence a un intérêt théorique dont l'examen sort du cadre de cet exposé.

c) Méthode graphique.

On peut montrer que le nombre n de réflexions est inversement proportionnel au tirage E, distance du centre de courbure d'un des miroirs au sommet F_1 de l'autre: on peut donc par exemple construire expérimentalement, en coordonnées bilogarithmiques, la courbe donnant n en fonction de E: c'est une droite, que l'on pourra extrapoler, et utiliser pour déduire, de la valeur mesurée de E, celle de n. Le nombre de parcours sera alors $n + 1$.

5° Montage (fig. 1).

Il comporte la source S, dont une lentille L_1 donne une image sur la fente d'entrée F_1 de M_1; un fil opaque f, parallèle aux fentes F_1 et F_2, est aligné avec elles de manière à réduire l'intensité de la lumière directement transmise; le miroir M_2 avec sa fente F_2, utilisée comme fente d'entrée du spectrographe, et suivie d'une lentille de champ L_2 qui projette la surface de M_1 sur celle de l'objectif C du collimateur du spectrographe. Sur cet objectif est collée une bande B rectangulaire de papier noir qui élimine la bande lumineuse, étalée par diffraction par la fente F_2 normalement à sa direction.

6^σ Conclusion.

Outre un certain nombre d'applications étrangères à notre sujet, le dispositif proposé est susceptible d'applications biochimiques.

a) *Etude de phénomènes de surface.*

Si pour une certaine radiation le pouvoir réflecteur est R, l'intensité de la lumière réfléchie après n réflexions est $I = I_0 \cdot R^n$ où I_0 est l'intensité incidente. On comprend aisément que R ait une importance considérable: c'est sa valeur qui limite les possibilités d'utilisation de la méthode. On comprend également qu'une très faible variation spectrale de R se traduira par une variation très importante de la lumière réfléchie un grand nombre de fois: le dispositif pourra très aisément permettre l'étude, non seulement des valeurs absolues du coefficient R, mais encore de ses variations spectrales. Grâce à cela, on pourra étudier le spectre d'absorption des molécules adsorbées: l'aluminium dont on peut constituer la couche réfléchissante des miroirs se recouvre naturellement, dès sa mise en contact avec l'atmosphère, d'une couche d'alumine qui est susceptible d'adsorber des molécules organiques en une couche très difficile à examiner directement, étant donnée sa faible épaisseur.

b) *Etude des solutions.*

Le dispositif permettra l'utilisation dans la microanalyse organique des dosages sur des prises d'essai beaucoup plus faibles que celles utilisées jusqu'à ce jour: on pourra accéder à l'étude, soit de molécules beaucoup plus fragiles et plus rares, soit d'organes beaucoup plus petits.

Nous pourrons également mesurer les faibles solubilités. Ce problème, s'il peut présenter un intérêt physicochimique important par l'étude de la mesure dans laquelle les substances obéissent à la loi de *Beer*, présente également un intérêt physiologique: certaines substances physiologiquement actives présentent des solubilités dans l'eau extrêmement faibles: telles sont, par exemple, la plupart des substances cancérigènes. Cependant, il est vraisemblable que, si elles sont actives, c'est par le jeu d'une solubilité dans l'eau sans doute très faible, mais non négligeable: l'activité physiologique doit être liée à l'activité physicochimique.

c) *Etude des vapeurs.*

Nous entreprenons actuellement, grâce à ce dispositif, l'étude de l'absorption des vapeurs de substances biochimiques dont les molécules comportent par exemple 20 à 50 atomes de carbone. La température des molécules organiques ne peut pas être indéfiniment élevée; à une certaine température commence le «cracking» ou la «caramélisation». Au dessous de cette température, la tension de vapeur des molécules envisagées est extrêmement faible, de l'ordre de 10^{-4} millimètre de mercure par exemple. L'absorption de telles vapeurs ne peut-être mise en évidence que par l'observation sur des couches de l'ordre de plusieurs centaines de mètres, sinon du kilomètre. Nous espérons par cette étude, mettre en évidence, du moins pour certaines molécules, les structures fines du spectre d'absorption. Elle nous permettrait de mesurer les moments d'inertie des molécules et par conséquent d'acquérir des précisions sur leurs formes.

En résumé, on peut avec ce dispositif, non seulement multiplier par un facteur élevé (de l'ordre de 400) la sensibilité des méthodes de dosage par absorption, mais encore mesurer de très faibles solubilités, étudier les molécules biochimiques envisagées soit en phase gazeuse, soit adsorbées sur l'alumine des miroirs.

B. Cuves de faible diamètre.

Si l'on dispose d'une masse m de la substance à étudier, et si on la met en solution dans le solvant remplissant une cuve cylindrique de longueur l et de diamètre d, on obtiendra une solution de concentration $c = \dfrac{4\,m}{\pi\,d^2\,l}$. Si c est exprimé en grammes par litre, et si ε est le coefficient d'absorption spécifique, la densité optique de la cuve sera donnée par

$$\varDelta = c\,\varepsilon\,l = \frac{4\,m\,\varepsilon}{\pi\,d^2}.$$

Ceci montre que la densité est indépendante de la longueur de la cuve et inversement proportionnelle au carré de son diamètre: étant donné 2 cuves de diamètre 30 mm et 0,5 mm, on obtiendra, avec une cuve de 0,5 mm de diamètre, le même résultat qu'avec une cuve de 30 mm de diamètre contenant $\left(\dfrac{30}{0,5}\right)^2 = 3600$ fois plus de substance. Le seul inconvénient de la méthode consiste en ce que, pour opérer sur des volumes de solution assez grands pour la commodité et la précision de leur préparation, on est amené à utiliser des cuves relativement allongées et, par conséquent, à utiliser un faisceau de lumière très peu étendu, donc un flux faible: ceci nécessite encore l'utilisation de spectrographes spéciaux particulièrement lumineux. De telles tentatives ont été effectuées avant nous d'une part par *Lowry* et *Bessey*[3], qui ont adapté au spectrophotomètre de *Beckmann* une cuve d'épaisseur 1 cm, admettant un faisceau de section droite carrée de 2×2 mm, et d'autre part par *P. L. Kirk, R. S. Rosenfels* et *D. J. Hanahan*[4], qui ont adapté au même appareil deux cuves cylindriques d'épaisseur 5 cm, et de diamètre 4 et 2 mm. Nous avons réalisé un dispositif employant une cuve cylindrique de 10 cm de longueur et de diamètre 0,5 mm: il est 20 fois plus sensible que la cuve de *Lowry* et *Bessey*, et 16 fois plus que la plus sensible des cuves de *Kirk*, *Rosenfels* et *Hanahan*.

Nous avons réalisé un spectrographe spécial en tenant compte du fait que les bandes d'absorption que l'on observe ordinairement en biochimie ont des largeurs toujours supérieures à 70 Å: les spectrographes que l'on utilise habituellement sont en général beaucoup plus dispersifs qu'il n'est nécessaire. Le spectrographe réalisé comporte un seul prisme de Cornu (en quartz droit et gauche) et des distances focales moyennes de collimateur et d'objectif de chambre égales à 40 mm: la dispersion est encore suffisante pour qu'une telle bande ait, sur le cliché, une largeur comprise entre 0,10 mm et 0,70 mm (selon la longueur d'onde), toujours largement compatible avec les possibilités des microphotomètres enregistreurs modernes. La difficulté principale de réalisation de ce microspectrographe réside dans la faible étendue du faisceau lumineux utilisé. Celui-ci est limité par deux diaphragmes de diamètre 0,4 mm et distants de 100 mm l'étendue du faisceau est d'environ $2,5 \cdot 10^{-9}$ C. G. S.; pour pouvoir, avec le spectrographe, obtenir des temps de pose acceptables, il faut non seulement disperser la lumière sur une surface aussi petite que possible, mais utiliser cette lumière aussi complètement que possible. A cet effet, nous remplaçons la fente du spectrographe par une lentille cylindrique de quartz de faible distance focale (4,2 mm) qui, du diaphragme d'entrée de la cuve, donne une «image» rectiligne qui sert de fente. L'ensemble du faisceau, ainsi étalé dans le plan horizontal, est repris par l'objectif du collimateur (diamètre utile 4 mm).

Cette lentille cylindrique étant placée au voisinage de la face de sortie de la cuve, le spectre a une hauteur moyenne pratiquement égale au diamètre de la cuve: 0,5 mm.

On obtient ainsi un spectre d'environ 7 mm entre les longueurs d'onde 4000 et 2000 Å. La dispersion est de l'ordre de 750 Å par mm vers 4000 Å, et de moins de 100 Å par mm vers 2000 Å.

L'extrême petitesse des éléments optiques du montage (les prismes de Cornu ont une base de 10 mm) confère à l'appareil une transparence exceptionnelle et permet, d'autre part, pour assurer la correction des aberrations du système, l'utilisation d'une substance rare et chère, telle que la fluorine: la planéité du champ est obtenue en utilisant un objectif de collimateur et un objectif de chambre quartz-fluorine. La tache de diffraction a une largeur comptée normalement à la direction des raies du spectre, de l'ordre de 12 microns, légèrement supérieure à la tache donnée par les aberrations.

On doit donc utiliser, pour enregistrer les spectres, des surfaces photographiques à grain fin. On peut utiliser des surfaces dont le diamètre moyen du grain est de l'ordre de quelques microns. Nous obtenons avec notre dispositif des temps de pose du même ordre que ceux employés couramment avec les spectrographes usuels et les cuves d'absorption ordinaires. Avec un tube à hydrogène consommant environ 800 watts, nous obtenons des densités photographiques permettant des mesures photométriques confortables en des temps de pose de 20 à 30 secondes; une pose de 1 heure permettrait d'obtenir le même résultat avec une cuve de 0,2 mm de diamètre, six fois plus sensible encore.

Le repérage des longueurs d'onde est obtenu par surimpression, au spectre continu de l'hydrogène, du spectre discontinu du mercure donné par un tube éclairant le montage à travers le tube à hydrogène qui présente à chaque extrémité un regard de silice optiquement travaillé.

La gradation de la lumière est un problème difficile à résoudre. Nous graduons, en amont de la cuve, un faisceau d'étendue franchement plus grande que le faisceau admis par la cuve. Nous utilisons à cet effet des prismes biréfringents de Rochon de petites dimensions (arêtes de 4 mm); le prisme aval est fixe, et le prisme amont est entraîné par la rotation d'un cercle divisé au centième de degré. Il importe que les faces d'entrée et de sortie de ce prisme tournant soient parallèles de façon pratiquement rigoureuse: s'il n'en était

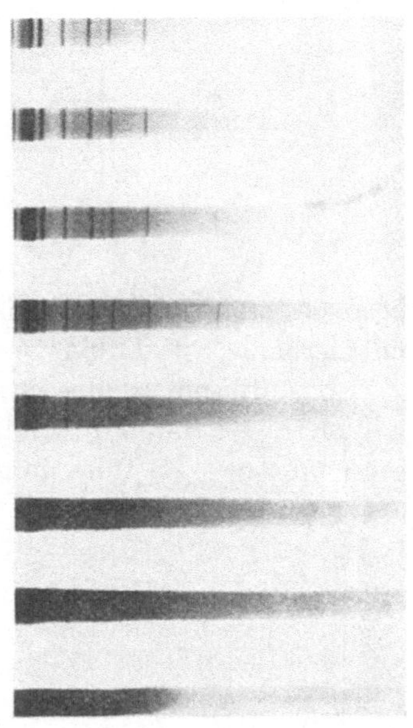

Fig. 3.

pas ainsi, le faisceau émergent décrirait un cône lors de la rotation du cercle: aucune mesure photométrique ne serait possible. Sur les quatre faisceaux donnés par les deux prismes de Rochon, seul le rayon ordinaire-ordinaire ne subit aucune translation latérale: il est sélectionnée par un diaphragme placé dans le plan conjugué du diaphragme d'entrée par rapport à un achromat quartz-fluorine de projection.

La cuve elle-même est réalisée à l'aide d'un tube capillaire analogue à ceux utilisés pour la construction des thermomètres. Ces tubes sont pratiquement toujours assez droits: il arrive couramment que de tels tubes ne présentent, sur une longueur de 1,25 mètre, qu'une flèche inférieure à 1 cm, ce qui correspond à une flèche inférieure à un centième de millimètre pour une longueur de 100 mm.

La figure 3 représente l'aspect d'un cliché spectrophotométrique obtenu avec le microspectrographe, sur une solution alcoolique contenant en tout 0,012 microgramme de vitamine A.

C. Effet Raman et fluorescence de petites quantités de liquides.

Les quantités de substance habituellement nécessaires à l'obtention des spectres *Raman* sont toujours très supérieures à celle dont on dispose en microanalyse biochimique: elles sont toujours au moins de l'ordre de quelques décigrammes.

Je décris ci-dessous deux dispositifs assez lumineux et exempts de lumière parasite pour donner des spectres satisfaisants en des temps de

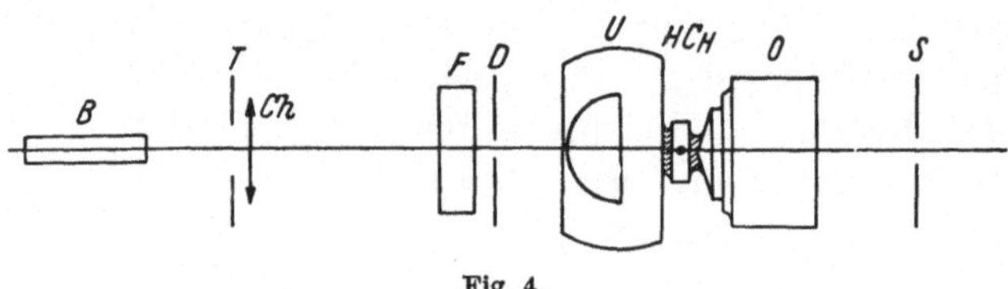

Fig. 4.

pose acceptables, sur des prises d'essai de l'ordre de quelques dizaines de microgrammes de liquide.

Nous utilisons comme cuve un tube capillaire de quelques dixièmes de millimètre de diamètre intérieur, analogue aux tubes dont on fait les thermomètres. Le tube, initialement cylindrique à l'extérieur, est taillé optiquement sur des faces convenables pour permettre l'excitation et l'observation du phénomène. Nous utilisons concurremment deux montages, l'un fonctionnant en ultramicroscope, l'autre comme les montages traditionnels, avec excitation et observation rectangulaires.

Le montage ultramicroscopique comporte (fig. 4), comme source, un brûleur B à vapeur de mercure fonctionnant sous une pression de l'ordre de l'atmosphère, un diaphragme circulaire T, un objectif de champ Ch placé contre T donnant de B une image sur le diaphragme D du dispositif ultramicroscopique, un filtre

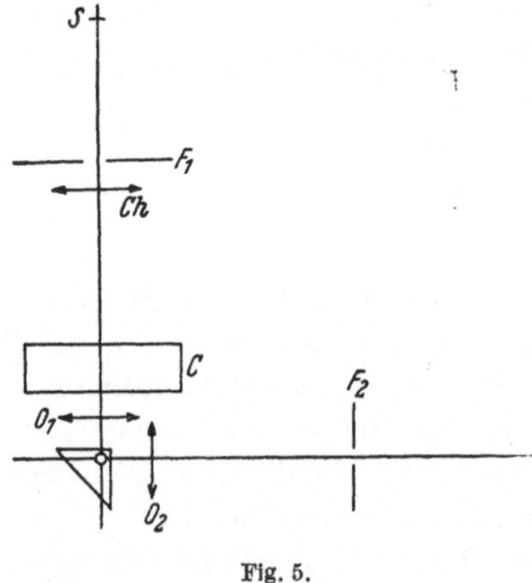

Fig. 5.

F, le dispositif ultramicroscopique proprement dit U, la cuve C séparée par de l'huile de cèdre H du dispositif U et de l'objectif à immersion O, qui projette C sur la fente S d'entrée du spectrographe. Un mécanisme permet de régler les distances respectives de U, C et O, pour éclairer et projeter convenablement C sur S.

Dans le montage à excitation et observation rectangulaires, la lumière excitatrice issue d'une fente F_1 (fig. 5) est projetée dans le liquide au moyen d'un objectif de microscope O_1, sur lequel un objectif de champ Ch, placé contre F_1, donne l'image de la source, constituée par un brûleur analogue au brûleur B du montage précédent. La lumière diffusée est reprise par un second objectif de microscope O_2 qui la projette sur la fente F_2 du spectrographe. Le grandissement de O_2 est déterminé par la nécessité d'éclairer complètement l'objectif du collimateur du spectrographe. La lumière parasite est éliminée en peignant au vernis noir, soigneusement choisi non fluorescent et aussi peu diffusant que possible, l'ensemble de la paroi extérieure du tube, sauf deux fenêtres d'excitation et d'observation.

Le dispositif est actuellement réalisé avec deux objectifs de 4,5 mm de distance focale, ouverts à $f/1$, et une cuve de 0,5 mm de diamètre. O_1 donne un grandissement d'environ 1/30e, tel que seule soit éclairée une tranche parallèle à l'axe de la colonne liquide assez mince pour éviter

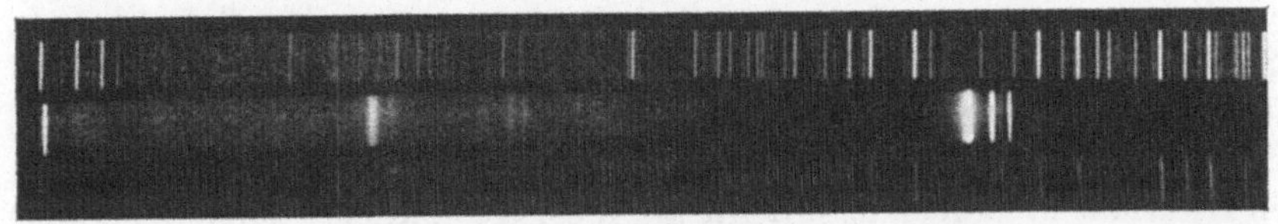

Fig. 6.

des réflexions gênantes sur la paroi cylindrique intérieure; la fente F_1 a une hauteur d'environ 6 mm: on n'utilise qu'une hauteur de colonne de 0,20 mm, et un volume d'environ 0,04 λ, donc une masse de liquide de l'ordre de 40 γ. Les cuves utilisées au montage ultramicroscopique ont à peu près les mêmes caractéristiques.

Dans les deux montages, les radiations photochimiques sont arrêtées par une cuve de verre de 1 cm d'épaisseur intérieure remplie d'une solution aqueuse saturée de nitrite de sodium.

Les cuves d'observation sont transformées en micro-pipettes par scellement d'un écrou dont la vis déplace un piston de mercure; l'index du liquide étudié est enfermé entre ce piston et un index de mercure: on évite ainsi, dans le cas de l'étude des solutions, leur concentration par évaporation du solvant.

Avec ces dispositifs, on obtient en 10 heures les spectres *Raman* commodément photométrables de petites quantités de substance en utilisant un spectrographe à deux prismes de 60° avec un objectif de chambre ouvert à $f/4,5$ (fig. 6).

L'épaisseur de la masse liquide éclairée, comptée dans la direction du faisceau diffusé, est petite par rapport à la distance focale de l'objectif de projection: les brillances des images du faisceau diffusée sont pratiquement proportionnelles à cette épaisseur, et par conséquent, comme on le verra plus loin, au diamètre de la cuve. Or les masses mises en œuvre sont inversement proportionnelles au carré de ce diamètre: on a intérêt à utiliser des cuves de diamètre aussi faible que possible, donc un spectrographe très lumineux. Nous comptons que la seule substitution, dans les montages actuels, au spectrographe ci-dessus, d'un grand spectrographe à deux prismes de 30° avec un objectif de chambre de 16 cm de distance focale et ouvert à $f/0{,}7$, donc environ cent fois plus lumineux, nous permettra soit de réduire énormément le diamètre de la cuve (on pourrait en principe, en conservant le même temps de pose, réduire ce diamètre de 0,5 mm à 5 microns, ce qui diviserait par 10.000 environ la quantité de matière mise en œuvre), soit de réduire plus modestement le diamètre de la cuve, en réduisant également le temps de pose.

Nous comparons actuellement les deux montages, d'une part du point de vue photométrique, d'autre part et surtout du point de vue des possibilités de réduire considérablement le diamètre du capillaire. Il importe en effet, pour que les parois de celui-ci ne donnent pas de reflets gênants, que la profondeur de la partie éclairée du capillaire, comptée le long du faisceau d'observation, soit au plus égale au quart du diamètre du canal. Or, s'il est facile réduire cette épaisseur, dans le montage rectangulaire, en réduisant la largeur de la fente F_1, il est très difficile, dans le montage ultramicroscopique, d'agir sur la profondeur éclairée, qui, difficile à mesurer, nous semble actuellement être de l'ordre de 0,05 mm, ce qui nous interdirait avec ce montage d'utiliser des capillaires de diamètre inférieur à 0,2 mm.

Avec les mêmes montages, on peut effectuer des mesures de fluorescence. Elles bénéficient de la nature de la source qui, fonctionnant sous une pression relativement basse, n'émet pratiquement pas de fond continu, et permet d'effectuer les mesures sans qu'il soit nécessaire d'utiliser un monochromateur sur le faisceau excitateur. On peut ainsi, sans modifier les montages actuels, mesurer confortablement avec des poses de 1 heure, des masses d'environ 10 micro-microgrammes de fluorescéine.

II. Analyse qualitative.

Le but que nous nous sommes proposé était d'enregistrer automatiquement et de façon continue les spectres des espèces chimiques s'écoulant successivement d'une «colonne» de chromatographie ou de dissolution fractionnée pendant l'opération même; on peut ainsi distinguer et même identifier ces espèces chimiques.

A. Fluorographe.

1° *Principe.*

Le principe du fluorographe est dérivé de la micro-méthode d'observation des spectres de fluorescence ou des spectres *Raman*. Le dispositif d'observation utilisé est identique au dispositif à observation rectangulaire. Une caméra à déroulement automatique entraîne de façon continue du film standard de 35 mm dans un mouvement de translation parallèle aux raies du spectre.

2° Description.

Le schéma optique est identique à celui donné pour le micro-*Raman* à observation rectangulaire.

La source excitatrice est constituée par un brûleur *Bruhat* à vapeur de mercure fonctionnant sous une pression voisine de la pression atmosphérique.

La cuve d'observation est soudée à la partie femelle d'un rodage normalisé dont la partie mâle est soudée à la tranche inférieure de la colonne. On peut ainsi changer de colonne et varier les dimensions et les allongements. La partie supérieure de la colonne porte également, soudée,

Fig. 7.

une partie femelle de rodage normalisé dont la partie mâle est en relation avec une enceinte contenant de l'anhydride carbonique ou de l'azote sous une pression constante et réglable: ce dispositif permet en particulier l'utilisation de colonnes de chromatographie longues et d'adsorbant très finement pulvérulent.

Le spectrographe est très lumineux; son objectif est ouvert à $f/0{,}64$ (cet appareil est identique au spectrographe réalisé par *J. Cojan* à la demande de *J. Cabannes* pour l'étude du ciel nocturne).

Le chassis du spectrographe est remplacé par une semelle solidaire de la caméra dans laquelle le film progresse d'une façon continue. Le moteur entraîne le film par l'intermédiaire d'un changement de vitesse permettant le réglage des vitesses dans un très large domaine. Dans les conditions habituelles d'emploi, la vitesse adoptée a été souvent de l'ordre du millimètre par minute, la durée d'une opération étant de l'ordre de quelques heures.

3° Résultats.

On obtient ainsi des clichés analogues à celui de la figure 7. On distingue sur ce cliché, d'une part des raies fines et d'intensité constante qui sont les raies du spectre visible du mercure utilisé pour l'excitation, et autre part des bandes dont l'intensité et la longueur d'onde varient en fonction du temps: ce sont les spectres de fluorescence des divers types de chlorophylles rencontrés dans les feuilles d'épinard. La masse totale du mélange initial sur lequel a porté la chromatographie (sur saccharose, dans une colonne de 3 mm de diamètre et de 12 cm de hauteur) était de quelques microgrammes.

B. Absorptiographe.

1° *Principe.*

L'appareil, dérivé du micro-spectrographe décrit ci-dessus, enregistre les spectres d'absorption des espèces chimiques s'écoulant successivement d'une colonne de chromatographie ou de dissolution fractionnée.

Le film photographique est entraîné de façon continue dans une translation parallèle aux raies du spectre.

2° *Description.*

Le schéma est identique à celui du micro-spectrographe, exception faite du gradateur, inutile ici.

La source est constituée par un tube à hydrogène donnant à la fois le fond continu nécessaire à l'enregistrement des bandes d'absorption et quelques raies permettant le repérage des longueurs d'onde.

Placée entre deux achromats quartz-fluorine entre lesquels le faisceau est en moyenne parallèle, la cuve a une longueur de 130 mm et un diamètre de 0,5 mm. Ses faces, plan-parallèles, de silice fondue optiquement travaillée, sont scellées sur les extrêmités taillées normalement à l'axe du canal avec une bonne précision; elle comporte, très près de chacune des extrêmités (pour éliminer, dans toute la mesure du possible le volume de la cuve non balayé par le courant de solution qui la traverse) un ajutage soudé: l'ajutage d'arrivée comporte la partie femelle d'un rodage normalisé recevant, grâce à la partie mâle, les «colonnes» de chromatographie ou de dissolution fractionnée de formes et de dimensions variées; l'autre ajutage sert à l'évacuation des solutions.

Le micro-spectrographe utilisé est identique à celui décrit ci-dessus sauf pour un détail: alors que, dans le micro-spectrographe ci-dessus, la fente est remplacée par une lentille cylindrique, elle est ici remplacée par une lentille sphérique de quartz: toute la surface des objectifs du micro-spectrographe est ainsi éclairée et l'on obtient un spectre linéaire: les images instantanées ne peuvent se brouiller mutuellement.

Dans la caméra, un moteur entraîne, par l'intermédiaire d'un changement de vitesse très souple, du film cinéma format standard de 35 mm. La vitesse de translation adoptée a été souvent de l'ordre de quelques millimètres par minute.

3° *Résultats.*

On obtient ainsi des clichés tels que celui de la figure 8: il a été obtenu dans une dissolution fractionnée portant sur un mélange d'esters naturels de vitamine A et de leur produit d'altération. On observe en B la bande d'absorption d'une impureté et en A la bande d'absorption des esters. L'aspect du cliché est moins satisfaisant que celui du cliché du fluorographe. Ceci est dû à la variation des indices des solvants successifs, qui sont des mélanges hydro-alcooliques de concentration en alcool variant de 0 à 100%; il existe donc dans la cuve un gradient de densité et par conséquent d'indice de réfraction qui, du fait de l'écoulement, devrait se trouver horizontal, mais que la gravité tend à rendre vertical: d'où une sorte de décantation partielle avec apparition d'un phénomène analogue au mirage. Nous avons considérablement atténué les effets

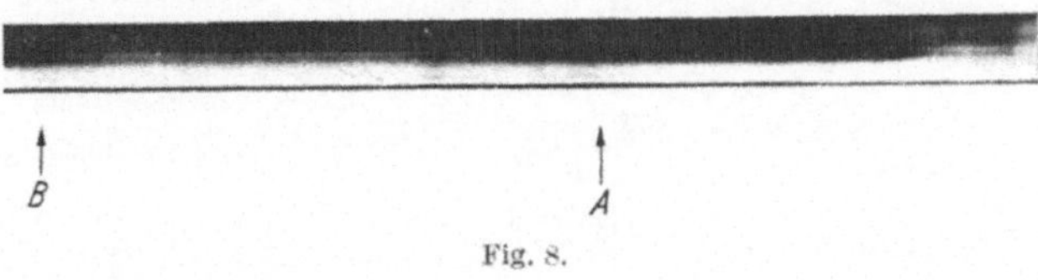

Fig. 8.

de ce phénomène en utilisant non pas, comme dans la technique habituelle de la dissolution fractionnée, des binaires à concentration variant de façon *discontinue* mais au contraire des binaires dont la concentration varie de façon *continue*; nous obtenons ces binaires en superposant, dans la partie supérieure de la colonne à dissolution fractionnée, des binaires de concentrations rapprochées et en laissant la diffusion estomper, pendant un temps convenable, de l'ordre de l'heure, les discontinuités. Il est clair que la difficulté serait complètement éliminée en utilisant une cuve à axe vertical, ce qui n'aurait que l'inconvénient de couder le faisceau. Naturellement, cet inconvénient ne se présente pas dans le cas de la chromatographie.

La masse totale du mélange sur lequel peut porter l'analyse est de l'ordre de quelques dixièmes de microgramme.

III. Justification biochimique.

On peut se demander si notre course à l'accroissement des sensibilités n'est pas seulement un jeu de spécialistes avides de battre des records, et si elle présente vraiment un intérêt scientifique ou pratique.

Il semble clair, en premier lieu, que le naturaliste aura toujours intérêt à étudier la biochimie d'organes plus petits et à reconnaître des localisations plus fines de substances connues.

D'autre part, un coup d'œil rapide sur l'évolution de la biochimie depuis deux siècles nous semble plein d'enseignements. Le diagramme

de la figure 9 résume une étude historique des principales substances
biologiquement actives isolées à l'état cristallisé depuis l'année 1750;
on a porté la date de l'isolement en abscisses, et, en ordonnées, le logarithme de la concentration de la substance considérée dans l'échantillon

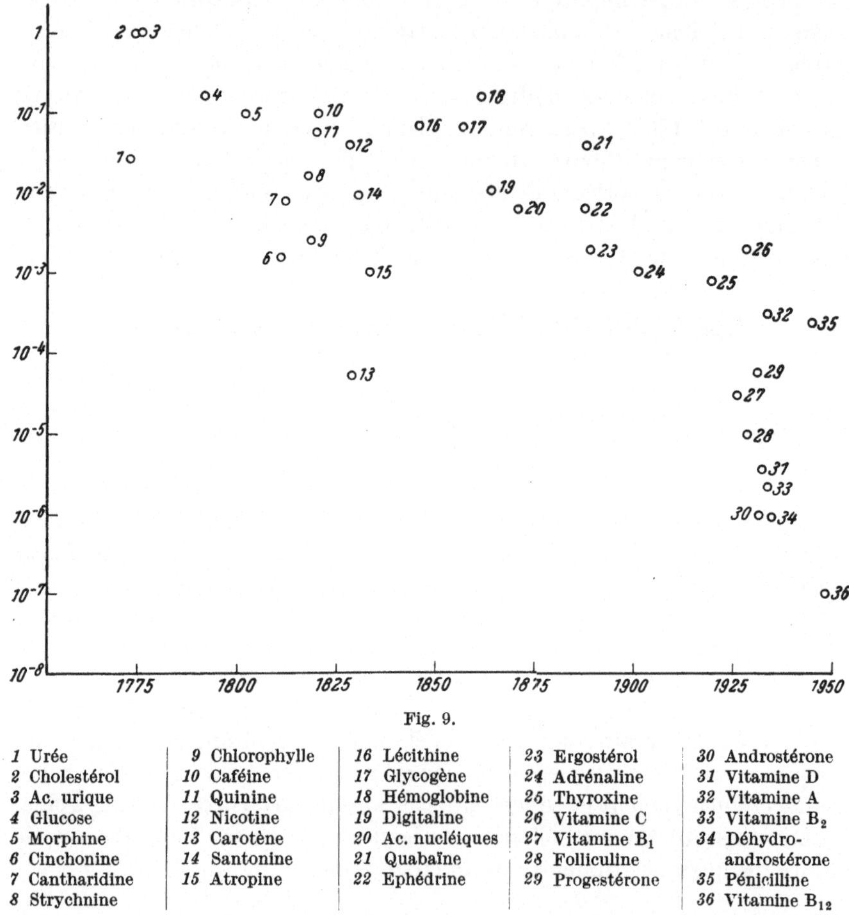

Fig. 9.

1 Urée	9 Chlorophylle	16 Lécithine	23 Ergostérol	30 Androstérone
2 Cholestérol	10 Caféine	17 Glycogène	24 Adrénaline	31 Vitamine D
3 Ac. urique	11 Quinine	18 Hémoglobine	25 Thyroxine	32 Vitamine A
4 Glucose	12 Nicotine	19 Digitaline	26 Vitamine C	33 Vitamine B_2
5 Morphine	13 Carotène	20 Ac. nucléiques	27 Vitamine B_1	34 Déhydro-androstérone
6 Cinchonine	14 Santonine	21 Quabaïne	28 Folliculine	35 Pénicilline
7 Cantharidine	15 Atropine	22 Ephédrine	29 Progestérone	36 Vitamine B_{12}
8 Strychnine				

d'où on l'a extraite: les points ne se placent naturellement pas sur une
courbe, mais dans une région réduite du plan, exprimant ainsi une nette
corrélation: la concentration diminue, de façon non seulement continue,
mais encore fortement accélérée: on n'y prévoit aucune limite, et on peut
s'attendre à ce que les prochaines découvertes dans les tissus vivants de
substances biologiquement actives concernent des substances de moins
en moins concentrées dans ces tissus, sans doute aussi de plus en plus
nombreuses.

En fait, de même que le nombre des étoiles observées dans une région du ciel augmente rapidement avec la luminosité et la résolution du télescope utilisé, et ne semble limité que par elles, de même le nombre des espèces chimiques observées dans un fragment de tissu vivant augmente rapidement avec la sensibilité et la sélectivité des moyens mis en œuvre, et ne semble limité que par elles.

En réalité, ce nombre est limité par la structure granulaire de la matière: le nombre des molécules présentes peut être de l'ordre de 10^{19} par gramme de matière sèche, et déjà les substances connues représentent une fraction très importante de la masse totale; si la fraction inconnue ne représentait, ce qui semble optimiste, que le millième du total, il resterait encore 10^{16} molécules et la possibilité que ces molécules soient réparties entre un nombre d'espèces chimiques énormément supérieur à la centaine de substances connues dans les tissus les mieux étudiés. Encore notre raisonnement porte-t-il sur l'état instantané d'un échantillon limité: la nature est en réalité beaucoup plus riche.

Nous prévoyons donc une limite au nombre d'espèces chimiques d'un fragment de tissu; mais elle est très reculée, et nous pouvons admettre d'abord que les espèces présentes sont incomparablement plus nombreuses que les espèces connues, et ensuite que parmi toutes les substances encore inconnues mais accessibles aux techniques nouvelles et à côté de formes intermédiaires, sans doute intéressantes pour le biologiste, se trouveront de nouveaux catalyseurs, c'est à dire de nouveaux médicaments; peut-être ceux-ci seront-ils même plus actifs, à masse égale, que ceux que nous connaissons, si leur efficacité se manifeste vraiment aux concentrations non encore observables qu'ils ont dans les tissus.

En somme, une observation quatre mille fois plus sensible dans le cas de l'absorption, et un million de fois plus sensible dans le cas de la fluorescence, l'effet *Raman* mis pour la première fois au service de la microanalyse biochimique, voilà le fruit de nos travaux: le progrès technique est assez grand pour permettre l'espoir d'une crise féconde dans le développement de notre connaissance de la chimie de la vie.

Résumé.

En analyse quantitative, ce travail décrit les principes, les réalisations et l'emploi de trois procédés permettant d'accroitre la sensibilité des méthodes optiques d'identification et de dosage:

Un premier procédé basé sur l'emploi de parcours multiples dans une cuve d'absorption, un second basé sur l'emploi de cuves d'absorption cylindriques capillaires et d'un spectrographe spécial, et un troisième basé sur l'emploi de cuves de fluorescence capillairs; ce dernier permet en outre, d'introduire pour la première fois l'effet *Raman* dans l'arsenal des méthodes de la microanalyse.

En analyse qualitative, deux appareils ont été construits pour enregistrer automatiquement et de façon continue les spectres des molécules s'écoulant successivement d'une colonne de chromatographie ou de dissolution fractionnée pendant l'opération même: un «fluorographe» et un «absorptiographe».

Dans une troisième partie l'auteur justifie l'intérêt de ces recherches dans le domaine de la biochimie.

Zusammenfassung.

Das Prinzip, die Ausführung und Anwendung dreier quantitativer Verfahren werden beschrieben, die geeignet sind, die Empfindlichkeit optischer Nachweis- und Bestimmungsmethoden zu steigern. Das erste Verfahren beruht auf der Anwendung des vervielfachten Strahlenganges in einer Absorptionsküvette, das zweite auf der Verwendung zylindrischer kapillarer Absorptionsküvetten und eines besonderen Spektrographen. Für das dritte Verfahren werden kapillare Fluorescenz-Küvetten angewendet. Dieses letztere ermöglicht zum erstenmal die Auswertung des *Raman*-Effektes in der Mikroanalyse.

Für qualitative Zwecke wurden zwei Apparate konstruiert, um automatisch und kontinuierlich Molekülspektren zu registrieren, die der Reihe nach an einer Chromatogrammsäule oder bei fraktionierter Lösung in einem Arbeitsgang auftreten: ein „Fluorograph" und ein „Absorptiograph".

Die Bedeutung dieser Verfahren für biochemische Untersuchungen wird hervorgehoben.

Summary.

In quantitative analysis, this study describes the principles, realization and use of three procedures permitting an increase in the sensitivity of optical methods of identification and determination.

The first procedure is based on the use of multiple courses in an absorption cell; the second is based on the use of cylindrical capillary absorption cells and a special spectrograph; the third is based on the use of capillary fluorescence cells. The latter procedure also permits the introduction, for the first time, of the *Raman* effect into the arsenal of the methods of microanalysis.

In qualitative analysis, two devices have been constructed to register automatically and in continuous fashion the spectra of molecules delivered successively by a chromatographic column or by a fractional dissolution during the same operation: a "fluorograph" and an "absorptiograph".

In a third part, the author justifies the interest for these investigations in the field of biochemistry.

Bibliographie.

[1] *H. R. Kratz* et *J. E. Mack*, Physiol. Rev. **57**, 1059 A (1940).
[2] *H. D. Smith* et *T. K. Marshall*, J. Opt. Soc. Amer. **30**, 338 (1940).
[3] *O. H. Lowry* et *O. A. Bessey*, J. Biol. Chem. **163**, 633 (1946).
[4] *P. L. Kirk*, *P. S. Rosenfels* et *D. J. Hanahan*, Analyt. Chemistry **19**, 355 (1947)

Laboratoire de Chimie Analytique de l'Université de Gand.

Le dosage colorimétrique du cuivre par la cuproïne.

Par

J. Hoste, A. Heiremans et **J. Gillis.**

Avec 1 figure.

(Reçu le 18 juillet 1950.)

La détection et le dosage colorimétrique du cuivre ont fait l'objet de nombreuses recherches. *R. Müller* et *A. T. Burtsell*[1], dans une étude comparée des dosages colorimétrique du cuivre, ont noté qu'à cette époque déjà, plus de cinq cents communications ont traité de ce sujet. Dans l'œuvre de *Welcher*[2] les réactifs organiques employés jusqu'en 1946 ont été décrits. Depuis lors de nombreuses nouvelles méthodes ou modifications de méthodes existantes ont été préconisées. Aucune n'est cependant spécifique et, dans la plupart des cas, le dosage direct du cuivre en présence de métaux lourds tel que le fer, nickel, cobalt, etc. n'est pas possible sans séparations préalables si ces éléments sont présents en quantités importantes. De ce fait la détermination colorimétrique de traces de cuivre se fait généralement par les réactifs classiques les mieux étudiés, tels que la dithizone, le diéthyldithio-carbamate ou l'α-benzoïne-oxime, à défaut de réactif réellement spécifique. Même l'emploi du dernier réactif mentionné, dont l'action est cependant sélective, ne permet pas le dosage de traces de cuivre en présence de cobalt et de nickel, ainsi que l'ont démontré *Dunleavy, Wibeley* et *Harley*[3].

Nous avons cependant établi[4] que certains dérivés du 2,2′-dipyridyle réagissent réellement comme *groupement spécifique du cuivre*, tout comme l'o-phénanthroline et les dioximes sont respectivement spécifiques du fer et du nickel. Les composés suivants ont été examinés: 2,2′-dipyridyle, o-phénanthroline, 2,2′-dipyridyle-6,6′-diméthyle, 2-pyridyle-2′-quinolyle, 2-pyridyle-2′-quinolyle-3′-méthyle, 2,2′-diquinolyle, 2,2′-diquinolyle-3′-méthyle, 2-quinolyle-1′-isoquinolyle. De cette étude comparée les faits suivants ont été déduits:

1° Le 2,2′-dipyridyle et l'o-phénanthroline forment avec le Cu (I) des complexes bruns, insolubles dans l'eau mais solubles dans l'alcool méthylique et éthylique. Ces complexes ne sont stables qu'en milieu alcalin. Ils peuvent servir à la détermination colorimétrique du cuivre[5].

2° Le diméthyle-dipyridyle, qui ne réagit plus avec le Fe (II) forme cependant, dans les mêmes conditions que ci-dessus, un complexe jaune-brun avec le cuivre monovalent. La substitution des atomes d'hydrogène 2 et 2′ par des groupements méthyliques n'affecte donc pas la formation d'un complexe avec le cuivre monovalent.

3° Le pyridyle-quinolyle, le diquinolyle et le quinolyle-isoquinolyle et leurs dérivés 3′-méthylique forment avec le cuivre monovalent des complexes stables en milieu acide et extractibles à l'alcool iso-amylique. La présence d'une molécule quinoléïnique augmente donc la stabilité des complexes du cuivre, contrairement à ce qui ce passe avec l'ion ferreux qui ne réagit plus avec ces composés.

Vu la préparation relativement aisée du 2,2′-diquinolyle[6], et la grande sensibilité de ce réactif, celui-ci nous a semblé être le plus indiqué pour un emploi général.

I. Principe de la méthode.

Breckenridge, Lewis et *Quick* (l. c.) ont démontré que le 2,2′-diquinolyle, que nous avons appelé *cuproïne*, forme avec le cuivre monovalent un complexe pourpre en solution acétique. Ce complexe contient, pour un ion de cuivre, deux molécules de réactif:

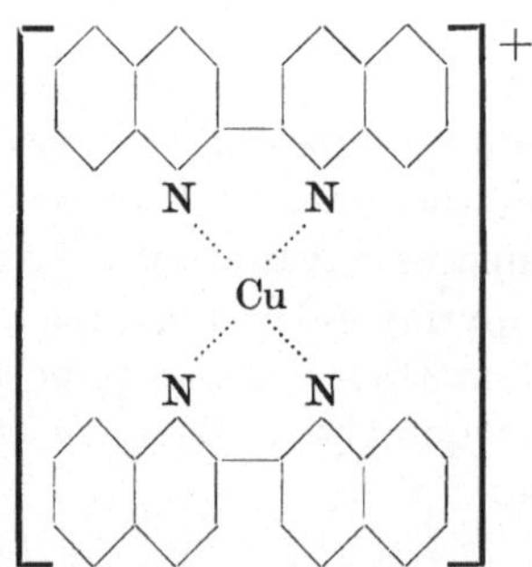

La formation de ce complexe n'a lieu qu'en présence d'un solvant organique tel que l'alcool éthylique ou l'acide acétique, ce qui semble dû au fait que le complexe est insoluble en milieu aqueux et n'est pas stable à l'état solide. En effet, le dilution avec de l'eau d'une solution alcoolique du complexe cause la précipitation d'un composé pourpre dont la coloration disparaît rapidement. Il est d'ailleurs à noter que les auteurs précités n'ont pas réussi à isoler le complexe à l'état solide.

La méthode de dosage préconisée par ces auteurs s'effectue en milieu acétique glacial. Selon ce mode opératoire, la présence d'une proportion mille fois plus forte en Na, K et Mg ne gêne pas. Cependant la quantité de nickel ne peut dépasser le facteur 10 et d'autre part le fer doit être absent; le cobalt n'a pas été examiné, mais gênera vraisemblablement, vu l'analogie de couleur de cet ion et du complexe. D'après ce mode opératoire ce réactif ne présente donc aucun avantage sur les réactifs classiques. En procédant par extraction, au contraire, il est possible de doser le cuivre en présence d'une proportion mille fois plus forte de nickel, de fer et de cobalt, ainsi que l'un de nous l'a déjà démontré[4].

II. Sensibilité de la méthode.

Afin d'établir la sensibilité d'une manière objective, nous avons déterminé la courbe d'extinction, en fonction de la longueur d'onde, d'une solution du complexe dans l'alcool iso-amylique saturé d'eau, ce qui correspond aux conditions d'analyse suivant le nouveau mode opératoire proposé: 25 ml d'une solution aqueuse contenant $5\,\gamma$ de cuivre par ml sont agités durant 1 minute avec 5 ml d'alcool iso-amylique (qualité pour analyse, P. E. 128—132°) contenant 0,02% de cuproïne. Le cuivre est préalablement réduit à l'état monovalent par 2 ml d'une solution à 30% de chlorhydrate d'hydroxylamine. Après décantation, la phase amylique est prélevée et l'extraction répétée jusqu'à épuisement de la solution. Au total 5 extractions sont nécessaires. La solution amylique ainsi obtenue est diluée jusqu'à 25 ml. La courbe d'absorption de cette solution a été établie entre 400 et 600 m μ de 10 en 10 m μ vis-à-vis d'un essai à blanc obtenu dans les mêmes conditions que ci-dessus, mais à partir d'eau bidistillée. Aux environs du maximum d'absorption les mesures furent exécutées tous les 2 m μ. La sensibilité du spectrophotomètre, réglée à 3 tours de sa limite supérieure, est maintenue constante pendant les mesures, la largeur de la fente étant variée de 0,06 à 0,02 mm. Au maximum d'absorption elle est réglée exactement à 0,02 mm, ce qui correspond à une largeur de bande nominale de 1,59 mμ, cette valeur étant calculée d'après les indications du fabricant (*Beckman*; Bulletin 91 F, p. 3):

$$W_E = x\,W_D + 0{,}04\,W_D = 0{,}02 \times 26{,}5 + 0{,}04 \times 26{,}5$$
$$= 1{,}59\ \mathrm{m}\,\mu$$

W_E = largeur de bande nominale employée.

W_D = largeur de bande nominale pour une largeur de fente de 1 mm.

x = largeur de fente.

La solution de cuivre est préparée par dilution d'une solution contenant 7,8582 g de sulfate de cuivre dans 2 litres d'eau, ce qui correspond à 1 mg de Cu par ml. La teneur en cuivre de cette solution a été contrôlée par électrolyse (Cu trouvé: 1,001 mg/ml). Les dilutions appropriées sont effectuées avec de l'eau bidistillée. Les résultats de ces mesures sont représentés dans la fig. 1.

L'extinction est donc maximum à 546 mμ et correspond à une valeur de 0,506. Le coëfficient d'extinction moléculaire est donc de 6430

$$\varepsilon = \frac{E}{c \cdot d}, \qquad \begin{aligned} E &= \log \frac{I_0}{I}, \\ c &= \text{concentration en mol/lit,} \\ d &= \text{épaisseur de la solution.} \end{aligned}$$

Cette valeur est la moyenne de trois essais, ne différant pratiquement pas entre eux. Nous avons aussi mesuré l'extinction de solutions

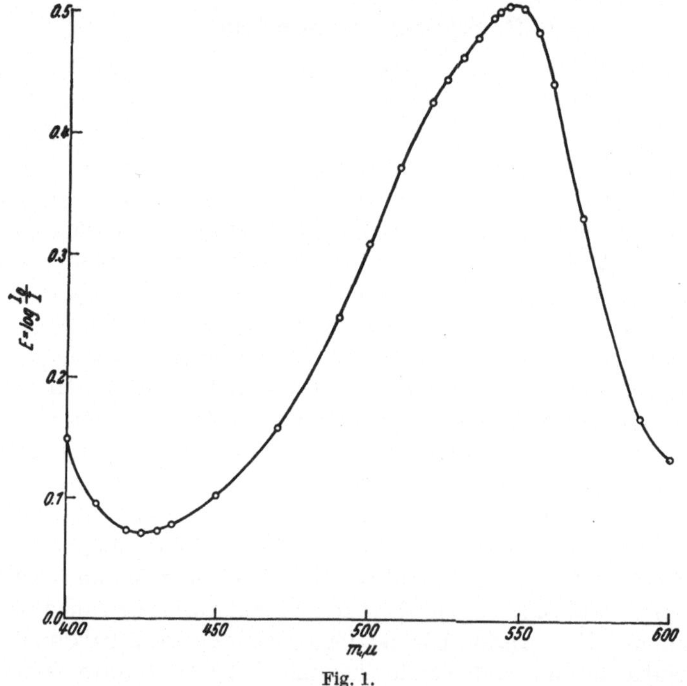

Fig. 1.

ayant la même teneur en cuivre, mais ayant été traitées avec des solutions amyliques contenant 0,06 et 0,08% de cuproïne, ce qui n'influence pas l'intensité de la coloration. D'autre part la coloration obtenue est stable durant au moins 72 heures, la valence inférieure du cuivre étant stabilisée par le réactif, tout comme le Fe (II) est stabilisé par l'o-phénanthroline.

III. Courbe d'étalonnage.

La courbe d'étalonnage a été établie avec un spectrophotomètre à optique en verre et contenant une cellule photo-électrique « Mégatron » pour des concentrations de cuivre variant de 1 à 10 γ par ml.

1° Mode opératoire:

A 5 ml de la solution à analyser on ajoute quelques cristaux de chlor-hydrate d'hydroxylamine solide (environ 100 mg; quantité non pesée) et 5 ml d'alcool iso-amylique contenant 0,02% de cuproïne. On agite durant une minute et on centrifuge également durant une minute afin d'accélérer la séparation des deux phases. L'extinction de la phase amylique est ensuite mesurée vis-à-vis d'un essai à blanc obtenu à partir d'eau bidistillée dans les conditions qui viennent d'être indiquées. La cuvette avait une épaisseur de 1 cm et nous avons opéré à une longueur d'onde de 546 mμ. Chaque essai a été repris trois fois. Les résultats sont résumés dans le tableau 1.

Tableau 1.

γ de Cu/ml	E	k	Erreur (%)
1	0,0892	89,2	— 0,49
	0,0901	90,1	+ 0,51
	0,0898	89,8	+ 0,18
2	0,1804	90,2	+ 0,62
	0,1790	89,5	— 0,16
	0,1801	90,0	+ 0,40
3	0,2672	89,1	— 0,60
	0,2693	89,8	+ 0,18
	0,2696	89,8	+ 0,18
4	0,3562	89,1	— 0,68
	0,3551	88,8	— 0,94
	0,3598	89,9	+ 0,35
5	0,4470	89,4	— 0,27
	0,4515	90,3	+ 0,73
	0,4490	89,8	+ 0,18
6	0,5384	89,7	+ 0,06
	0,5401	90,0	+ 0,40
	0,5363	89,4	— 0,27
7	0,6292	89,9	+ 0,35
	0,6258	89,4	— 0,27
	0,6260	89,4	— 0,27
8	0,7193	89,9	+ 0,35
	0,7176	89,7	+ 0,06
	0,7125	89,1	— 0,60
9	0,8063	89,6	— 0,04
	0,8013	89,0	— 0,72
	0,8065	89,6	— 0,04
10	0,9010	90,1	+ 0,51
	0,8960	89,6	— 0,04
	0,9013	90,1	+ 0,51

354 J. Hoste, A. Heiremans et J. Gillis:

2° Précision de la méthode
a) Coëfficient d'extinction

$$k = \frac{E}{c \cdot d} = 89,6 \qquad \begin{array}{l} k = \text{coëfficient d'extinction} \\ c = \text{concentration en mg/ml} \end{array}$$

(moyenne de 30 essais) $d =$ épaisseur de la sol.

2. Erreur moyenne:

$$\frac{\Sigma \Delta k}{30} = 0,33 \text{ soit } 0,37\%$$

3° Erreur quadratique moyenne:

$$\sqrt{\frac{\Sigma \Delta k^2}{30}} = 0,39 \text{ soit } 0,44\%$$

4° Erreur probable sur une mesure:

$$\frac{2}{3} \sqrt{\frac{\Sigma \Delta k^2}{29}} = 0,29 \text{ soit } 0,4\%$$

5° Erreur probable sur la moyenne:

$$\frac{2}{3} \sqrt{\frac{\Sigma \Delta k^2}{30 \, (30-1)}} = 0,13$$

ou, en arrondissant, $89,6 \pm 0,1$

IV. Influence du pH.

Nous avons examiné l'influence du p_H sur l'intensité de la coloration pour une série de solutions dont le p_H varie de 1,60 à 9 et contenant $5\,\gamma$ de cuivre par ml, suivant le même mode opératoire. Le p_H de la solution à examiner est mesuré avant l'addition de l'hydroxylamine, avec une électrode de verre étalonnée à l'aide des solutions standards préconisées par le N. B. S.[8]. L'appareil de mesure est un potentiomètre Cambridge. Les résultats sont résumés dans le tableau 2.

Tableau 2.

pH	Solution de	E	Erreur (%)
1,60	HCl	0,4262	— 5,1%
2,10	HCl	0,4510	+ 0,4
3,05	HAc/NaAc	0,4568	+ 1,7
4,60	id.	0,4484	— 0,2
5,45	id.	0,4515	+ 0,52
7,27	$HBO_2/Na_4B_2O_7$	0,4486	— 0,13
8,06	id.	0,4490	— 0,04
9,00	id.	0,4521	+ 0,8

A partir de p_H 2,1 l'extraction est donc quantitative jusqu'à p_H 9, sans que l'erreur dépasse 2%.

V. Influence des anions.

Les anions les plus courants sont examinés, ces ions étant présents sous forme de leurs sels sodiques ou potassiques. Les conditions expérimentales sont les même que pour l'étude du p_H. Nous avons admis qu'une erreur jusqu'à 2% ne gêne pas le dosage du cuivre. Les résultats sont résumés dans le tableau 3.

Tableau 3.

Anion	Sel employé	Proportion	E	Erreur (%)
Cl	KCl	1500	0,4520	+ 0,8
Br	KBr	2000	0,4514	+ 0,8
NO_3	$NaNO_3$	2500	0,4505	+ 0,73
SO_4	Na_2SO_4	4000	0,4490	+ 0,2
PO_4	NaH_2PO_4	4000	0,4556	+ 1,6
PO_4	id.	1000	0,4542	— 0,4
ClO_4	$NaClO_4$	4000	0,4487	+ 0,15
$C_2H_3O_2$	NaAc	2500	0,4410	— 1,6
$C_2H_3O_2$	id.	1000	0,4465	— 0,4
C_2O_4	NaOx	1000	0,3654	— 20,0
C_2O_4	id.	500	0,4357	— 2,5
$C_4H_4O_6$	Na-tartr.	8000	0,4410	— 1,0
BO_3	H_3BO_3	1000	0,4480	0,0
BO_3	id.	1500	0,4422	— 1,3

Ce tableau montre que parmi les ions examinés, seul l'oxalate gêne. En proportion de 500 à 1 de Cu l'erreur n'est cependant que de 2,5%. Le fait que les ions nitriques, sulfuriques et perchloriques ne gênent pas est important, puisqu'il permet la destruction par voie humide des échantillons d'origine végétale ou animale. L'emploi de tartrate permet d'autre part de maintenir en milieu neutre ou légèrement acide certains ions tels que le Fe (III), Ti (IV), Sb (III), Sn (IV).

Les ions CN', CNS' et J' gênent le dosage du cuivre.

VI. Influence des cations.

Les cations les plus courants ont été examinés, toujours suivant le même mode opératoire, en proportion de 1000 à 1 de Cu, à une concentration de 5 γ de Cu par ml. Les résultats sont résumés dans le tableau 4.

Pour les ions suivants aucune précaution ne doit être prise ce sont: As, Ba, Ca, Cd, Co, Cr, Li, Mg, Mn, NH_4, Ni, Sr, V, W. Les ions Na et K ont déjà été examinés lors de l'étude des anions. Les ions Al, Fe, Mo, Sb, Sn, Ti et Zn sont traités au préalable par une quantité suffisante d'acide tartrique (environ 0,075 g par ml) et les solutions obtenues sont neutralisées à la soude caustique jusqu'à p_H 7 environ (indicateur universel). Parmi les ions étudiés seul le Zn donne lieu à des difficultés, cet ion réagissant avec la cuproïne et donnant lieu à la formation d'un trouble (précipité cristallin blanc) dans la solution amylique. Les conditions expérimentales suivantes permettent cependant de doser le Cu en présence de 500 et mille fois plus de Zn. On dissout 1 g de $Zn(NO_3)_2 \cdot 6$ aq ou 0,5 g dans une petite quantité d'eau bidistillée, on ajoute 0,5 g d'acide tartrique et 5 ml d'une solution correspondant à $50\,\gamma$ de Cu, et 0,050 g de chlorhydrate d'hydroxylamine. La solution est neutralisée ensuite avec de la soude caustique jusqu'à $p_H\,5$ (indicateur universel). On dilue jusqu'à 50 ml et on dose ensuite suivant le mode opératoire habituel.

Tableau 4.

Ion	Composé	E	Erreur (%)
Al	$Al(NO_3)_3 \cdot 7$ aq	0,4510	+ 0,40
As	$Na_2HAsO_4 \cdot 7$ aq	0,4485	— 0,15
Ba	$BaCl_2 \cdot 2$ aq	0,4535	+ 0,95
Ca	$CaCl_2 \cdot 6$ aq	0,4500	+ 0,17
Cd	$CdSO_4 \cdot 8$ aq	0,4582	+ 2,0
Co	$Co(NO_3)_2 \cdot 6$ aq	0,4490	— 0,04
Cr	$CrCl_3 \cdot 6$ aq	0,4533	+ 0,91
Fe	$Fe(NO_3)_3 \cdot 9$ aq	0,4530	+ 0,85
Li	$LiCl$	0,4542	+ 1,1
Mg	$MgSO_4 \cdot 7$ aq	0,4515	+ 0,51
Mn	$Mn(NO_3)_2 \cdot 4$ aq	0,4480	— 0,27
Mo	$Na_2MoO_4 \cdot 2$ aq	0,4482	— 0,22
NH_4	$(NH_4)_2SO_4$	0,4532	+ 0,89
Ni	$Ni(NO_3)_2 \cdot 6$ aq	0,4520	+ 0,84
Sb	$SbCl_3$	0,4505	+ 0,29
Sn	$SnCl_2 \cdot 2$ aq	0,4520	+ 0,62
Sr	$Sr(NO_3)_2$	0,4560	+ 1,51
Ti	$TiCl_4$	0,4510	+ 0,40
V	$NaVO_3$	0,4490	— 0,04
W	$Na_2WO_3 \cdot 2$ aq	0,4533	+ 0,91
Zn	$Zn(NO_3)_2 \cdot 6$ aq	0,4537	+ 1,00

VII. Applications.

1° Dosage du cuivre dans l'eau.

Nous nous sommes proposé de doser le cuivre dans l'eau pour des teneurs variant de 2 à $20\,\gamma$ par 100 ml soit de $2 \cdot 10^{-6}$ à $2 \cdot 10^{-5}\%$, ce qui représente la teneur inférieure à laquelle doit répondre le milieu pour l'aquiculture des végétaux.

Mode opératoire:

On prélève à l'aide d'une pipette 100 ml de l'échantillon à analyser que l'on introduit dans un entonnoir à décantation. On ajoute 500 mg de chlorhydrate et 10 ml d'alcool iso-amylique contenant 0,01% de cuproïne. On agite durant 3 minutes et on sépare la phase amylique dont on mesure l'extinction dans une cuvette de 1 cm à 546 $m\mu$ vis-à-vis d'un essai à blanc (eau bi- ou tridistillée). La courbe a été établie pour des teneurs de 2, 4, 8, 12, 16 et 20 γ de Cu par 100 ml d'eau. Les résultats sont résumés dans le tableau 5.

Tableau 5.

γ de Cu/ml	E	k	Erreur (%)
0,02	0,035	1750	— 0,73
0,04	0,072	1800	+ 2,10
0,08	0,142	1775	+ 0,68
0,12	0,209	1741	— 1,25
0,16	0,289	1806	+ 2,45
0,20	0,342	1710	— 3,00

L'erreur moyenne sur 6 déterminations est donc de 1,7%.

2° Dosage du cuivre dans les aciers.

Pour doser le cuivre dans les aciers spéciaux contenant de hautes teneurs en éléments d'alliage tels que le nickel, le chrome et le cobalt, etc., nous avons établi une nouvelle courbe d'étalonnage en prélevant d'une solution contenant $2 \cdot 10^{-6}$ g de Cu par 100 ml respectivement 2,5, 5, 10, 15, 20, 25, 30, 35, 40 et 45 ml auxquels on ajoute 2 ml d'une solution à 36% de chlorhydrate d'hydroxylamine; on dilue ensuite jusqu'à 50 ml. De ces solutions, qui contiennent donc de 0,1 à 1,8 γ de Cu par ml, on prélève 25 ml auxquels on ajoute 5 ml d'alcool iso-amylique contenant 0,02% de cuproïne. On agite durant 3 minutes et on sépare les deux phases par centrifugation. L'extinction est mesurée à l'aide d'un spectrophotomètre «Beckman DU» dans une cuvette de 1 cm à 546 mμ vis-à-vis d'un essai à blanc. Les résultats sont résumés dans le tableau 6.

Tableau 6.

γ de Cu/ml	E	k	Erreur (%)
0,1	0,055	550	— 0,75
0,2	0,111	555	+ 0,14
0,4	0,222	555	+ 0,14
0,6	0,331	551	— 0,57
0,8	0,448	560	+ 1,04
1,0	0,555	555	+ 0,14
1,2	0,660	550	— 0,75
1,4	0,781	557	+ 0,50
1,6	0,888	555	+ 0,14
1,8	0,997	554	+ 0,00

Précision de la méthode:

1° Coëfficient d'extinction

$$k = \frac{E}{c \cdot d} = 554,2 \ \text{(moyenne de 10 essais)}$$

$$\left(E = \log \frac{I_0}{I}; \quad c = \text{mg de Cu/ml}; \quad d = \text{épaisseur de la solution} \right)$$

2° Erreur moyenne

$$\frac{\Sigma \, \Delta k}{10} = \frac{23,6}{10} = 2,36 \text{ soit } 0,41\%$$

3° Erreur quadratique

$$\sqrt{\frac{80,60}{10}} = 2,84 \text{ soit } 0,5\%$$

4° Erreur probable pour un essai

$$\frac{2}{3} \sqrt{\frac{80,6}{9}} = 2 \text{ soit } 0,4\%.$$

Cette courbe d'étalonnage permet donc de doser jusqu'à 0,01% de cuivre dans les deux aciers synthétiques que nous avons examinés, notamment un acier au Ni-Cr (18/8) et un acier au cobalt. La composition de ces aciers, préparés par pesée des sels correspondants, est illustrée dans le tableau 7.

Tableau 7.

Elément	Acier Ni/Cr	Acier au Co	Sel employé
Ni	8%	—	$Ni(NO_3)_2 \cdot 6\,aq$
Cr	18%	4,5%	$CrCl_3 \cdot 6\,aq$
Mn	2%	0,4%	$MnSO_4 \cdot 4\,aq$
Ti	0,5%	—	$TiCl_3$ sol. à 15%
Mo	2,5%	0,9%	$Na_2MoO_4 \cdot 2\,aq$
Co	—	13,0%	$Co(NO_3)_2 \cdot 6\,aq$
V	—	1,5%	$NaVO_3 \cdot 4\,aq$
W	—	19,0%	$Na_2WO_4 \cdot 2\,aq$
Fe	69,0%	60,7%	$FeCl_3 \cdot 6\,aq$

Les quantités de sels correspondant à 1 g d'acier sont dissoutes dans de l'eau bidistillée en présence de 6 g d'acide tartrique et la solution est diluée jusqu'à 500 ml. On prélève de cette solution 25 ml pour le dosage du cuivre, soit 0,050 g d'acier, à laquelle on ajoute de 5 à 50 γ de cuivre, afin d'obtenir des aciers contenant de 0,01 à 0,1% de cet élément. On ajoute ensuite 2 ml d'une solution de chlorhydrate d'hydroxylamine à 30% et on neutralise à la soude caustique 2 N jusqu'à p_H : 5—6. La neutralisation doit se faire immédiatement après l'addition de l'hydroxylamine, si l'on veut éviter la formation d'un précipité. Si le fer est présent sous forme de nitrate ($Fe[NO_3]_3 \cdot 6\,aq$ au lieu de $FeCl_3 \cdot 6\,aq$) il y a lieu d'ajouter 5 ml d'hydroxylamine. On dilue ensuite jusqu'à 50 ml dont on prélève 25 ml que l'on analyse suivant le mode opératoire habituel. L'essai à blanc a une extinction de 0,019 soit environ 0,003% de cuivre. Les résultats de ces analyses sont résumés dans le tableau 8.

Tableau 8.

% de Cu	Acier Ni/Cr		Acier au Co	
	E	erreur (%)	E	erreur (%)
0,01	0,056	+ 1,1°	0,054	— 1,9
0,02	0,113	+ 1,9	0,109	— 1,6
0,05	0,281	+ 1,9	0,274	— 1,1
0,1	0,549	— 0,9	0,555	+ 0,1

3° Dosage de traces de cuivre dans les végétaux.

La même courbe d'étalonnage permet de doser le cuivre dans des betteraves sucrières cultivées soit en pleine terre soit sur solutions d'après les procédés de l'aquiculture (Raffinerie Tirlemontoise. Laboratoire de Photosynthèse).

Mode opératoire:

Le matériel est séché à 60° jusqu'à poids constant et ensuite incinéré à 450° durant 24 heures. Le résidu est dissout au bain-marie dans 5 ml d'acide chlorhydrique 2 N. On ajoute 5 ml d'acide tartrique à 10% ce qui permet la neutralisation à la soude caustique 2 N, sans précipitation du Fe (III) et de Al (III) présents, jusqu'à p_H 6—7 environ (indicateur universel). On ajoute 2 ml de chlorhydrate d'hydroxylamine à 30% et on dilue jusqu'à 50 ml. On analyse 25 ml de cette solution suivant le mode opératoire habituel, vis-à-vis d'un essai à blanc (teneur en cuivre E : 0,012 soit 2,17 γ). Cette teneur est due à l'impureté des sels employés. Le tableau 9 donne un aperçu des résultats obtenus.

Tableau 9.

Nature de l'échantillon	Prise	E/g	% de Cu . 10^{-4}
Racines 1..............	1,0411	0,051	4,60
	1,1494	0,050	4,50
Limbes 2 (culture sur champ)	1,0076	0,126	11,4
	1,0255	0,124	11,2
Petioles 3............,....	1,0287	0,322	29,0
	1,0603	0,312	28,1
Limbes 4 (aquiculture)...	1,0274	1,23	111
	0,5058	1,22	110

Résumé.

Le 2,2′ diquinolyle a été étudié comme réactif colorimétrique pour la détermination de traces de cuivre. Il a été démontré que le complexe pourpre formé avec le Cu (I) est extractible à l'alcool iso-amylique. La loi de *Lambert-Beer* est suivie. Le coëfficient d'extinction moléculaire est de 6430, ce qui permet de doser le cuivre en solution amylique à des concentrations allant jusqu'à 0,5 γ de cuivre par ml. La concentration en cuivre de la solution aqueuse à analyser peut être sensiblement plus faible (jusqu'à 0,02 γ par ml) puisqu'il est possible de concentrer le complexe dans la phase amylique par extraction.

Le complexe est stable de p_H : 2 à 9.

Les anions suivants, en proportion de 1000 à 1 Cu, ne gênent pas la détermination du cuivre: PO_4^{3-}, Cl^-, Br^-, SO_4^{2-}, ClO_4^-, BO_3^{3-}, tartrate, acétate et NO_3^-. Les ions CN^-, CNS^- et J^- gênent.

Les cations suivants en proportions de 1000 à 1 Cu ne gênent pas: Al, As, Ba, Ca, Cd, Co, Cr, Fe, Li, Mg, Mn, Mo, NH_4, Ni, Sb, Sn, Sr, Ti, V, W, Zn.

La méthode, décrite en détail, a été appliqué au dosage de traces de cuivre:

a) dans l'eau jusqu'à 0,02 γ par ml;

b) dans deux aciers spéciaux à haute teneur en éléments d'alliage (acier 18/8 Ni, Cr et acier au cobalt) pour des teneurs en cuivre allant de 0,01 à 0,1%;

c) dans les cendres de matières végétales (betteraves sucrières) pour des teneurs en cuivre allant jusqu'à $2 \cdot 10^{-4}\%$.

L'exactitude (en anglais «accuracy») est de l'ordre de 1%.

Zusammenfassung.

2,2'-Dichinolyl (Cuproïn) wurde auf seine Eignung zur kolorimetrischen Bestimmung von Kupfer-Spuren geprüft. Der mit einwertigem Kupfer sich bildende purpur-gefärbte Komplex ist mit Isoamylalkohol extrahierbar. Das *Lambert-Beer*sche Gesetz ist erfüllt. Der molare Extinktionskoeffizient beträgt 6430, so daß das Kupfer in isoamylalkoholischer Lösung bis zu 0,5 γ/ml bestimmbar ist. Die Konzentration des Kupfers in der wäßrigen Untersuchungslösung kann noch wesentlich geringer sein (0,02 γ/ml), da sich die Konzentration des Komplexes durch Ausschütteln in der alkoholischen Lösung steigern läßt. Die Komplexverbindung ist von p_H 2 bis 9 beständig.

Folgende Anionen stören in 1000facher Konzentration des Kupfers nicht: PO_4^{3-}, Cl^-, Br^-, SO_4^{2-}, ClO_4^-, BO_3^{3-}, Tartrat, Acetat und NO_3^-. Die Ionen CN^-, CNS^- und J^- stören.

Ebenso stören auch folgende Kationen bis zu 1000facher Konzentration des Kupfers nicht: Al, As, Ba, Ca, Cd, Co, Cr, Fe, Li, Mg, Mn, Mo, NH_4, Ni, Sb, Sn, Sr, Ti, V, W, Zn.

Die im Detail beschriebene Methode wurde zur Kupfer-Spuren-Bestimmung in folgenden Fällen angewandt:

a) in Wasser bis zu 0,02 γ/ml;

b) in zwei hochlegierten Spezial-Stahlsorten (18/8 Ni-Cr-Stahl und Co-Stahl), deren Kupfergehalt zwischen 0,01 und 0,1% lag;

c) in pflanzlichen Aschen (Zuckerrüben) mit einem Kupfergehalt bis zu $2 \cdot 10^{-4}\%$.

Die Genauigkeit der Methode ist von der Größenordnung von 1%.

Summary.

A study has been made of 2,2' diquinolyl as a colorimetric reagent for the determination of traces of copper. It has been shown that the purple complex produced with Cu(I) can be extracted with iso-amyl alcohol. The *Lambert-Beer* law applies. The molecular extinction coefficient is 6430, which permits the determination of copper in amylic solution at concentrations down to $0.5\,\gamma$ per ml. The concentration of copper in the aqueous solution to be analyzed may be sensibly lower (as little as $0.02\,\gamma$ per ml) since the complex may be concentrated in the amylic phase by extraction.

The complex is stable from p_H 2 to 9.

The following anions, in the ratio 1000 to 1 Cu, do not interfere: PO_4^{3-}, Cl^-, Br^-, SO_4^{2-}, ClO_4^-, BO_3^{3-}, tartrate, acetate, nitrate. The ions CN^-, CNS^- and J^- interfere.

The following cations, in the proportion 1000 to 1 Cu, do not interfere: Al, As, Ba, Ca, Cd, Co, Cr, Fe, Li, Mg, Mn, Mo, NH_4, Ni, Sb, Sn, Sr, Ti, V, W, Zn.

The method, described in detail, has been applied to the determination of traces of copper in:

a) water down to $0.02\,\gamma$ per ml;

b) special steels carrying high contents of alloying elements (18/8 Ni, Co, cobalt steel) for copper contents ranging from 0.01 to 0.1%;

c) ignition residues (sugar beet) for copper contents down to $2 \cdot 10^{-4}\%$.

The accuracy is of the order of 1%.

Bibliographie.

[1] *R. H. Müller & A. T. Burtsell*, Mikrochem. **28**, 209 (1940).

[2] *F. J. Welcher*, Organic Reagents, Van Nostrand Co. New York 1947.

[3] *R. Dunleavy, S. F. Wiberley & J. H. Harley*, Analyt. Chemistry **22**, 170 (1950).

[4] *J. Hoste*, Analyt. Chim. Acta **4**, 23 (1950).

[5] *M. Moss & M. G. Mellon*, Ind. Engng. Chem., Analyt. Ed. **15**, 116 (1943).

[6] *J. P. Wibaut, H. D. Tjeenk Willink* jr. & *W. E. Nieuwenhuis*, Rec. trav. chim. Pays-Bas **54**, 804 (1935).

[7] *J. G. Breckenridge, R. W. J. Lewis & L. A. Quick*, Cand. J. Res., Sect. B, **17**, 258 (1939).

[8] *E. R. Smith & R. G. Bates*, Standards for p_H Determinations, Comptes Rendus de la XVème Conférence de l'Union Internationale de Chimie pure et appliquée, Amsterdam 1949, p. 118.

Aus dem Medizinisch-chemischen Institut der Universität Innsbruck.

Kolorimetrische Bestimmung der Pikrinsäure in Pikraten organischer Basen.

Von

R. Stöhr und **F. Scheibl.**

Mit 2 Abbildungen.

(Eingelangt am 20. Mai 1950.)

Die kolorimetrische Blutzuckerbestimmung nach *Benedict*[1] beruht auf der Reduktion der Pikrinsäure zu Pikraminsäure im sodaalkalischen Milieu. Hierbei werden geringe Mengen von Glukose mit einem Überschuß von Pikrinsäure zur Reaktion gebracht.

Es wurde nun versucht, unter Umkehrung der Konzentrationsverhältnisse (geringe Mengen von Pikrinsäure und Überschuß von Glukose) ein einfaches kolorimetrisches Bestimmungsverfahren der Pikrinsäure auszuarbeiten, welches auf die Pikrate organischer Basen angewandt, eine Molekular- bzw. Äquivalentgewichtsbestimmung der letzteren auf raschem Wege ermöglicht.

Vorversuche haben gezeigt, daß abweichend von der Blutzuckerbestimmung nach *Benedict* unter den geänderten Konzentrationsverhältnissen die Reduktion der Pikrinsäure (Trinitrophenol) bei der Pikraminsäurestufe (Dinitroaminophenol) nicht stehen bleibt, sondern teilweise zum Diaminonitrophenol führt. Letztere Verbindung zeigt im alkalischen Medium einen von der Pikraminsäure etwas abweichenden Farbton. Ferner wurde beobachtet, daß die im Überschuß vorhandene Glukose während des Erhitzens im alkalischen Medium eine teilweise Zersetzung unter gleichzeitiger Bildung schwach gelb gefärbter Produkte erfährt.

Sowohl die Bildung von Diaminonitrophenol, als auch das Auftreten von Zersetzungsprodukten der Glukose machten es notwendig, unter genauer Festlegung der Versuchsbedingungen und der Konzentrationen der einzelnen Zusätze empirische Eichkurven mit Pikrinsäurelösungen bekannter Konzentration auszuarbeiten, welche die Ablesung der Pikrinsäurekonzentration auf Grund der Kolorimeterablesung bei Einstellung eines Standards auf eine bestimmte Schichthöhe gestatten.

Pikrinsäure — Eichkurve bei Verwendung von 1%iger Natronlauge (Abb. 1) bzw. von 20%igem wasserfreiem Natriumcarbonat (Abb. 2).

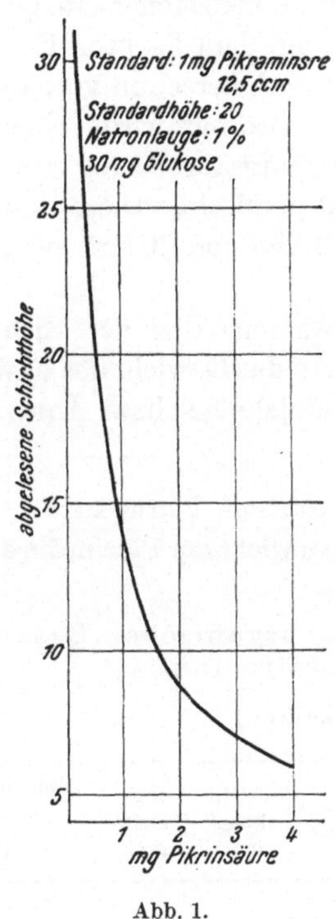

Abb. 1.

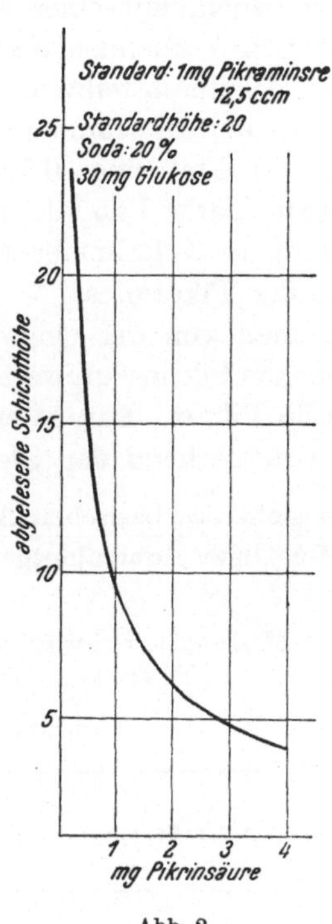

Abb. 2.

Aus den beiden Eichkurven, welche für die Verwendung von 20%igem Natriumcarbonat bzw. 1%iger Natronlauge als Alkalizusatz ausgearbeitet worden sind, ist ersichtlich, daß bei den Bestimmungen die Konzentration der gesuchten Pikrinsäure zweckmäßig zwischen 0,5 und 2,5 mg liegen soll.

Methodik.

Pikratmengen, entsprechend 0,5 bis 2,5 mg Pikrinsäure, werden in einem mit einer Marke bei 12,5 ml versehenen Reagensglas (*Benedict*-Blutzuckertuben) mit 1 ml 20%igem wasserfreiem Na_2CO_3 bzw. 1%iger NaOH versetzt und unter schwachem Erwärmen gelöst. Hierauf setzt man 5 ml einer 0,600 g-%igen Glukoselösung (entsprechend 30 mg Glukose) und 5 ml H_2O zu (Gesamtvolumen 11 ml). Nun erhitzt man 10 Minuten im kochenden Wasserbad (Flüssigkeitsspiegel außen und innen gleich hoch!), kühlt und füllt bis zur Marke 12,5 ml mit H_2O auf. Durchmischen und Ablesen im *Klett*-Kolorimeter gegen einen Pikraminsäurestandard von nachstehender Zusammensetzung:

5 ml einer 0,600 g-%igen Glukoselösung (entsprechend 30 mg Glukose), 5 ml H_2O und 1 ml 20%iges wasserfreies Na_2CO_3 bzw. 1%ige NaOH werden in einem mit einer Marke bei 12,5 ml versehenen Reagensglas 10 Minuten im kochenden Wasserbad erhitzt, um dem Farbton Rechnung zu tragen, der durch teilweise Zersetzung der im Überschuß vorhandenen Glukose bei der Bestimmung der Pikrinsäure bedingt wird. Nach dem Kühlen wird 1 ml einer 0,100 g-%igen Pikraminsäurelösung zugesetzt, mit H_2O zur Marke 12,5 ml aufgefüllt und gut gemischt. Diese Standardlösung wird im Kolorimeter auf eine Schichthöhe von 20 mm eingestellt. Synthese der Pikraminsäure nach *Egerer*[2].

Zieht man von der eingewogenen Pikratmenge den der Eichkurve entnommenen Pikrinsäurewert ab, so erhält man das Gewicht des basischen Anteiles im Pikrat. Daraus ergibt sich das Molekular- bzw. Äquivalentgewicht entsprechend der Gleichung

$$\frac{\text{Gewicht des basischen Anteils}}{\text{Mol.- bzw. Äquivalentgewicht}} = \frac{\text{gefundene Pikrinsäure}}{\text{Mol.-Gewicht der Pikrinsäure}}$$

Tabelle 1. Molekulargewichtsbestimmung organischer Basen von Pikraten bekannter Konstitution.

(Auszug aus den Protokollen.)

Nr.	Pikrate der Basen	Formel der Base	Substanz in mg	Schichthöhe gef.	mg Pikrins. gef.	Mol.-Gewicht der Base gef.	ber.
1	Phenyläthyldimethyl-amin	$C_{10}H_{15}N$	2,000	12,2	1,20	152	149
2	Methoxyphenyläthyl-amin	$C_9H_{13}ON$	1,076	18,0	0,65	150	151
3	Chinolinoxyd	C_9H_7ON	0,896	20,3	0,53	158	145
4	α-Picolin	C_6H_7N	1,512	13,4	1,05	100	93
5	Trimethylamin	C_3H_9N	0,952	16,8	0,75	63	59
6	Pyridinoxyd	C_5H_5ON	1,062	16,7	0,75	95	95
7	p-Toluidin	C_7H_9N	0,528	25,3	0,37	97	107
8	Kreatinin	$C_4H_7ON_3$	1,005	18,7	0,64	130	113
9	N-Benzoyloxychinolon-2-methid	$C_{17}H_{13}O_2N$	1,400	17,7	0,66	256	263
10	Benzylidendichinaldin	$C_{27}H_{24}N_2$	0,900	26,7	0,35	359	376
11	Semicarbacid	CH_5ON_3	1,716	8,1	1,30	73	75
12	Harnstoff	CH_4ON_2	0,906	11,4	0,75	47	60
13	Anilin	C_6H_7N	1,288	10,4	0,87	110	93
14	Lysin	$C_6H_{14}O_2N_2$	0,700	16,8	0,45	127	146
15	Antipyrin	$C_{11}H_{12}ON_2$	1,100	14,0	0,58	205	188

Die beigegebene Tabelle 1 enthält einen Auszug aus den Protokollen und zeigt die gute Übereinstimmung der gefundenen Molekulargewichte mit den theoretischen Werten. Bei den Pikraten 1 bis 10 wurde das Erhitzen mit 1%iger NaOH, bei den Pikraten 11 bis 15 mit 20%igem Na_2CO_3 vorgenommen.

Zusammenfassung.

Es wird ein einfaches kolorimetrisches Mikroverfahren zur quantitativen Bestimmung der Pikrinsäure in Pikraten organischer Basen beschrieben, welches die Bestimmung des Molekular- bzw. Äquivalentgewichtes des basischen Anteiles derselben auf raschem Wege ermöglicht.

Summary.

A simple colorimetric micromethod is described for the quantitative determination of picric acid in picrates of organic bases. It permits the rapid determination of the molecular or equivalent weight of the basic portion of these picrates.

Résumé.

On décrit un microdosage colorimétrique de l'acide picrique dans les picrates des bases organiques; cela rend possible, d'une manière rapide, la détermination des poids moléculaires ou des équivalents de la partie basique.

Diskussion.

H. *M. Blumer* (Basel, Schweiz): Wurde die Methode zur Molekulargewichtsbestimmung aromatischer Kohlenwasserstoffe angewendet?

H. Prof. *Stöhr*: Nein, dies ist bisher nicht versucht worden.

Literatur.

[1] *St. R. Benedict*, J. Biol. Chem. **34**, 203 (1918).
[2] *G. Egerer*, J. Biol. Chem. **35**, 565 (1918).

Chemistry Department, Faculty of Agriculture, Fuad I University, Cairo.

Micro-colorimetric Determination of Potassium with Dipicrylamine.

By

M. Y. Shawarbi.

With 2 figures.

(Received July 18, 1950.)

Determination of potassium in biological solutions such as, blood, urine, milk, plant saps, and soil solutions has become a pressing problem in recent years due to the most important role played by potassium in biochemical processes. Many workers have tackled this problem from different angles. Various methods have been adopted but these were either gravimetric or volumetric ones and involve many tedious and complicated processes. A few years ago *Kolthoff* and *Bendix*[1] described the use of dipicrylamine in the gravimetric, volumetric, and colorimetric determination of potassium. Recently *E. Amdur* adopted the colorimetric procedure to the determination of potassium in tissues and blood.

The author adapted *Amdur*'s colorimetric procedure to the *Lovibond-Schofield* Tintometer. Two procedures were finally adopted, one for the range extending between 50 and 400 γ and the other for the range between 10 and 100 γ. The method was successfully applied to soil solutions and extracts.

Interfering Substances.

The effects of those interfering factors which are likely to be present in soil extracts, soil solutions and leachates were examined. Results obtained are recorded below.

Table 1. Natural Soil Solution.

5 ml of this natural soil solution contained the following amounts in mg:

Ca 2.00,	Mg 0.25,	Fe 0.014
Al 0.04,	Mm 0.012,	PO_4 0.009
Na 0.035,	K 0.096.	

The quantity of potassium added was 0.200 mg.

The total amount of potassium in this solution was

$$0.200 + 0.096 = 0.296 \text{ mg.}$$

The amount of potassium recovered as found from curve $= 0.300$ mg.

The data of Table 1 show that the common soil bases do not interfere. The recovery of potassium is in fact quite satisfactory. Added potassium to natural soil solutions and soil leachates is recovered quantitatively.

Phosphate.

In this method the removal of phosphate is unnecessary as may be shown from table 2 below.

Table 2.

PO$_4$ (in 1 ml)	Potassium (in 1 ml)	Tintometer Readings			Potassium from Curve
		yellow	red	drum	
0.1	0.020	1.6	0.5	— 0.01	0.021
0.2	0.040	2.9	0.8	— 0.02	0.0415
0.3	0.060	4.0	1.1	— 0.02	0.059
0.4	0.080	5.4	1.3	— 0.03	0.080
0.5	0.100	6.6	1.6	— 0.03	0.098

It should be noted that the PO$_4$/K used in these tests exceeded very far that likely to occur in natural soil solutions.

Interference of Sodium.

It should be noted that sodium does interfere and causes results to be high. It begins to interfere seriously when present in amounts 5 times that of potassium.

New Reagents.

In order to eliminate any possibility of error from the reagents, a second quantity of reagents was prepared, and a few determinations were made. The results agreed with those obtained with the first quantity of reagents. It should be pointed out also that the colour of the test solutions was stable over one year.

The Method as Finally Adopted.

Reagents used: 1. Lithium Dipicrylaminate. A solution of 0.55 g of lithium carbonate in 100 ml of water is prepared, and 3 g of dipicrylamine are added. This solution is heated to 50° C, allowed to stand for 24 hours, then filtered into a 500 ml flask and made up to about 500 ml. This diluted reagent is heated to 50° C and moist potassium dipicrylaminate is added until no more dissolves. The saturated solution is allowed to cool to room temperature and is not filtered from the deposited crystals.

2. *Potassium Dipicrylaminate.* The potassium salt used for saturation is prepared by adding a few milliliters of reagent to the calculated quantity of potassium chloride solution, and washing the precipitate with distilled water.

3. *Standard Potassium Solution.* A solution of potassium chloride is prepared, containing 0.1 mg of potassium per ml.

Procedure 1.

Measured amounts of the test solution containing 50–400 γ of potassium in 1 ml are placed in centrifuge tubes and evaporated to dryness in an electric oven. The dried tubes are allowed to cool to

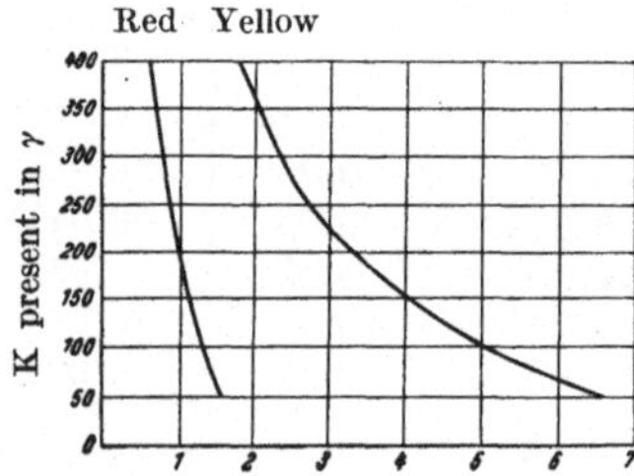

Fig. 1. Tintometer readings.

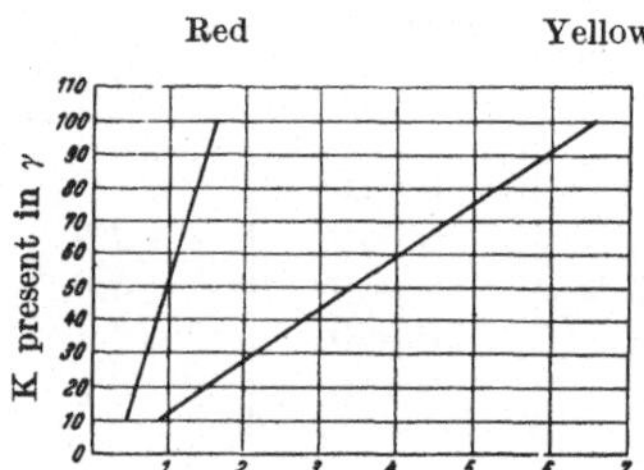

Fig. 2. Tintometer readings.

room temperature and 1 ml of freshly filtered reagent is added to each tube using the same pipette. The contents of the tubes are well mixed by rotating the tubes between the palms of the hands. After standing for 2 hours, the supernatant liquid is filtered through micro-filter sticks. 0.2 ml of each filtrate is pipetted in a 50 ml volumetric flask and made up to the mark with distilled water. The coloured solutions thus prepared are then matched in a *Lovibond-Schofield* Tintometer using a 0.5 cm cell.

The relationship between quantity of potassium and the orange colour (yellow-red) is shown in Fig. 1.

Procedure II.

The first procedure is adopted but the filtrate obtained by filtering through filter sticks is rejected in this case. The precipitate is washed with distilled water and is then dissolved in a few ml of acetone. The solution is transferred to a 50 ml flask and made up to the mark with distilled water. The colour is then matched in the *Lovibond-Schofield* Tintometer using this time a 2 cm cell.

The relationship between quantity of potassium and colour intensity is illustrated in Fig. 2.

Summary.

The method outlined above can be used for the determination of small quantities of potassium. Its range lies between 10 and 400 γ. Permissible variations in interfering substances have been tested. The method has been finally adapted to the *Lovibond-Schofield* Tintometer.

Zusammenfassung.

Das beschriebene Verfahren eignet sich für die Bestimmung kleiner Kaliummengen zwischen 10 und 400 γ. Die Wirkungsbreite störender Substanzen wurde untersucht. Die Methode ist dem *Lovibond-Schofield*-Tintometer angepaßt.

Résumé.

La méthode envisagée ci-dessus peut être employée pour le dosage de petites quantités de potassium dans un domaine de 10 à 400 γ. On a examiné les variations permises pour les substances interférentes. Finalement, la méthode a été adaptée pour le tintomètre de *Lovibond-Schofield*.

Bibliography.

[1] *I. M. Kolthoff* and *G. H. Bendix*, Ind. Engng. Chem., Analyt. Ed. **11** 94 (1939).
[2] *E. Amdur*, Ind. Engng. Chem., Analyt. Ed. **12**, 731 (1940).

Aus dem Institut für anorganisch-chemische Technologie und analytische Chemie der Technischen Hochschule Graz.

o-Phenanthrolin als Reagens zur quantitativen Bestimmung des Vanadiums.

Von

A. Gottlieb.

Mit 1 Abbildung.

(Eingelangt am 14. Juni 1950.)

F. Ephraim[1] bedient sich zum qualitativen Nachweis des Vanadiums der folgenden Reaktion:

$$V^{IV} + Fe^{III} = V^{V} + Fe^{II}.$$

Im sauren Medium verläuft der Vorgang von rechts nach links, worauf bekanntlich die meisten maßanalytischen Methoden zur Vanadiumbestimmung begründet sind. Im alkalischen Medium ist der Verlauf der Reaktion quantitativ von links nach rechts. Das sich bildende Eisen(II)-ion wird nach *F. Ephraim* (l. c.) mit Dimethylglyoxim[2] nachgewiesen.

Zur Durchführung dieses Vanadiumnachweises werden zunächst alle reduzierenden Bestandteile aufoxydiert und dann das Vanadium(V) zu Vanadium(IV) durch Kochen mit konz. Salzsäure[3] reduziert. Die Probe wird nun, nach Zusatz von etwas Eisen(III)-ion und Dimethylglyoximlösung, mit Ammoniak alkalisch gemacht, wobei je nach dem Vanadiumgehalt eine schwächere oder stärkere kirschrote Färbung, bedingt durch die Bildung des Eisen(II)-dimethylglyoxim-Komplexes, auftritt.

Wenn diese Methode gegenüber den früher angewandten, z. B. jener mit Wasserstoffperoxyd, unbestritten Vorteile aufweist, so hat sie den Nachteil, daß der Eisen(II)-dimethylglyoxim-Komplex nicht luftbeständig ist und daher nur für qualitative Zwecke angewandt werden kann. Es wurde daher versucht, das Dimethylglyoxim durch ein anderes Reagens zu ersetzen, welches beständigere Eisen(II)-komplexe bildet.

Dazu schien das o-Phenanthrolinhydrochlorid[4–7] am geeignetsten, eine Wahl, welche auch insofern glücklich war, als es sich später als notwendig erwies, im mineralsauren Medium zu arbeiten. Das $\alpha-\alpha'$-Dipyridyl, ein sonst dem o-Phenanthrolin vollkommen ebenbürtiges Reagens, bildet z. B. mit Eisen weniger säurebeständige Komplexe[5].

Die von *D. Stanke*[8] durchgeführten Versuche mit o-Phenanthrolin ergaben eine gute Eignung des letzteren für die Vanadiumbestimmung in reinen Lösungen. Das von *F. Ephraim* (l. c.) vorgeschriebene Eindampfen der salzsauren Probe auf etwas weniger als das halbe Volumen genügte aber nicht zur vollkommen quantitativen Reduktion des Vanadium(V), sondern die Probe mußte dreimal bis fast zur Trockene eingedampft werden. Leider erwies sich dabei das mitanwesende, bzw. überschüssige Eisen(III)-ion als störend und mußte vor der Vanadiumbestimmung durch Elektrolyse[8, 9] entfernt werden. Dieses Verfahren machte eine Vanadiumbestimmung bis zu einem Verhältnis Vanadium: Eisen = 1 : 200 möglich.

Um die Art des Einflusses von Eisen(III) festzustellen, wurden zunächst verschiedene Mengen Eisen(III)-ion mit derselben Menge o-Phenanthrolin versetzt und die Extinktion der Lösung gemessen. Darauf

Tabelle 1.

Schichtdicke 15 mm. Lichtfilter Blau BG 5. Schwachsaures Medium*.

Zusatz mg/50 ml Fe^{III}	$E_{0,5}$	E_1	E_2
0,2	—	0,030	—
1,0	—	0,055	—
2,0	0,034	0,059	$0,089_5$
10,0	0,035	0,064	0,117

$E_{0,5}$, E_1 und E_2 = Extinktion bei einem Zusatz von 0,5, 1 und 2 ml der verwendeten wäßrigen o-Phenanthrolinhydrochlorid-Lösung.

wurden dieselben Versuche bei gleichbleibender Eisen(III)-konzentration und verschiedenen Mengen an o-Phenanthrolin durchgeführt.

Bei diesen Versuchen wie auch bei der im übrigen hier geschilderten Arbeit wurde das lichtelektrische Universalkolorimeter Mod. III nach *B. Lange* verwendet.

Würden diese Werte durch die in der Eisen(III)-lösung stets vorhandenen geringen Eisen(II)-mengen verursacht, dann müßten die Änderungen der Eisenkonzentration proportional sein, d. h. zumindest annähernd dem *Beer-Lambert*schen Gesetz folgen. Dies ist aber nicht der Fall. Wohl aber bei gleichbleibender Eisenkonzentration und Änderung des Reagenszusatzes. Die Änderungen der Extinktionswerte können daher nur durch die Bildung einer Verbindung zwischen Eisen(III) und o-Phenanthrolin verursacht sein. Tatsächlich konnte auch, in Übereinstimmung mit *A. Gaines, L. Hammet* und *G. H. Walden*[10], festgestellt werden, daß bei einer genügend großen Eisen(III)-konzentration

---

* Die Verwendung des sonst vorgeschriebenen Acetatpuffers[5—7] ist hier wegen der Gefahr der Reduktion des Eisen(III) nicht statthaft.

das Reagens vollkommen verbraucht wird, so daß auf einen nachträglichen Zusatz an Eisen(II)-ion keine Rotfärbung mehr eintritt.

Wenn auch das Eisen(II)-ion mit o-Phenanthrolin im mineralsauren Medium nicht reagiert, so ist doch bereits bekannt, daß der o-Phenanthrolin-Eisen(II)-komplex, sobald er einmal gebildet wurde, gegen Säuren ziemlich beständig ist[5, 11-14]. Die in der Tabelle 2 gebrachten Versuchsergebnisse beweisen, daß diese Beständigkeit auch zur Durchführung quantitativer Messungen genügend groß ist. Dazu wurde eine Eisen(II)-lösung mit o-Phenanthrolinlösung versetzt und zu dieser, nach Bildung des Komplexes, verschiedene Mengen an Mineralsäuren gefügt. Darauf wurde durch Messungen nach verschiedenen Zeiträumen die Beständigkeit der Extinktion gemessen.

Tabelle 2.

Schichtdicke 15 mm. Lichtfilter Blau BG 5.

Zusatz ml Säure von:	E nach erfolgter erster Ablesung und Wartezeit				
	—	10′	15′	20′	40′
5 n Schwefelsäure.					
—	0,191	—	—	—	—
2	0,191	—	—	—	0,180
5	0,190	—	0,184	—	—
10	0,190	0,188	0,185	—	—
20	0,191	0,189	—	0,182	0,171
5 n Salzsäure.					
—	0,190	—	—	—	—
20	0,190	0,186	0,184	—	—
5 n Phosphorsäure.					
5	0,188	0,186	—	—	—
10	0,189	—	0,183	—	—

Da die hier angewendeten Eisen(II)-mengen zirka 50 γ je Probe betrugen, für welche man als Durchschnittsextinktion $E = 0{,}190$ annehmen kann, so beträgt der Fehler für eine Abweichung von $E = 0{,}010$ zirka 2,6 γ bzw. zirka 5 Fehlerprozente.

Die Durchführung derselben Versuche mit einer Eisen(III)-lösung ist in der Tabelle 3 wiedergegeben. Es wird hier zu einer Eisen(III)-lösung o-Phenathrolin zugesetzt, mit einer 5%igen Ammoniaklösung alkalisch gemacht und darauf 5 ml 5 n-Schwefelsäure zugesetzt.

Während also der Eisen(II)-komplex ziemlich beständig ist, erweist sich der Eisen(III)-komplex in Säuren als unbeständig. Es ergab sich daher die Notwendigkeit, bei Anwesenheit größerer überschüssiger Eisen(III)-mengen im sauren Medium zu arbeiten. Da aber die Reaktion

$$V^{IV} + Fe^{III} = V^V + Fe^{II},$$

wie durch Versuche festgestellt wurde, nur bei einem p_H-Wert zwischen 4,4 und 9 (also zirka im Neutralpunkt) vollkommen nach rechts verläuft, wurde folgendes Verfahren ausgearbeitet:

Zu der mit konz. Salzsäure reduzierten sauren Probe* wird zunächst Reagens und, wenn notwendig, Eisen(III)-ion zugesetzt, dann mit 5%igem Ammoniak alkalisch gemacht**. Ist die Reaktion bereits eingetreten und das entstandene Eisen(II) durch das o-Phenanthrolin gebunden, dann wird wiederum angesäuert (1 bis 1,5 ml Schwefelsäure 5-molar) und bei größerer Menge von mitanwesendem Eisen(III) nach Lösung des Eisenhydroxyds etwas Phosphorsäure zugesetzt (1 bis 2 ml 5-molar). Die auf Grund dieser Arbeitsweise mit $80\,\gamma/50$ ml Vanadium(IV) und verschiedenen Eisen(III)-zusätzen durchgeführten Messungen sind in der Tabelle 4 wiedergegeben.

Der Einfluß der Schwankungen des Eisengehaltes der Probe erscheint daher als tragbar, auch wird das Eisen(III)-ion beim Kochen mit Salzsäure nicht wesentlich reduziert.

---

* Sollte die Probe nicht genügend sauer sein, um die vorzeitige Bindung des Reagens durch Eisen(III) zu verhindern, so wird 1 ml Schwefelsäure 5-molar zugesetzt.

** Ist man über die Menge des Ammoniakzusatzes nicht im klaren, so kann diese durch Titration eines äquivalenten Teiles der Probe gegen Phenolphthalein festgestellt werden. Bei einiger Arbeitserfahrung ist es aber nicht notwendig. Man fügt aber zur Vorsicht einen geringen Überschuß an Ammoniak hinzu.

Tabelle 3.

Schichtdicke 15 mm. Lichtfilter Blau BG 5.
Ablesung der Extinktion sofort.

mg Fe^{III}/50 ml	E_1	E_2
5	—	$0,028_5$
10	0,030 (0,064)	0,033 (0,117)

E_1 und E_2 = Extinktion bei 1 ml und 2 ml Zusatz an Reagenslösung. In den Klammern sind die entsprechenden Werte für Messungen ohne Säurezusatz angegeben (s. Tabelle 1).

Tabelle 4.

Lichtfilter Blau BG 5. Schichtdicke 15 mm.

γ Fe^{III}/50 ml	E	
	a	b
400—500	0,291	—
2000	0,293	—
4000	0,293	0,290
8000	0,292	0,293
10000	0,293	0,294
20000	0,300; 0,298	0,307; 0,303
	0,300	0,308
40000	0,304; 0,306	0,314; 0,317
	0,309	0,317

Versuchsserie a. Eisen(III) nach der Reduktion des Vanadium(V) zugesetzt.

Versuchsserie b. Eisen(III) vor der Reduktion des Vanadium(V) zugesetzt und daher auch mit Salzsäure behandelt. Da in dieser Serie Eisen(III) bereits vorhanden war, wurde beim Kolorimetrieren keines zugesetzt.

Bei weiteren Versuchen wurden außerdem noch einige störende Einflüsse mitanwesender Elemente festgestellt und untersucht.

Einfluß des Mangans. Derselbe besteht darin, daß, wie bekannt, das Manganoion mit Ammoniak zunächst einen Komplex bildet, welcher unter Einfluß von Oxydationsmitteln oder Luftsauerstoff in ein Mangano-mangani-hydrat übergeht. Letzteres wirkt im sauren Medium oxydierend und entfärbt je nach der Menge des Mangans und nach der Arbeitsgeschwindigkeit, d. h. der Zeit der Berührung der alkalischen Lösung mit dem Luftsauerstoff, mehr oder weniger die rote Färbung des Eisen(II)-o-Phenanthrolin-Komplexes.

Durch einen Zusatz einer 1%-igen Kaliumjodidlösung (5 ml/50 ml) ist es gelungen, das zulässige Verhältnis des V zu Mn von 1 : 10 auf 1 : 100 zu erhöhen.

Der Zusatz an Kaliumjodid erfolgte nach dem Ammoniakzusatz. Die nach dem Ansäuern eventuell auftretende schwache Trübung durch abgeschiedenes elementares Jod wurde durch 1 bis 2 Tropfen einer n/10-Natriumthiosulfatlösung entfernt. Der Versuch, das Verhältnis des Vanadiums zu Mangan durch einen höheren Kaliumjodidzusatz noch weiter zu erhöhen, mißlang. Die erzielten Ergebnisse sind in der Tabelle 5 wiedergegeben.

Tabelle 5.

Lichtfilter Blau BG 5. Schichtdicke 15 mm. 50 γ V^{IV}; 50 ml Lösung.

Zusatz γ Mn/50 ml	E (ohne Kaliumjodid)		E (mit Kaliumjodid)
	a	b	
—	0,190	0,190	0,192
500	0,189	0,190	—
1 000	0,188; 0,174	0,176	—
2 000	—	0,165	—
5 000	0,179; 0,145	—	0,196; 0,190
			0,188; 0,193
10 000	—	Entfärbung	0,135; 0,150
			0,130; 0,185

Versuchsserie *a*. Manganzusatz nach der Reduktion des Vanadium(V).

Versuchsserie *b*. Manganzusatz vor der Reduktion des Vanadium(V).

Der Einfluß des Molybdäns macht sich durch zwei Erscheinungen bemerkbar:

1. Abscheidung der Molybdänsäure. Diese ist in Salzsäure etwas besser löslich und bleibt nach der Reduktion in Lösung. Wird aber

nach der Reaktion des Eisen(II) mit o-Phenanthrolin, wie üblich, mit Schwefelsäure angesäuert, dann trübt sich die Probe. Durch das Arbeiten im nur salzsauren Medium ist ein Verhältnis Vanadium : Molybdän = 1 : 10 möglich.

2. Bildung einer Trübung beim Reagenszusatz in Anwesenheit größerer Molybdänmengen. Auch hier konnte durch Zusatz von Oxalsäure, am besten im noch sauren Medium, teilweise Abhilfe geschaffen werden und so das Verhältnis Vanadium : Molybdän auf mehr als 1 : 100 erhöht werden.

Bei Anwesenheit von *Chrom(III)-ionen* konnte festgestellt werden, daß diese sich durch eine Erniedrigung der Extinktionswerte auswirkt. Wie aus der Tabelle 6 ersicht-

Tabelle 6.

Schichtdicke 15 mm. Lichtfilter Blau BG 5.
50 γ/50 ml Vanadium.

Zusatz γ Cr^{III}/50 ml	E	gefunden γ/ml V	% Fehler
500	0,188	0,99	— 1
1000	0,180	0,94	— 6
2000	0,158	0,82	— 18
5000	0,110	0,56	— 44
—	0,190	1,0	0

lich, ist ein höheres Verhältnis als Vanadium : Chrom = 1 : 10 nicht ratsam.

Die Untersuchung dieser Erscheinung wurde in den Versuchsserien I, II und III durchgeführt.

Versuchsserie I. Das Chrom(III)-ion wurde erst im alkalischen Medium zugesetzt, d. h. nach beendigter Umsetzung des Vanadin(IV) mit Eisen(III) zu Vanadin(V) und Eisen(II). Schichtdicke 15 mm. Lichtfilter Blau BG 5. Vanadiumgehalt 50 γ/50 ml.

Zusatz γ Cr^{III}/50 ml	$E_{V + Cr}$	E der Chromfärbung	E_V
5000	0,208	0,019	0,189
2000	0,195	0,005	0,190
—	—	—	0,190

Versuchsserie II. Eine bestimmte Menge Eisen(II)-ion (*Mohr*sches Salz) wurde mit 5000 γ (zirka das 100fache der Eisenmenge) Chrom(III)-ion versetzt und in der bereits geschilderten Weise kolorimetriert. Die Extinktion für die reine Eisen(II)-lösung betrug $E = 0,156$. Bei Mitanwesenheit von 5000 γ Chrom(III)-ion war die Extinktion nach Abzug der durch die Eigenfärbung des Chromsalzes verursachten Extinktion (s. I), $E = 0,154$.

Versuchsserie III. Zu einer bestimmten Menge Eisen(II)-ion wurde eine Mischung von 3 ml Ammoniak (5%ig) + 1 ml Reagens + 2000 γ Chrom(III)-ion zugesetzt und nach Eintreten der Eisen-o-Phenanthrolinreaktion mit 1,5 ml Schwefelsäure (zirka 5-molar) angesäuert. Messung der Extinktion wie oben. Extinktion der reinen Eisen(II)-lösung $E = = 0,218$. Dieselbe Messung in Anwesenheit von 2000 γ Chrom(III)-ion ergab nach Abzug der durch die Eigenfärbung des Chromions verursachten Extinktion $E = 0,219$.

Es scheint hier daher weder eine oxydative Wirkung, noch irgendeine Komplexbindung des Reagens durch Chrom(III)-ion vorzuliegen.

Das Chrom(III) scheint in einer uns noch unbekannten Weise die Umsetzung des Vanadium(IV) mit Eisen(III) zu Vanadium(V) und Eisen(II) zu hemmen. Eine Ausschaltung dieses Einflusses konnte nicht erreicht werden. Es sei nur noch erwähnt, daß durch die Erhöhung des Reagenszusatzes die Fehler erniedrigt werden. Da aber, wie gesagt, eine Komplexbildung des Chrom(III) mit dem Reagens bzw. der dadurch bedingte Reagensentzug ausgeschlossen ist, kann diese Tatsache nur als positive Beeinflussung der Reaktion im Sinne des Massenwirkungsgesetzes erklärt werden.

Tabelle 7.

γ V/ml	E_{15}	E_{34}
0,1	—	0,048
0,2	0,043	0,094
0,24	0,053	—
0,3	—	0,136
0,4	0,081	0,179
0,8	0,155	—
1,2	0,226	—
1,6	0,291	—
2,0	0,342	—

E_{15} und E_{34} = Extinktion bei 15 mm und 34 mm Schichtdicke.

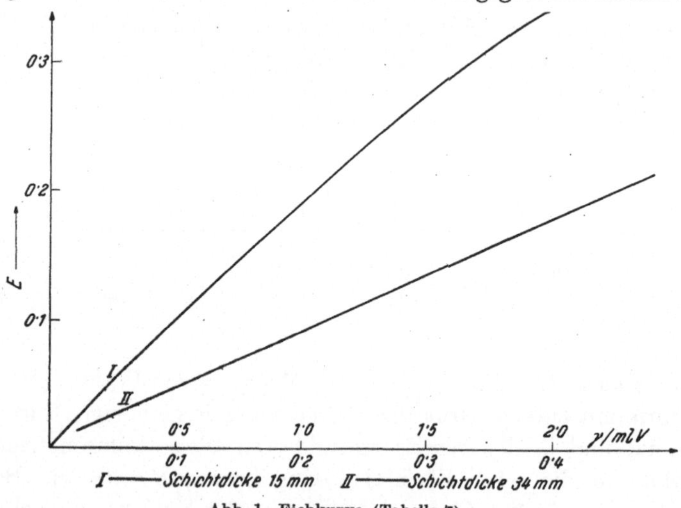

Abb. 1. Eichkurve (Tabelle 7).

Die auf Grund dieser Erfahrungen und nach der früher geschilderten Arbeitsweise durchgeführte Eichung des hier angewendeten *lichtelektrischen Universalkolorimeters Mod. III nach B. Lange* ergab bei Anwendung des Lichtfilters Blau BG 5 die in der Tabelle 7 und Abb. 1 gebrachten Ergebnisse.

Das *Beer-Lambert*sche Gesetz wird hier gut befolgt. Die Grenzkonzentration ist bei Anwendung des oben angeführten Instruments und des Lichtfilters Blau BG 5, bei einer Schichtdicke der Probe von 34 mm, 1 : 10000000. Demgegenüber wird diese von *F. Ephraim*[1] unter Verwendung von Dimethylglyoxim mit 1 : 400000 angegeben. Die in der Praxis meist angewendete Bestimmung des Vanadiums mit Wasserstoffperoxyd soll eine Grenzkonzentration 1 : 200000 haben[16].

Diese Methode wurde auch an einer Reihe praktischer Vanadiumbestimmungen auf ihre Brauchbarkeit überprüft. Die Einwaagen erfolgten auf einer Makrowaage. Die Aufschlüsse erfolgten mit Schwefelsäure oder mit Kaliumpyrosulfat, bzw. mit Schwefelsäure + Flußsäure (nach *Berzelius*). Nach erfolgtem Aufschluß wurde die Probe mit Wasser aufgenommen und je nach dem vermutlichen Vanadiumgehalt ein aliquoter Teil zur Reduktion entnommen. Dieser Teil der Lösung wurde zunächst mit Wasserstoffperoxyd (1 ml

Tabelle 8.

Bezeichnung der Probe	% V maß-analytisch	% V kolor.
Korundschlacke T 16	3,84	3,82
,, T 17	0,438	0,427
Ölruß	7,31	7,23
Flugstaub	4,73	4,75
Thomasschlacke T 37	9,35	9,35
V-Mo-Mischsalz	3,17	3,16
Quarz VI	0,100	$0,100_6$*
,, XI	0,0100	$0,0100_8$*

30%ig) versetzt und der Überschuß des letzteren weggekocht. Zu der noch siedenden Probe wurde nun solange tropfenweise n/10 Kaliumpermanganat zugefügt, bis eine bleibende Rotfärbung bemerkbar wurde. Nach dreimaligem Eindampfen der aufoxydierten Probe mit konz. Salzsäure wurde auf 100 ml aufgefüllt und 20 bis 25 ml dieser Lösung wie bereits geschildert kolorimetriert. Wie in der Tabelle 8 gezeigt wird, ergab sich eine gute Übereinstimmung zwischen den nach der hier geschilderten neuen Methode gefundenen und den nach den üblichen maßanalytischen Methoden[12–14, 16, 17] ermittelten Werten.

Zusammenfassung.

Ausgehend von einer Arbeit *F. Ephraims*[1] wurde unter Verwendung von o-Phenanthrolinhydrochlorid als Reagens eine neue quantitative Bestimmungsmethode für Vanadium ausgearbeitet. Die Bestimmung des Vanadiums wird ohne Abtrennung der mitanwesenden Elemente kolorimetrisch durchgeführt. Die Grenzempfindlichkeit beträgt 1 : 10000000 und ist daher den meisten gebräuchlichen Vanadiumbestimmungsmethoden weitaus überlegen. An einer Reihe vanadiumhaltiger Stoffe wurde die praktische Brauchbarkeit der neuen Methode

---

* Probe künstlich hergestellt durch Zusatz zum Quarz einer bestimmten Menge Vanadium. Eigengehalt an Vanadium im Quarz VI = 0,0014% und im Quarz XI = 0,0028%.

erwiesen. Über die Verwendbarkeit derselben bei Stahlanalysen soll später noch berichtet werden.

Summary.

Based on *F. Ephraim*'s work, a new quantitative method of determining vanadium was developed in which o-phenantroline hydrochloride is used as reagent. The determination of vanadium is made colorimetrically without separation of the accompanying elements. The sensitivity of the method is 1:10000000 and hence is far superior to the method most commonly employed for the determination of vanadium. The practical utility of the method was established with a number of samples. Reports regarding the applicability of the method for steel analyses will be given later.

Résumé.

Comme conséquence d'un travail de *F. Ephraim*, on met au point une nouvelle méthode de dosage du vanadium par l'emploi du chlorhydrate d'o-phénanthroline comme réactif. Le dosage colorimétrique du vanadium s'effectue colorimétriquement sans séparation des éléments présents. La sensibilité de la méthode atteint 1:10000000 et se montre, par conséquent, bien supérieure, à la plupart de celles qui sont en usage pour le vanadium. On en donnera plus tard la possibilité d'emploi pour l'analyse des aciers.

Literatur.

[1] *F. Ephraim*, Helv. Chim. Acta **14**, 1266 (1931).

[2] *L. Tschugaeff* und *B. Orelkin*, Z. anorg. Chem. **98**, 401 (1914).

[3] *R. Bunsen*, Ann. Chem. **86**, 265 (1853). — *Em. Campagne*, Ber. dtsch. chem. Ges. **36**, 3164 (1903).

[4] *F. Blau*, Monatsh. Chem. **19**, 647 (1898).

[5] *G. H. Walden*, *L. P. Hammet* und *R. P. Chapman*, J. Amer. Chem. Soc. **53**, 3908 (1931); **55**, 2649 (1933).

[6] *L. G. Saywell* und *B. B. Canningham*, Ind. Engng. Chem., Analyt. Ed. **9**, 67 (1937).

[7] *A. Thiel*, *E. van Hengel* und *H. Heinrich*, Ber. dtsch. chem. Ges. **70**, 2491 (1937); **71**, 756 (1938).

[8] *D. Stanke*, Diplomarbeit, Graz, Technische Hochschule. 1948/49.

[9] *W. Koch*, Techn. Mitt. Krupp, Forschungsber. 45 (1938). — *Gmelins* Handbuch der anorganischen Chemie, 8. Aufl., System Nr. 59, Teil F, Abt. II, Verlag Chemie Berlin, 1939, S. 192.

[10] *G. H. Gaines*, *L. P. Hammet* und *R. P. Chapman*, J. Amer. Chem. Soc. **58**, 1668 (1936).

[11] *G. H. Walden*, *L. P. Hammet* und *R. P. Chapman*, Z. analyt. Chem. **97**, 204 (1934).

[12] *G. H. Walden*, *L. P. Hammet* und *S. M. Edmonds*, J. Amer. Chem. Soc. **56**, 350 (1934); **56**, 57 (1934).

[13] *G. H. Walden*, *L. P. Hammet* und *S. M. Edmonds*, Z. analyt. Chem. **101**, 386 (1935).

[14] *E. Merck*, Der Tri-o-Phenanthrolin-Ferro-Komplex und Cerisulfat in der maßanalytischen Praxis, 3. Aufl., Selbstverlag Darmstadt.

[15] *J. Gillis*, Reactif pour l'analyse qualitative minérale, 2e Rapport, Wepf & Cie. Bâle, 1945, S. 71—73.

[16] *R. Lange* und *F. Kurtz*, Z. analyt. Chem. **86**, 298 (1931).

[17] Schiedsverfahren, I. Bd., Analyse der Metalle, Springer-Verlag Berlin, 1942, S. 382.

Aus der Landwirtschaftlichen Versuchsstation Limburgerhof der
Badischen Anilin- und Soda-Fabrik, Ludwigshafen/Rhein.

Kolorimetrische Bestimmung kleinster Mengen Schwefel.

Von

H. Roth.

Mit 2 Abbildungen.

(Eingelangt am 18. Juli 1950.)

Für unsere Arbeiten zur Bestimmung schwefelhaltiger Pflanzen-
inhaltsstoffe war es ein unbedingtes Erfordernis, eine Schwefelbestim-
mungsmethode zur Verfügung zu haben, die es ermöglicht, *kleine* und
kleinste Schwefelmengen genau zu bestimmen. Wenn man sich vor Augen
hält, daß z. B. Getreidekörner etwa 0,1% Gesamtschwefel enthalten,
der sich aus mehreren Schwefelverbindungen zusammensetzt, ist leicht
zu ersehen, daß bei Arbeiten zur Erfassung dieser Stoffe die üblichen
Mikromethoden nur Anwendung finden können, wenn man von unzweck-
mäßig großen Mengen Untersuchungsmaterial ausgeht. Diese bedingen
dann einen langwierigen Analysengang und führen infolgedessen zu
ungenauen Ergebnissen. Methoden zur Bestimmung von Mikrogrammen
Schwefel wurden für spezielle Zwecke bereits beschrieben[1] und fanden
bei biologischen Arbeiten (z. B. Insulin) gelegentlich Anwendung.

Da diese Methoden den Anforderungen unserer Arbeiten nicht in
jeder Hinsicht entsprachen, wurde ein neues Verfahren ausgearbeitet,
das als eine Kombination des *Carius*[2]- bzw. *Wehner*[3]-Aufschlusses mit
der *Lorant*[4]-Methode anzusehen ist. Nach Oxydation des Schwefels
jeder Bindungsart zu Sulfat wird dieses anschließend mit Jodwasser-
stoff- und Ameisensäure zu Schwefelwasserstoff reduziert. Der Schwefelwasserstoff wird schließlich mit Hilfe der *Caro*schen Reaktion als Methylenblau photometrisch bestimmt.

Nach welchem der beiden Aufschlußverfahren (A = *Carius*, B =
= *Wehner*) man die Analysenprobe am besten oxydiert, hängt von der
Art der Probe und der verfügbaren Menge ab.

Nach dem Aufschlußverfahren A wird die Analysenprobe in einem
Mikrobombenrohr mit Salpetersäure und *Kaliumnitrat*, das sich mit

dem bei der Oxydation entstehenden Sulfat zu Kaliumsulfat umsetzt, aufgeschlossen. Durch den Zusatz von Kaliumnitrat ergeben sich zwei Vorteile: 1. werden die beim Öffnen der Bombe öfter auftretenden Verluste an freier Schwefelsäure vermieden und 2. können, da das entstandene Kaliumsulfat nicht wie das Bariumsulfat ausfällt, mit einem Aufschluß mehrere Bestimmungen ausgeführt werden, was besonders dann wertvoll ist, wenn man den ungefähren Schwefelgehalt der Analysenprobe nicht kennt. Nach dem Abdampfen der Salpetersäure in einem siedenden Wasserbad muß das nicht umgesetzte Kaliumnitrat mit *Arnd*scher Legierung reduziert werden, da Spuren von Nitrat nach der anschließenden Reduktion des Sulfats zu Schwefelwasserstoff diesen auf seinem Wege zur Absorptionsvorlage oxydieren, wodurch zu niedrige Schwefelwerte erhalten werden.

Den Aufschluß in der Mikrobombe wird man mit einer normalen Mikroeinwaage (3 bis 6 mg) durchführen, wenn der Schwefelgehalt der Analysenprobe über 0,2% liegt, wie es bei Proteinverbindungen und deren Bausteinen, Nucleoproteiden und anderen hochmolekularen organischen Substanzen mit schwefelhaltigen Gruppen der Fall ist. Für Analysenproben mit noch geringerem Schwefelgehalt, wie z. B. bei der Bestimmung von Schwefel*spuren* in anorganischen und organischen Verbindungen, kann die Einwaage auf das 2- bis 4fache ohne Bedenken erhöht werden.

Auch zur Analyse kleiner Volumina (0,5 bis 2 ml) wäßriger Lösungen (Hydrolysate, Blut, Harn u. a.) wird man den Aufschluß in der Mikrobombe benutzen. Um das Wasser zu verdunsten, bläst man in das in ein kochendes Wasserbad gebrachte Mikrobombenrohr Luft ein und schließt den Rückstand wie die festen Proben auf.

Ferner wird man das Verfahren A für „Sonderanalysen" dann heranziehen, wenn z. B. von einer aus Naturstoffen isolierten Substanz nur einige Zehntel-Milligramme für die Schwefelbestimmung abgezweigt werden können. Steht keine empfindlichere als die übliche Mikrowaage zur Wägung der kleinen Menge zur Verfügung, bringt man einen aliquoten Teil der in einem geeigneten Lösungsmittel gelösten Substanz in das Bombenrohr und verdampft vor dem Zugeben der Salpetersäure das Lösungsmittel.

Der hier gezeigte Schritt von der Mikro- zur Ultramikromethodik ist für die Bestimmung des Schwefels in einem mikroanalytischen Untersuchungslaboratorium noch verfrüht, solange Waagen, die Wägungen bis zu $\pm\,0{,}2\,\gamma$ genau erlauben, für das Laboratoriumspersonal im kontinuierlichen Betrieb nicht zur Verfügung stehen und die lichtelektrische Farbwertbestimmung an Stelle der visuellen erfolgen kann. Analysensubstanzen, die einige und mehr Prozente Schwefel enthalten, wird man vorläufig nach den Methoden von *F. Pregl* oder *W. Zimmermann*[5] bestimmen. Unsere Methode soll besonders dort Anwendung finden, wo die Mikromethoden die Grenzen ihrer Leistungsfähigkeit bereits erreicht haben.

Um den Schwefel in Pflanzen- und anderem biologischen Material zu bestimmen, von dem mit Rücksicht auf den Durchschnittswert Einwaagen bis zu 500 mg erforderlich sind, wie auch bei der Analyse physiologischer Lösungen (Körperflüssigkeiten), wird man den Aufschluß der Analysenprobe nicht in der Mikrobombe, sondern nach Verfahren B durchführen. Es beruht auf einer Modifikation der von *O. Wehner*[3] beschriebenen Verbrennung in einer geschlossenen Sauerstoffatmosphäre. Feste Proben, besonders pflanzliche, werden in einem Tiegel mit Magnesiumoxyd und Natriumcarbonat (Eschka-Mischung) gemischt und in einer mit Sauerstoff gefüllten Flasche, deren Innenwandung mit Lauge benetzt wurde, verbrannt. Für die Verbrennung sauerstoffarmer fester Proben nach dem Aufschlußverfahren B, wie z. B. Proteine, ist die Zumischung der gleichen bis doppelten Menge Saccharose zu empfehlen. Flüssige Proben, z. B. Blut und andere wäßrige Lösungen, pipettiert man in einen Tiegel, fügt ein zusammengeknülltes Filtrierpapier oder einen Wattebausch als brennbaren Träger* hinzu, der die Lösungen aufsaugt, und verbrennt nach dem Trocknen wie feste Substanzen.

Die Reduktion des Sulfats zu Schwefelwasserstoff und dessen Bestimmung erfolgt in den Aufschlüssen A und B in gleicher Weise.

Die „Flaschenmethode" ist besonders geeignet für Reihenuntersuchungen. Mit 10 Apparaturen können von zwei Laboratoriumskräften täglich 70 Analysen durchgeführt werden. Zur Analyse von flüchtigen Schwefelverbindungen ist die Flaschenmethode nicht geeignet. Die Verbrennung solcher Substanzen, wie Prüfungen auf Schwefelverunreinigungen organischer Lösungsmittel, führt man am besten in der *Grote-Krekeler*[6]-Apparatur durch und bestimmt den Schwefel mit Hilfe der Methylenblaureaktion.

Das Reduktionsgemisch ist ähnlich dem von *St. Lorant*[4] beschriebenen. Es besteht aus 100 Vol.-Teilen Jodwasserstoffsäure ($d = 1,70$) und 75 Vol.-Teilen Ameisensäure (85%ig). An Stelle des bislang verwendeten roten Phosphors setzen wir Kaliumhypophosphit zu. Wie aus Tabelle 1 zu ersehen ist, erhält man nur innerhalb eines bestimmten Mischungsverhältnisses der Jodwasserstoff- und Ameisensäure (43 bis 53 Vol.-% Ameisensäure) konstante Werte. Darauf hat man besonders bei wiederholter Verwendung des Reduktionsgemisches (Dichtebestimmung) zu achten.

---

* Bei der Verbrennung mit Trägern erübrigt sich die Eschka-Mischung.

Tabelle 1.

% HCOOH (85%) in HJ (d = 1,70)	Dichte des Gemisches	Abgelesene Extinktionen für 33,4 γ Schwefel			
0	1,70	0,64	0,68	0,64	0,59
1	1,70	0,66	0,57	0,66	0,64
2	1,698	0,70	0,59	0,67	0,52
3,34	1,690	0,67	0,70	0,62	
12,2	1,652	0,57	0,60	0,62	0,59
25,3	1,580	0,59	0,62	0,60	0,65
35,0	1,525	0,60	0,64	0,59	
39,0	1,510	0,62	0,60	0,58	
42,5	*1,496*	*0,58*	*0,57*	*0,58*	*0,58*
53,2	*1,430*	*0,59*	*0,58*	*0,57*	*0,58*
60,6	1,400	0,53	0,54	0,55	

Die Methylenblaureaktion. Der aus dem Sulfat gebildete Schwefelwasserstoff wird in einem Wasserstoffstrom in eine Zinkacetatlösung übergeführt, in der er Zinksulfid bildet. Für die *Caro*sche Reaktion versetzt man mit einer schwefelsauren Dimethyl-p-phenylendiaminlösung. Der dabei frei werdende Schwefelwasserstoff bildet mit dem Dimethyl-p-phenylendiamin Leukomethylenblau, das schließlich mit einem Ferrisalz zu Methylenblau oxydiert wird.

Neben Leukomethylenblau bilden sich auch Wursters-Rot, Sulfidgrün und Methylrot. Nach Untersuchungen von *A. Bernthsen*[10] und *St. Lorant*[4] gehen Wursters-Rot und Sulfidgrün in kurzer Zeit in Methylenblau über. Nur etwa $^1/_{50}$ des Schwefelwasserstoffs bildet bei der *Caro*schen Reaktion beständiges Methylrot, das unter gleichen Versuchsbedingungen eine dem Methylenblau proportionale Größe darstellt und daher als Fehlerquelle nicht in Betracht kommt.

Die so erhaltenen Methylenblaulösungen zeichnen sich durch große Beständigkeit (über mehrere Stunden) aus. Ihre Extinktionen werden im *Zeiss*schen Stufenphotometer* abgelesen und der Schwefelgehalt aus der in Abb. 2 gebrachten Extinktionskurve ermittelt.

An dieser Stelle sei noch darauf hingewiesen, daß die 10fachen Mengen an Selen, Antimon und Arsen die kolorimetrische Bestimmung des Schwefels nicht stören.

Unter Berücksichtigung der zur Zeit zur Verfügung stehenden Laboratoriumsbehelfe (Waagen, Reagenzien, Photometer) wird die höchste Genauigkeit und größte Sicherheit bei der nachstehend beschriebenen Analyse erreicht, wenn von den Aufschlußlösungen Mengen verwendet werden, die 10 bis 40 γ Schwefel entsprechen.

---

* Für den Extinktionskoeffizienten für Farbfilter „S 66" (660 mμ) wurde $\varepsilon = 8{,}667 \times 10$ berechnet.

Auf Grund einer großen Zahl von Testanalysen beträgt in diesem Bereich die Genauigkeit der Bestimmung (nach beiden Aufschlußverfahren) 3%. Für Analysenproben, die nur einige Zehntel oder Hundertstel Prozent Schwefel enthalten, ebenso für Leitungswasser, in dem 0,00135 und 0,00136%* Schwefel gefunden wurden, kann die bis jetzt erreichte Genauigkeit als zufriedenstellend bezeichnet werden. Um jedoch Substanzen von hohem Schwefelgehalt innerhalb der in der Mikroanalyse üblichen Fehlergrenze zu bestimmen, müßte vor allem die Ablesung der Methylenblaulösungen in einem lichtelektrischen Kolorimeter erfolgen, das nach *G. Kortüm*[7] mit einem Fehler von 0,1% arbeitet, während die Genauigkeit des Stufenphotometers (Zeiss) unter günstigsten Bedingungen 1,4% beträgt.

Die Empfindlichkeit der Methode ermöglicht es, in nur einigen hundert Milligrammen physiologischen Materials nach dessen fraktionierter Aufteilung die Schwefelverbindungen über ihren Gesamtschwefel dort zu bestimmen, wo empfindliche spezifische Reaktionen fehlen. Über den Analysengang zur Bestimmung von schwefelhaltigen Substanzen in biologischem Material soll demnächst berichtet werden.

Bei unseren Versuchen, die Methode weiter zu verfeinern, um nur einige Mikrogramme Schwefel zu bestimmen, stießen wir insofern auf Schwierigkeiten, als die Reinigung der Reagenzien nur so weit gelang, daß die für eine Analyse nötigen Mengen zusammen mit dem dest. Wasser 0,1 bis 0,2 γ Schwefel enthielten. Bis jetzt bestand jedoch kein Erfordernis, so kleine Mengen zu bestimmen, weshalb wir die Versuche zur Darstellung *absolut* schwefelfreier Reagenzien vorläufig zurückgestellt haben. Da, wie schon gesagt wurde, von den Aufschlußlösungen meistens aliquote Teile für die Bestimmung des Schwefels verwendet werden, beeinflußt der aus den Reagenzien stammende Blindwert die Analysengenauigkeit praktisch nicht. Wie man Reagenzien, die den Anforderungen unserer Methode entsprechen, erhält, wird weiter unten beschrieben.

Es folgt nun die Beschreibung der Apparatur, die Prüfung der Reagenzien auf ihre Eignung und, wenn erforderlich, deren Reinigung. Anschließend an die Ausführung der Bestimmung werden in der Tabelle 2 einige Analysenergebnisse gebracht, aus der die universelle Anwendung des Verfahrens zu ersehen ist.

Praktischer Teil.

Apparatur (Abb. 1). Sie besteht aus einem Rundkölbchen von 50 ml Inhalt, das zum Eindunsten der Aufschlußlösung und gleichzeitig für die Reduktion Verwendung findet. Mittels eines Normalschliffes wird es an den Destillationsteil der Apparatur angeschlossen. In den inneren

---

* In 3 ml bestimmt.

Hohlschliff führt das Zuleitungsröhrchen für den Wasserstoff, durch das auch
das Reduktionsgemisch eingebracht wird. Letzteres wird in den graduierten
Meßzylinder gebracht, der unten einen Glashahn und oben einen Normalschliff trägt, über den die Verbindung mit der Wasserstoffflasche hergestellt wird. Wie aus der Abbildung zu ersehen ist, muß das seitlich
eingeführte Zuleitungsröhrchen bis in die Mitte des Schliffes reichen.
Über eine birnenförmige Erweiterung ist der Schliff mit dem Rückflußkühler verbunden. Von diesem führt ein horizontales Ableitungsrohr,
das am Ende rechtwinklig abgebogen ist, zur Absorptionsvorlage. Etwa

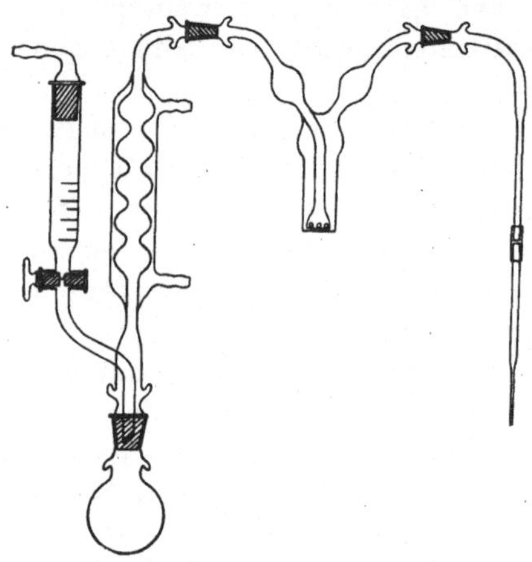

in der Mitte des Rohres ist eine
Waschvorrichtung mittels zwei gleicher (trockener) Normalschliffe zwi-
schengeschaltet. Über das Ende des
Gasableitungsrohres wird ein etwa
2 cm langes Gummischlauchstück geschoben und in dieses ein gleich star-
kes Röhrchen, das zu einer stark-
wandigen Spitze von $^1/_2$ mm lichte
Weite ausgezogen wurde, unter Glas-
an-Glas-Verbindung eingesetzt. Im
allgemeinen benutzt man als Absorptionsvorlage Meßkölbchen mit Schliffstopfen von 50 ml Inhalt.

Abb. 1. Apparatur zur Bestimmung von
Ultramikro-Mengen Schwefel.

Reagenzien. Da es nicht möglich
ist, alle für unsere Zwecke erforderlichen Reagenzien schwefelfrei zu be-
ziehen, wird deren Reinigung beschrieben. Wie bereits gesagt, fordern
wir eine so weitgehende Reinheit, daß die für eine Analyse verwendeten
Mengen zusammen mit dem dest. Wasser nicht mehr als 0,2 γ Schwefel
enthalten dürfen. Da für die Überprüfung der Reagenzien das Reduktionsgemisch erforderlich ist, wird seine Herstellung zuerst beschrieben.

Reduktionsgemisch: Am zweckmäßigsten bereitet man sich gleich
eine größere Menge des Gemisches. Man bringt in einen Rundkolben
von 500 ml Inhalt, der den gleichen Normalschliff wie der Destillationsteil
der Apparatur besitzt, 100 ml Jodwasserstoffsäure (zur Methoxyl-
bestimmung d = 1,7), 75 ml 85%ige Ameisensäure und 1 g Kaliumhypophosphit (KH_2PO_2). Steht keine Ameisensäure von hoher Reinheit
zur Verfügung, destilliert man sie zweimal unter Zusatz von etwa 0,5 g
Bariumchlorid. Um das Gemisch vollständig von Schwefel zu befreien,
muß es ausgekocht werden. Dazu wird der Kolben an eine Apparatur
(ohne Waschvorrichtung), die man nur dafür benutzt, angeschlossen
und die Vorlage mit 20 ml Absorptionslösung beschickt. Sobald der
Wasserstoffstrom so eingestellt ist, daß die Bläschen in der Vorlage in

rascher Folge hochsteigen, beginnt man mit dem Erhitzen des Gemisches unter Rückfluß. Trübt sich während des Austreibens des Schwefelwasserstoffes die Vorlage stark, ersetzt man sie durch eine neue. Im allgemeinen ist das Gemisch nach 45 Minuten langem Kochen frei von Schwefel. Zur Überprüfung schließt man eine neue Absorptionslösung an und führt nach 15 Minuten in der bei der Ausführung der Analyse beschriebenen Weise die *Carosche* Reaktion durch. Da erfahrungsgemäß auch schwefelfreie Proben nach der Destillation eine schwach gelbliche Färbung hervorrufen, für die im Stufenphotometer Extinktionen zwischen 0,02 bis 0,04 abgelesen werden*, ist das Gemisch, wenn keine stärkere Färbung auftritt, als schwefelfrei anzusehen. Zeigte die Prüfung noch Schwefelwasserstoff an, ist bis zur Erreichung der geschilderten schwachen Verfärbung in neue Vorlagen weiter zu destillieren. Nach dem Abkühlen bewahrt man das Gemisch in einer braunen Vorratsflasche auf. In der Praxis hat sich gezeigt, daß das so hergestellte Reduktionsgemisch, wenn es nicht gleich benutzt wird, nach mehrtägigem Stehen bei neuerlichem Aufkochen Spuren von Schwefelwasserstoff abgibt. Wir haben es uns daher zur Regel gemacht, die für einen Arbeitstag erforderliche Menge vor der Testanalyse an die Apparatur anzuschließen und 15 Minuten lang auszukochen.

Das Reduktionsgemisch kann ohne Bedenken zweimal benutzt werden. Bei weiterer Verwendung hat man es, wenn es frei von Salzen und Metallen aus der *Arnd*schen Legierung ist, auf die in der Tabelle 1 angeführte Dichte einzustellen. Ist es unbrauchbar geworden, destilliert man die Jodwasserstoffsäure fraktioniert ab und verwendet das Destillat mit der Dichte von 1,70 zur Herstellung eines neuen Reduktionsgemisches.

Dest. Wasser: Gewöhnliches, auch doppelt dest. Wasser ist infolge des geringen Sulfatgehaltes für die Bereitung von Lösungen, die vor der Reduktion Verwendung finden, wie für das Ausspülen der Mikrobombe ungeeignet. Man reinigt es durch Destillation über Bariumchlorid aus einer Schliffapparatur. 100 ml des so hergestellten dest. Wassers enthalten noch 0,5 bis 1 γ Schwefel.

Methanol-Wasser-Gemisch (9 : 1): Zum quantitativen Überspülen des Bombeninhaltes in das Reduktionskölbchen sind 15 bis 20 ml Flüssigkeit nötig. Mit Wasser würde folglich etwa 0,1 γ Schwefel in die Aufschlußlösung gebracht werden, die, wenn der ganze Aufschluß für die Bestimmung verwendet wird, allein schon etwa 0,3% des zu bestimmenden Schwefels ausmachen würden. Da der von uns benutzte Methylalkohol *frei* von Schwefel ist, verwenden wir als Spülflüssigkeit ein Gemisch aus 9 Vol.-Teilen Methanol und 1 Vol.-Teil dest. Wasser.

Kaliumbikarbonat, Merck, p. a. ist schwefelfrei.

---

* Eine vollkommen farblose Lösung haben wir noch nie erhalten.

Salpetersäure, 65%ig, hergestellt durch Destillation aus einer Schliffapparatur unter Zusatz von 0,5 g Bariumchlorid.

Schwefelfreies Ammoniak: Wird durch Isothermdiffusion aus technischem Ammoniak nach *E. Abrahamczik*[8] hergestellt.

Magnesiumchlorid, Merck, p. a.

Arndsche Legierung, Kupfer-Magnesium-Legierung (60 : 40).

Salzsäure 1 : 1: Etwa 750 ml konz. Salzsäure werden zweimal mit je 0,5 g Bariumchlorid durch Destillation aus einer Schliffapparatur von Sulfat befreit und schließlich mit gleichem Volumen dest. Wassers versetzt. Zur Prüfung werden 15 ml im Rundkölbchen zur Trockne eingeengt und anschließend die Blindwertbestimmung durchgeführt.

6%ige Natronlauge, hergestellt aus Natriumhydroxyd, Merck, p. a., erwies sich als schwefelfrei.

Natriumperoxyd, Merck, p. a.: Der Sulfatgehalt des Präparats (0,001%) beeinflußt bei der Flaschenmethode, bei der nur in aliquoten Teilen der Lösung der Schwefel bestimmt wird, die Genauigkeit der Analyse nicht.

Eschka-Mischung: Sie besteht aus 2 Gewichtsteilen Magnesiumoxyd und 1 Gewichtsteil Natriumcarbonat. Zur Prüfung auf ihre Brauchbarkeit werden je 200 mg der Salze in dem Reduktionskölbchen mit der schwefelfreien Salzsäure neutralisiert und zur Trockne eingedampft. Der Schwefelgehalt wird wie bei einer normalen Analyse ermittelt. Falls die Präparate nicht schwefelfrei sind, müssen sie gereinigt werden.

Schwefelfreies Filtrierpapier (Watte) und *schwefelfreie Saccharose.*

Die Überprüfung der Reagenzien nimmt man am besten mit einer zugesetzten Kaliumsulfat-Standardlösung von unbekannter Extinktion vor, da die kleinen Extinktionswerte der Reagenzien allein eine genaue Reinheitsprüfung aus angeführten Gründen nicht ermöglichen.

Waschlösung: In einem 100-ml-Meßkolben löst man 10 g sek. Natriumphosphat p. a. in 50 ml Wasser, fügt dann 10 g Pyrogallol p. a. hinzu und füllt mit Wasser bis zur Marke auf. Von dieser Lösung, die während des Stehens dunkel wird und trotzdem über Monate brauchbar bleibt, bringt man 2 ml in die Waschvorrichtung. Obgleich die Waschflüssigkeit wenig beansprucht wird, erneuern wir sie alle 1 bis 2 Wochen.

*Absorptionslösung**: 500 g Zinkacetat p. a., 100 g Natriumacetat und 0,5 g Natriumchlorid p. a. werden in 10 l dest. Wasser gelöst. Nach 1 Tag Stehen wird die etwas trübe Lösung filtriert. Prüfung durch die *Carosche* Reaktion.

*Dimethyl-p-phenylendiaminlösung**: In einen 2-l-Meßkolben werden 1 g Dimethyl-p-phenylendiamin-sulfat oder -hydrochlorid Merck, p. a. mit 100 ml Wasser aufgeschlemmt und unter Kühlung 400 ml konz.

---

* Die mit * bezeichneten Lösungen können mit gewöhnlichem dest. Wasser hergestellt werden.

Schwefelsäure, d = 1,84, vorsichtig zugegeben. Unter weiterem Kühlen wird mit dest. Wasser auf 2 l ergänzt.

Eisenalaunlösung:* 25 g Ferriammonsulfat p. a. werden zuerst mit 5 ml konz. Schwefelsäure, d = 1,84, versetzt und vorsichtig mit dest. Wasser auf 200 ml aufgefüllt.

Ausführung der Analyse:

1. *Nach dem Aufschlußverfahren A* (Mikrobombenrohr).

Feste Substanzen werden in üblicher Weise mit einem Wägeröhrchen mit langem Stiel in das Mikrobombenrohr eingewogen. Größere Mengen von Flüssigkeiten bringt man mit der Pipette auf den Boden des Bombenrohres und verdampft daraus den wäßrigen Anteil in einem siedenden Wasserbad unter Einblasen von Luft**. Zur Einwaage kleiner Flüssigkeitsmengen benutzt man das Mikrowägegläschen[9]. Enthält die Untersuchungslösung Salzsäure (Proteinhydrolysat), muß sie vorher mit Ammoniak neutralisiert werden. Ein Überschuß an Ammoniak schadet nicht, da dieses sich beim Eindampfen verflüchtigt. Freie Salzsäure muß beim Bombenaufschluß unbedingt vermieden werden. Sie löst Schwefel aus dem Glas (Glaubersalz). Mit Salpetersäure allein treten mit Jenaer Glas keine Störungen auf. Sodann wird in die Bombe noch eine kleine Menge reinstes Kaliumbikarbonat (etwa 1 mg) und 0,30 ml schwefelfreie Salpetersäure gegeben. Die zugeschmolzene Bombe wird nun in einem Aluminiumblock oder Schießofen 6 Stunden lang auf 300° erhitzt. Nach dem Erkalten wird die in der Bombenspitze befindliche Salpetersäure durch schwaches Erwärmen mit einer Sparflamme in den weiteren Teil der Bombe zurückgetrieben. Nachdem man durch Erhitzen der Bombenspitze den Druck abgelassen hat, wird das Bombenrohr unter der Verjüngungsstelle abgesprengt und der Inhalt mit 15 bis 20 ml 90%igem wäßrigen Methanol quantitativ in ein Reduktionskölbchen übergespült und in einem siedenden Wasserbad unter Aufblasen von Luft zur Trockne eingedampft. Anschließend wird der Rückstand mit 6 bis 7 ml dest. Wasser gelöst, mit 4 Tropfen gesättigter Magnesiumchloridlösung und 200 mg *Arnd*scher Legierung versetzt. Unter Aufblasen von Luft wird nochmals im kochenden Wasserbad bis zur Trockne abgedunstet. Nun wird noch 1 ml 85%ige Ameisensäure hinzugefügt und abermals eingedampft. Dann wird das Kölbchen an die *Lorant*-Apparatur angeschlossen und der Schwefel, wie weiter unten beschrieben, bestimmt.

---

* Die mit * bezeichneten Lösungen können mit gewöhnlichem dest. Wasser hesgestellt werden.

** Die Luft, die einer Stahlflasche oder einer Druckleitung entnommen wird, reinigt man in zwei hintereinander geschalteten, mit 2 n Natronlauge beschickten Waschflaschen.

2. *Nach dem Aufschlußverfahren B* (Flaschenmethode).

a) Feste Proben.

Mit Rücksicht auf eine gute Durchschnittsprobe werden in einem Porzellantiegel von etwa 50 mm Durchmesser und einer Höhe von 30 mm, in den man schon vorher 100 mg Eschka-Mischung gebracht hat, 500 mg trockenes Untersuchungsmaterial eingewogen und mit weiteren 50 mg Eschka-Mischung überschichtet*. Will man Proteine und andere sauerstoffarme Substanzen mit der Flaschenmethode analysieren, so mischt man sie an Stelle der Eschka-Mischung mit der 1- bis 2fachen Menge Zucker, mit dem die Probe genügend heiß und vollständig verbrennt.

b) Lösungen.

Die Aufbringung der Analysenlösung auf den Träger ist einfach. Je nach Schwefelgehalt der Proben werden 1 bis 5 ml in einen gleichen Porzellantiegel, wie er bei festen Proben verwendet wird, pipettiert und im Trockenschrank bei 60° auf etwa 0,5 ml eingeengt. Nun bringt man in den Tiegel ein etwa 10 cm² großes schwefelfreies Filtrierpapier, das zu einer Kugel zusammengeknüllt wurde, oder einen haselnußgroßen Wattebausch. Sodann trocknet man im Schrank so lange weiter, bis der Tiegelinhalt vollkommen trocken ist. Die Verbrennung der Probe erfolgt in einer Weithalsglasflasche mit Schliffstopfen von 2 l Inhalt. In diese werden 10 ml 6%ige Natronlauge gebracht und anschließend 2 Minuten lang Sauerstoff aus einer Stahlflasche eingeleitet. Der Stopfen wird wieder aufgesetzt, die Flasche umgelegt und so lange gedreht, bis die Wandung vollständig mit Lauge benetzt ist, Flaschenhals und Stopfen müssen dabei trocken bleiben. Nun bringt man in den Tiegel ein 4 cm langes und 3 mm breites Salpeterpapier**, dessen eines Ende in die Probe geschoben wird. Zur Verbrennung (Schutzbrille) entzündet man das herausragende Ende des Salpeterpapiers, nimmt den Stopfen von der Flasche ab, bringt mit einer langen Tiegelzange den Tiegel auf den Flaschenboden, setzt sofort den Stopfen auf und festigt den Schliff durch vorsichtiges Eindrehen des Stopfens. Der Verbrennungsvorgang dauert 3 bis 5 Minuten, dabei bilden sich weißgraue Nebel, die nach einigen Stunden wieder verschwinden. Für die Praxis hat es sich am besten erwiesen, das Einwägen und Verbrennen der Proben am Ende eines Arbeitstages vorzunehmen. Am nächsten Morgen lockert man den Stopfen der Flasche durch leichtes Klopfen mit einem Holzstab, hebt den Tiegel mit der Zange über den Flaschenhals und spritzt ihn äußerlich mit dest. Wasser ab. Nach Zugabe von 5 bis 10 mg Natrium-

---

* Bei Proben, die sich sehr fein zerkleinern lassen, oder bei Substanzmangel kann noch mit Einwaagen bis zu 100 mg gearbeitet werden, entsprechend ist auch der Zusatz an Eschka-Mischung zu erniedrigen.

** Bereitet durch Eintauchen von Filterpapier in 10%ige Kaliumnitratlösung.

peroxyd und 1 ml dest. Wasser wird der Tiegel auf einer elektrischen Heizplatte unter ständigem Verreiben des Veraschungsrückstandes bis zum Aufkochen erhitzt, der Tiegelinhalt in eine Glas- oder Porzellanschale gegossen und mit dest. Wasser nachgespült. Zu den eventuell im Tiegel haften gebliebenen Verbrennungsresten werden ein- oder zweimal 2 ml Salzsäure 1 : 1 zugegeben, erwärmt und der Inhalt mit Wasser in die gleiche Schale übergespült. Nun werden in die Flasche 15 ml Salzsäure gebracht, die Wandung, wie vorher beschrieben, damit benetzt und der Inhalt zur Lösung in die Porzellanschale übergespült. Schließlich wird die Flasche noch zweimal mit 20 ml dest. Wasser sorgfältig nachgespült und die Waschwässer werden mit der Lösung in der Schale vereinigt. Es wird nun in einen 100- oder 250-ml-Meßkolben filtriert und die fehlende Flüssigkeit mit dest. Wasser ergänzt.

Bevor man diese Lösungen wie auch die des Mikrobombenaufschlusses weiter verarbeitet, ist es zu empfehlen, zu Beginn eines Arbeitstages die Apparatur mit einer Testanalyse zu überprüfen. Dazu benutzt man eine Kaliumsulfat-Standardlösung, die in 2 ml etwa 30 γ Schwefel enthält. In das sorgfältig gereinigte Rundkölbchen werden 2 ml der Standardlösung pipettiert. Zur Verdunstung des Wassers wird das Kölbchen in ein kochendes Wasserbad gebracht und ein schwacher Luftstrom hineingeblasen. Nachdem man das Kölbchen an die Apparatur angeschlossen hat, wird der Schliff mit Hilfe von Stahlfedern gesichert. Sobald man das mit 20 ml Absorptionslösung beschickte Meßkölbchen von 50 ml Inhalt so unter das Ende des Gaseinleitungsrohres gebracht hat, daß dessen Spitze den Boden des Kölbchens berührt, wird der Wasserstoffstrom auf rasche Blasenfolge in der Absorptionslösung eingestellt. Nachdem man 2 Minuten den Wasserstoff durch die Apparatur geleitet hat, schließt man den Glashahn des Gaszuleitungsröhrchens, entfernt den Schliff vom graduierten Meßzylinder und bringt in diesen aus der Vorratsflasche 2 ml des Reduktionsgemisches. Sodann setzt man den Schliff wieder auf und öffnet den Glashahn. Durch den nachströmenden Wasserstoff wird das Reduktionsgemisch in das Rundkölbchen gedrückt. Nun setzt man den Rückflußkühler in Betrieb und bringt unter das Kölbchen einen Brenner mit kleiner Flamme und Schornstein. 15 Minuten nach Beginn des Siedens senkt man die Vorlage, zieht die Spitze aus der Gummiverbindung und läßt sie vorsichtig in das Kölbchen zur Absorptionslösung gleiten. Damit der Schliff bis zur nächsten Destillation abgekühlt ist, entfernt man den Brenner unter dem Kölbchen.

Für die Methylenblaureaktion wird die Vorlage auf Leitungswassertemperatur gekühlt. Nach Hinzufügen von 7,5 ml Dimethyl-p-phenylendiaminlösung setzt man den Glasstopfen auf und schwenkt einmal um. Schließlich fügt man noch rasch 2 ml der Eisenalaunlösung hinzu, verschließt das Kölbchen und stellt es unter kreisförmigem Umschwenken zur Farbentwicklung ab. Dabei geht die zuerst auftretende Rotfärbung über Violett in Blau über, dessen Farbe nach 15 Minuten über mehrere Stunden beständig bleibt. Vor dem Ablesen der Extinktion holt man mit einer Pinzette die Glasspitze aus der Lösung, spült sie im Kolben-

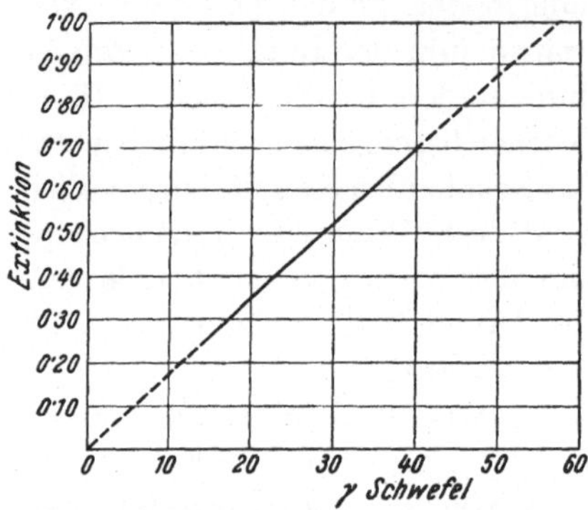

Abb. 2. Extinktionskurve für Methylenblau (V = 50 ml, F = „S 66" 1-cm-Küvette).

hals vorsichtig ab, fügt noch 1 ml Methylalkohol hinzu, ergänzt mit dest. Wasser bis zur Marke und schüttelt gut durch. Die Ablesung der Extinktion wird im Stufen-photometer (Zeiss) unter Benutzung des Filters „S 66" in der 1-cm-Küvette gegen Wasser vorgenommen. Aus der in Abb. 2 gebrachten Extinktionskurve ergeben sich die den abgelesenen Extinktionswerten entsprechenden γ Schwefel. Hat die Testanalyse gezeigt, daß Apparatur und Reagenzien in Ordnung sind,

kann sofort mit der Analyse der Untersuchungslösung begonnen werden. Von den Probelösungen bringt man im allgemeinen die etwa 30 γ Schwefel entsprechende Menge in das Rundkölbchen und verfährt nach Eindunsten zur Trockne weiter, wie bereits für die Testanalysen beschrieben wurde.

Tabelle 2. Beleganalysen und Anwendungsbeispiele.

Analysenprobe	Ber. % S	Gef. % S nach		Gef. % S nach Mikromethode *Zimmermann*
		Verfahren A	Verfahren B	
Chininsulfat + 8 H_2O	3,59	3,50 3,38	3,52	—
Natriumrhodanid	27,37	27,21	—	—
Methionin...............	21,50	21,42 21,78	21,51	—
Cystin	26,69	26,66 26,14	26,85	—
Cysteinhydrochlorid	20,34	20,23	—	—
Aneurinhydrochlorid	9,49	9,58	9,32	—
Casein	—	0,75	0,75 0,76	0,78
Eialbumin	—	1,52	1,50 1,52	1,48
Gliadin	—	0,99	—	1,00
Edestin	—	0,60	0,61	0,63
Weizenschrot	—	0,135	—	0,145*

* Mittelwert. Der Aufschluß ist wegen der großen Substanz- und Kaliummenge gefährlich.

Fortsetzung der Tabelle 2.

| Analysenprobe | Ber. % S | Gef. % S nach | | Gef. % S nach Mikromethode *Zimmermann* |
		Verfahren A	Verfahren B	
Weizenhydrolysat, Frakt. I	—	0,051	—	—
„ „ „ II	—	0,056	—	—
Kälberblut	—	—	0,072/100 ml	—
Kälberblutserum	—	—	0,055/100 ml	—
Tagesharn	—	0,094/100 ml	0,091/100 ml	—
HCl-Auszug aus alkalischem Sandboden	—	—	0,0187	—
Sickerwasser aus alkalischem Sandboden	—	—	0,009	—
Leitungswasser	—	0,00135 0,00136	—	—

Für die Unterstützung bei den methodischen Arbeiten sei den Herren *W. Beck* und *E. Diehl* bestens gedankt.

Zusammenfassung.

Es wird über eine Methode zur Bestimmung kleinster Mengen Schwefel in beliebigem Untersuchungsmaterial berichtet. Sie beruht auf folgendem Prinzip: Je nach der Art der Untersuchungsprobe wird deren Schwefel jeder Bindungsart in einem Mikrobombenrohr oder durch Verbrennung in einer mit Sauerstoff gefüllten Flasche zu Sulfat oxydiert. Nach Reduktion des Sulfats mit einem Jodwasserstoff-Ameisensäure-Gemisch zu Schwefelwasserstoff wird der in einem Wasserstoffstrom übergetriebene Schwefelwasserstoff in einer Zinkacetatlösung zu Zinksulfid umgesetzt, aus dem er nach Ansäuern frei gemacht und als Methylenblau photometrisch bestimmt wird.

Obgleich eine Verfeinerung des Verfahrens möglich ist, wurde es vorläufig zur Bestimmung von 10 bis $40\,\gamma$ Schwefel ausgearbeitet, denn in diesem Bereich hat es sich auch als Serienmethode bereits bewährt. Die Methode, die man zur Analyse von Proben, deren Schwefelgehalt einige Zehntelprozente und weniger beträgt, heranziehen wird, kann gewissermaßen als eine ergänzende Erweiterung der üblichen Mikrobestimmung in das Ultramikrogebiet (Mikrogramme) angesehen werden. Wir verwenden sie besonders zum quantitativen Nachweis von Schwefelspuren, für die Bestimmung schwefelhaltiger Substanzen in physiologischem Material und zur Analyse von Bodenauszügen und Wässern. Für Untersuchungsproben mit einem Schwefelgehalt unter 1% beträgt die Genauigkeit der beschriebenen Methode 3% (absolut).

Summary.

A method is reported for the determination of very small amounts of sulfur in any kind of material. The underlying principle is as follows: According to the nature of the sample, its sulfur, no matter what the type of linkage, is oxydized to sulfate in a micro bomb tube or by combustion in a flask filled with oxygen. After reduction of the sulfate in a hydriodic acid — formic acid mixture, the resulting hydrogen sulfide is carried by a steam of hydrogen into a zinc acetate solution. The zinc sulfide is decomposed with acid and the hydrogen sulfide is determined photometrically as methylene blue.

Although it is possible to refine the method, it was developed for the present as a means of determining 10—40 γ sulfur, since it has already proved very useful in this range as a series method also. The method, which can be called on for the analysis of samples, whose sulfure content amounts to several tenths of a percent and less, can be regarded to some extent as an extension of the usual micro-determination into the ultra-micro range (micrograms). The author use it especially for the quantitative detection of traces of sulfur, for the determination of sulfur-bearing substances in physiological material, and for the analysis of soil extracts and waters.

Résumé.

On donne une méthode de dosage de très petites quantités de soufre dans une substance quelconque. Elle repose sur le principe suivant: D'après la nature de l'échantillon en expérience, le soufre, quel que soit son mode de liaison, est oxydé en sulfate dans un microtube scellé ou un flacon rempli d'oxygène. Après réduction du sulfate dans un mélange acide iodhydrique-acide formique, l'hydrogène sulfuré formé est entraîné par un courant d'hydrogène dans une solution d'acétate de zinc et transformé en sulfure de zinc. Le soufre contenu est libéré par acidification et dosé colorimétriquement sous forme de bleu de méthylène.

Quoique une amélioration du procédé soit possible, on l'a élaboré provisoirement pour un dosage de 10 à 40 γ de soufre; alors, dans ce domaine, il a déjà servi pour le dosage en série. La méthode que l'on a adoptée pour l'analyse des échantillons dont la teneur en soufre s'élève à quelques dixièmes pour cent et même moins, peut, en quelque sorte, être considérée comme un complément du microdosage déjà utilisé dans le domaine ultramicro (microgramme). Nous l'employons particulièrement pour la recherche quantitative de traces de soufre, pour le dosage de substances sulfurées dans le matériel physiologique et pour l'analyse des extraits de terres et d'eaux minérales.

Literatur.

[1] *R. Lucas* und *Fr. Grassner*, Mikrochem. **6**, 116 (1928). — *W. Leithe*, Mikrochem. **33**, 176 (1947). — *W. G. Klimenko*, Biochimia **14**, 1 (1949).

[2] *F. Emich* und *J. Donau*, Monatsh. Chem. **30**, 745 (1909).

[3] *O. Wehner*, Verband deutscher Landw. Versuchsanstalten, Methodenbuch, Bd. IV, J. Neumann, Neudamm und Berlin, 1941, S. 32.

[4] *St. Lorant*, Z. physiol. Chem. **185**, 245 (1929).

[5] *W. Zimmermann*, Mikrochem. **31**, 15 (1944); **33**, 122 (1947); **35**, 80 (1950).

[6] *W. Grote* und *H. Krekeler*, Z. angew. Chem. **46**, 106 (1933).

[7] *G. Kortüm*, Die chem. Technik **15**, 167 (1942).

[8] *E. Abrahamczik*, Z. angew. Chem. **55**, 233 (1942).

[9] *F. Pregl*, Quantitative organische Mikroanalyse, 6. Auflage, neubearbeitet von Dr. *H. Roth*, Springer-Verlag Wien. 1949. S. 131.

[10] *A. Bernthsen*, Ann. Chem. **230**, 73 (1885).

Aus dem Chemischen Laboratorium der kroatischen staatlichen geologischen Anstalt in Zagreb.

Beitrag zur Bestimmung von Spurenelementen in Gesteinen.

Von

Stanko Miholić.

Mit 1 Abbildung.

(Eingelangt am 22. Mai 1950.)

In neuester Zeit wird auf die Bestimmung von Spurenelementen in Gesteinen großes Gewicht gelegt. Einerseits erwartet man von einer genaueren Kenntnis der Verteilung dieser Elemente in verschiedenen Gesteinen Aufklärung über deren Bildungsweise und Verwandtschaft, anderseits setzt die geologische Altersbestimmung der Gesteine nach radioaktiven Methoden die Kenntnis des Gehaltes an Elementen voraus, die darin nur spurenweise auftreten. Auch für gewisse geochemische Prospektionsmethoden ist der Gehalt der Gesteine an Spurenelementen von großer Bedeutung.

Die gebräuchlichste Methode zu deren Bestimmung ist die spektrographische. Damit sind in den letzten Jahren besonders von finnischen und skandinavischen Geochemikern eine Reihe von Untersuchungen ausgeführt worden. Während aber diese Methode für alkalische und erdalkalische Elemente das empfindlichste Verfahren darstellt, ist dessen Empfindlichkeit bei der Bestimmung von Schwermetallen, deren Spektren aus einer großen Anzahl von Linien bestehen, weniger empfindlich. Während z. B. Strontium vom Verfasser noch in Konzentrationen von 0,00004% bestimmt werden konnte, war die niedrigste Konzentration von Blei, die spektrographisch noch erfaßt wurde, 0,001%, war also fast um zwei Zehnerpotenzen größer.

Für die Bestimmung von Blei in Gesteinen, die für Altersbestimmungen nach der Bleimethode von Wichtigkeit ist, wurden auch mikrochemische Methoden angegeben. So bestimmen *v. Hevesy* und *Hobbie*[1] Blei in Gesteinen elektrolytisch, indem sie das Metall an der Anode als Bleidioxyd niederschlagen, während andere Forscher Blei als Bleisulfat abscheiden und als solches bestimmen. Die letztere Methode wurde anfangs auch vom Verfasser bei der Bestimmung von Blei in Mineralwässern verwendet, erwies sich aber als nicht zufriedenstellend, da der Bleisulfatniederschlag immer mit Siliciumdioxyd verunreinigt war und eine Reinigung des Niederschlages nach *Marble*[2] durch Auflösen in Ammoniumacetat und Filtration mit darauffolgender Behandlung mit Salpetersäure und Abrauchen mit Schwefelsäure bei den geringen Mengen des Niederschlages oft zu Verlusten führte.

Da der Verfasser seit einigen Jahren zur Bestimmung von Spurenelementen in Mineralwässern die polarographische Methode mit Erfolg angewendet hatte[3], lag der Gedanke nahe, dieselbe Methode auch für die Bestimmung von Spurenelementen in Gesteinen anzuwenden. In neuester Zeit hat auch *Claffy*[4] eine polarographische Methode für die Bestimmung von Spurenelementen in Gesteinen und Mineralien beschrieben.

Zum Unterschied von der spektrographischen Methode, wobei in einer Aufnahme eine Reihe von Elementen bestimmt werden kann, muß man bei der polarographischen Bestimmung die Probe in Fraktionen zerlegen, da auf einmal nur einige (gewöhnlich analytisch verwandte) Elemente bestimmt werden können.

Bei der Vorbereitung der Probe für die polarographische Analyse gehen *K. Heller*, *G. Kuhla* und *F. Machek*[5] bei Bestimmungen von Schwermetallen in Mineralwässern so vor, daß sie das Mineralwasser mit einer Lösung von Dithizon in Tetrachlorkohlenstoff ausschütteln, die Tetrachlorkohlenstoffschicht abscheiden, mit konzentrierter Salzsäure ausschütteln, die salzsaure Schicht zur Trockne eindampfen und nach der Zerstörung der organischen Substanz unter Zusatz geeigneter Lösungen polarographieren.

Der Verfasser scheidet hingegen sowohl bei der Bestimmung von Spurenelementen in Mineralwässern als von solchen in Gesteinen die Schwermetalle mit Schwefelwasserstoff in saurer Lösung aus, bzw. er fällt sie im Filtrat nach Entfernung von Eisen, Aluminium und Titan mittels basischer Carbonatfällung mittels Schwefelammonium in alkalischer Lösung.

50 g fein gepulverten Gesteins werden in einer geräumigen Platinschale mit zirka 200 g Fluorwasserstoffsäure zur Trockne abgedampft. Da selbst die reinste im Handel erhältliche Fluorwasserstoffsäure merkliche Spuren von Schwermetallen enthält, muß die angewandte Menge von Fluorwasserstoffsäure genau gewogen werden (durch Wägen der Paraffinflasche vor und nach dem Zusatz). In einer besonderen Probe wird dieser Schwermetallgehalt bestimmt und dann die betreffende Menge vom Resultat abgezogen. Der erhaltene Trockenrückstand wird einige Male mit konzentrierter Salpetersäure abgedampft und in heißem, mit Salpetersäure angesäuertem Wasser gelöst. Der unlösliche Rückstand wird mit

Natriumcarbonat geschmolzen, mit heißem Wasser aufgenommen, filtriert, der Rückstand am Filter mit Salpetersäure gelöst und mit der Hauptmenge der Lösung vereinigt.

In die heiße Lösung wird nun durch 1 Stunde ein rascher Schwefelwasserstoffstrom geleitet und der Niederschlag nach 24 Stunden durch einen Porzellanfiltertiegel filtriert. Der Niederschlag wird mit schwefelwasserstoffhaltigem Wasser, Alkohol, Äther und Schwefelkohlenstoff gewaschen, zur Extraktion von Zinn mit einer warmen 10%igen Natriumsulfidlösung behandelt und dann in verdünnter Salpetersäure gelöst. Bei der Be-

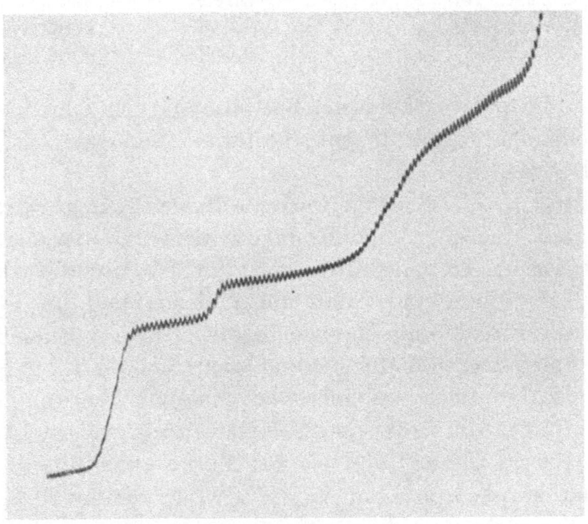

Abb. 1. Polarographische Bestimmung von Kupfer, Blei und Cadmium. Die Originalaufnahme auf $^2/_3$ verkleinert.

stimmung von Zinn bleibt nach der Zersetzung von Sulfosalzen mit Essigsäure in der Regel ein in Natronlauge unlöslicher schwarzer Niederschlag, der in Salpetersäure gelöst und mit der durch die Lösung der Sulfide direkt erhaltenen Lösung vereinigt wird.

Die Lösung wird in einer Glasschale zur Trockne abgedampft, zur Zerstörung von organischen Beimengungen bis 350° C erhitzt, mit Wasser aufgenommen, mit einigen Tropfen Brom und Salpetersäure zur Trockne abgedampft und der Rückstand mit 10 ml einer 0,3 molaren Seignettesalzlösung aufgenommen.

Vor dem Polarographieren wird der Polarograph mit einer Lösung geeicht, die in 10 ml je 1 mg Kupfer, Blei und Cadmium in 0,3 molarer Seignettesalzlösung enthält.

Als Beispiel gebe ich in Abb. 1 das Polarogramm, das von einem Granit aus Serbien (Bukulja bei Arandjelovac) erhalten wurde. Er zeigt die Stufen für Kupfer, Blei und Cadmium. Die Auswertung des Polarogramms ist in der Tabelle 1 dargestellt.

Tabelle 1. Granit aus Serbien (Bukulja bei Arandjelovac). Zur Auflösung verwendet 193,6 g Flußsäure. Empfindlichkeit 1/50.

	Cu	Pb	Cd
Stufenhöhe in mm	28,7	6,6	19,2
Milligramm	0,4285	0,3211	0,5069
Korrektion für die in Flußsäure enthaltene Menge in mg	0,1827	0,2205	0,3686
Verbleibt mg	0,2458	0,1006	0,1383
In %	0,00049	0,00020	0,00028

Nachdem die polarographische Bestimmung von Zinn bis jetzt keine zufriedenstellenden Resultate gab, bestimmt Verfasser das Zinn gravimetrisch als SnO_2[6].

Das Filtrat vom Schwefelwasserstoffniederschlag wird in einer Porzellanschale eingeengt, mit Brom oxydiert und der ausgeschiedene Schwefel abfiltriert. In dem Filtrat wird durch basische Karbonatfällung das Eisen, Aluminium und Titan abgeschieden und im Filtrat durch Ammoniumsulfid Zink und Mangan gefällt. Nach Lösung des Niederschlages in Salzsäure wird die Fällung wiederholt und der Niederschlag wieder in Salzsäure gelöst, in einer Glasschale zur Trockne eingedampft, auf 350° C erhitzt, mit Brom und Salpetersäure oxydiert, in einen Meßkolben von 100 ml filtriert und bis zur Marke aufgefüllt.

Der Polarograph wurde mit einer Lösung, die in 20 ml 10 mg Zn und 10 mg Mn enthielt und mit 20 ml einer gesättigten Kaliumchloridlösung versetzt wurde, geeicht.

Zur Bestimmung wurden 10 ml der erhaltenen Lösung der Probe mit 10 ml einer gesättigten Kaliumchloridlösung vermischt und polarographiert. Da in Gesteinen der Mangangehalt in der Regel um einige Zehnerpotenzen größer ist als der Zinkgehalt, wurden die Polarogramme immer zweimal aufgenommen. Das erste Mal mit einer größeren Empfindlichkeit (z. B. $^1/_{50}$ bis $^1/_{100}$) zur Bestimmung von Zink, das zweite Mal mit einer geringeren Empfindlichkeit (z. B. $^1/_{1000}$ bis $^1/_{2000}$) zur Bestimmung des Mangans.

Zusammenfassung.

Die spektrographische Methode, die bei der Bestimmung von Spurenelementen in Gesteinen meist angewendet wird, ist für die Bestimmung von Schwermetallspuren weniger empfindlich. Es wird deshalb eine polarographische Bestimmungsmethode beschrieben. Es werden 50 g fein gepulverten Gesteins mit Fluorwasserstoffsäure und Salpetersäure aufgeschlossen, der ungelöste Rückstand mit Soda geschmolzen, ausgelaugt, filtriert, die Karbonate am Filter in Salpetersäure gelöst und mit der Hauptmenge vereinigt. In der Lösung werden die Schwermetalle mit Schwefelwasserstoff niedergeschlagen und nach Entfernung von Zinn, das als Sulfosalz in Lösung gebracht wird, in Salpetersäure gelöst, zur Trockne abgedampft und in Seignettesalzlösung polarographiert. Im Filtrat der Schwefelwasserstofffällung wird nach Entfernen von Eisen und Aluminium mittels basischer Karbonatfällung Zink und Mangan in konzentrierter Kaliumchloridlösung polarographisch bestimmt.

Summary.

The spectrographic method, generally employed for the determination of trace elements in rocks, is less sensitive for the determination of heavy metals. A polarographic method is therefore described using 50 g samples. The finely powdered rock is digested with hydrofluoric and nitric acid, the insoluble residue molten with soda, dissolved in water, filtered and the formed carbonates dissolved in nitric acid and added to the main solution of the substance. From the solution the heavy metals are precipitated with hydrogen sulphide and after the removal of tin as thiostannate, dissolved in nitric acid, evaporated to dryness and polarographed in a Seignette salt solution. In the filtrate from the hydrogen sulphide precipitate iron and aluminum are removed by the basic carbonate method and zinc and manganese determined polarographically in a saturated potassium chloride solution.

Résumé.

La méthode spectrographique, employée par préférence pour la détermination des éléments contenus en traces dans les roches, est moins sensible dans le cas des métaux lourds. Pour cette raison une méthode polarographique est décrit employant des échantillons de 50 g. Les échantillons finement pulverisés sont décomposés par des acides fluorhydrique et nitrique, le résidu insoluble fondu avec le carbonate sodique, dissout dans l'eau, filtré, les carbonates décomposés avec de l'acide nitrique et leur solution unie avec la solution obtenue avec de l'acide fluorhydrique. Les métaux lourds sont précipités par l'hydrogène sulfuré et après l'élimination de l'étain sous la forme du sulfosel, dissouts en l'acide nitrique, la solution évaporée à sec et polarographiée dans une solution contenant du sel de Seignette. Dans le filtrat de la précipitation avec le hydrogène sulfuré, le fer et l'aluminium sont éliminés par la précipitation carbonatique basique et le zinc et le manganèse déterminés polarographiquement dans une solution de chlorure de potassium saturée.

Literatur.

[1] *G. v. Hevesy* und *R. Hobbie*, Z. analyt. Chem. **88**, 1 (1932).

[2] *J. P. Marble*, J. Amer. Chem. Soc. **58**, 435 (1936).

[3] *St. Miholić*, Rad hrvatske akademije **278**, 195 (1945).

[4] *E. W. Claffy*, Amer. J. Sci. **247**, 187 (1949).

[5] *K. Heller, G. Kuhla* und *F. Machek*, Mikrochem. **18**, 193 (1935); **23**, 78 (1937).

[6] *St. Miholić*, Glasnik hem. društva Beograd **14**, 121 (1949).

Department of Medical Zoology and Parasitology, and Department of General and Animal Physiology, University of São Paulo, Brazil.

A Photometric Method for the Determination of Oxalic Acid.

By

Rubens Salomé Pereira.

(Received May 8, 1950.)

Numerous methods have been suggested for the determination of oxalic acid in blood and other biological materials[1-6], but the procedures generally adopted are so inherently defective[7] as to make investigators welcome the proposal of other processes. The present paper deals with the application of *Eegriwe's* color test for glycolic acid[8] to quantitative purposes. Oxalic acid does not repond to the test but is easily reduced to glycolic acid by nascent hydrogen conveniently furnished by the action of magnesium metal powder on sulfuric acid, so that the color reaction may be applied to oxalates.

The *Eegriwe's* test is based on the fact that by heating glycolic acid with concentrated sulfuric acid, a change is brought about whereby formaldehyde, carbon monoxide and water are formed. If glycolic acid is heated with a solution of 2,7-dihydroxynaphthalene in concentrated sulfuric acid, the formaldehyde split off from glycolic acid condenses with the reagent to form tetrahydroxydinaphthylmethane which is gradually oxidized to a deep colored dye-stuff by atmospheric oxygen, according to the following series of reactions:

It seemed to the present author worth while to investigate the usefulness of this sensitive color reaction, which up to now has only been used in qualitative analysis, for quantitative purposes. The qualitative test is carried out by treating a sulfuric acid solution of oxalic acid with powdered magnesium, adding concentrated sulfuric acid containing 0.01 g of 2,7-dihydroxynaphthalene per 100 ml, and heating in a boiling water-bath. In order to adapt this color reaction into a workable and reliable procedure, the following studies were made.

Specificity of the Reaction.

The *Eegriwe*'s color test reaction is not specific for glycolic acid, but is given by compounds containing an aldehyde group and therefore substances capable of producing an aldehyde under the conditions of the test, as α-hydroxy, α-carbonyl, α-ketonic acids, polyhydroxy alcohols with adjacent hydroxyl groups, could interfere with the reaction. Resulting color, sensitivity, ease of responding to the test, all depend on the structure of the compound under consideration. In this way, such acids as lactic, pyruvic, malic (yellow with green fluorescence), glyoxalic, benzilic (red), tartaric (green); polyhydroxy alcohols as glycerin, erythritol (yellow with green fluorescence); aldehydes as formaldehyde, anisaldehyde, benzaldehyde, piperonal (red), acetaldehyde (yellow); carbohydrates as glucose, levulose, saccharose, lactose, starch respond to the test. None of the above mentioned substances, however, interferes with the determination of oxalic acid since they are not precipitated by calcium ions conveniently added to a slightly acetic solution. This is why, in a general procedure, a preliminary isolation of oxalic acid is necessary. Under special conditions, however, it is possible, by conveniently handling samples and blanks, to dispense with the precipitation of oxalic acid, in which case a direct determination is feasible.

Effect of Different Amounts of Magnesium Metal Powder on Reduction of Oxalic Acid.

Magnesium used in amounts of 5 mg or less does not reduce all oxalic acid in the 0.2 ml $2\,NH_2SO_4$ sample. It disappears rapidly and oxalic is only partly reduced to glycolic acid. Complete reduction is obtained only if a reasonable excess of the reductant is added. If unnecessarily large quantities of the powdered magnesium are used, a slight coloring not derived from glycolic acid formed in the process of reduction develops. This may be conveniently counterbalanced by adding the same amount of reductant to the blank of reagents. However, if powdered magnesium is used within certain limits, this coloring is perfectly counterpoised by the blank even if a difference of 5 mg, or a little more, is verified between blank and unknown. A reasonable excess of magnesium to more than neutralize the acid in the sample solution is then recommended, but it is not expedient to use magnesium too lavishly by adding too large amounts. This is shown in Table I.

Table I. Effect of different amounts of magnesium on reduction of oxalic to glycolic acid.

Volume of colored solution, 5 ml in each case. Readings taken against blank of reagents made under exactly same conditions.

Mg mg	Readings	Mg mg	Readings	Mg mg	Readings	Mg mg	Readings
2	21	8	102	14	102	22	103
3	28	9	102	15	103	24	102
4	42	10	103	16	102	25	103
5	73	11	103	17	102	30	104
6	75	12	104	18	103		
7	80	13	103	20	102		

Table II. Effect of different amounts of magnesium on the blank. Volume of solution, 5 ml in each case. Readings taken against distilled water.

Mg mg	Readings	Mg mg	Readings	Mg mg	Readings	Mg mg	Readings
2	37	8	38	14	39	22	42
3	38	9	39	15	38	24	42
4	38	10	38	16	39	25	44
5	37	11	38	17	39	30	46
6	38	12	38	18	41		
7	38	13	38	20	40		

With the particular reagents used in these experiments, the effect of adding different amounts of powdered magnesium to the blank is shown in Table II. These results show that magnesium metal powder may be measured with sufficient accuracy in a glass spoon previously found to contain approximately the right amount.

Effect of Reagent "A".

It was found that the ratio of the volume, v, of the glycolic acid solution used to the volume, V, of reagent "A" added has to be controlled, since too great a volume of the former in relation to the volume of the latter will fail to develop completely the color, leading to low results out of proportion to the amount of glycolic acid present. Quantitative results are obtained only when the "$v:V$" ratio does not exceed 0.125. This is shown in Table III. In this study gradually increasing amounts

Table III. Effects of "volume of glycolic acid solution: volume of reagent A" ratio.

Volume of colored solution, 5 ml in each case.

Volume of glycolic acid solution ml	Readings	$\dfrac{v}{V}$	Volume of glycolic acid solution ml	Readings	$\dfrac{v}{V}$
0.10	41	0.05	0.30	108	0.15
0.15	62	0.075	0.31	111	0.155
0.20	81	0.10	0.32	105	0.16
0.21	86	0.105	0.33	110	0.165
0.22	91	0.11	0.34	106	0.17
0.23	96	0.115	0.35	104	0.175
0.24	101	0.12	0.36	107	0.18
0.25	106	0.125	0.37	103	0.185
0.26	105	0.13	0.38	105	0.19
0.27	108	0.135	0.39	104	0.195
0.28	106	0.14	0.40	106	0.20
0.29	107	0.145			

of the same glycolic acid solution were treated with exactly 2 ml of reagent A and the colored solutions were read against a blank of reagents made at the same time under exactly the same conditions. On the other side, if gradually increasing amounts of reagent "A" are added to 0.2 ml of glycolic acid solution the extinction remains practically unchanged provided a blank of reagents made under exactly the same conditions is used as compensating liquid and the "$v : V$" ratio is maintained at 0.125 or less, as seen in Table IV. The same glycolic acid solution was used throughout the experiment.

Effect of Heating on Blank of Reagents.

Our 48 hours old reagent "A" read 43 against distilled water. 2 ml of the same reagent added to 0.2 ml of $2\,N\,H_2SO_4$, mixed, cooled, diluted to 5 ml with the same 2 N-acid, mixed, cooled and made exactly to volume read 27, distilled water being used for compensating liquid. When heating in a vigorously boiling water bath, as in the regular procedure, readings were slightly higher—30. If powdered magnesium was added to 0.2 ml of $2\,N\,H_2SO_4$ and further steps were exactly the

Table IV. Effect of reagent A on color.

Volume of colored solution, 5 ml in each case.

Volume of reagent A ml	Readings	Volume of reagent A ml	Readings
1.0	37	2.3	75
1.5	67	2.4	75
1.8	70	2.5	76
2.0	76	2.8	75
2.1	75	3.0	77
2.2	74	3.5	76

same as above, readings with and without heating in boiling water bath gave 39 and 27 respectively.

Effect of Time of Attack of Magnesium.

If an excess of magnesium is used to more than neutralize the acid in the sample to be analyzed, oxalic acid in $2 N H_2SO_4$ is completely reduced to glycolic in about 5 minutes. Longer times, at least up to 4 hours, are not prejudicial.

Effect of Time of Heating on Color.

Tetrahydroxydinaphthylmethane formed by condensing formaldehyde split off from glycolic acid with 2,7-dihydroxynaphthalene in concentrated sulfuric acid is oxidized to a deep red dye stuff by atmospheric oxygen at the temperature of boiling water bath. This oxidation proceeds slowly to completion, and full color develops only after heating for about 25–30 minutes. Shorter periods give low readings and longer ones do not deepen the color. This is shown in Table V.

Table V. Effect of time of heating.

The solutions contained the same amount of oxalic acid in each case. Readings taken against a blank of reagents made under the same conditions.

Time of heating minutes	Readings	Time of heating minutes	Readings	Time of heating minutes	Readings
5	27	25	65	45	65
10	46	30	66	50	65
15	54	35	65	55	66
20	61	40	65	60	67
				90	66

Effect of Sulfuric Acid in the Oxalic Acid Solution.

If sulfuric acidity is too weak, or too strong, the results are not satisfactory. It was found necessary to maintain the acidity within certain limits, which must be from 2 to 3 N, to obtain exact results.

Effect of Way of Cooling on Color.

In the course of color development for readings the colored solution must be brought down to room temperature in two instances: firstly, after developing the color in boiling water bath, and, secondly, after diluting to an appropriate volume. If was found that the rate and duration of cooling have no effect on the amount of color yielded by a certain concentration of substance, as the colored solution may be cooled indifferently in running water or by standing at room temperature.

Effect of Diluting liquid and Final Volume on Color Readings.

The dilution must be carried out in such a way as not to allow the sulfuric acidity to fall below 11 N for, otherwise, a fading occurs and readings are no longer proportional to concentration, as shown in Table VI. In this study all conditions were the same, except for diluting liquid.

Tabelle VI. Effect of diluting liquid and final volume on color readings.

Readings taken against reagent blank made under the same conditions. Diluting liquids.

Final volume ml	Distilled water	$N\,H_2SO_4$ Readings	$2\,N\,H_2SO_4$ Readings	$3\,N\,H_2SO_4$ Readings	$4\,N\,H_2SO_4$ Readings	$5\,N\,H_2SO_4$ Readings	$10\,N\,H_2SO_4$ Readings
5	97	99	100	99	100	100	100
6	75	78	83	82	84	83	83
7	63	62	72	73	72	72	73
8	51	50	60	62	61	62	64
9	39	48	51	53	56	56	56
10	37	42	43	46	48	50	51

We use $2\,N\,H_2SO_4$ for diluting up to 5–6 ml. For greater dilutions, up to 10 ml, $5\,N\,H_2SO_4$, is employed.

Stability of color: The color is very stable and remains unchanged for at least four days.

Choice of filter: The filter which transmits most light over the range where the solution presents maximum light absorption is K-S n. 54.

Lambert-Beer law: Under the conditions of the present technique the intensity of the color which develops is determined by the amount of oxalic acid present. Calibration graphs plotted with the per cent of oxalic acid and readings as coordinates were straight lines.

The scale in the *Klett-Summerson* instrument is graduated in units which are proportional to optical density so that readings may be used directly in place of density values. The colorimeter readings multiplied by 2×10^{-3} gives a value which approximates $D = (2 - \log C)$ and as the solution thickness in the standard tubes used in the instrument is approximately 1 cm, D approaches the extinction, k.

Table VII. Relation of readings to concentration of oxalic acid.

$(COOH)_2$ mg/100 ml	Readings	$(COOH)_2$ mg/100 ml	Readings	$(COOH)_2$ mg/100 ml	Readings
0.090	26	0.315	90	0.720	206
0.135	39	0.360	104	0.810	232
0.180	52	0.450	132	0.900	260
0.225	65	0.540	155	0.990	282
0.270	78	0.630	185	1.080	310

Table VII shows that readings are directly proportional to the concentration of oxalic acid and that *Lambert-Beer*'s law holds for the method. The concentrations of oxalic acid used were such that the readings obtained would fall within the most sensitive range of the instrument. The values represent the conditions prevailing at our laboratory at the time the readings were taken, and are not to be used for calibration purposes.

Reagents and Apparatus.

A. Dissolve 10 mg of 2,7-dihydroxynaphthalene in 100 ml of reagent grade sulfuric acid, sp. gr. 1.84. The freshly prepared reagent possesses a yellow color with greenish fluorescence. Color and fluorescence vanish by standing overnight. Exposed to the air, the reagent gradually takes a reddish coloring which disappears by heating. Keep in a dark glass-stoppered bottle and either heat or, preferably, discard if even a slight coloring develops.

We have used 2,7-dihydroxynaphthalene, m. p. 187–188.5°, manufactured by the *Eastman Kodak Company*.

B. Approximately 2 N-sulfuric acid. 54 ml of concentrated sulfuric acid, sp. gr. 1.84, analytical reagent grade, are diluted to 1000 ml.

C. Standard 0.1 N sodium oxalate solution. 3.3498 mg of sodium oxalate, analytical reagent grade, are dissolved in about 50 ml of approximately N-sulfuric acid and water added to make 500 ml of solution. Keep in a yellow bottle.

From this stock solution conveniently diluted standards in 2 N sulfuric acid are prepared, as needed.

D. Magnesium metal powder. We have used the chemical manufactured by the *General Chemical Company*.

Glass spoons. These spoons are of the type described by *Van Slyke, Hiller, Weisinger* and *Cruz*[9] and are employed to measure with sufficient accuracy the powdered magnesium used for reducing oxalic to glycolic acid. Spoons 3 mm inner diameter by 2.5 mm in depth have proved satisfactory in our work.

Klett-Summerson photoelectric colorimeter. The *Klett-Summerson* photoelectric colorimeter with standard tubes, microtubes, and filter K-S n. 54 was used for all colour measurements, but any other suitable instrument can be used.

Procedure.

Based on the antecedent studies we have arrived at the following general procedure.

Transfer 0.2 ml of a solution of oxalic acid in 2 N sulfuric acid to a tube graduated at 5 and 6 ml. Approximately 12 mg of powdered magnesium (10 to 15 mg) mesured from a glass spoon previously found to contain nearly the right amount, are added. Stopper the tube, mix by tapping and allow to stand for 15 minutes or longer, repeating the tapping once or twice in the interim. With the tube immersed in a beaker of cold water add exactly 2 ml of reagent A from a burette, mix well by cautious tapping and plunge in a vigorously boiling water bath for 30 minutes or longer, remove and cool in running water to hasten the process or let cool to room temperature spontaneously, as desired. The bath is preferably covered by a perforated plate, and strips of gauze are interposed between the tubes and the openings in the cover to prevent steam from leaving the bath near the mouth of the tubes thus avoiding drips of condensed steam into the reaction tubes. The level of liquid in the tube should be lower than the level of the water in the bath throughout the heating period. The colored solution is then conveniently diluted. The important point to observe with dilution is the sulfuric acidity which must be about 11 N or higher in the final volume. We use 2 N H_2SO_4 for diluting to 5 or 6 ml when 0.2 ml of the oxalic acid solution in 2 N H_2SO_4 are treated with 2 ml of reagent A. Let the diluting liquid run along the walls of the tube up to the desired volume and carefully mix by tapping. The residual magnesium is then destroyed, hydrogen evolves and the warm liquid becomes limpid. Cool as before and make exactly to volume. Mix carefully to insure color uniformity. At the same time, under exactly the same conditions, treat a standard made by conveniently diluting an aliquot of reagent C with 2 N H_2SO_4. A blank of reagents is prepared simultaneously by treating 0.2 ml of 2 N H_2SO_4 in exactly the same way as the unknown. Transfer the colored solution to a standard tube of the *Klett-Summerson* photoelectric colorimeter and determine the photometric density with filter K-S n. 54 using the blank of reagents for setting the photometer to zero density. The zero adjustment must be made carefully before and, if necessary, during a series of measurements.

By appropriately reducing the volume of the solutions used quantities of oxalic acid down to about 2.5 γ may be determined with a fair degree of accuracy.

<h2 style="text-align:center">Summary.</h2>

A method for the quantitative determination of oxalic acid based on *Eegriwe*'s color test for glycolic acid is described. The principle of the method is the reduction of oxalic to glycolic acid by nascent hydrogen from magnesium powder and dilute sulfuric acid. By heating with a solution of 2,7-dihydroxynaphthalene in concentrated sulfuric acid formaldehyde splitt off from glycolic acid condensates with the reagent, tetrahydroxydinaphthylmethane forms and is oxidized to a deep colored dye-stuff by atmospheric oxygen.

A study of interfering substances and the way of avoiding their influence was made.

The color system, under the conditions of the method, follows the *Lambert-Beer*'s law. With the exception of a photoelectric colorimeter, no special equipment is required. The procedure is very simple, possesses great sensitivity, and may be applied with minor variations to a wide variety of materials.

Zusammenfassung.

Es wird ein Verfahren zur quantitativen Bestimmung der Oxalsäure beschrieben, das auf der Farbreaktion nach *Eegriwe* für Glykolsäure beruht. Das Prinzip der Methode beruht auf der Reduktion der Oxalsäure zu Glykol-säure durch nascierenden Wasserstoff aus Magnesiumpulver und verd. Schwefelsäure. Durch Erhitzen mit einer Lösung von 2,7-Dioxynaphthalin in konz. Schwefelsäure wird der abgespaltene Formaldehyd mit dem Reagens kondensiert. Es bildet sich Tetraoxydinaphthylmethan, welches durch den Luftsauerstoff zu einem intensiv gefärbten Produkt oxydiert wird. Der Einfluß störender Substanzen und dessen Vermeidung werden untersucht. Die Farbreaktion folgt unter den geschilderten Versuchsbedingungen dem *Lambert-Beer*schen Gesetz. Mit Ausnahme eines photoelektrischen Kolori-meters ist kein besonderer Aufwand erforderlich. Die Methode ist sehr einfach und von großer Empfindlichkeit. Sie kann mit geringfügigen Abänderungen für verschiedenartiges Untersuchungsmaterial angewendet werden.

Résumé.

On décrit une méthode pour le dosage quantitatif de l'acide oxalique, basé sur le test coloré d'*Eegriwe* pour l'acide glycolique. Le principe de la méthode repose sur la réduction de l'acide oxalique en acide glycolique par l'hydrogène naissant produit avec le magnésium en poudre et l'acide sulfurique dilué. En chauffant avec une solution de dihydroxy-2,7 naphtalène dans l'acide sulfurique concentré, le formaldéhyde se libère du produit de condensation entre l'acide glycolique et le réactif; le tétrahydroxydinaphtyl-méthane se forme et s'oxyde en une matière colorante foncée sous l'action de l'oxygène atmosphérique.

On a fait une étude des substances interférentes et de la manière d'éviter leur influence.

Le système coloré, dans les conditions de la méthode, suit la loi de *Lam-bert-Beer*. A l'exception d'un colorimètre photoélectrique, aucun équipement spécial n'est nécessaire. Le mode opératoire est très simple, possède une grande sensibilité et peut être appliqué avec de minimes variations à un grand nombre de substances.

Bibliography.

[1] *E. Salkowski*, Z. physiol. Chem. **29**, 437 (1900).
[2] *H. D. Dakin*, J. Biol. Chem. **3**, 57 (1900).
[3] *H. H. Powers* and *P. Levatin*, J. Biol. Chem. **154**, 207 (1944).
[4] *W. Merz* and *S. Maugeri*, Z. physiol. Chem. **201**, 31 (1931).
[5] *S. Maugeri*, Z. physiol. Chem. **217**, 138 (1933).
[6] *E. G. Dodds* and *E. J. Gallimore*, Biochemic. J. **26**, 1242 (1932).
[7] *A. Thomsen*, Z. physiol. Chem. **237**, 199 (1935).
[8] *E. Eegriwe*, Z. analyt. Chem. **89**, 123 (1932).
[9] *D. D. van Slyke*, *A. Hiller*, *J. R. Weisiger* and *W. O. Cruz*, J. Biol. Chem. **166**, 121 (1946).

Aus der Abteilung für Mikrochemie des Institutes für organische und
pharmazeutische Chemie der Universität Graz.

Mikromethoden zur Bestimmung physikalischer Konstanten.

Von

Martha Sobotka.

(Eingelangt am 25. August 1950.)

Emich hat 1935 im Nachwort zu der Publikation[1] seines Schülers
Harand: „Die kritische Temperatur als mikrochemisches Kennzeichen", geschrieben: „im übrigen ist *Harand*s Arbeit nur ein kleiner
Teil des gerade vor 25 Jahren aufgestellten Programms, welches wesentlich lautete: die Mikrochemie müsse bestrebt sein, an kleinen
Substanzmengen möglichst sämtliche Merkmale festzustellen, die für
die Erkennung oder Bestimmung der Stoffe von Wichtigkeit sind oder
sein können. Es braucht nicht hervorgehoben zu werden, daß hierbei
solche Merkmale besonders nützlich sind, sie sich wie Masse, Siedepunkt, Drehung der Polarisationsebene zahlenmäßig darstellen lassen".
In der Tat hat *Emich* in seinen Sammelberichten[2] 1910 bis 1915 eine
Auffassung von Mikrochemie entwickelt, die sie von allem Anfang an
als ein besonderes Wissensgebiet der Chemie und nicht als eine analytische Methodik betrachtet. Es wird klar unterschieden eine allgemeine Mikrochemie, deren Ziel die Ermittlung der Eigenschaften der
Stoffe ist, von einer speziellen Mikrochemie, der Mikroanalyse. Die
Teilgebiete der allgemeinen Mikrochemie sind: die mikroskopischen
Methoden, die Mikrotechnik (Mikrowägung, Mikrosublimation, -destillation, -extraktion u. a. m.) und die Mikromethoden zur Bestimmung
physikalischer Konstanten.

Es ist in der Rückschau erstaunlich, zu sehen, wie *Emich*s universeller Geist zu einer Zeit, in der *Pregl* eben die Grundlagen der organischen Elementaranalyse erarbeitete, die ihm als dem genialen Praktiker unbedingt als *das* Problem erscheinen mußte, eine Entwicklung
von Jahrzehnten vorwegnahm und nach Plan, Ordnung und Maß im
Aufbau des *Ganzen* strebte.

Was an Mikromethoden zur Ermittlung physikalischer Kenngrößen damals publiziert war, war wenig und in die Zukunft weisend: eine *Dichte*bestimmung von *Brill* und *Evans*[3] an Kristallen mit Hilfe von Mikrometer und Mikrowaage, die Schwebemethodik von *Retgers*[4], das Mikropyknometer von *H. v. Wartenberg*[5]; die osmometrische *Molekulargewichts*bestimmung in der Kapillare von *Barger*[6]; das *Traube*sche[7] Verfahren zur Ermittlung der *Kapillaritätskonstanten* im Stalagmometer: die *thermische Analyse* unter dem Mikroskop von *Lehmann, Siedentopf* und *Jentzsch*[8]; die Bestimmung des *Brechungsindex* an Kristallen durch Einbetten in Medien bekannter Refraktion unter dem Mikroskop von *Kley* und *Bolland*[9] und *Emil Fischers*[10] Messungen der *Drehung der Polarisationsebene* an Polypeptiden mittels Kapillare und Mikropyknometer.

Aber *Emich* ordnete diese Verfahrensweisen in das weite Schema der Methodik zur Ermittlung mechanischer, thermischer, optischer und elektrischer Konstanten ein und hat damit diesem Arbeitsgebiet der Mikrochemie seine Legitimität gegeben.

In dieser Tradition haben *H. K. Alber*[11] und ich[12], unabhängig voneinander, begonnen, dieses Arbeitsgebiet *planmäßig* auszubauen. Auf Grund eines eingehenden Studiums der Literatur sollten schon vorhandene Apparaturen und Arbeitsweisen einer kritischen Sichtung unterzogen werden, das Brauchbare überprüft und — wenn möglich — verbessert werden im Hinblick auf Einfachheit der Handhabung und Präzision der Ergebnisse. Durch Bearbeitung von Makroverfahren, deren *Prinzip* ein solches Unternehmen erfolgversprechend erscheinen lassen würde, sollte Vollständigkeit der Methodik erzielt werden.

Was die von mir ausgearbeitete *Dampfdichte*bestimmung nach dem Prinzip von *Blackmann* betrifft, so war zur Zeit der Veröffentlichung ihr Anwendungsbereich auf Stoffe beschränkt, die bis 130° C verdampft werden konnten, da unser Schmiermittel „Merck 6564" nicht höher abdichtete. Doch ist es uns nach mühevollen Versuchen gelungen, ein Dichtungsmittel herzustellen, das bis 250° C gasdicht hält, womit die Methode universell anwendbar wurde.

Die *Dampfdichtebestimmung unter vermindertem Druck*, die in meinem Laboratorium zur Untersuchung von Motorölen auf der Grundlage der Makromethode von *Bleier-Kohn*[13] erarbeitet worden ist, wird in kurzem publiziert werden.

In letzter Zeit hatte ich Gelegenheit, meinen *tensimetrischen* Apparat an Substanzen aus dem Laboratorium von Prof. *Zinke* zu erproben, die Schmelzpunkte um 300° C hatten, nur in einem einzigen Lösungsmittel schwer löslich waren und deren Molekulargewichte zwischen 300 und 400 lagen. Also denkbar ungünstige Eigenschaften für eine Bestimmung aus der Dampfdruckerniedrigung, weil mit kleinen Einwaagen, kleiner Konstante (Methanol) und hohem Molekulargewicht Verschiebungen von wenigen Millimetern siedender Lösung zusammenhängen. Die Resultate waren durchaus in Ordnung und dienten sowohl der Identifizierung wie der Stützung von Arbeitshypothesen. Ein bedeutender Vorteil ist gegenüber der Methode von *Rast* dadurch gegeben, daß die eingesetzte Substanz verlustlos zurückgewonnen werden kann.

Was die Bestimmung der *Dichte* anlangt, so schreibt *Alber* (l. c.), er habe in den letzten Jahren viele Methoden für Flüssigkeiten gegeneinander verglichen, sei aber wegen des begrenzten Anwendungsbereiches der meisten von ihnen davon abgekommen, ihr Prinzip zur Ausarbeitung einer Mikromethode zu verwerten. Das Ergebnis seiner Untersuchungen war ein völlig neues Gerät: das *Alber-Pyknometer*. Es bietet bekanntlich den Vorteil, daß beliebige Flüssigkeitsmengen zwischen 20 und 80 bzw. 6 und 16 λ aufgezogen werden können, während einem Verlust durch Verdampfen durch Aufsetzen von Schliffkappen vorgebeugt werden kann.

In meinem Laboratorium sind sämtliche Mikropyknometertypen an Glycerin-Wasser-Gemischen und Alkohol-Wasser-Gemischen definierter prozentualer Zusammensetzung und an Motorölen verschiedener Viskosität erprobt worden: die *Pregl-* und *Furter*-Pipette mit 500 λ Rauminhalt, die kleine *Furter*-Pipette zu 50 λ, die *Alber*-Pipetten (vorwiegend für leichtflüchtige Stoffe) und die *Clemo-McQuillen*-Pipette mit einem Volumen von 3 λ. Wenn im allgemeinen technische Dichtemessungen auf 1% genau sind, Präzisionsmessungen für wissenschaftliche Zwecke auf 0,01 %, so haben wir feststellen können, daß Messungen mit *Mikro*pyknometern bei sorgfältiger Handhabung und Temperaturkonstanz bis zu 0,5 % relative Genauigkeit haben, also bis zur dritten Dezimale exakt sind. Und wenn *Furter* schreibt[14], daß das Arbeiten mit dem 3 λ-Pyknometerchen sich nicht sehr einfach gestaltet, so ist zu sagen, daß es einfacher ist als eine Dichtebestimmung an der *Mohr*schen Waage und eleganter. Allerdings nur dann, wenn die Dimensionierung der Kapillaren mit dem Versuchsmaterial abgestimmt wird, da das Pyknometer von seinen Erfindern nur zur Ermittlung der Dichte*differenz* zwischen leichtem und schwerem Benzol verwendet worden ist.

Ganz allgemein kann gesagt werden, daß die meisten physikochemischen Mikromethoden deshalb unbekannt und unbrauchbar sind, weil niemand sich der Mühe unterzogen hat, sie von dem speziellen Zweck zu lösen und die Bedingungen der Arbeitsweise an verschiedenartigen Substanzen zu prüfen. Zur Messung der Dichte nach dem *Auftriebsprinzip* habe ich in Zusammenarbeit mit Prof. *Eigenberger*, Prag, und der Firma *R. Goetze*, Leipzig, Versuche unternommen, die *Eigenberger-Mikro-Auftriebswaage*[15] so umzugestalten, daß sie für einen größeren Dichtebereich und Serienerzeugung brauchbar würde. Diese Versuche sind von Dr. *G. Müller*[16], Farbwerke Höchst, erfolgreich fortgesetzt worden, der das letzte von *Eigenberger* gefertigte Modell im Hinblick auf Verwendbarkeit in der Industrie mit Photozelle und elektromagnetischer Kompensation zu einer automatisch arbeitenden Anordnung entwickelt hat, ähnlich der elektromagnetischen Gasdichtewaage.

Da für die Ermittlung der Dichte von Gasen und festen Körpern (Kristallen) Mikromethoden zur Verfügung stehen, das Problem der Bestimmung der Dichte organischer Substanzen insbesondere durch das *Furter*sche Verfahren der Pyknometrie an Schmelzen[17] gelöst ist, wäre noch eine gute Mikrodichtebestimmung an Pulvern auszuarbeiten.

Zur Ermittlung der *Kapillaritätskonstanten* an reinen Flüssigkeiten und an Motorölen haben wir ein Tensiometer nach *Lecomte Du Noüy* verwendet, also eine Ring-Abreißmethode, mit einer Genauigkeit von 0,2 bis 0,3 dyne. Parallel dazu lief eine Anordnung nach *Ferguson*[18], die an Benzinfraktionen mit gutem Ergebnis erprobt worden ist. Dieses geistreiche Verfahren, das darin besteht, den Druck zu messen, der nötig ist, um den Meniskus eines Tropfens Flüssigkeit abzuplanen, ist eine echte Mikromethode. Der Vorgang wird an der Veränderung des Bildes einer kleinen elektrischen Birne im Meniskus durch Beobachtung in einem Spiegel verfolgt. Die Messung am Manometer wird mit Hilfe eines Kathetometers vorgenommen, doch ist diese Arbeitsweise zu umständlich. Es soll versucht werden, mit einem einfachen Ablesemikroskop für Vertikalmessung und einer anderen Füllflüssigkeit im Manometer, der Einfachheit der Glasapparatur entsprechend, die Methode allgemein anwendbar zu gestalten.

Die Bestimmung des *Koeffizienten der inneren Reibung* ist ebenfalls von *Alber* in Zusammenarbeit mit *Mouquin* studiert worden[19]. Das Ergebnis war ein Kapillarviskosimeter ohne Temperaturregelung, das an 1 λ Flüssigkeit relative Viskositäten — in ausgezeichneter Übereinstimmung mit den an einem *Ostwald*-Viskosimeter gefundenen Werten — zu bestimmen erlaubt.

Meine Bemühungen waren darauf gerichtet, zwei verschiedene Typen von Kapillarviskosimetern zu entwickeln: ein Kippviskosimeter, dessen Mantel zur Einhaltung bestimmter Temperatur mit einem *Höppler*-Ultra-Thermostaten gekoppelt wird, und ein Kapillarviskosimeter mit elektrischer Innenheizung für höhere Temperaturen unter Verwendung konstant siedender Heizflüssigkeiten. Beide Apparate wurden gegen ein *Ubbelohde*-Viskosimeter mit Glas-Thermostat verglichen, das heute das genaueste Gerät zur Messung absoluter Zähigkeiten ist. Das Untersuchungsmaterial waren Öle verschiedenster Fluiditäten von den Junkers Flugzeug- und Motorenwerken Dessau.

Darüber wird publiziert werden, sobald ein Mikroviskosimeter der PTR. Berlin, das 1944 speziell für Motoröle entwickelt worden ist, gegen die beiden Apparate getestet werden kann, um festzustellen, welche Vorteile die eine und die andere Lösung aufzuweisen hat.

Soweit die *mechanischen* Konstanten.

Zur Ermittlung *thermischer* Konstanten ist in meinem Laboratorium ein vielseitiges Programm mit gutem Erfolg durchgeführt worden. Wir haben zwei Mikro-*Siedepunkts*bestimmungen bis 450⁰ C geprüft und verbessert, und es ist uns gelungen, mit einer ganz einfachen Mikrovorrichtung *Dampfdruckkurven* aufzunehmen; doch sind diese Untersuchungen noch nicht abgeschlossen.

Die *kritische Temperatur* hat *Fischer*[20] am *Kofler*-Apparat bestimmt. Endlich haben wir *Verbrennungswärmen* von Motorölen in der Mikrobombe mit der *Roth*schen Apparatur gemessen. Die *thermische Analyse* unter dem Mikroskop, Bestimmung des *Schmelzpunktes*, der *Umwandlungspunkte* u. a. m. ist durch die zahlreichen Arbeiten von *L.* und *A. Kofler*[21] und Mitarbeitern erschöpfend behandelt worden.

Als nächste Aufgabe ist die Bestimmung der *spezifischen Wärme* und die Ermittlung der *Verdampfungswärme* an kleinen Substanzmengen vorgesehen.

Zusammenfassung.

Es wird darauf hingewiesen, daß die Methodik zur Bestimmung physikalischer Konstanten ein Teilgebiet der allgemeinen Mikrochemie ist, dessen planmäßiger Ausbau eine der vordringlichsten Aufgaben mikrochemischer Forschung ist.

In einem historischen Rückblick wird gezeigt, daß diese Arbeitsrichtung in der Tradition *Emich*s und seiner Schule liegt.

An einigen Beispielen eigener Arbeit werden die Probleme physikochemischer Mikromethodik erläutert.

Summary.

It is pointed out that the methodology for the determination of physical constants is a partial province of general microchemistry, whose systematic development is one of the most pressing tasks of microchemical research. In an historical review, it is shown that this tendency is in the tradition of *Emich* and his school. The problems of physico-chemical micromethodology are illustrated by several instances taken from the writer's own work.

Résumé.

On montre que le mode opératoire pour déterminer les constantes physiques est un domaine partiel de la microchimie générale dont l'exécution méthodique est l'un des problèmes qui gagnent de plus de terrain dans la recherche microchimique. Au cours d'un aperçu historique, on prouve que ces directives de travail sont dans la tradition d'*Emich* et de son école. A l'aide de quelques exemples issus de travaux personnels, on présente les problèmes relatifs aux microméthodes physico-chimiques.

Literatur.

[1] *J. Harand*, Monatsh. Chem. **65**, 153 (1935).

[2] *F. Emich*, Chem. Ztg. 71 (1911); 143, 146, 147, 148 (1913); 126, 132 (1915); Mikrochem. **2**, 52, 193 (1924); **3**, 21, 60, 84, 92 (1925).

[3] *O. Brill* and *C. Evans*, J. Chem. Soc. London **93**, 1442 (1908).

[4] *I. W. Retgers*, Z. physikal. Chem. **3**, 289 (1889).

[5] *H. v. Wartenberg*, Ber. dtsch. Chem. Ges. **42**, 1126 (1909).

[6] *G. Barger*, J. Chem. Soc. London **85**, 286 (1904).

[7] *I. Traube*, Abderhalden Hdbuch d. biochem. Arbeitsmethoden **5**, 1357.

[8] *O. Lehmann*, Chem. Ztg. Repert. 93 (1911) und Kristallisationsmikroskop, Braunschweig 1910. — *Siedentopf*, Z. Elektrochem. **12**, 593 (1906). — *F. Jentzsch*, Z. wissensch. Mikroskopie **27**, 259 (1910).

[9] *P. D. C. Kley*, Z. analyt. Chem. **43**, 160 (1904). — *A. Bolland*, Monatsh. Chem. **29**, 991 (1908); **31**, 387 (1910).

[10] *E. Fischer*, Ber. dtsch. chem. Ges. **44**, 129 (1911).

[11] *H. K. Alber*, Ind. Engng. Chem., Analyt. Ed. (1940).

[12] *Martha Sobotka*, Mikrochem. (1944).

[13] *O. Bleier* und *L. Kohn*, Monatsh. Chem. **20**, 505 (1899).

[14] *M. Further*, Helv. Chim. Acta **21**, 1666 (1938).

[15] *E. Eigenberger*, Mikrochem. **26**, 264 (1939).

[16] *G. Müller*, Mikrochem. **36/37**, 143 (1951).

[17] *M. Further*, Helv. Chim. Acta **21**, 1680 (1938).

[18] *A. Ferguson*, Proc. Phys. Soc. London **36**, 37 (1924).

[19] *H. Mouquin* and *H. K. Alber*, Mikrochem. **21**, 142 (1937).

[20] *R. Fischer* und *T. Reichel*, Mikrochem. **31**, 102 (1943).

[21] *L.* und *A. Kofler*, Mikromethoden zur Kennzeichnung organischer Stoffe und Stoffgemische, Universitätsverlag Wagner, Innsbruck 1948.

Laboratoire de Microanalyse organique du Centre National de la Recherche Scientifique, Paris.

Tube de Thiele à mercure pour la détermination des points de fusion et la cryoscopie.

Par

Ernest Kahane.

Avec 1 figure.

(Reçu le 10 novembre 1950.)

Le tube de *Thiele* classique ne permet pas d'obtenir une constance de température suffisante, à cause de l'irrégularité des filets de convection créés par le thermosyphon.

L'emploi du mercure comme bain présente l'avantage d'un échauffement par conduction en même temps que l'échauffement par convection. Par contre, l'opacité du milieu s'oppose à ce que la fusion soit observée dans des conditions normales. Une bonne observation peut cependant avoir lieu si l'on utilise des tubes à substance aplatis, fixés contre la paroi, également aplatie, du tube de *Thiele*. Les faces n'ont pas besoin d'être parfaitement dressées parce que le mercure ne mouille pas le verre, et que l'angle de raccordement des surfaces libres est très grand.

Pour maintenir en place le tube qui subit la poussée d'Archimède, il est porté par un dispositif qui le presse contre la paroi et qui l'empêche de remonter.

Dans ces conditions, l'observation est au moins aussi bonne que dans un bain transparent. Elle est encore améliorée par une loupe amovible.

La régularité de l'échauffement est assurée par un chauffage électrique, et par le calorifugeage de la partie du tube contenant le mercure.

Description.

Le dispositif actuellement utilisé* se compose d'un tube de *Thiele* A avec un bouchon rodé B. Le tube de *Thiele* porte sur sa paroi latérale

---

* Constructeur: *Prolabo*, 12, rue Pelée, Paris.

une partie aplatie, qui n'a pas besoin d'être dressée. Le bouchon est percé pour permettre le passage du thermomètre D et il est creux, de façon à recevoir du coton iodé qui absorbe les vapeurs de mercure.

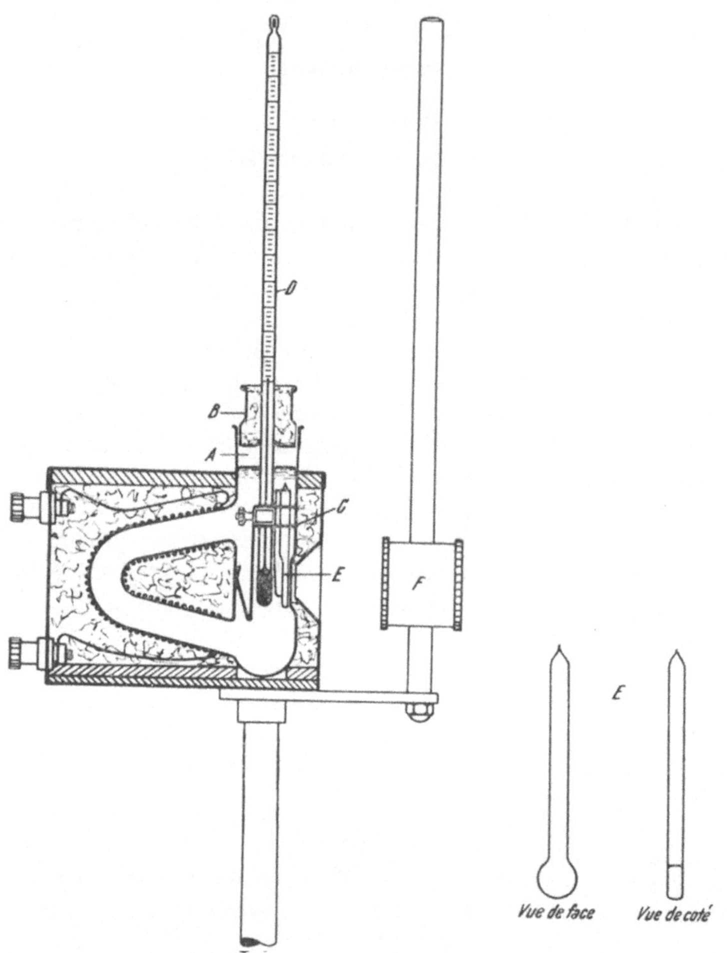

Fig. 1. Appareil de Kahane pour la détermination du point de fusion.
A Tube de *Thiele* à chauffage électrique; *B* Bouchon; *C* Dispositif de contention fixé sur le thermomètre et supportant le tube à substance; *D* Thermomètre; *E* Tube à substance; *F* Loupe.

Le chauffage, sous une tension de 110 volts, est assuré par une résistance de 60 ohms, en nichrome, montée en série avec un rhéostat réglable de 0 à 110 ohms. La résistance et toute la partie chauffée du tube sont enfermées dans un carter contenant une substance isolante. Une fenêtre est ménagée dans ce carter à la hauteur du méplat du tube de *Thiele*.

Une loupe coulissante *F*, portée par une tige solidaire du bâti, est disposée à hauteur de la fenêtre; une 2ème loupe coulissante peut être montée sur la même tige pour faciliter la lecture de la température.

Le thermomètre est assujetti par un serrage à vis sur le dispositif de contention *C* du tube à substance. Ce dispositif, en métal Monel, porte d'une part, une lame métallique formant ressort, d'autre part le support proprement dit du tube à substance. Ce tube est engagé à force entre des fourches qui le maintiennent latéralement, et sa course est limitée vers le haut par un anneau de diamètre inférieur au sien.

Un modèle de tube à substance de réalisation simple est un tube *E* de 4 mm de diamètre, de 4 cm de longueur, portant à son extrémité un renflement aplati de 8 mm environ de diamètre. La face latérale de ce renflement vient s'adapter contre le méplat du tube de *Thiele*.

Fonctionnement.

Le tube de *Thiele* est rempli de mercure de telle sorte que le tube à substance se trouve entièrement immergé et qu'il ne se produise aucun effet de paroi froide. Le thermomètre et le tube à substance sont mis en place. Aucune précaution particulière n'est nécessaire pour éviter que le mercure ne s'introduise entre les deux surfaces, même si elles ne sont que grossièrement planes.

Par la manoeuvre du rhéostat, le chauffage est établi à la vitesse voulue, rapide d'abord, puis telle que la température s'élève de 2^σ environ par minute. Dans ces conditions, la température est constante du haut en bas, et dans toute la section du tube de *Thiele*, ce qui prouve que le mercure joue bien son rôle de conducteur.

En éclairant la fenêtre par une petite ampoule munie d'un réflecteur, l'observation de la fusion se fait aussi bien que dans un bain transparent. Elle est même facilitée par la réflexion sur le mercure.

Résumé.

L'emploi de mercure comme bain liquide dans le tube de *Thiele* présente l'avantage d'assurer une meilleure constance de température, l'effet de conduction venant s'ajouter à l'effet de convection.

Afin de permettre la lecture, le tube à substance est aplati et il est fixé contre la paroi, également aplatie, du tube de *Thiele*.

Zusammenfassung.

Die Verwendung von Quecksilber als Badflüssigkeit im Schmelzpunktapparat von *Thiele* bietet durch Ausnützung der Flüssigkeitsströmung und der Wärmeleitfähigkeit des Materials den Vorteil erhöhter Temperaturkonstanz.

Zwecks Beobachtung der zu untersuchenden Substanz wird die abge-
plattete Schmelzpunktskapillare unmittelbar an einer gleichfalls planen Stelle
der Innenwandung des Schmelzpunktsapparates angebracht.

Summary.

The use of mercury as the liquid in the *Thiele* tube has the advantage of
guaranteeing a better constancy of temperature; the effect of conduction
being added to the convection effect. To permit reading, the sample tube is
flattened, and it is fastened against the side of the *Thiele* tube, which is
likewise flattened.

Aus dem Forschungslaboratorium für organische Chemie
der Technischen Hochschule Mexico, D. F.

Ein Mikrodestillations- und Sublimationsapparat.

Von

José Erdos.

Mit 2 Abbildungen.

(Eingelangt am 10. Juli 1950.)

Zur Mikrodestillation und -sublimation verwenden wir eine Zusammenstellung, in welcher ein Innenkühler aus Metall in einem einfachen, unten zugeschmolzenen T-Röhrchen vom Innendurchmesser 2 bis 4 mm vorgesehen ist.

Flüssigkeiten werden mit einer ganz feinen Glaskapillare eingefüllt, feste Stoffe werden mit einem Spatel eingebracht. Die Innenwand wird, wenn nötig, z. B. mit einem Seidenfaden gereinigt. In das T-Rohr wird ein Metallstab mit oben aufgeschmolzenem Schälchen (Abb. 1) oder ein unten konkav abgeschmolzenes Metallröhrchen aus rostfreiem Stahl, aus vergoldetem oder versilbertem Kupfer oder aus Platin so eingeschoben, daß sich dessen unteres Ende etwa 2 bis 3 mm unter dem seitlichen Rohransatz befindet (Abb. 2).

Für die Destillation hochsiedender Substanzen und zur Sublimation unter gewöhnlichem Druck genügt es, den Metallkühler mit einem darüber gestülpten Asbest- oder Metallplättchen oder -ring zu befestigen. Bei leichtsiedenden Flüssigkeiten dichten wir mit einer Wasserglas-Asbest-Paste, mit Zahnzementmasse und Phosphorsäure oder mit einem anderen widerstandsfähigen Klebestoff („Cementite" oder dgl.) ab. Bei Vakuumdestillation oder -sublimation wird das Glasrohr mit dem Metallkühler verlötet. Zu diesem Zweck wird das fertig gefüllte Glasröhrchen in eine passende Bohrung einer Asbestplatte eingeschoben und auf ein Drahtgestell oder Bechergläschen gestellt. Der Metallkühler wird bis zu der angegebenen Stelle eingeführt, mit einer kleinen Klemme festgehalten und mit einer Lötflamme das Glas angeschmolzen. Auch in diesem Falle sind die Röhrchen 2- bis 4mal brauchbar, wenn nach dem Versuch unterhalb der Lötstelle eingeritzt und abgesprengt wird. Der dem Metall anhaftende Lötring läßt sich leicht entfernen. — Vor dem Gebrauch sind die T-Röhrchen sorgfältig mit Chromschwefelsäure und Wasser zu reinigen und bei 120° durch 1 bis 2 Stunden zu trocknen.

Der vorbereitete Apparat wird in einer kleinen Kupferschale als Flüssigkeits- oder Sandbad mit einem Mikrobrenner erhitzt, wobei man zweckmäßig die Schale mit einer Asbestplatte abdeckt, die mit entsprechenden Bohrungen für das Röhrchen und ein Thermometer versehen ist. Ein dünnes Kupferrohr dient zur Ableitung der Badflüssigkeit.

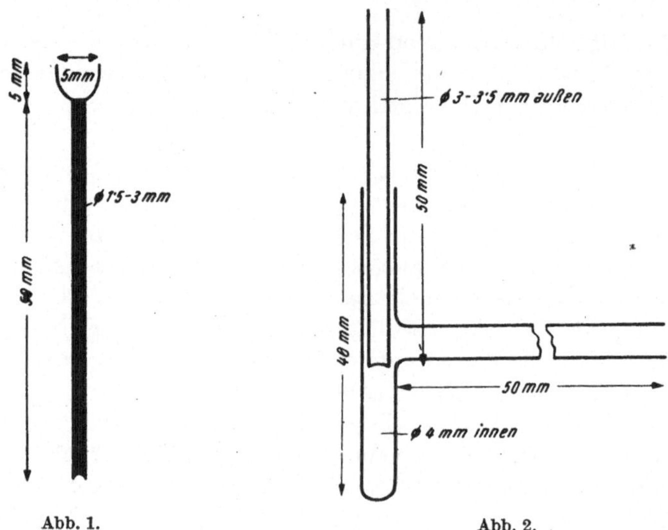

Abb. 1.   Abb. 2.

Zur Kühlung wird in das dem Kühler aufgeschmolzene Schälchen oder in das als Kühler verwendete Metallrohr Eis oder eine geeignete Kältemischung eingebracht; als Kühlmittel kann z. B. auch Chloräthyl verwendet werden, das wir den zur Lokalanästhesie gebräuchlichen Ampullen entnehmen. Evakuiert wird gegebenenfalls unmittelbar an dem waagrechten Rohransatz.

Der Apparat dient hauptsächlich präparativen Zwecken Bei Beobachtung der kondensierenden Teilchen am Metallstab oder Rohransatz mit der Lupe kann auch die Siede- oder Sublimationstemperatur mit guter Annäherung bestimmt werden. Für solche Bestimmungen empfehlen wir, den Kühler unten halbkugelförmig auszubilden. Die anzuwendenden Substanzmengen schwanken zwischen wenigen Gamma bis zu Milligrammen.

Zusammenfassung.

Es wird ein Destillations- und Sublimationsapparat mit einem Innenkühler aus Metall beschrieben, der auch für Arbeiten unter vermindertem Druck und für geringe Substanzmengen brauchbar ist.

Summary.

A distillation- and sublimation apparatus with a metal internal condenser is described, which is also useful for working under reduced pressure and with small amounts of substance.

Résumé.

On décrit un micro-appareil de distillation et de sublimation avec un réfrigérant interne métallique, qui convient aussi pour les travaux sous pression réduite et pour de faibles quantités de substance.

Aus dem I. Chemischen Laboratorium der Universität Wien.

Selektive Sauerstoffbestimmung in kleinen Gasmengen.

(Ein neues direkt anzeigendes Gerät.)

Von

Karl Kordesch und **Adolf Marko.**

Mit 4 Abbildungen.

(Eingelangt am 12. Mai 1950.)

I. Mit Hilfe einer praktisch vollkommen umkehrbaren Sauerstoffelektrode, über die demnächst an anderer Stelle[1] berichtet werden wird, gelang es, ein Gerät zur Sauerstoffbestimmung in kleinen strömenden oder ruhenden Gasmengen zu entwickeln. Das Meßprinzip gewährleistet eine scharf selektive Bestimmung; das Gerät selbst ist klein, robust und leicht zu bedienen, bei sehr befriedigender Genauigkeit.

In strömendem Gas ist eine Analyse im ganzen Bereich zwischen 0,1 und 100% Sauerstoff möglich. Im mittleren Bereich, z. B. in strömender Luft, können Schwankungen von $\pm$ 0,01% im Sauerstoffgehalt noch erkannt werden. Die Empfindlichkeit steigt mit fallendem Sauerstoffgehalt des zu prüfenden Gases noch weiter, doch verlängert sich die Einstellzeit der Anzeige. Das Diffusionsgleichgewicht an der Elektrode stellt sich im mittleren Bereich in etwa 10 Sekunden ein. Die Strömungsgeschwindigkeit soll über 1 ml Gas je Minute betragen.

In einem abgeschlossenen Gasvolumen von etwa 0,1 ml kann eine Messung im Bereich von zirka 4% bis 100% Sauerstoff mit der gleichen Genauigkeit ausgeführt werden. —

Die von einem alkalischen Elektrolyten benetzte, speziell präparierte Kohle — Sauerstoffelektrode nach *Marko-Kordesch** — wird von Stickstoff, Wasserstoff, Kohlenoxyd, Äthylen und Azetylen nicht gestört. Bei der Strömungsmessung sind Kohlendioxyd und Wasserdampf durch ein Natronkalkrohr zurückzuhalten, da sich sonst bei längerer Betriebszeit der Elektrolyt, bzw. die Kohleelektrode verändern. Die Haltbarkeit

---

* Patente angemeldet.

der Elektroden ist groß, z. B. ist eine Daueranalyse (Kontrolle) eine Woche hindurch möglich. Verbrauchte Elektroden und andere Bestandteile der Meßzelle können sehr einfach ausgetauscht werden. Das Material ist nicht kostspielig. Die Funktion der Apparatur kann jederzeit durch Nacheichung mit Luft überprüft werden.

II. Messungen an strömenden Gasen.

a) Das Meßprinzip.

Die E. M. K. einer sauerstoffdepolarisierten Elektrode ist nach *Nernst* logarithmisch vom Sauerstoffpartialdruck im zugeführten Gas abhängig. *Bei konstanter Klemmenspannung* gibt daher ein mit einer solchen Elektrode ausgestattetes Element um so mehr Strom ab, je höher der Sauerstoffgehalt des zur Depolarisation verwendeten Gases ist. Dieses einfache und bekannte Prinzip konnte für Sauerstoff bisher nicht ausgenützt werden, weil keine genügend rasch und reproduzierbar arbeitende umkehrbare Sauerstoffelektrode bekannt war. Als negative Elektrode wird Zink, als Elektrolyt 30%ige Kalilauge verwendet.

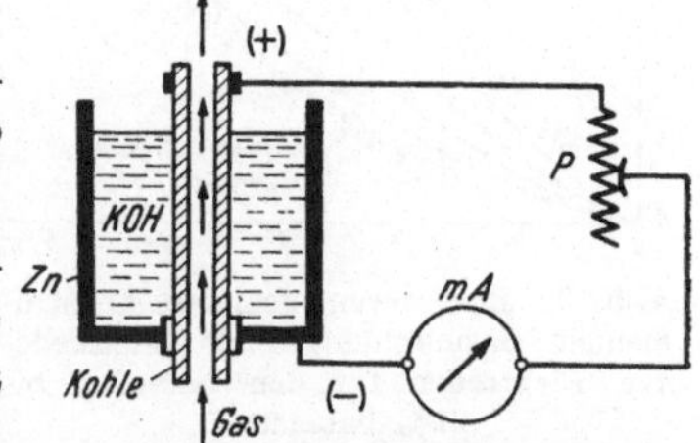

Abb. 1. Prinzipschaltung des Elements. Der Strom, der durch das Milliamperemeter fließt, ist um so größer, je mehr Sauerstoff der Kohleelektrode zugeführt wird.

Die Prinzipschaltung des Elementes zeigt Abb. 1, den Aufbau des für Sauerstoffanalysen geeigneten Meßgerätes Abb. 2.

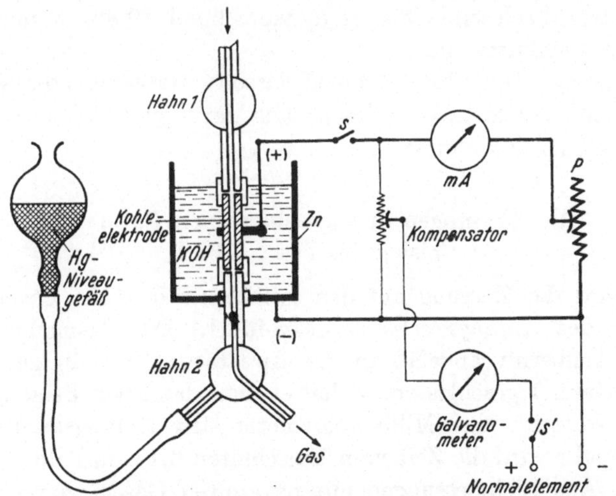

Abb. 2. Schaltung des Meßgerätes. Mit dem Hahn 2 kann von Strömungsmessung auf Einzelmessung umgeschaltet werden. Der Belastungsstrom wird mit dem Potentiometer D so eingeregelt, daß die Spannung der Meßzelle die gleiche (1,15 V) bleibt. Kontrolle durch Galvanometer.

b) Eichung und Messung.

Luft, bzw. genau bekannte sauerstoffhaltige Gasmischungen wurden durch eine Apparatur gemäß Abb. 2 geschickt und die in Abb. 3 angeführten Eichkurven für 0 bis 21% ermittelt, und zwar mit verschiedenen Kohleelektroden. Aus Messungen bei verschiedenen Spannungen ergab sich die Messung bei 1,15 V als die optimale; sie ergibt die günstigste Abhängigkeit der Stromstärke vom Sauerstoffgehalt des Gases in einem

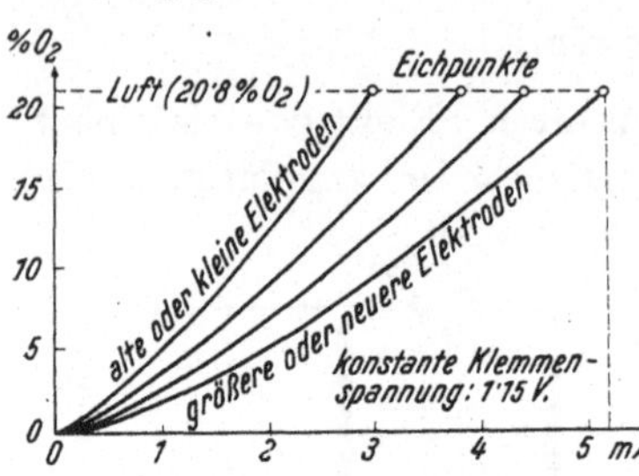

Abb. 3. Eichkurven, gemessen an strömenden Gasmischungen mit verschiedenen Elektroden für den Bereich 0 bis 21% Sauerstoff.

weiten Meßbereich. (Der Kurvenverlauf wird hauptsächlich durch die Flächenstromdichte an der Kohleelektrode bestimmt.) Die Kohleelektroden sind aus technischen Gründen und auch infolge Alterns niemals völlig gleich. Dies beeinträchtigt jedoch nicht die Meßgenauigkeit: Es genügt, einmal die Kurvenschar der Abb. 3 festzulegen, wobei einerseits etwas größere und kleinere, anderseits neue und alte Elektroden verwendet wurden. Für alle weiteren Analysen mit beliebigen Elektroden genügt es, den *Luft-Eichpunkt* festzustellen, um sofort die jeweils — dann für längere Zeit — gültige Eichkurve festzulegen.

Eine Analyse wird also folgendermaßen ausgeführt:

a) Eichung: Luft durch die Apparatur strömen lassen; mit dem Potentiometer *P* das Galvanometer auf Null stellen. Der am Milliamperemeter abzulesende Strom (entsprechend 20,8% Sauerstoff) gibt die gültige Eichkurve an.

b) Messung: Gas durchströmen lassen; Galvanometer wieder auf Null bringen; Stromstärke ablesen; aus der Eichkurve entsprechenden Sauerstoffgehalt entnehmen.

III. Messungen in abgeschlossenen Gasmengen
(bisher bis etwa 0,1 ml).

Hier wird die Messung auf den *zeitlichen Abfall der Stromstärke* bis zur *Hälfte* des *Anfangswertes* zurückgeführt. Die Gasmenge wird mit dem Quecksilberniveaugefäß in die Apparatur (Abb. 2) gebracht und dann der Hahn 1 geschlossen. Schaltet man dann den Belastungsstromkreis an, so zeigt das Milliamperemeter den Anfangsausschlag. Mit einer Stoppuhr wird die Zeit vom Einschalten bis zum halben Ausschlag gemessen. Aus Eichmessungen mit bekannten Gasen wurde die Kurve der Abb. 4 erhalten. Es zeigte sich, daß die Halbwertszeiten praktisch proportional dem Sauerstoffgehalt des Gases sind.

Die Ausführung einer Eichung geschieht wie folgt:

a) Einfüllen von Luft in die Meßzelle.

b) Einschalten der Apparatur und Stoppuhr, gleichzeitig ablesen des Milliamperemeters (z. B.: 5,2 mA). Die Zeit bis zum halben Wert (z. B. 2,6 mA) wird festgestellt (z. B. 2 Min. 34 Sek.). Diese Zeit entspricht 20,8% Sauerstoff und liefert die Eichgerade.

Zur *Analyse* wird wie unter a und b verfahren. Als Halbwertszeit ergibt sich z. B. 1 Minute 17 Sekunden. Diese Zeit entspricht somit (auf Grund der festgestellten linearen Abhängigkeit in Abb. 4) 10,4% Sauerstoff. Kontrolle mit Pyro-gallol-Pipette: 10,4%. Auch diese Methode ist, wie leicht ersichtlich, von den technisch unvermeidlichen Unterschieden und vom Alter der Kohleelektrode unabhängig. Kleinere (ältere) Elektroden arbeiten zwar langsamer, doch immer proportional. Die Genauigkeit der Analyse hängt natürlich davon ab, wie genau der momentane Sauerstoffgehalt der Luft bekannt ist. Für die meisten praktischen Zwecke wird man sich aber eine Kontrolle des

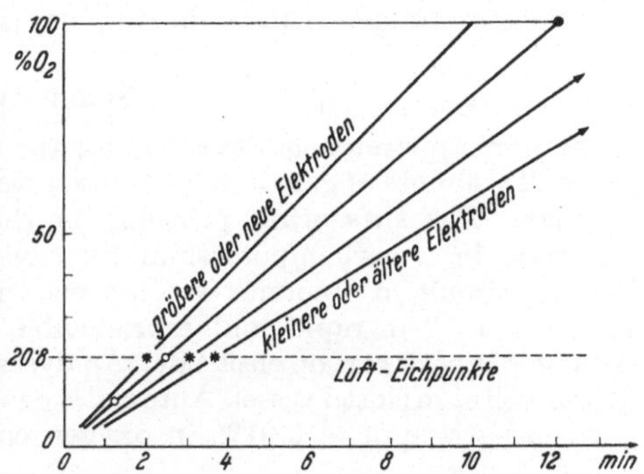

Abb. 4. Eichmessungen an ruhendem Gasvolumen. Nachweis der praktisch linearen Abhängigkeit von Sauerstoffgehalt und „Halbwertszeit".

Luftsauerstoffgehaltes ersparen können. Für sehr genaue Messungen ist diese Kontrolle empfehlenswert, außerdem ist auch der Überdruck, der durch Einstellung des Niveaugefäßes entsteht, jeweils genau gleich einzustellen. —

In einer anderen Ausführungsform des Meßgerätes für abgeschlossene Volumina wird in den Belastungskreis ein Milliampere-Sekunden-Zähler geschaltet. Der Zähler bleibt nach Verbrauch des Sauerstoffes stehen; sein Zeigerstand gibt, als Integral über die gesamte gelieferte Elektrizitätsmenge, direkt die ganze verbrauchte Sauerstoffmenge an. Die Eichung bann ebenfalls mit Luft erfolgen.

IV. Die direkte Meßmethode für den Sauerstoffgehalt von strömenden Gasen kann natürlich den verschiedensten Verwendungszwecken angepaßt werden. Sie kann leicht vollautomatisch gestaltet und zur Betätigung von Regelorganen verwendet werden. Selbstregelnde Geräte nach diesem Prinzip werden bereits mit Erfolg betrieben. —

Die Herstellung und Weiterentwicklung der Geräte hat die Firma „Wiener Isolierrohr-Batterie- und Metallwarenfabrik", Wien VI, übernommen.

Zusammenfassung.

Ein neues Gerät zur selektiven Sauerstoffbestimmung in kleinen Gasmengen, das direkt elektrisch den Prozentgehalt anzeigt, wird beschrieben. Das Meßprinzip besteht darin, daß eine sauerstoffdepolarisierte Kohleelektrode in einem Element Kohle/Kalilauge/Zink entsprechend dem Sauerstoffgehalt des zugeführten Gases eine verschiedene Leistung an einen Belastungskreis abgibt. Die rasche und reproduzierbare Einstellung wird durch eine neuartige Kohleelektrode ermöglicht. Die Analyse ist sowohl in strömendem Gas, wie in einem abgeschlossenen Volumen möglich. Automatische Daueranalysen und selbsttätige Regelung bei Schwankungen von $\pm\,0{,}01\%$ im Sauerstoffgehalt sind ausführbar.

Summary.

A new apparatus is described for the selective determination of oxygen in small amounts of gas; it gives a direct electrical indication of the percentage content. The measuring principle is that an oxygen-depolarized carbon electrode in a carbon/potassium hydroxide/zinc cell delivers current to a loading circuit in amounts which vary with the oxygen content of the gas introduced. The rapid and reproducible standardization is made possible by a new type of carbon electrode. Analyses can be carried out in the streaming gas as well as in closed vessel. Automatic continuous analyses and self regulation with variations of $\pm\,0.01\%$ in oxygen content are practicable.

Résumé.

On décrit un nouvel appareil pour le dosage sélectif de l'oxygène qui en donne électriquement, directement dans les petites quantités de gaz, la teneur en pour cent. Le principe de la mesure repose sur le fait qu'une électrode de carbon dépolarisée à l'oxygène dans la pile charbon/lessive de potasse/zinc, communique un rendement variable dans le circuit de charge suivant la teneur en oxygène du gaz soumis à l'expérience. La mise au point rapide est bien reproductible et rendue possible grâce à une électrode de charbon d'un nouveau type. L'analyse est possible aussi bien dans un courant gazeux que dans un espace clos. Des essais automatiques d'endurance et d'auto-réglage sont réalisables avec des variations de $0{,}01\%$ dans la teneur en oxygène.

Diskussion.

H. *Richling* (Wien, Österreich): Läßt sich diese Sauerstoffbestimmung in Ergänzung der organischen Elementaranalyse als direkte Sauerstoffbestimmung anwenden?

H. *Kordesch*: Zunächst noch nicht ohne weiteres, da diese Methode für die Sauerstoffbestimmung in Gasen bestimmt ist.

H. *Schüler* (Graz, Österreich): Mißt die Elektrode das reversible elektrochemische Potential einer Sauerstoffelektrode?

H. *Kordesch*: Ja, in Verbindung mit einer Wasserstoffelektrode kann das theoretische Potential 1,23 Volt gefunden werden.

Literatur.

1 *K. Kordesch* und *A. Marko*, Österr. Chem.-Ztg., im Druck.

Laboratoire de Chimie B. Sorbonne. Paris 5.

Sur les courbes de thermolyse des précipités décrits dans le livre de Hecht et Donau.

Par

Clément Duval.

Avec 91 figures.

(Reçu le 18 juillet 1950.)

> « La chimie analytique devrait même englober tout ce qui est mesures en chimie. »   *G. Urbain.*

Introduction — En 1940, *F. Hecht* et *J. Donau* ont publié chez *Springer* à Vienne, un excellent traité intitulé

« Anorganische Mikrogewichtsanalyse »

dans lequel les auteurs, après une partie générale très bien faite, rapportent une centaine de monographies relatives aux microgravimétries connues à l'époque. Ce livre m'a rendu beaucoup de services et nul doute que sans la guerre, il eût maintenant dépassé le cap de sa quatrième édition. Je songe seulement à la deuxième et je pense avoir apporté, à ma façon et de deux manières, une contribution à la microgravimétrie. L'une regarde le passé et critique les méthodes existantes. L'autre se tourne vers l'avenir et peut suggérer aux futurs chercheurs des procédés microgravimétriques nouveaux, choisis parmi les méthodes macrogravimétriques qui ont été sélectionnées.

Depuis plus de trois ans, en effet, avec quatorze collaborateurs*, en utilisant la thermobalance de *Chevenard*, j'ai tracé la courbe de gain ou de perte de poids de tous les précipités (931 au 15 mai 1950), proposés avec plus ou moins de succès, pour effectuer la gravimétrie ou la microgravimétrie minérale. Cette étude est en cours de publication dans *Analytica Chimica Acta.*

---

* *Jean Besson, Pierre Champ, Monique de Clercq, Thérèse Dupuis, Raymonde Duval, Pierre Fauconnier, Yvette Marin, Josette Morandat, André Morette, Simonne Panchout, Simonne Peltier, Janine Stachtchenko, Suzanne Tribalat, Nguyen Dat Xuong.*

Mode opératoire. — L'appareil utilisé est décrit dans une publication récente de cette revue[1]. Je voudrais seulement préciser ici, le mode opératoire déjà donné[2]. Les précipités ont été préparés en suivant rigoureusement les indications des auteurs qui les ont utilisés. On les prend encore légèrement chargés du dernier liquide de lavage (eau, alcool, acétone, ether, etc.) ou d'une substance occluse au cours de la précipitation, substance qui doit disparaître pendant la calcination.

Dans chaque cas, j'ai fait des observations complémentaires sur la façon de précipiter, d'adhérer aux parois des vases, de filtrer plus ou moins bien et vérifié la quantitativité de la précipitation à l'aide des réactifs sélectionnés dans les deuxième et quatrième Rapports de la *Commission des Réactifs nouveaux de l'Union internationale de Chimie.*

Les précipités, légèrement humides, sont d'abord pesés (pour contrôle) sur une balance au $^1/_{100}$ mg, puis, disposés dans un creuset à fond plein (de porcelaine, de silice ou de platine, suivant les cas) et enfin chauffés progressivement de 20 à 1000° (à moins qu'ils n'explosent avant). Le mode d'échauffement dans le four électrique, peut se faire suivant la loi et suivant la vitesse désirées. De plus, à tout instant, il est possible de placer le four au régime de température constante (entre $^1/_{10}$ et 1° près). Pendant ce chauffage, sur un cylindre tournant, la courbe de gain ou de perte de poids s'inscrit automatiquement, les températures ou les temps étant marqués directement par l'appareil. Sur un papier de format 24 × 30 cm, on lit les variations de poids en ordonnées, les températures ou les temps en abscisses. En moyenne, une variation de 50 mg correspond à un déplacement vertical du spot de 25 mm. Il est d'ailleurs facile d'augmenter encore cette sensibilité. Il m'a été donné de réaliser des traits d'épaisseur $^1/_{10}$ mm, ce qui correspond à 0,2 mg. Les pesées initiales varient de 0,1 g à 1 g, mais, se tiennent ordinairement vers 0,250 g. En moyenne, l'erreur de lecture ainsi faite est 0,2/250.

Le résidu du chauffage est toujours pesé pour contrôle sur la même balance au $^1/_{100}$ mg; il a fallu très souvent analyser qualitativement et quantitativement ce résidu, examiner la vitesse avec laquelle il reprend l'eau, etc.

Lorsqu'une courbe possède au moins un palier horizontal, on peut être assuré que la substance présente un poids constant entre des limites précises de température. C'est évidemment entre ces limites que l'opérateur doit travailler pour obtenir de bons résultats. Si la courbe va sans cesses en décroissant, il est bien évident qu'elle ne peut être utilisable pour l'analyse.

L'erreur la plus fréquente est de croire qu'une substance est toujours nécessairement sèche à 105°. Certains auteurs semblent avoir adopté une température uniforme pour tous leurs dosages (Exemple: 132° pour *Winkler*). Signalons une fois de plus un fait bien connu: les thermomètres à mercure des étuves à gaz donnent des indications fausses au cours du temps, ce qui explique, en partie, les désaccords avec les nombres que j'ai mesurés à l'aide du thermocouple.

Chacun connait les erreurs journalières que l'on fait en laissant refroidir une substance dans le dessicateur, la portant sur le plateau de la balance, chauffant et pesant de nouveau jusqu'à poids constant. Avec la technique que j'ai instituée, la substance n'est pas sortie du four; à chaque instant, elle communique au papier photographique son poids constant. J'ai toujours obtenu d'excellents résultats en faisant ultérieurement le séchage ou la calcination dans les limites de température données sur les paliers de la courbe. D'une manière générale, les chimistes chauffent beaucoup trop haut et beaucoup trop longtemps les creusets. En les abandonnant ainsi sans contrôle dans la flamme du gaz, ils sont dans la même situation qu'un aveugle sans chien ou sans bâton.

La courbe étant tracée, il peut être donné d'y déceler des méthodes de pesée plus sûres ou plus intéressantes que celles fournies par l'auteur du mémoire. Nous ne pouvons que recommander aux microchimistes qui découvrent une nouvelle réaction de tracer la courbe de thermolyse; ils sauront immédiatement si la méthode est bonne et entre quelles températures s'étend le palier de poids constant.

Considérations générales — J'ai donc relevé les courbes de thermolyse de tous les précipités dont *Hecht* et *Donau* ont reproduit le mode opératoire. Pour chacune, j'ai contrôlé si les températures données par les auteurs étaient correctes, sinon, je les ai corrigées. En outre, j'ai trié les bonnes et les mauvaises méthodes. Pour certains ions, il s'est trouvé qu'elles étaient toutes, à mon avis, à rejeter. Il fallait donc les remplacer par d'autres. J'ai alors choisi parmi toutes les méthodes connues pour cet ion celles qui donnent satisfaction et que les auteurs futurs devront adapter de préférence pour la microgravimétrie. De plus, certains ions ne comportaient aucune microgravimétrie; j'ai indiqué dans quelle voie, il fallait se diriger pour arriver, tout de suite, au bon résultat.

Nos différentes monographies seront faites sur le modèle de celle de l'argent, ce qui évitera beaucoup de redites.

Argent[3].

Hecht et *Donau* proposent (page 146) les réactifs groupés dans la première colonne avec la référence de l'auteur de la méthode; la deuxième colonne contient la formule sous laquelle on obtient le précipité après séchage ou calcination. La troisième colonne contient les limites de température révélées sur nos courbes tracées avec la thermobalance. L'indication de ces courbes est fournie dans la colonne quatre. A la suite du nom de l'ion, nous disposons une référence qui est celle de la publication dans laquelle, nous avons étudié toutes les méthodes gravimétriques relatives à cet ion en macro et microgravimétrie.

Chlorure de sodium[4]...............	ClAg	70 à 600°	Fig. 1
Rhodanine[5]......................	$AgC_3H_2ONS_2$	60 à 158°	Fig. 2
Sulfate de cuivre + Propylène diamine[6]	$[AgI_2]_2[Cu\,pn_2]$	40 à 155°	Fig. 3
Acide sulfurique et électrolyse[7].....	Ag	15 à 950°	Fig. 4

Les températures indiquées par les auteurs sont correctes. Toutefois, dans le cas de la précipitation avec le sulfate de cuivre et la propylène diamine, il est inutile de s'astreindre au séjour du produit, à froid, dans

          C. Duval:

le dessicateur, opération dont la fin est toujours douteuse. Le complexe
est, en effet, stable de 40 à 155°.

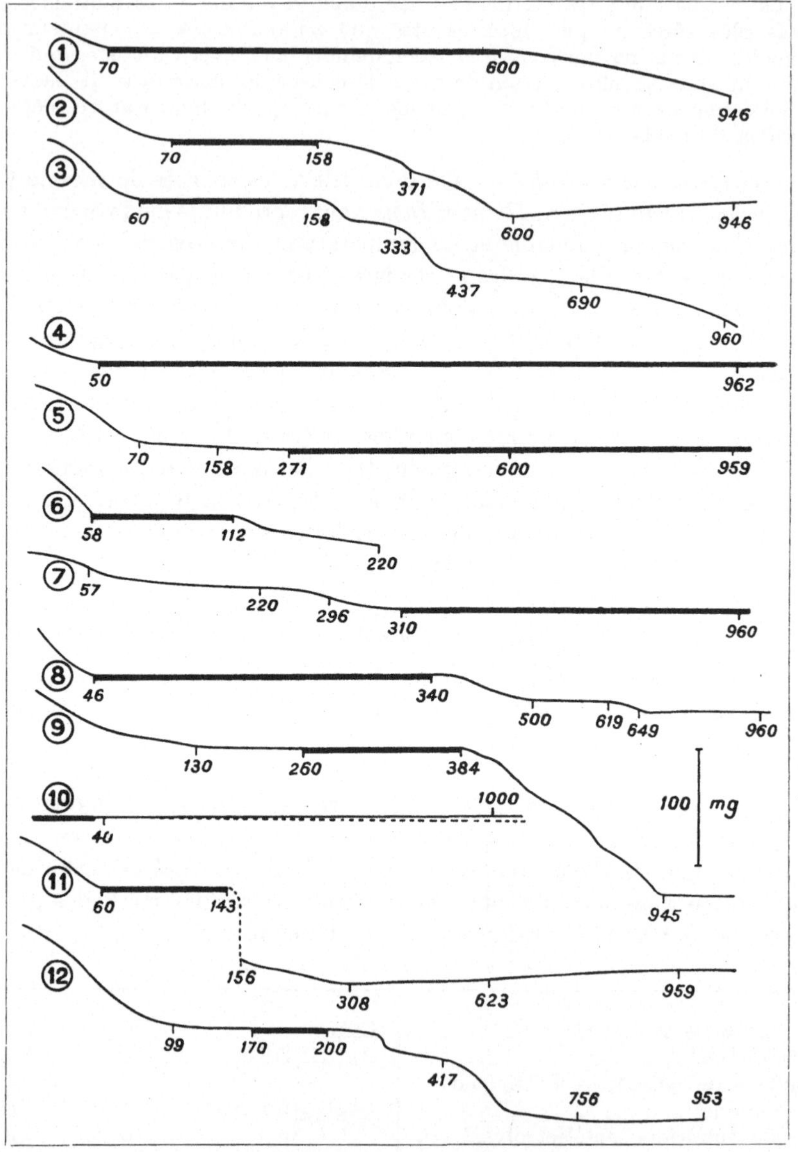

Courbes de thermolyse des précipités analytiques.

Fig. 1. Chlorure d'argent. Fig. 2. Complexe d'argent et de rhodanine. Fig. 3. Argento-iodure de
cupri-propylènediamine. Fig. 4. Argent déposé par électrolyse. Fig. 5. Sulfate de plomb. Fig. 6.
Picrolonate de plomb. Fig. 7. Phosphate de plomb. Fig. 8. Peroxyde déposé par électrolyse. Fig. 9.
Oxinate de cadmium. Fig. 10. Cadmium déposé par électrolyse. Fig. 11. Complexe de cuivre et de
benzoïnoxime. Fig. 12. Dibromo-oxinate de cuivre.

Il n'y a pas d'inconvénient à chauffer sur une flamme de gaz, la micro-cathode recouverte du dépôt d'argent, contrairement à ce qui se passe avec le cuivre, le cobalt, le cadmium, le zinc, l'or, etc., métaux qui se combinent à l'oxygène ou l'absorbent. Toutefois, cela n'est valable que pour l'argent électrolytique ou celui qui provient de la solution ammoniacale de chlorure cuivreux. Dans le cas où le métal est précipité par la vitamine C, le formaldéhyde, l'hydroxylamine, l'acide hypophosphoreux, le cadmium, l'aluminium, etc, le poids d'argent ne reste pas constant. Dans l'exemple particulier du formaldéhyde et de l'ammoniaque, le dépôt dit «argent réduit» est, formé, comme nous l'avons montré, par un produit de substitution de la dihydroxyméthylamine $HOCH_2—NAg—CH_2OH$ qui n'est complètement dissocié qu'au-dessus de 500°.

Il est certain que pour doser l'argent en microanalyse, l'iodure est à préférer au chlorure, puisque le coefficient analytique du métal est plus faible. On doit alors sécher entre 60 et 900°. Il est remarquable de constater que des trois sels ClAg, BrAg, IAg, c'est le bromure qui se montre le plus stable.

Nous laissons de côté les procédés à la thionalide, à l'acide oxalique en tant que conduisant à l'argent métallique, la précipitation par l'arséniate de sodium seul et par l'acide sélénieux. Par contre, nous pensons que les procédés suivants pourront servir en microanalyse, en donnant a préférence au dernier à cause du facteur analytique favorable pour 'argent.

Réactif précipitant	Forme de pesée	Limites de température
Hydrogène sulfuré	SAg_2	69—615°
Thiosulfate de sodium	SAg_2	129—649°
Acétate de thallium + Arséniate de sodium	AsO_4TlAg_2	20—846°
Acide oxalique	$C_2O_4Ag_2$	au-dessous de 101°
Cyanure de potassium	$CNAg$	au-dessous de 237°
Thiocyanate de potassium .	$SCNAg$	au-dessous de 224°
Chromate de potassium ...	CrO_4Ag_2	92—812°
Thiocyanate de cobalti-thio-cyanatodiéthylènediamine	$[Ag(SCN)_2][Co\ En_2(SCN)_2]$	au-dessous de 144°

Plomb[8].

Acide sulfurique[9]	SO_4Pb	271 à 959°	Fig. 5
Acide picrolonique[10] ..	$(C_{10}H_7O_5N_4)_2Pb \cdot 1,5\ H_2O$	58 à 112°	Fig. 6
Phosphate diammonique[11]	$P_2O_7Pb_2$	au-dessous de 310°	Fig. 7
Acide azotique et électrolyse[12]	PbO_x	au-dessous de 340°	Fig. 8

Pour le sulfate, la température de 600° est correcte, mais non exclusive. L'enregistrement (Fig. 5) montre une ligne droite horizontale de 271° à 959°; il n'y a pas à craindre la production de sulfate basique au-dessous.

La méthode au picrolonate est à recommander à tous les points de vue (bas facteur analytique, facile filtrabilité, quantitativité), mais, les températures de 130—140° indiquées pour le séchage sont un peu trop hautes; on voit sur l'enregistrement (Fig. 6) que le picrolonate de plomb n'est stable que jusqu'à 112°; il est vrai que la perte de poids est peu sensible jusqu'à 220° (explosion).

Pour la précipitation en phosphate suivant *Moser* et *Reif*, je ne suis pas d'accord; avec ou sans acide sulfosalicylique, j'obtiens la même composition PO_4HPb, et, par suite, la même courbe de pyrolyse (Fig. 7). A 150°, et jusqu'à 310°, on obtient bien un poids constant, mais, il s'agit bien du phosphate PO_4HPb qui perd régulièrement de l'eau, de 310° à 355°, en fournissant le pyrophosphate $P_2O_7Pb_2$. J'émets donc des doutes sur la méthode de *Moser* et *Reif*.

L'électrolyse en creuset-anode à fourni un peroxyde pour lequel on à bien $Pb/PbO_x = 0,8627$, résultat habituel. Au-dessus de 340°, on observe une perte d'oxygène et le passage en oxyde PbO.

La pesée sous forme de dibromo-oxinate $(C_9H_4Br_2ON)_2Pb$ serait intéressante en raison du facteur analytique 0,2554 le plus faible connu pour le plomb, mais, il faut sécher, à froid, dans le dessicateur. Des diverses méthodes signalées ci-dessous qui conduisent à des courbes avec palier, la plus recommandable est la pesée sous forme de complexe interne avec la thionalide qui constitue avec le sulfure, le dérivé du plomb le plus insoluble qui soit utilisé en gravimétrie.

Remarquons que le peroxyde obtenu avec l'eau oxygénée possède bien la formule PbO_2 (ancien $Pb_5O_7 \cdot 3H_2O$); il diffère de l'oxyde puce et des autres peroxydes. La pesée en iodate serait intéressante (facteur 0,3153) mais non celle en periodate qui ne présente pas de courbe avec palier. Le dosage en sulfure, en raison de l'insolubilité de ce sel, s'impose, mais, le réglage de l'étuve devra se faire avec soin en raison de l'étroitesse du palier.

Je mets sur un pied d'égalité les méthodes au phtalate, au gallate et à l'anthranilate. Si l'on chauffe le complexe avec la salicylaldoxime, il faut avoir soin de ne pas dépasser 180°, sinon, il se dégage un produit éminemment toxique ainsi qu'une odeur tenace et désagréable.

Les méthodes au mercaptobenzothiazole et au mercaptobenzimidazole s'équivalent, mais, le premier réactif est plus accessible.

En résumé, les méthodes citées par *Hecht* et *Donau* sont convenables sauf les retouches à faire au phosphate. De plus, en ce qui concerne la dépense, l'emploi de la thionalide doit l'emporter sur celui de l'acide picrolonique.

Réactif précipitant	Forme de pesée	Limites de température
Eau oxygénée	PbO_2	100—120°
Ammoniaque	$Pb(OH)_2$	155—410°
Iodate de potassium	$(IO_3)_2Pb$	au-dessous de 400°
Hydrogène sulfuré	SPb	97°5—107°2
Carbonate de sodium	CO_3Pb	au-dessous de 142°
Acide oxalique...................	C_2O_4Pb	50—300°
Phtalate de sodium	$C_6H_4(CO_2)_2Pb$	288—320°
Acide gallique	$C_6H_2O_3CO_2Pb_2$	au-dessous de 152°
Anthranilate de sodium	$C_7H_6O_2N)_2Pb$	au-dessous de 198°
Salicylaldoxime	$C_7H_5O_2NPb$	45—180°
Mercaptobenzimidazole	$C_6H_5N_2CS)PbOH$	97—172°
Thionalide......................	$C_{12}H_{10}CNS)_2Pb$	71—134°
Mercaptobenzothiazole	$(C_7H_4NS_2)_2Pb$	au-dessous de 120°

Cadmium[13].

Réactif précipitant	Forme de pesée	Limites de température	
Hydroxy-8 quinoléine[14]	$(C_9H_6ON)_2Cd$	280—384°	Fig. 9
Electrolyse[15]	Cd	20°	Fig. 10

L'oxinate de cadmium est l'un des plus stables qui soient connus. On observe à 130°, un changement brusque de perte de poids qui pourrait faire croire à la déshydratation totale; il n'en est pas rigoureusement ainsi et de 130 à 280°, on observe encore une minime perte d'eau. Pour obtenir des nombres tout à fait rigoureux, il faut maintenir le microcreuset ou le becher-filtre entre 280° et 384°, dans le bloc ou le four électrique.

Le cadmium électrolytique gagne de l'oxygène dès la température ordinaire. Déjà à 60°, le gain est $^1/_{100}$; une partie de l'oxygène reste combinée après refroidissement.

Réactif précipitant	Forme de pesée	Limites de température
Potasse	$Cd(OH)_2$	89—170°
Acide sulfurique	$SO_4Cd \cdot H_2O$	68—120°
Iodure de potassium + + hydrazine...............	$I_2[Cd(N_2H_4)_2]$	70—166°
Phosphate d'ammonium	$PO_4CdNH_4 \cdot H_2O$	90—122°
Molybdate d'ammonium	MoO_4Cd	82—250°
Chlorure d'ammonium + + pyridine	$Cl_2[Cd(C_5H_5N)_2]$	au-dessous de 70°
Thiocyanate + Pyridine.....	$(SCN)_2 \cdot Cd(C_5H_5N)$	77—101°
Bromure de potassium + + brucine	$[CdBr_4][(CH_3O)_2C_{21}H_{21}O_2N_2]_2$	120—250°
Sel de Reinecke + Thiourée .	$[Cr(CNS)_4(NH_3)_2][Cd(CSN_2H_4)_2]$	au-dessous de 167°
Acide quinoléine-carboxylique-8.................	$C_{10}H_6O_2N)_2Cd$	89—263°
Acide quinaldinique	$(C_{10}H_8NO)_2Cd$	66—197°

Parmi les nombreuse autres méthodes pouvant servir à doser correcte-
ment le cadmium, nous ne citerons que les suivantes en donnant la préférence aux procédés à la brucine, à l'acide quinoléine-carboxylique-8,
à l'acide quinaldinique et à l'iodure de potassium-hydrazine.

Cuivre[16].

Benzoinoxime[17]	$Cu(C_{14}H_{11}O_2N)$	$60—143°$	fig. 11
Dibromo-5,7 oxine[18]	$Cu(C_9H_4Br_2ON)_2$	$170—200°$	fig. 12
Salicylaldoxime[19]	$Cu(C_7H_6O_2N)_2$	$50—150°$	fig. 13
Acide quinaldinique[20]...	$Cu(C_{10}H_6O_2N)_2 \cdot H_2O$	$50—105°$	fig. 14
id. ...	$Cu(C_{10}H_6O_2N)_2$	$130—273°$	id.
Electrolyse[21]..........	Cu	au-dessous de $67°$	fig. 15

Nous sommes d'accord avec les auteurs divers qui ont utilisé ces
précipités, mais, il nous semble utile de préciser un point de la pyrolyse
du quinaldinate. Alors que *Rây* et *Bose* indiquent de le sécher à 125°,
la courbe de la figure 14 montre un palier horizontal jusqu'à 125°, s'accordant avec la formule du monohydrate $Cu(C_{10}H_6O_2N)_2 \cdot H_2O$, puis, de
105° à 130°, on observe la perte de la molécule d'eau; alors, de 130° à 273°,
s'étend le palier également bien horizontal, relatif au sel anhydre. Le
résidu à 800° possède la formule $CO_3Cu \cdot CuO$, comme le minéral appelé
mysorine.

La facile oxydation du cuivre électrolytique montre que la cathode
ne doit jamais être flambée, mais, disposée dans l'étuve au-dessous de
67°, après rinçage avec l'alcool. Le gain d'oxygène observé à 235° est
20,0 mg pour 100,5 mg de cuivre déposé.

La figure 11 montre un fait curieux après la destruction de la matière
organique; à 308°, pendant un temps très court, il ne reste dans le creuset,
au contact de l'atmosphère réductrice du four, que du cuivre métallique.
Bien entendu, ce cuivre s'oxyde aussitôt, et à 959° on arrive à l'oxyde
cuivrique CuO.

Signalons maintenant que les complexes avec le cupferron et le néo-
cupferron sont stables pour le cuivre (et le fer) jusqu'au voisinage de
100°. Les précipités avec l'oxine, le sulfate de biguanide, la thionalide,
l'acide quinoléine-carboxylique-8, le mercaptobenzothiazole et surtout
l'isoquinoléine nous ont donné d'excellents résultats.

Nous rejetons, par contre, d'une façon absolue, pour le cuivre, l'emploi
de l'hydrogène sulfuré, du dithiocarbonate, de l'acide amino-3 naphtoïque,
de l'α-nitroso β-naphtylamine, de la β-nitroso α-naphtylamine, de la
pipéronaloxime, du benzotriazole, du nitrobenzimidazole, de la dicyan-
diamidine, de la dimine, du thiocyanate avec les bases comme la benzidine,
l'o-tolidine, l'o-dianisidine et l'α-naphtylamine, enfin, de la sulfo-5 oxine.

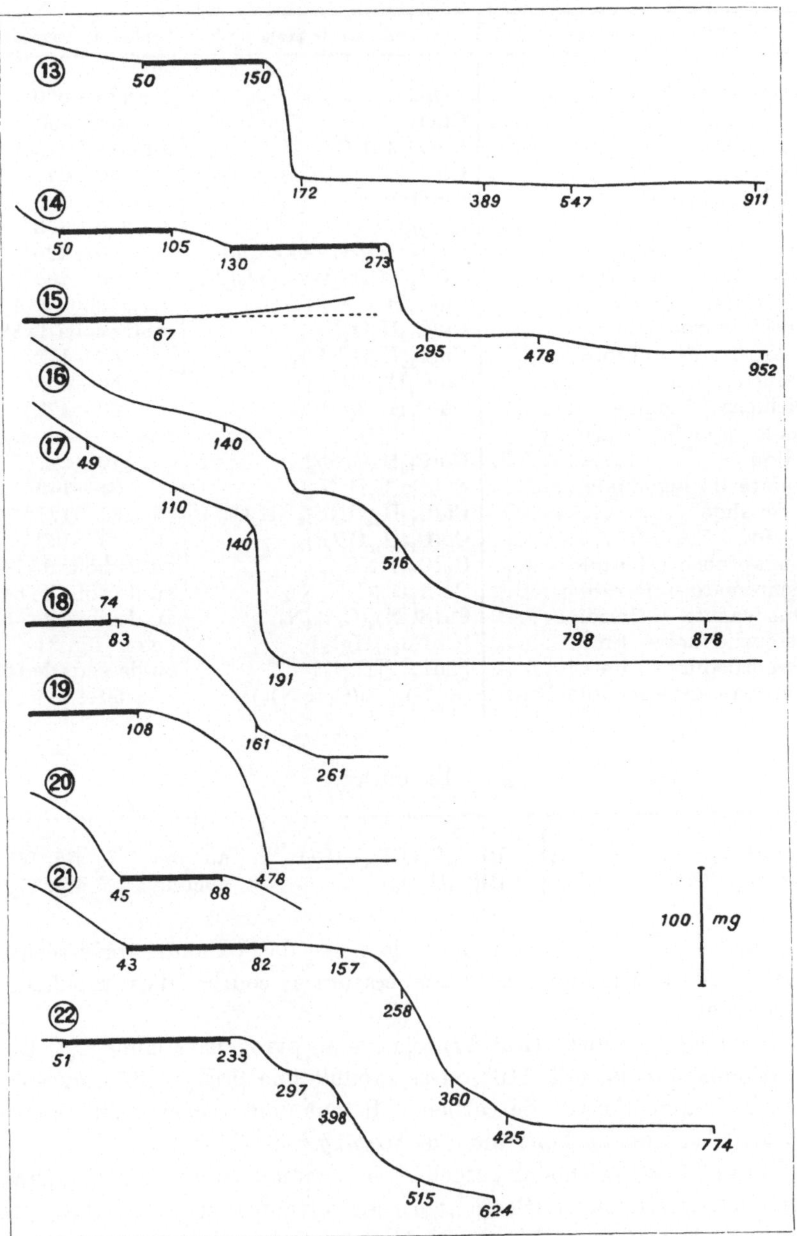

Courbes de thermolyse des précipités analytiques.

Fig. 13. Complexe de cuivre avec la salicylaldoxime. Fig. 14. Quinaldinate de cuivre. Fig. 15. Cuivre déposé par électrolyse. Fig. 16. Oxinate de bismuth. Fig. 17. Pyrogallate de bismuth. Fig. 18. Mercure déposé sur une cathode d'or. Fig. 19. Sulfure de mercure. Fig. 20. Iodure mercurique. Fig. 21. Mercuriiodure de cupridiéthylènediamine. Fig. 22. Perrhénate de nitron.

Réactif précipitant	Forme de pesée	Limites de témpérature
Acide sulfurique	SO_4Cu	$183—560°$
id.	CuO	vers $950°$
Hexaméthylène tétramine...	$CuO \cdot 2\,H_2O$	au-dessous de $90°$
Hydrazine.................	Cu	$50—97°$
Hydroxylamine	Cu_2O	au-dessous de $145°$
Acide iodique..............	$(IO_3)_2Cu$	$210—352°$
Acide anthranilique	$(NH_2—C_6H_4—CO_2)_2Cu$	$90—225°$
Acide bromo-5 anthranilique	$(NH_2—C_6H_3Br—CO_2)_2Cu$	$90—204°$
Cupferron	$Cu(C_6H_5O_2N_2)_2$	au-dessous de $107°$
Néocupferron	$Cu(C_{10}H_7O_2N_2)_2$	au-dessous de $89°$
α-Nitroso β-naphtol	$Cu(C_{10}H_6O\,NO)_2$	$62—172°$
Oxine.....................	$Cu(C_9H_6ON)_2$	$66—269°$
Dichloro-5,7 oxine..........	$Cu(C_9H_4Cl_2ON)_2$	$63—177°$
Acide quinoléine-carboxy- lique-8	$Cu(C_{10}H_6O_2N)_2$	$110—221°$
Sulfate de biguanide	$SO_4Cu(C_2H_7N_5)_2$	$94—146°$
Thionalide.................	$Cu(C_{12}H_{10}ONS)_2 \cdot H_2O$	$81—121°$
id.	$Cu(C_{12}H_{10}ONS)_2$	$148—167°$
Mercaptobenzothiazole	$Cu(C_7H_4NS_2)_2$	au-dessous de $145°$
Bichromate + Pyridine	$CuCr_2O_7(C_5H_5N)_4$	au-dessous de $64°$
Thiocyanate + Pyridine.....	$Cu(SCN)_2(C_5H_5N)_2$	au-dessous de $46°$
Mercuriiodure + En	$[CuEn_2][HgI_4]$	voir fig. 21
Mercuriiodure + Pn	$[CuPn_2][HgI_4]$	au-dessous de $157°$
Thiocyanate + Isoquinoléine	$(SCN)_2[Cu(C_9H_7N)_2]$	$50—80°$

Bismuth[22].

Oxine[23]	$Bi(C_9H_6ON)_3 \cdot H_2O$	aucune	fig. 16
Pyrogallol[24]............	$Bi(C_6H_3O_3)$	aucune	fig. 17

Hecht et *Reissner*[23] ont proposé la pesée de l'oxinate, après séchage à $140°$; on remarque qu'à cette température, la courbe 16 est rapidement décroissante.

De même, la courbe (Fig. 17) relative au pyrogallate jaune $C_6H_3O_3Bi$ est décroissante jusqu'à $140°$ où se produit une brusque décomposition avec libération d'oxyde de carbone. Il faut donc sécher à $20°$, par un courant d'air comme l'ont indiqué *Strebinger* et *Flaschner*[24].

Parmi les 36 méthodes actuellement connues pour doser pondéralement le bismuth, nous sélectionnons les suivantes, et parmi elles, nous accordons la préférence à celle de *Majumdar* avec le phényldithiobiazolone thiol.

Nous éliminons d'office les précipitants suivants: glucose, acide hypophosphoreux, hydrogène sulfuré, thiosulfate de sodium, bichromate de potassium, molybdate d'ammonium, chromithiocyanate de potassium, hexaméthylène tétramine, acide gallique, antipyrine-méthylène amine qui conduisent à des précipités dont les courbes de chauffage n'ont pas de palier susceptible d'être utilisé.

Réactif précipitant	Forme de pesée	Limites de température
Formaldéhyde................	Bi	43—$150°$
Carbonate d'ammonium	$CO_3(BiO)_2$	68—$308°$
Formiate d'ammonium........	$CO_3(BiO)_2$	45—$155°$
Chlorure d'ammonium	$ClBi(OH)_2$	au-dessous de $258°$
id.	$ClBiO$	328—$805°$
Iodure de potassium	$IBiO$	au-dessous de $231°$
Sulfite de sodium	$SO_4(BiO)_2$	475—$946°$
Acide sulfurique.............	$(SO_4)_3Bi_2$	236—$405°$
id.	$SO_4(BiO)_2$	810—$975°$
Phosphate diammonique	PO_4Bi	379—$950°$
Acide arsénique	AsO_4Bi	47—$400°$
Chlorure de cobaltitriéthylène-diamine + IK.............	$(BiI_4)_2[CoEn_2]I$	au-dessous de $188°$
Thionalide	$Bi(C_{12}H_{10}ONS)_3$	45—$134°$
Acide phénylarsinique........	$C_6H_6AsO_4Bi$	60—$300°$
Phényldithiobiazolone thiol ...	$(C_8H_5N_2S_3)_3Bi \cdot {}^1/_2 H_2O$	40—$150°$

Mercure[25].

Réactif précipitant	Forme de pesée	Limites de température	
Electrolyse sur cathode d'or[26]	Hg	au-dessous de $71°$	fig. 18
Sulfure d'ammonium[27] ...	SHg	au-dessous de $109°$	fig. 19
Iodure de potassium[119]	I_2Hg	45—$88°$	fig. 20
Nitrate de cupri-diéthylènediamine[120]	$[HgI_4][CuEn_2]$	à $20°$	fig. 21

Les valeurs trouvées sont en accord avec celles des auteurs antérieurs. Pour les autres courbes relatives au mercure, nous pouvons accorder confiance aux précipités suivants qui donnent naissance à des paliers horizontaux. Nous recommandons surtout l'emploi du sel de *Reinecke* et de la thionalide.

Réactif précipitant	Forme de pesée	Limites de température
Chlorure de cobalt + Thiocyanate .	$[Hg(SCN)_4]Co$	50—$200°$
Chromate	CrO_4Hg_2	52—$256°$
Iodure + Chlorure de cuivre-Pn ...	$[HgI_4][CuPn_2]$	50—$157°$
Iodate de potassium	$(IO_3)_2Hg_2$	50—$175°$
Thionalide.....................	$(C_{12}H_{10}ONS)_2Hg$	90—$169°$
Reineckate	$[Cr(CNS)_4(NH_3)_2]_2Hg$	77—$158°$

Rhénium[28].

La seule méthode microgravimétrique proposée est la formation de perrhénate de nitron[29].

Nitron[29]	$ReO_4H \cdot C_{20}H_{16}N_4$	au-dessous de 250°	fig. 22

La courbe est d'ailleurs tout à fait analogue à celle du perchlorate ou du nitrate de nitron. Elle monte insensiblement jusqu'à 250° avant la destruction du sel complexe. Ceci n'est pas très grave car, ainsi que nous avons pu l'enregistrer dans des cas analogues, la quantité d'oxygène évacuée au refroidissement est rigoureusement égale à celle qui est captée par chauffage.

La précipitation du rhénium avec le chlorure de tétraphénylarsonium s'avère bien supérieure à la méthode au nitron qui n'est pas quantitative.

Arsenic[30].

Mixture magnésienne[31, 32]	$AsO_4MgNH_4 \cdot 6H_2O$	à froid	fig. 23
id.	$As_2O_7Mg_2$	677—885°	id.
Hydrogène sulfuré[33]	As_2S_3	200—265°	fig. 24

Je considère la pesée de l'hexahydrate comme difficile à éxécuter car la figure 23 ne présente pas de palier net pour cet hydrate. Nous sommes d'accord cependant avec *Hecht* et *von Mack*[31] pour les températures de calcination du pyroarséniate; ces auteurs avaient donné 800—900°; toutefois, il ne faut pas dépasser 885°; à 900°, on observe déjà une très légère perte d'arsenic.

En ce qui concerne la pesée du trisulfure précipité par l'hydrogène sulfuré ou par le xanthogénate, il faut remarquer que je n'ai jamais pu obtenir le poids constant pour As_2S_3 au-dessous de 200°. *Schwarz-Bergkampf* indique 110°, température située, comme on le voit, en pleine descente sur la courbe de la figure 24.

De notre étude critique, nous ne conservons d'ailleurs que deux procédés pour le dosage pondéral de l'arsenic, avec deux formes possibles de pesée pour la méthode au plomb. Dans le cas de l'arséniate argentothallique, *Spacu* et *Dima* suggéraient le séchage à 20°, mais, nous avons enregistré une droite rigoureusement horizontale entre 20° et 846°.

Réactif précipitant	Forme de pesée	Limites de température
Nitrates d'argent et de thallium	AsO_4TlAg_2	20—846°
Nitrate de plomb	AsO_4HPb	81—269°
id.	$As_2O_7Pb_2$	320—1000°

Antimoine[34].

Hydrogène sulfuré[31] ...	S_3Sb_2	176 à 275°	fig. 25
Chlorure de chromi-éthylène diamine[35] ..	$[SbS_4][CrEn_3] \cdot 2\,H_2O$	au-dessous de 165°	fig. 26

Au lieu d'opérer dans un courant d'hydrogène sulfuré, puis, de gaz carbonique, dans l'étuve bien connue de *Treadwell* ou le bloc d'aluminium de *Hecht*, la courbe de thermolyse (Fig. 25) a révélé un fait intéressant que nous croyons observer pour la première fois; entre 176° et 275°, elle présente un palier rigoureusement horizontal après perte d'eau et de soufre, palier qui s'accorde bien avec la teneur S_3Sb_2 contrôlée par analyse; le produit obtenu est noir et parfaitement homogène; il est toutefois plus commode de faire la précipitation à l'aide du thiocyanate d'ammonium, suivant *Rây*; le produit obtenu se montre plus pur et le palier relatif au sulfure s'étend de 170° à 292°. Bien entendu le thiocyanate présente un avantage de manipulation marqué sur l'hydrogène sulfuré.

Le chlorure de chromi-éthylène diamine perd du poids dès la température ordinaire. Il faudrait logiquement le sécher après séjour au dessicateur, à 20°; mais, sans grande erreur, on peut sécher au-dessous de 165°; à cette dernière température, la perte de poids n'est que $^1/_{300}$.

Nous indiquerons encore 2 méthodes pour le dosage de l'antimoine:

Pyrogallol	$C_6H_3O_3(SbOH)$	74—140°
Acide gallique.............	$[C_6H_2(OH)_3CO_2](SbOH)$	114—163°

Par contre, la précipitation sous forme d'oxinate ne vaut rien.

Étain[36].

Ammoniaque[31]	SnO_2	au-dessus de 834°	fig. 27
Cupferron[31]	SnO_2	au-dessus de 747°	fig. 28

Les températures indiquées par *Hecht* et *v. Mack* sont correctes. Nous n'avons pas d'autre méthode satisfaisante à ajouter.

Molybdène[37].

Nous trouvons une seule méthode proposée par *Niederl* et *Silbert*[38] relative à la pesée de l'anhydride MoO_3; ces derniers recommandent de ne pas dépasser 450° sous peine de perdre de l'anhydride par volatilisation. Ces craintes ne sont pas justifiées depuis l'exécution d'un travail

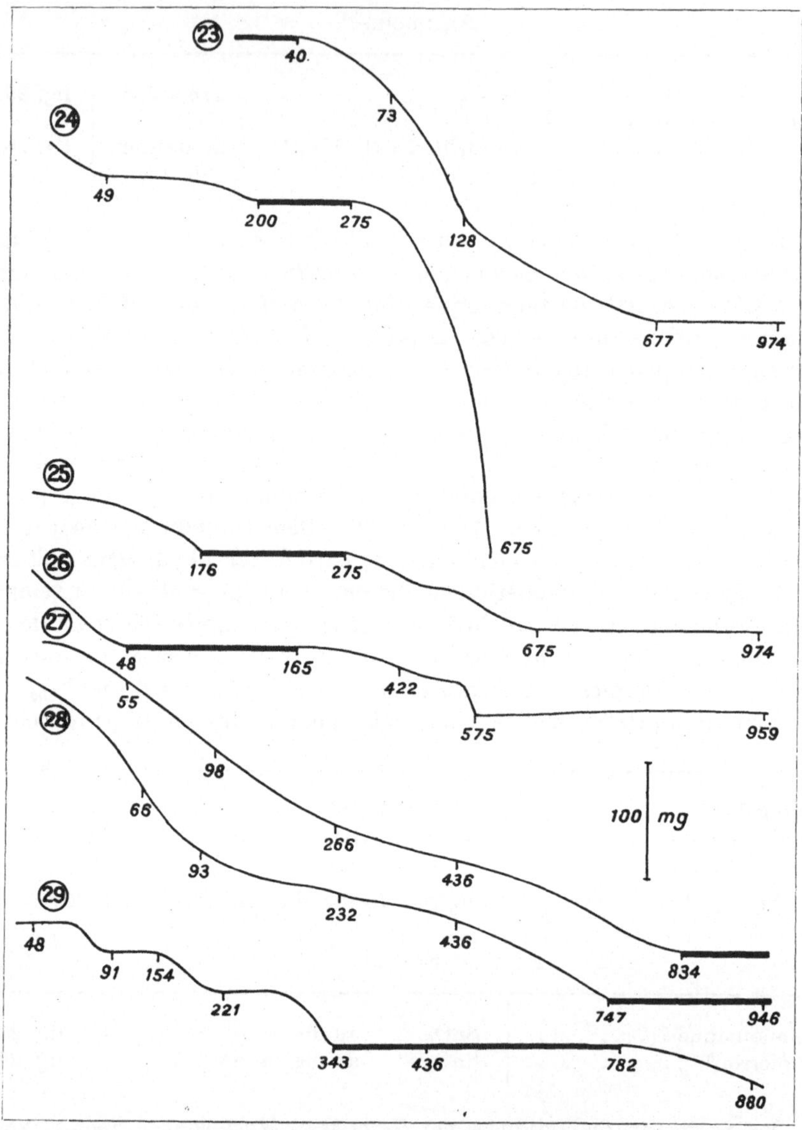

Courbes de thermolyse des précipités analytiques.

Fig. 23. Arséniate ammoniaco-magnésien. Fig. 24. Trisulfure d'arsenic. Fig. 25. Trisulfure d'antimoine. Fig. 26. Stibiosulfure de chromi-triéthylènediamine. Fig. 27. Hydroxyde d'étain. Fig. 28. Cupferronate d'étain. Fig. 29. Anhydride molybdique provenant du molybdate d'ammonium.

critique d'ensemble par *T. Dupuis*[39] qui a montré que l'anhydride molybdique, lorsqu'il est seul, n'est pas volatil au-dessous de 782°.

Maintenu pendant 3 heures à 700°, il ne change pas de poids ou change de moins de $^1/_{300}$.

Nous proposons seulement le procédé à l'oxine, avec maintien entre 40° et 270°, du composé $MoO_2(C_9H_6ON)_2$, conformément aux données de *Balanescu*.

Sélénium[40].

Le sélénium précipité par le gaz sulfureux garde un poids constant jusqu'à 272°; il se sublime brusquement dès 237° (Fig. 30). *Drew* et *Porter*[41] avaient proposé le séchage à 110°, ce qui est correct.

Tellure[42].

La courbe de la figure 31 est relative à du tellure précipité d'un tellurite par le chlorhydrate d'hydrazine. *Drew* et *Porter*[41] avaient indiqué aussi 110° pour température de séchage; on voit qu'il ne faut pas dépasser 40°. Par refroidissement, le tellure divisé garde l'oxygène qu'il a fixé par échauffement.

Or[43].

Nous avons étudié 34 précipitants de l'or et, parmi eux, un seul donne naissance à un composé défini, c'est le thiophénol qui fournit le composé de formule $C_6H_5\text{-}SAu$ à sécher entre 20 et 157° et à utiliser avec le facteur analytique $F = Au/C_6H_5\text{-}SAu = 0{,}6436$. La plupart des autres précipitants donnent de l'or divisé qui a la propriété de fixer l'oxygène par chauffage dans l'air, environ $1/_{100}$ en poids. Fort heureusement, cet oxygène est abandonné intégralement au refroidissement. C'est peut être la raison pour laquelle *Meyer* et *Hoehne*[44] proposent d'effectuer une réduction dans l'hydrogène. Remarquons toutefois que si l'on se sert comme précipitant de la citarine, de l'hydroquinone, du résorcinol, du mercaptobenzothiazole, de la diméthylglyoxime, du sulfure d'ammonium, on enregistre rigoureusement une droite, l'or libéré ne captant pas d'oxygène.

Le sulfure d'or et le complexe interne avec le mercaptobenzothiazole ne sont ni stables ni définis.

Palladium[45].

Diméthylglyoxime[46]	$Pd(C_4H_7O_2N_2)_2$	45 à 171°	fig. 33
Méthylbenzoylglyoxime[46]	$Pd(C_{10}H_9O_3N_2)_2$	52 à 177°	fig. 34
Salicylaldoxime[46]	$Pd(C_7H_6O_2N)_2$	93 à 197°	fig. 35

La température de 110° indiquée par *Holzer* est correcte.

Métaux du Platine.

La thermobalance permettant d'effectuer les chauffages dans l'hydrogène est d'installation récente; les expériences se poursuivent.

Fer[47].

Oxine[9]	Fe(C$_9$H$_6$ON)$_3$	au-dessous de 284°	fig. 36
Ammoniaque[9]	Fe$_2$O$_3$	au-dessus de 470°	fig. 37

Les températures indiquées par *Hecht* et *Donau* sont correctes.

On pourrait, dans le premier cas, remplacer l'oxine par la dibromo-oxine, mais, le volume de réactif à employer est incompatible avec la technique microchimique. Le précipité de formule Fe(C$_9$H$_4$Br$_2$ON)$_3$Fe donne un palier horizontal de 72 à 95°.

Dans le deuxième cas, au lieu d'ammoniaque, il est bien préférable d'utiliser le mélange ammoniaque + hydrazine; le précipité obtenu filtre immédiatement et se trouve converti en oxyde Fe$_2$O$_3$ dès 346°. Voici les autres méthodes que nous préconisons pour le dosage du fer.

Formiate d'ammonium	Fe$_2$O$_3$	au-dessus de 296°
Acétate d'ammonium	Fe$_2$O$_3$	au-dessus de 242°
Cupferron	[C$_6$H$_5$(NO)$_2$]$_3$Fe	au-dessous de 98°
Néocupferron........	[C$_{10}$H$_7$(NO)$_2$]$_3$Fe	au-dessous de 101°
Dimine	facteur empirique 0,039	au-dessous de 95°

Il est remarquable que personne n'ait remarqué la stabilité relative du cupferronate et du néocupferronate de fer (et de cuivre). Non seulement ces deux corps permettent de faire un dosage microchimique du fer, mais encore d'effectuer une facile séparation avec d'autres métaux à cupferronate instable. Tout à fait digne de remarque également est l'emploi de la dimine qui se trouve maintenant dans le commerce. Dans ces trois cas, il est inutile de détruire par la chaleur les complexes formés de façon à peser l'oxyde Fe$_2$O$_3$.

Nickel[49].

Diméthylglyoxime[33] ...	Ni(C$_4$H$_7$O$_2$N$_2$)$_2$	79 à 172—180°	fig. 38
Electrolyse[50]	Ni	au-dessous de 93°	fig. 39

Nous sommes d'accord avec *Hecht* et *Donau*.

On recommande habituellement de sécher le complexe rouge donné avec la diméthylglyoxime entre 110° et 120°. La courbe de la figure 38 montre que le précipité est stable de 79° à 172° et même 180° sur certains enregistrements. Cette dernière température diminue si le chauffage est plus rapide.

De toutes les autres oximes étudiées, l'avantage revient sans conteste à la cyclohexanedione dioxime (nioxime), réactif bien plus sensible, plus soluble que la diméthylglyoxime et permettant de travailler à p$_H$ plus bas.

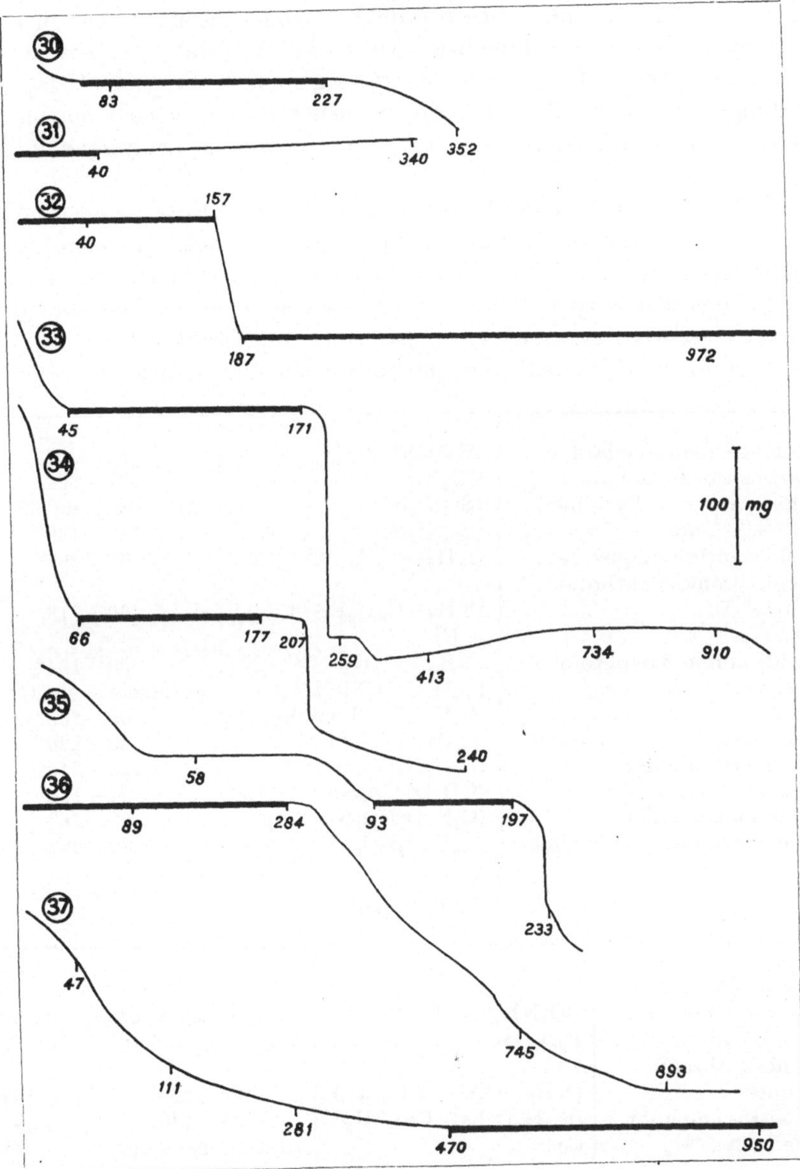

Courbes de thermolyse des précipités analytiques.

Fig. 30. Sélénium précipité. Fig. 31. Tellure précipité. Fig. 32. Thiophénolate aureux. Fig. 33. Complexe de palladium avec la diméthylglyoxime. Fig. 34. Complexe de palladium avec la méthyl-benzoylglyoxime. Fig. 35. Complexe de palladium avec la salicylaldoxime. Fig. 36. Oxinate de fer. Fig. 37. Hydroxyde de fer par l'ammoniaque.

Dans le cas de l'oxine, le précipité formé en tampon acide acétique-acétate possède la formule $(C_9H_6ON)_2Ni \cdot 2H_2O$, mais, en raison de l'incertitude sur le sort de ce précipité au cours du chauffage, on a eu surtout recours à la volumétrie. En réalité, l'hydrate de l'oxinate se conserve jusqu'à 64° en gagnant très légèrement du poids (1 mg sur 200 mg). De 100 à 232°, s'observe un palier rigoureusement horizontal, correspondant à l'oxinate anhydre avec le facteur analytique 0,1691 pour le nickel.

Si la β-nitroso α-naphtylamine donne de bons résultats, son isomère, l'α-nitroso β-naphtylamine ne convient pas du tout. La nitroaminoguanidine donne un dérivé violemment explosif au-dessus de 120°.

La dicarbamidoglyoxime, l'α-furiledioxime réputées classiques donnent des courbes sans palier, et, par suite, inutilisables.

Ceci dit, voici les méthodes que nous avons sélectionnées:

Mélange iodure-iodate	$(HO)_2Ni$	90—200°
Carbonate de sodium	CO_4Ni_2	101—207°
Thiocyanate + Pyridine ..	$(SCN)_2NiPy_4$	au-dessous de 63°
id. ..	$(SCN)_2NiPy_3$	110—130°
Acide anthranilique	$(NH_2{-}C_6H_4{-}CO_2)_2Ni$	50—307°
Acide bromo-5 anthranili-que	$(NH_2{-}C_6H_3Br{-}CO_2)_2$ Ni	60—218°
Acide amino-3 naphtoïque	$(NH_2{-}C_{10}H_6{-}CO_2)_2Ni$	50—154°
Oxine	$(C_9H_6ON)_2Ni \cdot 2H_2O$	au-dessous de 64°
id.	$(C_9H_6ON)_2Ni \cdot$ anhydre	100—232°
β-Nitroso α-naphtylamine.	$(C_{10}H_7ON_2)_2Ni$	80—220°
Dicyanodiamidine	$(C_2H_5N_4O)_2Ni$	123—240°
Nitroaminoguanidine	$(CH_5O_2N_5)_2NiO$	57—118°
Diaminoglyoxime	$(C_2H_5O_2N_4)_2Ni \cdot 2H_2O$	58—78°
Cyclohexanedione dioxime	$(C_6H_9O_2N_2)_2Ni$	60—85°

Cobalt[51].

Phosphate diammonique[52]..	$PO_4NH_4Co \cdot 1H_2O$	au-dessous de 98°	fig. 40
id. ..	$P_2O_7Co_2$	au-dessus de 580°	fig. 40
Acide anthranili-que[53]	$(NH_2{-}C_6H_4{-}CO_2)_2CO$	108—290°	fig. 41
α-Nitroso β-naphtol	$[C_{10}H_6O(NO)_3Co \cdot 2H_2O$	81—140°	fig. 42
Electrolyse[50]	Co	au-dessous de 190°	fig. 43

Dans le cas du phosphate ammoniaco-cobalteux, il faut observer que la courbe (Fig. 40) ne présente pas de palier entre 100 et 105°, mais, une montée lente jusqu'à 98° (gain: 4 mg sur 139 mg), puis, la décomposition brusque et profonde se manifeste à cette température. On ne passe par l'intermédiaire du sel anhydre; il y a simultanément départ d'eau et d'ammoniac. Le pyrophosphate $P_2O_7Co_2$ apparait dès 580° à l'état de pureté.

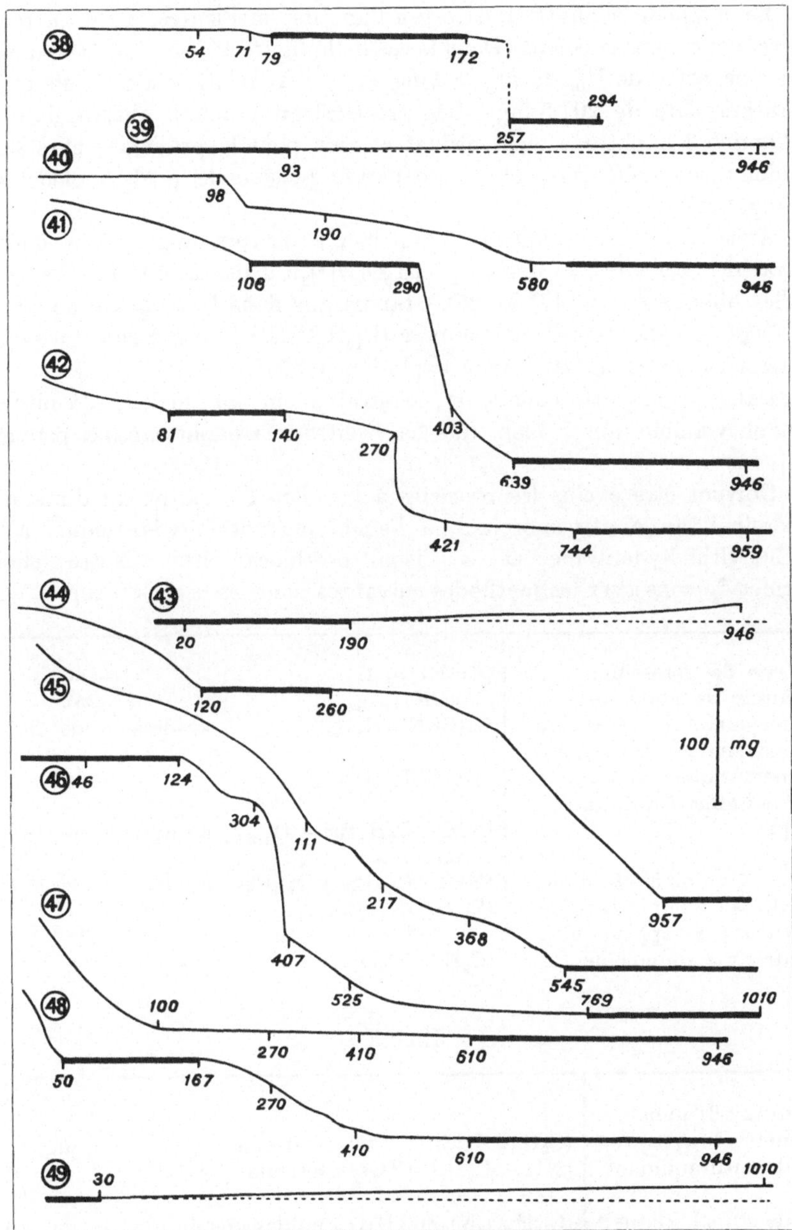

Courbes de thermolyse des précipités analytiques.

Fig. 38. Complexe de nickel avec la diméthylglyoxime. Fig. 39. Nickel déposé par électrolyse. Fig. 40. Phosphate de cobalt ammoniacal. Fig. 41. Anthranilate de cobalt. Fig. 42. α-Nitroso β-naphtolate de cobalt trivalent. Fig. 43. Cobalt déposé par électrolyse. Fig. 44. Oxinate de zinc. Fig. 45. Anthranilate de zinc. Fig. 46. Quinaldinate de zinc. Fig. 47. Pyrophosphate de zinc. Fig. 48. Phosphate de zinc ammoniacal. Fig. 49. Zinc déposé par électrolyse.

La méthode à l'anthranilate est l'une des meilleures, sinon la meilleure, pour doser le cobalt (Dans le cas de la figure 41, on n'observe même pas une perte de $^1/_{10}$ de mg le long du palier, relativement à un poids d'anthranilate de 201,5 mg. Les procédés au bromo-5 anthranilate et à l'amino-3 naphtoate ne le cèdent en rien pour la précision; elles sont évidemment préférables en microanalyse puisque le poids moléculaire a augmenté.

Avec l'α-nitroso β-naphtol, il faut bien avoir soin de prendre le cobalt trivalent. En effet, le dérivé $[C_{10}H_6O(NO)_2]Co$ donne une courbe avec palier oblique entre 147° et 254°, tandis que dans la méthode de *Mayr* et *Feigl*, le palier relatif au composé $[C_{10}H_6O(NO)]_3Co$ présente un palier horizontal de 81 à 140°, avec explosion à 270°.

Dans le cas du cobalt, et, contrairement au nickel, l'α-nitroso β-naphtylamine aussi bien que la β-nitroso α-naphtylamine peuvent convenir.

Doivent être exclus les procédés à l'α-nitro β-naphtol, au dinitroso-résorcinol, au dinitroso-orcinol, à l'acide phénylthiohydantoique, à la diphénylthiohydantoine et à l'isonitrosothiocamphre. Notre choix permet de conserver les méthodes suivantes pour les usages futurs:

Nitrite de potassium	$[Co(NO_2)_6]K_3$	43—160°
Cyanure de potassium . . .	$[Co(CN)_6]Ag_3$	98—252°
Thiocyanate + Hydrazine	$Co(SCN)_2(N_2H_4)_2$	au-dessous de 79°
Thiocyanate + Chlorure mercurique	$[Hg(SCN)_4]Co$	50—200°
Acide bromo-5 anthranili-que	$(NH_2—C_6H_3Br—CO_2)_2$ Co	au-dessous de 194°
Acide amino-3 naphtoïque	$(NH_2—C_{10}H_6—CO_2)_2Co$	au-dessous de 176°
α-Nitroso β-naphtylamine .	$(C_{10}H_7ON_2)_3Co$	80—179°
β-Nitroso α-naphtylamine	id.	72—218°
Hydroxy-8 quinoléine	$(C_9H_6ON)_2Co$	115—295°

Zinc[55].

Hydroxy-8 quino-léine[56]	$(C_9H_6ON)_2Zn$	120—260°	fig. 44
Acide anthranilique[57]	$(NH_2—C_6H_4—CO_2)_2$ Zn	aucune	fig. 45
Acide quinaldinique[58]	$(C_{10}H_6O_2N)_2Zn \cdot H_2O$	au-dessous de 126°	fig. 46
Phosphate diammoni-que[52]	$P_2O_7Zn_2$	au-dessus de 610°	fig. 47
id.[59]	PO_4NH_4Zn	50—167°	fig. 48
Acide sulfurique et électrolyse[60]	Zn	à 20°	fig. 49

Nous sommes d'accord avec les auteurs, sauf pour ce qui touche l'anthranilate de zinc dont la courbe de thermolyse est sans cesse décroissante jusqu'à 525°. D'autre part, il n'est pas recommandé de flamber la cathode sur laquelle se trouve le dépôt de zinc; en effet, la courbe de la figure 49 indique un gain d'oxygène de 3 mg (sur 117,9 mg de zinc) à la température de 160°.

Comme autres méthodes convenables, nous avons choisi:

Hydroxy-8 quinaldine .	$(C_{10}H_8NO)_2Zn$	120—215°
Mercurithiocyanate de potassium	$[Hg(SCN)_4]Zn$	au-dessous de 270°
Acide bromo-5 anthranilique	$(NH_2{-}C_6H_3Br{-}CO_2)_2Zn$	44—406°
Dithizone	$(C_{13}H_{11}SN_4)_2Zn$	au-dessous de 68°

Les méthodes avec le diaminofluorène et avec la cyanamide sont à rejeter. Le premier de ces corps fournit bien une courbe avec palier horizontal, mais, la composition résultante n'est pas celle qui est annoncée.

Manganèse[61].

Phosphate diammonique[51]	$PO_4MnNH_4 \cdot 1H_2O$	au-dessous de 120°	fig. 50
id.[52]	$P_2O_7Mn_2$	au-dessus de 608°	fig. 50
Eau de brome et ammoniaque[9]	Mn_3O_4	au-dessus de 538°	fig. 51

Nous sommes d'accord avec les auteurs, mais, la courbe de la figure 50 précise le domaine d'existence du phosphate ammoniaco-manganeux, zone qui avait échappé à l'attention de *Strebinger* et *Pollak*[52].

Voici les autres méthodes que nous préconisons, mais, nous ne les trouvons pas supérieures à celles qui ont été retenues par *Hecht* et *Donau*.

Acide sulfurique	SO_4Mn	200—1011°
Carbonates divers	Mn_3O_4	au-dessus de 580°
Oxalate de potassium	C_2O_4Mn	100—214°
Anthranilate de sodium	$(C_7H_6O_2N)_2Mn$	70—200°
Oxine	$(C_9H_6ON)_2Mn$	117—250°
Thiocyanate + Pyridine	$(SCN)_2Mn(C_5H_5N)_4$	au-dessous de 40°
id.	$(SCN)_2Mn(C_5H_5N)_2$	84—92°

Vanadium[62].

Pyrolyse[44] (du vanadate mercureux)	V_2O_5	675—946°	fig. 52

Nous proposons aussi de garder les méthodes suivantes choisies comme étant les moins mauvaises. Du point de vue de la précision, c'est encore la précipitation en vanadate mercureux qui l'emporte.

Chlorure de baryum (milieu acide).....	$(VO_3)_2Ba$	371—950°
Azotate d'argent (milieu acide)	VO_3Ag	60—500°
Azotate d'uranium-VI...............	$V_2O_7(UO_2)_2$	560—960°
Chlorure lutéocobaltique (milieu neutre)	$(VO_3)_3[Co(NH_3)_6]$	58—143°
Cupferron..........................	V_2O_5	581—946°
Strychnine	V_2O_5	390—950°

Uranium[121].

Oxine[63]	$UO_2(C_9H_6ON)_2 \cdot C_9H_7ON$	au-dessous de 157°	fig. 53
id.	$UO_2(C_9H_6ON)_2$	252 à 346°	id.
Ammonique[64] ...	U_3O_8	745 à 946°	fig. 54

Hecht et *Reich-Rohrwig*[63] donnent 135—140° pour le premier cas tandis que *E. Kroupa* et *F. Hecht* donnent 950° pour le second. Nous avons trouvé, à la suite du travail de *Hecht* et *Reich-Rohrwig* un fait intéressant. Le point de départ a bien la formule annoncée, mais, le corps déposé, chauffé au-dessus de 157° perd, jusqu'à 252°, la molécule supplémentaire d'oxine et de 252 à 346° s'étend le palier horizontal correspondant rigoureusement à l'oxinate.

Nous avons déterminé sur de nombreux exemples que la température de 946° est celle qu'il convient de ne pas dépasser pour obtenir un poids correct en oxyde U_3O_8. Au-dessus, commence la dissociation qui donne naissance à l'oxyde UO_2. Nous ne proposons pas d'autre méthode pour ce qui concerne l'uranium hexavalent, par contre, pour doser l'uranium tétravalent, nous mettons sur le même plan trois méthodes pratiques: à l'oxyfluorure, au cupferron et à l'oxalate:

Acide fluorhydrique	U_3O_8	812—945°
Acide oxalique	$(C_2O_4)_2U$	126—188°
Cupferron	UO_3	609—744°
id.	U_3O_8	800—946°

Béryllium[65, 66]

| Acide sulfurique[67] .... | SO_4Be | 544—670° | fig. 55 |

En réalité, cette forme de dosage du béryllium nous paraît la plus mauvaise. Si l'on chauffe du sulfate cristallisé $SO_4Be \cdot 4H_2O$, on obtient

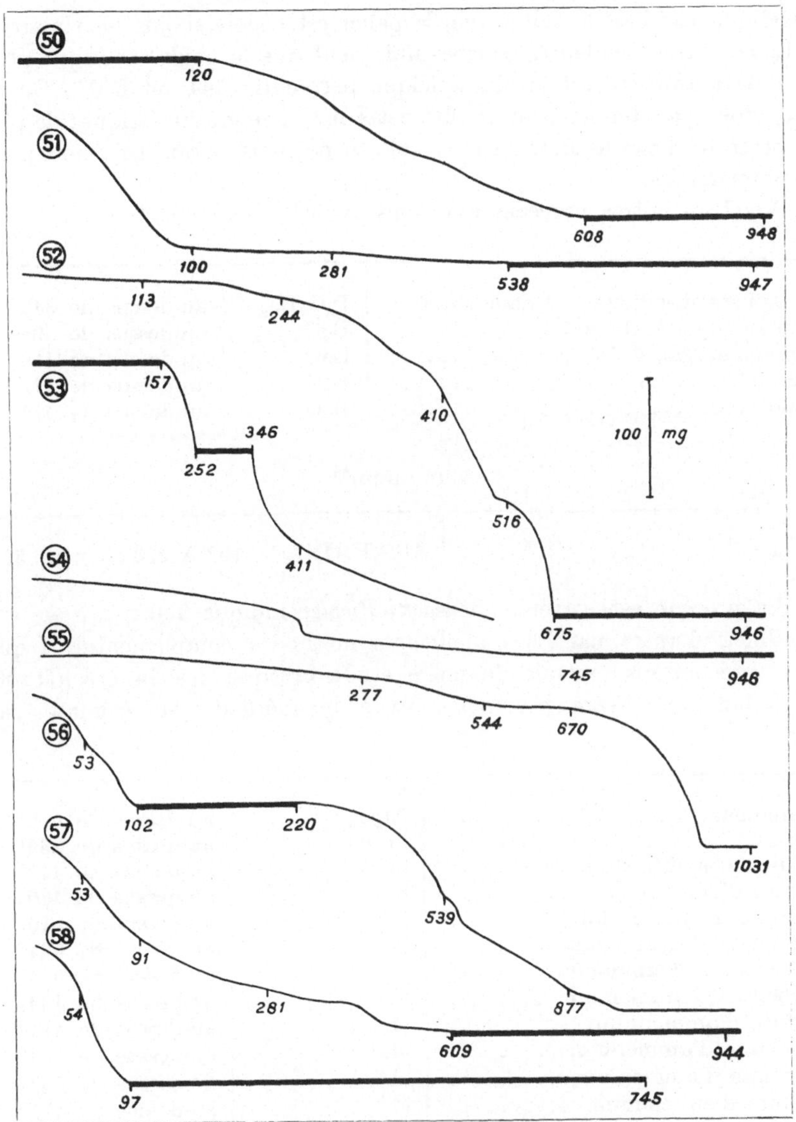

Courbes de pyrolyse des précipités analytiques.

Fig. 50. Phosphate ammoniaco-manganeux. Fig. 51. Oxyde salin par l'eau de brome et l'ammoniaque. Fig. 52. Vanadate mercureux. Fig. 53. Oxinate d'uranium. Fig. 54. Pyrouranate d'ammonium. Fig. 55. Sulfate de béryllium. Fig. 56. Oxinate d'aluminium. Fig. 57. Hydroxyde de chrome par l'ammoniaque. Fig. 58. Chromate de thallium.

346—679° pour le domaine du produit anhydre, mais, le palier relatif à ce corps anhydre n'est jamais rigoureusement horizontal; si maintenant, on chauffe le produit gommeux qui provient de l'attaque d'un sel de

béryllium par l'acide sulfurique, le palier est encore moins bien marqué
(Fig. 55). Nos meilleures courbes indiquent que le poids théorique pour
le sulfate anhydre est atteint quelque part entre 544° et 670°. On ne
peut donc pas donner comme sûre cette méthode gravimétrique; de plus
la pesée de l'oxyde BeO issu du sulfate ne nous parait pas, non plus,
recommandable.

Voici les autres procédés que nous avons sélectionnés[66].

Phosphate disodique + ammoniaque ..	$P_2O_7Be_2$	au-dessus de 640°
Ammoniaque à chaud...............	BeO	au-dessus de 595°
Ammoniac gaz à 15°	BeO	au-dessus de 418°
Tannin	BeO	au-dessus de 571°
Soude	BeO	au-dessus de 576°

Aluminium[68].

Oxine[9, 67]	$Al(C_9H_6ON)_3$	102 à 220°	fig. 56

Le procédé est correct. *Benedetti-Pichler* indique 140°.

Voici, d'autre part, les meilleures méthodes complémentaires que
nous préconisons (extrait de notre étude critique des 24 précipitants
de l'alumine). Notre préférence va à la méthode au cyanate par
Ripan.

Ammoniac	Al_2O_3	au-dessus de 672°
Brome.........................	id.	au-dessus de 280°
Hydrogénosulfite de sodium	id.	au-dessus de 412°
Nitrite d'ammonium	id.	au-dessus de 480°
Cyanate de potassium	id.	au-dessus de 510°
Carbonate d'hydrazinium........	id.	au-dessus de 524°
Bicarbonate d'ammonium	id.	au-dessus de 514°
Carbonate d'ammonium	id.	au-dessus de 409°
Sulfure d'ammonium............	id.	au-dessus de 414°
Succinate d'ammonium	id.	au-dessus de 509°
Formiate d'ammonium	id.	au-dessus de 539°
Acétate d'ammonium	id.	au-dessus de 475°
Pyridine......................	id.	au-dessus de 475°
Hexaméthylène tétramine	id.	au-dessus de 478°
Dibromo-5,7 oxine.............	$(C_9H_5BrON)_3Al$	110—156°
Cupferron	Al_2O_3	au-dessus de 740°

Chrome[70].

Chauffage de composés divers[44] ..	Cr_2O_3	au-dessus de 609°	fig. 57

Nous recommandons surtout les procédés suivants:

Hydroxylamine	Cr_2O_3	au-dessus de 850°
Cyanate de potassium	$Cr_2O_3 \cdot H_2O$	320—370°
Nitrate d'argent	CrO_4Ag_2	92—812°
Nitrate mercureux	CrO_4Hg_2	52—256°
Hydroxy-8 quinoléine	$(C_9H_6ON)_3Cr$	70—156°

La pesée du chromate mercureux est intéressante puisque le poids du précipité vaut 10 fois celui du chrome. Elle est malheureusement restreinte aux liqueurs ne contenant que des chromates et des nitrates.

Thallium[71].

Chromate de potassium[11]	CrO_4Tl_2	97—745°	fig. 58

Moser et *Reif* indiquent 120°; la figure 57 montre cependant que la zone d'existence du chromate est très vaste. Il faut remarquer toutefois que les gravimètries effectuées avec le thionalide et le mercaptobenzothiazole sont encore plus intéressantes. Les meilleures méthodes connues pour doser le thallium nous apparaissent comme étant:

Iodure de potassium	ITl	70—473°
Chlorure lutéocobaltique	$[TlCl_6][Co(NH_3)_6]$	50—210°
Acide platichlorhydrique	$[PtCl_6]Tl_2$	65—155°
Thionalide...................	$C_{10}H_7$—NH—CO—CH$_2$— —STl	69—156°
Mercaptobenzothiazole	$C_7H_4NS_2Tl$	52—217°

Par contre, il convient de laisser dans l'ombre les méthodes à l'oxine, à la dibromo-oxine et au chlorure de tétraphénylarsonium.

Thorium[72].

Ammoniaque[73]	$Th(OH)_4$	260 à 380°	fig. 59
id.	ThO_2	au-dessus de 747°	fig. 59
Acide oxalique[9]	ThO_2	au-dessus de 610°	fig. 60
Eau oxygénée	$Th(OH)_4$	296 à 450°	fig. 61
id.	ThO_2	au-dessus de 650°	fig. 61
Hydroxy-8 quinoléine[74]	ThO_2	au-dessus de 950°	fig. 62
Acide picrolonique[74] ...	$(C_{10}H_7N_4O_5)_4Th$	60 à 200°	fig. 63
Acide benzène sulfinique	$(C_6H_5$—SO$_2)_4Th$	aucune	fig. 64
id.	ThO_2	au-dessus de 541°	fig. 64

Dans le procédé décrit par *E. Kroupa* et *F. Hecht*, il vaut mieux peser l'hydroxyde que l'oxyde puisqu'il est isolable (et non hygroscopique) entre 260 et 380°; toutefois, nous préférons la précipitation par le gaz ammoniac ou par l'eau oxygénée, car le dépôt est bien plus facile à filtrer.

On ne peut observer, et par suite isoler, l'oxalate anhydre.

Dans le cas de l'eau oxygénée à 2,5%, la courbe présente vers 100°, un changement brusque de direction avec amorce de palier sensiblement horizontal, pendant une vingtaine de degrés. Le corps résultant suivant ce palier possède un poids moléculaire de 419—420 qui s'accorde avec la formule $ThO_2 \cdot 3H_2O_2 \cdot 3H_2O$. On ne peut observer aucun indice de l'existence de corps comme $Th(O_2H)_4$, $Th(O_2H)_2(OH)_2$, $Th(O_2H)(OH)_3$, antérieurement signalés. La déshydratation plus profonde du corps peroxydé annoncé, conduit entre 296 et 450° à l'hydroxyde $Th(OH)_4$.

En ce qui concerne l'oxinate, nous ne sommes pas d'accord avec *Hecht* et *Ehrmann* qui prétendent obtenir un poids constant entre 150 et 160°. Nos courbes (Voir figure 62) sont toujours décroissantes entre 20 et 945° (différence entre l'uranium et le thorium). Il fait donc accepter cette méthode de dosage avec réserve.

Dans le cas du picrolonate, *Hecht* et *Ehrmann* font le séchage à froid par un courant d'air. Cette crainte de détruire le sel, valable dans le cas du calcium, ne l'est pas ici, car ce picrolonate donne un palier bien horizontal entre 60 et 200°; l'explosion se produit à 268° en chauffage lent (200° en une heure). C'est un excellent procédé de dosage, mais nous lui préférons celui à l'acide sébacique qui coûte moins cher.

De l'acide benzènesulfinique et de ses dérivés nous dirons peu de chose et nous avons complété l'expérience avec l'acide p-chlorobenzène sulfinique qui est un réactif trop fragile. Ces courbes ne présentent pas de palier pas plus d'ailleurs que dans le cas du fer. Il faudrait, à la rigueur, peser après séchage à froid, mais nous avons maintenant d'excellents réactifs du thorium, à savoir:

Acide sébacique	$[CO_2—(CH_2)_8—CO_2]Th$	70—125°
Acide m-nitrobenzoïque	$(NO_2—C_6H_4—CO_2)_4Th$	70—153°
Ferron ou lorétine	$(C_9H_4OSO_3NI)_2Th$	110—216°

Toutefois, la technique de *Ryan, Donnell* et *Beamish* nous a semblé bien délicate. Nous donnons la préférence à la méthode au sébacate qui filtre très vite et donne un facteur analytique de 0,3670 pour le thorium.

Terres rares.

Nous n'avons étudié que le lanthane[76], le cérium[77], le néodyme[78], le praséodyme[79], le samarium[80], le gadolinium[81], l'europium[82], après contrôle spectrographique des substances de départ, puis, nous avons complété ce travail par la pyrolyse de quelques dérivés du scandium[83]. Nous fournirons les résultats dans un tableau et nous ne donnerons que les courbes relatives au lanthane.

La	Ammoniaque	La_2O_3	au-dessus de 944°	fig. 65
	Acide oxalique	La_2O_3	au-dessus de 876°	fig. 66
Ce	Ammoniaque + Eau oxygénée	CeO_2	450 à 814°	
	Acide oxalique	CeO_2	450 à 881°	
Nd	Ammoniaque	Nd_2O_3	au-dessus de 608°	
	Acide oxalique	Nd_2O_3	au-dessus de 813°	
Pr	Ammoniaque	Pr_6O_{11}	au-dessus de 676°	
	Acide oxalique	Pr_6O_{11}	au-dessus de 746°	
Sm	Ammoniaque	Sm_2O_3	au-dessus de 813°	
	Acide oxalique	Sm_2O_3	au-dessus de 800°	
Gd	Ammoniaque	Gd_2O_3	au-dessus de 650°	
	Acide oxalique	Gd_2O_3	au-dessus de 813°	
Eu	Ammoniaque	Eu_2O_3	au-dessus de 650°	
	Acide oxalique	$(C_2O_4)_3Eu_2$	280 à 315°	
	id.	Eu_2O_3	au-dessus de 695°	
Sc	Ammoniaque	Sc_2O_3	au-dessus de 542°	
	Acide oxalique	$(C_2O_4)_3Sc_2 \cdot 10\,H_2O$	67 à 89°	
	id.	Sc_2O_3	au-dessus de 608°	

Zirconium[84].

Ammoniaque[85]	ZrO_2	au-dessus de 400°	fig. 67

Lorsqu'on précipite la zircone par l'ammoniaque ou par l'ammoniac, le poids constant en oxyde ZrO_2 s'obtient dès 400°; on remarque sur la courbe (Fig. 66) un changement brusque de direction à 110°, exactement pour la composition $Zr(OH)_4$.

Les autres précipitants (aniline, xylidine, pyridine, phénylhydrazine, pipérazine, quinoléine, etc.) ne nous ont pas montré d'avantages marqués. L'oxine, le cupferron et tous les dérivés arsenicaux (atoxyl, arrhénal, acide propylarsinique, acide phénylarsinique, acide hydroxyphénylarsinique, etc.) donnent des courbes sans palier et conduisent à la zircone au-dessus de 800°. Ces méthodes sont intéressantes seulement pour les séparations.

Le réactif moderne de choix pour le zirconium est l'acide mandélique; la courbe afférente donne un palier bien horizontal allant de 50 à 188°

452 C. Duval:

et s'accordant avec la composition prévue $(C_6H_5\text{-}CHOH\text{-}CO_2)_4Zr$ à moins de $^1/_{300}$.

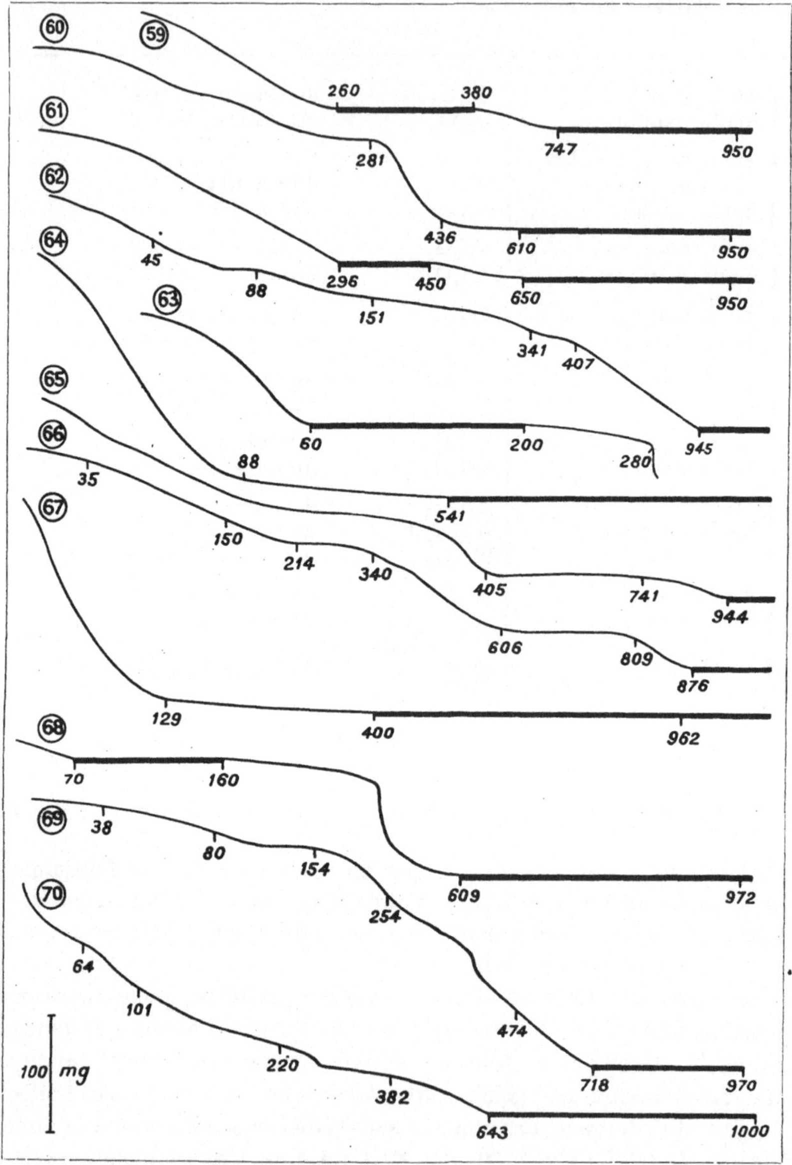

Courbes de thermolyse des précipités analytiques.

Fig. 59. Hydroxyde de thorium par l'ammoniaque. Fig. 60. Oxalate de thorium. Fig. 61. Hydroxyde de thorium par l'eau oxygénée. Fig. 62. Oxinate de thorium. Fig. 63. Picrolonate de thorium. Fig. 64. Benzène sulfinate de thorium. Fig. 65. Hydroxyde de lanthane. Fig. 66. Oxalate de lanthane. Fig. 67. Hydroxyde de zirconium par l'ammoniaque. Fig. 68. Dibromo-5,7-oxinate de titane. Fig. 69. Oxinate de titane. Fig. 70. Cupferronate de titane.

Titane[86].

Dibromo-5, 7 oxine[87] ..	$(C_9H_4Br_2ON)_2TiO$	70 à 160°	fig. 68
Oxine[88]	$(C_9H_6ON)_2TiO$	aucune	fig. 69
Cupferron[89]	TiO_2	au-dessus de 643°	fig. 70

La courbe de la figure 68 accuse, par le calcul, la formule complexe ci-dessus à 115°, mais, il n'y a pas de palier en cet endroit, de sorte que le dosage pondéral ne peut être qu'approximatif.

A notre avis, la précipitation avec le cupferron reste la plus intéressante. Comme autres réactifs passables, nous avons retenu les deux suivants:

Iodate de potassium	$(IO_3)_4Ti \cdot 3\,IO_3K$	138—295°
Dichloro-5, 7 oxine	$(C_9H_4Cl_2ON)_2 \cdot TiO$	105—195°

Magnésium[90].

Hydroxy-8 quinoléine[91]	aucune	aucune	fig. 71
Phosphate de sodium[92] .	$PO_4MgNH_4 \cdot 6H_2O$	au-dessous de 40°	fig. 72
id. ..	$P_2O_7Mg_2$	au-dessus de 477°	id.

Le dosage pondéral du magnésium avec l'hydroxy-8 quinoléine ne vaut absolument rien. Le précipité formé ne possède jamais la formule dite classique $(C_9H_6ON)_2Mg \cdot 4H_2O$. Entre 100 et 105°, il n'a pas la constitution annoncée $(C_9H_6ON)_2Mg \cdot 2H_2O$. Le corps anhydre s'obtient entre 155° et 160°, mais, il se décompose aussitôt. Si l'on maintient, en thermostat, le précipité à 105°, pendant plusieurs heures, il n'acquiert pas la formule d'un dihydrate[92].

Il nous est arrivé d'enregistrer la courbe de précipités contenant moins de 2 molécules d'oxine pour un atome de magnésium.

Des 3 dosages similaires sous forme de phosphate ammoniaco-magnésien, arséniate ammoniaco-magnésien, carbonate ammoniaco-magnésien, nous accordons la préférence au premier.

Signalons encore que les méthodes à l'hydroxy-8 quinaldine et à la tropéoline 00 sont excellentes quoique peu utilisées.

Oxalate d'ammonium	$C_2O_4Mg \cdot 2H_2O$	jusqu'à 176°
id.	C_2O_4Mg	233 à 397°
Hydroxy-8 quinaldine	$(C_{10}H_8NO)_2Mg$	88 à 300°
Tropéoline 00	$(C_{18}H_{14}N_3O_3S)_2Mg$	66 à 103°

La dernière méthode surtout est intéressante par le facteur analytique 0,0335 relatif au magnésium.

454 C. Duval:

La différence est très grande entre l'oxine et son homologue; outre
que celui-ci est plus sélectif, il donne une courbe avec un palier reproductible et un facteur d'analyse 0,07139 pour le magnésium.

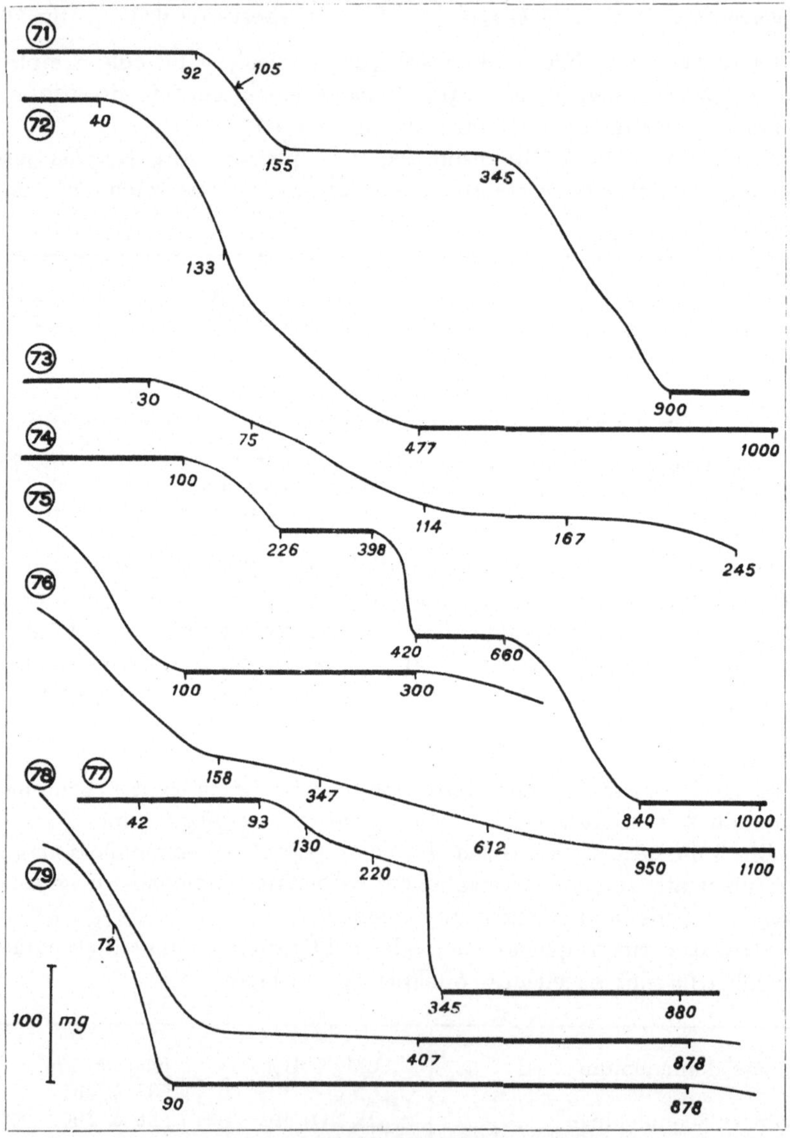

Courbes de thermolyse des précipités analytiques.

Fig. 71. Oxinate de magnésium. Fig. 72. Phosphate ammoniaco-magnésien. Fig. 73. Picrolonate
de calcium. Fig. 74. Oxalate de calcium. Fig. 75. Sulfate de strontium. Fig. 76. Sulfate de baryum.
Fig. 77. Magnésium-uranylacétate de sodium (procédé *Kahane*). Fig. 78. Chlorure de sodium.
Fig. 79. Sulfate de sodium.

Calcium[94].

Acide picrolonique[95].	$(C_{10}H_7O_5N_4)_2 \cdot 7H_2O$	au-dessous de 30°	fig. 73
Oxalate d'ammonium[96]	$C_2O_4Ca \cdot 1\,H_2O$	au-dessous de 100°	fig. 74
id. ..	C_2O_4Ca	226—398°	id.
id. ..	CO_3Ca	420—660°	id.
id. ..	CaO	au-dessus de 840°	id.

Comme nous l'avons vérifié, le précipité de picrolonate contient sept et non pas huit molécules d'eau.

L'oxalate monohydraté n'est stable que jusqu'à 100°; à 105—110°, la dissociation est faible, mais nette.

Nous proposons aussi le dosage avec la lorétine ou iodo-7 sulfo-5 oxine. Le précipité $[C_9H_4NI(OH)SO_3]_2\,Ca \cdot 10/3\,H_2O$ doit être séché au-dessous de 66°. Le résidu de sa décomposition après 673° est formé de sulfate de calcium.

Strontium[97].

Acide sulfurique[98]	SO_4Sr	100—300°	fig. 75

Nous proposons seulement la méthode suivante, à la suite de notre étude critique (erreur relative $^1/_{256}$):

Acide iodique.............................	$(IO_3)_2Sr$	157—600°
id.	$(IO_6)_2Sr_5$	748—950°

Baryum[99].

Acide sulfurique[33]	SO_4Ba	950—1100°	fig. 76

Nous avons étudié aussi les méthodes suivantes qui ne présentent d'ailleurs pas d'avantage marqué sur le sulfate. Le chromate, en tous cas, présente une courbe trop capricieuse pour devoir être prise en considération et il ne conserve, par ailleurs, la formule CrO_4Ba que jusqu'à 60°. Le carbonate de baryum perd insensiblement de l'eau de 400° à 600°, ce qui pourrait faire croire à l'obtention d'un poids constant.

Acide iodique.....................	$(IO_3)_2Ba$	320 à 476°
Carbonate d'ammonium	CO_3Ba	600 à 1000°
Oxalate d'ammonium...............	$C_2O_4Ba \cdot 1\,H_2O$	jusqu'à 76°
id.	C_2O_4Ba	110—346°

Sodium[100].

Magnésium-uranylacétate	$Mg(UO_2)_3(C_2H_3O_2)_9 \cdot 8H_2O$	au-dessous de 93°	fig. 77
Acide chlorhydrique	$ClNa$	407—878°	fig. 78
Acide sulfurique ...	SO_4Na_2	90—878°	fig. 79

A 110°, on observe déjà une perte de poids sur le papier photographique que l'on se serve du précipité fait par la méthode de *Blanchetière* ou par la méthode de *Kahane*. Les précipités que nous avons eus en main renfermaient entre 6,5 et 9 molécules d'eau. Il est beaucoup plus sûr, mais, le facteur analytique est moins favorable, de peser sous la forme du résidu apparu à 305° suivant le palier horizontal et qui a rigoureusement la formule $^1/_2$ $U_2O_7Na_2 \cdot U_2O_7Mg$, indiquée par *Kahane*.

Dans le cas du réactif au zinc et avec le précipité de formule $Zn(UO_2)_3$ $(CH_3\text{-}CO_2)_9$ Na, nH_2O, on peut compter sur un poids constant jusqu'à 75°, avec n variant d'une expérience à l'autre de 6,5 à 8. Le domaine du sel anhydre se manifeste de 118 à 125°, suivant un palier bien horizontal, mais, fort exigu. Le palier du mélange des pyro-uranates $^1/_2$ $U_2O_7Na_2 \cdot U_2O_7Zn$ s'étend de 360° à 674°.

Le précipité obtenu avec le réactif de *Ball* ou bismuthonitrite de césium-sodium $[Bi(NO_2)_6]_5$ Na_6Cs_9 se montre stable de 160° à 670°. Ce complexe renferme initialement 3 ou 4 molécules d'eau. En raison de son poids moléculaire élevé, soit 3759, il est impossible de préciser davantage, ce qui se montre, d'ailleurs, inutile pour le dosage.

Potassium[102].

Acide platichlorhydrique[103]	$PtCl_6K_2$	100—270°	fig. 80
Acide perchlorique[103]	ClO_4K	73—653°	fig. 81
Dipicrylamine[104]	$C_{12}H_4O_{12}N_7K$	100—220°	fig. 82
Acide chlorhydrique..............	ClK	219—813°	fig. 83
Acide sulfurique	SO_4K_2	408—880°	fig. 84

Nous sommes donc d'accord avec les auteurs. Il convient aussi d'ajouter à ces méthodes, le précipité donné par l'acide chloro-6 nitro-5 toluène *m*-sulfonique, que l'on peut sécher jusqu'à 278° (on propose habituellement 120°) sans crainte de décomposition.

Lithium[105].

Acide chlorhydrique[101]	$ClLi$	175 à 606°	fig. 85
Acide sulfurique[101]	SO_4Li_2	160 à 877°	fig. 86

En l'absence de sodium, il est tout indiqué de précipiter le lithium en zinc-uranylacétate $Zn(UO_2)_3 (CH_3 \cdot CO_2)_9 Li \cdot 8 H_2O$. Pour le sel anhydre dont le palier s'étend de 125 à 162° et se montre parfaitement horizontal, on obtient le facteur analytique $F = 0{,}00456$ pour le lithium, qui est sans doute le plus faible proposé en gravimétrie.

Rubidium[107].

Acide sulfurique[106]	SO_4Rb_2	76 à 877°	fig. 87

La température n'est pas précisée par *Roth*. La courbe de la fig. 86 est relative à du sulfate de rubidium neutre. Dans le cas d'un mélange avec l'acide sulfurique, la zone d'existence du pyrosulfate $S_2O_7Rb_2$ semble se manifester à partir de 344°, après départ d'une molécule d'eau entre 2 molécules d'hydrogénosulfate. L'évacuation de l'anhydride sulfurique est alors très lente et ne s'achève que vers 880°, température au-dessus de laquelle apparaît le sulfate neutre.

Le cobaltinitrite de rubidium-sodium, comme celui de potassium-sodium, est inutilisable en gravimétrie. Nous proposons les méthodes suivantes:

Acide perchlorique	ClO_4Rb	95—343°
Acide platichlorhydrique	$[PtCl_6]Rb_2$	40—674°

Césium[108].

Acide sulfurique[106]	SO_4Cs_2	105 à 876°	fig. 88

Comme méthode nouvelle, après avoir remarqué que le cobaltinitrite de césium ne contient pas de sodium (différence avec le potassium, le rubidium et le thallium) et que son état d'hydratation est bien défini, nous avons été conduits à examiner la courbe de thermolyse qui présente, entre 219 et 494°, un palier rigoureusement horizontal s'accordant bien avec la formule $CoO + 3 NO_3Cs$, contenant $60{,}44\%$ de césium, métal qui est aisément récupérable par simple lavage à l'eau de son nitrate associé à l'oxyde de cobalt insoluble.

Acide perchlorique	ClO_4Cs	40—611°
Chlorure stannique	$[SnCl_6]Cs_2$	130—344°
Acide platichlorhydrique	$[PtCl_6]Cs_2$	200—409°

Le stannichlorure de césium nous paraît plus recommandable que celui de rubidium.

Les trois perchlorates de potassium, rubidium, césium se décomposent aux températures respectives 653°, 343° et 611°; il y a là un moyen de separer les trois métaux et de les doser.

Halogènes[109].

Nitrate d'argent[33]	ClAg	70—600°	fig. 1
id.[110]	. BrAg	70—946°	
id.[111]	IAg	60—900°	

Nous avons sélectionné aussi les autres méthodes suivantes:

Azotate de bismuth......	F_3Bi	au-dessous de 93°
Chlorure de plomb.......	$FClPb$	66—538°
Chlorure de triphénylétain	$(C_6H_5)_3SnF$	60—158°
Nitron	$ClO_4H \cdot C_{20}H_{16}N_4$	40—232°
Chlorure de palladium ...	I_2Pd	84—365°
Nitrate d'argent	IO_3Ag	80—410°

Le dosage du fluor par le chlorure de triphénylétain est excellent.

Silice[112].

Molybdate d'ammonium + pyramidon	$SiO_2 \cdot 12MoO_3 \cdot 3C_{13}H_{17}N_3O \cdot 4H_2O$	80—100°	fig. 89

Cette méthode ne vaut absolument rien, précisément, à cause du pouvoir réducteur du pyramidon, ce qui empêche de conserver le molybdène sous la valence six. Elle a été critiquée récemment par *T. Dupuis*[113]. La méthode utilisant l'antipyrine n'est pas meilleure. Nous avons alors sélectionné les trois méthodes suivantes:

Oxine	$SiO_2 \cdot 12MoO_3 \cdot (C_9H_6ON)_4 \cdot 2H_2O$	160—200°
id.	$SiO_2 \cdot 12MoO_3$	593—813°
Hexaméthylène tétramine ...	$SiO_2 \cdot 12MoO_3 \cdot (C_6H_{12}N_4)_4 \cdot 4H_2O$	80—150°
id.[48] ...	$SiO_2 \cdot 12MoO_3$	473—840°
Pyridine	$SiO_2 \cdot 12MoO_3 \cdot (C_5H_5N)_4 \cdot 6H_2O$	au-dessous de 100°
id.	$SiO_2 \cdot 12MoO_3$	370—825°

Phosphore[113].

Mixture			
magnésienne[114] ...	$PO_4MgNH_4 \cdot 6H_2O$	à froid	fig. 72
id. ...	$P_2O_7Mg_2$	au-dessus de 477°	id.
Réactif molybdique[115]	$PO_4(MoO_3)_{12}(NH_4)_3$	180—410°	fig. 90
id.[116]	$P_2O_5 \cdot 24MoO_3$	812—850°	id.
Oxine[117]	$P_2O_5 \cdot 24MoO_3 \cdot$ $\cdot (C_9H_7ON)_6 \cdot 11H_2O$	176—225°	fig. 91
id.	$P_2O_5 \cdot 24MoO_3$	800—852°	id.

On se reportera au chapitre *Magnésium* et à la figure 72.

La courbe de la figure 90 est relative à un précipité humide de phospho-molybdate d'ammonium auquel on donne habituellement la formule $PO_4 (MoO_3)_{12} (NH_4)_3 \cdot 2NO_3H \cdot H_2O$ et qui perd de l'acide azotique et de l'eau jusqu'à 180°. Si l'on recommence l'inscription de la même courbe, mais, sur un précipité déjà séché à l'air libre, la perte de poids jusqu'à 180° correspond à $2NO_3H$ et non à $2NO_3H + H_2O$. Le palier rigoureusement horizontal s'étendant de 180° à 410° correspond bien à la formule $PO_4 (MoO_3)_{12} (NH_4)_3$.

A partir de 410°, entre 2 molécules de ce corps s'échappent $6NH_3$ et $3H_2O$ jusqu'à 540°; il est visible sur tous nos enregistrements que la destruction est encore plus profonde car les courbes présentent un crochet très net, puis remontent; il faut alors admettre une réduction passagère du molybdène, puis une réoxydation à l'air pour donner l'ensemble $P_2O_5 \cdot 24MoO_3$. La remontée de cette courbe est très lente. Théoriquement le palier horizontal n'est atteint qu'entre 812° et 850°, mais, sans grande erreur sur le phosphore, on peut admettre le domaine de calcination 600—850°; après quoi, l'anhydride molybdique se sublime rapidement.

En ce qui concerne le phosphomolybdate d'oxine

$$3(C_9H_7ON)H_7 P(Mo_2O_7)_6 \cdot 2H_2O \text{ ou encore}$$

$$P_2O_5 \cdot 24MoO_3 \cdot 6(C_9H_7ON) \cdot 7H_2O + 4H_2O,$$

le palier de poids constant n'est atteint qu'entre 176° et 225°. La température (empirique) de 105° est bien trop basse.

Comme excellente méthode microchimique, il faut signaler aussi la pesée du phosphate d'argent-thallium PO_4TlAg_2, corps qui est instantanément sec et que l'on peut peser après l'avoir porté à toute température comprise entre 20 et 720°.

Soufre[118].

Chlorure de baryum[111]	SO_4Ba	950—1100°	fig. 76

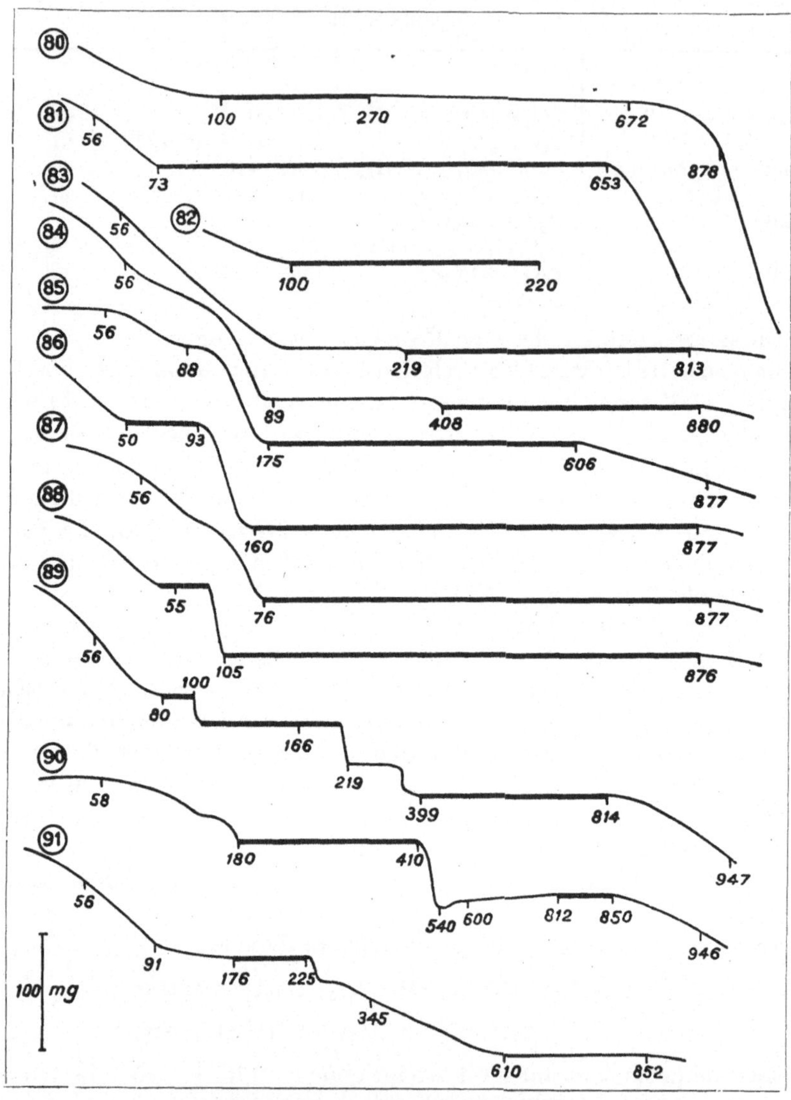

Courbes de pyrolyse des précipités analytiques.

Fig. 80. Platichlorure de potassium. Fig. 81. Perchlorate de potassium. Fig. 82. Dipicrylaminate de potassium. Fig. 83. Chlorure de potassium. Fig. 84. Sulfate de potassium. Fig. 85. Chlorure de lithium. Fig. 86. Sulfate de lithium. Fig. 87. Sulfate de rubidium. Fig. 88. Sulfate de césium. Fig. 89. Silicomolybdate de pyramidon. Fig. 90. Phosphomolybdate d'ammonium. Fig. 91. Phosphomolybdate d'oxinium.

Les courbes obtenues en chauffant du sulfate de baryum qui provient du dosage du soufre ou qui provient du dosage du baryum ne sont pas rigoureusement les mêmes et cela se conçoit bien puisque les phénomènes d'adsorption sont différents dans les deux opérations.

A ce procédé classique, il faut ajouter les méthodes suivantes pour l'ion SO_4^{--}:

Bromure lutéocobaltique	$BrSO_4[Co(NH_3)_6]$	au-dessous de 56°
Benzidine	$SO_4H_2 \cdot C_{12}H_{12}N_2$	72—130°

Nous avons examiné aussi au cours de cette étude de 3 années, des réactifs divers pour des ions ne figurant pas dans le livre de *Hecht* et *Donau* et notamment:

Germanium	Cyanure	Sulfite
Niobium	Thiocyanate	Persulfate
Tantale	Cyanate	Fluorure
Tungstène	Ferrocyanure	Chlorite
Gallium	Ferricyanure	Iodate
Indium	Nitrite	Periodate
Yttrium	Nitrate	etc.

Les résultats sont ou seront publiés à leur ordre dans *Analytica Chimica Acta*, étude prolongée par un *complément* relatif à 100 précipités parus dans la littérature depuis le commencement de ce travail.

Résumé.

Cette revue d'ensemble de tous les procédés servant à effectuer la microgravimétrie minérale nous permet de tirer les enseignements suivants:

1° La précision des mesures ne peut qu'augmenter si le séchage des précipités s'effectue dans les limites de température indiquées sur les paliers horizontaux.

2° La plupart des méthodes indiquées dans le Traité magistral de *Hecht* et *Donau* sont satisfaisantes. Quelques températures sont erronées; d'autres sont trop restrictives.

3° Lorsqu'une méthode ne s'avère pas satisfaisante, j'en propose une ou plusieurs autres qui, en règle générale, n'ont pas été expérimentées en microgravimétrie. La sélection faite et les nombres fournis pourront alors guider le chercheur dans l'avenir et lui faire gagner beaucoup de temps dans l'élaboration d'une méthode.

4° Lorsqu'un microchimiste croira découvrir un nouveau procédé, il devra aussitôt construire la courbe de thermolyse du précipité, après avoir vérifié, cela va de soi, son insolubilité et son comportement vis-à-vis des parois du vase. En construisant cette courbe (2 à 3 h), non seulement, il observera le ou les paliers éventuels, mais encore, il fera sans un geste de plus, l'analyse du précipité.

5° Si l'on ajoute que la construction de toutes ces courbes nous a permis, non seulement de préciser les températures limites des paliers (ce qui a produit beaucoup de surprises), de découvrir de nouvelles méthodes, d'en condamner d'autres, autrement dit, de mettre de l'ordre dans la gravimétrie, mais aussi, d'effectuer des dosages automatiques, parfois en 12 minutes et de doser 2 ou 3 corps mélangés sans avoir besoin de les séparer, il me sera sans doute permis d'associer aussi quatorze collaborateurs enthousiastes au labeur d'un modeste artisan qui, selon l'expression du Doyen *P. E. Wenger* contribuent à chasser l'empirisme de la chimie analytique afin de l'élever au rang de science rationnelle.

Zusammenfassung.

Die hier gebotene übersichtliche Zusammenstellung von Verfahren der anorganischen Mikrogewichtsanalyse ermöglicht folgende Nutzanwendungen:

1. Die Genauigkeit der Bestimmungen kann nur gesteigert werden, wenn die Trocknung der Niederschläge innerhalb jener Temperaturgrenzen erfolgt, die einen horizontalen Abschnitt der Thermolysekurven einschließen.

2. Die meisten der in dem Buch von *Hecht* und *Donau* angegebenen Verfahren sind einwandfrei. Manche Temperaturangaben sind unrichtig; andere wieder sind zu eng begrenzt.

3. Sofern sich eine Methode nicht bewährt hat, werden eine oder mehrere andere vorgeschlagen, die bisher im allgemeinen für mikrogravimetrische Zwecke noch nicht experimentell erprobt wurden. Deren Auswahl und die mitgeteilten ziffernmäßigen Angaben könnten in Hinkunft dem Analytiker bei der Ausarbeitung neuer Methoden Zeit und Mühe ersparen.

4. Bei Ausarbeitung neuer Verfahren sollte nach Feststellung der Unlöslichkeit des Niederschlages und nach der Prüfung von dessen Verhalten gegenüber dem Material der anzuwendenden Gefäße stets auch dessen Thermolysekurve aufgenommen werden. Bei der Ermittlung dieser Kurve wird innerhalb von zwei bis drei Stunden nicht nur das eventuelle Auftreten einer oder mehrerer Stufen festzustellen sein, sondern man erhält gleichzeitig ohne einen weiteren Handgriff eine Analyse des Niederschlages.

5. Die Aufnahme all dieser Kurven hat uns nicht nur die Möglichkeit gegeben, die Temperaturgrenzen der einzelnen Stufen genau festzulegen (womit allein schon erhebliche Vorteile gewonnen sind), neue Methoden anzugeben, andere abzulehnen — mit anderen Worten Ordnung in die Mikrogewichtsanalyse zu bringen — sondern darüber hinaus uns in die Lage versetzt, automatische Bestimmungen mitunter innerhalb von zwölf Minuten und in Gemischen von zwei oder drei Substanzen ohne vorgehende Trennung durchzuführen.

Es sei an dieser Stelle gestattet, unserer vierzehn unermüdlichen Mitarbeiter dankbar Erwähnung zu tun, die sich — nach einem Ausspruch von *P. E. Wenger* — an der Mühe beteiligt haben, den Empirismus der analytischen Chemie zu einer rationalen Wissenschaft zu erheben.

Summary.

This collective review of all the procedures used for inorganic microgravimetry leads to the following general facts:

1. The precision of the measurements can only be increased if the drying of precipitates is carried out within the temperature limits shown on the horizontal levels.

2. Most of the methods indicated in the excellent volume by *Hecht* and *Donau* are satisfactory. Some temperatures are not correct; others are too restrictive.

3. When a method does not prove to be satisfactory, I suggest in its place one or several others, which, as a general rule, have not been tired out in microgravimetry. The choice of the method and the resulting data may serve as a future guide to the investigator and save him much time in the elaboration of a method.

4. When a microchemist believes that he has discovered a new procedure, he immediatly should construct the curve of the thermolysis of the precipitate, after having verified, as a matter of course, its insolubility and its behavior toward the walls of vessel. In constructing this curve (2 to 3 hours), he will not only observe it or the eventual levels, but also he will have carried out the analysis of the precipitate without any additional effort.

5. Furthermore, the construction of all these curves has permitted us not only to fix precisely the temperature limits of the levels (which brought many surprises), to discover new methods, to condemn others (in other words to bring order into gravimetry) but also to accomplish some automatic determinations, sometimes in 12 minutes, and to determine 2 or 3 materials without the necessity of separating them.

The author has had the enthusiastic collaboration of 14 associates who, to quote the words of Dean *P. E. Wenger*, have contributed to banish empiricism from analytical chemistry in order to raise it to the rank of a rational science.

Diskussion.

H. Prof. *R. Dworzak* (Karlsruhe, Deutschland): Die von Kollegen *Duval* ausgearbeitete neue Methode ist von besonderer Bedeutung für die Untersuchung jeder neu einzuführenden Wägungsform, speziell bei Anwendung organischer Fällungsreagenzien.

Bibliographie.

[1] *C. Duval*, Mikrochem. **35**, 242 (1950).
[2] *C. Duval*, Analyt. Chim. Acta **1**, 341 (1947).
[3] *Y. Marin* et *C. Duval*, Analyt. Chim. Acta **4** (1950) 393.
[4] *A. A. Benedetti-Pichler*, Z. analyt. Chem. **64**, 418 (1924).
[5] *F. Feigl* et *J. Pollak*, Mikrochem. **4**, 185 (1926).
[6] *G. Spacu* et *P. Spacu*, Z. analyt. Chem. **90**, 182 (1932); **89**, 190 (1932).
[7] *A. Friedrich* et *S. Rapoport*, Mikrochem. **18**, 227 (1935).
[8] *C. Duval*, Analyt. Chim. Acta **4**, 159 (1950).
[9] *F. Hecht* et *H. Krafft-Ebing*, Mikrochem. **15**, 39 (1934).
[10] *F. Hecht, W. Reich-Rohrwig* et *H. Brantner*, Z. analyt. Chem. **95**, 152 (1933).
[11] *L. Moser* et *W. Reif*, Emich-Festschrift, 216 (1930).
[12] *H. Brantner* et *F. Hecht*, Mikrochem. **14**, 30 (1933).
[13] *C. Duval*, Analyt. Chim. Acta **4**, 190 (1950).
[14] *P. Wenger, C. Cimerman* et *M. Wyszewianska*, Mikrochem. **18**, 182 (1935).
[15] *A. Okač*, Z. analyt. Chem. **89**, 109 (1932).
[16] *Y. Marin*, Diplôme d'Etudes supérieures. Paris, 29 novembre 1949.
[17] *F. Feigl*, Ber. dtsch. chem. Ges. **56**, 2083 (1923).
[18] *R. Berg* et *H. Küstenmacher*, Emich-Festschrift, 26 (1930).
[19] *W. Reif*, Mikrochem. **9**, 424 (1931).
[20] *P. R. Rây* et *J. Gupta*, Mikrochem. **17**, 14 (1935).
[21] *A. A. Benedetti-Pichler*, Z. analyt. Chem. **62**, 321 (1923).
[22] *S. Panchout* et *C. Duval*, Analyt. Chim. Acta **4** (1950) sous presse.
[23] *F. Hecht* et *R. Reissner*, Z. analyt. Chem. **103**, 261 (1935).
[24] *R. Strebinger* et *E. Flaschner*, Mikrochem. **5**, 12 (1927).

[25] *Ng. Dat Xuong* et *C. Duval*, Analyt. Chim. Acta, sous presse.

[26] *A. Verdino*, Mikrochem. **6**, 5 (1928).

[27] *F. Häusler*, Z. analyt. Chem. **64**, 361 (1924).

[28] *S. Tribalat* et *C. Duval*, Analyt. Chim. Acta, sous presse.

[29] *O. Michajlowa, S. Pevsner* et *N. Archipowa*, Z. analyt. Chem. **91**, 25 (1933).

[30] *T. Dupuis* et *C. Duval*, Analyt. Chim. Acta, **4**, 262 (1950).

[31] *F. Hecht* et *M. v. Mack*, Mikrochim. Acta **2**, 218 (1937).

[32] *H. Lieb* et *O. Wintersteiner*, Mikrochem. **2**, 80 (1924).

[33] *E. Schwarz-Bergkampf*, Z. analyt. Chem. **69**, 341 (1926).

[34] *J. Morandat* et *C. Duval*, Analyt. Chim. Acta, **4**, 498 (1950).

[35] *G. Spacu* et *A. Pop*, Mikrochim. Acta **3**, 27 (1938).

[36] *T. Dupuis* et *C. Duval*, Analyt. Chim. Acta **4**, 201 (1950).

[37] *T. Dupuis* et *C. Duval*, Analyt. Chim. Acta **4**, 173 (1950).

[38] *J. B. Niederl* et *E. P. Silbert*, J. Amer. Chem. Soc. **51**, 376 (1929).

[39] *T. Dupuis*, C. r. acad. sci., Paris **228**, 841 (1949); Mikrochem. **35**, 449 (1950).

[40] *T. Dupuis* et *C. Duval*, Analyt. Chim. Acta **4**, 201 (1950) et Recherches inédites.

[41] *H. D. R. Drew* et *C. R. Porter*, J. Chem. Soc., London 2091 (1929).

[42] *C. Duval*, Recherches inédites.

[43] *P. Champ, P. Fauconnier* et *C. Duval*, Analyt. Chim. Acta, sous presse.

[44] *J. Meyer* et *K. Hoehne*, Mikrochem. **16**, 188 (1935).

[45] *P. Champ, P. Fauconnier* et *C. Duval*, Analyt. Chim. Acta, sous presse.

[46] *H. Holzer*, Z. analyt. Chem. **95**, 392 (1933).

[47] *Ng. Dat Xuong* et *C. Duval*, Analyt. Chim. Acta, sous presse.

[48] *C. Duval*, Analyt. Chim. Acta **1**, 33 (1947).

[49] *R. Duval* et *C. Duval*, Analyt. Chim. Acta, sous presse.

[50] *A. Okač*, Z. analyt. Chem. **88**, 189 (1932).

[51] *R. Duval* et *C. Duval*, Analyt. Chim. Acta, sous presse.

[52] *R. Strebinger* et *J. Pollak*, Mikrochem. **4**, 17 (1926).

[53] *P. Wenger, C. Cimerman* et *A. Corbaz*, Mikrochim. Acta **2**, 314 (1937).

[54] *F. Hecht* et *F. Korkisch*, Mikrochim. Acta **3**, 313 (1938).

[55] *M. De Clercq* et *C. Duval*, Analyt. Chim. Acta, sous presse.

[56] *C. Cimerman* et *P. Wenger*, Mikrochem. **24**, 148, 153, 162 (1938).

[57] *C. Cimerman* et *P. Wenger*, Mikrochem. **18**, 53 (1935).

[58] *P. R. Rây* et *M. K. Bose*, Mikrochem. **17**, 11 (1935).

[59] *E. Kroupa*, Mikrochem. **27**, 4 (1939).

[60] *P. Wenger, C. Cimerman* et *G. Tschanun*, Mikrochim. Acta **1**, 51 (1937).

[61] *T. Dupuis, J. Besson* et *C. Duval*, Analyt. Chim. Acta **3**, 599 (1949).

[62] *A. Morette* et *C. Duval*, Analyt. Chim. Acta, **4**, 490 (1950); C. r. acad. sci. Paris **230**, 545 (1950).

[63] *F. Hecht* et *W. Reich-Rohrwig*, Monatsh. Chem. **53/54**, 596 (1929).

[64] *E. Kroupa* et *F. Hecht*, Z. anorg. Chem. **236**, 190 (1938).

[65] *T. Duval* et *C. Duval*, Analyt. Chim. Acta **2**, 53 (1948).

[66] *T. Dupuis*, C. r. acad. sci. Paris **230**, 957 (1950); Mikrochem. **35**, 477 (1950).

[67] *H. Thurnwald* et *A. A. Benedetti-Pichler*, Mikrochem. **11**, 205 (1932).

[68] *T. Duval* et *C. Duval*, Analyt. Chim. Acta **3**, 191 (1949).

[69] *A. A. Benedetti-Pichler*, Pregl-Festschrift 9 (1929).

[70] *T. Dupuis* et *C. Duval*, Analyt. Chim. Acta **3**, 345 (1949).

[71] *S. Peltier* et *C. Duval*, Analyt. Chim. Acta **2**, 210 (1948).

[72] *T. Dupuis* et *C. Duval*, C. r. acad. sci. Paris **228**, 401 (1949); Analyt. Chim. Acta **3**, 589 (1949).

[73] *E. Kroupa* et *F. Hecht*, expériences inédites dans *Hecht* et *Donau*, p. 210.

[74] *F. Hecht* et *W. Ehrmann*, Z. analyt. Chem. **100**, 98 (1935).

[75] *F. Feigl, F. Hecht* et *F. Korkisch*, expériences inédites dans *Hecht* et *Donau*, page 214.

[76] *T. Duval* et *C. Duval*, Analyt. Chim. Acta **2**, 218 (1948).

[77] *T. Duval* et *C. Duval*, Analyt. Chim. Acta **2**, 222 (1948).

[78] *T. Duval* et *C. Duval*, Analyt. Chim. Acta **2**, 226 (1948).

[79] *T. Duval* et *C. Duval*, Analyt. Chim. Acta **3**, 186 (1949).

[80] *T. Duval* et *C. Duval*, Analyt. Chim. Acta **2**, 228 (1948).

[81] *T. Duval* et *C. Duval*, Analyt. Chim. Acta **3**, 438 (1949).

[82] *T. Duval* et *C. Duval*, Analyt. Chim. Acta **3**, 189 (1949).

[83] *T. Duval* et *C. Duval*, Analyt. Chim. Acta **3**, 183 (1949).

[84] *J. Stachtchenko* et *C. Duval*, Analyt. Chim. Acta, sous presse.

[85] *F. Hecht* et *J. Donau*, Mikrogewichtsanalyse, page 217.

[86] *T. Dupuis* et *C. Duval*, Analyt. Chim. Acta **4**, 180 (1950).

[87] *R. Berg* et *H. Küstenmacher*, Emich-Festschrift 26 (1930).

[88] *R. Berg* et *H. Teitelbaum*, Z. analyt. Chem. **81**, 1 (1930).

[89] *F. Hecht*, Mikrochim. Acta **2**, 197 (1937).

[90] *T. Duval* et *C. Duval*, Analyt. Chim. Acta **2**, 45 (1948).

[91] *R. Strebinger* et *W. Reif*, Pregl-Festschrift 319 (1929).

[92] *T. Dupuis*, Journées de Chimie analytique Paris, 22 Nov. 1950.

[93] *A. A. Benedetti-Pichler* et *F. Schneider*, Emich-Festschrift 8 (1930).

[94] *S. Peltier* et *C. Duval*, Analyt. Chim. Acta **1**, 353 (1947).

[95] *R. Dworzak* et *W. Reich-Rohrwig*, Z. analyt. Chem. **86**, 98 (1931).

[96] *A. A. Benedetti-Pichler*, Z. analyt. Chem. **64**, 420 (1924).

[97] *S. Peltier* et *C. Duval*, Analyt. Chim. Acta **1**, 355 (1947).

[98] *R. Strebinger* et *J. Mandl*, Mikrochem. **4**, 168 (1926).

[99] *S. Peltier* et *C. Duval*, Analyt. Chim. Acta **1**, 360 (1947).

[100] *T. Duval* et *C. Duval*, Analyt. Chim. Acta **2**, 97 (1948).

[101] *R. Dworzak* et *A. Friedrich-Liebenberg*, Mikrochim. Acta **1**, 177 (1937).

[102] *T. Duval* et *C. Duval*, Analyt. Chim. Acta **2**, 105 (1948).

[103] *P. Wenger, C. Cimerman* et *C. J. Rzymowska*, Mikrochem. **20**, 1 (1936).

[104] *I. M. Kolthoff* et *G. H. Bendix*, Ind. Engng. Chem., Analyt. Ed. **11**, 94 (1939).

[105] *T. Dupuis*, Diplôme d'Etudes supérieures. Paris, 1948. — *T. Duval* et *C. Duval*, Analyt. Chim. Acta **2**, 57 (1948).

[106] *H. Roth*, Mikrochem. **21**, 227 (1937).

[107] *T. Duval* et *C. Duval*, Analyt. Chim. Acta **2**, 110 (1948).

[108] *T. Duval* et *C. Duval*, Analyt. Chim. Acta **2**, 205 (1948).

[109] *T. Dupuis* et *C. Duval*, Analyt. Chim. Acta, sous presse.

[110] *F. Emich*, Lehrbuch der Mikrochemie, 2e Ed., J. F. Bergmann, München. 1946. p. 186.

[111] *F. Pregl*, Quantitative organische Mikroanalyse, 5. Auflage, neubearbeitet von *H. Roth*, Springer-Verlag Wien. 1947. p. 114.

[112] *T. Dupuis* et *C. Duval*, Analyt. Chim. Acta **4**, 500 (1950).

[113] *T. Dupuis*, Mikrochem. **35**, 458 (1950).

[114] *H. Thurnwald* et *A. A. Benedetti-Pichler*, Z. analyt. Chem. **86**, 41 (1931).

[115] *H. Lieb*, dans *F. Pregl*, Quantitative organische Mikroanalyse, 5. Auflage, neubearbeitet von Dr. *H. Roth*, Springer-Verlag Wien. 1947. p. 156.

[116] *H. Krafft-Ebing*, Thèse. Vienne 1934.

[117] *K. Scharrer*, Biochem. Z. **261**, 444 (1933).

[118] *T. Dupuis* et *C. Duval*, Analyt. Chim. Acta, sous presse.

[119] *W. A. Pjankow*, Chem. Zbl. 37—1, 3523.

[120] *G. Spacu* et *G. Suciu*, Z. analyt. Chem. **78**, 244 (1929).

[121] *C. Duval*, Analyt. Chim. Acta **3**, 335 (1949).

Aus dem II. Chemischen Universitätslaboratorium in Wien.

Über Mikrobestimmungsmethoden von Germanium.

(Vorläufige Mitteilung.)

Von

Friedrich Hecht und Gertrude Bartelmus.

(Eingelangt am 14. Dezember 1950.)

Im Zuge einer geplanten Untersuchung über die quantitative Mikroanalyse des Germaniums befaßten wir uns auch mit dem Problem der Endbestimmungsform dieses Elementes nach seiner Isolierung von Begleitelementen. Gamma-Mengen Germanium bestimmt man selbstverständlich zweckmäßigerweise kolorimetrisch. Wenn jedoch Mengen von Milligrammen bis Zehntelmilligrammen vorliegen, scheint es aussichtsreich, sich gravimetrischer Verfahren zu bedienen, umsomehr, als in der Literatur Bestimmungsmethoden angeführt sind, die Verbindungen der Germano-Dodekamolybdänsäure, also einer Heteropolysäure des Germaniums, mit organischen, stickstoffhaltigen Basen als Wägungsform benützen. Es sind dies die schwerlöslichen Verbindungen der genannten Säure mit Cinchonin, Pyridin, 8-Oxychinolin und Hexamethylentetramin.

Wir untersuchten bisher die drei ersterwähnten Fällungsmethoden mit kleinen Germaniummengen, da die Umrechnungsfaktoren der Niederschläge für Germanium nur 2 bis 3% betragen, also sehr günstig sind. Man kommt dabei in weitem Bereich mit einer normalen analytischen Waage aus; nur bei den kleinsten Mengen ist die Benützung der Mikrowaage oder Halbmikrowaage vorzuziehen.

I. Cinchonin-Methode.

G. R. Davies und *G. Morgan*[1] beschrieben 1938 die Fällung des Germaniums mit Cinchonin, wobei ein Niederschlag der Formel $(C_{19}H_{22}ON_2)_4$ $H_4[Ge(Mo_{12}O_{40})]$ entstehen soll. Diese Formel müßte aber wohl in $(C_{19}H_{22}ON_2)_4H_4[Ge(Mo_{12}O_{42})]$ korrigiert werden.

Für die Germano-Dodekamolybdänsäure wird allerdings derzeit die Formel $H_4[Ge(Mo_3O_{10})_4]$ als richtig angenommen, was in Übereinstimmung mit der Ersetzbarkeit von vier ionogenen Wasserstoffatomen durch organische Basen steht. *R. Schwarz* und *H. Giese*[2] konnten jedoch durch Einführung der Guanidinbase, die mit der obigen Säure einen schwer löslichen Niederschlag erzeugt, ein 8-basisches Salz herstellen, worauf auch *A. Brukl*[3] hinweist. Eine Verbindung $(Base)_4H_4[Ge(Mo_{12}O_{42})]$ wäre übrigens der prozentischen Zusammensetzung nach mit einer Verbindung $(Base)_4[Ge(Mo_3O_{10})_4] \cdot 2 H_2O$ gleich. Für die Guanidinverbindung wurde von *Schwarz* und *Giese*[2] einerseits, *C. G. Grosscup*[2] anderseits die Formel $(Guanidin)_8, H_3[Ge(Mo_{12}O_{42})]$ angegeben.

Die Cinchoninfällung der Germano-Dodekamolybdänsäure wurde kürzlich von *Th. Dupuis* und *C. Duval*[4] mit der Thermowaage untersucht; diese Autoren finden jedoch, daß die Verbindung zwischen 93° und 121° nicht mit der (korrigierten) Formel von *Davies* und *Morgan* übereinstimmt, während zwischen 450° und 900° das Gewicht auch nicht genau $GeO_2 + 12 MoO_3$ entspricht, sondern einen Überschuß an Molybdän zeigt. Bei Richtigkeit der Formel mit 42 Sauerstoffatomen wäre der Umrechnungsfaktor für Germanium 0,02359. Für das Cinchoninsalz einer bloß vierbasischen Säure ist der Umrechnungsfaktor 0,02387.

Es stand uns zunächst nur eine salzsaure Germaniumchloridlösung zur Verfügung, die nach der Tanninmethode[1, 5] eingestellt wurde und 2,331 mg Ge/ml ergab. Das Germanium wurde dabei mit Tannin in saurer Lösung bei Zimmertemperatur gefällt. Der chloridfrei gewaschene Niederschlag wurde vorsichtig verascht und bei 900° zu GeO_2 geglüht und als solches gewogen. Bei Verwendung von Papierfiltern wurden diese vor dem Glühen mit konz. Salpetersäure und Schwefelsäure naß verascht, um Verluste durch die Flüchtigkeit von GeO zu vermeiden, das durch die Reduktion aus GeO_2 entstehen kann.

Die Fällung mit Cinchonin erfolgte nach *Davies* und *Morgan*: 40 ml neutraler Lösung wurden mit 20 ml 25%iger Ammoniumsulfatlösung, 16 ml 2%iger Ammoniummolybdatlösung und unter Rühren mit 20 ml 2 n-HNO_3 und 9 ml 2,5%iger Lösung von Cinchonin (in 0,25 n-HNO_3 gelöst) versetzt. Nach zwei bis vier Stunden wurde filtriert, der Niederschlag mit 2,5%iger, schwach salpetersaurer Ammoniumnitratlösung gewaschen und bei 160° zwei Stunden lang getrocknet. Aus unseren Auswaagen ergab sich für die makroanalytischen Bestimmungen ein Umrechnungsfaktor von $0,0237_4$, der zwischen den beiden oben angegebenen theoretischen Umrechnungsfaktoren liegt.

Für die *mikrochemische* Bestimmung wurden je 0,125 mg Germanium angewendet, die immerhin noch 6,5 mg Auswaage lieferten. Die Bestimmung erfolgte im Porzellantiegel mit Filterstäbchen. Die Reagensmengen waren auf $^1/_{10}$ bis $^1/_{20}$ gegenüber der makroanalytischen Vorschrift reduziert worden. Sämtliche Resultate fielen beträchtlich zu hoch aus. Errechnet man aber aus den Auswaagen einen empirischen Faktor von 0,01907, so zeigt die Umrechnung die in der folgenden Tabelle enthaltenen recht guten Werte. Anscheinend enthalten diese Niederschläge, wie auch von *Dupuis* und *Duval* beobachtet, einen großen Molybdänüberschuß.

Tabelle 1. Cinchoninfällung.
(Germano-12-molybdänsäure.)

I. Makrobestimmungen: Umrechnungsfaktor für Ge: 0,0237$_4$

Ge angewendet in mg	Auswaage: Cinchonin-germanomolybdat in mg	Daraus berechnet mg Ge	Differenz in mg
2,33	101,8	2,42	+ 0,09
2,33	97,8	2,32	— 0,01
4,66	188,3	4,47	— 0,19

II. Mikrobestimmungen: Umrechnungsfaktor für Ge: 0,0190$_7$

Ge angewendet in mg	Auswaage: Cinchonin-germanomolybdat in mg	Daraus berechnet mg Ge	Differenz in mg
0,125	6,5	0,124	— 0,001
0,125	6,6	0,126	+ 0,001
0,125	6,3	0,120	— 0,005
0,125	6,9	0,132	+ 0,007
0,125	6,5	0,124	— 0,001
0,125	6,5	0,124	— 0,001
0,125	6,4	0,122	— 0,003

II. Pyridin-Methode.

Die Fällung des Germaniums als Pyridin-Germanomolybdat $(C_5H_5N)_4$ $H_4[Ge(Mo_{12}O_{42})]$, die von *W. Geilmann* und *K. Brünger*[6] angegeben und von *Davies* und *Morgan*[1] neuerlich untersucht worden ist, wurde nach der Vorschrift der ersteren Autoren folgendermaßen ausgeführt:

Die neutrale Germaniumlösung soll in einem Volumen von 50 ml nicht mehr als 10 bis 15 mg enthalten. Wir wendeten bei unseren Versuchen nur 2 bis 5 mg Germanium an. Zu der Lösung fügt man nacheinander hinzu: 20 ml 25%ige Ammoniumnitratlösung, 15 ml 3%ige Ammoniummolybdatlösung und 10 ml Salpetersäure von der Dichte 1,2. Anschließend wird das Gemisch auf dem Wasserbad erwärmt, bis es sich gelb gefärbt hat (50°). Nun werden 15 bis 20 ml einer wässerigen, gesättigten Pyridinnitratlösung zugegeben, wobei ein milchweißer Niederschlag entsteht, der nach kurzer Zeit kristallin wird und sich mit gelber Farbe absetzt. Sobald die Lösung blank scheint, überzeugt man sich durch Zugabe von Pyridinnitrat von der Vollständigkeit der Fällung. Nach vier Stunden wird in einen Filtertiegel dekantiert, der Niederschlag zweimal durch Dekantation mit je 10 ml Waschflüssigkeit (12 g Ammoniumnitrat, 10 ml Salpetersäure der Dichte 1,2, 0,5 g Pyridinnitrat in 250 ml Wasser) gewaschen und schließlich, sobald er sich abgesetzt hat, filtriert. Der Rest der Waschflüssigkeit (30 ml) wird benützt, um den Niederschlag in den Filtertiegel zu befördern. Die Filtration soll rasch ausgeführt werden. Der Niederschlag wird drei Stunden bei 160° getrocknet. Den empirischen Umrechnungsfaktor geben *Geilmann* und *Brünger* mit 0,0353 an (theoretischer Faktor für die obige Formel 0,0326). Der Faktor 0,0333 würde dem Faktor für das wasserfreie Pyridinsalz einer vierbasischen Germanomolybdänsäure $(C_5H_5N)_4[Ge(Mo_3O_{10})_4]$ entsprechen. Wir selbst verwendeten den empirischen Umrechnungsfaktor 0,03487, der sich bei den in Tabelle 2 und 3 angeführten Makro- und Mikrobestimmungen am zweckmäßigsten erwiesen hatte.

Tabelle 2. Pyridinfällung.
(Germano-12-molybdänsäure.)

Makrobestimmungen: Umrechnungsfaktor für Ge: $0,0348_7$

Ge angewendet: in mg	Auswaage: Pyridin-germanomolybdat in mg	Daraus berechnet mg Ge	Differenz in mg
2,33	66,6	2,32	— 0,01
2,33	68,5	2,39	+ 0,06
4,66	136,0	4,74	+ 0,08
4,66	137,9	4,81	+ 0,15
$0,46_6$	13,4	$0,46_7$	$+ 0,00_1$
$0,46_6$	13,5	$0,47_i$	$+ 0,00_5$

Tabelle 3. Pyridinfällung.
(Germano-12-molybdänsäure.)

Mikrobestimmungen: Umrechnungsfaktor für Ge: $0,0348_7$

Ge angewendet in mg	Auswaage: Pyridin-germanomolybdat in mg	Daraus berechnet mg Ge	Differenz in mg
0,250	7,2	0,251	+ 0,001
0,250	7,2	0,251	+ 0,001
0,250	7,370	0,257	+ 0,007
0,250	6,890	0,240	— 0,010
0,250	7,103	0,248	— 0,002
0,250	7,251	0,253	+ 0,003
0,250	7,097	0,248	— 0,002
0,250	7,226	0,252	+ 0,002
0,250	7,074	0,247	— 0,003
0,125	3,65	0,127	+ 0,002
0,125	3,7	0,129	+ 0,004
0,125	3,6	0,126	+ 0,001
0,125	3,6	0,126	+ 0,001
0,125	3,5	0,122	— 0,003
$0,062_5$	1,806	0,063	$+ 0,000_5$
$0,062_5$	1,920	0,067	$+ 0,004_5$
$0,062_5$	2,017	0,070	$+ 0,007_5$
$0,062_5$	1,938	0,068	$+ 0,005_5$

Die Mikrowerte der Tabelle 3 wurden unter Benützung von Porzellantiegeln und Filterstäbchen erhalten, während bei Anwendung des Jenaer Mikrofilterbechers nach *F. Emich* und *E. Schwarz-Bergkampf*[7] die Werte sämtlich zu hoch ausfielen. Das Filterstäbchen ermöglicht Umrühren der Fällung, während im Filterbecher nur Umschütteln möglich ist. Bei den Mikrobestimmungen wurden die Volums- und Reagensmengen gegenüber der Makrovorschrift auf $^1/_{10}$ vermindert.

Dupuis und *Duval* fanden auf der Thermowaage bei 160° einen steilen Abfall der Kurve und nur zwischen 429 und 813° eine horizontale Stufe für die Summe $GeO_2 + 12\ MoO_3$.

III. Oxin-Methode.

Inzwischen hatten wir uns aus reinstem Germaniumdioxyd eine neue Germaniumlösung hergestellt. Zu diesem Zweck wurden 0,18 g GeO_2 durch eine Natriumcarbonatschmelze (1 g Na_2CO_3) aufgeschlossen, die erkaltete Schmelze mit Wasser aufgenommen, die Flüssigkeit mit verdünnter Schwefelsäure neutralisiert und daraus 250 ml einer 4 n-schwefelsauren Lösung bereitet.

Die Fällung des Germaniums mit 8-Oxychinolin wurde von *I. P. Alimarin* und *O. A. Aleksejewa*[8] angegeben. Die Verbindung soll die Formel $(C_9H_7ON)_4[GeO_2 \cdot 12\ MoO_3]$ haben, doch gilt diese Formel nach *Dupuis* und *Duval* nur für die Temperaturen zwischen 50 und 115°. Als beste Trocknungstemperatur wird 110° angegeben. Der genannten Formel würde ein Umrechnungsfaktor für Germanium von 0,03009 entsprechen. Für $(C_9H_7ON)_4H_4[Ge(Mo_{12}O_{42})]$ wäre der Faktor 0,02927.

Als Fällungsvorschrift bewährte sich ein Verfahren, das dem der Mikrobestimmung der Phosphorsäure mit Oxychinolinmolybdat nach *K. Scharrer*[9] bzw. *R. Berg*[10] analog ist. Zu der auf 70° erwärmten neutralen Germaniumlösung, deren Volumen 25 ml beträgt, läßt man 7,5 ml Fällungsreagens zutropfen. Dieses wird folgendermaßen hergestellt: 5 g Oxin werden in 5 ml Salzsäure ($d = 1,19$) gelöst; die Lösung wird mit Wasser auf 100 ml aufgefüllt. Davon werden 16 ml mit 42 ml Salzsäure derselben Dichte und 42 ml 10%iger Ammoniummolybdatlösung vermischt. Der Niederschlag wird nach 5 Stunden (wenn die überstehende Flüssigkeit sich geklärt hat) oder besser nach dem Stehen über Nacht in einen Filtertiegel filtriert. Als Waschwasser wurde die von *Alimarin* und *Aleksejewa* angegebene Lösung verwendet. Diese enthält 7 ml konz. Salzsäure und 25 ml 2%ige essigsaure Oxychinolinlösung in 1 l Wasser. Der Niederschlag wird gut abgesaugt und bei 105 bis 110° getrocknet. Er ist hellgelb gefärbt.

Bei 2,5 und 3,5 mg Germanium mußten das Volumen und die Menge Fällungsreagens verdoppelt werden. Die Tabelle 4 zeigt die so erhaltenen Germaniumwerte. Wir konnten dabei bis 0,50 mg Germanium nach der makroanalytischen Vorschrift bestimmen. Bei mehr als 1 mg Germanium erwies sich ein Umrechnungsfaktor von 0,0311 als brauchbar, während bei Mengen zwischen 1 mg und 0,50 mg die Benützung eines Umrechnungsfaktors von 0,0300 günstiger war.

Tabelle 4. Oxinfällung.

(Germano-12-molybdänsäure.)

Makrobestimmungen: Umrechnungsfaktor für Ge: 0,0311

Ge angewendet in mg	Auswaage: Oxin-germanomolybdat in mg	Daraus berechnet Ge in mg	Differenz in mg
3,50	114,1	3,55	+ 0,05
3,50	113,8	3,54	+ 0,04
2,50	79,6	2,48	— 0,02
2,50	80,0	2,49	— 0,01

Umrechnungsfaktor für Ge: 0,03003

Ge angewendet in mg	Auswaage: Oxin-germanomolybdat in mg	Daraus berechnet Ge in mg	Differenz in mg
1,00	32,65	0,980	— 0,020
1,00	33,1	0,994	— 0,006
1,00	33,4	1,003	+ 0,003
1,00	33,7	1,012	+ 0,012
1,00	33,2	0,997	— 0,003
1,00	34,1	1,024	+ 0,024
1,00	34,7	1,042	+· 0,042
1,00	32,5	0,976	— 0,024
1,00	32,6	0,979	— 0,021
1,00	32,45	0,974	— 0,026
0,50	16,7	0,501	+ 0,001
0,50	16,9	0,507	+ 0,007
0,50	17,0	0,510	+ 0,010
0,50	17,2	0,516	+ 0,016
0,50	16,6	0,498	— 0,002
0,50	16,7	0,501	+ 0,001
0,50	16,8	0,504	+ 0,004
0,50	16,6	0,498	— 0,002
0,50	16,65	0,500	± 0,000
0,50	16,55	0,497	— 0,003
0,50	17,1	0,513	+ 0,013
0,50	17,1	0,513	+ 0,013
0,50	16,2	0,486	— 0,014
0,50	16,8	0,504	+ 0,004
0,50	16,8	0,504	+ 0,004
0,50	16,4	0,492	— 0,008
0,50	16,25	0,488	— 0,012

Die Tabelle 5 führt Germaniumbestimmungen zwischen 250 und 62,5 γ Germanium an. Die Werte bei Anwendung von 250 γ Ge wurden makroanalytisch (Filtertiegel) erhalten, die Werte bei 125 und 62,5 γ Ge jedoch

mit Hilfe der Mikrotechnik (Porzellantiegel und Filterstäbchen). Dabei
mußte jedoch ein empirischer Umrechnungsfaktor von 0,02807 benützt
werden (vermutlich infolge zu hohen Molybdängehaltes der Niederschläge). Im Jenaer Mikrofilterbecher fielen sämtliche Bestimmungen
zu hoch aus, und zwar in unregelmäßiger Weise. Man muß sich also auf
Tiegel oder Mikrobecher mit Filterstäbchen beschränken.

Tabelle 5. Oxinfällung.

(Germano-12-molybdänsäure.)

Mikrobestimmungen: Umrechnungsfaktor für Ge: 0,02807
   (Makrotechnik)

Ge angewendet in mg	Auswaage: Oxin-germanomolybdat in mg	Daraus berechnet mg Ge	Differenz in mg
0,25	9,2	0,26	+ 0,01
0,25	9,0	0,25	± 0,00
0,25	8,9	0,25	± 0,00
0,25	8,9	0,25	± 0,00
0,25	8,35	0,23	— 0,02
0,25	8,3	0,23	— 0,02
0,25	9,0	0,25	± 0,00
0,25	8,4	0,24	— 0,01
0,25	8,6	0,24	— 0,01
0,25	9,4	0,26	+ 0,01
0,25	9,1	0,26	+ 0,01
0,25	9,2	0,26	+·0,01
0,25	9,9	0,28	+ 0,03

Mikrobestimmungen:
   (Mikrotechnik)

Ge angewendet in mg	Auswaage: Oxin-germanomolybdat in mg	Daraus berechnet mg Ge	Differenz in mg
0,125	4,366	0,122	— 0,003
0,125	4,523	0,127	+ 0,002
0,125	4,375	0,123	— 0,002
0,125	4,611	0,129	+ 0,004
$0,062_5$	2,136	0,060	$— 0,002_5$
$0,062_5$	2,268	0,064	$+ 0,001_5$
$0,062_5$	2,257	0,063	$+ 0,000_5$

IV. Fällungen der Germanium-Dodekawolframsäure mit organischen Basen.

Es lag nahe, die der Germanium-12-molybdänsäure analoge Ger-
manium-12-wolframsäure, für die die Formeln $H_8[Ge(W_{12}O_{42})]$ oder
$H_4[Ge(W_3O_{10})_4] \cdot 2\,H_2O$ in Frage kommen, für die Bestimmung des
Germaniums heranzuziehen. Wir verfügten über ein von *A. Brukl**

---

* Für sämtliche in dieser Arbeit verwendeten Germaniumpräparate sowie
für wertvolle Ratschläge sind wir Herrn Prof. Dr. Ing. *A. Brukl*, Wien, zu
bestem Dank verpflichtet.

hergestelltes, sehr reines Präparat wasserlöslicher Germano-Dodekawolframsäure. Es wurde daraus eine wässerige Lösung hergestellt, die beim Eindampfen und Verglühen einen Gehalt von 0,0796 g $GeO_2 \cdot 12\,WO_3$ in 10 ml aufwies. Diese Stammlösung, die im Milliliter 0,2 mg Ge enthielt, wurde für die Fällungen mit Cinchonin, Pyridin und Oxychinolin verwendet.

Diese Fällungen wurden denjenigen bei Anwendung der Germanomolybdänsäure nachgebildet, wobei selbstverständlich ein Zusatz von dem Ammoniummolybdat entsprechendem Wolframat, das schon anwesend war, fortfiel. Die Niederschläge wurden im Filtertiegel filtriert und getrocknet. Hierauf wurden sie zur Kontrolle verascht, bei etwa 900° geglüht und wieder gewogen (als $GeO_2 \cdot 12\,WO_3$). Es handelte sich dabei zunächst um orientierende Versuche. Die Ergebnisse sind in Tabelle 6 enthalten. Sie stehen den Bestimmungen der analogen Germanomolybdänsäure nicht nach.

Tabelle 6. Fällungen der Germano-12-wolframsäure.

I. Mit Oxin: Umrechnungsfaktor für Ge: 0,02019

Ge angewendet in mg	Auswaage: Oxin-germanowolframat in mg	Daraus berechnet mg Ge	Auswaage nach Glühen mg $GeO_2 \cdot 12\,WO_3$	Daraus berechnet mg Ge
2,00	99,4	2,01	79,0	1,99
2,00	99,6	2,01	79,0	1,99
2,00	98,8	2,00	79,5	2,00
2,00	99,6	2,01	79,8	2,01
5,00	246,3	4,97	200,6	5,04
5,00	246,1	4,97	200,3	5,04

II. Mit Cinchonin: Umrechnungsfaktor für Ge: $0,0193_7$

2,00	103,1	2,00	78,4	1,97
2,00	103,4	2,00	79,6	2,00
5,00	255,8	4,96	201,0	5,05
5,00	260,7	5,05	201,2	5,06

III. Mit Pyridin: Umrechnungsfaktor für Ge: $0,0228_3$

2,00	86,2	1,97	78,9	1,98
2,00	86,6	1,98	79,2	1,99
5,00	222,4	5,08	200,6	5,04
5,00	221,6	5,06	201,0	5,05

Es wurden empirische Umrechnungsfaktoren benützt. Für die Formeln $(Base)_4H_4[Ge(W_{12}O_{42})]$ berechnen sich folgende theoretische Faktoren: 0,02053 für die Oxinfällung; 0,01757 für die Cinchoninfällung; 0,02219 für die Pyridinfällung.

Es ist uns wegen der Kürze der zur Verfügung gestandenen Zeit noch nicht gelungen, eine Vorschrift auszuarbeiten, um Natriumwolframat und die entsprechende Base als Reagens zur Germaniumlösung zuzufügen und so die Verbindung der Base mit der Germano-12-wolframsäure herzustellen. Dies wäre anzustreben, da die Umrechnungsfaktoren noch etwas günstiger als beim Molybdän liegen.

V. Vorläufige Schlußfolgerungen.

Unsere Versuche zeigten, daß die untersuchten Mikrobestimmungsmethoden des Germaniums bei Verwendung verschiedener empirischer Umrechnungsfaktoren brauchbare Werte gaben. Diese Umrechnungsfaktoren variieren teilweise mit der zu bestimmenden Germaniummenge und sind in der vorliegenden Arbeit rein rechnungsmäßig meist bis zur fünften Dezimale angegeben. Wir sind uns selbstverständlich dessen bewußt, daß schon die dritte Dezimale nicht mehr sicher ist.

Zusammenfassung.

Es wurden die gravimetrischen Bestimmungsformen des Germaniums als Verbindungen des Cinchonins, Pyridins und 8-Oxychinolins mit der Germano-12-molybdänsäure bzw. Germano-12-wolframsäure makro- und mikroanalytisch untersucht. Es ergaben sich empirische Umrechnungsfaktoren für Germanium, mit deren Hilfe brauchbare Ergebnisse erzielt werden konnten.

Summary.

A macro- and microanalytical study was made of the gravimetric weighing forms of germanium as compounds of cinchonine, pyridine and 8-hydroxyquinoline with germano-12-molybdic acid or germano-12-tungstic acid. Empirical conversion factors for germanium were found, with whose aid usable results could be secured.

Résumé.

On a étudié les formes de dosage macro- et micro-gravimétrique du germanium entre la cinchonine, la pyridine, l'oxine et l'acide germano-12 molybdique et l'acide germano-12 tungstique. Cela conduit à des facteurs d'analyse empiriques pour le germanium, à l'aide desquels on peut obtenir des résultats utilisables.

Literatur.

[1] *G. R. Davies* und *G. Morgan*, Analyst **63**, 388 (1938).
[2] *R. Schwarz* und *H. Giese*, Ber. dtsch. chem. Ges. **63**, 2428 (1930). — S. a. *C. G. Grosscup*. J. Amer. Chem. Soc. **52**, 5154 (1930).

[3] *A. Brukl*, Monatsh. Chem. **60**, 145 (1932).

[4] *Th. Dupuis* und *C. Duval*, Analyt. Chim. Acta **4**, 186 (1950).

[5] *H. Holness*, Analyt. Chim. Acta **2**, 254 (1948).

[6] *W. Geilmann* und *K. Brünger*, Biochem. Z. **275**, 375 (1935).

[7] *E. Schwarz-Bergkampf*, Z. analyt. Chem. **69**, 336 (1926). — Vgl. *F. Hecht* und *J. Donau*, Anorganische Mikrogewichtsanalyse, Springer-Verlag Wien. 1940. S. 68.

[8] *I. P. Alimarin* und *O. A. Aleksejewa*, J. Applied Chem., U. R. S. S. **12**, 1900 (1939).

[9] *K. Scharrer*, Biochem. Z. **261**, 444 (1933).

[10] *R. Berg*, Z. angew. Chem. **41**, 611 (1928).

Astrophysikalisches Laboratorium der Vatikanischen Sternwarte, Rom.

Mikrobestimmung von Halogenen, Schwefel und Selen auf spektrochemischem Wege.

Von

A. Gatterer.

Mit 5 Abbildungen.

(Eingelangt am 18. Juli 1950.)

Die Methode der Bestimmung kleiner Mengen von Halogenen und einiger anderer Metalloide mit Hilfe des Spektrums der elektrodenlosen Entladung wurde schon vor fünf Jahren im Astrophysikalischen Laboratorium der vatikanischen Sternwarte ausgearbeitet. Im Frühjahr 1946 erschien darüber ein ausführlicher Bericht in den *Ricerche Spettroscopiche*[1] des Laboratoriums und 1948 eine kürzere Darstellung im 3. Bande der *Spectrochimica Acta*[2]. Der gegenwärtige Bericht über diesen Gegenstand läßt sich wohl dadurch rechtfertigen, daß die Methode den Chemikern und Mikrochemikern anscheinend noch wenig bekannt ist, während sie in den spektrochemischen Laboratorien schon vielfach mit Erfolg Anwendung gefunden hat.

Die Methode will keineswegs den Anspruch erheben, an Empfindlichkeit und Genauigkeit die bekannten chemischen und physikalisch-chemischen Verfahren zu übertreffen; doch ist sie ihnen ebenbürtig und wohl auch nicht selten an Einfachheit und allgemeiner Anwendbarkeit überlegen.

Es ist noch zu erwähnen, daß fünf Jahre vor unserer Arbeit *K. Pfeilsticker*[3] eine spektrochemische Methode zum qualitativen und quantitativen Nachweis der Halogene sowie von Schwefel und Selen ausgearbeitet hat, die auch heute noch mit Erfolg im spektrochemischen Laboratorium Verwendung findet. Es handelt sich um eine energiereiche Funkenentladung zwischen Elektroden, die bei vermindertem Druck in einem entsprechenden Entladungsgefäß erzeugt wird. Diese Methode des Niederspannungsfunkens, wie sie *Pfeilsticker* nennt, wurde in den letzten Jahren verbessert.

Vor drei Jahren wurde auch im Massachusetts Institute of Technology eine empfindliche Methode zur Bestimmung der Halogene mit Hilfe von Entladungen in der Hohlkathode von *McNally, Harrison* und *Rowe*[4] angegeben, auf die wir noch am Schluß des Berichtes zurückkommen.

Grundsätzliches zur Anregung der Halogene.

Durch die Arbeiten der Physiker, insbesondere der beiden *Bloch*[5], ist schon seit etwa zwanzig Jahren bekannt, daß die Halogene und einige andere Metalloide durch Anregung mit hochfrequenten elektromagnetischen Wellen ein intensives Funkenspektrum besonders im sichtbaren

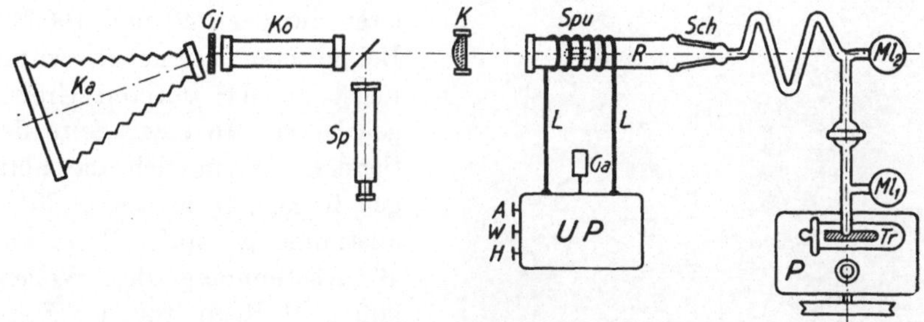

Abb. 1. Versuchsanordnung (Schema).
Ka Kamera, *Gi* Gitter, *Ko* Kollimator, *Sp* Spektroskop, *K* Kondensor, *R* Entladungsröhre, *Sch* Schliffverbindung, *Spu* Spule, *LL* Leitungen, *UP* Ultrapandorus, *A* Feinabstimmung, *W* Wellenlänge, *H* Heizung, *Ga* Galvanometer, Ml_1 McLeod der Hauptleitung, Ml_2 McLeod der Röhre, *Tr* Trockenröhre, *P* *Pfeiffer*-Röntgenpumpe.

Spektralbereich aussenden. Es lag daher der Gedanke nahe, nach einer gangbaren Methode zu suchen, um auch Halogenverbindungen und überhaupt halogenhaltige Proben in ähnlicher Weise anzuregen und so auf ihren Gehalt an Cl, Br, J, S und Se zu untersuchen. Um zum Ziel zu kommen, müssen die folgenden zwei Bedingungen erfüllt werden. 1. Es muß im Hochvakuum ($\sim 1\,\mu$ Hg) gearbeitet werden. 2. Die Anregung muß genügend Energie besitzen (hohe Stromstärke), um die nachzuweisenden Elemente aus der Probe zu verdampfen und deren erstes Funkenspektrum kräftig anzuregen.

Die Versuchsanordnung.

Drei Hauptbestandteile derselben sollen kurz beschrieben werden.

1. *Die Entladungsröhre.* Man verwendet am besten ein gerades Rohr aus Hartglas (Duran oder Pyrex) oder besser noch aus durchsichtigem Quarzglas. Seine Länge beträgt etwa 23 cm, der Innendurchmesser 15 mm, die Wandstärke 2 mm (s. Abb. 1 und 2). Auf der einen Seite wird die Röhre *R* abgeschlossen durch ein Quarzglasfenster *F*, auf der anderen endet sie in einen Normalschliffkonus *Sch*, der in den passenden Gegen-

konus der Vakuumleitung eingekittet wird. Vor dem Einkitten wird sie mit dem Hartglasschiffchen beschickt, in dem sich die zu untersuchende Probe befindet. Man schiebt die Röhre durch die zehn Windungen der dickdrahtigen Kupfer- oder Silberspirale *Spu* und kittet sie fest.

2. *Der Hochfrequenzgenerator.* Bei unseren Versuchen dient ein medizinisches Aggregat der Firma Siemens-Reiniger A. G. ,,Ultrapandorus`` *UP*. Der Generator besitzt zwei Röhren in Gegentaktschaltung und kann maximal etwa 600 W an die Entladungsröhre abgeben. Die Frequenz läßt sich kontinuierlich variieren zwischen 40 und 100 Mc. Bei unseren Versuchen wurde meist an der unteren Grenze gearbeitet. An einer Seite des Senders finden sich die nötigen Regelinstrumente: *A* Feinabstimmung auf Resonanz, *W* Abstimmung der Wellenlänge, *H* Regulator der Heizspannung, von der bei gegebener Anodenspannung die Leistung des Apparates bestimmt wird.

Abb. 2. Die Entladungsröhre.
R Röhre, *Sch* Schliff, *F* Quarzglasfenster, *Spu* Spule (10 Windungen), *Tr* Trockenröhre, *LL* Leitungen zum Generator.

3. *Die Hochvakuumanlage.* Als Pumpe dient eine zweistufige, rotierende Röntgenpumpe *P* von *Pfeiffer*, die in etwa zwei Minuten ein Vakuum von 1 μ Hg erreichen läßt, das von einem McLeod ML_1 in der Hauptleitung angezeigt wird. Zur Entfernung der Wasser- und teilweise auch der Öldämpfe ist eine Trockenröhre *Tr* mit Phosphorpentoxyd vorgesehen. Von der Hauptvakuumleitung zweigt über einen Hahn die Leitung zur Entladungsröhre ab, deren Dichtigkeit durch einen zweiten McLeod ML_2 kontrolliert werden kann.

4. *Die optische Anordnung.* Die Entladungsröhre *R* steht genau in der optischen Achse des Spektrographenkollimators *Ko*. Das in *R* erzeugte Licht fällt auf den Kondensor *K*, der den wirksamen Bereich des Leuchtrohres auf den Spektrographenspalt abbildet. Da der geeignetste Teil des Spektrums im langwelligen sichtbaren Gebiet liegt, ist es zweckmäßig, einen lichtstarken Gitterspektrographen mittlerer Dispersion zu verwenden. Ein Mehrprismenapparat wie der Universalspektrograph von *Steinheil* oder der Dreiprismenapparat von *Zeiss* ist

natürlich ebenso geeignet. Ein kleiner Teil des Lichtstromes wird durch einen unbelegten Spiegel vor dem Spalt um 90° abgelenkt und in ein gradsichtiges lichtstarkes Gitterspektroskop Sp geleitet, um die Entwicklung der Spektren auch visuell verfolgen zu können.

Zur Durchführung der Bestimmungen.

Vorausgehen muß auf jeden Fall eine sorgfältige *Prüfung der „leeren"* *Röhre*. Sie wird mit dem leeren Schiffchen beschickt und angeschaltet. Das hochfrequente Wechselfeld bringt sie nach Erreichung des entsprechenden Vakuums doch zum Leuchten. Es sind die darin verbleibenden Dämpfe und Gasreste, die emittieren und ihre charakteristischen Atomlinien oder Molekülbanden erzeugen. Man findet in diesen „Leerlaufspektren" die Emissionen von H, Hg, H_2, N_2, CN, C_2, CH, CO u. a. Bei hohem Vakuum ist ihre Intensität recht gering, so daß sie nur wenig stören. Hat man sich von der relativen Reinheit der Röhre, insbesondere in Bezug auf das nachzuweisende Element überzeugt, so schreitet man zur eigentlichen Analyse. Man beschickt das Schiffchen mit etwa 10 bis 20 mg der sehr gut getrockneten Probe (Kristalle oder feines Pulver) und evakuiert zunächst sehr gründlich. Dann steigert man langsam die Heizspannung so weit, daß durch die Erwärmung die noch vorhandenen Reste von Gasen und Dämpfen ausgetrieben werden, aber die Anregungsspannung des nachzuweisenden Elementes noch nicht erreicht wird. Durch Betätigung der Feinabstimmung A sorgt man für die genaue Einstellung der Resonanz, wobei man den Ausschlag des Galvanometers G verfolgt (Abb. 1). Im Spektroskop kann man leicht erkennen, wann diese Verunreinigungen entfernt sind. Dann steigert man die Spannung zur eigentlichen Anregung. Einige Sekunden nachher erscheinen bei etwas größeren Mengen (einige Zehntelprozent) der Halogene deren Funkenlinien im Spektroskop, und man macht die Aufnahme mit einer Belichtung von etwa 30 bis 60 Sek., was bei Verwendung von sensiblen Platten vollauf genügt.

Die *qualitative Auswertung* der Aufnahme erfolgt nach der bekannten Methode der Letzten Linien, wobei man sich mit Vorteil der Tafeln und Tabellen im 3. Bande unseres *Atlas der Restlinien:* „Spektren Seltener Metalle und einiger Metalloide"[6] bedienen kann. Die charakteristischen Letzten Linien sind auch in Tab. 1 zusammengestellt.

Es lassen sich geringe Spuren von Halogenen sowie S und Se in Salzen und den meisten anorganischen und organischen Verbindungen, in Rückständen von Lösungen und in Proben von Mineralien nachweisen. Die Nachweisgrenze liegt unter günstigen Bedingungen bei einigen Tausendstel Prozenten. Der Nachweis von Fluor gelingt bis etwa 1%.

Die empfindlichsten Reinheitsprüfungen lassen sich ausführen an binären Halogen- bzw. Schwefel- und Selenverbindungen. Auch die

Sauerstoffsalze dieser Elemente (Chlorate, Jodate, Sulfate usw.) lassen sich fast mit gleichem Erfolge analysieren. Wie zu erwarten war, zeigen fast alle chemisch reinen Präparate auch bewährter Firmen spektroskopisch nachweisbare Verunreinigungen dieser Elemente.

Tabelle 1. Letzte Linien von Cl, Br, J, S, Se, F.

Chlor II	I	Brom II	I	Jod II	I
5457,09	} 5	5183,88	} 8	5625,65	5
56,34		82,36		5464,57	8
5444,27	} 7			5405,65	} 4
43,46		4816,71	7	05,14	
5423,23	5	4785,50	9	5345,15	5
5078,16	3	4704,86	10	38,19	5
4896,69	4	4678,69	6	5161,19	10
4819,39	8	2389,7	5	4666,52	5
4810,01	8	86,74	5	2582,81	7
4794,50	10				

Schwefel II	I	Selen II	I	Fluor I	I
5640,00	5	5227,51	5	7037,45	9
5453,88	6	5175,98	5	6909,82	6
5432,83	5	42,14	4	6902,46	8
5032,39	5	5096,57	5	6856,02	10
4815,52	5	68,65	5	6834,26	8
		4844,96	5	6348,50	5
		4740,97	3	6239,64	5

Zum Gelingen des Nachweises ist es keineswegs nötig, die Probe im Hochfrequenzfeld vollständig zu verdampfen, was bei Anwendung von kleinen Energien auch nicht immer möglich ist. Es genügt vielmehr, die Probe auf schwache Rotglut zu erhitzen, um genügend Gase zum Nachweis freizumachen.

Schwierigkeiten entstehen, wenn die Probe Bestandteile enthält, die flüchtiger sind als das nachzuweisende Element und kleinere Anregungsspannung besitzen als dieses. Dieser Fall tritt z. B. bei Substanzen ein, die große Mengen von N-, NH_3-, CH- und ähnlichen Verbindungen enthalten. Es treten dann die Banden dieser Bestandteile mit großer Intensität auf; sie schwärzen den Spektralgrund und entziehen einen Großteil der Anregungsenergie den schwerer anzuregenden Halogenen. Auch bei Analysen von Mineralien hat man oft mit ähnlichen Schwierigkeiten zu kämpfen, da sie fast regelmäßig größere Mengen von okkludierten Gasen oder Kristallwasser enthalten. Durch eine rationelle Methode der Anregung lassen sich diese Schwierigkeiten nicht selten ganz oder zum großen Teil vermeiden. Man läßt z. B. die flüchtigen störenden Bestandteile bei mäßiger Anregung abdampfen, was sich im Spektroskop visuell verfolgen läßt, und steigert erst dann die Anregung zum Nachweis der gesuchten Elemente. Abb. 3 zeigt den Nachweis von Tl in finnischen Titaniten. Der von Parainen zeigt Spuren von Tl, der andere aus Ylöjarvi etwas größere Mengen von Tl und S, die der chemischen Analyse entgangen waren. Auch Meteorite lassen sich bequem untersuchen. Wie zahlreiche Vorversuche zeigen, enthalten die meisten derselben Mengen

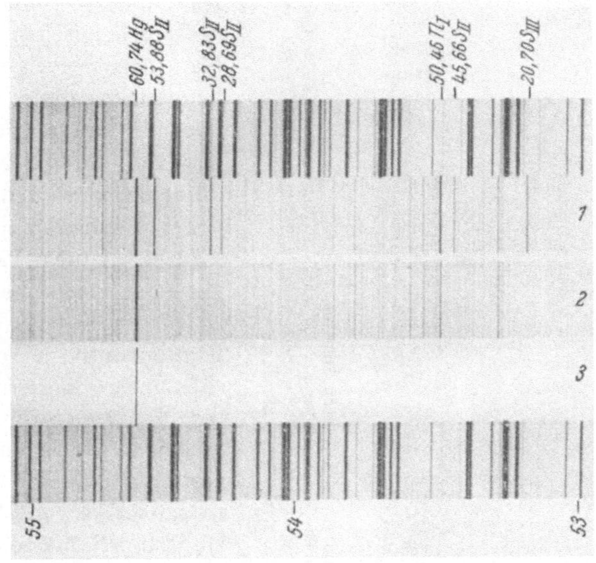

Abb. 3. Spektren finnischer Titanite.

1 Mineralprobe aus Ylöjarvi, *2* Probe aus Parainen, *3* Spektrum der „leeren" Röhre. (Die abschließenden Spektren bringen zum Vergleich die Linien des Eisenbogens.)

von Halogenen, die sich leicht bestimmen lassen. Es ist geplant, noch im laufenden Jahre eine systematische Untersuchung des Halogengehaltes der vatikanischen Meteoriten in Angriff zu nehmen, was sich auch deshalb empfiehlt, da bis jetzt nur wenige und nicht sehr genaue Daten vorliegen, die durch rein chemische Untersuchung gewonnen wurden. Abb. 4 zeigt die deutlichen Linien von S und Cl im Spektrum des Steinmeteoriten von Barbotan (182 III).

Zusammenfassend läßt sich über die qualitative Prüfung nach der angegebenen Methode sagen: Sie ist sparsam, benötigt etwa 10 bis 20 mg Substanz. Sie ist empfindlich, ermöglicht den Nachweis von wenigen γ, in günstigen Fällen sogar von Bruchteilen von γ, auch bei Gegenwart relativ großer Mengen der anderen Halogene. Sie führt auch rasch zum Ziel, da eine einzige Aufnahme für den qualitativen Nachweis aller fünf Metalloide

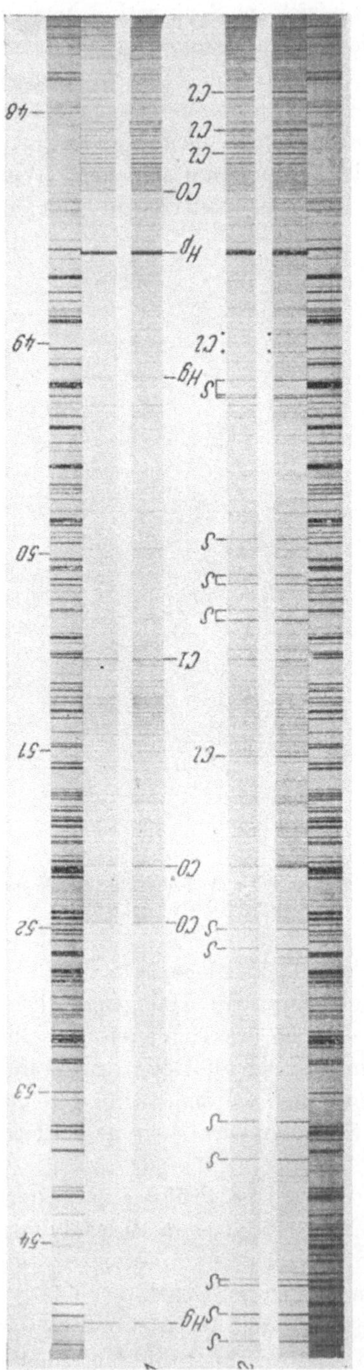

Abb. 4. Spektren von Silikaten.

1 Chemisch sorgfältigst gereinigter Quarzsand, Es erscheint nur das Leerlaufspektrum: die starke H-Linie und die schwachen Atomlinien von Hg und C, sowie die Banden von CO. *2* Spektrum des Silikatmeteoriten von Barbotan (Vatikanische Sammlung Nr. 182 III). Es sind zahlreiche Linien von S und Cl auf der Abbildung gekennzeichnet.

ausreicht. Sie ist endlich reinlich und sauber; da sie die ursprüngliche, chemisch nicht veränderte Probe analysiert.

Das Verfahren erlaubt auch die Ausführung *quantitativer Bestimmungen*. Grundsätzlich verfährt man dabei ebenso wie bei anderen quantitativen spektrochemischen Analysen. Man sucht geeignete Paare von Analysenlinien (homologe Paare in weiterem Sinne) und bestimmt deren Schwärzungsdifferenzen in den Spektren der Probe und der Eichsubstanzen mit dem Photometer. Mit den erhaltenen Werten ($\varDelta S$) und den bekannten Konzentrationen der Eichsubstanzen konstruiert man die Analysenkurve und ermittelt an Hand derselben die Konzentration der Probe. Um zu zuverlässigen Resultaten zu gelangen, müssen natürlich die Anregungsbedingungen für die Probe und die Eichmischungen möglichst identisch sein. Wie unsere zahlreichen Aufnahmen von quantitativen Reihen (systematisch abgestufte synthetische Eichmischungen) zeigen, läßt sich durch gewissenhaftes Einhalten eines entsprechenden Anregungsprogrammes erreichen, daß eine Analysengenauigkeit von 5 bis 10% gewährleistet wird. Abb. 5 gibt ein Beispiel einer solchen Reihe für die Bestimmung von Jod in Chlor. Bei Bestimmung von geringen Spuren ist es oft nicht so leicht, eine vollkommen spektralreine Grundsubstanz zu finden, welche zur Herstellung der erforderlichen Eichmischungen nötig ist.

Wenn man die eingangs erwähnten Methoden von *Pfeilsticker* und *Harrison* zum Vergleich heranzieht, so wäre zu sagen, daß unser Verfahren sicher nicht komplizierter ist als das von *Pfeilsticker* und es an

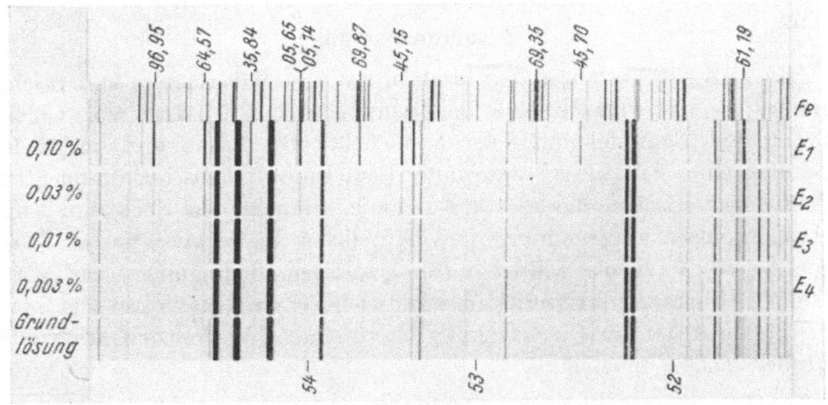

Abb. 5. Konzentrationsreihe von Jod in Chlor.
Eichmischung E_1 enthält 0,10 % Jod; Eichmischung E_2 enthält 0,03 % Jod;
„ E_3 „   0,01 % Jod;   „ E_4 „   0,003 % Jod.
Die Grundlösung ohne Zugabe von J.

Reinlichkeit (elektrodenlos) und wohl auch an Empfindlichkeit übertrifft. Die Methode der Hohlkathode ist sicher komplizierter, aber für den Nachweis von Fluor bedeutend empfindlicher.

In Tab. 2 findet man eine Zusammenstellung geeigneter Paare von Analysenlinien für einige quantitative Untersuchungen mit den erreichbaren Grenzkonzentrationen.

Tabelle 2. Geeignete Paare von Analysenlinien.

Analyse	Homologe Paare			Quantitat. bis	Semiquant. bis
Br in Chlor	4836,79 Cl II 4704,86 Br II	4798,40 Cl II 4704,86 Br II	4778,93 Cl II 4704,86 Br II	0,033 %	0,01 %
J in Chlor	5192,98 Cl II 5161,19 J II	5173,07 Cl II 5161,19 J II	5285,45 Cl II 5161,19 J II	0,01 %	0,005 %
Cl in Brom	4744,33 Br II 4794,50 Cl II	4775,21 Br I 4794,50 Cl II		0,1 %	0,03 %
S in Chlor	5333,75 Cl II 5432,83 S II	5333,75 Cl II 5320,70 S II		0,1 %	0,01 %

Auf Grund der kleinen Substanzmenge (10 bis 20 mg), die zur Aufnahme des Spektrums benötigt wird, und im Hinblick auf die in obiger Tabelle angegebenen niedrigen Grenzkonzentrationen, die bei quantitativen Bestimmungen mit einer Genauigkeit von 5 bis 10% ohne größere Schwierigkeiten zu erreichen sind, dürfte das Verfahren auch für quantitative mikrochemische Arbeiten allgemeinere Beachtung und Anwendung finden.

Zusammenfassung.

Es wird ein Verfahren beschrieben, das eine zuverlässige und rasche qualitative und quantitative Bestimmung kleiner Mengen von Chlor, Brom, Jod, Schwefel und Selen ermöglicht. Die Probe wird im Hochvakuum einer Entladungsröhre unter dem Einfluß eines hochfrequenten elektromagnetischen Feldes zur Anregung gebracht; ihr Spektrum wird photographisch aufgenommen und in üblicher Weise ausgewertet. Der qualitative Nachweis gelingt unter günstigen Bedingungen bis etwa 0,001%. Die quantitative Bestimmung ist bei einer Genauigkeit von 5 bis 10% je nach Art der Untersuchung bis zu einer Grenzkonzentration von 0,1 bis 0,033% möglich.

Summary.

A procedure is described, which permits a reliable and rapid qualitative and quantitative determination of small quantities of Cl, Br, J, S, and Se. The sample is excited in the high vacuum of a discharge tube under the influence of a high frequency electromagnetic field; its spectrum is photographed and evaluated in the usual way. The qualitative detection succeeds, under favorable conditions, down to about 0,001%. The quantitative determination is possible with an accuracy of 5 to 10%, depending on the type of investigation, down to a limiting concentration of 0,1 to 0,033%.

Résumé.

On décrit un procédé sûr et rapide rendant possible l'analyse qualitative et quantitative de petites quantités de chlore, brome, iode, soufre et sélénium. L'échantillon est amené dans le vide poussé d'une lampe à décharge pour l'excitation sous l'action d'un champ électromagnétique de haute fréquence; son spectre est photographié et utilisé comme d'habitude. L'essai qualitatif marche dans des conditions favorables jusqu'à environ 0,001%. L'analyse quantitative est possible avec une précision de 5 à 10%, variable suivant la nature de la recherche jusqu'à une limite de dilution de 0,1 à 0,033%.

Diskussion.

H. Prof. *K. Dworzak* (Karlsruhe, Deutschland): Wie hoch belaufen sich die Kosten der für das Verfahren erforderlichen Zusatzapparaturen?

H. Prof. *A. Gatterer:* Der nötige Kostenaufwand hält sich in bescheidenen Grenzen.

H. *H. Sachse* (Heidenheim-Mergelstetten, Deutschland): Haben Sie Erfahrungen, ob es mit Ihrer Methode möglich ist, kleinste Mengen von

Halogenen, Schwefel oder Selen in Metallen zu bestimmen, was für viele wissenschaftliche und technische Probleme von Interesse wäre? — Wie hoch ist die Schiffchentemperatur bei höchster Aussteuerung?

H. Prof. *A. Gatterer:* Unmittelbare Erfahrungen hierüber bestehen zwar nicht, aber nach den bisherigen Ergebnissen mit Meteoreisen sollte es grundsätzlich möglich sein, auch andere Metalle zu untersuchen. — Die Schiffchen erreichen helle Rotglut.

H. *F. X. Mayer* (Wien, Österreich): Wir wenden das vom Vortragenden angeführte Verfahren auf das UV-Gebiet an. Für die Halogene Chlor, Brom und Jod erhalten wir die gleiche Nachweisempfindlichkeit wie im Lichtbogen. Fluor läßt sich im UV nicht nachweisen. Ausgezeichnet bewährt sich die Methode zum Nachweis von Arsen. Die Genauigkeit des Nachweises reicht bis zu 0,01%.

Literatur.

[1] *A. Gatterer,* Ricerche Spettroscopiche **1,** 201 (1946).

[2] *A. Gatterer,* Spectrochim. Acta **3,** 214 (1948).

[3] *K. Pfeilsticker,* Z. Metallkunde **33,** 267 (1941).

[4] *J. R. McNally, G. R. Harrison,* and *E. Rowe,* J. Opt. Soc. Amer. **37,** 93 (1947).

[5] *E. Bloch* et *G. Bloch,* Ann. physique **7,** 205 (1927) u. **8,** 397 (1927).

[6] *A. Gatterer* und *J. Junkes,* Atlas der Restlinien, 3. Bd., Specola Vaticana, Città del Vaticano, 1949.

Aus dem Institut für biochemische Technologie und Lebensmittelchemie
der Technischen Hochschule Graz.

Beitrag zu den mikrochemischen Anreicherungsverfahren in der Spektralanalyse.

Von

G. Gorbach und **F. Pohl.**

(Eingelangt am 18. Juli 1950.)

Die Anforderungen, die sich bei der Bestimmung von Metallspuren an die Empfindlichkeit einer Methode ergeben, werden von der Emissions-Spektralanalyse in gewissen Fällen nicht erfüllt. Im besonderen erhebt sich aus der Forderung nach der quantitativen Bestimmung von kleinsten Schwermetallspuren neben großen Mengen von Fremdionen in Wässern und biologischen Substanzen die Frage der Anreicherungsmöglichkeit als ein dringendes Problem, seit die biochemische und physiologische Forschung die Lebenswichtigkeit minimalster Mengen von Schwermetallen — Spurenmetalle genannt — beweisen konnte[1].

Verschiedenartige Anreicherungsverfahren sind seit vielen Jahren bekannt und gebräuchlich, jedoch haben sich jene Anreicherungsmethoden, welche sich der klassischen Gruppenreagenzien in gasförmiger oder gelöster Form bedienen, nicht als befriedigend erwiesen.

Neben der Gefahr der Einschleppung von Verunreinigungen treten bei der Fällung und Trennung großer Mengen von kleinen Spuren der Nebenbestandteile Verluste durch Okklusion, Adsorption und Mischkristallbildung auf. Selbst bei der Fällung der Alkalien mit Chlorwasserstoffgas wird ein Teil der Spuren in die Fällung mitgerissen. Ferner wird die Abscheidung der Spurenmetalle mit Schwefelwasserstoff in manchen Fällen durch Anwesenheit eines großen Überschusses von Fremdionen vereitelt[2].

Eine Trennung der Schwermetallspuren von Eisen ist auf diesem Wege nicht durchführbar. Bei Verwendung von Spektrographen mittlerer und kleiner Dispersion kann aber wegen großen Linienreichtums des Ultraviolettspektrums von Eisen auf dessen Abtrennung nicht verzichtet werden.

Auf elektrochemischem Wege kann die Anreicherung ohne Gefahr einer Verunreinigung häufig erfolgen. So ermöglichen die Methoden von *Sannie* und *Poremski*[3], *Urbain*[4], *Cruse* und *Schubert*[5] die quantitative Bestimmung einzelner Schwermetalle. Es ergeben sich jedoch Schwierigkeiten einerseits bei Einbringen eines Leitelementes als Bezugsquelle beim Ausphotometrieren der Linienintensitäten und anderseits bei der aufeinanderfolgenden Abscheidung einer Reihe von Metallen. Die Verwendung von Linien der Abscheidungselektrode für Eichzwecke ist nicht möglich.

Die Anwendung verschiedener organischer Reagenzien in der analytischen Chemie eröffnete neue Möglichkeiten für die Anreicherung in der Spektralanalyse und es finden sich besonders in jüngerer Zeit in der Literatur mehrere Arbeiten dieser Richtung. Einer der ersten war *Rohner*[6], welcher bei der spektralanalytischen Bestimmung von Quecksilber in Pyrit eine Ausschüttelungsreaktion zur Anreicherung heranzog. *Mitchell* und *Scott*[7] fällen Spurenmetalle mit einem Gemisch von o-Oxychinolin, Tannin und Thionalid. *Sempels*[8] verwendet Natriumdiäthyldithiocarbamat zur Anreicherung von Nickel, Kobalt und Zink, während *Piper* und *Beckwith*[9] Kupfer und Molybdän mit Cupferron fällen und die gebildeten Innerkomplexsalze mit Chloroform ausschütteln.

Die hier genannten organischen Reagenzien — Tannin ausgenommen — sowie zahlreiche andere bilden Innerkomplexverbindungen mit einer Reihe von Metallen und sind keinesfalls spezifisch, sondern in verschiedenem Ausmaße selektiv. Die vielfach geringe Selektivität dieser Reagenzien wird allgemein bei der üblichen Anwendung in der Gravimetrie nachteilig empfunden. Erst durch Wahl eines geeigneten p_H-Wertes sowie durch Verwendung von Maskierungsmitteln gelingt es, Trennungsmöglichkeiten zu schaffen. Im Bereiche unserer Bestrebungen, eine möglichst große Zahl von Spurenmetallen mit einem einzigen Reagens anzureichern, ist diese geringe Selektivität von Vorteil.

Bei der Fällung mit einem dieser organischen Reagenzien bleibt neben der ausgefällten Innerkomplexverbindung ein der Grenzkonzentration entsprechender Anteil in Lösung. Es ist nun ein hervorstechendes Merkmal der meisten dieser Verbindungen, in wäßriger Lösung nur in sehr geringem Maße zu dissoziieren[10]. Diese Eigenschaft gestattet in Verbindung mit der ausgeprägten Löslichkeit der Innerkomplexsalze in organischen Solvenzien, auch noch solche Mengen zu extrahieren, die unterhalb der fällungsanalytischen Grenzkonzentration liegen. Während man bei der Anreicherung mit diesen Reagenzien als Fällungsmittel an deren Fällungsempfindlichkeit gebunden ist, gelingt es bei der Ausschüttelung mit den gleichen Reagenzien, die Empfindlichkeit um mehrere Zehnerpotenzen zu steigern.

Wir haben eine Reihe organischer Reagenzien, welche Innerkomplexsalze bilden, auf ihre Brauchbarkeit zur Spurenextraktion untersucht. Von den Ergebnissen seien, um die Größenordnung der ermittelten Werte zu zeigen, einige Zahlen angeführt.

Tabelle 1 zeigt eine Gegenüberstellung der Fällungsempfindlichkeit[11] zur Ausschüttelungsempfindlichkeit einiger Metalloxinate.

Tabelle 1.

Element	Fällungs-empfindlichkeit	Ausschüttelungs-empfindlichkeit	Steigerung
Kupfer	$10^{-5,79}$	$10^{-9,70}$	7 950fach
Eisen-(III)	$10^{-5,94}$	$10^{-9,70}$	5 760fach
Mangan-(II)..............	$10^{-5,70}$	$10^{-9,70}$	.10 000fach
Vanadium-(V)	$10^{-5,78}$	$10^{-9,00}$	1 660fach

Die hier genannten Werte für die Ausschüttelungsempfindlichkeit stellen keine Grenzwerte dar, sondern sind durch die Versuchsbedingungen gegeben. Daß auch noch höhere Empfindlichkeit erzielt werden kann, zeigt eine Angabe von *Baudisch*[12], nach welcher die Extraktion von $0,05\,\gamma$ Cobalt/l aus Meerwasser mit o-Nitrosophenolverbindungen gelang. Die Umrechnung dieser Zahl ergibt eine Empfindlichkeit von $10^{-10,30}$.

Zur Ermittlung der in Tabelle 1 angeführten Werte wurden die entsprechenden Metallmengen (0,2 bzw. $1\,\gamma$/l) in 1 l spurenreinem dest. Wasser gelöst und mit 1 ml o-Oxychinolinlösung ($3^0/_0$ig in n-Essigsäure) bei p_H 6 etwa 3 Min. im Schütteltrichter geschüttelt. Hierauf wurde fünfmal mit je 10 ml Chloroform 30 Sek. lang ausgeschüttelt. Die vereinigten Extrakte wurden ebenso wie die wäßrige Lösung zur Trockne verdampft, mit 0,1 ml 6 n-HCl aufgenommen und nach Überführung auf Spektralkohlen abgefunkt. Das Spektrogramm der wäßrigen Phase enthielt keine Linien der entsprechenden Metalle. Das Spektrogramm der Chloroformphase zeigte deren empfindlichste Linien in gut nachweisbarer Intensität.

Unter den organischen Lösungsmitteln scheint Chloroform einen besonderen Platz einzunehmen. Sein Lösungsvermögen für Innerkomplexsalze ist sehr hoch. Die Erforschung des Verhaltens von Innerkomplexsalzen zu Chloroform ließ eine Regelmäßigkeit erkennen, welche nach *Feigl*[13] der Eigenschaft gewisser Gruppen zugeschrieben werden kann. Freie saure oder basische Gruppen im Molekül eines Innerkomplexsalzes beeinträchtigen die Löslichkeit, so daß Spurenmetalle, deren Innerkomplexsalze solche Gruppen enthalten, der extraktiven Anreicherung entgehen.

Die Zahl der für die Extraktion geeigneten Reagenzien ist groß und die Möglichkeiten zur Schaffung weiterer sind mannigfaltig. Soweit es sich um bekanntere Reagenzien handelt, seien Cupferron (Nitrosophenylhydroxylamin), Isonitrosoacetophenon, Cupron (α-Benzoinoxim), Diäthyldithion (Natriumdiäthyldithiocarbamat), Dithizon, (Diphenylthiocarbazon), α-Nitroso-β-Naphtol, Oxin (o-Oxychinolin), Salicylaldoxim und Thionalid (Thioglykolsäure-β-aminonaphthalid) genannt.

Wir haben nach mannigfachen Versuchen mit den genannten Reagenzien für die Ausarbeitung eines generellen, extraktiven Anreicherungsverfahrens Dithizon und Oxin gewählt. Bei der Ausschüttelung mit Dithizon in Chloroform ist das Fortschreiten der Extraktion dank der intensiven Färbung der Metalldithizonate in Chloroform visuell gut zu verfolgen. Oxin ist von den angeführten Reagenzien am wenigsten selektiv und reagiert bei p_H 6 in acetathaltiger Lösung mit 43 Elementen, deren Oxinate fast sämtlich in Chloroform leicht löslich sind.

Tabelle 2.

Element	Farbe	CHCl$_3$	Element	Farbe	CHCl$_3$
Ag	gelb	nl.	Nb (Cb)	zitronengelb	nl.
Al	grüngelb	l.	Ni	gelbgrün	l.
Au	hellbraun	nl.	Pd	orangegelb	l.
Bi	orangegelb	l.	Re	grüngelb	l.
Cd	gelb	l.	Sb	grüngelb	l.
Ce (S. E.)	gelb	l.	Ta	gelb	nl.
Co	fleischfarbig	l.	Th	zitronengelb	l.
Cr	(teilw.) grüngelb	wl.	Ti	orangegelb	l.
Cu	gelbgrün	l.	Tl	zitronengelb	l.
Fe	grünschwarz	l.	U	rotbraun	l.
Ga	lichtgelb	l.	V	violettschwarz	l.
Hg	lichtgelb	l.	W	gelb	nl.
In	lichtgelb	l.	Y	gelb	l.
Mn	gelb	l.	Zn	grüngelb	l.
Mo	gelborange	l.	Zr	hellgelb	l.

l. = löslich; nl. = nicht löslich; wl. = wenig löslich.

Betrachtet man die Löslichkeit der in Tabelle 2 angeführten Oxinate, so zeigt sich, daß nur Ag, Au, Cr, Nb, Ta und W nicht extrahierbar sind. Schüttelt man nacheinander mit Dithizon und Oxin aus, so gelingt die Anreicherung von mehr als 40 Spurenelementen neben größeren Mengen von Alkalien und Erdalkalien. Sind gleichzeitig auch relativ große Mengen Eisen vorhanden, so kann die spektralanalytische Bestimmung durch Koinzidenzen gestört sein, wobei das Eisen zum geringeren Teil in den Dithizonextrakten zum größeren im Oxinextrakt aufscheint. Dreiwertiges Eisen geht mit Dithizon keine Verbindung ein, jedoch wird dieses in alkalischem Medium von Eisen(III) oxydiert, und die dabei entstehenden Eisen(II)-ionen, die ein Dithizonat bilden, werden nunmehr extrahiert. Die Entfernung von Eisen erscheint daher vor der Extraktion mit Dithizon wünschenswert und ist vor der Ausschüttelung der Oxinate unbedingt vorzunehmen, wenn kein Spektrograph großer Dispersion zur Verfügung steht.

Zur Lösung dieses Problems haben wir Versuche mit verschiedenen bekannten Eisenabscheidungsmethoden durchgeführt.

Moeller[14] hat für die Abtrennung von Eisen vorgeschlagen, dieses bei niedrigem p_H mit Oxin und Chloroform zu extrahieren. Wir fanden, daß unter diesen Bedingungen von den nach einer Dithizonextraktion in der wäßrigen Phase eventuell vorhandenen Spurenmetallen Ga, Mo, Ti, V, Zr ganz oder teilweise mitausgeschüttelt werden.

Die zuweilen empfohlene Extraktion von Eisen(III)-chlorid mit Äthyl-[15] oder Isopropyläther[16] erfordert eine hohe Salzsäurekonzentration der Lösung (6 n bzw. 7,5 n), um die elektrolytische Dissoziation des Eisenchlorides möglichst weit zurückzudrängen. Die Entfernung dieser Säuremengen im Trennungsgang ist umständlich. Außerdem gehen zugleich mit dem Eisen die Elemente As, Au, Ga, Mo, Sb, Sn und Tl in erheblichen, sowie Cu, Hg und Zn in geringen Mengen in die Ätherphase über.

Beim Acetatverfahren[17] fallen mit dem Eisen die Elemente Al, Cr, Ti, Sn, Nb, Ta, Zr. Um eine spektralreine Trennung von den zweiwertigen Metallen zu erzielen, ist mehrfache Fällung unbedingt nötig.

Bessere Erfolge konnten wir mit dem Ammonium-Benzoat-Verfahren nach *Kolthoff* und Mitarbeitern[18] erzielen. Bei diesem Verfahren fallen zwar mit Eisen, Aluminium und Chrom mehrere andere Elemente aus, doch gelingt meist die Trennung von den zweiwertigen Metallen, Alkalien und Erdalkalien mit einer einzigen Fällung spektralrein.

Aus den hier berichteten sowie weiteren Ergebnissen, von deren einzelner Aufzählung wir Abstand nehmen, läßt sich folgendes Schema zur Anreicherung durch Extraktion mit vorangehender Eisenabscheidung zusammenstellen.

Extraktive Anreicherung der Spurenmetalle.

Die neutrale oder saure Lösung enthält neben den Spurenmetallen größere Mengen von Alkalien, Erdalkalien und Eisen.

1. Abscheidung von Eisen nach dem Benzoat-Verfahren.

Die mineralsaure Lösung wird mit Ammoniumacetat und genügend 10%igem Ammoniumbenzoat versetzt, mit verd. Ammoniumhydroxyd auf p_H 3,8 (Tüpfeln auf Indikatorpapier) gebracht und 2 bis 3 Min. gekocht. Nach kurzem Absitzenlassen wird heiß mit Hilfe eines Filterstäbchens filtriert und mit heißem, je 1% Ammoniumbenzoat und Essigsäure enthaltendem Wasser gewaschen.

Das Filtrat bringt man in einen Schütteltrichter von 600 bis 1000 ml Inhalt für die spätere Dithizonextraktion. Der Rückstand, welcher

Eisen, Aluminium, Chrom, Wismut, Zinn, Titan, Vanadium und Zirkon enthalten kann, wird in wenig Salzsäure unter gelindem Erwärmen gelöst und in einen kleinen Schütteltrichter gespült. Man versetzt nun mit Oxinacetat im Überschuß, tropft verd. Ammoniak bis zur smaragdgrünen Färbung der Lösung (p_H 2) zu und extrahiert mit Chloroform wiederholt, bis dieses nach dem Schütteln keine Färbung mehr aufweist. Die vereinigten Extrakte, welche neben Eisen noch Teile von Titan, Vanadium und Zirkon enthalten, werden nach Abdestillieren von Chloroform in wenig 6 n-Salzsäure gelöst und das Eisen ausgeäthert. Die salzsaure Phase mit den Teilen von Titan, Vanadium und Zirkon wird mit der wäßrigen Phase der Oxinextraktion vereinigt. Wird auf die Bestimmung von Zinn verzichtet, so kann Eisen direkt aus der in 6 n-Salzsäure gelösten Benzoatfällung ausgeäthert werden. In diesem Falle entfällt die Oxinextraktion. Die wäßrige Phase wird zur Trockne eingedampft, die Ammoniumsalze werden abgeraucht. Der Rückstand wird aufbewahrt und später mit den unter 3. erhaltenen Oxinextrakten vereinigt.

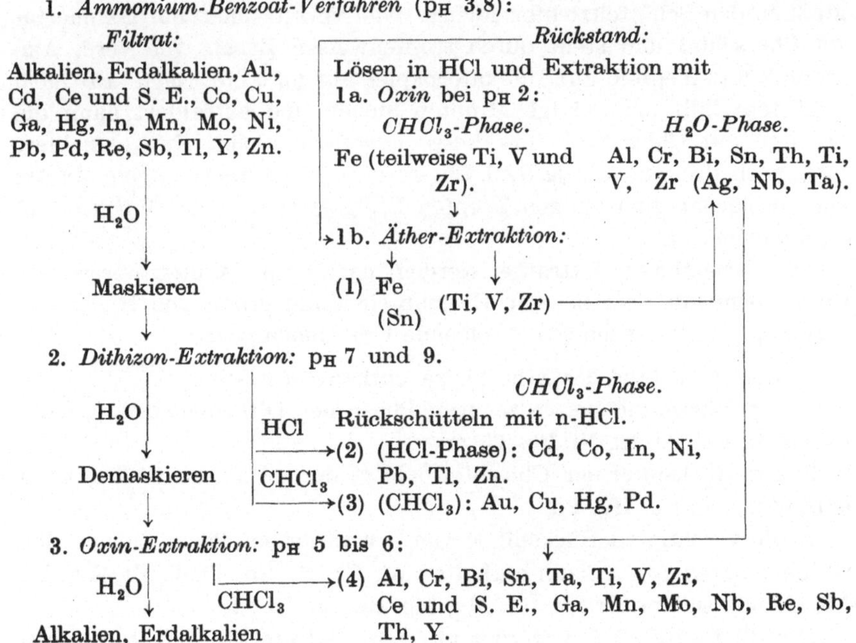

2. Die Extraktion mit Dithizon.

Das Filtrat der Benzoatfällung wird im Schütteltrichter mit Ammoniumtartrat versetzt und mit Ammoniak auf p_H 7 gebracht. Nun extrahiert man in bekannter Weise mit Dithizon (10 mg in 100 ml Chloroform). Nach weiterem Ammoniakzusatz beendet man die Extraktion bei p_H 9. Ist dies geschehen, säuert man mit Salzsäure an und extrahiert das in der wäßrigen Phase gelöste Dithizon mit Chloroform bis zur Farblosigkeit der Chloroformschicht. Die vereinigten Chloroformauszüge werden in einem kleineren Schütteltrichter mit 2 n-Salzsäure rückgeschüttelt. Die salzsaure Phase wird zur Trockne eingedampft und aufbewahrt. Die Chloroformphase wird nach Abdestillieren des Chloroforms mit Bromsalpetersäure abgeraucht.

3. Die Extraktion mit Oxin.

Die bei 2. im Schütteltrichter verbliebene Lösung wird in ein Becherglas abgelassen und nachgespült. Da die Bildung gewisser Oxinate durch die vorhandenen Tartratkomplexe verhindert oder verzögert wird, versetzt man die Lösung mit 3 mg Kupfer(II)-ion (Kupfersulfat) und Wasserstoffperoxyd, kocht etwa 10 Min. lang, wobei die Weinsäure mit Hilfe der Kupfer(II)-ionen katalytisch oxydiert wird. Zum Schluß setzt man etwas Hydrazinsulfat zu, läßt abkühlen und gießt in den Schütteltrichter zurück. Nun versetzt man mit Oxinacetat im Überschuß und stellt durch tropfenweisen Zusatz von verd. Ammoniak und Tüpfeln auf Indikatorpapier auf p_H 5 ein. Nach kräftigem Schütteln läßt man einige Minuten stehen und extrahiert dann die Oxinate mit Chloroform, bis dieses ungefärbt bleibt. Nun extrahiert man noch dreimal mit je 5 ml Chloroform. Nach abermaligem Zusatz von Oxinacetat und einigen Tropfen Essigsäure wird der Vorgang bei p_H 6 wiederholt.

Die vereinigten Extrakte werden nach dem Abdestillieren von Chloroform mit dem bei der Eisenabscheidung erhaltenen Rückstand vereinigt und es liegen somit folgende Fraktionen vor:

1. Der Rückstand der Ätherphase, enthaltend Eisen,

2. der Rückstand der salzsauren Phase der Dithizonextrakte, kann enthalten Cd, Co, In, Ni, Pb, Tl, Zn,

3. der Rückstand der Chloroformphase der Dithizonextrakte, kann enthalten Au, Cu, Hg, Pd,

4. die vereinigten Rückstände von der wäßrigen Phase 1a und den Oxinextrakten von 3, kann enthalten Al, Cr, Bi, Sn, Ti, V, Zr, Ag, Ta, Nb, Ce und seltene Erden, Ga, Mn, Mo, Re, Sb, Th, Y.

Die Rückstände 2, 3, 4 werden mit verd. Salpetersäure aufgenommen und mit Hilfe einer Präzisionsausblaspipette, welche mit einer verstellbaren Saugvorrichtung wie bei dem Kapillarkolorimeter nach *Gorbach*[19] versehen ist, auf ein Volumen von 0,5 bzw. 1 ml gebracht. Man verfährt hierbei derart, daß der in wenigen Tropfen Säure gelöste

Rückstand in die Pipette gesaugt wird. Hierauf wird wiederholt mit einer Mikrospritzflasche nachgespült und aufgesaugt, bis die Pipette zur Marke aufgefüllt ist. Man bläst in Spitzröhrchen aus und fügt mit einer Kapillarpipette oder Mikrobürette nach *Gorbach*[20] 50 bzw. 100 λ Lösung eines Eichelementes zu. Nach Durchmischung wird ein Teil dieser Lösung (20 λ) auf Spektralkohlen eingetrocknet und in bekannter Weise der quantitativen Spektralanalyse unterworfen.

Zusammenfassung.

Die spektralanalytische Bestimmung gewisser Spurenmetalle ist erst nach vorangehender Anreicherung durchführbar. Die hierzu früher verwendeten klassischen Gruppenreagenzien und elektrochemischen Verfahren führen in gewissen Fällen zu keinem befriedigenden Ergebnis. Bedient man sich organischer Reagenzien, die mit Spurenmetallen chloroformlösliche Innerkomplexverbindungen bilden, so kann die Anreicherung mit Hilfe von Ausschüttelung erfolgen, deren Empfindlichkeit der Fällungsempfindlichkeit des gleichen Reagens um mehrere Zehnerpotenzen überlegen ist. Eine größere Zahl organischer Reagenzien ist hierfür geeignet. Ein Anreicherungsgang, bei welchem störende Eisenmengen nach dem Ammoniumbenzoatverfahren sowie Ätherextraktion getrennt und die Spurenmetalle mit Dithizon und Oxin extrahiert werden, wird beschrieben.

Summary.

The spectrum analytical determination of certain trace elements can be accomplished only after accumulation. The classical group reagents and electrochemical process previously used for this do not yield satisfactory results in some cases. If organic reagents, which form chloroform-soluble inner complex compounds with trace elements, are used, the accumulation can be accomplished by extraction, whereby the precipitation sensitivity of the same reagent can be exceeded by several powers of ten. A large number of organic reagents are suitable for such use. An accumulation scheme is described, in which interfering quantities of iron are removed by the ammonium benzoate process and also through ether extraction, and the trace metals are extracted with dithizone and oxine.

Résumé.

Le dosage par analyse spectrale des traces d'éléments, d'une manière sûre, n'est pratiquable qu'après enrichissement préliminaire. Les réactifs de groupe classiques employés jusqu'ici et les procédés électrochimiques conduisent à des résultats non satisfaisants même sur des cas précis. Si l'on se sert de réactifs organiques qui donnent avec les traces métalliques, des complexes internes solubles dans le chloroforme, l'enrichissement par extraction réussit; la sensibilité de la précipitation du même réactif peut être surélevée de plusieurs puissances de dix. Un grand nombre de réactifs organiques sont convenables pour cette opération. On décrit une marche d'enrichissement par laquelle des quantités gênantes de fer sont séparées d'après le procédé au benzoate d'ammonium ou par extraction à l'éther; les traces métalliques sont extraites par la dithizone et l'oxine.

Diskussion.

H. *F. X. Mayer* (Wien, Österreich): Es empfiehlt sich, das geschilderte Verfahren dahingehend auszuarbeiten, daß mit Hilfe des Ausschüttelungsverfahrens Gruppen von Elementen abgetrennt werden, weil dadurch die quantitative Erfassung der Spurenelemente wesentlich erleichtert würde, da dann die Zugabe der Leitelemente entsprechend den einzelnen Gruppen verringert werden kann.

H. *F. Pohl:* Mit dem Dithizon ist die Möglichkeit dieser Arbeitsweise gegeben.

Literatur.

[1] *R. Berg,* Die Spurenelemente in unserer Nahrung und in unserem Körper, J. A. Barth Leipzig, 1940. — *E. L. Smith,* Nature **162,** 144 (1948).

[2] *W. Biltz* und *E. Machis,* Z. anorg. Chem. **64,** 236 (1909).

[3] *C. Sannie* und *V. Poremski,* Bull. soc. chim. France **6,** 1401 (1939).

[4] *P. Urbain,* C. r. acad. sci., Paris **190,** 940 (1930).

[5] *N. Cruse* und *K. Schubert,* Z. analyt. Chem. **105,** 241 (1936).

[6] *F. Rohner,* Helv. Chim. Acta **21,** 28 (1938).

[7] *R. L. Mitchell* und *R. O. Scott,* J. Soc. Chem. Ind. **66,** 330 (1947).

[8] *G. Sempels,* Spectrochim. Acta **3,** 246 (1948).

[9] *C. S. Piper* und *R. S. Beckwith,* J. Soc. Chem. Ind. **67,** 374 (1948).

[10] *P. Pfeiffer,* Organische Molekülverbindungen, F. Enke Stuttgart, 1922.

[11] *R. Berg,* Die analytische Verwendung von Oxin und seiner Derivate. F. Enke Stuttgart, 1938.

[12] *O. Baudisch,* Z. physik. Therap., Bäder- u. Klimaheilkunde **3,** 1 (1950).

[13] *F. Feigl,* Chemistry of spec., select., and sensit. React., Acad. Press. Ing. Publ., New York, 1949, S. 407.

[14] *T. Moeller,* Ind. Engng. Chem., Analyt. Ed. **15,** 346 (1943) über J. F. Flagg, Organic Reagents, Int. Publ. New York, 1948.

[15] *I. M. Kolthoff* und *E. B. Sandell,* Textbook of Quant. Inorganic Analysis New York, 1948.

[16] *R. W. Dodson* und Mitarbeiter, J. Amer. Chem. Soc. **58,** 2573 (1936).

[17] *W. Funk,* Z. analyt. Chem. **45,** 181 (1906).

[18] *I. M. Kolthoff, V. A. Stenger* und *B. Moskowitz,* J. Amer. Chem. Soc. **56,** 812 (1934).

[19] *G. Gorbach,* Mikrochemisches Praktikum, im Druck.

[20] *G. Gorbach,* Chem. Fabrik **14,** 390 (1941).

Laboratoires de Chimie Analytique de la Faculté des Sciences de Madrid
(Section de Spectroanalyse) et du Conseil Supérieur de Recherche Scientifique.

Méthodes de concentration préalable dans la détermination spectrochimique d'éléments à l'état de trace.

Par

F. Burriel-Martí et **J. Ramirez-Muñoz.**

Avec 4 figures.

(Reçu le 18 juillet 1950.)

Depuis quelques années, on observe un intérêt constant de la part des analystes pour l'obtention de techniques spéciales en vue de la détermination quantitative d'éléments métalliques en concentrations très petites, contenus dans des échantillons provenant de matériaux biologiques d'origine végétale ou animale et dans des échantillons provenant des sols de culture, de roches, d'engrais, etc., ainsi que pour la détermination des impuretés ou des quantités minimes d'éléments dans les alliages, produits chimiques et autres matières diverses.

Quelle que soit la façon de déterminer des éléments métalliques en concentrations si petites, les méthodes ordinaires d'analyse ne sont plus utilisables; elles sont limitées, dans leur majorité, par leur propre sensibilité, et, dans le meilleur des cas, même quand elles sont suffisamment sensibles, elles se voient limitées également par la précision que l'on peut atteindre dans les intervalles de concentration dans lesquels ce type de déterminations reste observable.

Ces concentrations auxquelles nous faisons allusion peuvent être considérées comme incluses dans la définition des *traces*, en tenant compte qu'une *trace* est une quantité d'élément présent dans l'échantillon et qui est très au-dessous des limites de la détermination quantitative ordinaire, vu que, pour des quantités d'un échantillon pris pour une analyse complète, l'ordre de concentration est de 0,02%, ou, tout au plus, de 0,01%.

Il ressort de cela qu'il y a intérêt à chercher, dans la majorité des cas, des méthodes micro-analytiques d'une sensibilité maximum.

La technique analytique, qu'on doit adopter pour les déterminations, est intimement connexe de la nature de l'élément recherché, de la nature de l'échantillon qui le renferme ainsi que de la précision qu'on veut atteindre.

Ces dernières années, la détermination des traces d'éléments fut aidée par le développement de méthodes physiques qui permettent d'atteindre la sensibilité suffisante.

Trois appareils procurent principalement au chercheur les moyens appropriés pour cette classe de déterminations: le colorimètre (remplacé dans la majorité des cas par l'absorptiomètre), le polarographe et le spectrographe.

Selon *Mitchell*[1], quand il ne s'agit que de rechercher un élément dans une série d'échantillons tels que le cuivre, le cobalt ou le manganèse, il est probable qu'on choisira entre la colorimétrie, la spectrographie ou une autre technique; mais si l'on désire obtenir des résultats pour divers éléments présents simultanément dans les échantillons, c'est sans doute la technique spectrographique qui sera la plus appropriée.

En réalité, on ne peut pas parler en faveur d'une méthode particulière, comme le dit *Stiles*[2], pour cette sorte de déterminations, vu qu'il faut choisir parmi elles et que, dans chaque cas, il faut rechercher la technique la plus appropriée pour la recherche qui intéresse.

Les méthodes colorimétriques sont indiquées pour la détermination d'un élément isolé et exigent, en règle générale, un échantillon relativement important.

Le polarographe, dont les applications aux déterminations de traces d'éléments sont énumérées, pour la plupart des cas, dans l'ouvrage de *Kolthoff* et *Lingane*[3], est appelé à être une des méthodes les plus riches dans ces micro-déterminations.

La méthode spectrographique a l'avantage sur les autres techniques de pouvoir réaliser en même temps la recherche simultanée de nombreux éléments si l'on contrôle les conditions de l'opération, les interférences étant de peu d'importance ou du moins ayant une influence moindre.

Une analyse spectrographique peut tendre à déterminer conjointement tous les éléments présents macro- et micro-constituants, ainsi qu'à déterminer séparément les macro- ou micro-constituants.

Mais la grande abondance des macro-constituants par rapport aux traces d'éléments ou aux impuretés, empêche, dans de nombreux cas, que ces éléments arrivent à des concentrations telles que leurs raies spectrales aient l'intensité nécessaire pour leur détermination quantitative. Beaucoup des traces d'éléments ou des impuretés ne peuvent être déterminées qu'après avoir subi une *concentration préalable*.

Dans nos laboratoires, nous suivons principalement la technique spectrographique, et, précédée très souvent par les méthodes de concentration préalable.

Méthodes de concentration dans l'analyse spectrale.

Introduction.

A partir du moment où chaque métal constitue un problème distinct dans le spectrographe, il ne peut être établi de procédé général d'analyse; par conséquent, puisque chaque élément ou groupe restreint d'éléments exige une méthode particulière, il n'est pas possible, en de nombreux cas, d'arriver à la détermination simultanée de divers métaux ou moyen d'un spectrogramme unique.

Ces difficultés de séparation surviennent quand il s'agit de doser des éléments en concentrations très petites, surtout quand il s'agit de matériaux de composition complexe et très variable ainsi que de traces si petites qu'il n'est pas possible de les doser par une recherche spectrographique directe.

Dans ces cas-là, l'étroite *collaboration des méthodes chimiques avec la technique spectrographique* est très nécessaire; on obtient ainsi, par voie chimique, une préparation préalable des échantillons à analyser, ce qui permet d'avoir une concentration nécessaire et appropriée des éléments à étudier. Dans l'analyse des traces ou des impuretés, ce procédé favorise la sensibilité du spectrographe en augmentant la précision de la méthode.

Il faut faire attention à augmenter non seulement la *sensibilité* mais aussi, en de nombreux cas, la *précision*; on arrive à accroître ces deux conditions grâce aux méthodes préalables de la *concentration chimique dans l'analyse spectrale.*

Une concentration avant l'analyse spectrale est utile pratiquement dans les travaux avec des matériaux biologiques tels que des extraits de corps végétaux, d'organes animaux et des substances similaires; c'est seulement en suivant les méthodes de concentration préalable que le spectrographe peut donner son rendement maximum. Cela veut dire que l'analyse commence par voie chimique et que le travail est complété par l'intervention du spectrographe; ce dernier, dans les mains de l'analyste, n'est pas autre chose qu'un instrument plus sensible que la micro-balance qu'il utilise ordinairement, car il lui permet de «peser» une *trace* ou une impureté d'un élément d'une *manière sélective*, c'est-à-dire en présence d'autres éléments qui peuvent être plus abondants que l'élément recherché.

Par ailleurs, l'existence de certains éléments trouble la détermination des traces d'autres éléments ainsi que cela arrive si l'on veut déterminer de petites quantités de bismuth en présence de grandes concentrations. de fer, vu que les raies Fe 3067,2 et Fe 3068,2 masquent la raie Bi 3067,7 comme l'affirme *Cholak* dans ses ouvrages[4]; cela arrive également avec les raies Zn 3302 et Zn 3345 qui sont appropriées pour la recherche du zinc dans un intervalle approximativement de 0,001% et qui sont masquées par les raies du sodium et du calcium comme le signale également *Cholak*[5].

De tout cela il résulte qu'en employant la méthode de concentration, destinée à obtenir conjointement une récupération totale des éléments qui se déterminent dans le précipité ou le concentré, il faut éliminer au maximum les constituants prédominants ou macro-constituants qui peuvent troubler et qui agissent comme diluants des autres.

En même temps, l'usage d'une méthode de concentration apporte avec lui l'avantage d'«amortir» ou d'éviter les effets de la variation de composition qui existe entre les échantillons et les étalons qui servent de comparaison, et permet l'introduction d'un étalon interne dans les mêmes conditions.

Cette méthode n'a pas cependant que des avantages, car elle comporte les inconvénients d'augmenter le temps de préparation de l'échantillon, d'exiger un matériel spécial, et d'avoir, en plus, des possibilités de contamination qui peuvent se produire pendant le processus chimique. Cependant si l'on choisit soigneusement les réactifs et si on les purifie convenablement, ces effets peuvent se réduire à des proportions insignifiantes dans la majorité des éléments.

Les méthodes de concentration selon *Mitchell*[1] peuvent être considérées selon deux grandes catégories bien différenciées. En premier lieu, celles qui ne sont pas spécifiques et dont le but est de concentrer tous les constituants dans la mesure du possible en éliminant les macroconstituants qui ne sont pas nécessaires; en second lieu, les méthodes qui se réfèrent à un ou à quelques éléments que l'on veut déterminer.

Pour cette dernière méthode, on peut appliquer les procédés de séparation chimique; mais pour la première méthode, le problème est différent du procédé général qui suite. la chimie analytique et c'est précisément cette méthode que l'on préfère quand on étudie la détermination des traces d'éléments dans les travaux biologiques.

C'est ainsi que les méthodes de concentration proposées par *R. O. Scott* et *R. L. Mitchell*[6] permettent les récupérations de cobalt, nickel et molybdène aux environs de 0,001 mg et de cuivre et de zinc aux environs de 0,4 mg. Si l'on tient compte que le contenu, par exemple, de cobalt dans les plantes peut atteindre jusqu'à 0,02 p. p. m. dans du produit sec et 0,4 p. p. m. dans les cendres, on peut arriver avec leurs méthodes à une concentration de quelque 500 fois.

Ce cas que nous citons comme exemple nous démontre qu'on peut élever la sensibilité de la méthode «en augmentant relativement» par concentration un faible contenu d'éléments; on obtient de l'échantillon primitif dans lequel il est «dilué», un *sous-échantillon* ou *concentré* dans lequel l'élément ou les éléments se rencontrent proportionnellement dans une concentration plus grande; en examinant un échantillon ainsi enrichi, les éléments y sont dans un intervalle adéquat qui permet leur inclusion dans les limites de l'analyse spectrale.

Diverses techniques de concentration préalable.

Les techniques utilisées pour une concentration préalable dans l'analyse spectrale sont nombreuses et essentiellement très variées, mais, d'une manière générale, on peut les diviser en quatre grands groupes:

a) Séparation et concentration par des réactifs inorganiques.

b) Méthodes électrolytiques.

c) Emploi de réactifs organiques et

d) Autres méthodes diverses.

Divers travaux et des revues modernes spécialisées (dont nous citons quelques-unes dans notre bibliographie) contiennent des citations d'études sur ce thème très important; dans la communication technique n° 44 des *R. L. Mitchell*, publiée par le «Commonwealth Bureau of Soil Science», on peut trouver une liste détaillée, avec une profusion de citations bibliographiques, des diverses techniques de concentration qui ont été utilisées par les chercheurs; parmi elles, se détachent, chez les réactifs inorganiques, ceux qu'on appelle réactifs de groupe ainsi que les procédés d'entraînement et de coprécipitation. La précipitation par des réactifs inorganiques est limitée par la valeur du produit de solubilité des précipités; le pouvoir de récupération augmente quand on y associe les procédés d'entraînement, de coprécipitation et d'absorption, et spécialement quand on atteint les limites proches de la marge que comprend tel produit de solubilité. C'est ainsi que, par exemple, certains chercheurs utilisent des réactifs de séparation de groupes chimiques pour isoler des éléments déterminés en particulier; entre autres, on a employé dans ce but l'hydrogène sulfuré, le sulfure d'ammonium, etc.

Le dépôt électrolytique des métaux comme méthode de concentration préalable a été employé abondamment bien que les cas soient rares chez lesquels on a rencontré des données quantitatives appropriées. En général, on choisit des électrodes d'espèces déterminées pour obtenir le dépôt sur elles des éléments à concentrer; postérieurement, on soumet ces dites électrodes à l'étincelle ou à l'arc, souvent intermittent.

Réactifs organiques.

Les références rencontrées au sujet de l'emploi de réactifs organiques comme moyen de concentration sont rares: *Baudisch*[7] et *Strock* et *Drexler*[8] utilisent le cupferron. *Rohner*[9] propose la dithizone.

Hubbard[10] fait des extractions avec di-β-naphtyl-thiocarbazine. *Cholak* et *Hubbard*[11] utilisent pour les procédés de concentration la dithizone pour le cadmium, mettant quelques gouttes de la solution sur les électrodes qui doivent être soumises à un arc fonctionnant en courant alternatif à haut voltage.

Fischer, Spiers et *Lisan*[12] emploient l'α-benzoïnoxime et *Wilson* et *Fieldes*[13] récupèrent le titane et le tungstène avec l'acide tannique, avec l'antipyrine et la cinchonine en solution acide.

Scott et *Mitchell*[6] propose la 8-hydroxyquinoléine, *Mitchell* et *Scott*[14] l'usage de réactifs mélangés: 8-hydroxyquinoléine + thionalide; 8-hydroxyquincléine + cupferron et 8-hydroxyquinoléine + acide tannique + thionalide, et récemment ces deux auteurs[15] ont fait également mention de l'usage de l'acide anthranilique de l'α-nitroso-β-naphtol et de l'acide quinaldique.

Autres procédés.

On a également proposé des méthodes de concentration par sublimation, concentration pyroélectrique par volatilisation différentielle, procédés d'absorption sur des résines plastiques actives, etc. etc.

Avantages de l'emploi de réactifs organiques.

L'emploi des réactifs organiques a été revalorisé par les méthodes modernes de concentration déjà indiquées; il ouvre, de plus, un nouveau champ très intéressant d'application scientifique et technique pour les méthodes d'analyses spectrographiques.

En relisant les divers travaux déjà cités, on aperçoit nettement les deux tendances qui sont employées dans l'utilisation des réactifs organiques pour la concentration préalable dans l'analyse spectrale: sélectionner un élément à l'exclusion de tous les autres ou sélectionner un groupe de micro-constituants parmi les macro-constituants qui les accompagnent.

L'emploi des réactifs organiques offre des particularités distinctives et de grands avantages que nous allons énumérer maintenant:

1° Les procédés qu'on utilise dans leur emploi sont complètement adaptès aux méthodes «par voie humide».

2° Quelques-uns sont *spécifiques* en permettant la séparation d'une seule substance ou d'un seul ion.

3° D'autres sont sélectifs de groupe, en permettant d'obtenir la séparation d'un ensemble d'éléments intéressants dans des conditions déterminées.

4° Ils produisent dans leur majorité avec les métaux des précipités qui sont, à leur tour, très peu solubles dans l'eau, mais beaucoup d'entre eux sont solubles dans des dissolvants non polaires, ce qui donne lieu à de nouvelles séparations.

5° En règle générale, les précipités sont très stables et faciles à séparer par filtration.

6° Les précipités obtenus, vu le grand volume moléculaire des composés ainsi formés, sont volumineux et abaissent la possibilité des pertes dans le maniement et le traitement de ceux-ci.

7° De petites quantités d'éléments à grandes dilutions peuvent se précipiter.

8° Ils permettent de coprécipiter dans les mêmes conditions d'autres éléments qui peuvent servir d'étalons internes.

9° Un réactif organique non spécifique peut devenir spécifique par la variation du p_H dans le milieu de la précipitation.

Tel qu'il ressort des conditions que nous avons signalées parmi d'autres, l'emploi des réactifs organiques comme agent de précipitation remplit la majorité des conditions nécessaires pour la concentration préalable des traces d'éléments pour leur examen postérieur et leur détermination spectrographique.

C'est pour cela que la majorité des travaux publiés dans la littérature récente ayant pour objet ces méthodes d'analyse, inclinent vers l'usage des réactifs organiques; pour la même raison, dans beaucoup de nos dosages, nous avons également préféré leur emploi dans la spectroanalyse, profitant des avantages qu'ils offrent pour les déterminations des traces d'éléments dans les substances biologiques ou dans des alliages déterminés, ainsi que dans les réactifs analytiques pour l'étude de leur pureté et de leur normalisation.

Analyse spectrale du bismuth en alliages par les méthodes de concentration préalable.

Connaissant la sélectivité de réactifs organiques pour précipiter certains métaux dans des conditions déterminées de p_H, nous avons étudié la séparation et la concentration de petites quantités de bismuth dans des alliages contenant du plomb au moyen du cupferron, à partir des solutions qui résultent de la dissolution des échantillons d'alliage. Les solutions standards se préparent par la dissolution de quantités pesées de métal pur ou du composé purifié qui le contient.

La détermination spectrographique quantitative des alliages bismuth-plomb, entre autres, a été étudiée dans nos laboratoires[16] à partir des propres alliages ou des sels correspondants, en considérant le plomb comme étalon interne dans les déterminations car il est le constituant de plus grand pourcentage; son contenu étant proche du 100%, on peut le considérer pratiquement comme constant ce qui justifie son emploi comme étalon interne non variable.

Dans des alliages ternaires ou renfermant plus de composés, un examen direct de l'échantillon, vu la diversité des éléments qu'il contient, donne lieu à des spectrogrammes très riches en raies. Dans ce cas, les perturbations dues à la proximité des raies spectrales sont fréquentes ainsi que les influences occasionnées par les autres éléments sur les intensités relatives des lignes des éléments qu'on étudie.

Un élément, une fois isolé et concentré, peut se déterminer spectrographiquement en diminuant ces causes possibles d'erreur, particulièrement quand on opère sur de très petites concentrations.

Le cupferron, selon *Pinkus* et *Dernies*[17], peut précipiter le bismuth en solution acide, tandis que les autres éléments qui peuvent accompagner le bismuth dans ses alliages, comme cela arrive avec le plomb et le cadmium, sont précipités aussi par le cupferron, mais en solution neutre.

Nous avons étudié la récupération et la concentration du bismuth dans ses alliages au moyen du cupferron pour arriver à une séparation sélective de cet élément en surveillant les conditions de p_H (de 0,5 à 1,5), pour arriver à sa détermination spectrale; nous avons fait secondairement une détermination également spectrographique du plomb, en tant qu'élément variable de ces alliages.

Nous recherchons le cas dans lequel tous les constituants de l'alliage sont variables, en ne pouvant considérer aucun d'entre eux comme élément *macro*-invariable pour pouvoir l'utiliser comme étalon interne. Nous posons le problème pour des échantillons de 100 mg ou moins d'alliage dans lequel les teneurs en bismuth varient de 10 à 1% (0,01 à 0,001 g) et sur lesquels un essai par voie chimique serait difficile à réaliser, et en général donnerait des erreurs supérieures à celles que l'on peut rencontrer par voie spectrale. Nous opérons donc dans le cas où l'application de la méthode spectrale est plus appropriée pour la détermination de petites quantités d'éléments.

Nous préparons les échantillons pour leur analyse sous forme «saline» en ajoutant l'étalon interne dans les proportions allant de 10 : 1 jusqu'à 100 : 1.

Si l'on opère avec l'échantillon tout entier sans vérifier la séparation des composants, et si l'étalon interne s'ajoute dans des proportions telles qu'il agisse comme tampon, l'élément d'analyse demeurerait extrêmement dilué.

En isolant le bismuth par précipitation celui-ci reste dans notre cas dans l'échantillon préparé dans une proportion 10 fois plus concentrée que si l'on opérait avec tout l'échantillon primitif. On est arrivé en même temps à séparer le bismuth des autres constituants dont les raies peuvent perturber les raies d'analyse. Les interférences causées par la proximité des raies sont encore plus notables dans les spectrogrammes obtenus avec les spectrographes à dispersion moyenne comme celui que nous utilisons dans ces premiers essais.

Choix des conditions les meilleures.

Nous déterminons par la méthode chimique la courbe de récupération du bismuth au moyen du cupferron selon des valeurs différentes du p_H;

nous rencontrons des récupérations pratiquement totales pour des p_H supérieurs à 0,5.

Postérieurement, nous avons réalisé des épreuves préalables de précipitation avec des p_H différents au moyen du cupferron, en solution aqueuse à 6%, dans des témoins, contenant du bismuth, du plomb et du cadmium et en variant leurs proportions relatives, le mode opératoire, etc. En précipitant dans un milieu acide de p_H supérieur à 1,5, nous arrivons à des échantillons, à partir des précipités de bismuth, qui se rencontrent non purifiés pour les autres métaux.

Les courbes de précipitation des ions métalliques par des réactifs organiques, en fonction du p_H, ont, en général, des branches ascendantes plus ou moins prononcées, orientées vers la partie acide de l'échelle du p_H. Quelquefois ces courbes se superposent pour un certain intervalle et les éléments accompagnants apparaissent en plus ou moins grande proportion, joints à l'élément qui précipite sélectivement, selon le point de départ de ces dites courbes et leurs positions respectives.

Nous signalons comme étant la meilleure, pour la précipitation sélective du bismuth, spécialement en présence du plomb et du cadmium, la zone p_H 0,5—1,5, dans laquelle la récupération de celui-ci est proche du 100% et la précipitation des autres éléments n'intervient pas. Dans les cas extrêmes dans lesquels, joints au bismuth, le plomb et d'autres éléments apparaissent, par suite d'un défaut dû au procédé préparatoire, on pourrait faire les déterminations de ces impuretés à partir du moment où l'on emploie le même étalon interne dans les deux fractions.

La récupération du bismuth dans la zone du p_H 0,5—1,5 a été vérifiée spectralement en utilisant le fer comme étalon interne dans des conditions que nous avons étudiées préalablement; nous avons précipité ensemble le fer et le bismuth et fait une correction colorimétrique des teneurs en fer des échantillons pour éviter les erreurs dues à des défauts de précipitation. Le fer dans ce cas a été employé comme étalon interne variable.

Le bismuth précipité par le cupferron dans les conditions fixées de p_H est passé sous la forme saline, type sulfate, en ajoutant pendant le processus l'étalon interne zinc (de 50 à 100 mg), et l'on compare l'échantillon obtenu avec des étalons synthétiques convenablement préparés. Le plomb accompagné du cadmium ou d'autres métaux non précipités par le cupferron a été déterminé secondairement à partir de la solution filtrée, en ayant préalablement détruit l'excès de cupferron et ajouté la quantité correspondante de zinc comme étalon interne.

Les courbes de travail se préparent sur un papier logarithmique à partir de standards synthétiques, représentant graphiquement les relations des déviations galvanométriques (pour la raie standard interne et la raie d'analyse) avec des concentrations en mg.

On photomètre les raies en faisant la correction nécessaire du fond continu des spectrogrammes du à la présence du zinc.

Comme nous avons travaillé avec des électrodes de cuivre[18], le choix des raies spectrales doit être très soigné. Les raies Bi 2897,98, Pb 2873,32 et Zn 2756,45 nous ont donnée les meilleurs résultats.

Les résultats obtenus sont consignés dans un travail à paraître très prochaînement dans *Analytica Chimica Acta*[16].

Détermination spectrographique du baryum après concentration par coprécipitation avec le plomb sous forme de sulfate*.

En faisant l'étude de quelques phénomènes de coprécipitation dans le but de prévenir les pertes de baryum pendant les semimicro- et les micro-analyses qualitatives de problèmes de composition complexe, contenant du vanadium, il est apparu la nécessité de déterminer de très petites concentrations de baryum là où les méthodes classiques n'étaient pas applicables, vu la quantité minime d'élément présent. L'intervalle de concentrations était tel que la méthode de dosage volumétrique manquait de sensibilité et, même dans les limites d'application, la grandeur des erreurs, commises équivalait aux quantités absolues qu'il fallait déterminer. De plus, le fait que le baryum était en présence d'autres éléments, troublait les déterminations directes. A cause de tout cela, nous avons appliqué une méthode de concentration préalable du baryum, par voie chimique, en utilisant le plomb comme agent d'entraînement, en le précipitant conjointement avec le baryum au moyens des ions SO_4^{-2}.

En précipitant le baryum en présence du plomb, qu'on doit rencontrer en grandes concentrations, nous remplissons deux buts: vérifier une concentration en entraînant les quantités minimes de baryum difficiles à récupérer directement avec le SO_4^{-2}, et, de plus, utiliser le plomb, qui l'accompagne en grande concentration, comme étalon interne spectral invariable. Pour ce type de concentration par voie chimique, nous avons utilisé les ions SO_4^{-2}, comme précipitants communs, arrivant ainsi à une première méthode de détermination que nous appliquons dans les travaux signalés au début; nous sommes en train d'étudier de plus le procédé de concentration des ions baryum en présence de plomb en employant comme précipitant des ions CrO_4^{-2}. Nous appliquons cette méthode de travail à la détermination de concentrations minimes de baryum en présence du strontium et du calcium et les résultats en seront publiés prochainement.

Discussion de la méthode proposée.

On choisit le plomb pour vérifier le processus par entraînement du baryum, parce que le plomb est un des éléments les plus semblables dans

---

* Avec la collaboration du Dr. *Fernandez-Caldos*.

son comportement chimique au baryum. Le sulfate aussi bien que le chromate de baryum sont très insolubles, et, en particulier la précipitation en chromate peut se produire dans des conditions très analogues d'acidité.

En vérifiant la précipitation en présence d'une grande concentration relative de plomb, le baryum existant dans la solution est pratiquement entraîné sous forme de sulfate en restant inclus dans la masse du précipité formé; selon les conditions de la précipitation, il y a même possibilité de formation de cristaux mixtes, vu que les deux ions ont approximativement la même dimension et peuvent se remplacer mutuellement dans le réseau ionique.

On peut arriver à une distribution d'équilibre dans certaines limites de concentration[19], la forme de cette distribution dépendant des conditions dans lesquelles se vérifie la précipitation[20], comme cela a été déjà étudié par *Kolthoff* et *Noponen* dans ce type de coprécipitation, mais dans le cas inverse, c'est-à-dire comme coprécipitation du plomb par le sulfate de baryum.

Etant donnés les produits de solubilité du sulfate de plomb et du sulfate de baryum, il y a toujours possibilité d'incorporation des ions baryum au réseau du sulfate de plomb (loi de *Paneth* et *Fajans*); dans le cas limite dans lequel les ions baryum se trouvent très dilués, ils rencontrent une concentration d'ions sulfates absorbés sur la surface des cristaux de sulfate de plomb qui permet de pouvoir atteindre localement le produit de solubilité[21].

Le baryum coprécipite donc avec le plomb dans des conditions qui ne permettraient pas d'obtenir une précipitation claire, rapide et perceptible du baryum seul. On vérifie ainsi un entraînement sélectif du baryum existant qui reste relativement concentré dans le précipité formé.

On obtient sa séparation du reste des éléments composants de la solution qui ne précipitent pas dans les mêmes conditions que le baryum et le plomb, et l'on réalise une concentration relative d'environ 1200 à 1500 fois.

1 mg de baryum contenu dans 100 ml de solution correspond à une concentration de 10 p. p. m.; après la précipitation il reste contenu dans un précipité qui pèse de 70 à 80 mg (sulfate ou chromate), sa concentration relative étant alors de 1% (plus grand de 10.000 p. p. m.). Des considérations semblables pourraient se faire pour des teneurs plus petites en baryum.

En arrivant à ces intervalles de concentration des échantillons préparés au moyen de la concentration préalable, on augmente la sensibilité et la précision de la méthode spectrale.

Pour ce qui touche au comportement spectral, on peut dire en faveur du choix du plomb que cet élément a des raies d'intensité moyenne proches des lignes de baryum que nous utilisons, ce qui permet la comparaison photométrique des deux, vu que les intensités des raies de plomb sont intermédiaires, dans nos conditions, entre les limites maxima et minima d'intensité du noircissement des raies d'analyse que l'on choisit pour le baryum.

La courbe caractéristique de l'émulsion photographique peut-être considérée pratiquement constante dans la zone spectrale où se trouvent situées les raies d'analyse de l'étalon interne dans chacune des deux paires de raies que nous utilisons, ce qui est dû à la proximité qui ressort des spectrogrammes obtenus; d'autre part, ces raies n'interfèrent pas avec celles des électrodes de cuivre employées.

Concentration préalable par la précipitation avec des ions sulfates.

Méthode.

A des solutions contenant de 1,00 à 0,05 mg de baryum dans un volume de 100 ml on ajoute 5 ml d'une solution de plomb contenant 10 mg/ml et l'on ajoute ensuite un léger excès d'acide sulfurique 8 N. On chauffe sur plaque jusqu'à l'apparition de fumées blanches; on refroidit et dilue avec de l'eau distillée jusqu'à 100 ml. On filtre sur papier sans cendres et lave avec de l'acide sulfurique dilué ($^1/_{40}$) et ensuite avec de l'alcool à 70%.

Les filtres séchés à l'étuve (50 à 60°) sont placés dans des creusets de porcelaine et calcinés au four électrique toujours au-dessous de 700°. Les résidus calcinés sont déposés intégralement dans un mortier d'agate et on les réduit à la main pendant 15 minutes; les échantillons sont ainsi préparés pour l'analyse spectrale.

Pour les échantillons avec des teneurs supérieures en baryum comprises entre 10,0 et 0,3 mg, nous ajoutons 500 mg de plomb et opérons comme ci-dessus. Il faut surveiller la dilution ultérieure avec de l'eau distillée pour pouvoir vérifier la filtration par le papier. Nous suivons ces règles pour préparer les standards de comparaison, dans lesquels nous augmentons proportionnellement les quantités de baryum et de plomb pour les raisons que nous allons signaler plus loin.

Après la dilution dans l'eau distillée et repos, les liquides qui surnagent avant la filtration doivent demeurer complètement clairs si l'entraînement s'est exécuté d'une manière parfaite. Si le baryum précipite seulement sans que le plomb soit présent, dans les mêmes intervalles de concentration où nous travaillons on obtient, en règle générale des liquides troubles, difficiles à filtrer, vu les difficultés qu'ont ces concentrations en baryum de pouvoir augmenter la dimension du grain cristallin du sulfate de baryum.

Résultats.

Au moyen des spectrogrammes préalables et une fois choisies les raies spectrales optima du plomb et du baryum, nous essayons la concentration optima du standard pour que les intensités des raies du plomb choisies soient intermédiaires entre les intensités maxima et minima de celles de baryum.

Nous choisissons pour ce dernier l'intervalle de concentration compris entre 0,1 et 10 mg, intervalle qui comprend les quantités que nous devons examiner.

Pour arriver à des critères concrets sur les quantités de plomb nécessaires, nous avons fait des essais par addition de 100, 200 et 500 mg de ce métal sur des fractions de baryum avec des teneurs absolues comprises dans l'intervalle déjà signalé. Dans ce but, nous préparons 5 standards par la précipitation de 10,00, 3,16, 1,00, 0,32 et 0,10 mg de baryum en présence de 500 mg de plomb, lesquels, en se rapportant à 50 mg de plomb, comprennent l'intervalle de 1,00 à 0,01 de baryum. Pour obtenir les étalons de comparaison, on poursuit ce procédé de précipitation chimique des sels respectifs, analogue à celui que l'on utilise pour la préparation des problèmes, de cette façon les erreurs inhérents à la précipitation chimique sont pratiquement éliminés, on peut alors attribuer les erreurs obtenus dans les dosages à la méthode spectrale même employée.

Le fait d'opérer avec des quantités proportionnellement plus grandes de baryum et de plomb a pour objet de diminuer les probabilités de pertes en baryum dans les standards ayant des teneurs plus faibles en cet élément. De plus on arrive ainsi à disposer d'une plus grande quantité de standard préparé pour obtenir des spectrogrammes concordants.

Le résultat de quatre spectrogrammes pour chaque standard est indiqué dans la table 1; ces résultats servent à construire la courbe de référence de la figure 1, à laquelle nous rapportons les résultats des échantillons, en tenant compte que les plaques des spectrogrammes des standards et des échantillons s'obtiennent toutes dans la même séance de travail.

Table 1.

Rapport des déviations galvanométriques	mg Ba/50 mg Pb				
	0,01	0,032	0,10	0,32	1,00
$\dfrac{\text{Pb } 5005}{\text{Ba } 4934}$	0,157	0,226	0,56	1,87	4,60

Nous avons fait exceptionnellement une épreuve avec des teneurs relatives plus petites en plomb, faisant la précipitation des mêmes quantités de baryum en présence de 200 et de 100 mg de plomb en deux séries distinctes de standards.

La raie Ba 4934 donne un résultat trop tort parce qu'il y a des teneurs de baryum relativement grandes et qu'on opère avec les mêmes quantités de substance mises sur l'électrode. Pour les standards préparés seulement avec 100 mg de plomb, nous employons les raies Ba 4130 et Pb 4168, et obtenons les résultats consignés dans la table 2 (fig. 2).

Pour les standards contenant 200 mg de plomb, aucune des deux raies du baryum que nous utilisons ne conviennent.

Table 2 (fig. 2).

Rapport des déviations galvanométriques	mg Ba/50 mg Pb				
	0,05	0,16	0,50	1,58	5,00
$\dfrac{\text{Pb 4168}}{\text{Ba 4130}}$	—	0,071	0,142	0,538	1,45

Nous observons, en obtenant les spectrogrammes correspondant à ces échantillons et à ces standards, que l'électrode support de cuivre se corrode rapidement dans les premières 30 secondes d'exposition et, en certaines cas, pendant 40 à 50 secondes (nous opérons avec des expositions de 2 minutes). Nous supposons que ce phénomène est dû à la présence de l'ion SO_4^{-2} provenant des sulfates qu'on examine et non pas aux restes d'acide libre, vu que les échantillons ont été soumis auparavant à un fort chauffage au four. La haute température à laquelle on soumet l'échantillon dans l'arc provoque la dissociation des sulfates présents, et dans ces conditions, le radical acide attaque le cuivre de l'électrode.

Dans le but de rendre plus uniforme le brûlage des échantillons, nous avons décidé de diluer les standards et les échantillons dans leur propre poids d'oxyde de cuivre.

Avec les standards ainsi dilués (standards correspondant à la table 1), nous rencontrons les résultats suivants:

Table 3.

Rapport des déviations galvanométriques	mg Ba/50 mg Pb				
	0,01	0,032	0,10	0,32	1,00
$\dfrac{\text{Pb 5005}}{\text{Ba 4934}}$	0,192	0,269	0,56	1,25	2,50

La courbe de référence qui en résulte (fig. 3) est de moindre pente (sensibilité moindre) que celle qu'on obtient avec les standards sans dilution (fig. 1). Cependant le brûlage est plus uniforme et l'on obtient un régime sans fluctuations ni corrosion au bout d'environ 15 secondes après l'allumage. Les valeurs qui sont exposées dans la table 3 proviennent de spectrogrammes pris en double.

Dans la Table 4, on met en lumière les résultats obtenus avec des échantillons différents, précipités en présence de 50 mg de plomb et qui ont été dilués dans leur poids d'oxyde de cuivre après le traitement thermique. Après la dilution, on homogéneise les échantillons dans le mortier d'agate également pendant 15 minutes.

Les résultats proviennent de spectrogrammes de chaque échantillon pris en double.

Table 4.

mg de Ba ajoutés	$\dfrac{\text{Deviat. Pb 5005}}{\text{Deviat. Ba 4934}}$	mg de Ba trouvés	Différences (mg Ba)	Erreur %
0,50	1,80	0,53	— 0,03	+ 6
0,30	1,21	0,29	— 0,01	— 3,3
0,20	0,957	0,21	— 0,01	+ 6
0,10	0,58	0,101	— 0,001	+ 1
0,05	0,35	0,047	— 0,003	— 6

Considérations sur les résultats.

On trouve des courbes d'analyse de sensibilité suffisante pour les intervalles de concentration compris entre 1,00 et 0,03 mg de baryum pour 50 mg de plomb.

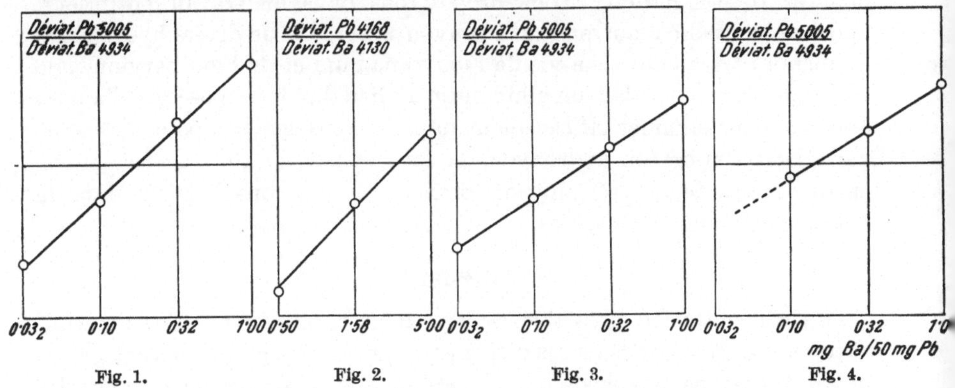

Fig. 1.   Fig. 2.   Fig. 3.   Fig. 4.

Sensibilité, précision et applications.

Nous opérons avec des concentrations en baryum comprises entre 1,00 et 0,03 mg dans des précipités de poids compris entre 70 et 80 mg. Pour le remplissage des électrodes (microélectrodes de cuivre), il faut, en moyenne, environ 20 mg et quelquefois même moins, ce qui veut dire que des quantités de baryum comprises entre 0,25 et 0,007 sont déterminables par ce procédé, quand elles sont placées sur l'électrode pour des échantillons sans dilution et que ces quantités sont comprises entre 0,12 et 0,003 pour des échantillons dilués dans leur poids d'oxyde de cuivre.

Ces limites de quantités de baryum portées sur l'électrode, que nous exprimons en mg se réfèrent à l'intervalle de concentration dans lequel les déterminations quantitatives sont valables pour cette méthode. La sensibilité qui se rapporte à la limite de détection qualitative est bien plus grande dans nos conditions.

Les résultats pour les échantillons type sulfate sans diluer indiquent que bien que les déterminations isolées se maintiennent entre $\pm 7\%$, les résultats provenant de spectrogrammes répétés (triplés ou quadruplés) se maintiennent au-dessous de $\pm 5\%$.

Pour des échantillons type sulfate dilués avec de l'oxyde de cuivre, les erreurs sont un peu plus grandes, étant comprises entre $\pm 6\%$, à cause de la plus petite quantité de baryum mise sur l'électrode.

Cette méthode de détermination spectroanalytique des ions baryum, après concentration de ceux-ci par coprécipitation avec le plomb au moyen des ions SO_4'', nous a servi dans ce cas pour étudier le problème analytique des précipitations prématurées de petites quantités d'ions baryum par la présence de ions vanadium dans les problèmes semimicro- et micro-qualitatifs. L'ion vanadium peut empêcher la recherche du baryum à l'endroit correspondant de la marche analytique. Les méthodes chimiques courantes n'étaient pas applicables à ces concentrations si petites de baryum pour sa détermination. Nous proposerons dans un travail postérieur, après avoir étudié d'autre part le pouvoir absorbant de divers hydroxydes de métaux trivalents vis-à-vis de l'ion vanadium et de l'ion baryum, une addition déterminée de l'ion aluminium au lieu du fer proposé par d'autres auteurs, pour éliminer efficacement dans le troisième groupe des cations, par adsorption de son hydroxyde, les ions vanadium qui sont les causes, entre autres, de la précipitation prématurée des ions baryum dans le troisième groupe des cations.

Résumé.

La concentration préalable est très intéressante en vue des déterminations analytiques des traces d'éléments qui, en très petite concentration, se trouvent dans les sols de culture, les engrais chimiques, et commes des impuretés, ou des petites quantités des éléments, dans des alliages ou d'autres divers matériaux. Pour cette sorte de microdosage, nous avons spécialement choisi les méthodes spectrochimiques, comme celles les plus convenables pour la détermination simultanée de plusieurs éléments dans les échantillons étudiés. Avec cette concentration préalable des traces d'éléments on obtient dans des méthodes spectrochimiques, l'élimination la plus grande possible des éléments principales qui peuvent troubler ou bien déguiser les lignes appropriées pour le dosage des traces d'éléments. Des divers techniques utilisées pour la concentration préalable nous avons poursuivi spécialement celles qui basent sur l'emploi des réactifs chimiques appropriés, aussi bien qu'à cause de leur spécificité de la précipitation, aussi bien qu'à cause des procès de coprécipitation ou trainage qu'elles provoquent. Parmi les méthodes qui employent des réactifs organiques on a étudié, entre autres, la détermination spectrographique quantitative de petites quantités de bismuth comprises dans des alliages ternaires en base de plomb. On a employé le cupferron comme un réactif sélectif qui précipite le bismuth en présence de plomb et de cadmium, après avoir étudié la zone optime de pH (0,5—1,5) dans laquelle ceci est possible. On a aussi étudié la détermination spectrochimique des traces de baryum à l'égard des diverses problèmes, en concentrant préalablement le baryum moyennant un procès de trainage ou coprécipitation provoqué par le ion sulfate en présence de plomb, qui s'ajoute excessivement, et que nous employons comme étalon interne spectral. Cette méthode a été employée pour le dosage de baryum dans certains procès d'adsorption, étudiés dans nos laboratoires.

Zusammenfassung.

Die vorhergehende Anreicherung hat für die analytische Bestimmung von Spurenelementen in Ackerböden und im Kunstdünger oder von geringsten Beimengungen und Verunreinigungen in Legierungen oder sonstigem Material große Bedeutung. Wir verwenden für solche Mikrobestimmungen vor allem spektralanalytische Methoden, da sie sich für die gleichzeitige Bestimmung mehrerer Elemente in einer Probe am besten eignen. Mit einer solchen der Spektralanalyse vorangehenden Anreicherung erzielt man die größtmögliche Entfernung der Hauptbestandteile, die die zur spektralanalytischen Bestimmung der Spuren geeigneten Linien stören oder sogar überdecken können. Von den verschiedenen zur Anreicherung geeigneten Verfahren verwenden wir vor allem die mit Hilfe von chemischen Reagenzien, sei es daß sich diese zufolge ihrer Spezifität hierzu besonders eignen, sei es weil sie bei der Niederschlagsbildung die gesuchten Elemente mit ausfällen oder mitschleppen. Unter Zuhilfenahme organischer Reagenzien studierten wir unter anderem die spektralanalytische Bestimmung kleiner Mengen Wismuth, wie sie sich in Legierungen auf Bleibasis finden. Wir verwendeten hierfür als selektives Reagens Cupferron, welches Wismuth in Gegenwart von Blei und Cadmium ausfällt. Als geeignetstes pH-Bereich hierfür wurde 0,5 bis 1,5 bestimmt. Weiters untersuchten wir die spektralanalytische Bestimmung von Bariumspuren mit Rücksicht auf gewisse Problemstellungen, indem wir das Barium vorher mit Sulfationen gleichzeitig mit Blei ausfällten, welches im Überschuß zugefügt und von uns als Vergleichssubstanz verwendet wurde. Diese Methode wurde zur Bariumbestimmung bei gewissen Adsorptionsversuchen verwendet, die in unserem Laboratorium durchgeführt werden.

Summary.

The preliminary concentration is of great interest with regard to analytical determinations of traces of elements which occur at very low concentrations in agricultural soils, chemical fertilizers, and as impurities, or of minute quantities of elements in alloys or other divers materials. For this kind of microdetermination, we have especially chosen spectrochemical methods

512   F. Burriel-Martí et J. Ramirez-Muñoz: Concentration préalable.

as being the most convenient for the simultaneous determination of several
elements in the samples studied. With this preliminary concentration of
traces of elements, there is obtained in the spectrochemical methods, the
greatest possible elimination of the principal elements which may interfere
with or entirely disguise the appropriate lines to be followed for determining
the traces of elements. Among the various techniques employed for the
preliminary concentration, we have followed especially those which are
based on the use of appropriate chemical reagents, both because of there
specific precipitating action, or because of the process of coprecipitation
or entrainment which they provoke. Among the methods, which utilize
organic reagents, there have been studied, for instance, the spectrographic
quantitative determination of small quantities of bismuth contained in
ternary alloys containing principally lead. Cupferron has been used as a
selective reagent, which precipitates bismuth in the presence of lead and
cadmium, after establishing the optimal p_H zone (0,5–1,5) in which this
separation is possible. A study has also been made of the spectrochemical
determination of barium by means of an entrainment of coprecipitation
process brought about by sulfate ion in the presence of lead, added in excess,
and which we have used as an internal spectral standard. This method has
been used for the determination of barium in certain adsorption processes
studied on our laboratories.

Bibliographie.

[1] *R. L. Mitchell*, The Spectrographic Analysis of Soils, Plants and Related
Materials. Tech. Comm. n° 44 Harpenden 1948.

[2] *W. Stiles*, Research Traces Constituents in Soil and Plants. Reprint
n° 149 — Vol 1 n° 4, Butterworths scientific Publ. London 1948.

[3] *I. M. Kolthoff* et *J. J. Lingane*, Polarography, Intersciene Publ., New
York 1941.

[4] *J. Cholak*, Ind. Engng. Chem., Analyt. Ed. **7**, 287 (1935).

[5] *J. Cholak*, Ind. Engng. Chem., Analyt. Ed. **9**, 26 (1937).

[6] *R. O. Scott* et *R. L. Mitchell*, J. Soc. Chem. Ind. **62**, 4 (1943).

[7] *O. Baudisch*, Ark. Kemi, Min. Geol. **12** B, 8 (1935).

[8] *L. W. Strock* et *S. Drexler*, J. Opt. Soc. Am. **31**, 167 (1941).

[9] *F. Rohner*, Helv. Chim. Acta **21**, 23 (1938).

[10] *D. M. Hubbard*, Ind. Engng. Chem., Analyt. Ed. **12**, 768 (1940).

[11] *J. Cholak* et *D. M. Hubbard*, Ind. Engng. Chem., Analyt. Ed. **16**, 333
(1944).

[12] *Ph. Fischer, R. Spiers* et *Ph. Lisan*, Ind. Engng. Chem., Analyt. Ed.
16, 607 (1944).

[13] *S. H. Wilson* et *M. Fieldes*, Analyst, **69**, 12 (1944).

[14] *R. L. Mitchell* et *R. O. Scott*, J. Soc. Chem. Ind. **66**, 330 (1947).

[15] *R. L. Mitchell* et *R. O. Scott*, Spectrochim. Acta **3**, 367 (1948).

[16] *F. Burriel-Martí* et *M. J. Ramirez*, Analyt. Chim. Acta **4**, 428 (1950).

[17] *A. Pinkus* et *J. Dernies*, Bull. soc. chim. Belg. **37**, 267 (1928).

[18] *F. Burriel-Martí* et *A. Rodriguez*, Anal. Soc. Esp. F. y Q. **45**, 1395
(1949); **45**, 1405 (1949).

[19] *H. A. Doerner* et *W. M. Hoskins*, J. Amer. Chem. Soc. **47**, 662 (1925).

[20] *I. M. Kolthoff* et *G. E. Noponen*, J. Amer. Chem. Soc. **60**, 197 (1938).

[21] *P. Dutoit* et *E. Grobet*, J. chim. phys. **19**, 328 (1922).

Laboratoire de Chimie Analytique de l'Université de Gand.

Une microméthode pour l'analyse quantitative de bronzes archéologiques par voie spectrographique.

Par

M. Van Doorselaer.

(Reçu le 18 juillet 1950.)

Il a été constaté depuis longtemps que la composition chimique des bronzes archéologiques constitue un élément important dans l'étude des nombreux problèmes que présente la préhistoire, et en particulier l'Age du Bronze. L'étude comparative des données topologiques et chimiques peut conduire à d'importantes conclusions concernant les relations et les conditions économiques des différentes contrées de l'Europe au cours de la préhistoire. Le problème a été décrit sous tous ses aspects par divers auteurs parmi lesquels nous citons *Montelius*[1], *Jacobsen*[2], *Witter*[3] et *Otto*[4]. D'importants résultats ont déjà été obtenus, en particulier par *Witter*, concernant l'évolution de l'Age du Bronze en Europe Centrale. Cette étude n'a été qu'amorcée pour les autres pays de l'Europe.

Le chimiste chargé de l'analyse des bronzes archéologiques se voit placé devant un problème plutôt compliqué: on lui demande la composition quantitative, aussi exacte que possible, non seulement des éléments de l'alliage mais aussi des éléments mineurs, présents comme impuretés. L'analyse complète selon les méthodes classiques, des quatorze éléments qui se présentent d'ordinaire dans les bronzes, d'ailleurs d'une exécution difficile, exigerait beaucoup de temps. De plus, la quantité d'échantillon dont il peut disposer, est minime. Les objets ayant une grande valeur historique et archéologique, ne peuvent être endommagés, ce qui ne permet pas en général de prélever des quantités d'échantillon suffisantes pour les méthodes macrochimiques ordinaires. Dans ces conditions il devient nécessaire d'avoir recours aux méthodes de la microchimie.

La méthode de la spectrographie par émission qui a connu un développement considérable pendant les dernières années, offre sans aucun doute de grandes possibilités dans le domaine de l'analyse des métaux

et leurs alliages. Son grand avantage réside dans le fait qu'un seul spectre
de l'échantillon enregistré dans des conditions bien définies, permet
d'identifier et même de doser tous les composants de l'alliage. La technique en est simple et les resultats sont obtenus en un temps relativement
court. D'autre part la sensibilité de la méthode spectrographique est très
grande. La limite de détection a été poussée en certains cas jusqu'à 1 partie
dans 100 millions (1 millionième %)[5], tandis que la quantité d'échantillon
minimum nécessaire pour une analyse qualitative est très réduite: on
a signalé pour certaines substances un échantillon minimum de 0,1 mg,
bien que d'ordinaire, une quantité de 10 mg soit désirée. Ces chiffres
n'ont cependant rien d'absolu, mais dépendent largement de la technique
d'émission utilisée. Dans ces conditions on peut comprendre que la
méthode spectrographique soit, pour le moment, la méthode la plus
appropriée pour l'analyse systématique des bronzes archéologiques.

Déjà, en 1935, une méthode spectrographique spécialement conçue
pour l'analyse des objets de bronze a été décrite par *Winkler*[6]. *Otto* en
décrivait une autre, légèrement modifiée, en 1940[4]. D'après ces auteurs
de petites électrodes métalliques sont préparées à l'aide d'un échantillon
du bronze de 200 mg environ. Celui-ci est fondu sur un support de carbone dans un arc continu; le globule de bronze obtenu est transformé
en une électrode de forme appropriée. Les spectres de l'arc et de l'étincelle
condensée, enregistrées sur une plaque photographique, permettent
d'estimer les pourcentages des différents éléments jusqu'à 0,01% et même
moins pour certains éléments. Le dosage est basé sur la lecture visuelle
des intensités relatives des raies homologues (méthode de *Gerlach*)[7]. Bien
que les méthodes et les techniques spectrographiques modernes permettent
un dosage plus précis, les résultats obtenus par les auteurs ont été très
satisfaisants et ont servi de base aux études susmentionnées de *Witter*.

Une autre méthode d'analyse spectrale des impuretés dans le cuivre
est due à *Breckpot*[8] et est basée sur l'excitation, dans un arc continu, des
oxydes du métal portés dans une électrode de carbone creuse. L'échantillon est attaqué à l'acide nitrique et transformé à l'état d'oxides. Les
spectres obtenus à l'aide d'un secteur à échelons logarithmiques, encore
d'après *Breckpot*, ont donné d'excellents résultats; cette méthode a été
appliquée avec succès aux bronzes archéologiques dans des laboratoires
spécialisés e. a. au British Museum. Récemment *Milbourn* et *Hartley*
en Angleterre ont étudié l'excitation des oxydes à base de cuivre par
l'étincelle à haute tension[9]; les auteurs ont constaté que la dernière source,
qui est d'ailleurs plus reproductible que l'arc continu à haut ampérage,
peut remplacer avantageusement celui-ci sans grande perte de sensibilité. Nous avons commencé une série d'expériences à ce sujet en vue
d'une application aux bronzes archéologiques. Somme toute, il nous
semble que, quelque soit la source lumineuse utilisée, la méthode à base

d'oxydes de cuivre soit la plus pratique et la plus sûre pour l'analyse quantitative spectrale dans ce domaine, *à condition* que l'on puisse disposer d'un échantillon d'au moins 100 mg.

Il arrive cependant fréquemment que les objets à analyser ne permettent pas de prendre des échantillons aussi considérables, sans que l'objet, p. ex. les anneaux, les épingles et d'autres ornements en bronze, soient consommés tout entiers ou tout au moins endommagés de façon irréparable. Dans ces conditions, l'analyse spectrographique quantitative suivant les méthodes décrites est impossible, faute d'une quantité suffisante de prise d'essai. C'est dans cette ordre que le besoin d'une *microméthode* s'est fait sentir, permettant l'analyse quantitative complète à l'aide de prises d'essai de l'ordre du milligramme.

La microméthode que nous avons mise au point sous la direction du Prof. Dr. *J. Gillis* au Laboratoire de Chimie Analytique de l'Université de Gand, fait l'objet de la présente communication.

La nouvelle méthode a pour base la technique originalement décrite par *Rivas*[10], selon laquelle une goutte d'une solution est absorbée dans une électrode de graphite spectrochimiquement pur. Par la décharge de l'arc ou de l'étincelle sur cette dernière, l'on obtient le spectre des éléments contenus dans la solution employée. Cette technique a été appliquée avec succès à d'autres matériaux, p. ex. les aciers et les aciers spéciaux (*Rivas*[10], *Eeckhout*)[11].

Nous avons estimé qu'une recherche systématique s'imposait en premier lieu, relative aux facteurs variables de cette technique. Cette recherche, qui n'avait pas encore été entreprise jusqu'à présent, était nécessaire pour nous permettre l'analyse spectrographique des bronzes à l'aide de la technique des solutions[12].

L'absorption de la solution dans le graphite est effectuée à une température définie, d'environ 100°, sur un bloc d'aluminium; après l'absorption, la solution doit être évaporée complètement. Le bronze est attaqué à l'eau régale, de façon à prévenir la précipitation de l'Sn, l'Sb et l'As. Si l'HNO_3 seul est ajouté d'abord, un précipité d'acide métastannique se forme, qui est peptisé en phase colloidale par traitement à l'HCl. La solution ne peut contenir des particules solides, ni colloidales: celles-ci s'accumulent, lors de l'absorption, à la surface de l'électrode et modifient ainsi notablement les intensités relatives des raies spectrales. La concentration d'acide n'a pratiquement pas d'importance, mais doit être assez haute pour éviter la précipitation de faibles quantités d'Ag. D'autre part nous avons constaté que le rapport des anions NO_3^-/Cl^- doit être maintenu constant à une valeur de 60/40 (concentrations molaires). D'autres facteurs encore pouvant influencer les intensités relatives des

raies ont été examinés. Cette étude à fait l'objet d'une publication
spéciale où tous les facteurs importants ont été envisagés[12].

Le dosage des constituants du bronze suivant la nouvelle méthode
s'effectue en deux stades et suivant deux techniques quelque peu différentes entr'elles. Le premier stade comprend l'analyse des constituants
majeurs de l'alliage, tandis que, au deuxième stade, l'on passe au dosage
des éléments mineurs.

1. Dosage des constituants de l'alliage.

La première partie de la méthode est conçue spécialement pour le
dosage des éléments qui se présentent dans le bronze en concentration
élevée (constituants de l'alliage). Ce sont, d'une part le Cu, qui est l'élément de base, et d'autre part l'Sn et le Pb qui d'ordinaire sont les seuls
éléments utilisés comme éléments d'alliage. Des teneurs de 30% maximum
ont été envisagées.

L'étincelle condensée de *Feussner*, d'une énergie plutôt faible mais
permettant une bonne reproductibilité, a été choisie comme source
d'excitation. Un condensateur de 3000 cm est chargé à l'aide d'un trans-
formateur de 12.000 V. La décharge, guidée par un interrupteur synchrone,
s'effectue à travers les électrodes et une self de 800.000 cm. L'intensité
du courant est telle, qu'une électrode de graphite portant une goutte
de solution à analyser, évaporée suivant notre technique, est pratiquement
épuisée par la décharge au bout de 50 secondes. Le rayonnement émis
par cette étincelle est plutôt faible et ne provoque qu'un faible noircissement
sur les plaques photographiques utilisées (Gevaert Scientia 49 B 58).
C'est pour cette raison que nous avons superposé les spectres de deux
électrodes identiques. Nous envisageons d'autre part l'usage d'un miroir
concave placé derrière la source lumineuse pour augmenter davantage
la densité des raies spectrales.

Des courbes de dosage ont été dressées pour la détermination de l'Sn
et du Pb de 1% à 30% dans le Cu, à l'aide d'une série de solutions de bronzes
de composition bien connue, préparées synthétiquement. D'autre part
des solutions renfermant de fortes doses du troisième élément (10, 20
et 27% d'Sn, resp. du Pb) ont été examinées afin de pouvoir corriger,
s'il y a lieu, pour l'influence du troisième élément sur l'intensité relative
des raies. Afin de réduire cette influence, le bronze dissous est dilué à
l'aide de deux parties de Cu pur, de sorte que les teneurs maxima d'Sn
et de Pb (élément à doser et le troisième élément perturbateur) soient
réduites à 10%. Les solutions d'étalonnage, aussi bien que les solutions
à analyser, contiennent donc, outre 1% de bronze, 2% de cuivre spectrochimiquement pur.

Les courbes obtenues ont été publiées et discutées en détail dans une
publication actuellement sous presse[13]. Elles nous procurent les teneurs

d'Sn et de Pb relatives au Cu. Les teneurs absolues des trois éléments, Cu, Sn et Pb peuvent en être déduites à l'aide d'une troisième équation qui est donnée par la somme des pourcentages des trois éléments. Cette somme diffère en général peu de 100% et peut être calculée utilisant les données receuillis à l'aide du spectre, enregistré spécialement pour le dosage des éléments mineurs (voir plus loin).

Il est important de mentionner que cette méthode d'analyse spectrochimique des bronzes constitue un bel exemple prouvant qu'il est possible par voie spectrographique de doser également les constituants des alliages à des pourcentages élevés. Certes, l'analyse chimique pourra donner des résultats plus précis pour ces fortes teneurs, mais dans le cas des bronzes archéologiques qui nous occupe ici, la méthode spectrographique, grâce à sa rapidité et sa bonne reproductibilité peut rivaliser avantageusement même avec les méthodes microchimiques. La précision relative que nous avons obtenu pour différents spectres d'un même échantillon, est de 3,05% pour le dosage du Pb et 3,45% pour l'Sn. Les écarts entre les résultats de l'analyse spectrochimique d'une part et l'analyse chimique de contrôle d'autre part, ont été trouvés du même ordre de grandeur. Les résultats de l'analyse microchimique ordinaire donnent certes des écarts légèrement inférieurs à ces chiffres, mais ce que l'on y gagne en précision ne l'est qu'au dépens du facteur temps.

2. Dosage des éléments mineurs.

Le dosage des éléments mineurs, dont la présence et la teneur sont très importantes au point de vue de l'archéologie, est accompli dans une deuxième opération qui constitue la seconde partie de la méthode. Comme dans la première partie les intensités relatives des raies sont mesurées à l'aide d'un microphotomètre en utilisant la courbe de noircissement de la plaque photographique. Cette dernière est obtenue par enregistrement d'un spectre de fer à l'aide d'un secteur à échelons logarithmiques.

L'excitation des atomes est provoquée cette fois par un arc intermittent selon *Pfeilsticker*[14]. Cette source d'excitation permet une plus grande sensibilité de dosage et de détection. La limite de détection est de l'ordre de 0,01% à 0,001%. Dans le cas des bronzes, en utilisant 0,04 ml de solution à 3%, absorbée dans deux électrodes de *carbone*, nous avons pu déterminer

l'Ag .... jusqu'à 0,001%
l'Sn, le Pb, Ni, Co, Bi, Au, Fe .   „   0,01%
le Zn ....   „   0,03%
l'Sb et l'As ....   „   0,1%

Les limites de détection de ces éléments sont légèrement inférieures à ces chiffres. Nous avons constaté que l'usage d'électrodes de carbone permet une plus grande sensibilité que les électrodes de graphite. Les spectrogrammes sont obtenus par la superposition des spectres obtenus successivement à l'aide de deux électrodes identiques, excitées pendant 30 secondes. L'arc intermittent, allumé par des étincelles tesla, et alimenté par le réseau alternatif de 220 V à 50 périodes, est réglé de façon à brûler pendant une durée de 3 périodes ($^3/_{50}$ sec.), suivi d'une extinction pendant 7 périodes ($^7/_{50}$ sec.). La résistance totále du circuit de l'arc était de 27 Ohm.

Les courbes de dosage ont été dressées de la même manière que précédemment en utilisant des solutions synthétiques à 3% de bronze; ici il n'y a pas lieu d'ajouter du cuivre. En premier lieu, nous avons obtenu les courbes pour le dosage des différents éléments dans le cuivre, ensuite pour le dosage dans les alliages: Cu + 20% Sn et Cu + 20% Pb. Ainsi nous avons pu démontrer que l'intensité relative des raies de certains éléments, ne subit aucune influence ni par suite de la présence d'Sn, ni de celle du Pb (As, Sb, Ni, Pb, Ag). Pour d'autres cependant l'influence est nettement marquée. En général, l'intensité relative est augmentée légèrement, soit par le Pb, soit par l'Sn, soit par les deux. Il est nécessaire de se rendre compte de cette influence pour le dosage précis de ces éléments mineurs. Grâce au fait que la méthode a été scindée en deux parties, les corrections nécessaires sont faciles à réaliser. La précision sur la détermination des pourcentages, calculée de la manière classique, varie entre 3 et 8%.

Le dosage de l'Ag présente quelques difficultés: la seule raie d'Ag 3382,88, qui puisse être mesurée dans les spectres de l'arc intermittent, est déjà trop intense pour une teneur dans le bronze de 0,1% d'Ag. D'autre part la solubilité du AgCl en milieu fort acide est telle qu'une solution à 3% peut être préparée en partant d'un bronze renfermant 1% d'Ag. Pour le dosage des teneurs d'Ag supérieures à 0,1%, il est nécessaire d'avoir recours aux spectres d'étincelle. Ceux-ci sont enregistrés à l'aide d'une solution renfermant seulement 1% de bronze. La même raie 3382,88 peut être utilisée dans ces spectres pour le dosage jusqu'à 0,6%, tandis que la raie 2427,8 peut être mesurée pour des teneurs allant de 0,3 à 3%.

Les conditions expérimentales utilisées dans les deux parties de la méthode sont résumées dans le tableau ci-joint.

Conclusions.

L'avantage de la méthode d'analyse quantitative spectrochimique que nous avons décrite ici, réside dans le fait qu'elle est réellement une microméthode. En effet, pour l'analyse complète d'un bronze on a besoin de

1° 0,04 ml d'une solution à 1% de bronze.

2° 0,04 ml d'une solution à 3% de bronze.

Conditions expérimentales.

	1ère Partie (constituants de l'alliage)	2ème Partie (Eléments mineurs)
Electrodes Electrode inférieure	Graphite Quartz et Silice, $\varnothing$ 6 mm Surface plane; 0,02 ml de solution est absorbée dans le graphite à 110°. Evaporation complète à 120°	Hilger Carbon rods E 1242, $\varnothing$ 4,8 mm Surface plane; 0,02 ml de solution est absorbée dans le charbon, purifié par décharge préalable de l'arc intermittent durant 30 sec., à 80°; évaporation complète à 120°
Electrode supérieure Distance d'électrodes Solution employée	Surface plane 2 mm 1 % de bronze $+$ 2% de cuivre pur $NO_3/Cl = 60/40$ (conç. molaires)	Surface plane 3 mm 3% de bronze $[NO_3^-]/[Cl^-] = 60/40$ (conc. molaires)
Source d'excitation	Etincelle condensée (générateur de *Feussner*) Voltage: 12000 V Capacité: 3000 cm Self: 800000 cm	Arc intermittent de *Pfeilsticker* Voltage: 220 V Vitesse interrupteur: 5 T/sec. nombre d'arcs: 6 en 10 périodes Durée d'un arc: 1/200 sec. Résistance circuit de l'arc: 27 ohm
Exposition Spectrographe	successivement 2 électrodes durant 45 sec. Zeiss QU 18 (camera: 13 $\times$ 18) Fente: 0,010 mm	successivement 2 électrodes durant 30 sec. id. id.
Illumination	homogène avec image intermédiaire non diafragmé	id. mais diafragmé sur 5 mm
Plaque Développement	Gevaert Scientia 49 B 58, anti-halo Ilford ID 2 $+$ 100% H_2O 2,5 minutes à 20° C	id. id. id.
Mesure des intensités relatives	Les déflections du microphotomètre pour les raies de l'élément à doser et une raie de cuivre sont utilisées pour le calcul de $\log I_X/I_{Cu}$ par l'intermédiaire de la courbe de calibrage de la plaque photographique	

En préparant, dans une micro-éprouvette, 0,1 ml de chaque solution, la quantité de bronze nécessaire à l'analyse totale est seulement de 4 mg. A l'aide de cette minime prise d'essai, l'analyse peut être effectuée en double.

D'autre part, la quantité minimum de substance nécessaire pour la détection et le dosage des impuretés selon la méthode décrite, et calculée d'après la sensibilité obtenu est de:

3×10^{-8} g pour l'Ag

3×10^{-7} g pour l'Sn, le Pb, Ni, Co, Bi, Au et Fe.

1×10^{-6} g pour le Zn

3×10^{-6} g pour l'As et l'Sb.

Résumé.

Une nouvelle méthode spectrochimique pour l'analyse quantitative des bronzes archéologiques, basée sur la technique des solutions sur graphite ou carbone, est décrite. La méthode est subdivisée en deux parties dont la première comprend le dosage des éléments de l'alliage, Cu, Sn et Pb, tandis que la deuxième comprend le dosage des éléments mineurs. Une technique d'émission appropriée est employée pour chaque problème. Grâce à la prise d'essai minime de 4 mg, la méthode est vraiment une microméthode, particulièrement adaptée au problème de l'analyse des bronzes archéologiques.

Zusammenfassung.

Ein neues spektralanalytisches Verfahren zur quantitativen Analyse vorgeschichtlicher Bronzen wird in Einzelheiten beschrieben. Die Probe wird in Königswasser gelöst und 0,02 ml der Lösung an reine Graphit- oder Kohleelektroden adsorbiert. Zur Analyse der Hauptelemente (Cu, Sn und Pb) wird das Material im kondensierten Funken angeregt, während der Abreißbogen nach *Pfeilsticker* zur Bestimmung der Neben- und Spurenelemente benutzt wird. Das Verfahren gestattet die vollständige Analyse mittels einer Probenahme von nur 4 mg Bronze. Es handelt sich somit um ein Mikroverfahren, das zur Analyse der wertvollen vorgeschichtlichen Bronzen besonders geeignet ist.

Summary.

A new spectrographic method for total quantitative analysis of ancient bronzes is described. A solution of the metal in aqua regia, is absorbed in pure graphite or carbon electrodes and excited by means of a condensed spark source (determination of alloy components Cu, Sn, Pb), or an intermittent arc according to *Pfeilsticker* (determination of the minor constituents and traces). Since only a 4 mg sample is required to carry out the complete analysis of the bronze, this method is a real micromethod especially suited for the analysis of ancient bronzes.

Bibliographie.

[1] *O. Montelius*, Arch. f. Anthropologie, **23**, 449 (1895).

[2] *J. Jacobsen*, L'Age du Bronze en Belgique (Partie chimique) 1904.

[3] *W. Witter*, Die älteste Erzgewinnung im nordisch-germanischen Lebenskreis. Bd. I u. II (1938), Mannus-Bücherei, Leipzig.

[4] *H. Otto*, Spectrochim. Acta 1, 425 (1940).

[5] *G. Harrison*, *R. Lord* and *J. Loufbourow*, Practical Spectroscopy. New York 1948, 425.

[6] *J. E. R. Winkler*, Quantitative spektralanalytische Untersuchungen an Kupferlegierungen zur Analyse vorgeschichtlicher Bronzen. Veröff. d. Landesanst. f. Volkheitsk. Halle, H. 7 (1935).

[7] *W. Gerlach*, Die Chemische Emissionsspektralanalyse, I (1930).

[8] *R. Breckpot*, Ann. soc. sci. Brux. **53**, 219 (1933).

[9] *M. Milbourn* and *H. Hartley*, Spectrochim. Acta **3**, 320 (1948).

[10] *A. Rivas*, Z. angew. Chem. **50**, 903 (1937).

[11] *J. Eeckhout*, Analyt. Chim. Acta **3**, 377 (1949).

[12] *M. Van Doorselaer*, *J. Eeckhout* et *J. Gillis*, L'analyse spectrochimique de solutions sur graphite. XIIème Congrès du G. A. M. S. Paris, Septembre 1949.

[13] *M. Van Doorselaer*, Quantitatieve spectrochemische Analyse van oude Bronzen. Verh. Kon. Vl. Acad. v. Wet. Lett. en Sch. Kunsten van België, XII, Nr. 35 (1950).

[14] *K. Pfeilsticker*, Z. Elektrochem. **43**, 719 (1937).

Istituto di Mineralogía della Università, Firenze.
Centro di Studi per la Geochimica del Consiglio Nazionale delle Ricerche.

Über die Bestimmung spektrographischer Spuren von Nickel und Kobalt nach Extraktion mit Eisensulfid.

Von

Renzo Pieruccini.

(Eingelangt am 13. Mai 1950.)

Für geochemische Untersuchungen ist es oft nötig, in Mineralien Elemente genauestens zu bestimmen, auch wenn sie in Mengen vorhanden sind, die spektrographisch qualitativ kaum nachweisbar sind; der Nachweis von Mengen in derselben Größenordnung hat auch eine ungeheure Bedeutung auf biologischem Gebiet und wir erinnern nur an den Nachweis des Kobalts, dessen hämatopoetische Wirkung genügend bekannt ist[1]. Die Nachweisverfahren für geringste Spuren von lebenswichtigen Elementen werden immer mehr vervollkommnet und im gleichen Ausmaß wird die spektrographische Methode verfeinert. Um jedoch geringste Spuren spektrographisch nachzuweisen, kann man nicht einfach beträchtliche Mengen der Probesubstanz im Lichtbogen verdampfen, sondern es ist nötig, zunächst eine Extraktion und Konzentration dieser Elemente vorzunehmen. Hierzu ist die Auswahl eines Verfahrens nötig, welches gestattet, mit kleinen Mengen von Reagenzien auszukommen, die überdies leicht in spektrographischer Reinheit erhältlich sein müssen. Diese Reinheit muß bis an die Grenzen der gewünschten Empfindlichkeit kontrollierbar sein.

Als geeignetste Extraktionsmethoden erweisen sich die Ionenabsorption und jene Verfahren, die auf der Analogie des chemischen Verhaltens beruhen.

Auf Grund von Beobachtungen an natürlichen Produkten, die *V. M. Goldschmidt* und *Cl. Peters*[4] mitgeteilt haben, konnten wir 0,1 mg Arsen mittels Eisenhydroxyd aus 24 Litern Lösung extrahieren und eine quantitative spektrographische Empfindlichkeit von $1 : 2,4 \times 10^8$ erzielen[9]. Es ist bekannt, daß das Barium und die anderen Erdalkalien leicht von Mangandioxydhydrat adsorbiert werden; diese Reaktion könnte zum Nachweis von Spuren dieser Elemente geprüft werden. Solche Erscheinungen, auf Adsorption oder Assoziation infolge chemischer Analogie beruhend, sind nicht so sehr eine Frucht von Laboratoriumsversuchen, sondern stellen Tatsachen dar, die mit geochemischen Regelmäßigkeiten übereinstimmen.

In der Natur können klare Beispiele von Analogie im chemischen Verhalten beobachtet werden; manchmal handelt es sich um Mischkristalle, öfters um kristallchemische Verwandtschaft. Ein Beispiel einer solchen Analogie im chemischen Verhalten, besser gesagt im geochemischen Verhalten, wird im folgenden erörtert.

Es ist allgemein bekannt, wie schwer es ist, spektrographisch reines Eisen und ganz besonders solches, das völlig frei ist von Nickel und Kobalt, zu erhalten. *A. Gatterer* und *J. Junkes* erhielten Ferrichlorid, das reiner war als alle im Handel befindlichen Präparate, durch die von *Rothe* vorgeschlagene Extraktion mit Äther in salzsaurer Lösung. Diese Methode ist auch in Gegenwart von großen Mengen der Elemente der Ammoniumsulfid- und der Ammoniumhydroxydgruppe sowie der Erdalkalien anwendbar[10]. Auf diese Weise hergestelltes Eisenchlorid ist die Grundlage der Anreicherung von Nickel und Kobalt.

Die in der Natur vorhandenen Beweise deuten auf die Möglichkeit, Nickel und Kobalt durch Fällung mit einem Überschuß von Eisensulfid anzureichern. Die Pirrotine enthalten oft so viel Nickel, daß sie als Rohstoff für dieses Metall dienen, und es ist äußerst selten, daß die Pyrite Nickel und Kobalt nicht in chemisch nachweisbaren Mengen enthalten. Hierzu führen wir als Beispiele die von *C. Minguzzi* und *A. Talluri*[6] auf spektrographischem Wege erhaltenen Maximalwerte, die sich auf 4,2 mg Eisen beziehen, sowie die entsprechenden Werte von *Goldschmidt*[5] für die Troilite der Meteorite an:

	Primäre Pyrite	Sekundäre Pyrite	Troilite
Ni	3,6 γ	27,3 γ	6,7 γ
Co	30,2 γ	2,7 γ	0,67 γ

J. und *W. Noddack*[7] berichten über noch höhere Gehalte in troilitischen Einschlüssen in fünf großen Eisenmeteoriten. *Goldschmidt*[5] betrachtet diese Angaben als nicht stichhältig, er leitet diese zu hohen Gehalte aus dem Vorhandensein von Schreibesit ab (Fe, Ni, Co) P, da in Gegenwart von Eisen die siderophilen Elemente Nickel und Kobalt die Tendenz zeigen, in die metallische Phase zu wandern. Der Gehalt an Kobalt in den sekundären Pyriten könnte den Zweifel aufkommen lassen, daß das Kobalt in der sedimentären Phase durch eine geringere „Affinität" zum Eisen charakterisiert wäre, und gerade dieser Fall erscheint uns wegen der größeren Analogie mit den gewöhnlichen analytischen Fällungen besonders interessant. Man muß aber in

Betracht ziehen, daß in der Natur das Kobalt viel weniger verbreitet ist als das Nickel. Wir zitieren hierzu die Angaben *Tröggers*[11] und *Goldschmidts*[5]; der erstere ist der Meinung, daß Kobalt in den Eruptivgesteinen nur zu einem Zehntel bis einem Zwanzigstel der Nickelmenge auftritt. Die augenscheinliche Ausnahme ist also auf den Mangel dieses Elementes im sedimentären Medium zurückzuführen.

Ohne weitere Daten anzuführen, halten wir diese Angaben für hinreichend, um den Versuch einer Anreicherung des Nickels und Kobalts durch Fällung mit einem Überschuß von Eisensulfid, Auflösen der Sulfide in Salzsäure und der spektrographischen Analyse der konz. Lösung zu rechtfertigen.

Die chemische Extraktion des Nickels und Kobalts aus Hornstein und Kalkstein.

Qualitative spektralanalytische Untersuchungen haben die Anwesenheit von Nickel und Kobalt in einigen Hornsteinen und Kalksteinen des Mesozoikums im nördlichen toskanischen Appennin ergeben. Die Beurteilung durch Augenschein ließ vermuten, daß das Nickel in kleineren Mengen als das Kobalt vorhanden war; ihre absolute Menge war jedoch so gering, daß ihre direkte spektrographische Bestimmung ohne vorhergehende Anreicherung unmöglich erschien. Diese wurde wie folgt ausgeführt:

Vier Gramm der Gesteinsprobe wurden feinst zerrieben und in der Platinschale mit 10 ml Schwefelsäure 1:1 behandelt und hierauf mit 20 ml 40%iger Flußsäure versetzt. Man erwärmt zunächst gelinde auf dem Luftbad und steigert nach und nach die Temperatur bis zum Auftreten der weißen Schwefelsäuredämpfe. Man läßt abkühlen, verdünnt mit Wasser, setzt 0,5 ml Perhydrol zwecks Lösung eventueller Spuren von vierwertigem Mangan zu und erwärmt schließlich durch eine halbe Stunde auf dem Wasserbad. Die Lösung wird hierauf filtriert (der schwarze Hornstein hinterläßt oft einen leichten kohligen Rückstand) und mit kochendem Wasser gewaschen, bis ein Volumen von 200 ml erreicht ist. Um die Abscheidung von Aluminium und Titan zu verhüten, wird 1 g Weinsäure und hierauf 16,8 mg Eisen (titrierte Lösung von nickel- und kobaltfreiem Eisenchlorid) zugesetzt.

Die Lösung wird erwärmt und auf dem Wasserbad durch fünf Minuten mit Schwefelwasserstoff behandelt. Hierauf setzt man Ammoniumhydroxyd zur Ausfällung des Eisensulfids zu. Man versetzt noch mit 10 ml einer 1%igen Quecksilberchloridlösung, beläßt durch 10 Minuten auf dem Wasserbad und läßt dann im Schwefelwasserstoffstrom fast erkalten.

Man filtriert den Niederschlag und wäscht mit einer 5%igen Ammoniumnitratlösung, die etwas Polysulfid enthält. Man fügt nun zum Niederschlag 50 ml kochendes Wasser und 2 ml Königswasser hinzu, filtriert in einen Becher von 100 ml, wäscht gut nach und konzentriert die resultierende Lösung auf 1 ml in besonders geeichten Eprouvetten.

0,25 ml dieser Lösung (entsprechend 1 g Gestein) werden auf spektrographisch reiner Kohle verdampft (die Kohlestücke hatten eine Länge von 1,3 cm, besaßen ein Loch von 2 mm Durchmesser und 3 mm Tiefe). Die Probe ist dann für die spektrographische Aufnahme bereit.

Alle für die Vorbereitung verwendeten Reagenzien werden genau abgemessen und Leerproben mit dem Dreifachen dieser Menge ausgeführt. Im

Vergleich mit den gewöhnlichen Spektralanalysen, bei denen man 10 bis 30 mg Substanz verwendet, erscheint das Nickel und Kobalt in einer 30 bis 100fach größeren Konzentration.

Vorbereitung der Testreihen mit bekanntem Gehalt.

Wenn man im elektrischen Lichtbogen 150 bis 450 γ eines zu bestimmenden Elementes verdampft, das also im Grundmaterial in einer Menge von 1 bis 3% vorhanden ist, erhält man die empfindlichen Linien zu stark geschwärzt und ist somit gezwungen, beiläufige Schätzungen vorzunehmen oder aber die Aufnahmebedingungen abzuändern. Nach Anreicherung der in den Hornsteinen und Kalken zu erwartenden Mengen, mußten die Schwärzungen im Bereich der normalen Exposition des Aufnahmematerials liegen. Deshalb wurden zur Herstellung der Eichlösungen zunächst 0,157 mg Nickel und 0,157 mg Kobalt in 100 ml gelöst und dann von dieser Lösung 31,6 ml auf 100 ml verdünnt und so fortschreitend fünf Lösungen mit logarithmisch abnehmendem Gehalt hergestellt. Zu 0,1 ml dieser Lösungen wurden 16,8 mg Eisen in 1 ml hinzugefügt und auf 1 ml eingeengt. Die auf die Eichpunkte und die Verdünnungen bezüglichen Berechnungen sind in der Tabelle 1 zusammengestellt. Die Herstellung dieser Eichlösung muß mit größtmöglicher Geschwindigkeit erfolgen, da Nickel und Kobalt vom Glas adsorbiert werden. Die Werte der vierten Kolonne in der Tabelle 1 ermöglichen die Feststellung des Prozentgehaltes in den untersuchten Gesteinen. In diesem Falle kann der Logarithmus der Verdünnung oder die entsprechenden dekadischen Logarithmen der Prozentgehalte an Stelle jener der letzten Kolonne gesetzt und in das Diagramm übertragen werden.

Tabelle 1. Werte zur Berechnung der Kurvenpunkte der Eichkurve zur Bestimmung des Ni und Co.

Kurvenpunkt	Gehalt an Co und Ni in 1 ml der Lösung, zusammen mit 16,8 mg Fe A	Berechnete Verdünnungen berechnet aus Kolonne A (γ in ml)		Menge auf der Elektrode (0,25 ml der Lösung A)	
		Bezogen auf 1 ml der Lösung; (Co, Ni) g/ml	Bezogen auf 4 g Gestein; (Co, Ni) g/g Gestein	Konzentration in γ	log Konz.
1	157,0 γ	$1:6,37 \cdot 10^3$	$1:2,55 \cdot 10^4$	39,2 γ	$+ 1,594$
2	49,6 ,,	$1:2,02 \cdot 10^4$	$1:8,05 \cdot 10^4$	12,4 ,,	$+ 1,094$
3	15,7 ,,	$1:6,37 \cdot 10^4$	$1:2,55 \cdot 10^5$	3,92 ,,	$+ 0,594$
4	4,96 ,,	$1:2,02 \cdot 10^5$	$1:8,05 \cdot 10^5$	1,24 ,,	$+ 0,094$
5	1,57 ,,	$1:6,37 \cdot 10^5$	$1:2,55 \cdot 10^6$	0,39 ,,	$- 0,406$

Analytische Linien und Berechnungsmethode.

Nach erfolgter chemischer Anreicherung haben wir nicht die empfindlichsten Linien des Nickels und Kobalts im Gebiet von 3450 Å verwendet, sondern sie nur zu einigen Kontrollen herangezogen. Für die Messungen dienten die Linien:

Ni 3042,6 Å
Co 3044,0 Å

und zum Vergleich die Eisenlinien der Tabelle 2.

Die Aufnahmen wurden mit einem Zeiss-Spektrographen Qu 24 ausgeführt, die Anregung erfolgte mit Gleichstrom von 180 V und 5 A, die Ausmessung der Spektrogramme (Tabelle 2, Kolonne A; Tabelle 3) erfolgte mit dem Photometer von Zeiss, wobei das Spektrum ungefähr 20mal vergrößert auf den Photozellenspalt projiziert wurde (Photozellenspalt 0,20 mm gleich 0,01 mm auf der Platte). Die Aufnahmen wurden mit dem 0,01 mm Spalt und 70 Sek. Exposition durchgeführt. Die mittleren Ausschläge (Fe_N) sind als Mittelwerte von 9 Spektrogrammen unter A angeführt und auf Basis der Ausschläge der Eisenlinien berechnet. Unter B (Tabelle 2) sind die mittleren Ausschläge (Fe_N) eingetragen, die auf der Basis der experimentellen Ausschläge von 29 Spektrogrammen, auf die Bestimmung des Nickels und Kobalts in Hornsteinen und Kalken bezüglich, berechnet wurden. Diese 29 Spektrogramme wurden mit derselben Expositionszeit, jedoch mit einem Spalt von 0,008 mm aufgenommen: sind sind daher weniger geschwärzt und erlauben genauere photometrische Messungen.

Tabelle 2. Linien des Bezugselementes
und mittlere Ausschläge (Fe_N) derselben.

Wellenlänge in Å	Mittlere Ausschläge (Fe_N)	
	der Spektrogramme der Extraktionsproben Exposition 70″ Spalt 0,01 mm A	der Spektrogramme der Co- und Ni- Bestimmungen in Gesteinen: Exposition 70″ Spalt 0,008 mm B
Fe 3042,6	7	27
3040,4	7	29
3029,2	53	210
3024,0	5	18
3011,4	17	76
3005,3	46	69
2991,6	26	108
2990,4	19	78
2988,4	58	222

Die Galvanometerausschläge sind in der üblichen Art berechnet worden[9]: Auf die normalen Eisenausschläge Fe_N, die in Tabelle 2 unter A bzw. unter B angeführt sind, werden die experimentellen Ausschläge der Nickel- und Kobaltlinien (Co_{Ex} und Ni_{Ex}) mittels der folgenden Formel bezogen:

$$Co_R = Co_{Ex} \frac{Fe_N}{Fe_{Ex}}.$$

Für jedes Spektrogramm erhält man so die reduzierten Werte der experimentellen Ausschläge des Nickels und Kobalts und kann so den reduzierten Mittelwert $Dmr_{(Co)}$ bzw. $Dmr_{(Ni)}$ bezogen auf jede der gewählten Eisenvergleichslinien berechnen. Die dekadischen Logarithmen der reduzierten Mittelwerte trägt man auf der Abszisse gegen die entsprechenden Konzentrationen der Tabelle 3 auf.

Tabelle 3. Dekadische Logarithmen der reduzierten mittleren Ausschläge der Linien Ni 3050,8 und Co 3044,0 und der dazugehörigen Konzentrationen.

Nr. des Spektrogrammes	log Dmr $_{(Ni, Co)}$		log Konz. Aus Tabelle 1, Kolonne 6	
	Ni 3050,8	Co 3044,0		
Proben mit bekanntem Gehalt				
5	2,110	2,141	— 0,406	
4	1,875	2,034	+ 0,094	
3	1,565	1,785	+ 0,594	
2	1,240	1,515	+ 1,094	
1	0,995	1,193	+ 1,594	
			log Konz.$_{Ni}$	log Konz.$_{Co}$
Bestimmungen nach Extraktion				
6	1,590	1,770	+ 0,608	+ 0,610
7	1,582	1,790	+ 0,565	+ 0,575
8	1,462	1,767	+ 0,768	+ 0,615
9	1,508	1,791	+ 0,690	+ 0,575

Das Bezugselement ist in konstanter Konzentration vorhanden und daher ist die Methode von *A. Gatterer* und *J. Junkes*[3] ganz besonders zur Kontrolle der Anregungsbedingungen geeignet. In der Tabelle 3 sind die Werte angeführt, die zur Konstruktion des Eichdiagrammes dienen, das in Abb. 1 dargestellt ist. Überdies führen wir die Daten von vier Testproben mit bekanntem Gehalt an den zu bestimmenden Elemen-

Tabelle 4. Ergebnisse der spektrographischen Bestimmungen nach Extraktion mit Eisensulfid und Differenzen gegenüber der wirklich zugefügten Menge (3,92 γ).

Nr. der Probe	γ Ni	Δ	γ Co	Δ
6	4,05	+ 0,12	4,1	+ 0,2
7	3,7	— 0,2	3,8	— 0,1
8	5,9	+ 2,0	4,1	+ 0,2
9	4,9	+ 1,0	3,8	— 0,1

ten, entsprechend dem dritten Punkt der Skala, d. h. 15,7 γ/ml bzw. 3,92 γ für jede Aufnahme an. Diese Kobalt- und Nickelmengen wurden in eine Platinschale gegeben und mit dem oben beschriebenen Verfahren niedergeschlagen und auf 1 ml konzentriert. Die Proben 8 und 9 wurden nach Zusatz von 4 g Calciumkarbonat p. a. zum Schaleninhalt ausgeführt, um den Einfluß des Calciums auf den Extraktionsvorgang zu kennen, da wir auch einige Kalksteine untersuchen wollten. In der Tabelle 4 sind die experimentellen Werte dieser Versuche dargelegt und die Differenzen gegenüber dem theoretischen Wert berechnet. Man sieht, daß das Calciumkarbonat eine nicht zu vernachlässigende Menge von Nickel enthält, die wahrscheinlich nicht gleichmäßig verteilt ist; die anderen Werte entfernen sich vom Sollwert um nicht mehr als 6%.

Schlußfolgerungen.

Die Notwendigkeit, das Nickel und Kobalt mittels Eisensulfid anzureichern, geht aus den Analysenresultaten von 22 Hornsteinen und Kalken hervor: diese enthalten in einem Gramm:

$$15{,}7\text{—}3{,}3\,\gamma \text{ Nickel}$$
$$34{,}0\text{—}0{,}4\,\gamma \text{ Kobalt.}$$

Bezieht man diese Werte auf 20 mg Gestein, erhält man:

$$0{,}3\ \text{—}0{,}066\,\gamma \text{ Nickel}$$
$$0{,}68\text{—}0{,}008\,\gamma \text{ Kobalt.}$$

Aus diesen Zahlen geht hervor, daß ohne Anreicherung die Bestimmung der in Frage stehenden Elemente nur in einer beschränkten Zahl der Proben möglich gewesen wäre. Im Laufe der Analysen wurden die Spektrogramme des Hornsteins Nr. 10 wiederholt und folgende Resultate erhalten:

$$1.\ \text{Spektrogramm: } 13{,}4\,\gamma \text{ Co und } 3{,}4\,\gamma \text{ Ni}$$
$$2.\ \qquad\qquad,,\qquad\quad 13{,}4\,\gamma\ ,,\quad ,,\ 3{,}9\,\gamma\ ,,$$

Diese und die oben wiedergegebenen Werte zeigen die gute Reproduzierbarkeit der Methode.

Mit entsprechenden Vorsichtsmaßregeln kann dieses analytische Verfahren eine allgemeinere Anwendung erfahren. Die Angaben von *Goldschmidt*[5] und *Trögger*[11] sind von großem Nutzen, falls es sich darum handeln sollte, Nickel und Kobalt in anderen Mineralien und Gesteinen zu bestimmen, wobei man sich vor Augen halten muß, daß die basischen Gesteine von diesen Elementen verhältnismäßig große Mengen enthalten, während diese in den sauren Gesteinen bedeutend geringer sind. Ist in diesem Falle die Eisenmenge zu gering, kann es zugefügt werden. Ist Eisen im Überschuß vorhanden, kann es nach der Entfernung der Kieselsäure mit Fluß- und Schwefelsäure gemeinsam mit Nickel und Kobalt durch Schwefelwasserstoff gefällt werden. Die Sulfide werden in Salzsäure gelöst und mit Salpetersäure oxydiert. Nach dem Verfahren von *Rothe* wird das Eisen dann extrahiert, eine kleine Variante des oben beschriebenen Verfahrens.

Offenkundig sind die Grenzen der Bestimmungsmöglichkeit des Nickels und Kobalts nach diesem Verfahren sehr breit. Da diese Methode zu einem bestimmten Zweck ausgearbeitet wurde, haben wir die Grenzen der Empfindlichkeit nicht näher untersucht. Immerhin können wir folgende Überlegungen anstellen: Angenommen, es wäre Nickel und Kobalt in einem Material mit 0,06% Eisen nachzuweisen; es könnten von diesem Material 50 g eingewogen und $^{50}/_4 = 12{,}5$ g für eine Aufnahme verwendet werden. Da es unter Einhaltung gewisser Vorsichtsmaßregeln möglich ist, $0{,}4\,\gamma$ Nickel oder Kobalt genau zu bestimmen, heißt dies, daß eine Empfindlichkeit von $1:3{,}1 \times 10^7$ erreicht werden kann. Wenn es sich um die Analyse schwer löslicher Substanzen handelt oder sich solche während des Arbeitsganges bilden, könnte diese Empfindlichkeit aus praktischen Gründen etwas herabgesetzt sein. Bei Bestimmungen in organischem Material kann die Extraktion auf die Asche angewendet werden. In jedem Falle halte man sich vor Augen, daß Nickel und Kobalt in der Natur weit verbreitet sind und daß sie keineswegs zu den Elementen mit größter „Dispersion" gehören. Daher ist die erreichte Empfindlichkeit mehr als ausreichend, um alle Probleme die sich aus der Analyse von natürlichen Substanzen ergeben, lösen zu können.

Zusammenfassung.

Die Ähnlichkeit im chemischen Verhalten ermöglicht es, Spuren von Nickel und Kobalt zu bestimmen, indem man sie zusammen mit Eisen als Sulfide zur Abscheidung bringt. Die Fällung dieser Elemente ist spektrographisch quantitativ, selbst wenn auf einen Teil der Probe nur $1{,}6 \cdot 10^{-6}$ Teile der Spurenelemente kommen.

Man fügt zu der Lösung, in der sich Spuren von Nickel bzw. Kobalt finden, die nach dem gewöhnlichen spektrographischen Verfahren kaum mehr nachweisbar sind, 16,8 mg nickel- und kobaltfreies Eisen und fällt dann mit Schwefelwasserstoff in alkalischer Lösung. Der Niederschlag wird gelöst und auf 1 ml eingeengt. Mit dieser Lösung werden reine Kohleelektroden beschickt und nach dem Auftrocknen wird der Rückstand im Gleichstrombogen (180 V/5 A) verdampft und zur Emission angeregt.

Silikatgesteine werden vor der Extraktion mit Fluorwasserstoff- und konz. Schwefelsäure behandelt. Organische Substanzen werden vorher am besten verascht.

Es wurden die Analysenlinien Co 3044,0 Å und Ni 3042,6 Å verwendet; für einige Kontrollbestimmungen benutzten wir auch die Linien Co 3453,5 bzw. 3405,1 Å und Ni 3492,9 bzw. 3414,8 Å. Für den Vergleich dienten neun geeignete Eisenlinien. Die Berechnung erfolgte nach der gewöhnlichen Methode der reduzierten Ausschläge.

Auch verhältnismäßig hohe Mengen von Calcium stören die Methode der chemischen Extraktion nicht; es wurde im Gegenteil einwandfrei erwiesen, daß chemisch reines Calciumkarbonat, welches für einige Versuche angewandt wurde, kleine Mengen von Nickel enthält und frei von Kobalt ist.

In 22 Proben von mesozoischen Hornsteinen und Kalken des nördlichen toskanischen Appenins wurden Nickel- und Kobaltmengen gefunden. Bei direkter Anregung des Gesteins im Lichtbogen wäre es nicht möglich gewesen, diese Bestimmungen auszuführen.

Summary.

The similarity in chemical behavior makes it possible to determine traces of nickel and cobalt, by coprecipitating them as sulfides along with iron. The precipitation of these elements is spectographically quantitative, even when one part of the sample contains no more than 2.5×10^{-6} part of the trace elements.

The solution, which contains traces of nickel or cobalt, which are scarcely detectable by the usual spectrographic method, is treated with 16.8 mg of nickel- and cobalt-free iron, and than precipitated with hydrogen sulfide in alkaline solution. The precipitate is dissolved and the solution evaporated to 1 ml. Pure carbon electrodes are charged with this solution and, after drying, the residue is vaporized in the direct arc (180 V/5 A) and activated to emission. Silicate rocks are treated with hydrofluoric acid and conc. sulfuric acid before the extraction. It is best to ash organic materials beforehand.

The analysis lines Co 3044.0 Å and Ni 3042.6 Å were used; for several control determinations, Co 3453.5 Å or 3405.1 Å and Ni 3492.9 Å were employed. Nine suitable iron lines served for the comparison. The computation was made by the usual method of reduced deflections.

Even fairly high quantities of calcium do not interfere with the methods of chemical extraction; on the contrary it was definitely proven that chemically pure calcium carbonate, which was used for several trials, contains small amounts of nickel and is free of cobalt. Twenty two samples of mesozoic hornstones and limestones of the northern Tuscan Appenines were found to contain some nickel and cobalt. It would not have been possible to carry out these determinations by direct activation of the stone in the arc.

Résumé.

La similitude des propriétés chimiques rend possible la détermination des traces de nickel et de cobalt lorsqu'on les précipite avec le fer sous forme de sulfures. La précipitation de ces éléments est spectrographiquement quantitative même s'il n'y en a, sur une prise d'essai, que $2,5 \cdot 10^{-6}$ partie à l'état de trace.

On verse dans la liqueur ou se trouvent les traces de nickel et de cobalt à peine décelables par l'analyse spectrographique ordinaire, 16,8 mg de fer exempt de cobalt et de nickel et précipite alors en solution alcaline avec l'hydrogène sulfuré. On redissout le précipité et amène la solution à 1 ml; on imprègne des électrodes de charbon pur avec cette solution et, après dessication, le résidu est évaporé dans l'arc continu (180 V/5 A) et excité pour l'émission. Les roches siliceuses doivent être traitées avant l'extraction par l'acide fluorhydrique et l'acide sulfurique concentré. Les matières organiques doivent être incinérées auparavant.

On utilise les raies spectrales Co 3044,0 Å et Ni 3042,6 Å; pour quelques dosages de contrôle, nous prenons aussi les raies Co 3453,5 Å ou 3405,1 Å et Ni 3492,9 et 3414,8 Å. Pour la comparaison, on se sert de 9 raies convenables du fer. Le calcul se fait d'après les méthodes habituelles.

Des quantités de calcium proportionnellement grandes ne gênent pas la méthode d'extraction chimique; au contraire, on a prouvé d'une manière irréfutable que le carbonate de calcium chimiquement pur qui a été utilisé pour quelques essais, contient de petites quantités de nickel et se montre exempt de cobalt.

Dans 22 échantillons de silex mésozoïques et dans des calcaires des Apennins de la Toscane septentrionale, on a trouvé du cobalt et du nickel. Par excitation directe de la roche dans l'arc, il n'aurait pas été possible d'exécuter ces dosages.

Diskussion.

H. Prof. *A. Gatterer* (Castel Gandolfo, Vatikan): Ist es möglich, Nickel und Kobalt, oder wenigstens Nickel auch ohne Anreicherung an der ursprünglichen Probe nachzuweisen, und sind solche Versuche angestellt worden? — Ist es möglich, ohne Fällung, durch einfache Einengung der Lösung den Nachweis durchzuführen?

H. *R. Pieruccini:* Ohne Anreicherung sind meist keine Spuren zu finden. — Der Nachweis in eingeengten Lösungen wird durch die enthaltenen Mengen von Calcium und Magnesium verhindert.

Literatur.

[1] *F. Caujolle*, Exp. annuels de Biochimie médicale, *M. Polonowski*, VII Série, Paris 1947.

[2] *A. Gatterer*, Pont. acad. sci., Commentationes I; *A. Gatterer* und *J. Junkes*, Specola Astronomica Vaticana, com. Nr. 6, Roma 1928.

[3] *A. Gatterer* und *J. Junkes*, Pont. acad. sci., Commentationes 4, S. 191 (1940).

[4] *V. M. Goldschmidt* und *Cl. Peters*, Götting. Nachr., Fachgr. 4, 1934, 4, 11.

[5] *V. M. Goldschmidt*, Geochemische Verteilungsgesetze der Elemente IX, Oslo 1938.

[6] *C. Minguzzi* und *A. Talluri*, Atti soc. tosc. sci. nat., Memorie, Serie A, vol. 58, (1951). Im Druck.

[7] *J. Noddack* und *W.*, Naturwiss. 18, 758 (1930).

[8] *W. Noll*, Chemie der Erde, 8, 507 (1933/34).

[9] *R. Pieruccini*, Spectrochimica Acta, 4, H. 1 (1950).

[10] *R. Pieruccini*, Atti soc. tosc. sci. nat., Memorie, Serie A, 56, 127 (1949).

[11] *E. Trögger*, Chemie der Erde, 9, 286 (1934/35).

Grenzen der Absorptions-Spektralanalyse.

Von

A. Luszczak, Wien.

(Eingelangt am 18. Juli 1950.)

Es ist müßig, heute noch etwa einen Werbevortrag für die Anwendung der Absorptions-Spektralanalyse halten zu wollen. Jeder modern denkende Chemiker, insbesondere aber der Mikroanalytiker, weiß den Wert jener Analysenmethoden zu schätzen, die auf dem Messen der Lichtauslöschung in Abhängigkeit von der Wellenlänge des eingestrahlten Lichtes, sei es UV-, sichtbares oder UR-Licht, beruhen. Das *Lambert-Beer*sche Gesetz definiert bekanntlich die zu messende physikalische Größe, nämlich den Extinktionskoeffizienten und die Zusammenhänge dieser Größe mit der Länge der durchstrahlten Schichtdicke und der Konzentration der untersuchten Lösung; die Regel, daß sich bei einem Gemisch mehrerer, weder chemisch noch physikalisch miteinander reagierender Stoffe, die Extinktionen der vorhandenen Stoffe einfach addieren, gibt die Grundlage für die analytische Auswertung der Extinktionskurve eines Stoffgemisches mit dem Ziel der quantitativen Bestimmung der Einzelstoffe. Die außerordentlichen Erfolge, die diese Methodik bisher gezeitigt hat, verführen nun gelegentlich auch den Fachmann dazu, die Genauigkeit der Arbeitsweise zu überschätzen. Daraus ergeben sich zwangsläufig in einzelnen Fällen analytische Mißerfolge, die nun wieder zu dem Trugschluß führen, daß die Methodik nur beschränkt anwendbar wäre. Zu diesen Fragen will ich in skizzenhaften Umrissen Stellung nehmen. Was zunächst die Genauigkeit der Methodik betrifft, so dürfte auch heute noch die seinerzeit von *G. Kortüm* aufgestellte Behauptung, wonach bei sorgfältigem Arbeiten die Fehlerstreuung für die Messung eines einzelnen Extinktionskoeffizienten (Extinktionsmoduls) mit $\pm 1\%$ anzunehmen ist, aufrecht sein. Bei den photographischen Methoden gilt dies etwa für den Logarithmus des Extinktionsmoduls, woraus sich zwangsläufig eine Streuung des errechneten Resultates für die Konzentration eines Stoffes von etwa $\pm 2^1/_3$ relativen Prozenten ergibt. Es ist dies eine Tatsache, die zu berücksichtigen ist. Aus den

Regeln der Fehler- und Ausgleichsrechnung folgt eindeutig, daß man vier voneinander unabhängige, untereinander gleich genaue Messungen, somit Einzelanalysen, durchführen muß, um die Streuung auf die Hälfte herabzudrücken, womit aber gleich die Grenze angedeutet ist, die man dem praktisch tätigen Analytiker noch zumuten kann. Bei der rechnerischen Auswertung der Summenextinktionskurve eines Mehrstoffgemisches übertragen sich nun die systematischen Fehler nach dem Fehlerfortpflanzungsgesetz auf die Einzelresultate. Es ist bei der Berechnung darauf zu achten, daß die Koeffizienten der Berechnungsformeln ebenfalls fehlerbehaftet sind, weil sie aus fehlerbehafteten Meßergebnissen gewonnen wurden, was die Rechnung etwas langwierig gestaltet. Über mögliche Vereinfachungen wird in einem eigenen Kapitel des in **Kürze** bei Walter de Gruyter in Berlin erscheinenden Buches „Absorptionsspektralanalyse" von *F. X. Mayer* und mir berichtet werden. Es sei ausdrücklich darauf hingewiesen, daß der praktische Analytiker, der bereits ausgearbeitete Analysenvorschriften anwendet, alle diese umfangreichen Berechnungen *nicht* benötigt; sie sind jedoch für den forschenden Analytiker, der neue Analysenvorschriften ausarbeitet, unumgänglich notwendig, um die Sicherheit seiner neuen Analysenvorschriften einwandfrei beurteilen zu können. Der einzig mögliche Weg, bei gegebener apparativer Meßgenauigkeit die Streuung der einzelnen Analysenergebnisse aus einem Mehrstoffsystem zu verbessern, liegt darin, den Einfluß der Streuung der Koeffizienten in den Formeln zur Berechnung der Fehlerfortpflanzung zu steuern. Dies erfolgt praktisch durch Auswahl von Extinktionskoeffizienten die zahlenmäßig stark verschieden sind oder im Wellenlängenbereich günstig liegen. Der analytische Forscher wird auf diesem Gebiete vielfach gefühlsmäßig oder intuitiv das Richtige treffen; er hat aber die Pflicht, das so gewonnene Ergebnis durch Anwendung der Fehler- und Ausgleichsrechnung kritisch zu prüfen. Es ist einleuchtend, daß die von der Natur gegebenen Grenzen, die einerseits durch die jeweilige Form der Extinktionskurven der Einzelstoffe und anderseits durch das Fehlerfortpflanzungsgesetz gegeben sind, nicht überschritten werden können. Vor einem Fehlweg möchte ich an Hand eines Beispiels ausdrücklich warnen: Wenn etwa die Extinktionsanzeige in Form eines Photogramms vorliegt, so stecken in diesem Photogramm mehrere überlagerte systematische Fehler, wie etwa der Einfluß der Einwaage, der Einfluß des verwendeten Spektrographen, der verwendeten Lichtschwächungseinrichtung, der Empfindlichkeit der Photoplatte, deren Untergrund und ähnliche. Wenn nun ein solches Photogramm etwa mit einer lichtelektrischen Präzisionseinrichtung ausgewertet wird, so ist dieser letzte Meßakt im Zuge der Analyse mit recht kleinem Fehler behaftet. Da aber bei der Fehlerfortpflanzung von einzelnen gekoppelten Handhabungen verschiedenen mathematischen Gewichtes, jene mit kleinstem Gewichte das Resultat in weitaus überwiegendem Maße beeinflussen, so führt die Einschaltung einer einzelnen Handhabung mit hohem Gewichte, d. h. hoher Genauigkeit, nur zu einer unwesentlichen Verbesserung des Endergebnisses. Ein solches Beginnen ist daher nur vom Gesichtspunkt der Zeiteinsparung oder der Vermeidung von Ermüdung des Arbeitenden wertvoll, etwa so wie eine Rechenmaschine die Streuung von Analysenresultaten nur insoferne verkleinert, als damit der persönliche Fehler des Rechnenden in bestimmtem Ausmaße ausgeschaltet wird.

Was nun die Verkleinerung des apparativen Fehlers betrifft, so ist die direkte lichtelektrische Messung der Extinktion, wie sie etwa durch das in den USA. in neuerer Zeit entwickelte *Beckmann*-Spektralphotometer verwirklicht wird, ein brauchbarer Weg. Es muß nur eines bedacht werden, daß hier der letzte Meßakt, nämlich die Anzeige des elektrischen Meßinstrumentes, gar nicht so genau ist, als vielfach auch von Fachleuten angenommen wird. Elektrische Präzisionsmeßinstrumente haben noch immer einen Anzeigefehler von etwa $\pm\,^1/_{10}$ relativen Prozenten. Dies bedeutet jedoch noch keineswegs, wie aus dem früher Gesagten hervorgeht, schon eine Verbesserung des Analysenresultates um eine ganze Zehnerpotenz. Durch den Wegfall bestimmter fehlerbehafteter Zwischenereignisse (z. B. der Schwärzung der Photoplatte) wird zweifellos das Einzelresultat verbessert. Man muß sich aber hüten, mit Zehnerpotenzen leichtsinnig umzugehen. Die analytische Chemie zeigt dies mit aller Deutlichkeit, denn hier war die Schaffung einer arbeitstechnisch völlig neuen Disziplin, nämlich der Mikrochemie, nötig, um die Erfolge der Verkleinerung um Zehnerpotenzen, erst völlig zu begründen. Hier wäre noch eine kurze Bemerkung zur mikro-absorptionsspektralanalytischen Apparatur nach *Casperson* einzuschalten. Durch Verkleinerung der Dimensionen des Meßobjektes (entsprechend der die Probe enthaltenden Küvette) wird wohl eine wesentliche Herabsetzung der unteren Grenze der Nachweisbarkeit eines Stoffes erzielt; dies jedoch nur dann, wenn, entsprechend der verkleinerten Schichtdicke des zu bestimmenden Stoffes, seine Konzentration im gleichen Ausmaß erhöht vorliegt, z. B. bei angefärbten Zellbestandteilen. Im allgemeinen ist für ein Aufkonzentrieren eines Stoffes aus Litervolumen auf Kubikmillimetervolumen und darunter noch kein quantitativ einwandfreier, auf der Hand liegender Weg erkennbar.

Es ist nun noch kurz auf die Erhöhung der Analysengenauigkeit durch vorbereitende chemische oder physikalische Behandlung der zu untersuchenden Proben hinzuweisen. Obwohl Störstoffe in vielen Fällen auch rechnerisch ausgeschaltet werden können, so ist es doch zweckmäßig, diese wenn möglich schon vor der Messung der Extinktion durch chemische oder physikalische Maßnahmen zu entfernen. Es ist auch weiters sinnvoll, ein Mehrstoffgemisch in mehrere Fraktionen zu zerlegen, wobei eine quantitative Trennung keinesfalls nötig ist, sondern nur eine Verschiebung des Mischungsverhältnisses. Als Hilfsmittel seien etwa genannt: Destillation, Adsorption, partielle Fällung. Bei mathematischer Durcharbeitung des Problems ist leicht erkennbar, daß bei der spektralanalytischen Untersuchung von vier unvollständig getrennten Fraktionen eines Gemisches die ausgemittelten Resultate für die zu bestimmenden Einzelstoffe kleinere Streuung aufweisen müssen, als etwa jene, die sich aus vier gleichen Einzelaufnahmen der Mischkurve der unvorbehandelten Probe ergibt. Dies deshalb, weil der Zahlenwert für die Fehlerstreuung eines Einzelergebnisses im funktionellen Zusammenhang mit dem Zahlenwert des vorhandenen Mischungsverhältnisses steht. Der sinnvollen Anwendung zusätzlicher Hilfsmaßnahmen sind keine absehbaren Grenzen gesetzt. Völliges Neuland ist noch das Gebiet der „Kolorimetrie im Dunkeln". Bei dieser Arbeitstechnik können spezifische und empfindliche Reaktionen, die nicht zu farbigen Komplexen führen, jedoch Stoffe entstehen lassen, die im UV oder UR charakteristische Extinktionskurven ergeben, im nützlicher und reizvoller Art für quantitative Bestimmungen und Trennungen ausgewertet werden.

Der internationale Erfahrungsaustausch auf dem Gebiete der Absorptionsspektralanalyse steckt noch in den Anfängen, so daß überflüssige Parallelarbeit bzw. Unkenntnis schon erzielter Erfolge Einzelner, im Schrifttum zu beobachten sind. Zum Teil liegt dies auch darin, daß dieses Arbeitsgebiet noch von vielen Fachleuten als eine Art Geheimwissenschaft betrachtet wird. Es wäre an der Zeit, daß dem durch eine breitere kollegiale Fühlungnahme sowohl hinsichtlich einzelner Erfolge, aber auch einzelner Mißerfolge gesteuert werden möge.

Zusammenfassung.

Es wird darauf hingewiesen, daß der Relativgenauigkeit absorptionsspektralanalytischer Methoden Grenzen gesetzt sind, die in der Natur der Sache liegen. Die zu erwartende Fehlerstreuung bei der Ausarbeitung neuer Bestimmungsmethoden von Mehrstoffgemischen kann und soll mit Hilfe der Fehler- und Ausgleichsrechnung ermittelt werden. Unter Zuhilfenahme einfacher physikalischer und chemischer Maßnahmen, wie Destillation, Adsorption, selektiven Reaktionen und ähnlichen kann das Anwendungsgebiet noch wesentlich erweitert werden.

Summary.

It is pointed out that the relative accuracy of the absorption spectral analytical methods has limits which lie in the nature of the matter. The expected distribution of errors in the development of new procedures for the determination of mixtures of several materials can and should be ascertained by means of the error and compensation computations. The field of applicability can be markedly extended through simple physical and chemical operations such as distillation, adsorption, the use of selective reactions and so forth.

Résumé.

On établit que la précision relative des méthodes d'analyse par absorption spectrale est soumise à des limites qui tiennent à la nature des choses. La dispersion de l'erreur à attendre dans l'élaboration de nouvelles méthodes de dosage de mélange de plusieurs substances doit être rendu possible au moyen des calculs d'erreur et de compensation. Le domaine d'application peut être essentiellement élargi en s'aidant de moyens physiques et chimiques simples comme la distillation, l'adsorption, les réactions sélectives, etc.

Diskussion.

H. *F. X. Mayer* (Wien, Österreich): Diesen Ausführungen kommt grundlegende Bedeutung zu, da wir Untersuchungen von biologisch wirksamen Substanzen (Vitaminen, Hormonen) in Größenordnungsgebieten durchführen, die mit den üblichen Mitteln der Absorptionsspektralanalyse nicht ohne weiteres erfaßt werden können. Die Erhöhung der Nachweisempfindlichkeit um eine Zehnerpotenz bereitet aber noch erhebliche apparative Schwierigkeiten.

Aus dem I. Chemischen Laboratorium der Universität Wien.

Ionenadsorption an Papier- und Glasoberflächen.

Von

T. Schönfeld und **E. Broda.**

Mit 5 Abbildungen.

(Eingelangt am 27. Juli 1950.)

Radioaktive Stoffe können auf Grund ihrer energiereichen Strahlung bereits in kleinsten Mengen nachgewiesen werden. Durch die Empfindlichkeit der radioaktiven Nachweismethode wird auch die Untersuchung hochverdünnter Lösungen ermöglicht. So ist etwa beim Thorium B, dem Bleiisotop mit dem Atomgewicht 212 und der Halbwertszeit 10,6 Stunden, eine Gehaltsbestimmung mit der bei radiochemischen Methoden erzielbaren Genauigkeit von einigen Prozent noch in Lösungen mit einer Konzentration von 10^{-17} Mol/l möglich.

Bei den hochverdünnten Lösungen, die durch die radioaktiven Methoden einer analytischen Untersuchung zugänglich sind, kann die Adsorption an den Oberflächen, mit denen die Lösungen in Berührung kommen, erheblich sein. Derartige Adsorptionserscheinungen sind schon vor mehr als 30 Jahren aufgefunden worden. Die Adsorption von Radioelementen an Glas wurde zuerst von *Horovitz* und *Paneth* 1914 beobachtet[1]. *Godlewski*[2] beobachtete die Adsorption der Zerfallsprodukte der Radiumemanation an Papier. *Erbacher* und *Nikitin*[3] zeigten, daß ein von *Lind*[4] angegebener Wert für das Löslichkeitsprodukt von Radiumsulfat um einen Faktor von 67 zu niedrig war, weil *Lind* die Adsorption an Filterpapier nicht berücksichtigt hatte.

Über den Adsorptionsmechanismus lieferten diese ersten Arbeiten sowie verschiedene spätere Arbeiten[5, 6] keine Klarheit. Seine Ermittlung erschien uns vom Standpunkt der Verwendung radioaktiver Indikatoren in hochverdünnten Lösungen von Bedeutung. Die Ergebnisse unserer Arbeit liefern jedoch nicht nur Aussagen über Adsorptionsvorgänge aus Lösungen solcher Verdünnung, daß sie nur mit radiochemischen

Methoden untersucht werden können. Sie zeigen vielmehr auch, daß Adsorption an Gefäßwänden und Filtermedien in vielen Fällen schon im Bereich wesentlich größerer Konzentrationen — sogar bis 10^{-5} Mol/l — zu berücksichtigen ist, also in einem Bereich, in dem nichtradiochemische Methoden zur analytischen Bestimmung angewendet werden.

Adsorption durch Ionenaustausch.

Bei der Adsorption von Ionen an Papier und Glas handelt es sich im wesentlichen, wie sich aus der vorliegenden Arbeit ergibt, um einen Ionenaustauschvorgang. Die Gesetzmäßigkeiten des Ionenaustausches sind insbesondere durch das Studium solcher Kunstharzaustauscher bekannt geworden, die nur eine Art von austauschenden Gruppen enthalten. Das Massenwirkungsgesetz ist als Grundgleichung des Ionenaustausches zu betrachten[7]. Darstellung des Ionenaustausches mit Hilfe der *Langmuir*schen Isotherme ist mit der nach dem Massenwirkungsgesetz identisch[8]. Eine experimentell ermittelte Gültigkeit dieser Beziehung über ein erhebliches Konzentrationsbereich kann als Hinweis auf einen Ionenaustauschvorgang betrachtet werden. Bei der Adsorption von Kolloidteilchen ist Übereinstimmung mit der *Langmuir*schen Isotherme nicht zu erwarten.

Ein weiteres Merkmal der Ionenaustauschadsorption ist die rasche Einstellung des Gleichgewichtszustandes von beiden Seiten. Der Austausch muß in einem Zeitraum erfolgen, der zur Diffusion in alle Poren des Austauschers ausreicht. Ein besonders gut verfolgbarer Sonderfall des Austausches ist der zwischen isotopen Ionen. Zusatz von Fremdionen kann bei Vorliegen reiner Ionenaustauschadsorption nur zur Verringerung der Adsorption führen.

Adsorption an Papier.

Versuche mit Thorium B.

Für die Versuche mit Papier wurde in erster Linie Thorium B verwendet. Hochverdünnte Lösungen dieses Bleiisotops wurden durch Emanieren aus Thoriumnitratlösungen hergestellt: Ein Luftstrom wird durch konzentrierte Thoriumnitratlösung geleitet, wobei ein Teil der Thoriumemanation (Thoron), die eines der Zerfallsprodukte der Thoriumreihe ist, mitgerissen wird. Der Luftstrom wird nun mittels Fritte in fein verteilter Form durch doppelt destilliertes Wasser geführt. Die Thoriumemanation geht teilweise in Lösung und zerfällt rasch (Halbwertszeit 54 Sek.) in das Thorium A und dieses mit einer Halbwertszeit von 0,14 Sek. in das Thorium B. Die Konzentration des Thorium B in den auf diese Weise erhaltenen, besonders reinen Lösungen betrug ungefähr 10^{-15} Mol/l.

Ungeleimte, ligninfreie Papierfaser wurde in den Thorium B-Lösungen unter gutem Rühren suspendiert. Das Adsorptionsgleichgewicht stellte sich in etwa fünf Minuten ein, gewöhnlich wurde jedoch mit Adsorptionszeiten von 30 bis 60 Minuten gearbeitet.

Nach Absaugen auf einer kleinen Nutsche (18 mm Durchmesser) wurde das Filtrat noch zweimal durch den Filterkuchen gegossen und die Papiermasse so gut als möglich trocken gepreßt und gesaugt. Entfernung letzter Lösungsreste gelang jedoch nicht. Die Papiermasse wurde nun bei 105 bis 110° C getrocknet und nach Einstellung des radioaktiven Gleichgewichtes (Thorium B — Thorium C), d. h. frühestens nach vier Stunden, unter dem *Geiger-Müller*-Zählrohr gemessen.

In erster Linie werden hiebei die beim Zerfall des Thorium C und Thorium C'' (Thallium 208) entstehenden β-Teilchen gezählt, da diese wesentlich größere Energie wie die Thorium B- β-Teilchen besitzen und daher vom Filterkuchen und vom Zählrohrmantel bedeutend weniger absorbiert werden. Nach Einstellung des radioaktiven Gleichgewichtes ist die vorliegende Menge Thorium C und Thorium C'' aber nicht von der ursprünglichen Menge Thorium C, sondern von der im Präparat vorhandenen Menge Thorium B abhängig. Die Verteilung der Aktivität ist also für die Verteilung des Bleis und nicht des Wismuts oder Thalliums charakteristisch. Das Thorium C und Thorium C'' klingen daher auch praktisch mit der Halbwertszeit des Thorium B ab.

Das im Filtrat verbliebene Thorium B wurde mit Bleiträger als Sulfid ausgefällt. Der Niederschlag wurde mittels Papierfilter auf der 18 mm Nutsche abgetrennt, mit Alkohol gewaschen, an der Luft getrocknet und nach Einstellung des radioaktiven Gleichgewichtes unter dem *Geiger-Müller*-Zählrohr gemessen, wobei die gleiche geometrische Anordnung wie bei der Messung der Papieradsorptionsmasse eingehalten wurde. Die Selbstabsorption der β-Strahlung des Thorium C und Thorium C'' in diesen Präparaten war, wie Versuche zeigten, so gering, daß keine Korrekturen erforderlich waren. Das Verhältnis der gemessenen Aktivitäten von Filterkuchen und Bleisulfidniederschlag konnte also unmittelbar dem Verhältnis der in den beiden Fraktionen anwesenden Radiobleimengen gleichgesetzt werden.

Unter identischen Bedingungen durchgeführte Versuche ergaben zufriedenstellende Reproduzierbarkeit der Methode ($\pm$ 3%).

Adsorptions- und Desorptionsversuche ergaben, daß sich dieselbe Verteilung von beiden Seiten in wenigen Minuten einstellt. Die Versuchsbedingungen bei den Adsorptionsversuchen waren: 30 ml Lösung, Thorium B — Konzentration $\approx 10^{-15}$ Mol/l, 0,06 g Papier, $p_H = 6$ (kein Puffer). Drei Parallelversuche ergaben 88, 90 und 91% Adsorption. Bei den Desorptionsversuchen wurde von Papiermasse, an der zuerst eine größere Menge Thorium B adsorbiert worden war, mehrere Male mit destilliertem Wasser (p_H 5,5 — 6,0) desorbiert. Die Ergebnisse eines solchen Versuches sind in Tabelle 1 wiedergegeben.

Die Verteilung bei Adsorption und Desorption kann also als identisch betrachtet werden.

Austausch zwischen adsorbiertem Thorium B und gelöstem inaktivem Blei findet sehr rasch statt. Thorium B wurde an Papier adsorbiert und das Adsorbens in 0,005 m Bleinitratlösung suspendiert. Schon nach wenigen Minuten befand sich die gesamte Aktivität (Thorium B) in der Lösung.

Tabelle 1. Desorptionsversuch.

Thorium B an 0,06 g Papier adsorbiert, jede Desorption gegen 30 ml destilliertes Wasser durchgeführt, $p_H = 6$ (ungepuffert), Desorptionsdauer 10'.

Desorption Nr.	Aktivität desorbiert (Stöße/Min.)	Aktivität des Papiers vor Desorption (Stöße/Min.) berechnet	% Thorium B desorbiert
1	133	1452	9,2
2	116	1319	8,8
3	99	1203	8,2
4	101	1104	9,1
5	97	1003	9,7
6	90	906	9,9
7	76	816	9,3
Papier nach Desorption Nr. 7		740 (gemessen)	

Durch Messung der Adsorption von Blei aus Bleinitratlösungen verschiedener Konzentrationen, denen Thorium B als radioaktiver Indikator zugesetzt worden war, wurde die Adsorptionsisotherme von Blei an Papier ermittelt (Tabelle 2). Die Übereinstimmung der erhaltenen Werte mit einer *Langmuir*schen Isotherme war im Bereich 10^{-15} bis 10^{-4} M recht gut, während bei konzentrierteren Bleilösungen erhebliche Abweichungen eintraten. Die Abweichungen sind offenbar auf die unscharfe Abtrennung der Lösung vom Adsorbens zurückzuführen. Während bei geringen Bleikonzentrationen, d. h. bei hohen Werten für die relative Adsorption (Aktivität am Adsorbens/Gesamtaktivität) diese Ungenauigkeit der Abtrennung nur einen geringen Einfluß auf die gemessenen Adsorptionswerte ausübt, sind die dadurch bedingten Fehler bei höheren Bleikonzentrationen von der Größenordnung des gemessenen Wertes.

Aus diesem Grund ist es auch unmöglich, den Sättigungswert, d. h. die Kapazität des Papiers für Blei, direkt zu ermitteln. Eine indirekte Ermittlung war jedoch möglich. Die *Langmuir*sche Isotherme kann in der Form von Gleichung (1) geschrieben werden:

$$\left(\frac{x}{m}\right)_{Pb} = \frac{k_1 C_{Pb^{++}}}{k_2 C_{Pb^{++}} + 1}, \tag{1}$$

wobei x die adsorbierte Bleimenge in Mol, m das Gewicht des Adsorbens in Gramm, $C_{Pb^{++}}$ die Gleichgewichtskonzentration des Bleis in Mol/l und k_1 und k_2 Konstanten bezeichnen. Extrapoliert man zu sehr kleinen Werten von $C_{Pb^{++}}$, so erhält man

$$\left(\frac{x}{m}\right)_{Pb} = k_1 C_{Pb^{++}}. \tag{2}$$

k_1 läßt sich also aus den bei kleinen Bleikonzentrationen gemessenen Adsorptionswerten berechnen. Setzt man nun gemessene Adsorptionswerte im mittleren Konzentrationsbereich (10^{-3} bis 10^{-5} M) in Gleichung (1) ein, so ist lediglich k_2 unbekannt und kann daher berechnet werden. Erhält man aus den Messungen bei mehreren Konzentrationen übereinstimmende Werte für k_2, so ist dies eine Bestätigung der Gültigkeit der *Langmuir*schen Isotherme. Eine derartige Übereinstimmung wurde im mittleren Konzentrationsbereich erhalten.

Extrapoliert man Gleichung (1) andrerseits zu großen Bleikonzentrationen, so ergibt sich

$$\left(\frac{x}{m}\right)_{\mathrm{Pb}} = \frac{k_1}{k_2}. \tag{3}$$

k_1/k_2 ist daher der Sättigungswert und kann auf Grund der Messungen im Bereich $10^{-4}\,\mathrm{M}$—$10^{-15}\,\mathrm{M}$ berechnet werden. Aus den durchgeführten Messungen (Tabelle 2) ergab sich: $k_1 = 5{,}05$, $k_2 = 2{,}02 \times 10^5$ und daher $k_1/k_2 = 2{,}5 \times 10^{-5}$ Mol Blei/g Papier. Die Kapazität des Papiers für einwertige Ionen beträgt daher $5{,}0 \times 10^{-5}$ Mol/g Papier. Ionenaustauschadsorption ist, wie dieser Wert zeigt, nicht nur bei radiochemischen Methoden zu berücksichtigen, sondern kann auch bei anderen mikrochemischen Methoden eine Rolle spielen.

Tabelle 2. **Konzentrationsabhängigkeit der Adsorption von Blei an Papier.**

Versuchsbedingungen: 30 ml Lösung, 0,06 g Papier, $p_\mathrm{H} = 6$.

Eingestellte Bleikonzentration (Mol/l)	% Adsorption	Aus gemessener Adsorption berechnet:		Aus Isotherme* berechnet: Adsorbiertes Blei (Mol/g Papier) $\left(\frac{x}{m}\right)_{\mathrm{Pb}}$
		Gleichgewichtskonzentration (Mol/l) $C_{\mathrm{Pb}^{++}}$	Adsorbiertes Blei (Mol/g Papier) $\left(\frac{x}{m}\right)_{\mathrm{Pb}}$	
$\sim 10^{-15}$	90			
$\sim 10^{-14}$	91			
$6{,}67 \times 10^{-9}$	91	$6{,}01 \times 10^{-10}$	$3{,}03 \times 10^{-9}$	$3{,}03 \times 10^{-9}$
$6{,}67 \times 10^{-8}$	90	$6{,}67 \times 10^{-9}$	$3{,}00 \times 10^{-8}$	$3{,}36 \times 10^{-8}$
$6{,}67 \times 10^{-7}$	91	$6{,}01 \times 10^{-8}$	$3{,}03 \times 10^{-7}$	$3{,}03 \times 10^{-7}$
$6{,}67 \times 10^{-6}$	89	$7{,}34 \times 10^{-7}$	$2{,}96 \times 10^{-6}$	$3{,}23 \times 10^{-6}$
$6{,}67 \times 10^{-5}$	58	$2{,}80 \times 10^{-5}$	$1{,}93 \times 10^{-5}$	$2{,}09 \times 10^{-5}$
$6{,}67 \times 10^{-4}$	7	$6{,}20 \times 10^{-4}$	$2{,}35 \times 10^{-5}$	$2{,}45 \times 10^{-5}$
$6{,}67 \times 10^{-3}$	2	$6{,}53 \times 10^{-3}$	$6{,}67 \times 10^{-5}$	$2{,}49 \times 10^{-5}$
$6{,}67 \times 10^{-2}$	1	$6{,}60 \times 10^{-2}$	$3{,}43 \times 10^{-4}$	$2{,}50 \times 10^{-5}$

Durch Zusätze verschiedener Elektrolyte wird die Adsorption von Thorium B verschieden stark beeinflußt. Abb. 1 zeigt, daß die adsorptionsverringernde Wirkung der Elektrolytzusätze in jedem Fall mit zunehmen-

---

* Isotherme für Adsorption von Blei an Papier:

$$\left(\frac{x}{m}\right)_{\mathrm{Pb}} = \frac{5{,}05\, C_{\mathrm{Pb}^{++}}}{2{,}02 \cdot 10^5\, C_{\mathrm{Pb}^{++}} + 1}.$$

der Konzentration ansteigt. Die Wirkung ist eindeutig dem Kation zuzuschreiben, da den Thorium B-Lösungen durchwegs Chloride (KCl,
$BaCl_2$, $CuCl_2$, HCl) zugesetzt wurden. Daß das Kation verantwortlich
ist, ergibt sich auch daraus, daß bei Adsorption von Thorium B aus
0,1 n-Lösungen von Kaliumchlorid, Kaliumjodid
und Kaliumsulfat die gleichen Adsorptionswerte
gemessen wurden.

Die Kationen verringern die Adsorption
der Thorium B-Ionen,
indem sie an ihrer Stelle
am Papier adsorbiert
werden. Die in **Abb. 1**
wiedergegebenen Messungen gestatten die Aufstellung einer Verdrängungsreihe, d. h. einer

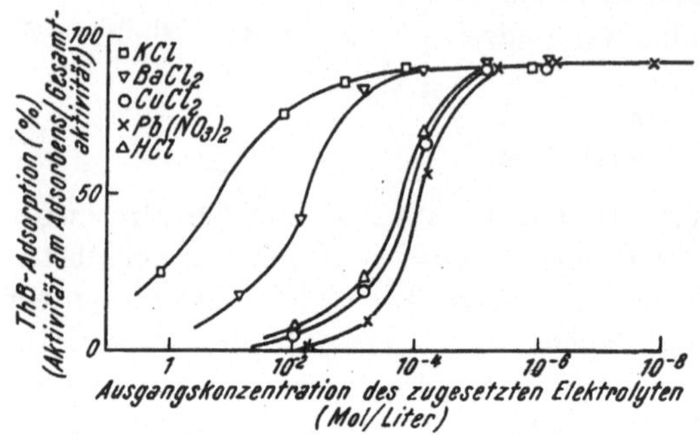

Abb. 1. Einfluß von Elektrolytzusätzen auf Adsorption von
Thorium B an Papier (Verdrängungskurven).
Versuchsbedingungen: 30 ml Lösung, Th B-Konzentration
$\approx 10^{-15}$ M, pH = 6, 0,06 g Papier.

Reihe der Ionenbindungsfestigkeiten am Papier. Unter Berücksichtigung
zusätzlicher Werte ergibt sich die Reihe: $Pb^{++} > Cu^{++} > H^+ > Ba^{++}$
$> K^+ > Li^+$.

Neben der Adsorptionsverringerung durch Verdrängung, wie sie in
den eben beschriebenen Fällen vorliegt, kann auch durch Komplexbildung mit dem radioaktiven Ion ein starker
Einfluß auf die Adsorption ausgeübt werden.
Ein derartiger Einfluß
wurde beim Zusatz von
Zitrat beobachtet. Aus
konzentrierten Zitratlösungen findet praktisch
keine Thorium B-Adsorption statt (Abb. 2). Die
Verdrängungskurve für
Kaliumchlorid ist eingezeichnet, um zu zeigen,
daß es sich nicht um die

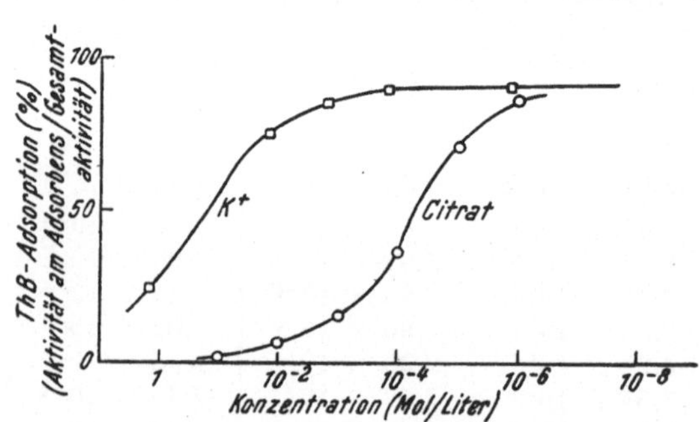

Abb. 2. Einfluß von Zitrat auf Adsorption von Thorium B
an Papier.
Versuchsbedingungen: 30 ml Lösung, Th B-Konzentration
$\approx 10^{-15}$ M, pH = 5,3, — 6,0, 0,06 g Papier.

verdrängende Wirkung der Alkalikationen handeln kann. Die Blei-
(Thorium B-) Ionen bilden mit den Zitrationen negativ geladene komplexe
Ionen[9], die nicht adsorbiert werden. Durch die Komplexbildung wird die
Bleiionenkonzentration und damit auch die Adsorption verringert. Beein-

flussung von Ionenaustauschadsorption durch Komplexbildung mit Zitrat wird schon seit Jahren zur chromatographischen Trennung von Kationen, insbesondere der seltenen Erden verwendet.

Die Ergebnisse der mit Thorium B durchgeführten Versuche stimmen mit den eingangs dargelegten Merkmalen der Ionenaustauschadsorption durchwegs überein.

Versuche mit radioaktivem Rubidium.

Obwohl die mit Thorium B erzielten Ergebnisse eindeutige Schlüsse über den Mechanismus der Ionenadsorption an Papier zuließen, schien es wünschenswert, Versuche mit Stoffen anzustellen, deren Zustand in Lösung unter allen Umständen einwandfrei feststeht, d. h. bei denen Komplexbildung oder Bildung von Aggregaten (Radiokolloiden) unmöglich ist. Hierfür kamen in erster Linie Alkalisalze in Frage. Am leichtesten zugänglich war radioaktives Rubidium. Dieses war in Form des Chlorids in Harwell aktiviert worden, wobei ein Teil des Rubidiums der Massenzahl 85 (72,8% des natürlich gefundenen Rubidiums) durch eine

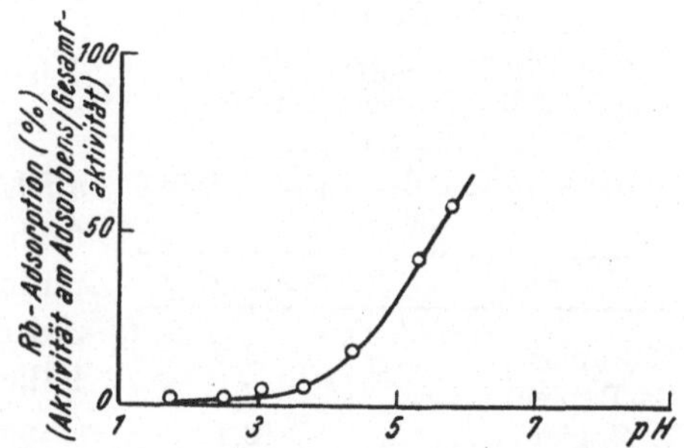

Abb. 3. Abhängigkeit der Adsorption von Rubidium an Papier vom pH.
Versuchsbedingungen: 30 ml Lösung, Rb Cl-Konzentration = 10^{-8} M, 0,20 g Lithiumpapier.

(n, γ) Kernreaktion in Rubidium der Massenzahl 86 verwandelt worden war. Dieses Isotop ist β^--aktiv und zerfällt mit einer Halbwertszeit von 19,5 Tagen. Die ausgestrahlten β^--Teilchen besitzen eine Maximumenergie von 1,60 MeV. Das zur Verfügung stehende Präparat (10 mg Rubidiumchlorid) hatte eine Gesamtaktivität von etwa 40 Mikrocurie.

Die für Thorium B verwendete Versuchstechnik konnte, soweit es die Bestimmung des adsorbierten Rubidiums betrifft, beibehalten werden. Da es keine gut fällbaren Rubidiumverbindungen gibt, wurde nicht das in Lösung verbleibende Rubidium, sondern die Aktivität der Ausgangslösung durch Eindampfen eines aliquoten Teiles und Messung unter dem *Geiger-Müller*-Zählrohr bestimmt.

Die Adsorption von Rubidium an Papier ist ähnlich der Thorium B-Adsorption stark vom pH der Lösung abhängig. Das Verdrängungsgleichgewicht Rb$^+$ ⟷ H$^+$ am Papier bestimmt also das Ausmaß der Adsorption des Rubidiums (Abb. 3).

Daß es sich bei der Ionenadsorption an Papier um einen Austauschvorgang handelt, konnte auch durch Messung der Aufnahme von Rubidium nach Vorbehandlung des Papiers gezeigt werden. Unbehandeltes

Papier kann man als Calciumpapier bezeichnen, ähnlich wie man von der Wasserstoffform, Natriumform usw. der Ionenaustauscher spricht. Durch Behandlung mit 1 m-Lösungen von Salzsäure, Kaliumchlorid und Lithiumchlorid wurde das Calcium vom Papier verdrängt und durch die entsprechenden Kationen ersetzt, das Papier also in H-Papier, K-Papier usw. verwandelt. Um überschüssige Lösung zu entfernen, wurde mit destilliertem Wasser gewaschen, bis das Waschwasser durch Silbernitrat nicht mehr getrübt wurde. Das Papier wurde dann bei 105° C getrocknet und Rubidium-Adsorptionsversuche daran ausgeführt. Die Ergebnisse (Tabelle 3) stimmen mit der bereits besprochenen Verdrängungsreihe überein.

Tabelle 3. Adsorption von Rubidium an vorbehandeltem Papier.

Versuchsbedingungen: 30 ml Lösung, RbCl-Konzentration $= 10^{-7}$ M, 0,125 g Papier, $p_H = 6$ (ungepuffert), Adsorptionsdauer 30'.

Papier	% Adsorption
H-Papier	3,1
Ca-Papier	7,7
K-Papier	16,1
Li-Papier	38,0

Versuche mit radioaktivem Phosphat.

Zur Untersuchung, ob an Papier auch Anionenaustauschadsorption stattfindet, wurden Adsorptionsversuche mit radioaktivem Phosphat bei p_H-Werten zwischen 1 und 6 durchgeführt. In allen Fällen wurde nur geringe Adsorption (ungefähr 1%) beobachtet. Während bei $p_H = 1$ fast ausschließlich undissoziierte Phosphorsäure vorliegt, hat sich bei $p_H = 5$ das Gleichgewicht vollkommen zugunsten des primären Phosphations ($H_2PO_4^-$) verschoben. In keinem Bereich aber liegt eine Abhängigkeit der Phosphatadsorption vom p_H vor. Offenbar findet eine der Kationenadsorption analoge Anionenadsorption nicht statt. Die äußerst geringe beobachtete Aufnahme von Radiophosphat ist im wesentlichen auf Zurückhalten von Lösung durch die Papiermasse zurückzuführen.

Die austauschenden Gruppen des Papiers.

Eine Reihe von Versuchsergebnissen weist darauf hin, daß Karboxylgruppen der Zellulose als austauschende Gruppen fungieren. *Husemann* und *Weber*[10] bestimmten den Karboxylgruppengehalt von Zellulosen mittels einer Farbstoffadsorptionsmethode. Für Holzzellulosen ermittelten sie Glukosezahlen (Anzahl der Glukosereste pro Karboxylgruppe) von 90—130. Die aus unseren Messungen der Bleiadsorption ermittelte Kapazität des Papiers von $5,0 \times 10^{-5}$ Mol/g entspricht einer Glukosezahl von 125.

Im Vergleich zu anderen einwertigen Ionen wird das Wasserstoffion an Papier besonders stark adsorbiert. In der entsprechenden Verdrängungsreihe für Ionenaustauscher mit der stark sauren Sulfonsäuregruppe[8] steht das Wasserstoffion bei den Alkalikationen: $Ba^{++} \gg K^+$ $> Na^+ > H^+ > Li^+$. Die starke Bindung des Wasserstoffions an Papier kann durch Adsorption an das Anion einer schwachen Säure erklärt werden: der Großteil der Wasserstoffionen liegt kovalent gebunden vor. Bei den Sulfonsäureaustauschern ist ein derartiger Übergang zu einer kovalenten Bindung unmöglich; das Wasserstoffion wird so wie die Alkalikationen nur durch elektrostatische Kräfte als hydratisiertes Ion (H_3O^+) adsorbiert und daher ungefähr so stark wie diese gebunden. Die für Papier gefundene Verdrängungsreihe stimmt jedoch mit der Verdrängungsreihe für den Ionenaustauscher Amberlite IRC 50[11] überein, der als austauschende Gruppen nur Karboxylgruppen enthält.

Adsorption an Glas.

Die Untersuchungen über Adsorption an Glas wurden an Glaswolle aus einem Natronglas ausgeführt. Ob die Adsorptionsverhältnisse bei anderen Gläsern verschieden sind, werden erst spätere Untersuchungen zeigen.

In erster Linie wurde auch bei Glas mit dem Bleiisotop Thorium B gearbeitet. Die bei den Adsorptionsversuchen an Papier verwendete Gleichgewichtsmethode wurde etwas abgeändert, um sie den mechanischen Eigenschaften der Glaswolle anzupassen. Anstatt die Lösung vom Adsorbens durch Filtrieren zu trennen, wurde ein Teil der Lösung vorsichtig herauspipettiert und in ein anderes Gefäß gebracht, in dem sich bereits etwas konzentrierte Salzsäure zur Unterbindung jeder weiteren Adsorption befand. In diesem Gefäß erfolgte nun die Ausfällung des Thorium B durch Zusatz von Bleiträger und Einleiten von Schwefelwasserstoff. Direkte Messung der Aktivität der Glaswolle wurde nur wenn unbedingt notwendig durchgeführt, da es sich als praktisch unmöglich erwies, Präparate in geometrisch reproduzierbarer Form herzustellen, wodurch die Genauigkeit der Messung unter dem *Geiger-Müller*-Zählrohr stark herabgesetzt wird.

Die Adsorption von Thorium B an Glas ist offenbar ein komplizierterer Vorgang als die Adsorption an Papier. Es gelang nicht, durch Adsorption einerseits und Desorption andrerseits innerhalb einer Stunde die gleiche Verteilung von Thorium B zwischen Adsorbens und Lösung zu erreichen. Auch erfolgte der Austausch von adsorbiertem Thorium B gegen inaktive Bleiionen der Lösung nur langsam; nach 24 Stunden hatte sich das zu erwartende Verteilungsgleichgewicht nicht eingestellt.

Die Adsorptionsisotherme von Blei an Glas wurde ähnlich wie die für Papier ermittelt. Es wurde mit Adsorptionszeiten von einer Stunde gearbeitet, da nach dieser Zeit keine Änderung der Adsorptionswerte beobachtet wurde. Die Ergebnisse lassen sich ebenfalls durch eine *Langmuir*sche Isotherme wiedergeben (Tabelle 4). Die Kapazität des Glases wurde auf Grund der Dicke der Glaswollefäden, die mit dem Mikroskop ermittelt wurde, und der Glasdichte zu 2×10^{-9} Mol Blei/cm² Glasoberfläche berechnet. Diese Zahl stimmt mit der aus einfachen Überlegungen ableitbaren Anzahl von Siliciumatomen pro Quadratzentimeter Glasoberfläche größenordnungsmäßig überein. Die Adsorption dürfte daher an den $-$SiOH oder $-$SiONa-Endgruppen des Silikatgerüstes durch Ionenaustausch erfolgen.

Tabelle 4. Konzentrationsabhängigkeit der Adsorption von Blei an Glas.

Versuchsbedingungen: 30 ml Lösung, $p_H = 6$, 0,30 g Glaswolle (entsprechend einer geometrischen Oberfläche von ungefähr 250 cm²).

Eingestellte Bleikonzentration (Mol/l)	%Adsorption	Aus gemessener Adsorption berechnet:		Aus Isotherme* berechnet: Adsorbiertes Blei (Mol/cm²) $\left(\dfrac{x}{f}\right)_{Pb}$
		Gleichgewichtskonzentration (Mol/l) $C_{Pb^{++}}$	Adsorbiertes Blei (Mol/cm³) $\left(\dfrac{x}{f}\right)_{Pb}$	
$\sim 10^{-15}$	92			
$\sim 10^{-14}$	91			
$6,67 \times 10^{-8}$	92	$5,33 \times 10^{-9}$	$7,36 \times 10^{-12}$	$6,45 \times 10^{-12}$
$6,67 \times 10^{-6}$	87	$8,67 \times 10^{-7}$	$6,96 \times 10^{-10}$	$7,56 \times 10^{-10}$
$6,67 \times 10^{-5}$	33	$4,46 \times 10^{-5}$	$2,64 \times 10^{-9}$	$2,64 \times 10^{-9}$
$6,67 \times 10^{-4}$	4	$6,40 \times 10^{-4}$	$3,20 \times 10^{-9}$	$2,80 \times 10^{-9}$
$6,67 \times 10^{-3}$				

Hensley, Long und *Willard*[12] haben ebenfalls radioaktive Indikatoren, insbesondere Natrium, zur Untersuchung von Ionenadsorption an Glas verwendet. Auch sie schreiben diese Adsorptionsvorgänge den $-$SiOH und $-$SiONa-Endgruppen des Silikatgerüstes zu. Diese Autoren haben jedoch nicht mit hochverdünnten Lösungen gearbeitet und daher keine Abhängigkeit der Adsorption von der Konzentration des Ions beobachtet. Von Interesse sind ihre Versuchsergebnisse über den Einfluß verschiedener Vorbehandlungen des Glases auf die Adsorption sowie über den Einfluß der Temperatur auf die Adsorptionsgeschwindigkeit.

Die von uns für Glas ermittelte Verdrängungsreihe (Abb. 4) unterscheidet sich von der für Papier. Während das Verhältnis der Bindungsfestigkeiten von Kupfer, Barium und Kalium ungefähr gleichgeblieben ist, werden Blei- und Wasserstoffionen im Vergleich zu den eben angeführten Ionen besonders stark adsorbiert. Die besonders starke Bindung

---

* Isotherme für Adsorption von Blei an Glas:

$$\left(\frac{x}{f}\right)_{Pb} = \frac{1,21 \cdot 10^{-3}\, C_{Pb^{++}}}{4,35 \cdot 10^{5}\, C_{Pb^{++}} + 1}.$$

des Wasserstoffions wird durch den schwachsauren Charakter der Kieselsäure, die eine noch wesentlich kleinere Dissoziationskonstante wie die

Karbonsäuren aufweist, erklärt. Für die besonders
feste Adsorption des Bleis
kann vielleicht ebenfalls ein
möglicher Übergang in einen
Zustand festerer Bindung
verantwortlich gemacht werden. Ein Einbau von Blei-
ionen in das Silikatgitter,
wobei jedes Bleiion an zwei

$\diagdown$
$\!\!-\!$SiO$^-$-Gruppen kovalent ge-
$\diagup$

bunden ist, würde einen solchen Zustand darstellen. Die

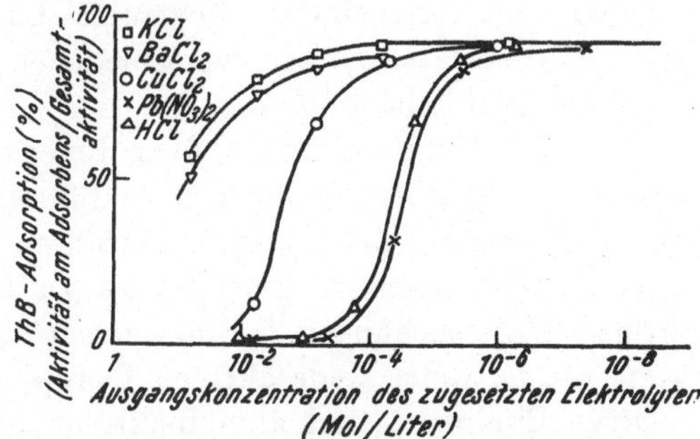

Abb. 4. Einfluß von Elektrolytzusätzen auf Adsorption
von Thorium B an Glas (Verdrängungskurven).
Versuchsbedingungen: 30 ml Lösung, Th B-Konzentration
$\approx 10^{-15}$ M, pH = 6, 0,30 g Glaswolle.

Existenz dieses kovalenten Bindungszustandes für Blei erscheint auf
Grund der Eignung des Bleis als Glasbestandteil wahrscheinlich.

Die Adsorption von Rubidium an Glas erwies sich ebenfalls als stark
vom pH abhängig (Abb. 5), was als Bestätigung der Ionenaustauschadsorption an Glas zu betrachten ist.

Die Bedeutung von Adsorptionserscheinungen an Glas und Papier für analytische Methoden.

Arbeitet man mit stark adsor-
bierbaren Ionen, so bildet Adsorption
an den Glaswänden oder Papierfilter-
medien bereits bei Konzentrationen
von ungefähr 10^{-5} Mol/l eine nicht
mehr vernachlässigbare Fehlerquelle.
Bei Konzentrationen, die um eine
Zehnerpotenz niedriger sind, kann

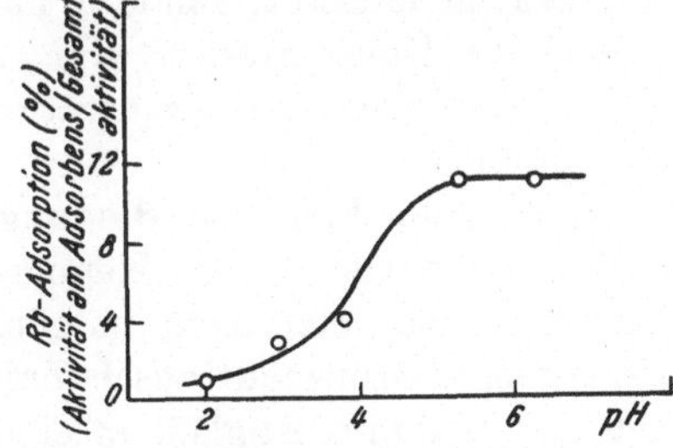

Abb. 5. Abhängigkeit der Adsorption von
Rubidium an Glas vom pH.
Versuchsbedingungen: 30 ml Lösung, RbCl-
Konzentration = 10^{-8} M, 0,30 g Glaswolle.

die Adsorption Werte um Größenordnungen verfälschen, z. B. bei
der Löslichkeitsproduktbestimmung von Radiumsulfat durch *Lind* fast
um zwei Zehnerpotenzen. Eine Durchsicht der Literatur ergab einige
weitere Löslichkeitsbestimmungen, bei denen Adsorption an Papier zu
berücksichtigen gewesen wäre, so z. B. die Bestimmung der Löslichkeit
von Bleichromat durch *Hevesy* und *Paneth*[13] und die von *Busch* durchgeführten Löslichkeitsbestimmugen an Hydroxyden der seltenen
Erden[14]. Die Annahme dieser Autoren, daß Verfälschung der Resultate
durch Adsorption verhindert wird, wenn man den ersten Teil des Filtrates
verwirft, ist unrichtig, da die Karboxylgruppen des Filterpapiers nach

Durchgang der von ihnen verwendeten Lösungsmengen nicht mit den Kationen abgesättigt sind. Eine kritische Untersuchung scheint notwendig, um festzustellen, inwieweit Löslichkeitsproduktbestimmungen und Mikroanalysen nach verschiedenen Methoden durch Adsorption an Glas verfälscht werden.

Da sich Untersuchungen über Ionenadsorptionsvorgänge mit radioaktiven Indikatoren einfach durchführen lassen, sind diese Methoden zur Überprüfung analytischer Verfahren besonders geeignet. Vorzugsweise sind radioaktive Isotope des zu bestimmenden Stoffes zu derartigen Untersuchungen heranzuziehen. Man kann aber, wie oben gezeigt wurde, wenn keine aktiven Isotope des Elementes verfügbar sind, relative Bindungsfestigkeiten inaktiver Ionen auch durch Versuche ermitteln, bei denen radioaktive Isotope eines anderen, womöglich stärker adsorbierten Stoffes, durch die inaktiven Ionen verdrängt werden. Mit Hilfe von Verdrängungskurven, wie sie in Abb. 1 und Abb. 4 für Adsorption von Radioblei an Glas und Papier wiedergegeben sind, läßt sich sofort feststellen, in welchem Konzentrationsbereich die Adsorption z. B. von Kupfer zu einer erheblichen Fehlerquelle wird und welche Elektrolytzusätze zur Verhinderung der Adsorption verwendet werden können.

Es ist zu betonen, daß bereits adsorbierte Ionen nicht durch Waschen mit Wasser entfernt, sondern nur durch Zusatz von Kationen in ausreichender Konzentration vom Adsorbens verdrängt werden können. Die anzuwendenden Konzentrationen ergeben sich aus den Verdrängungsdiagrammen.

Eine Ermittlung von Bindungsfestigkeiten und Verdrängungskurven aus physiko-chemischen Kenngrößen für Adsorbens und Ionen der Lösung ist bis jetzt nicht möglich, da nur Ansätze einer theoretischen Erfassung der Ionenaustauschvorgänge bestehen. Qualitativ ist bekannt, daß die Bindungsfestigkeit in erster Linie von der Ladung des Ions abhängt, da bei Ionenaustauschadsorption hauptsächlich elektrostatische Kräfte wirken. Bei Ionen ungefähr gleicher Größe und gleicher Elektronenanordnung (z. B. K^+, Ca^{++}, Sc^{+++}) werden die Ionen mit höherer Ladung bedeutend stärker adsorbiert. Die Unterschiede zwischen den Bindungsfestigkeiten von Ionen gleicher Ladung und ähnlicher Valenzelektronenkonfiguration (also besonders von Ionen, die der gleichen Gruppe des periodischen Systems angehören und mit der gleichen Wertigkeit vorliegen, z. B. der Alkalikationen) sind im Vergleich hierzu gering. Auf Grund des *Coulomb*schen Gesetzes kommt man zu der Annahme, daß die Bindungsfestigkeit innerhalb einer solchen Gruppe ähnlicher Ionen von der Größe der Ionen abhängt, wobei die kleineren Ionen stärker adsorbiert werden. *Wiegner*[15] und *Jenny*[16] konnten zeigen, daß die Bindungsfestigkeiten von Alkalikationen an Aluminiumsilikaten mit zunehmendem Radius der hydratisierten Ionen abnehmen. *Boyd, Schubert* und *Adamson*[8] haben den „mittleren Ionendurchmesser" a de: zweiten Näherung der *Debye-Hückel*schen Gleichung[17] als Maß für die Größe des hydratisierten Ions verwendet. Sie haben den Parameter a aus Messungen der Aktivitätskoeffizienten berechnet und gezeigt, daß die Bindungsfestigkeit, die durch eine freie Enthalpiegröße ausgedrückt wird, proportional $\frac{1}{a}$ zunimmt. *Boyd, Schubert* und *Adamson* geben auf Grund von Aktivitätskoeffizientenmessungen die folgenden Verdrängungsreihen an, die zum Teil experimentell bestätigt sind:

$$Ba^{++} > Sr^{++} > Ca^{++} > Mg^{++}$$
$$Zn^{++} > Cu^{++} > Ni^{++} > Co^{++} > Fe^{++}$$
$$La^{+++} > Ce^{+++} > Pr^{+++} > Nd^{+++} > Sm^{+++} > Eu^{+++} > Y^{+++} >$$
$$> Sc^{+++} > Al^{+++}$$

Möglicher Übergang zu festen Bindungszuständen, wie im Fall der Wasserstoffionenadsorption an Papier und Glas, kann auf Grund chemischer Überlegungen vorausgesagt werden, wenn die austauschenden Gruppen der Oberfläche bekannt sind.

Wesentlich kompliziertere Verhältnisse trifft man bei einem Übergang zu einem festen Bindungszustand bei mehrwertigen Ionen, z. B. bei der Bleiadsorption an Glas. Hier muß nämlich der Übergang in den festen Bindungszustand von den Abständen der austauschenden Gruppen der Oberfläche abhängig sein.

Auch bei rein elektrostatischer Adsorption an Ionenaustauschern wurde die Stabilität gewisser stöchiometrischer Verhältnisse am Austauscher festgestellt, die durch die geometrische Anordnung der austauschenden Gruppen bedingt sein dürfte[18, 19]. Diese Faktoren sind noch nicht ausreichend untersucht, um allgemeine Schlüsse zuzulassen.

Vom Standpunkt des Mikrochemikers sind die Adsorptionserscheinungen aus verdünnten und hochverdünnten Lösungen in erster Linie lästige Fehlerquellen. Andrerseits aber geben gerade diese Erscheinungen Aufschluß über die Struktur und die chemischen Umsetzungen an Oberflächen.

Zusammenfassung.

Die Aufnahme von Kationen durch Papier- und Glasoberflächen wurde mit Hilfe radioaktiver Indikatoren (Blei und Rubidium) untersucht. Der Mechanismus der Aufnahme besteht in einer Ionenaustauschadsorption. Im Falle des Papiers wirken Karboxylgruppen, im Falle des Glases wirkt Kieselsäure austauschend. Anionen (Phosphorsäure) werden nicht aufgenommen. Die Konzentrationsabhängigkeit der Aufnahme von Kationen entspricht einer *Langmuir*-Isotherme. Die Aufnahme von Blei und Rubidium durch Papier ist streng reversibel; bei der Aufnahme und Abgabe von Blei durch Glas konnte Gleichgewichtseinstellung nicht beobachtet werden. Die Aufnahmekapazität von Papier und Glas wurde bestimmt. Kationen lassen sich je nach ihrer verdrängenden Wirkung in einer Reihe anordnen, die für Papier mit der Verdrängungsreihe identisch ist, die an Kunstharzaustauschern beobachtet wurde, welche nur durch Karboxylgruppen wirken. Nicht säurebehandeltes Papier liegt in der Calciumform vor und kann durch Behandeln mit konzentrierten Lösungen von Alkalisalzen in die stärker adsorbierenden Alkaliformen umgewandelt werden. Die starke Adsorbierbarkeit von Wasserstoffionen erklärt, warum die Adsorption von Metallionen aus sauren Lösungen weitgehend unterdrückt ist.

Die Adsorptionserscheinungen an Papier und Glas müssen bei mikrochemischen Arbeiten mit Lösungen, welche einzelne Ionen in Konzentrationen $< 10^{-5}$ m enthalten, berücksichtigt werden. Dies ist in der Vergangenheit nicht immer der Fall gewesen. Durch Einhaltung geeigneter Arbeitsbedingungen kann die Adsorption unterdrückt werden. Umgekehrt kann die Adsorption von Radioelementen zur Kennzeichnung der Zustände von Oberflächen dienen.

Summary.

The uptake of cations by surfaces of paper and glass was investigated by means of radioactive tracers (lead and rubidium). This adsorption is due to ion-exchange. Carboxyl groups are responsible for the ion exchange in case of paper, silicic acid in case of glass. Anions (phosphoric acid) are not taken up. Dependance of uptake of cations on concentration corresponds to a *Langmuir* isotherm. The adsorption of lead and rubidium by paper is reversible; equilibrium is, however, not attained in the adsorption or desorption of lead on glass. The capacities of paper and glass were determined. Cations can be arranged in a series according to their displacing effect. For paper this series agrees with the one observed on resin exchangers, which act through carboxyl groups only. Untreated paper is in the calcium form and may be converted into the more strongly adsorbing alkali forms by treatment with concentrated salt solutions. The strong adsorption of hydrogen ions explains why adsorption of metal ions from acid solutions is largely suppressed.

Adsorption on paper and glass must be considered in microchemical work with solutions containing single ions in concentrations lower than 10^{-5} M. This has not always been done. Adsorption is suppressed if certain precautions are taken. On the other hand, adsorption of tracers may be used to characterize surfaces.

Résumé.

On a étudié, au moyen des indicateurs radioactifs, l'affinité des cations pour le papier et la surface du verre. Le mécanisme de l'affinité repose sur une adsorption par échange d'ions. Pour les échanges, agissent les groupes carboxyles dans le cas du papier, l'acide silicique dans le cas du verre. Les anions (acide phosphorique) ne sont pas captés. L'influence de la concentration sur l'affinité des cations correspond à une isotherme de *Langmuir*. Celle du plomb et du rubidium par le papier est formellement réversible. Au cours de la capture et de l'élimination du plomb par le verre, on n'a pas pu observer l'installation d'un équilibre. On a évalué l'affinité du papier et du verre.

Les cations peuvent se ranger en une série d'après leur action évacuatrice dans une série qui, pour le papier, est identique au tableau des affinités qui fut observé par échange sur des résines artificielles actives seulement sur les groupements carboxyles. Le papier non traité aux acides se trouve sous la forme calcium et peut, par traitement, avec les solutions concentrées de sels alcalins, être transformé en la forme alcaline fortement adsorbante. La forte adsorbabilité des ions hydrogène explique pourquoi l'adsorption des ions métalliques à partir des solutions acides est fortement rétrogradée.

Les phénomènes d'adsorption sur le papier et le verre doivent être considérés chez les travaux microchimiques avec des solutions contenant des ions isolés à la concentration de 10^{-5} M. L'adsorption peut être réprimée en arrêtant convenablement les conditions de travail. Inversement, l'adsorption des radioéléments peut servir à la connaissance de l'état des surfaces.

Diskussion.

H. *W. Ruziczka* (Wien, Österreich): Haben Ihre Adsorptionsversuche an Papier insoferne praktische Ergebnisse gezeitigt, als man Richtlinien gewinnen konnte, um ein möglichst wenig ionisiertes Papier zu erzeugen, was für die Herstellung von Hartpapierplatten mit hoher elektrischer Durchschlagsfestigkeit sehr wichtig wäre?

H. *T. Schönfeld:* Die Karboxylgruppen im Papier sind schon in der Zellulose vorhanden. Da wir nur eine besondere Papierart untersuchten, kann ich nicht sagen, ob bei der Papierherstellung primäre Alkoholgruppen (in 6-Stellung des Glucoseringes) zu Karboxylgruppen oxydiert werden. Ob eine derartige Oxydation auftritt, müßte noch untersucht werden, wobei allerdings die Farbstoffadsorptionsmethode unserer radioaktiven Methode wegen ihrer Einfachheit vorzuziehen ist [siehe *E. Husemann* und *O. H. Weber*, J. prakt. Chem. **159, 335** (1941)]. — Ein mit Säure behandeltes Papier enthält jedenfalls weniger Ionen als ein nicht behandeltes Papier, da die Salze mehr ionisiert sind als die Säure, die wegen der geringen Dissoziationskonstante hauptsächlich in assoziierter Form vorliegt. — Ob die Karboxylanionen des Zellulosegerüstes und die adsorbierten Kationen allein für die Verminderung der Durchschlagsfestigkeit verantwortlich sind, müßte ebenfalls noch untersucht werden.

Fr. Prof. *E. Cremer* (Innsbruck, Österreich): Es dürfte sich hier um den größten Konzentrationsbereich handeln, für den bis jetzt die Gültigkeit der *Langmuir*-Isotherme nachgewiesen wurde. Da, wie Sie nachgewiesen haben, die Adsorption an den Karboxylgruppen stattfindet, sind die Adsorptionszentren alle gleichwertig und dann ist die *Langmuir*-Isotherme auch durchaus zu erwarten.

H. *T. Schönfeld:* Übereinstimmung mit der *Langmuir*-Isotherme konnte im Konzentrationsbereich 10^{-6} bis 10^{-15} Grammionen Blei pro Liter mit einer Genauigkeit von $\pm 3\%$ festgestellt werden. Dies ist die durch die verwendeten radiochemischen Methoden bedingte Fehlergrenze. — Im Konzentrationsbereich $10^{-3,5}$ bis 10^{-6} Grammionen Blei pro Liter wäre die Übereinstimmung schlechter, da die Einstellung der Bleikonzentration im Bereich $c < 10^{-4}$ Mol/Liter nur durch Verdünnung konzentrierter Lösungen erfolgte. Im Bereich $c < 10^{-6}$ Mol/Liter wirken sich die Abweichungen von der angenommenen Bleikonzentration nicht mehr aus, da hier ja bereits $\left(\dfrac{x}{m}\right)_{\text{Pb}} = K_1 \cdot C_{\text{Pb}^{++}}$ gilt und mit der radioaktiven Methode $\left(\dfrac{x}{m}\right)_{\text{Pb}}$ und $C_{\text{Pb}^{++}}$ lediglich relativ zueinander bestimmt wurden.

Literatur.

[1] *K. Horovitz* und *F. Paneth*, Sitz. Ber. Akad. Wiss., Wien **123**, 1819 (1914).
[2] *T. Godlewski*, Koll.-Z. **14**, 229 (1914).
[3] *O. Erbacher* und *B. Nikitin*, Z. phys. Chem. A **158**, 216 (1932).
[4] *S. C. Lind* und Mitarbeiter, J. Amer. Chem. Soc. **40**, 465 (1918).
[5] *H. Lachs* und *H. Herszfinkiel*, J. physique Radium **2**, 319 (1921).
[6] *H. Leng*, Sitz. Ber. Akad. Wiss. Wien **136**, 19 (1927).
[7] Siehe z. B. das Übersichtsreferat: *J. F. Duncan* und *B. A. J. Lister*, Quart. Rev. Chem. Soc. **2**, 307 (1948).
[8] *G. E. Boyd, J. Schubert* und *A. W. Adamson*, J. Amer. Chem. Soc. **69**, 2818 (1947).
[9] *F. Auerbach* und *H. Weber*, Z. anorg. Chem. **147**, 68 (1925).
[10] *E. Husemann* und *O. H. Weber*, J. prakt. Chem. **159**, 335 (1941).
[11] *R. Kunin* und *R. E. Barry*, Ind. Engng. Chem. **41**, 1269 (1949).
[12] *J. W. Hensley, A. O. Long* und *J. E. Willard*, Ind. Engng. Chem. **41**, 1415 (1949).
[13] *G. Hevesy* und *F. Paneth*, Z. anorg. Chem. **82**, 323 (1913).
[14] *W. Busch*, Z. anorg. Chem. **161**, 161 (1927).
[15] *G. Wiegner*, Koll.-Z. **36**, 341 (1925).
[16] *H. Jenny*, J. Phys. Chem. **36**, 2217 (1932).
[17] Siehe z. B. *G. Kortüm*, Elektrolytlösungen, Akademische Verlagsgesellschaft, Leipzig 1941, S. 202.
[18] *J. Kielland*, J. Soc. Chem. Ind. **54**, 233 T (1935).
[19] *J. A. Marinsky* und *C. D. Coryell*, siehe *J. A. Marinsky*, Dissertation, Massachusetts Institute of Technology, 1949.

Aus dem Physikalisch-chemischen Institut der Universität Innsbruck.

Trennung und quantitative Bestimmung kleiner Gasmengen durch Chromatographie.

Von

Erika Cremer und **R. Müller.**

Mit 5 Abbildungen.

(Eingelangt am 25. August 1950.)

Die wesentlichen Züge der von *Tswett* eingeführten chromatographischen Trennmethode werden durch folgendes Bild veranschaulicht: Wir denken uns auf einem Strome eine Reihe von Fahrzeugen, die lediglich durch die Strömung weitergeführt werden. An den Ufern des Stromes befinden sich Landungsstellen. Berührt ein Fahrzeug eine solche Landungsstelle, so wird es mehr oder minder lange dort aufgehalten. Es kommen dann diejenigen Fahrzeuge, bei denen diese Aufenthalte kurz sind, als erste an der Mündung des Stromes an und die mit langen Rastzeiten entsprechend später. Die mit gleichen mittleren Rastzeiten jedenfalls zu gleicher Zeit.

Wir haben also für die chromatographische Methode drei Bedingungen:

1. Es muß ein Adsorbens vorhanden sein,

2. Substanzen, die hieran adsorbiert werden,

3. ein Strom, der die Substanzen über das Adsorbens leitet. Der Strom kann dabei ein Flüssigkeitsstrom oder auch ein Gasstrom sein.

Solange keine gegenseitige Störung der durchwandernden Moleküle auftritt — keine Blockierung der Rastplätze durch andere Fahrzeuge —, lassen sich sehr einfache Gleichungen für das Durchwandern der „Zonen" aufstellen. Wenn keine Adsorption stattfände, so wäre bei einer Strömungsgeschwindigkeit v nach einer Zeit t ein Weg

$$s = v \cdot t \tag{1}$$

zurückgelegt. Findet jedoch Adsorption statt, so bleibt jedes Molekül an jeder Stelle eine gewisse Zeit τ haften. Ist der mittlere Abstand der

Rastplätze Δ, so ist $\dfrac{s}{\Delta}$ die Anzahl der Rastplätze entlang einer Strecke s und $\dfrac{\tau \cdot s}{\Delta}$ die Zeit, die ein Molekül insgesamt auf Rastplätzen verbringt. Das Molekül befindet sich also nur eine Zeit $t - \dfrac{\tau \cdot s}{\Delta}$ im Strome und infolgedessen ist die in einer Zeit t gewanderte Strecke

$$s = v\left(t - \frac{\tau \cdot s}{\Delta}\right) \tag{2}$$

Einen Rastplatz findet ein Molekül jedesmal dann, wenn es

1. auf die Oberfläche auftrifft und

2. bei diesem Auftreffen gerade ein freies Adsorptionszentrum findet.

Wir wollen die Zeit zwischen zwei erfolgreichen Stößen auf die Oberfläche ϑ nennen. Mit der Strecke Δ steht diese in der einfachen Beziehung

$$\Delta = v \cdot \vartheta \tag{3}$$

Setzen wir (3) in (2) ein und lösen nach s auf, so erhalten wir

$$s = \frac{v \cdot t}{1 + \dfrac{\tau}{\vartheta}} \tag{4}$$

Der Quotient τ/ϑ ist die für die Trennung maßgebliche Größe. Ist er groß gegen 1, so können wir weiter die Gleichung vereinfachen und erhalten:

$$\frac{s}{t \cdot v} \approx \frac{\vartheta}{\tau} \tag{5}$$

s/t ist nun die Wanderungsgeschwindigkeit, v die Strömungsgeschwindigkeit der Flüssigkeit in den Kanälen.

Wir erhalten somit

$$\frac{\text{Wanderungsgeschwindigkeit der Zonen}}{\text{Strömungsgeschwindigkeit}} \approx \frac{\vartheta}{\tau}$$

Dieser Quotient wird in der angelsächsischen Literatur als R_f-Wert bezeichnet und als eine für die Chromatographie charakteristische Größe angegeben. Trotz der großen Vereinfachungen, die diese Ableitung enthält, werden doch die charakteristischen Züge des chromatographischen Trennverfahrens befriedigend wiedergegeben.

Die Chromatographie hat ursprünglich ihren Namen von der Trennung gefärbter Substanzen, doch läßt sich das Prinzip ebensogut auf ungefärbte Substanzen übertragen. Während bei den gefärbten Substanzen die Feststellung des Ortes der durchwandernden Moleküle mit dem Auge geschehen kann, muß man bei ungefärbten Substanzen andere Methoden anwenden. Als besonders praktisch hat es sich dabei erwiesen, die Substanz durch die ganze Adsorptionssäule durchwandern zu lassen und ihren Durchbruch durch ein Analysenverfahren zu registrieren. In diesem Falle ist der Weg s konstant, während die Zeit t variabel ist.

Löst man Gl. (4) nach t auf, so erhält man

$$t = \frac{s}{v} + \frac{\tau s}{\vartheta v} \tag{6}$$

s/v ist aber nichts anderes als die Zeit, die das Spülmittel für den Durchtritt durch die Adsorptionssäule braucht. Diese Zeit kann man leicht bestimmen und von der gemessenen Zeit t abziehen. Wir erhalten somit:

$$t - \frac{s}{v} = t_n = \frac{s}{v} \cdot \frac{\tau}{\vartheta} \tag{7}$$

Wenn nun zwei Substanzen (1 und 2) mit gleicher Geschwindigkeit vom gleichen Spülmittel durch die gleiche Säule getragen werden, so kann man s, v und ϑ als konstant ansehen und es verhalten sich folglich t_1 zu t_2 so wie τ_1 zu τ_3.

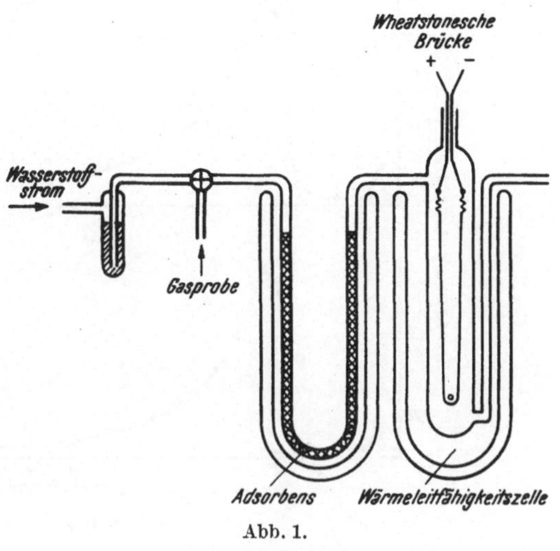

Abb. 1.

Da nun τ von der Adsorptionswärme λ exponentiell abhängig ist

$$\tau \sim e^{\lambda/RT} \tag{8}$$

erhält man

$$\lambda_2 - \lambda_1 = RT \ln \frac{t_2}{t_1} \tag{9}$$

Man kann also die für die Trennung maßgebliche Differenz der Adsorptionsenergien durch Messung der Zeiten t_1 und t_2 bestimmen.

Die hier beschriebenen Versuche beziehen sich nun auf die Anwendung der Chromatographie in der Gasphase, im besonderen auf die Trennung und quantitative Bestimmung kleiner Gasmengen. In Abb. 1 ist die verwendete Apparatur dargestellt. Als Adsorbens verwendeten wir im allgemeinen Kohle oder Kieselgel, als Spülgas Wasserstoff. Trennungen wurden bisher mit folgenden Substanzen durchgeführt:

Stickstoff, Äthylen, Acetylen, Kohlensäure, Vinylchlorid.

Als Analysenmethode wurde die Messung der Wärmeleitfähigkeit des Gases nach dem Durchtritt durch die Adsorptionssäule angewendet. In unserer Anordnung war der Galvanometerausschlag G proportional der Konzentration des Gases. In den folgenden Abbildungen ist G

gegen t aufgetragen. Abb. 2 zeigt zwei Kurven, die beim Durchgang von
Acetylen durch Kohle gewonnen wurden. Die kleine Zacke am Anfang
rührt von einer kleinen Verunreinigung durch Luft her (Luftzacke).
Die Kurven sind mit verschiedenen Mengen von Acetylen ausgeführt,
die sich verhalten wie die von den Kurven und der Grundlinie eingeschlossenen Flächen. Bestimmt man eine Kurve für einen Standard-

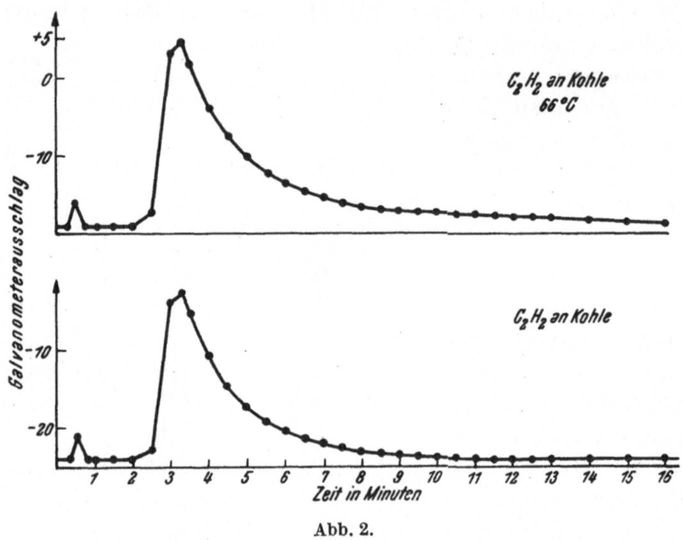

Abb. 2.

wert und ermittelt daraus einen „empirischen Faktor" (siehe Tab. 1,
letzte Spalte), so lassen sich unbekannte Mengen ($\geqq$ 1 mg) leicht auf
1% genau quantitativ feststellen.

Tabelle 1.

Acetylen.

einges. ml Gas	Ringbreite	Ringhöhe	Breite × Höhe	ml ber. (empirischer Faktor 0,113)
26,8	31,5	75	236	26,7
19,4	32	53	170	19,2
14,1	32	39	125	14,1

Äthylen.

einges. ml Gas	Ringbreite	Ringhöhe	Breite × Höhe	ml ber. (empirischer Faktor 0,0337)
2,4	39,5	18	71	2,4
5,2	39	40	156	5,26
11,2	39,5	84	332	11,2

Abb. 3 zeigt die Trennung von Acetylen und Äthylen an Kieselgel. Man sieht deutlich zwei Maxima, von denen das erste (höhere) dem Äthylen und das zweite (niedrigere) dem Acetylen entspricht. In der Abb. 3a ist die Trennung noch nicht vollständig.

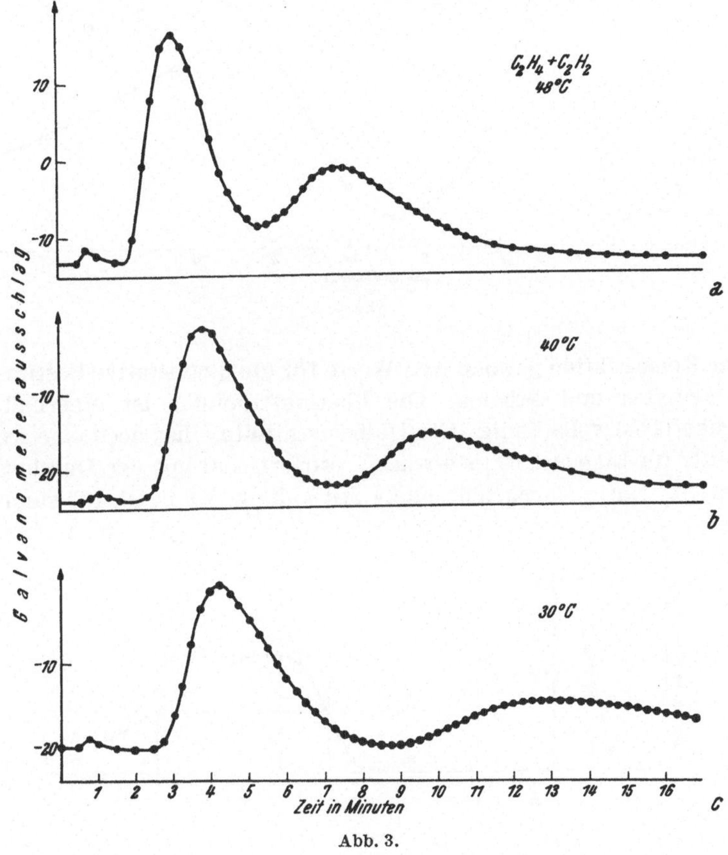

Abb. 3.

Nach Formel (6) muß Erniedrigung der Temperatur das Verhältnis t_2 zu t_1 erhöhen. Niedrige Temperaturen begünstigen also die Trennung. Man sieht demnach auch, daß bei 40° C (Abb. 3b) die beiden Substanzen nach 7 Min. schon fast vollständig und bei 30° C (Abb. 3c) nach 8½ Min. vollständig getrennt sind.

Die Abb. 4 zeigt die Trennung von drei Substanzen. Man sieht auf den letzten Abbildungen, daß die Kurve der zuletzt durchtretenden Substanz bereits sehr stark verbreitert ist. Diese Verbreiterung rührt teilweise von einer Störung durch Diffusion, hauptsächlich aber von der Ungleichmäßigkeit der Oberfläche her. Diese Verbreiterung erschwert

die genaue Bestimmung des Flächeninhaltes. Man kann diesen aber in
sehr guter Näherung als das Produkt aus maximaler Höhe und Halbwertsbreite der Kurven ermitteln (Abb. 5). Die Tabelle 1 zeigt die mit

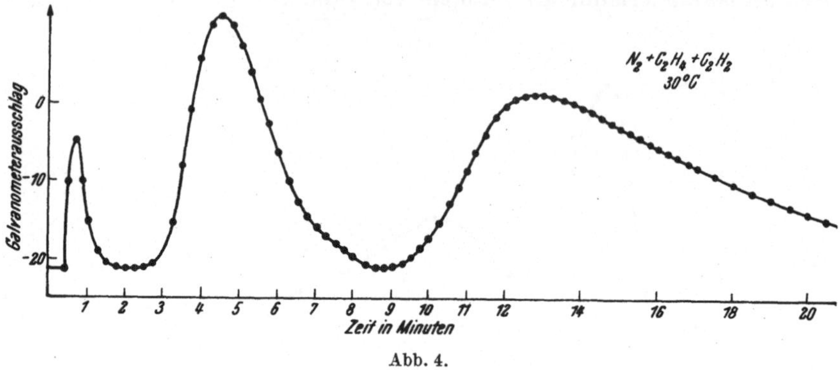

Abb. 4.

dieser Konstruktion gewonnenen Werte für die quantitative Bestimmung
von Acetylen und Äthylen. Die Übereinstimmung ist innerhalb der
Eingabe (1%) vollständig. Die Halbwertsbreite b hat noch eine weitere
vorteilhafte Eigenschaft: sie wächst proportional mit der Durchwande-
rungszeit. Unter Vernachlässigung des Faktors s/v in Gl. (3) kann man

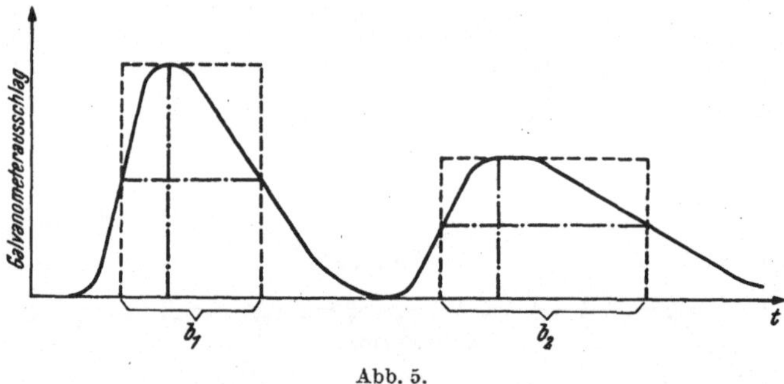

Abb. 5.

die Halbwertsbreite statt der Zeiten t_1 und t_2 in die Formel (6) ein-
führen und erhält somit

$$\lambda_2 - \lambda_1 = RT \ln \frac{b_2}{b_1} \qquad (7)$$

Die nach Formel (7) berechneten Differenzen der Adsorptionsenergie
($\Delta\lambda$-Werte) sind unabhängig von der aufgegebenen Menge konstant.
Diese Beziehung wurde durch Variation der Menge von 2 bis 60 ml
geprüft. Die Werte zeigen außerdem eine sehr gute Übereinstimmung
mit den von *Prior*[1] nach Formel (5) berechneten Werten (Tabelle 2),
wobei für t_1 und t_2 die dem jeweiligen Maximum entsprechenden Zeiten

eingesetzt wurden. Bei den *Prior*schen Versuchen war noch keine völlige Trennung der beiden Gase (vgl. Tabelle 2, Spalte 1) erreicht. Die $\Delta\lambda$-Werte zeigten sich nur dann von der Temperatur unabhängig — entsprachen also wirklichen Energiegrößen im Sinne der Gl. (6), wenn die beiden Maxima in den G-gegen-t-Diagrammen etwa gleich hoch waren. Diese Forderung muß bei der Verwendung der Halbwertsbreite nicht mehr erfüllt sein.

Die in den Abbildungen dargestellten Versuche sind mit Mengen in der Größenordnung von 1 bis 10 Normal-ml Substanz ausgeführt. Die Mengenbestimmung war hierbei auf 1% (d. h. $\sim 0,01$ mg) genau. Dieses ist keine prinzipiell untere Grenze. Die Methode dürfte sich auch noch weiter verfeinern lassen und zur Bestimmung noch kleinerer Mengen brauchbar sein.

Tabelle 2.

Substanzpaar	Adsorbens	Meßwert $\Delta\lambda$	Beobachter
C_2H_2—CO_2	Kieselgel	0,39 kcal	*Prior*[1]
C_2H_2—CO_2	,,	0,41 ,,	*Müller*[2]
C_2H_2—C_2H_4	,,	0,67 ,,	*Prior*
C_2H_2—C_2H_4	,,	0,73 ,,	*Müller*
C_2H_3Cl—C_2H_2	,,	0,65 ,,	*Prior*

Zusammenfassung.

Es wird unter vereinfachenden Annahmen eine Formel für die Wanderungsgeschwindigkeit der Zonen beim chromatographischen Trennverfahren abgeleitet und gezeigt, daß eine charakteristische Energiegröße (die Differenz der Adsorptionsenergie der adsorbierten Stoffe) aus je zwei verschiedenen Wanderungsgeschwindigkeiten berechnet werden kann. Trennungen wurden mit Stickstoff, Äthylen, Acetylen, Kohlendioxyd und Vinylchlorid durchgeführt, indem man kleine Mengen (zirka 1 bis 10 mg) dieser Substanzen mit Wasserstoff als Spülgas über ein Adsorptionsmittel schickte (Kohle, Kieselgel). Als Analysenmethode wurde die Bestimmung der Wärmeleitfähigkeit benutzt. Die Auftragung des Galvanometerausschlages der Meßanordnung gegen die Zeit ergibt Kurven, die die Bestimmung der oben erwähnten Energiegröße mit einer Genauigkeit von 0,02 bis 0,06 kcal/Mol gestatten. Durch Ausplanimetrieren der Kurven (am besten unter Benützung der „Halbwertsbreite") lassen sich die Mengen der Komponenten der eingegebenen Gasmischung mit einer Genauigkeit von zirka 1% bestimmen. Eine Mischung von Acetylen-Äthylen wurde bei einer Temperatur von 30° in 7 Min. quantitativ getrennt.

Summary.

Using simplifying assumptions, a formula was derived for the migration velocity of the zones in the chromatographic separation procedure. It was shown that a characteristic energy quantity (the difference of the adsorption energy of the adsorbed material) can be calculated from sach two different migration rates. Separations were made with nitrogen, othylen, acetylen, carbon dioxide and vinyl chloride, in that small quantities (ca. 1—10 mg) of these substances were passed over an adsorption medium (charcoal, silica gel) with hydrogen as rinsing gas. The determination of the heat conductivity was used as the method of analysis. Plotting the galvanometer deflections of the measuring set-up against time, produces curves, which permit the determination of the above-mentioned energy quantity with an accuracy of 0,02—0,06 kcal/mol. Planimetry of the curves (it is best to use the half-value width) gives a measurment of the components of the given gas mixture within about 1%. A mixture of acetylene and ethylene was quantitatively separated in 8 minutes at 30° C.

Résumé.

On a établi par des hypothèses simplifiées, une formule pour la vitesse de migration des zones, au cours des processus de séparation chromatographique et montré qu'une valeur caractéristique de l'énergie (différence entre l'énergie d'adsorption des substances adsorbées) permettait de calculer deux vitesses différentes de migration. Les séparations furent effectuées avec l'azote, l'éthylène, l'acétylène, le gaz carbonique et le chlorure de vinyle en chassant avec l'hydrogène de petites quantités (environ 1—10 mg) de ces substances sur une couche d'adsorbant (charbon, gel de silice). Comme méthode d'analyse, on a utilisé la détermination de la conductibilité calorifique. En portant les indications du galvanomètre du dispositif de mesure en fonction du temps, on obtient des courbes qui fournissent la détermination de l'énergie caractéristique ci-dessus avec une précision de 0,02 à 0,06 Kcal/Mol. Par projection des courbes sur un plan (au mieux, en utilisant la «largeur de la valeur moyenne»), on peut doser des quantités de composants du mélange gazeux donné avec une précision d'environ 1%. Un mélange d'acétylène-éthylène fut quantitativement séparé à 30° en 8 minutes.

Diskussion.

H. *H. Sachse* (Heidenheim-Mergelstetten, Deutschland): Besteht die Aussicht, Ihr Verfahren auf Gasmengen von der Größenordnung von λ zu verfeinern?

Fr. Prof. *E. Cremer*: Dies wird für möglich gehalten, ist aber noch nicht erprobt.

Literatur.

·1 *F. Prior*, Dissertation Innsbruck, 1947. — *E. Cremer* und *F. Prior*, Z. Elektrochem. 1950 (im Druck). Dort auch Angabe der älteren Literatur.

2 *R. Müller*, Dissertation Innsbruck, 1950.